Illustrierte Morphologie der Blütenpflanzen

Eine Arbeitsgemeinschaft der Verlage

Wilhelm Fink Verlag München
Gustav Fischer Verlag Jena und Stuttgart
Francke Verlag Tübingen und Basel
Paul Haupt Verlag Bern · Stuttgart · Wien
Hüthig Verlagsgemeinschaft
Decker & Müller GmbH Heidelberg
Leske Verlag + Budrich GmbH Opladen
J. C. B. Mohr (Paul Siebeck) Tübingen
Quelle & Meyer Heidelberg · Wiesbaden
Ernst Reinhardt Verlag München und Basel
Schäffer-Poeschel Verlag · Stuttgart
Ferdinand Schöningh Verlag Paderborn · München · Wien · Zürich
Eugen Ulmer Verlag Stuttgart
Vandenhoeck & Ruprecht in Göttingen und Zürich

Norantea guyanensis
Mit jeder Blüte ist ein krugförmiges Blatt (Braktee, S. 62) verbunden; zur frühen Entwicklung siehe auch **Abb. 88a, b.**

Illustrierte Morphologie der Blütenpflanzen

Adrian D. Bell
School of Biological Sciences
University College of North Wales

Strichzeichnungen von Alan Bryan

Aus dem Englischen von Josefine Schneidt
Wissenschaftliche Beratung Prof. Dr. Focko Weberling

202 Farbfotos
157 Zeichnungen

Verlag Eugen Ulmer Stuttgart

Die Deutsche Bibliothek – CIP-Einheitsaufnahme

Bell, Adrian D.:
Illustrierte Morphologie der Blütenpflanzen /
Adrian D. Bell.
Mit Strichzeichn. von Alan Bryan. Aus dem Engl. von
Josefine Schneidt. – Stuttgart : Ulmer, 1994
  (UTB für Wissenschaft : Grosse Reihe)
  Einheitssacht.: Plant form <dt.>
  ISBN 3-8252-8089-6 (UTB) Pp.
  ISBN 3-8001-2682-6 (Ulmer) Pp.

Das Werk einschließlich aller seiner Teile ist urheberrechtlich geschützt. Jede Verwertung außerhalb der engen Grenzen des Urheberrechtsgesetzes ist ohne Zustimmung des Verlages unzulässig und strafbar. Das gilt insbesondere für Vervielfältigungen, Übersetzungen, Mikroverfilmungen und die Einspeicherung und Verarbeitung in elektronischen Systemen.

Copyright © Adrian D. Bell (Text) und Alan Bryan (Zeichnungen) 1991

Titel der englischen Originalausgabe: Plant Form:
An Illustrated Guide to Flowering Plant Morphology
erschienen 1991 bei Oxford University Press,
Walton Street, Oxford OX Z 6DP

© Deutsche Ausgabe 1994
Eugen Ulmer GmbH & Co.
Wollgrasweg 41, 70599 Stuttgart (Hohenheim)
Lektorat: Andrea Maack
Herstellung: Otmar Schwerdt
Satz: Steffen Hahn GmbH, Kornwestheim
Druck: Grammlich, Pliezhausen
Bindung: Riethmüller, Stuttgart

ISBN 3-8252-8089-6 (UTB-Bestellnummer)

»The study of the external features of plants is in danger of being too much overshadowed by that of the internal features. The student, when placed before the bewildering variety of forms does not know where to begin or what to do to acquire information about the plants.«

WILLIS (1897)

»Horticulture is, undoubtedly, a great medium of civilization, and its pursuit is highly commendable, for it is impossible for anyone to study, even for a short period only, the structure, forms, and colours of plants, and benefits derived from the vegetable creation, without an elevation of thought, a refinement of taste, and an increased love of nature.«

B. S. WILLIAMS (1868)

»I have bought me a hawk and a hood, and bells and all, and lack nothing but a book to keep it by.«

BEN JONSON (1598)

Corypha utan
Eine einzelne monopodiale Achse (siehe Abschnitt 250) wird nach 44jährigem Wachstum von einer Infloreszenz abgeschlossen. Holttumsches Modell (Abb. **291c**).

Geleitwort

Dieses Buch bietet eine unkonventionelle Einführung in die Morphologie der Blütenpflanzen. Nicht nur im Layout, auch im Aufbau und der sprachlichen Gestaltung entspricht es nicht dem strengen Stil unserer üblichen Lehrbücher – und gerade dadurch kann es anregend wirken.

Das erste Ziel ist, pflanzliche Formen sehen zu lernen. Dies wird erleichtert durch die jedem der 314 Abschnitte beigefügten Fotos und Zeichnungen, aber auch durch eine einfache Darstellungsweise, die kaum Vorkenntnisse erfordert. Die wichtigsten Grundlagen für die Betrachtung pflanzlicher Formen samt den notwendigen Fachausdrücken werden in wenigen einführenden Abschnitten vermittelt. Danach werden die einzelnen Organe, ihre Stellung im Bauplan der Pflanze und die verschiedenen Möglichkeiten ihrer Gestalt jeweils in einzelnen kurzgefaßten Abschnitten oder auch einer Folge von Abschnitten erörtert. Dabei lernt man, Strukturen zu vergleichen und ein Urteil über gleichwertige und nicht gleichwertige Strukturen zu gewinnen sowie Beziehungen zwischen Struktur und Funktion der Organe und Organsysteme zu erkennen. Auch theoretische Erwägungen werden dann nicht mehr ausgeklammert.

Die einzelnen Abschnitte sind weitgehend unabhängig voneinander angelegt, ihr Text ist so gestaltet, daß der Leser nicht an die Reihenfolge der Abschnitte gebunden ist. Dies wird durch zahlreiche Querverweise auf andere Abschnitte erleichtert.

Die Übersetzerin – selbst Botanikerin – hat den sprachlichen Stil und die Darstellungsweise des Autors gut getroffen. Ihre Aufgabe war nicht immer leicht. Schwierigkeiten – nicht nur bei dieser Übersetzung – ergeben sich immer wieder aus der unterschiedlichen Handhabung morphologischer Begriffe. Anders als im angelsächsischen Bereich verfügen wir im deutschsprachigen Bereich auf Grund einer jahrhundertelangen Tradition in der Morphologie und Systematik über ein sorgfältig ausgefeiltes Begriffssystem und Vokabular, dessen präzise Handhabung schon der Studienanfänger in einem gewissen Umfang lernt. Schon deshalb mußte sorgsam darauf geachtet werden, die in der deutschsprachigen Morphologie üblichen präzisen Unterscheidungen zu berücksichtigen und die bei uns eingeführten Fachausdrücke zu verwenden. Eingedenk der Erfahrung, daß es kaum möglich ist, ein Buch zu schreiben, ohne Fehler zu machen, haben wir die Gelegenheit der Übersetzung genutzt, sachliche Fehler, die wir entdeckten, zu bereinigen. Unterschiedliche Auffassungen über die Interpretation wissenschaftlicher Sachverhalte blieben davon selbstverständlich unberührt, wenngleich wir bei der Erörterung theoretischer Aspekte keineswegs immer mit den vom Autor vertretenen oder von ihm akzeptierten Lehrmeinungen übereinstimmen. Wo aber bliebe die anregende Wirkung dieses Buches, wenn es nicht auch der Diskussion verschiedener Auffassungen Raum gäbe?

In diesem Sinne ist der vorliegenden deutschen Ausgabe des Buches in jeder Hinsicht ein guter Erfolg zu wünschen!

Ulm, im Herbst 1994

Prof. Dr. Focko Weberling

Vorwort

Blütenpflanzen weisen eine faszinierende Fülle äußerer Strukturen auf, die entweder mit dem bloßen Auge oder allenfalls mit einer Lupe studiert werden können. Das ist die Wissenschaft der Pflanzenmorphologie; wir verwenden den Ausdruck »Pflanzenmorphologie« hier in einem Sinne, der die Pflanzenanatomie ausschließt. Obwohl ein Verständnis von Gestalt und äußeren Bestandteilen einer Pflanze die Grundlage botanischer Untersuchungen sein sollte, ist es üblich, möglichst rasch in das Innere der Pflanze vorzudringen, und so gerade die Merkmale, mit denen sich eine Pflanze ihrer Umwelt darbietet, entweder nicht zu beachten oder zu übersehen. Dieser Umstand wird von meinem Namensvetter, Professor P. R. Bell (1985) sehr treffend ausgedrückt: »In den letzten Jahren haben die spektakulären Fortschritte in der Molekularbiologie eine solche Aufregung verursacht, daß sich daraus vielleicht eine Tendenz ergab, die Organismen selbst zu übersehen. Die Biologie muß nichtsdestotrotz »organismisch« bleiben, und derjenige Wissenschaftler, der die Vorstellung von den Organismen verliert, schwächt allen Ernstes seinen Anspruch, ein Biologe zu sein.« Eine »Scheuklappen«-Haltung Pflanzen gegenüber beginnt oft bereits in der Schule und setzt sich bis an die Universität fort. Es gibt hervorragende Lehrbücher über Pflanzenmorphologie, sie neigen jedoch dazu, eine grundlegende botanische Bildung vorauszusetzen, die nicht mehr vorhanden ist. Die Grundregeln der Pflanzenmorphologie sind im großen und ganzen vergessen (Kaplan 1973a). Der Student der Botanik bemerkt diesen Mangel, weiß aber nicht, wie er ihn beheben könnte; der Akademiker verschweigt seine Unwissenheit. Es ist aufreizend, sich vorzustellen, daß manch ein begeisterter Hobbygärtner Pflanzen hinsichtlich ihrer Morphologie gründlicher kennt als der Durchschnitts-Botaniker. Diese Kritik richtet sich nicht gegen den Taxonom, der über eine ganze Menge an morphologischer Sachkenntnis verfügt, sich dabei allerdings sehr auf Blütenstrukturen konzentriert und eine Fülle von Fachausdrücken zur Verfügung hat, die Anfänger wie Experten gleichermaßen einschüchtert. Eine Anleitung zu beider Nutzen ist somit erforderlich. Dieses Buch geht behutsam vor und ist, wie ich hoffe, auch anregend. Es versucht, den angehenden Botaniker und den wißbegierigen Pflanzenliebhaber gleichermaßen zu begeistern. Es ist in zwei Abschnitte geteilt. Der erste Teil erklärt in Wort und Text viele der rein beschreibenden, die Pflanzenmorphologie betreffenden Fachausdrücke, während sich der zweite Teil mit dem Organisationsaufbau, einem ebenso wichtigen, jedoch weitgehend unbeachteten Punkt der Morphologie, beschäftigt. Das Wachstum einer Pflanze ist ein dynamischer Prozeß: ihre Organe entwickeln sich, die meisten Blütenpflanzen verzweigen sich und bilden im Laufe der Zeit ihre Verzweigungsmuster aus. Die Einbeziehung dieses Aspekts der Pflanzenmorphologie, der für den Ökologen und Populationsbiologen von Bedeutung ist, gipfelt in einem Beispiel aus der gegenwärtigen Morphologie, der dynamischen Architektur tropischer Bäume.
Die Faszination, die für den Autor von der Morphologie ausgeht, wurde durch eine glückliche Aufeinanderfolge von Lehrern begünstigt: A. D. Prince in der Grundschule, N. Woodhead auf dem College und ab diesem Zeitpunkt P. B. Tomlinson. Ihr Unterricht folgte einem Prinzip: Wenn uns etwas in der Morphologie einer Pflanze überrascht, dann ist es erfolgversprechender, über unsere eigene Unwissenheit nachzudenken, als Abweichungen bei der Pflanze zu suchen.

In der Vergangenheit beschäftigte man sich leider hauptsächlich mit europäischen Pflanzen, was dazu führte, daß die Morphologen angesichts des Überflusses der Vegetation der Erde, speziell der Tropen, verblüfft waren. Doch nur dort kann die gesamte Bandbreite der Pflanzenformen wirklich erfaßt werden.
Deshalb stammen die in diesem Buch dargestellten Pflanzen aus allen Erdteilen, und viele werden dem Leser, der auf eine bestimmte geographische Region fixiert ist, unbekannt sein. Dieselben morphologischen Merkmale und Einzelheiten im Organisationsaufbau wiederholen sich immer wieder an Pflanzen, die keinerlei verwandtschaftliche Beziehung zueinander haben. Der Leser wird vertraute Formen wiedererkennen, wenn auch nicht immer vertraute Namen. Dieses Buch kann gewissermaßen als ein illustriertes Nachschlagewerk benutzt werden, das, wann immer es nötig erscheint und in beliebiger Reihenfolge, zu Rate gezogen werden kann. Aus diesem Grund finden sich sowohl in Text wie auch in den Illustrationen umfassende Querverweise. Den erfahrenen Morphologen mag es überraschen, daß so unbedeutenden Merkmalen wie den Stipeln (siehe S. 58) der gleiche Raum (eine Doppelseite) zugeteilt wird wie solch umfangreichen Themen wie der Blütenmorphologie (S. 146) oder der Morphologie der Früchte und der Samenverbreitung (S. 160). Diesen weiten Themengebieten sind ganze Bücher gewidmet; auf sie wird, wo es angemessen erschien, verwiesen, anstatt die gesamte Information hier zu wiederholen. Alle Strichzeichnungen und Diagramme wurden von Alan Bryan angefertigt, dem ich zu tiefem Dank verpflichtet bin. Alans Fähigkeit als Künstler gründet in einer glücklichen Kombination aus natürlicher Begabung, einem Auge für's Detail und einer klassischen botanischen Ausbildung. Nahezu alle Zeichnungen und Fotos wurden von lebenden Pflanzen gemacht, in Ausnahmefällen auch von getrockneten, holzigen Exemplaren, und wenige sind Bearbeitungen bereits existierender Abbildungen. Alle Fotografien (außer den sieben gekennzeichneten) wurden vom Autor mit einer alten Pentax Spotmatic II Kamera mit einem 105 mm Objektiv (oder gelegentlich einem 35 mm Objektiv) gemacht. Wo es erforderlich war, wurden Zwischenringe verwendet. Häufig mußte ein Paar synchronisierter elektronischer Blitzeinheiten für zusätzliche Beleuchtung sorgen. Diese waren an einem Querbalken in einer Entfernung von jeweils 15 cm an jeder Seite des Objektivs am Kameragehäuse befestigt. Es wurde der Diafilm Kodachrome 64 ASA verwendet. Vielen Botanischen Gärten möchte ich meinen Dank dafür aussprechen, daß sie mir Zutritt zu den Pflanzen gewährt haben: dem Royal Botanical Garden, Edinburgh; den Botanic and Genetic Gardens der Oxford University; dem Fairchild Tropical Garden, Miami, USA; dem Botanischen Garten von Montpellier, Frankreich; dem privaten Garten von M. Marnier Lapostolle, St. Jean Cap Ferrat, Frankreich, und dem Treborth Botanic Garden des University College of North Wales, Bangor. Andere fotografische »Einsätze« wurden hier und dort gemacht, und der Autor schuldet all jenen Dank, die es ihm ermöglicht haben, verschiedene europäische Länder und besonders Mittel- und Südamerika zu bereisen. Einer großen Anzahl von Personen, die mir auf verschiedenste Weise geholfen haben, dieses Buch fertigzustellen, möchte ich ebenfalls danken: Nerys Owen, die außerordentlich tüchtig und ohne Klagen die besprochenen Tonbänder abtippte und ins Textverarbeitungsprogramm übertrug und Josie Rodgers, die das Register mit Hilfe eines geeigneten Computerprogramms in den Griff bekam; meinen Kollegen an der School of Plant Biology, Bangor, für ihre Unterstützung, besonders Professor J. L. Harper, der Pflanzenmorphologie als Schlüsselthema anerkennt. Eine Reihe liebenswürdiger Leute haben die Entwürfe dieses Manuskriptes in seinen verschiedenen Phasen kritisch kommentiert. Professor F. Hallé vom Botanischen Institut U.S.T.L., Montpellier, Professor P. Greig-Smith und Frau und Herrn Dr. N. Runham, Bangor, sowie Professor P. B. Tomlinson von der Harvard University schulde ich aufrichtigen Dank. Diese gewissenhaften Menschen konnten mich in einer Reihe von Punkten in eine bessere Richtung lenken. Jegliche noch verbliebene Fehler gehen auf meine eigene Rechnung; es ist unvermeidlich, daß einige Morphologen in bezug auf bestimmte Details, vorschnelle Verallgemeinerungen oder persönliche Ansichten abweichender Meinung sein werden. In den meisten Fällen habe ich mich bei der Bestimmung der Pflanzen auf andere Leute verlassen und bin dabei der Nomenklatur von Willis (1973) gefolgt. Einmal mehr möchte ich mich einem Grundsatz meines Hochschullehrers anschließen: »Es ist die Pflanze, die immer Recht behält«.

Adrian D. Bell

Inhaltsverzeichnis

1 | Einführung

Teil I Grundlagen und morphologische Beschreibung

4 | Grundprinzipien
6 | Erklärungsbeipiel: Dorn
8 | Methoden der Darstellung
10 | Methoden der Darstellung: am Beispiel von *Philodendron*
14 | Blütenpflanzen: Monokotyledonen und Dikotyledonen
16 | Meristeme und Knospen: Grundlage der Pflanzenentwicklung

Morphologie des Blattes
18 | Entwicklung
20 | Ober- und Unterblatt
22 | Form
26 | Symmetrie
28 | Heteroblastie
30 | Blattdimorphismus (zwei unterschiedliche Blattformen an einer Pflanze)
32 | Anisophyllie (zwei unterschiedliche Blattformen an einem Knoten)
34 | Nervatur, Venation (Blattaderung)
36 | Knospenlage/Vernation (die Faltung des einzelnen Blattes)
38 | Knospendeckung/Ästivation (das Lageverhältnis mehrerer Blätter)
40 | Petiolus (Blattstiel)
42 | Phyllodium (abgeflachter Blattstiel)
44 | Interpretation der Phyllodien
46 | Pulvinus (Gelenkpolster)
48 | Trenngelenk
50 | Blattscheide (Blattgrund)
52 | Stipeln/Nebenblätter (Ausgliederungen des Blattgrundes)
54 | Position der Nebenblätter
56 | Umbildungen des Nebenblattes
58 | Stipellen (Ausgliederungen der Fiederblattspindel)
60 | Pseudostipeln (basales Fiedernpaar in stipulärer Position)
62 | Brakteen und Brakteolen (Blätter im Bereich des Blütenstandes)
64 | Niederblätter und Schuppenblätter
66 | Vorblätter (die ersten Blattanlagen eines Seitensprosses)
68 | Ranken
70 | Dornen
72 | Blätter, die als Fallen wirken (insektivore Pflanzen)
74 | Epiphyllie (Strukturen, die sich auf den Blättern entwickeln)
76 | Emergenzen (Stacheln)
78 | »food bodies« (Futterkörper)
80 | Trichome, Drüsen, Haare und Nektarien
82 | Sukkulenz
84 | Zwiebel
86 | schwertförmige, seitlich abgeflachte und zylindrisch stielrunde Blätter
88 | ascidiat und peltat (schlauch- und schildförmige Blätter)
90 | indeterminiertes (unbegrenztes) Wachstum
92 | Palmen

Inhaltsverzeichnis | XI

Morphologie der Wurzel
- 94 | Entwicklung
- 96 | das primäre Wurzelsystem (allorhize Bewurzelung)
- 98 | Adventivwurzelsystem (homorhize Bewurzelung, sproßbürtige Bewurzelung)
- 100 | Architektur der Baumwurzeln
- 102 | Stütz- und Stelzwurzeln
- 104 | Pneumatophoren (Atemwurzeln)
- 106 | Modifikationen
- 108 | Haustorien
- 110 | Knollen

Morphologie der Sproßachse
- 112 | Entwicklung
- 114 | Borke
- 116 | Emergenzen (Stacheln)
- 118 | Narben
- 120 | Gestalt
- 122 | Ranken und Haken
- 124 | Dornen
- 126 | Platykladien und Phyllokladien (abgeflachte, grüne Sproßachsen)
- 128 | Pulvinus (Sproßgelenk)
- 130 | Rhizome (unterirdische Sproßachsen)
- 132 | Stolonen (Ausläufer, kriechende Sproßachsen)
- 134 | Ableger (kriechende Sproßachsen)
- 136 | orthotrope Sproßknollen (verdickte Sproßachsen)
- 138 | Sproßknollen (verdickte Sproßachsen)

Fortpflanzungsmorphologie
- 140 | Blütenstände, Verzweigungsmuster
- 142 | Blütenstände, Parakladien
- 144 | Infloreszenzmodifikationen (Umwandlungen des Blütenstandes)
- 146 | Morphologie der Blüte
- 148 | Ästivation (Knospendeckung)
- 150 | Blütendiagramme und Blütenformeln
- 152 | Bestäubungsmechanismen
- 154 | Morphologie der Früchte
- 158 | Morphologie der Samen
- 160 | Frucht- und Samenausbreitung

Morphologie der Keimpflanze
- 162 | Terminologie
- 164 | Keimung
- 166 | Hypokotyl
- 168 | Verankerung und Erstarkungswachstum

Vegetative Vermehrung
- 170 | Rhizome, orthotrope und plagiotrope Sproßknollen, Zwiebeln, Ausläufer, Ableger
- 172 | Brutzwiebeln (ablösbare Knospen mit Wurzeln)
- 174 | unterirdische Knolle an verlängerter Achse
- 176 | Brutbildung (unechte Viviparie)
- 178 | Wurzelknospen

Morphologie der Gräser
- 180 | vegetatives Wachstum
- 182 | Bildung von Bestockungstrieben (Seitensproßbildung)
- 184 | Aufbau der Blütenstände
- 186 | Ährchen und Einzelblüte
- 188 | Blütenstände der Getreide
- 192 | oberirdische Sprosse der Bambus-Gewächse
- 194 | Rhizom der Bambus-Gewächse
- 196 | **Morphologie der Sauergräser**

Morphologie der Orchideen
- 198 | vegetativer Aufbau
- 200 | Luftsprosse und Infloreszenzen
- 202 | **Kakteen und Kaktusähnliche**
- 204 | **Domatien:** Hohlräume, die von Tieren bewohnt werden

Pflanzen mit abweichendem Bau
- 206 | theoretischer Hintergrund
- 208 | Gesneriaceae
- 210 | Podostemaceae (Blütentange) und Tristichaceae
- 212 | Lemnaceae

XII Inhaltsverzeichnis

Teil II Bau und Organisation

216 | Einführung

Position der Meristeme
218 | Phyllotaxis (Blattstellung; Anordnung der Blätter an einer Sproßachse)
220 | Fibonacci-Reihe
224 | phyllotaktische Probleme
228 | Symmetrie der Pflanzen
230 | Knospenverschiebungen (Rekauleszenz, Konkauleszenz)
232 | Adventivknospen (Knospen, die nicht aus Blattachseln entspringen)
234 | Adnation (Verwachsung von Organen unterschiedlicher Art)
236 | akzessorische Knospen (Beiknospen; Vervielfachung in Blattachseln)
238 | unechte Vervielfachung (zusammengedrängte, gestauchte Verzweigung)
240 | Kauliflorie (Blüten, die aus einer holzigen Sproßachse hervortreten)

Meristempotential
242 | Determination (Topophysis; festgelegte Differenzierungsrichtung einer Knospe)
244 | Verkümmerung von Organen
246 | Plagiotropie und Orthotropie (die Gestalt in bezug auf ihre Wuchsrichtung)
248 | Basitonie und Akrotonie, Apikalkontrolle
250 | monopodiales und sympodiales Wachstum
254 | Langtrieb und Kurztrieb
256 | Gabelung (sparrig verzweigter Wuchs)
258 | Dichotomie

Zeitpunkt der Meristemaktivität
260 | rhythmisches und kontinuierliches, ununterbrochenes Wachstum
262 | Prolepsis und Syllepsis; Dormanz
264 | Knospenschutz
266 | Umorientierung (nachträglicher Wechsel in der Ausrichtung)
268 | Abszission, Zweigfall (Abwurf von Verzweigungen)

Meristemzerreißung
270 | Teratologie (Mißbildung, abnorme Entwicklung)
272 | Fasziation (Verbänderung, abnormale Aneinanderheftung von Pflanzenteilen)
274 | Schimären (Gewebe, das von zwei Individuen abstammt)
276 | Knöllchen und Mykorrhiza
278 | Gallen

Verzweigungsaufbau der Pflanzen
280 | Einführung
282 | Konstruktionseinheiten
286 | »article« (Sproßglied), sympodiale Einheit
288 | Baumarchitektur, Entwicklungsmodelle
296 | Baumarchitektur, Abwandlungen der Modelle
298 | Baumarchitektur, Reiteration (Wiederholungs-, Neuaustrieb)
300 | Baumarchitektur, Metamorphose (Gestaltwandel)
302 | Baumarchitektur, Interkalation (Einschaltung, Einfügung)
304 | Baumarchitektur, Architekturanalyse
306 | Architektur der krautigen Pflanzen
308 | Architektur der Lianen
310 | pflanzliches Verhalten
312 | Effizienz (Leistungsfähigkeit)
314 | Wuchsweise und Alterszustand

317 | Literaturverzeichnis

321 | Register

Zur Benutzung des Buches

Wenn Sie bereits mit den Grundzügen der Pflanzenmorphologie vertraut sind, werden Sie dieses Buch wahrscheinlich eher als eine Art illustriertes Nachschlagewerk benutzen, um Fachbegriffe und Grundlagen nachzulesen; anhand der Querverweise werden Sie aber sicher auch neue Aspekte der Pflanzenmorphologie entdecken. Wenn Ihnen dagegen die äußeren Merkmale der Blütenpflanzen noch neu sind, sollten Sie die Einführungsseiten (S. 4–16) in Angriff nehmen, um etwas über Pflanzen zu lernen. Beim Durchblättern des Stichwortverzeichnisses werden Sie auf viele interessante Phänomene aufmerksam werden. Wenn Sie sich mit einer ganz bestimmten Pflanze befassen, sollten Sie so vorgehen, wie es in den »Grundprinzipien« (Seite 4) vorgeschlagen wird, vorausgesetzt, Sie können der Versuchung widerstehen, zuerst die Abbildungen zu überfliegen.

Dieses Buch ist in zwei Abschnitte geteilt. Im ersten Teil wird die Morphologie von Blättern, Wurzeln, Sprossen und Reproduktionsorganen beschrieben. Der zweite Teil befaßt sich mit der dynamischen Veränderung morphologischer Strukturen während des Wachstums der Pflanze.

In beiden Teilen wird eine Reihe von Themen dargestellt, die jeweils auf einer Doppelseite abgehandelt sind. Jedes Thema, wie z. B. der Blattstiel (siehe Seite 40), umfaßt einen knappen Text, ein entsprechendes Foto sowie einige Zeichnungen oder Diagramme. Dieses Grundmuster wird in einigen Fällen abgewandelt. Alle Abbildungen haben die Nummer der Seite, auf der sie erscheinen.

Dieses Layout ermöglicht zahlreiche Querverweise; Zahlen in Klammern im Text oder in der Abbildungslegende verweisen den Leser auf weitere Beispiele für das angesprochene Phänomen oder auf diejenige Seite, auf der ein bestimmter Begriff oder ein Prinzip erläutert wird. Abbildungsnummern sind fett gedruckt; Seitenzahlen nicht.

Das Register ist ähnlich umfassend; bei den Artnamen der Pflanzen wird auch die Familie genannt sowie M oder D für Monokotyledonen bzw. Dikotyledonen (siehe Seite 14). Bei allen abgebildeten Pflanzen sind Gattungs- und Artname angegeben, und jede Zeichnung ist mit einem Maßstab versehen, der – soweit nicht anders angegeben – 10 mm kennzeichnet. Die in der Beschriftung verwendeten Abkürzungen mußten aus technischen Gründen aus dem Englischen übernommen werden; deshalb wurden auch in den Bildlegenden die englischen Abkürzungen verwendet und in deutscher Übersetzung erklärt. Auch hier verweisen Zahlen in Klammern den Leser auf textliche Erklärungen oder zusätzliche Abbildungen.

Das Literaturverzeichnis bietet eine begrenzte Anzahl von detaillierten wissenschaftlichen Arbeiten sowie Monographien und Bücher über Spezialthemen. Andere, eher allgemeine Werke, die sich mit der Darstellung morphologischer Einzelheiten beschäftigen, sind GOEBEL (1900, 1905), VELENOVSKY (1907), WILLIS (Ausgaben bis 1960), MABBERLEY (1987), TROLL (1937 bis 1943), STRASBURGER (1991) und HALLÉ et al. (1978, v. a. Bäume). Den phylogenetischen Ansatz vertreten BIERHORST (1971), CORNER (1964), EAMES (1961), FOSTER und GIFFORD (1959), GIFFORD und FOSTER (1989), sowie SPORNE (1970, 1971, 1974).

Der Fachwortschatz, der für die Morphologie der Blütenpflanzen verwendet und hauptsächlich in der Bestimmungsliteratur gefunden wird, ist enorm. Alle Florenwerke beinhalten gewöhnlich ein Glossar der Fachbegriffe; ein umfassendes Lexikon bieten RADFORD et al. (1974).

Einführung

Agave americana
Teil der Infloreszenzachse. Jeder Hauptast dieses rispenartigen Blütenstandes (Abb. **141g**) sitzt in der Achsel eines Hochblattes (Braktee, siehe S. 62); diese sind in 3/8 Stellung angeordnet (Abb. **221b**).

Einführung

Die Pflanzenmorphologie hat das Studium der äußeren Merkmale der Pflanzen zum Thema. Im wörtlichen Sinne ist sie die Lehre von der Pflanzenform. Irgendwann in der Vergangenheit hat wohl jemand mit einem Interesse für Blütenpflanzen einem Exemplar mehr als nur einen flüchtigen Blick geschenkt und dabei verschiedene Besonderheiten entdeckt, die seine Neugier angeregt haben. Das Interesse an der Pflanzenmorphologie reicht weit zurück. Die ersten Gelehrten, die sich von diesem Fachgebiet faszinieren ließen, waren wahrscheinlich die griechischen Philosophen, allen voran THEOPHRASTUS (370–285 v. Chr.), der, verwirrt ob der Vielfalt der Pflanzenformen, sich daran machte, sie zu beschreiben. Ihn beschäftigte es, daß einem Tier ein »Zentrum«, ein Herz oder eine Seele, zugeschrieben wurde, während eine Pflanze offensichtlich eine nicht organisierte Form aufweist und sich beständig in ihrer Größe ändert – d. h. ihr ist kein bestimmtes Wesen (»Essenz«) eigen. Indem die Pflanzenmorphologie zur Wissenschaft wurde, gewann ihre rein beschreibende Rolle an Bedeutung, und sie stellt immer noch den ersten Schritt einer taxonomischen Studie dar. Das »Schubladen«-Denken trug dazu bei, der Morphologie einen einseitigen Aspekt zu verleihen, den sie erst vor kurzem abschütteln konnte. Die Morphologie hat im Laufe ihrer gesamten Geschichte eine Reihe von Umwandlungen erfahren. GOETHE (18. Jh.) erkannte, daß ein Übergang vom Laubblatt zum Schuppenblatt und weiter zum Kelch- und Kronblatt an der Form der Blätter einer Pflanze möglicherweise erkennbar ist. Das ist ein Beispiel für den Homologiebegriff, über den immer noch viel publiziert wird (TOMLINSON 1984; SATTLER 1984). Laub- und Kronblatt einer Pflanze zeigen eine gleichartige Entstehungs- und Entwicklungsweise, sie sind homologe Strukturen. Ein Laubblatt und ein abgeflachter grüner Sproß (Kladodium, siehe S. 126) sind dagegen nicht homolog. Sie erfüllen lediglich dieselbe Funktion und sind als analog zu bezeichnen. Mutmaßungen über homologe Verwandtschaftsbeziehungen bilden die Grundlage phylogenetischer Studien, also des Erkennens evolutionärer Abfolgen bei den Pflanzen. Lange Zeit, besonders nach dem Erscheinen von DARWINS Evolutionstheorie, wurde die Pflanzenmorphologie durch diese Aspekte praktisch überlagert. Ein weiteres Gebiet, mit dem die Pflanzenmorphologie engstens verknüpft ist, ist die Anatomie. Alle pflanzlichen Organe sind aus Zellen aufgebaut, und oft ist es nötig, daß der Morphologe die Entwicklung eines Organs (Ontogenese) studiert, um dessen Aufbau und Beziehung zu anderen Organen zu verstehen (siehe z. B. S. 18).

Die Entwicklungsanatomie sowie Einzelheiten in der Verbindung der Leitbündel miteinander innerhalb der wachsenden Pflanze sind somit ein unentbehrlicher Ansatzpunkt vieler morphologischer Untersuchungen. Auf einigen Gebieten ist die Morphologie allerdings tatsächlich gefordert, sowohl die äußeren als auch inneren Züge einer Pflanze zu berücksichtigen. In Wörterbüchern gebräuchliche Definitionen von »Morphologie« schließen oft alle funktionellen Gesichtspunkte aus. Dennoch ist es sehr schwierig, Zusammenhänge mit der Funktion, die sich in vielen pflanzlichen Strukturen offenbart, nicht zur Kenntnis zu nehmen; die Funktion einer Blattranke für das vertikale Wachstum einer Kletterpflanze läßt sich nicht bestreiten. Dieser offensichtliche Nutzen führt zu teleologischen Behauptungen (»die Pflanze hat Ranken entwickelt, um zu klettern«), die vermieden werden sollten. Die Teleologie (Lehre von der »Zielgerichtetheit«) ist eine Philosophie, die dem Organismus eine wohlüberlegte Absicht der Natur zuschreibt. Die Pflanzenmorphologie hatte schon immer eine Neigung, sich einer philosophischen Disziplin anzunähern (z. B. ARBER 1950), indem sie das Nachdenken über den verborgenen Sinn einer Pflanze förderte. Im Gegensatz dazu ist unser Ansatz hier hoffentlich mehr praktischer Art. Unsere Absicht ist es, eine Abhandlung über Pflanzenmorphologie zur Verfügung zu stellen, als grundlegendes Werkzeug zur Beschreibung von Pflanzenformen, und deutlich zu machen, daß das Wissen über die Entwicklung einer Pflanze oder eines Teils davon genauso wichtig ist wie die Kenntnis ihrer endgültigen Gestalt. Wir möchten dadurch betonen, daß eine Pflanze eine wachsende, dynamische Struktur darstellt – dies erfordert die Berücksichtigung vieler morphologischer Aspekte.

Teil I

Grundlagen und morphologische Beschreibung

Abb. 3. *Tragopogon pratensis*
Jede Frucht (eine Achäne, Abb. **157a**), die aus dem Köpfchen (Abb. **141j**) hervorgeht, trägt am distalen Ende einen Pappus, welcher der Windverbreitung dient (vergl. Abb. **155m**).

4 Grundprinzipien

Auf den ersten Blick zeigen viele Blütenpflanzen eine ähnliche Form. Jede weist in der Regel ein unterirdisches, verzweigtes Wurzelsystem auf, das sich über dem Boden im Sproßsystem fortsetzt (zu einer kritischen Überprüfung dieses klassischen Axioms vergl. GROFF und KAPLAN 1988). Das Sproßsystem besteht aus Sproßachsen (Stengeln), die grüne, photosynthetisch aktive Blätter tragen. Die Stelle an einer Sproßachse, an der ein oder mehrere Blätter ansitzen (Insertionsstelle), wird Knoten (Nodium) genannt, und der Sproßabschnitt zwischen zwei Knoten wird als Internodium bezeichnet (Forstwissenschaftler benutzen diesen Ausdruck in einem anderen Zusammenhang: ein Knoten ist diejenige Stelle an einem Baumstamm, an der ein Wirtel von Zweigen gebildet wird). In der Achsel jedes Blattes, d. h. im Winkel zwischen der Oberseite eines Blattes und der Sproßachse, sitzt eine Knospe oder ein Trieb, der sich aus der Knospe entwickelt hat. Solch eine Knospe wird Achselknospe (Axillarknospe) genannt, im Gegensatz zur Knospe an der Spitze eines Sprosses, die als Terminalknospe bezeichnet wird. Man sagt, ein Blatt trägt eine Knospe oder einen Trieb; daher die Bezeichnung »Tragblatt«. Es gibt eine Reihe topographischer Fachbegriffe, die hilfreich sein können. Bezieht man sich auf die Oberseite eines Blattes oder eines axillären Sprosses (Achselsproß), so spricht man von seiner adaxialen Seite, während die Unterseite die abaxiale ist. Der Teil eines Blattes, Sprosses oder einer Wurzel, der am weitesten von seinem Ansatzpunkt entfernt ist, wird als distales Ende dieses Organs bezeichnet. Das Ende, das dem Insertionspunkt näher ist, heißt proximales Ende. Die verschiedenen Teile einer gewöhnlichen Blütenpflanze lassen sich normalerweise rasch erfassen. Eine Wurzel besitzt weitere Wurzeln, und in einigen Fällen trägt sie sogar Knospen (Wurzelknospen, siehe S. 178), niemals jedoch Blätter. Eine Sproßachse trägt Blätter mit Knospen in ihren Achseln, kann aber auch Wurzeln haben (Adventivwurzeln, S. 98). Blätter können abfallen und Blattnarben (S. 118) hinterlassen; in der Achsel der Blattnarbe bleibt dennoch eine Knospe zurück, oder der Trieb, zu dem diese ausgewachsen ist. Ebenso ist es möglich, daß die Blätter gar kein »blattartiges« Aussehen aufweisen; sie stellen vielmehr unscheinbare Schuppenblätter dar (S. 64) oder sind in vielfältiger Weise umgewandelt, zum Beispiel zu Dornen (S. 70; vergl. auch Interpretationsbeispiel, S. 6) oder Ranken (S. 68). Ein unterirdisches Organ, das keine Blätter aufweist, ist höchstwahrscheinlich eine Wurzel (S. 94); viele Pflanzen besitzen jedoch Wurzeln, die sich über dem Erdboden entwickeln und in manchen Fällen sogar grün sind (S. 198). Umgekehrt weisen sehr viele Pflanzen, besonders Monokotyledonen (S. 14), unterirdische Sprosse auf (S. 130), die sehr häufig Schuppenblätter und Adventivwurzeln (S. 98) tragen. Es ist deshalb wichtig, bei einer Pflanze nach Anhaltspunkten zu suchen, die einen Hinweis auf die Herkunft ihrer Organe geben – Wurzeln bilden normalerweise nur Wurzeln aus, und Sprosse tragen vielgestaltige Blätter mit jeweils einer Achselknospe. Die Blätter sind gewöhnlich relativ regelmäßig angeordnet (S. 218), die Wurzeln sind in ihrer Verteilung eher unregelmäßig (S. 96). Es ist hilfreich, sich folgendes zu merken: wenn man einen Sproß so betrachtet, daß das jüngste (distale) Ende oben ist, dann erscheint das Blatt unterhalb der jeweiligen Knospe oder des Sprosses.

Viele Pflanzen zeigen einfache oder kompliziertere Abwandlungen dieses Grundmusters. Die häufigste ist ein sympodiales Sproßsystem anstelle eines monopodialen (siehe S. 250). Scheinbar tritt an den Internodien einer solchen Sproßachse eine Abweichung von der Tragblatt/Achselknospen-Anordnung auf. (Ein relativ kompliziertes Beispiel für sympodialen Wuchs wird in den Abschnitten 10 und 12 erklärt.) Weitere Faktoren, auf die geachtet werden muß, sind Blätter, die keine axillären Knospen besitzen (S. 244), Blätter, die (scheinbar) mehr als eine Knospe tragen (S. 236, 238), sowie Knospen, die nicht in einer Blattachsel sitzen, sondern sich an Wurzeln befinden (S. 178) oder an andere Stellen am Stamm verlagert wurden (S. 230); ferner Knospen, die zwar in normaler Position, aber ohne Blätter auftreten, wie bei vielen Blütenständen (S. 140), oder Knospen, die tatsächlich auf den Blättern sitzen (S. 74). Viele Pflanzen machen keine Ruheperiode durch und weisen daher keine Knospen als solche auf, sondern nur Apikalmeristeme (siehe S. 16, 262). Ein sorgfältiges Studium der Pflanzen enthüllt normalerweise solche morphologischen Charakteristika. In manchen Fällen kann es von Nutzen sein, durch eine vorsichtige Präparation der jüngsten, noch wachsenden Teile die Beziehungen der Organe zueinander zu klären und die Entwicklung zu verstehen (Blatt, S. 18; Wurzel, S. 94; Stamm, S. 112). Manchmal ist es auch angebracht, eine mikroskopische

Grundprinzipien | 5

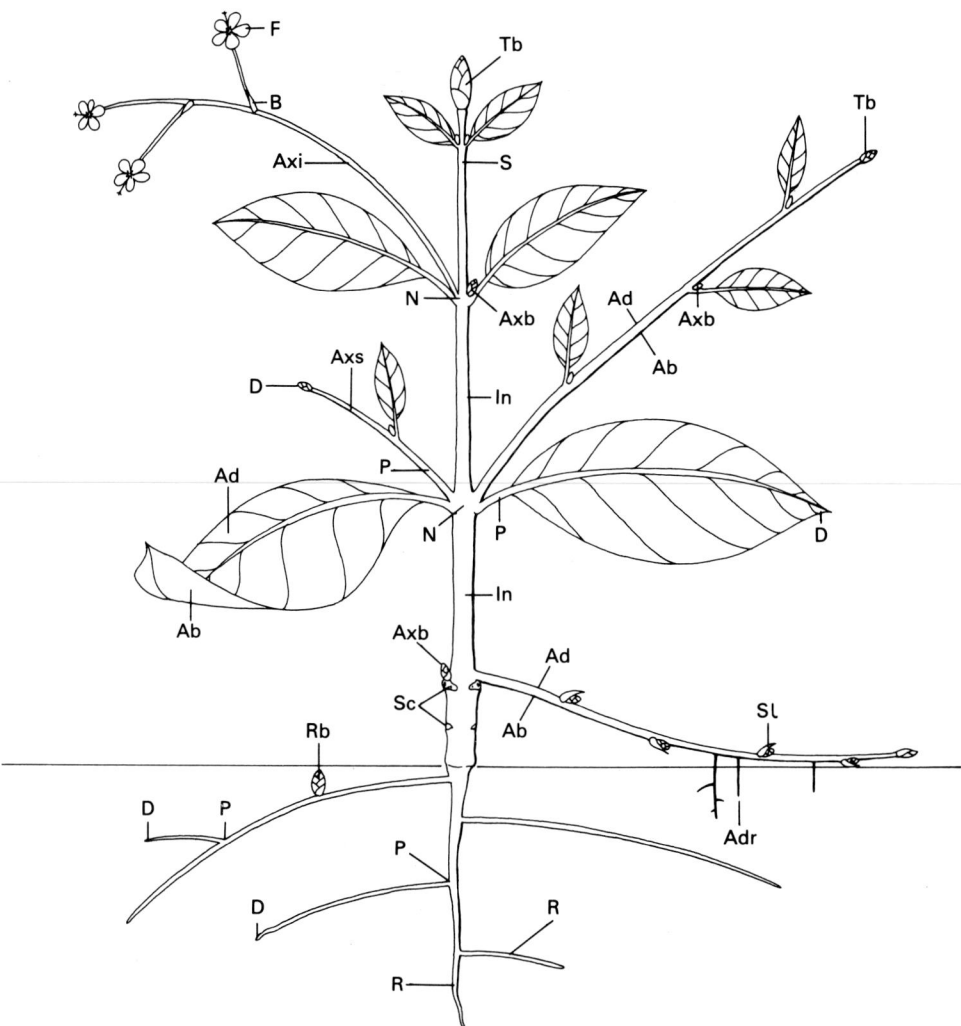

Untersuchung sehr früher Stadien durchzuführen. Ein anderer Umstand, der auf den ersten Blick die Situation verschleiert, ist, daß sich verschiedene Organe miteinander entwickeln können, und somit in ihrer endgültigen Form vereint bleiben. Dieses Verhalten kann sowohl für die augenscheinliche Verschiebung von Knospen verantwortlich sein (S. 230), als auch für die Stellung von Knospen auf dem Blatt (S. 74), sowie für das Verschmelzen von Pflanzenorganen (S. 234). Wiederum wird man an Stamm und Blättern Strukturen finden, die ihrerseits weder Blättern noch Knospen oder Wurzeln ähneln; man bezeichnet sie als Emergenzen (S. 76, 116); sie werden von epi- und subepidermalem Gewebe gebildet. Es gibt viele Möglichkeiten, die Morphologie einer Pflanze zeichnerisch darzustellen, Abschnitt 8 gibt eine Übersicht dazu.

Abb. 5. Grundbegriffe. (Über die verwendeten Abkürzungen gibt es keine bestehende Übereinkunft.) Ab: abaxiale Seite. Ad: adaxiale Seite. D: distales Ende. Adr: sproßbürtige Wurzel. Axb: Achselknospe. Axi: axilläre Infloreszenz. Axs: Achselsproß. B: Braktee. F: Blüte. In: Internodium. N: Knoten. R: Wurzel. Rb: Wurzelknospe. S: Sproßachse. Sc: Narbe. Sl: Schuppenblatt. Tb: Terminalknospe.

6 | Erklärungsbeispiel: Dorn

Ein Dorn wird in der Regel als eine starre, zum Teil verholzte Struktur mit einer scharfen Spitze beschrieben. Vom Standpunkt der Morphologie aus kann er sich aus fast jedem pflanzlichen Organ entwickelt haben oder, je nach Art, die Umwandlung irgendeines Organs darstellen (siehe S. 76). Bei dem Versuch, seine Herkunft aufzuklären, müssen die in Abschnitt 4 umrissenen grundsätzlichen »Regeln« beachtet werden. Wenn der Dorn in der Achsel eines vorhandenen Blattes oder der Narbe eines abgefallenen Blattes sitzt, dann stellt er einen umgewandelten Sproß dar (S. 124). In vielen Fällen wird dies durch das Auftreten von Blättern oder Blattnarben am Dorn selbst bestätigt (Abb. **125c**). Ein Sproßdorn kann jedoch auch völlig frei von Strukturen sein. Ebenso kann er von dem sich ausdehnenden Stamm, auf dem er sitzt, überlagert werden, so daß ein Tragblatt nicht mehr sichtbar ist. Daher lohnt es sich immer, eine Anzahl von Organen (in diesem Fall Dornen) verschiedenen Alters zu suchen, da enge Beziehungen häufig leichter in sehr jungen Entwicklungsstadien, unter Umständen sogar noch während des Einschlusses in der Knospe, erkennbar sind. Es kann zum Beispiel vorkommen, daß ein Dorn, der offensichtlich in einer Blattachsel sitzt, in Wirklichkeit eines der Blätter der axillären Knospe darstellt, und nicht die Sproßachse an sich (Abb. **203b**). Ein Dorn, der seinerseits in seiner Achsel eine Knospe trägt oder ein Sproßsystem, zu dem sich die Knospe auf welche Weise auch immer entwickelt hat, stellt ein umgewandeltes Blatt oder einen Teil eines Blattes dar (S. 70). Dieser Blattdorn kann verholzt und sehr ausdauernd sein

und unbegrenzt an der Pflanze verbleiben. Wiederum sollte die Entwicklungsabfolge studiert werden. Dies kann ergeben, daß der Dorn oder die Gruppe von Dornen dem ganzen Blatt (Abb. **71a**) oder nur dem Blattstiel (Abb. **40b**), und in diesem Fall entweder dem gesamten Blattstiel oder einem bestimmten Teil davon (Abb. **41c, d**) entspricht. Häufig werden Dornen in Paaren angetroffen und stellen dann lediglich die Nebenblätter (Stipeln) eines Blattes dar (Abb. **6, 57a, f**). Wenn der Dorn scheinbar nicht in das Blatt/Achselknospen-Schema paßt, gibt es noch eine Reihe anderer möglicher Erklärungen. Die Dornen der Cactaceae zum Beispiel (S. 202) stellen in Wirklichkeit Blätter dar, was aber bei oberflächlicher Betrachtung nicht erkennbar ist. Einige Pflanzen besitzen eine Morphologie, die nur mittels detaillierter, meist mikroskopischer Untersuchungen entschlüsselt werden kann. Dornen können auch von Wurzeln gebildet werden (Abb. **107d**), sie haben dann nichts mit Blättern gemeinsam. Die Abstammung von Wurzeln muß an Hand von Querschnitten festgestellt werden, um nachzuweisen, daß sie sich endogen (d. h. ihr Ursprung liegt tief im vorhandenen Gewebe) entwickelt haben und eine Wurzelanatomie sowie in frühen Stadien vielleicht sogar eine Wurzelhaube aufweisen (S. 94). Blatt- und Sproßdornen sind exogen entstanden und entspringen der Oberfläche ihres Elternorgans (S. 18, 112).

Blatt-, Sproß- und Wurzeldorne besitzen gewöhnlich Leitbündel (Gefäßsysteme). Die »Stacheln« sind zu einer anderen Kategorie zu rechnen. Sie können auf einem Blatt (S. 76) oder einer Sproßachse (S. 116) vorhanden sein.

Sie sitzen nicht in den Achseln von Blättern und tragen auch keine axillären Knospen; sie sind nicht endogenen Ursprungs und besitzen keine Leitbündel. Sie werden als Emergenzen

Abb. 6. *Acacia sphaerocephala*
Ausdauernde Stipulardornen (siehe S. 56).

Erklärungsbeispiel: Dorn | 7

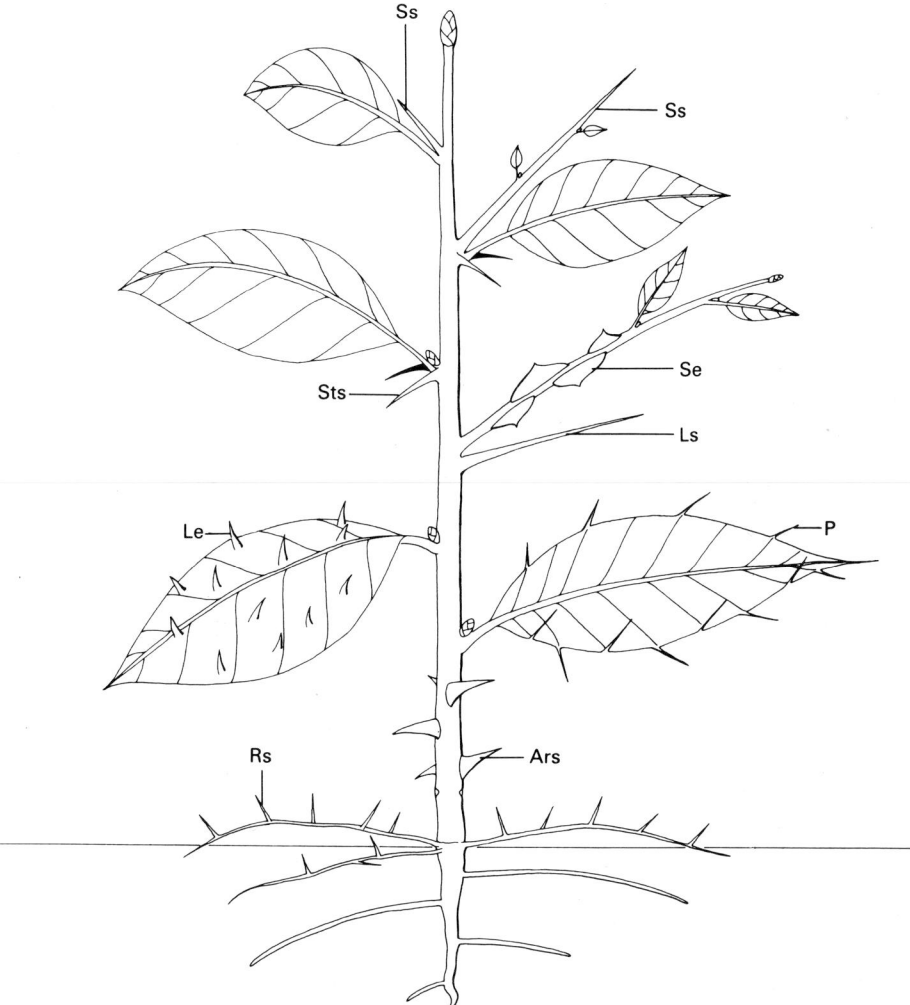

bezeichnet und entwickeln sich aus epidermalem und subepidermalem Gewebe. Emergenzen lassen sich normalerweise viel leichter ablösen als Blatt-, Sproß- oder Wurzeldornen.
Dieser allgemeine Überblick hätte anstelle von »Dornen« ebensogut »Ranken« (S. 68, 122) zum Thema haben können. Es treffen dieselben »Regeln« zu, wobei zu beachten ist, daß es auch unter den Pflanzen Außenseiter (S. 206) gibt und daß Verlagerungen und Verschmelzungen verschiedener Organe stattfinden können (Knospenverschiebung, S. 230; Beiknospen, S. 232; Adnation, S. 234; Teratologie, S. 270).

Abb. 7. Die verschiedenen, zu Dornen umgewandelten Organe (vergl. auch Dornen, die aus Brakteen hervorgegangen sind, Abb. **63b**, und Infloreszenzdornen, Abb. **145d**). Ars: aus einer sproßbürtigen Wurzel hervorgegangener Dorn (S. 106). Le: Blattemergenz (S. 76). Ls: Blattdorn (S. 70). P: Stachel (S. 76). Se: Emergenz der Sproßachse (S. 116). Ss: Sproßdorn (S. 124). Sts: Stipulardorn (S. 56). Rs: Wurzeldorn (S. 106).

8 | Methoden der Darstellung

In unserer Bibliothek gibt es ein Buch mit dem Titel *Natural Illustrations of the British Grasses* (Naturgetreue Abbildungen der Britischen Gräser), herausgegeben von F. HANMAN (1846). Im Vorwort läßt uns der Autor wissen, daß der Erfolg seines Buches gänzlich von seinen Illustrationen abhängt, welche wirklich getrocknete Exemplare echter Gräser darstellen, von denen 62 000 Stück für diese Ausgabe gesammelt wurden. Pflanzen verlieren in gepreßtem und getrocknetem Zustand jedoch viele ihrer morphologischen Merkmale, wie Farbe, Behaarung und Dreidimensionalität. CORNER (1946) weist darauf hin, daß viele Pflanzen mit schraubiger Blattstellung (siehe S. 218) nach dem Studium gepreßter Muster so beschrieben worden sind, als hätten sie eine distiche Blattstellung. Heutzutage ist es üblich, Phänomene in der Pflanzenmorphologie unter Kombination verschiedener Abbildungsmethoden aufzuzeigen. Die Photographie ist offensichtlich das Mittel der Wahl, wobei Farbe Schwarzweiß vorzuziehen ist, da unser Vorstellungsvermögen Schwierigkeiten beim Zuordnen der Grautöne haben kann. Ein Photo allein genügt jedoch nicht, da es meist eine Menge ablenkender Nebensächlichkeiten enthält. Es ist anschaulicher, eine Photographie durch Strichzeichnungen zu ergänzen oder zu ersetzen (als Beispiel siehe Abb. **106** und **205b**, **62b** und **63b**). Dies können naturgetreue, detaillierte Zeichnungen sein oder stark vereinfachte Darstellungen; dazu gehören die verschiedenen schematischen Darstellungen bestimmter Pflanzen ebenso wie hypothetische Diagramme (wie z. B. Abb. **183, 253**) ihres Bauplans. Auf den Seiten 11 und 13 wird anhand einer Art ein Beispiel für diese verschiedenen Darstellungsmöglichkeiten gegeben. Als besonders nützliche Eigenschaft eines stark vereinfachten Diagramms ist zu werten, daß es in Form einer »Bildergeschichte« den Entwicklungsablauf eines bestimmten morphologischen Merkmals aufzuzeigen vermag (z. B. Abb. **11b, c, d, e**). Die einfachste Form dieses Abbildungstyps kann als »Linien«-Diagramm bezeichnet werden, in welchem die Dicke eines Organs nicht berücksichtigt wird; dabei wird zum Beispiel ein Stamm als feine Linie gezeichnet, mit symbolisch dargestellen Blättern und axillären Trieben (Abb. **9b**). Liniendiagramme weisen jedoch dieselben Nachteile auf wie gepreßte Pflanzen, d. h. es ist schwierig, die Dreidimensionalität zu wahren. Aus diesem Grunde ist die Kombination Photographie und/oder exakte Strichzeichnung plus schematische Darstellung am aufschlußreichsten. Zusätzlich kann die Stellung der jeweiligen Pflanzenteile zueinander mit Hilfe eines weiteren Diagrammtyps angebracht

◁ **Abb. 8.** *Euphorbia peplus* Der Blütenstand besteht aus einer Anzahl symmetrisch angeordneter Cyathien (siehe S. 144, Abb. **151f**); jede von ihnen ähnelt einer Einzelblüte, setzt sich jedoch in Wirklichkeit aus vielen, stark reduzierten Blüten zusammen.

Abb. 9. a) Sproß, von einer ▷ lebenden Pflanze abgezeichnet. **b)** Liniendiagramm von **a)**, wobei die einzelnen Organe bezeichnet sind. **c)** Grundrißdiagramm von **a)**, das die relative Lage der einzelnen Organe zueinander zeigt. Die einander entsprechenden Blätter sind mit jeweils x und y bezeichnet. **d)-g)** Grundrißdiagramm der vier Typen cymös-monochasialer Teilblütenstände **d, f, g)** sowie der Sichel **e)**, die in Abb. **141s-v** als Liniendiagramme dargestellt sind. Jeder eine Sproßachse symbolisierende Kreis ist genauso gemustert wie das Symbol desjenigen Blattes, aus dessen Achsel sie hervorgeht.

Methoden der Darstellung | 9

sein, dem Grundriß (bzw. spezifischen Blütendiagrammen für Blüten und Blütenstände, S. 150). Der Grundriß zeigt das Sproßsystem oder die Blüte direkt von oben betrachtet. Blätter, Knospen und axilläre Triebe befinden sich in dem Diagramm bezüglich ihrer Abstammungsachse in korrekter Lage, und zwar so, daß die jüngsten, distalen Organe im Zentrum des Diagramms plaziert sind, während die ältesten (untersten, proximalen) Organe an der Peripherie liegen. Alle Bestandteile werden in schematischer Weise dargestellt. Zwei Blätter, die in Wirklichkeit gleich groß sind, können in einem solchen Diagramm unterschiedliche Größe aufweisen, wobei das distalere, also innere Blatt, kleiner gezeichnet ist. Umgekehrt wird ein proximales, kleines Schuppenblatt im Diagramm als größeres Symbol erscheinen als ein distaleres Laubblatt. Dennoch ist die Darstellung mit Hilfe eines Aufsicht-Diagramms eine höchst wertvolle Ergänzung anderer Formen schematischer Abbildungen, da sie die zugrundeliegenden Symmetriemuster (siehe S. 228) enthüllt. Die vier Typen cymös-monochasialer Teilblütenstände, die in den Abb. **141s, t, u, v** als Liniendiagramme dargestellt sind, werden hier in der Aufsicht wiederholt (Abb. **9d, e, f, g**). Die Möglichkeit, mit Illustrationen detaillierte Information zu übermitteln, sollte nicht unterschätzt werden: »Künstlerische Darstellung ermöglicht eine Art Überführung der Sinneseindrücke in Gedanken, ohne sie dabei dem beengenden Einfluß eines unzureichenden verbalen Rahmens zu unterwerfen; das Verb ›illustrieren‹ hat diesbezüglich etwas von seiner ursprünglichen Bedeutung bewahrt – ›erhellen‹« (ARBER 1954).

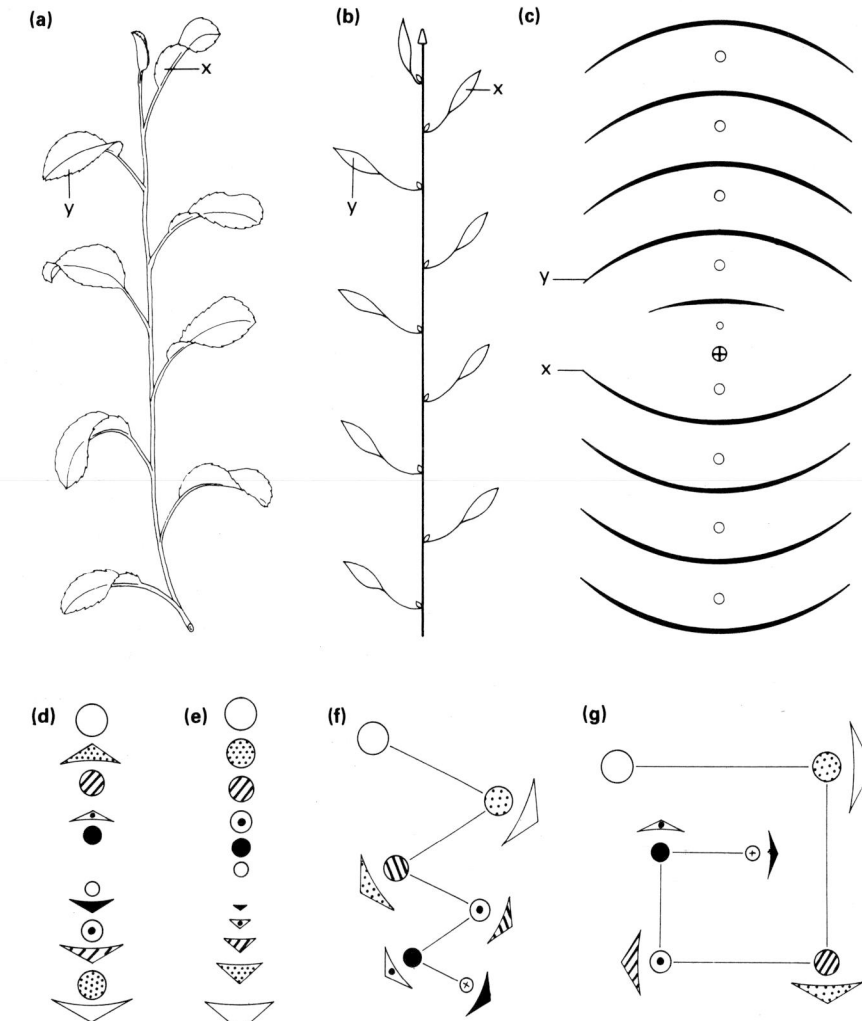

10 | Methoden der Darstellung: am Beispiel *Philodendron*

Viele *Philodendron*-Arten (Araceae) haben eine besonders eigenartige Morphologie und liefern gute Beispiele für eine Anzahl der in diesem Buch vorgestellten Merkmale. Der Sproßaufbau ist bei flüchtiger Betrachtung oft nicht sofort ersichtlich, kann aber durch eine genaue Untersuchung der Pflanze während ihrer Entwicklung herausgefunden werden (RAY 1987a, b). Eine Beschreibung dieser - zugegebenermaßen - komplexen Pflanze erfolgt hier zu dem Zweck, den Gebrauch der verschiedenen deskriptiven Methoden zu demonstrieren. Abbildung 10 zeigt den allgemeinen Habitus einer jungen, vegetativen Pflanze von *Philodendron pedatum,* gesammelt in Französisch Guayana. Das Photo vermittelt einen Gesamteindruck der Pflanze; dieser wird aber durch die dazugehörige Strichzeichnung (Abb. **11a**) vertieft, welche irreführende Einzelheiten sowie den Hintergrund ausschließt, und so die Beschriftung der entscheidenden Strukturen der Pflanze erlaubt. Auf den ersten Blick scheint der Stamm der Pflanze in abwechselnder Folge Laubblätter und große Schuppenblätter, repräsentiert durch ihre Blattnarben (außer dem jüngsten), zu tragen. Auch bei gründlicher Untersuchung wird man keine Achselknospe finden, die mit dem Laubblatt in Zusammenhang steht, und man wird beobachten, daß zwei Blätter auf der einen Seite des Stamms erscheinen, gefolgt von zweien mehr oder weniger auf der gegenüberliegenden Seite, wie es in Abbildung **13e** dargestellt ist. Falls der Stamm ein monopodiales System (S. 250) darstellen würde, müßte die Pflanze eine ungewöhnliche Blattstellung haben. Abbildung **13d** veranschaulicht dies in vereinfachter Weise, und Abb. **13e** wiederholt es in Form eines noch einfacheren Liniendiagramms. Die Adventivwurzeln (S. 98), die an jedem Knoten auftreten (Abb. **11a**), wurden in diesen Darstellungen zugunsten der Übersichtlichkeit weggelassen. Eine genaue Untersuchung von *Philodendron* zeigt, daß die Sproßachse in Wirklichkeit einen sympodialen Aufbau (S. 250) hat; bei dieser Jungpflanze endet dabei jede sympodiale Einheit (in Abb. **13b** abwechselnd schraffiert und unschraffiert dargestellt) in einer verkümmerten Spitze (bei adulten Pflanzen könnten diese distalen Enden der sympodialen Abschnitte durch Infloreszenzen verkörpert werden). Die abgestorbene Spitze ist gewöhnlich kaum erkennbar. In einer sympodialen Verzweigungsfolge wird das Wachstum eines Sprosses dadurch fortgesetzt, daß aus der vorangehenden sympodialen Einheit eine Knospe zur Entwicklung gelangt. Im Falle dieser *Philodendron*-Art ist diejenige Knospe, die sich entwickelt, eine der beiden Knospen (Beiknospen, S. 236), die in der Achsel des ersten Blattes eines jedes sympodialen Abschnittes sitzen, d. h. des Vorblattes, (S. 66), während das zweite Blatt, das Laubblatt, in seiner Achsel keine Knospen trägt.

(Fortsetzung folgt auf Seite 12.)

Abb. 10. *Philodendron pedatum*
Junge Pflanze. Das letzte sich entwickelnde Blatt schlüpft aus der schützenden Umhüllung eines Vorblattes (siehe S. 66) hervor.

Methoden der Darstellung: am Beispiel *Philodendron* | 11

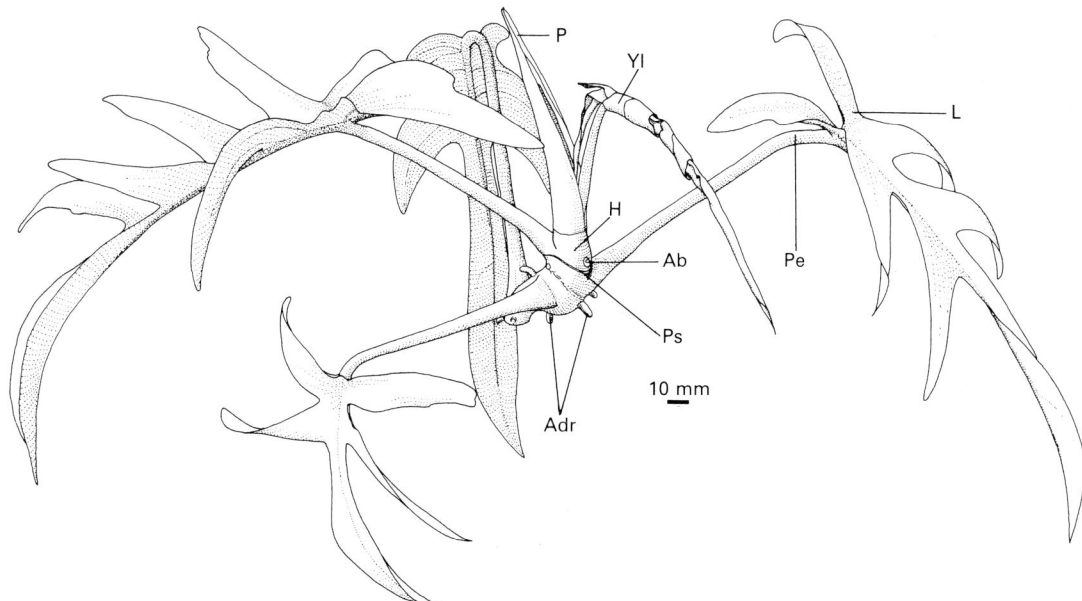

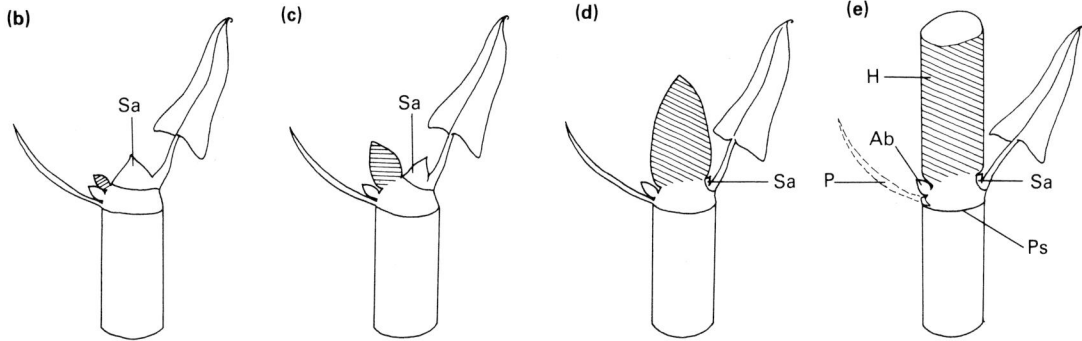

Abb. 11. a) *Philodendron pedatum,* junge Pflanze (vergl. Abb. **10**). **b)-e)** Entwicklungsabfolge, in der gezeigt wird, wie die obere Knospe (schraffiert) eines in der Achsel eines Vorblattes sitzenden Knospenpaares den Sproßscheitel auf die Seite drängt und die nächste sympodiale Einheit bildet. Vergl. mit Abb. **13b**. Ab: Beiknospe. Adv: sproßbürtige Wurzel. H: Hypopodium. L: Blattspreite. P: Vorblatt. Pe: Blattstiel. Ps: Narbe des Vorblattes. Sa: Sproßscheitel. Yl: junges Blatt.

12 | Methoden der Darstellung: am Beispiel *Philodendron* (Fortsetzung)

Abb. 12. *Philodendron pedatum*
Nahaufnahme einer Sproßachse mit den Narben des Vorblattes (S. 66) und sproßbürtigen Wurzeln (S. 98). Die Sproßspitze ist schräg nach rechts gebogen. Das Photo zeigt den oberen Abschnitt der in Abb. **13a** dargestellten Pflanze.

Die Entwicklungsabfolge bei *Philodendron* (siehe Seite 10) wird in den Abbildungen **11b, c, d, e** gezeigt. Die obere, schraffierte Knospe in der Achsel des Vorblattes entwickelt sich rasch und drängt die Sproßspitze zur Seite, wobei sie die zweite, untere Knospe in der Achsel des Vorblattes zurückläßt. In Abbildung **12** kann man diese Knospe erkennen. Der sympodiale Aufbau der Achse ist in den Abbildungen **13a, b, c** dargestellt; dabei gibt Abb. **13a** ein stilisiertes Abbild des Sprosses wieder, **13b** zeigt die Stellung der aufeinanderfolgenden sympodialen Einheiten, und **13c**, ein Liniendiagramm, gibt eine genaue schematische Darstellung des Sproßaufbaus. Schemata wie dieses sind höchst nützlich beim Vermitteln des Pflanzenaufbaus mit einem Minimum an störendem Hintergrund. Auf der anderen Seite vermögen sie keinen räumlichen Eindruck zu vermitteln; die relative Anordnung der Blätter zueinander kann jedoch in Form eines Grundrißdiagramms (siehe Seite 8) dargestellt werden, und ist somit die vegetative Entsprechung zum Blütendiagramm (S. 150). Abbildung **13f** zeigt die Stellung der Organe eines sympodial aufgebauten Exemplars (Abb. **13c**) zueinander, während Abb. **13g** eine Anordnung aufzeichnet, die man finden würde, wenn der Sproß monopodial (Abb. **13e**) wachsen würde. Aus der frühzeitigen Streckung jeder sympodialen Einheit resultiert ein kräftiges, kahles Stammstück zwischen dem Insertionspunkt dieses Seitensprosses an seiner Mutterachse und dem das Vorblatt tragenden Knoten (›H‹ in Abb. **13a**). Ein solches Stammglied, das proximal (siehe S. 8) zum ersten Blatt eines Sprosses angeordnet ist, nennt man Hypopodium (siehe Syllepsis, S. 262). Diese eigentümliche *Philodendron*-Art weist somit in ihrem jugendlichen Stadium ein sympodiales Sproßsystem auf, bei dem jedes Teilstück genau zwei Blätter und zwei Knospen (beide in der Achsel des ersten Blattes) trägt. Es ist jedoch bekannt, daß Pflanzen während ihrer Entwicklung eine Folge verschiedener morphologischer Formen durchlaufen können, von denen jede als eine Entwicklungsphase betrachtet werden kann (S. 314). Der *Philodendron*-Keimling macht wahrscheinlich erst eine Phase monopodialen Erstarkungswachstums (S. 168) durch, bevor er zu dem hier beschriebenen sympodialen Wachstum übergeht; dies wird erkennbar, wenn sich die zweite Vorblattknospe dieser Pflanze entwickelt und zunächst einen monopodialen Sproß (der somit einen Wiederholungstrieb darstellt, S. 298) liefert. Nach dem hier aufgezeigten sympodialen Entwicklungsablauf, bei dem auf ein schuppenartiges Vorblatt ein einzelnes Laubblatt folgt, kommt es wiederum zu einer sympodialen Entwicklung, bei der nun das zweite Blatt bei einer Länge von ungefähr 1 cm abstirbt, während sich das Hypopodium außerordentlich streckt (Abb. **66a**). In diesem Stadium rankt die Pflanze rasch empor, um zu einem Reifestadium mit vergrößerten Laubblättern und Reproduktionsfähigkeit zu gelangen. Einzelheiten der sehr exakten sympodialen Entwicklungsabfolge, wie sie bei Araceen vorkommen, findet man bei RAY (1988).

Methoden der Darstellung: am Beispiel *Philodendron* (Fortsetzung) | 13

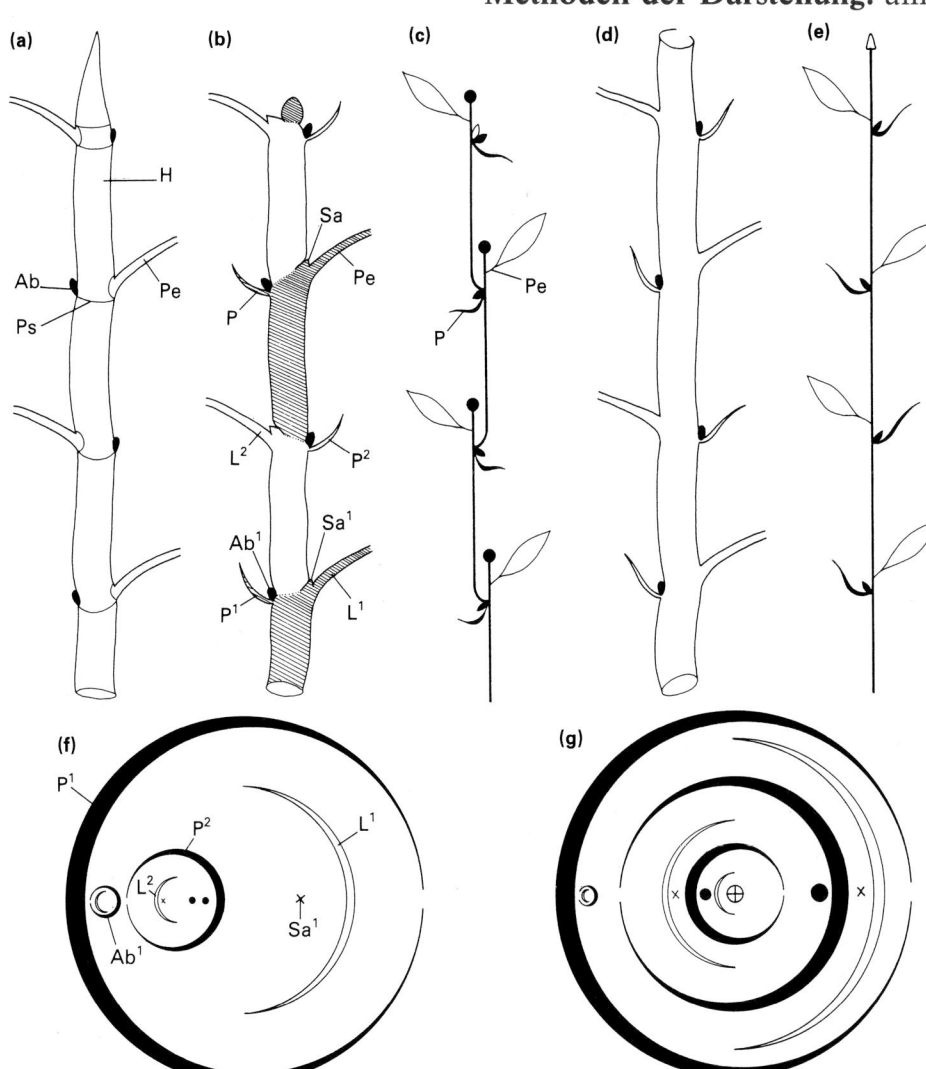

Abb. 13. Aufbau der Sproßachse bei *Philodendron pedatum* (vergl. Abb. **11**). **a)-c)** Verschiedene Methoden, eine sympodiale Verzweigungsabfolge graphisch darzustellen. **d), e)** Diagramme, die den auf den ersten Blick monopodial erscheinenden Sproßaufbau zeigen. **f)** Grundrißdiagramm von **b)**. **g)** Grundrißdiagramm von **d)**. Ab: Beiknospe. H: Hypopodium. L: Laubblatt. P: Vorblatt. Pe: Blattstiel. Ps: Narbe des Vorblattes. Sa: Sproßspitze. Die speziell gekennzeichneten Strukturen im unteren Teil von Abb. **b)** tragen die gleiche Bezeichnung wie die entsprechenden Elemente im Grundrißdiagramm **f)**.

14 | Blütenpflanzen: Monokotyledonen [= Einkeim- (M)] und Dikotyledonen [= Zweikeimblättrige (D)]

In diesem Buch soll die Morphologie der Blütenpflanzen dargestellt werden. Unter Blütenpflanzen versteht man in taxonomischem Sinne Samen produzierende Pflanzen (Spermatophyta, Samenpflanzen) im Gegensatz zu Sporen bildenden. Darüberhinaus ist bei den Blütenpflanzen der Same in eine Frucht (siehe S. 154) eingeschlossen (Angiospermae oder Bedecktsamer; von griechisch ›angeion‹ = Gefäß, und ›sperma‹ = Same), im Unterschied zu den Gymnospermae (Nacktsamer), bei welchen die Samen nackt sind (z. B. vor allem Coniferae). Die Blütenpflanzen lassen sich in zwei natürliche Gruppen einteilen: die Dikotyledonen und die Monokotyledonen (im Stichwortverzeichnis mit D bzw. M gekennzeichnet). Die Unterschiede zwischen diesen beiden Klassen sind so deutlich, daß der Botaniker gewöhnlich, auch wenn er eine Pflanze zum ersten Mal sieht, auf den ersten Blick eine dikotyle von einer monokotylen Pflanze unterscheiden kann. Es gibt jedoch ebenso eine Vielzahl von Pflanzen, denen man ihre mono- oder dikotyle Abstammung nicht sofort ansieht. Die einkeimblättrigen Pflanzen umfassen Palmen, Zingiberaceen, Liliengewächse, Orchideen, Gräser, Seggen, Bananengewächse, Bromelien und Aronstabgewächse; zu den zweikeimblättrigen gehören die meisten Bäume und Sträucher, sowie die krautigen und verholzten Mehrjährigen.

Wie der Name schon sagt, besitzen die monokotylen Pflanzen einen Kotyledo (Keimblatt, S. 162), wogegen die Dikotyledonen – mit wenigen Ausnahmen – zwei haben. Die Blütenorgane der Einkeimblättrigen sind in der Regel in Dreizahl vorhanden, während die Blüten der zweikeimblättrigen Pflanzen sehr selten 3zählig sind; 4- oder 5zählige Blüten sind typischer. Der Hauptunterschied zwischen den beiden Klassen bezüglich ihrer Morphologie besteht in der Art und Weise ihres Wachstums. Den Sproßachsen der Monokotyledonen fehlt bis auf wenige Ausnahmen die Fähigkeit, ihren Umfang kontinuierlich zu erweitern, d. h. sie haben kein meristematisch aktives Kambium (siehe S. 16). Die meisten Dikotyledonen dagegen sind im Besitz eines derartigen Gewebes, so daß ihre Stämme und Wurzeln an Dicke zunehmen und so mit dem Längenwachstum Schritt halten können. Eine Zunahme im Umfang findet bei monokotylen Pflanzen in Form von »Erstarkungswachstum« (S. 168) statt, bei welchem jedes darauffolgende Internodium (S. 6) oder sympodiales Achsenglied (S. 250) dicker ist als das vorhergehende. Dieser Unterschied in der Art des Wachstums sowie die unterschiedliche Leitbündelanatomie haben zur Folge, daß die Blätter der Monokotylen den Knoten der Sproßachse meist mehr oder weniger vollständig umfassend ansitzen (Blattscheiden). Demgegenüber sitzt ein Dikotyledonenblatt häufig nur mit einer relativ schmalen Zone dem Stamm an. Ein noch wesentlicheres Merkmal stellt die Keimwurzel (Radikula, S. 162) dar: bei einer dikotylen Pflanze nimmt sie in dem Maß an Größe zu, wie der oberirdische Teil der Pflanze wächst. Das bedeutet, daß sich auch das proximale Ende (S. 4) des Wurzelsystems ausdehnt, sobald im distalen Bereich mehr und mehr Seitenwurzeln gebildet werden. Dabei wird kein Engpaß oder eine sonstige Einschnürungsstelle gebildet. Dies trifft auf die Mehrzahl der monokotylen Pflanzen nicht zu. Die Wurzeln, die sich zu Beginn aus dem Embryo entwickelt haben, erweisen sich im Hinblick auf ihren Durchmesser bald als ungeeignet, die sich entwickelnde Pflanze zu versorgen. Alle monokotylen Pflanzen entwickeln daher ein System sproßbürtiger Wurzeln (Adventivwurzeln, S. 98); das sind zahlreiche zusätzliche, jedoch relativ kleine Wurzeln, die dem Stamm der Pflanze entspringen. Das kann besonders gut an rhizom- (siehe S. 130) oder ausläuferbildenden (S. 132) Monokotyledonen beobachtet werden, die normalerweise sympodial (S. 230) aufgebaut sind und bei denen jeder neue sympodiale Abschnitt einen eigenen Satz neuer Adventivwurzeln aufweist. Das Fehlen eines Kambiums spiegelt sich bei den Monokotyledonen auch darin wider, daß der Ausdehnung ihres oberirdischen Verzweigungssystems Grenzen gesetzt sind. Bei der Entwicklung der Knospe einer monokotylen Pflanze zu einem Sproß muß sie fortlaufend an Umfang zunehmen, indem, ähnlich dem Erstarkungswachstum eines Keimlings (Abb. **169c**), jedes nachfolgend ausgebildete Internodium ein wenig dicker ist als das vorhergehende. Die gesamte Basis der neuen Pflanze oder des neuen Seitenzweiges kann sich aber nicht nach Art der Dikotyledonen verdicken. Demnach hätte die Ausbildung eines oberirdischen Verzweigungssystems am Ansatzpunkt eines jeden Seitenzweiges eine mechanisch instabile Einschnürung zur Folge. Monokotyle Pflanzen, die sich oberirdisch verzweigen, bilden daher entweder sehr schlanke, dünne Seitensprosse aus (z. B. Bambus-Arten, S. 192), die Zweige werden von Stelzwurzeln (Abb. **100**) gestützt oder finden

Blütenpflanzen: Monokotyledonen [= Einkeim- (M)] und Dikotyledonen [= Zweikeimblättrige (D)] | 15

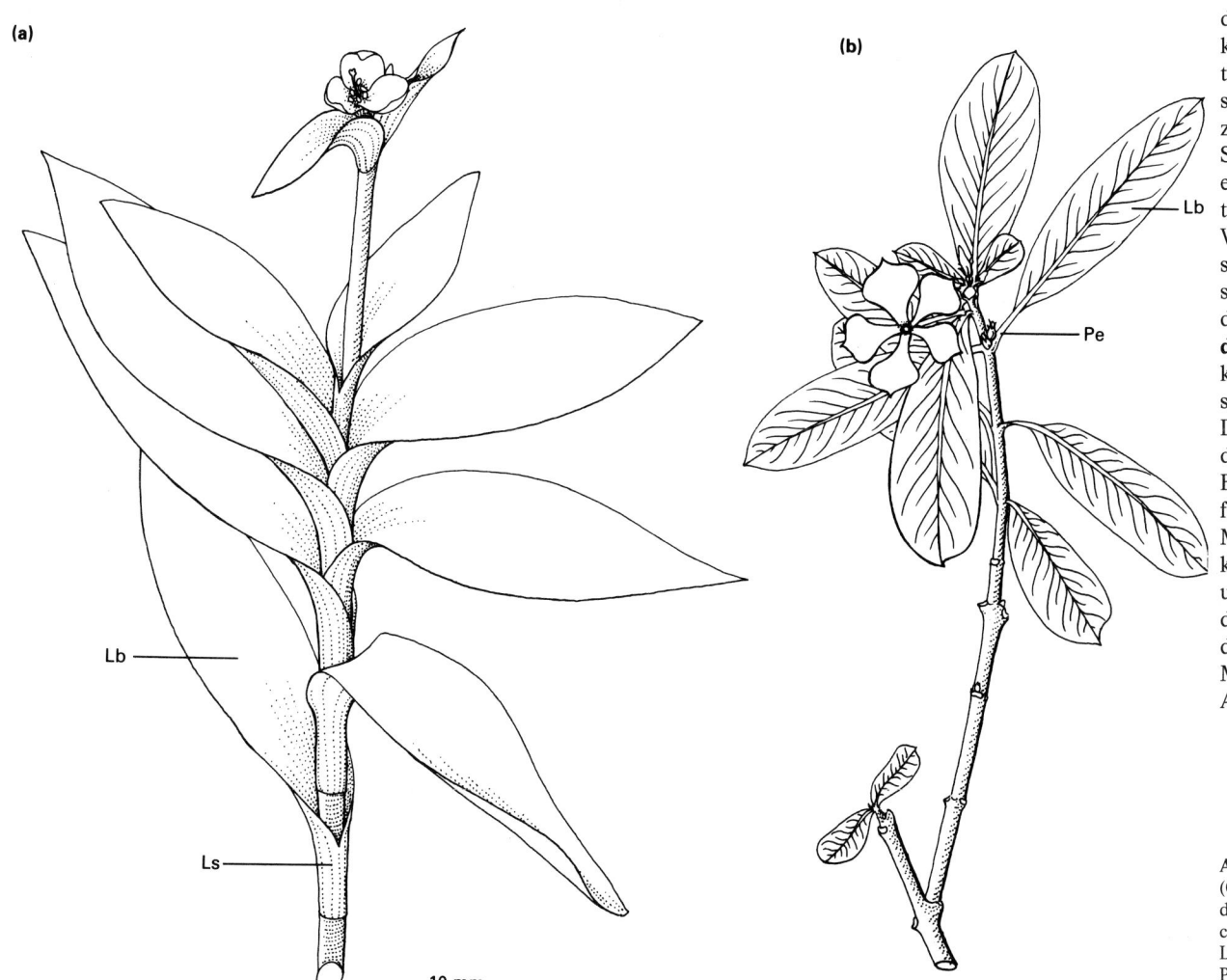

dadurch Halt, daß die Sprosse klettern (Abb. **98**). Eine weitere Möglichkeit, mechanisch stabile Insertionspunkte auszubilden, ist die frühzeitige Streckung der Seitensprosse zu einem Zeitpunkt, da die Mutterachse selbst noch im Wachstum begriffen ist, so daß sich die beiden sozusagen unisono, im Einklang miteinander, entwickeln (Abb. **11b, c, d, e**). Als allgemein anerkannte Faustregel zu Unterscheidung von Mono- und Dikotyledonen gilt: Dikotyledonenblätter haben einen Blattstiel (S. 40) und sind fiedernervig (S. 34), während Monokotyledonenblätter meist keinen Blattstiel aufweisen und parallelnervig sind. Von dieser allgemeinen Unterscheidungsregel gibt es jedoch eine Menge Ausnahmen (siehe z. B. Abb. **21b, 35**).

Abb. 15. a) *Setcreasea purpurea* (Commelinaceae), eine Monokotyledone. **b)** *Catharanthus roseus* (Apocynaceae), eine Dikotyledone. Lb: Blattspreite. Ls: Blattscheide. Pe: Blattstiel.

Meristeme und Knospen: Grundlage der Pflanzenentwicklung

Abb. 16. *Cyclamen* cv.
Ein »Entwicklungsfehler« (S. 270), bei dem die Blütenknospe an der Sproßachse festgewachsen ist (Adnation, S. 234) und soweit von ihrem Tragblatt fortgezogen wird, daß der Blütenstiel (Pedicellus, S. 146) abgerissen ist.

All die verschiedenen Organe und morphologischen Strukturen einer Pflanze sind aus Zellen aufgebaut; Wachstum und Entwicklung finden in genau abgegrenzten Bereichen aktiver Zellteilung und -streckung statt. Man bezeichnet solche Bereiche als Meristeme (siehe S. 18, 94, 112). Im typischen Fall findet man bei jeder Pflanze sowohl an der Spitze des Sprosses (Apikalmeristem des Sprosses) wie auch jeder Wurzel (Apikalmeristem der Wurzel) eine meristematische Zone. Das Apikalmeristem eines Sprosses kann vor allem während der Ruhestadien geschützt sein, entweder durch älteres Gewebe oder Organe wie Schuppenblätter, die dann eine Knospe bilden (S. 264). Bei vielen Pflanzen jedoch wachsen die Apikalmeristeme des Sprosses mehr oder weniger kontinuierlich und durchlaufen keine Ruheperiode in Form einer Knospe. Auf diese Art und Weise entwickeln sich diese axillären Sproßmeristeme gleichzeitig mit dem der Abstammungsachse (Syllepsis, S. 262). Seitenwurzeln (S. 96) und sproßbürtige Wurzeln (Adventivwurzeln, S. 98) entwickeln sich aus Apikalmeristemen, die tief im Gewebe der vorhandenen Wurzel bzw. des Sprosses entstehen (Abb. **94**). Für die Bildung neuer Blätter ist eine meristematische Aktivität an der Sproßspitze verantwortlich. Als erstes erscheint dabei ein Blattprimordium (S. 18), bei dem Zellteilungen in speziellen Meristemen zu der für die Pflanze charakteristischen Blattform führen. Die Tätigkeit von Rand- und Plattenmeristemen des Blattes führt z. B. zur Ausbildung des Blattrandes (Abb. **19c, d**). Bei der Mehrzahl der Monokotyledonen (S. 14), ebenso wie bei vielen Dikotyledonen, wird der gesamte Pflanzenkörper durch Zellteilung und -streckung in den Apikalmeristemen von Wurzel und Sproß gebildet (= primärer Pflanzenkörper). Bei zahlreichen Dikotyledonen kann noch eine zweite Art meristematischer Aktivität stattfinden, welche wiederum eine Vergrößerung des Umfangs des bereits existierenden primären Pflanzenkörpers zur Folge hat. Innerhalb von Primärsproß und Primärwurzel befindet sich ein Zylinder von Zellen, die ihre meristematischen Eigenschaften beibehalten: das Kambium (Lateralmeristem). Durch die Bildung von sekundärem Gewebe, einschließlich der Leitelemente, führt die Zellteilung im Kambiumzylinder zu einer Dickenzunahme von Sproß oder Wurzel. Eine Pflanze, die ständig an Umfang zunimmt, wie zum Beipiel ein Baum, wird auf diese Weise aufgebaut. Diesen Prozeß nennt man sekundäres Dickenwachstum. Für eine umfassendere Darstellung sei auf die einschlägigen pflanzenanatomischen Lehrbücher hingewiesen (z. B. Esau 1964; Cutter 1971). Einige Monokotyledonen verfügen über eine ähnliche Möglichkeit, mit Hilfe der Aktivität von Lateralmeristemen sekundäres Gewebe zu produzieren und können so verzweigte, baumartige Strukturen hervorbringen (z. B. *Cordyline, Dracaena*). Andere monokotyle Bäume, wie z. B. Palmen, erhalten ihre Gestalt durch Erstarkungswachstum (Abb. **169c**). Wenig unterhalb von Sproß- oder Wurzeloberfläche kann ein zweiter Typ von Lateralmeristem, ebenfalls in Form eines Zylinders, angelegt sein. Es wird als Phellogen oder Korkkambium bezeichnet und bildet den Hauptanteil der Borke (S. 114).

Meristeme und Knospen: Grundlage der Pflanzenentwicklung | 17

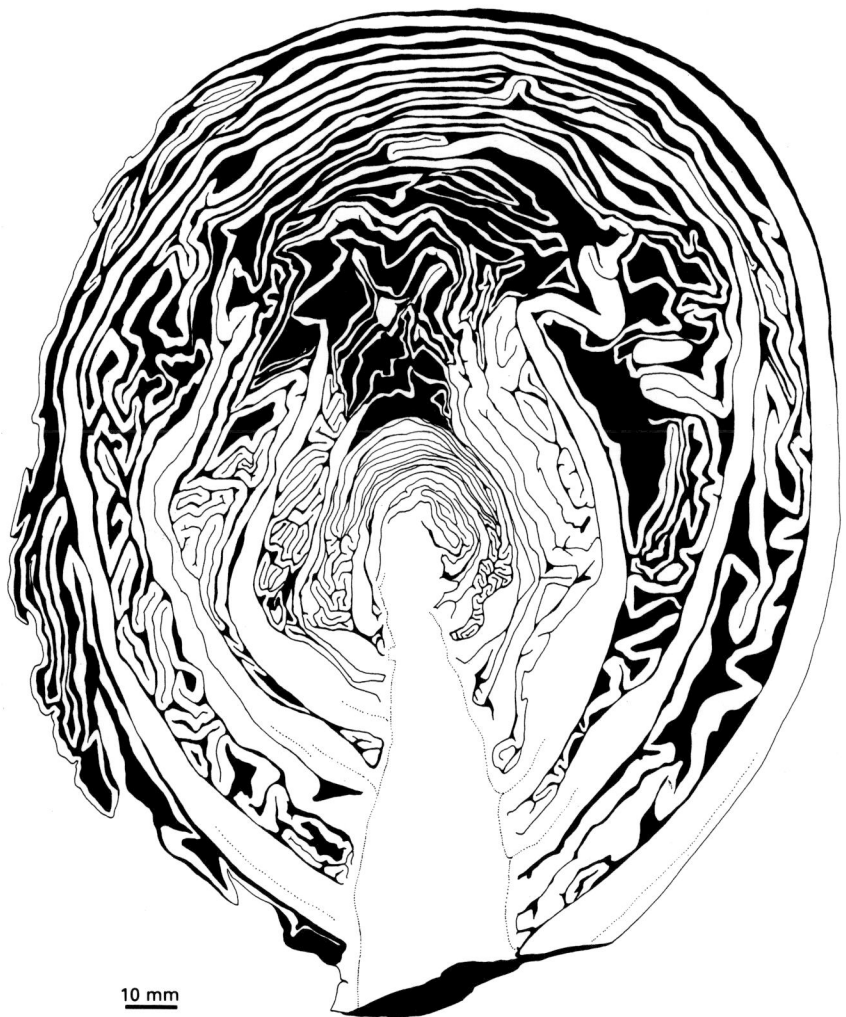

Abb. 17. *Brassica oleracea.* Längsschnitt durch den Sproßscheitel. Die Blätter weisen eine zerknitterte Knospenlage auf (Abb. **149c**).

10 mm

Morphologie des Blattes: Entwicklung

Abb. 18. *Plumeria rubra*. Sproßspitze vor der Blüte, die Reihenfolge der Blattentwicklung zeigend.

An der Oberseite des Apikalmeristems eines Sprosses, welche sich wiederum durch Zellteilung und -streckung (S. 16) ausdehnt, entwickeln sich die neuen Blätter. Auf diese Weise verbleibt jede neue Blattanlage, die man als Primordium bezeichnet, auf den Flanken der Achse, solange der Sproß wächst. Das jüngste aus dem Apikalmeristem hervorgegangene Blattprimordium ist das am wenigsten entwickelte, während ältere Blattprimordien aufgrund von Meristemaktivität im Blatt selbst Schritt für Schritt weiter entwickelt sind. Das Primordium eines Dikotyledonenblattes ist im allgemeinen auf einen relativ schmalen Bereich des Sproßumfangs beschränkt. Bei monokotylen Pflanzen dagegen greift das Blattprimordium mit seinem Ansatz nahezu rund um die gesamte Sproßspitze. Junge Dikotyledonenblätter erscheinen demnach als zapfenartige Gebilde (Abb. **19a**), während entsprechend junge Monokotyledonenblätter eher einem Kragen ähneln (Abb. **19b**), der den Sproßscheitel umhüllt oder sogar überwölbt. Die Reihenfolge, in der die neuen Blattprimordien an der Sproßspitze ausgegliedert werden, ist für die charakteristische Blattstellung (S. 218) der Pflanze verantwortlich. Das Primärblatt setzt das Wachstum fort und erreicht nach und nach seine typische, festgelegte Größe und Form. Die Zellen nehmen dabei erst an Anzahl und später an Größe zu, was eine Zunahme der Blattgröße zur Folge hat, während Zellteilungen im wesentlichen auf bestimmte meristematische Zonen (S. 16) des Blattes beschränkt sind. Unterschiedliche Teilungsaktivität dieser Bereiche führt zu den verschiedenen Blattformen. Dabei ist zunächst das Spitzenmeristem des Blattes aktiv, sehr bald aber ist die Aktivität eines interkalaren Meristems (Abb. **19c**) für das Längenwachstum des Blattes verantwortlich. Dieses Meristem kann, z. B. bei Gräsern (S. 180), eine verlängerte Aktivität besitzen. Aus der Tätigkeit der Randmeristeme (Abb. **19c**) resultiert ein horizontal abgeflachtes (bifaziales oder dorsiventrales) Blatt, wobei die Zunahme der Blattbreite auf Zellteilungen im Plattenmeristem (Abb. **19d**) zurückzuführen ist. Ist das Randmeristem nur an bestimmten Stellen entlang des Blattrandes aktiv (Meristemfraktionierung), so ist das Ergebnis ein Fiederblatt (S. 22). Jedes Blättchen eines Fiederblattes entwickelt sich aus einem isolierten Stück des Randmeristems und ist auf dieselbe Art und Weise aufgebaut wie ein ganzes, einfaches Blatt (Abb. **19e**). Aufgrund von Zellteilungen im adaxialen Meristem (Blattoberseite) (Abb. **19d**) wird die Mittelrippe dicker als die Blattspreite. Bildet das adaxiale Meristem in diesem Bereich weiterhin Verdickungen aus und sind gleichzeitig die Randmeristeme inaktiv, so flacht sich das Blatt in vertikaler Richtung ab (seitliche Abflachung) und ein schwertförmiges Blatt (S. 86) ist die Folge. Zwischen Mono- und Dikotyledonen besteht nach Auffassung einiger Botaniker ein grundlegender Unterschied, was den Schwerpunkt der meristematischen Aktivität betrifft; entweder wird die Basis des sehr jungen Blattprimordiums gefördert (Unterblattzone) oder die Spitze des Primordiums (Oberblattbereich) (S. 20). Auch kontrollierter Zelltod spielt in einigen Fällen eine Rolle. Er ist z. B. für die Einkerbungen und Löcher verantwortlich, die bei einigen Vertre-

Morphologie des Blattes: Entwicklung

tern der Familie der Araceae schon in frühen Entwicklungsstadien der Blattspreite in Erscheinung treten (S. 10); auch bei der Bildung der geteilten Blätter der Palmen (S. 92) spielt er eine Rolle. Darüber hinaus können in Teilen des Blattes Bereiche zurückbleiben, die ihr meristematisches Potential behalten und sich später zu vegetativen Knospen (Abb. **233**) oder Blütenstandsknospen (Abb. **75g**) entwickeln. Bei einigen wenigen Pflanzen bleibt das Apikalmeristem des Blattes aktiv, und das Blatt kann an der Spitze über einen längeren Zeitraum weiterwachsen (S. 90).

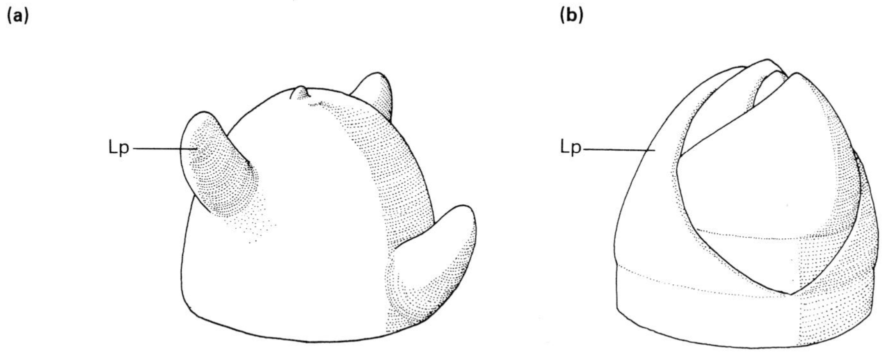

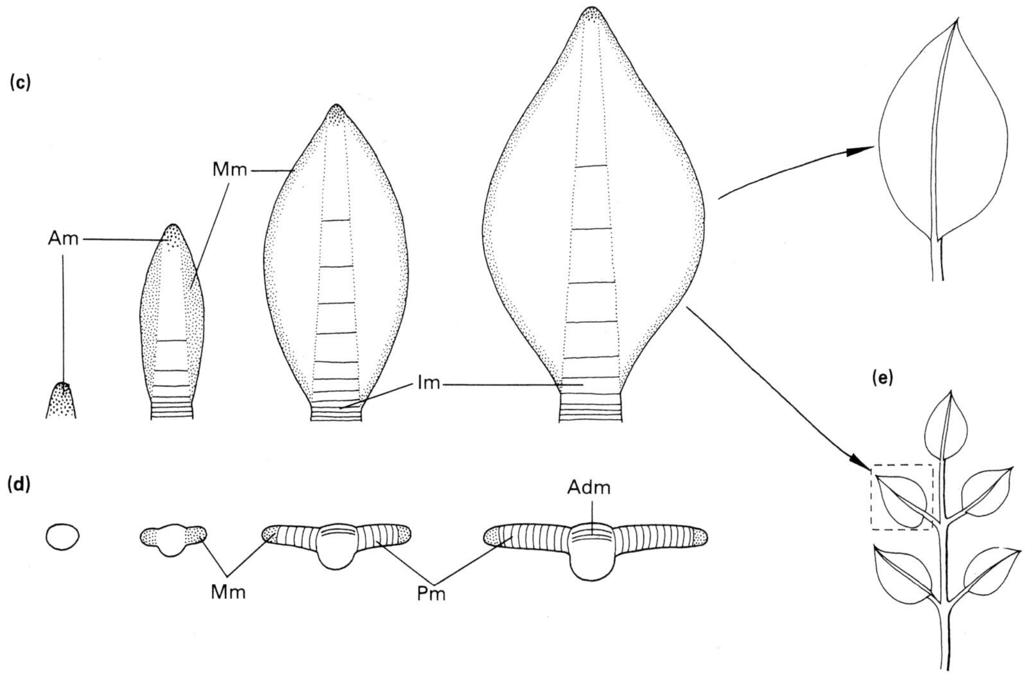

Abb. 19. **a)** Schematische Darstellung des Sproßscheitels einer dikotylen und **b)** einer monokotylen Pflanze. **c)** Die meristematischen Zonen eines einfachen Blattes in der Entwicklung, von oben und **d)** im Querschnitt. **e)** Das gleiche trifft auf das Fiederblättchen eines gefiederten Blattes zu. Adm: adaxiales Meristem. Am: Apikalmeristem (des Blattes). Im: interkalares Meristem. Lp: Blattprimordium. Mm: Randmeristem. Pm: Plattenmeristem.

Morphologie des Blattes: Ober- und Unterblatt

Studien über sehr frühe Wachstumsabläufe bei Blattprimordien weisen darauf hin, daß aus den beiden Enden des Primordiums, dem distalen (apikalen) und dem proximalen (basalen) Ende, ganz spezielle Bereiche des fertig entwickelten Blattes entstehen (EICHLER 1861, KAPLAN 1973b). Dabei besteht zwischen der Blattentwicklung bei monokotyledonen und dikotyledonen Pflanzen ein wesentlicher Unterschied. Bei vielen »typischen« Dikotyledonenblättern entwickelt sich aus dem proximalen Teil des Blattprimordiums (Unterblatt) die Blattbasis, welche die Sproßachse scheidenartig umschließen kann (S. 50), und als rundliche Auswüchse, wenn vorhanden, die Nebenblätter (Stipeln) (S. 52). Der distale Abschnitt des Primordiums (Oberblatt) entwickelt sich zur dorsiventral abgeflachten Blattspreite (Lamina) (Abb. **21c**) oder zu einem seitlich abgeflachten Phyllodium, wie im Falle einiger *Acacia*-Arten (S. 44). Durch die im Anschluß daran einsetzende Tätigkeit eines interkalaren und eines adaxialen Meristems (S. 18) kann ein unifazialer (d. h. mehr oder weniger zylindrischer) Blattstiel (S. 40) entstehen, der die Blattbasis von der Blattspreite trennt. Betrachtet man dagegen die entsprechende Entwicklung von Ober- und Unterblatt bei einem dorsiventralen Monokotyledonenblatt, so leitet sich – jedenfalls nach Ansicht einiger Autoren – das gesamte Blatt, also die scheidenartige Blattbasis mit der Blattspreite (Abb. **21e**) ebenso wie der Blattstiel (Abb. **21b**), falls vorhanden, vom Unterblattbereich her. Das Oberblatt trägt demnach nur geringfügig zur Ausbildung des fertigen Blattes bei; es kann jedoch in Form einer unifazialen, rudimentären »Vorläuferspitze« an der Blattspitze vorhanden sein (Abb. **20a, b**). Einige monokotyledone Pflanzen haben unifaziale Blätter, wobei der distale, unifaziale Anteil beträchtlich länger ist als die basale Blattscheide (Abb. **21a**). Untersuchungen über die Entwicklung dieser Blätter zeigten, daß der unifaziale Anteil aus dem Oberblattbereich entsteht und somit der Vorläuferspitze des bifazialen Monokotyledonenblattes gleichkommt, demnach also der Blattspreite eines Dikotyledonenblattes entspricht. Die Entwicklung eines solchen unifazialen Monokotyledonenblattes ist in der Tat praktisch identisch mit der Entwicklung eines unifazialen Blattes

Abb. 20a. *Musa* sp. Vorläuferspitze am distalen Ende eines sich entrollenden Blattes.

Abb. 20b. *Sansevieria* sp. Länglich runde Vorläuferspitze am distalen Ende eines Blattes.

Morphologie des Blattes: Ober- und Unterblatt | 21

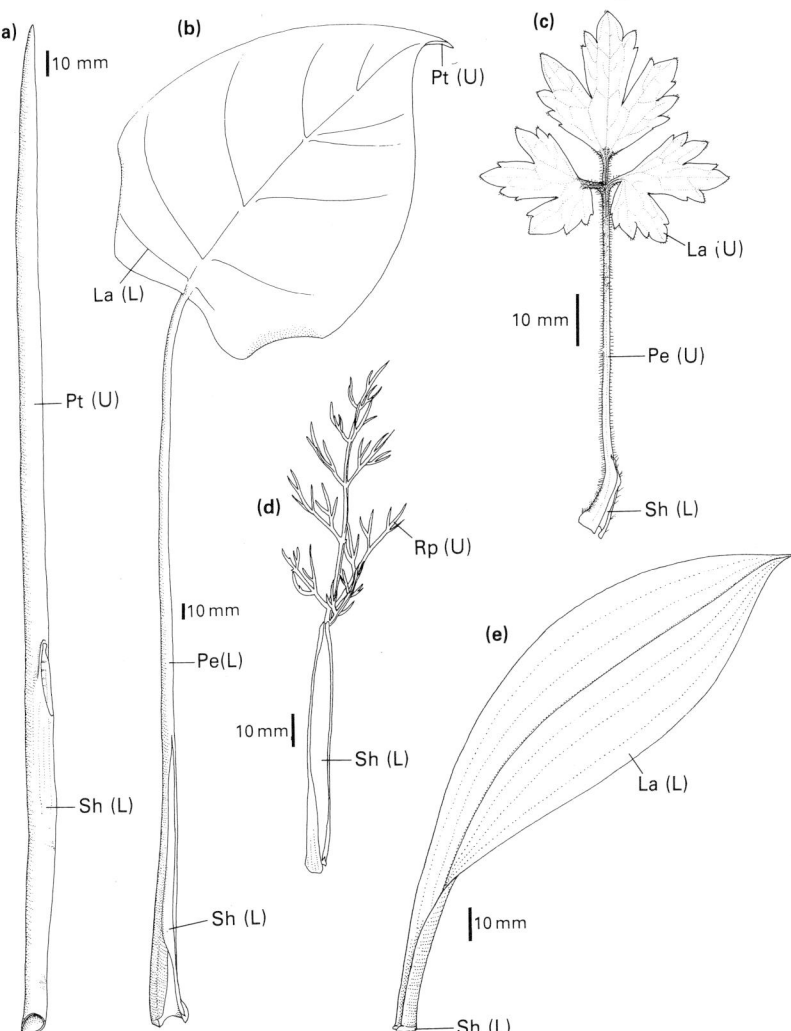

bei einigen dikotylendonen Pflanzen, obwohl letztere rudimentäre Fiederungen aufweisen können (z. B. Abb. **21d**). Umgekehrt sind einige Blätter dikotyledoner Pflanzen in ihrer Entwicklung den Blättern der monokotyledonen Pflanzen äquivalent, da sich nämlich der bifaziale Anteil aus dem Unterblattbereich entwickelt. Bei der zeitlichen Aufeinanderfolge verschiedener Blattgrößen (heteroblastische Blattfolge) (Abb. **29d**) wird der Wechsel zwischen jeweiliger Tätigkeit von Ober- oder Unterblattbereich durch die unterschiedliche Blattgestalt unterstrichen.

Abb. 21. Vergleich zwischen einem einfachen Blatt von monokotyledonen (M) und dikotyledonen (D) Pflanzen. **a)** *Allium cepa* (M), **b)** *Monstera deliciosa* (M), **c)** *Ranunculus repens* (D), **d)** *Foeniculus vulgare* (D), **e)** *Rossioglossum grande* (M). La: Lamina (Blattspreite). Pe: Blattstiel. Pt: Vorläuferspitze. Rp: rudimentäre Fiedern. Sh: Blattscheide. U: Oberblatt. L: Unterblatt.

Morphologie des Blattes: Form

Abb. 22. *Calathea makoyana*. Durchscheinendes einfaches Blatt, bei dem das Chlorophyll auf bestimmte Zonen beschränkt ist, und das dadurch ein Fiederblatt nachahmt.

Die Gestalt eines Blattes wird von seiner Entwicklung geprägt, die im allgemeinen durch Zellteilung und -streckung, in manchen Fällen aber auch von Zelltod (S. 18) bestimmt ist. Zur Beschreibung der Spreitenform einfacher Blätter (Abb. **22, 23a, c, d**) sowie der einzelnen Fiederblättchen von Fieberblättern (Abb. **23b, d, e, g**), von denen oft jedes seinen eigenen Stiel hat, existiert eine präzise und umfassende Terminologie. Diese Fachbegriffe beziehen sich auf die Spreitenbasis, die Spitze, den Blattrand sowie den Gesamtaspekt des Blattes. Ein einfaches Blatt kann also folgendermaßen beschrieben werden: breit eiförmig, die Spitze ausgezogen und die Blattbasis cordat (Abb. **35b**), d. h. herzförmig mit einer langen Träufelspitze. Eine Definition dieser Ausdrücke für den allgemeinen Gebrauch findet sich im Glossar jeder Flora. Ein geteiltes Blatt kann einfach gefiedert sein, die Fiedern oder Fiederblättchen entweder alternierend (Abb. **124a**) oder gegenständig (Abb. **27b**) angeordnet, wobei gelegentlich die eine Blattstellung in die andere übergeht (Abb. **23b**). Ein einzelnes, endständiges Blättchen kann vorhanden sein (unpaarig gefiedert, Abb. **57f**), es kann aber auch fehlen (paarig gefiedert, Abb. **27a, 23e**) oder durch ein Spitzchen ersetzt sein (Abb. **79**). Haben die Fiederblättchen alle eine unterschiedliche Größe, so bezeichnet man ein solches geteiltes Blatt als unterbrochen gefiedert (Abb. **271h**). Die Mittelrippe, an der die Fiedern ansitzen, heißt Rhachis. Bei einem doppelt gefiederten Blatt sitzen der Rhachis wiederum Rhachillae an, die nun ihrerseits wiederum Fiederblättchen (Fiedern 2. Ordnung) tragen (Abb. **23e**). Der Stiel der

Morphologie des Blattes: Form | 23

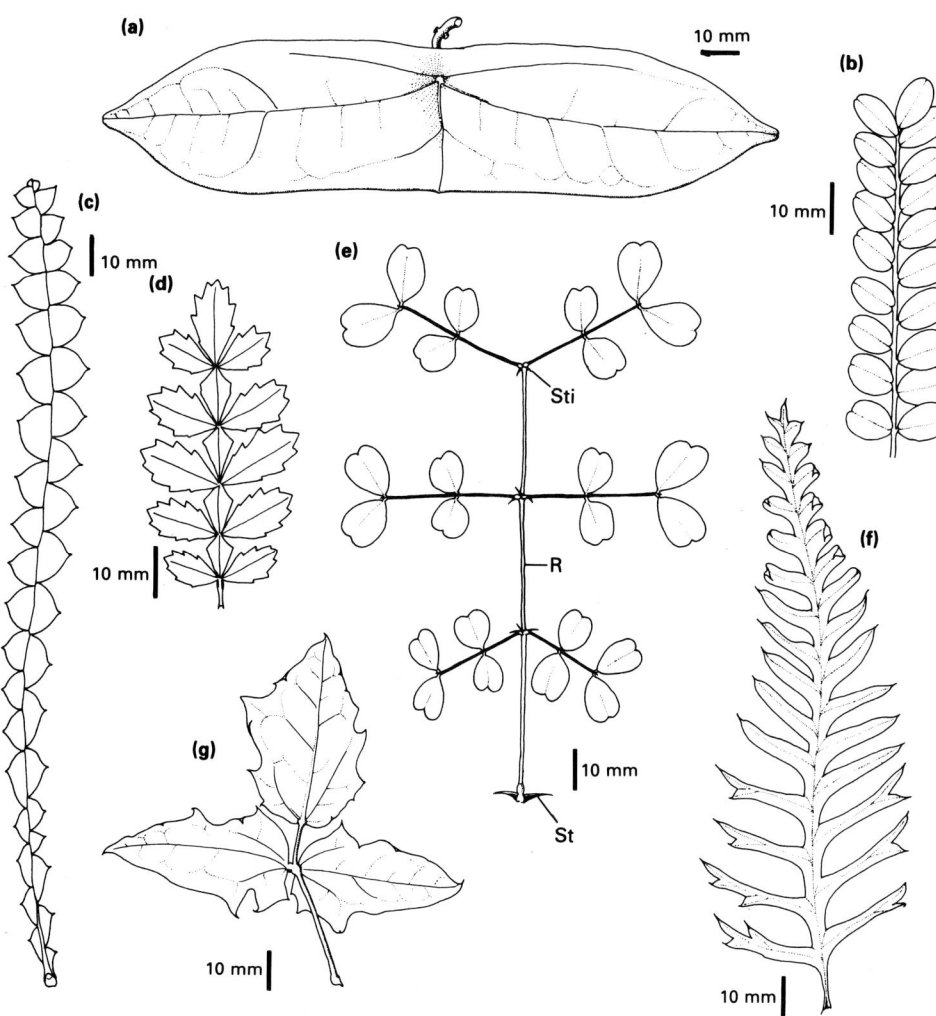

einzelnen Fiederblättchen wird Petiolulus, »Stielchen«, (Blättchenstiel) genannt. Gehen bei einem geteilten Blatt die Stielchen aller Fiedern von einem Punkt aus, so spricht man von einem palmaten (handförmigen) Blatt (Abb. **27e**). Palmate Blätter mit einer gleichbleibenden Anzahl von Fiedern lassen sich noch exakter beschreiben; sie werden z. B. als bifoliat oder trifoliat (Abb. **23g**) bezeichnet. Als unifoliat lassen sich einfache Blätter beschreiben, bei denen die Blattspreite an den Blattstiel angegliedert ist (Abb. **49d**).

Abb. 23. Formen einzelner Blätter. **a)** *Passiflora coriacea*, einfaches Blatt; **b)** *Sophora macrocarpa*, einfach gefiedert; **c)** *Banksia speciosa*, pinnatisect, bis zur Mittelrippe eingebuchtet; **d)** *Weinmannia trichosperma*, einfach gefiedert; **e)** *Rhynchosia clarkii*, zweifach gefiedert; **f)** *Grevillea bougala*, fiederig geschlitzt, bis fast zur Mittelrippe eingebuchtet; **g)** *Lardizabala inermis*, trifoliat. R: Rhachis. St: Stipel (Nebenblatt) (S. 52). Sti: Stipelle (sekundäres Nebenblättchen) (S. 58).

24 | Morphologie des Blattes: Form (Fortsetzung)

Darüber hinaus existieren noch stärker abgewandelte Formen und Anordnungen, die in den einschlägigen taxonomischen und systematischen Werken dargestellt werden (z. B. RADFORD et al., 1974). All diese Fachbegriffe beziehen sich auf dorsiventral abgeflachte Blätter. Blätter können zusätzlich jedoch auch auf verschiedenste Art und Weise dreidimensional (S. 24), seitlich abgeflacht oder radiärsymmetrisch (S. 86) sein; sie können auf ihrer Oberfläche verschiedenartigste Strukturen aufweisen (S. 74, 76, 78, 80), oder zu Ranken, Haken (S. 68) oder Dornen (S. 70) umgebildet sein. Die verschiedenen Pflanzenfamilien zeigen eine bemerkenswerte Bandbreite unterschiedlicher Blattformen (S. 22). Die Art und Weise der Blattentwicklung erlaubt in der Tat nahezu jede Gestalt, vorbehaltlich mechanischer Zwänge. Dabei sind bei weitem nicht alle Blätter bilateral symmetrisch (S. 86, 88), viele weisen einen dreidimensionalen Bau auf. Tritt bei einer Pflanze lediglich vereinzelt ein Blatt mit einer außergewöhnlichen Form auf, so stellt es wahrscheinlich einen Fall von Teratologie (S. 270) dar, es kann aber auch eine von einer Galle ausgelöste Deformation sein (S. 278). Den Blättern können auch andere Organismen aufsitzen, man spricht dann von Epiphyllie (S. 74). Die hier gezeigten Abbildungen (Abb. **24, 25**) stellen nur einen kleinen Ausschnitt der vorkommenden Blattformen dar, viele andere Beispiele hätten ebenso gut verwendet werden können. Auch die Blattbasis und die Weise, wie sie sich an die Sproßachse anlegt (Blattscheide, S. 50), zeigen eine Reihe vielfältiger Möglichkeiten, oft wiederum von dreidimensionalem Aufbau. Der

Abb. 24. *Onopordum acanthium*
Am Stamm herablaufende, flügelartige Blattbasen.

Morphologie des Blattes: Form (Fortsetzung) | 25

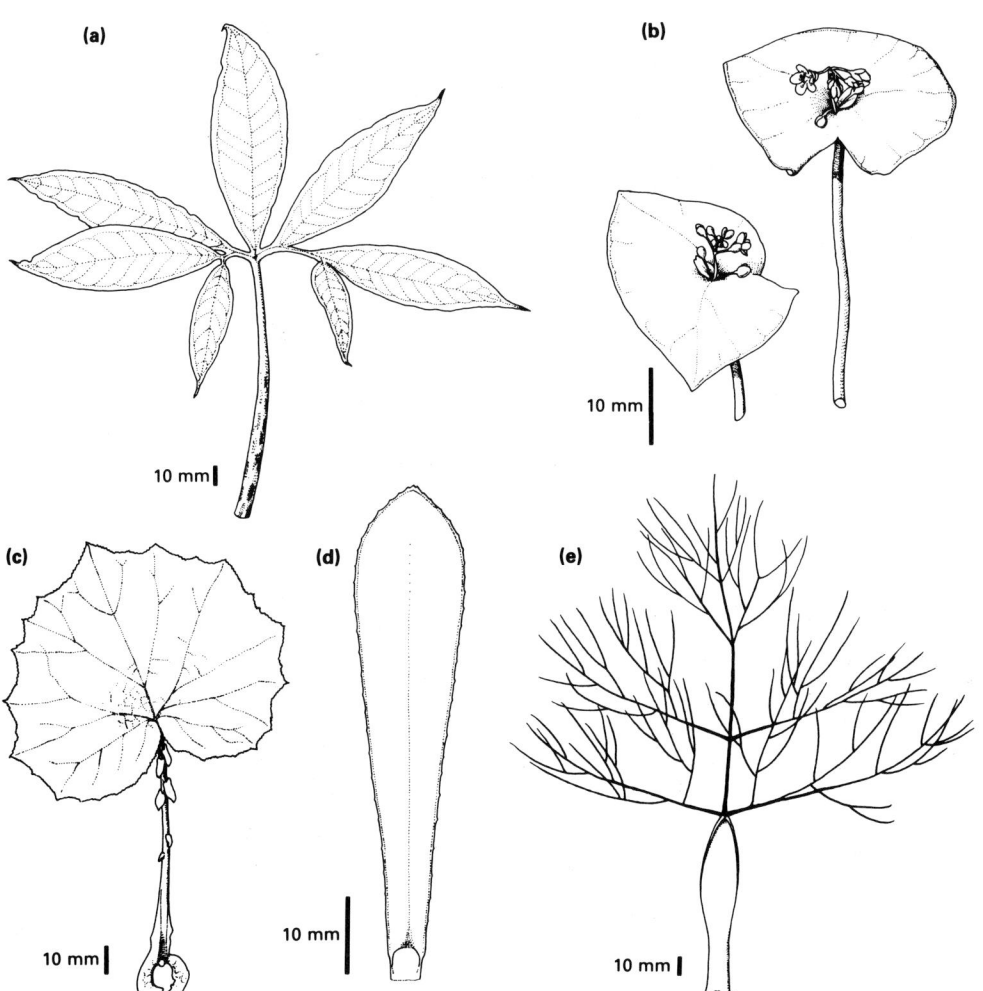

Blattstiel (S. 40) und die Mittelrippe (Rhachis) eines geteilten Blattes (S. 22) können geflügelt sein, wobei die Form, in der die Flügel auf die Sproßachse treffen, beträchtlich variieren kann. Die vier am häufigsten anzutreffenden Möglichkeiten sind geöhrt (Abb. **25c**), stengelumfassend (amplexicaul, Abb. **29c**), durchwachsen (perfoliat, Abb. **25b**) und am Stengel herablaufend (Abb. **24**). Auch an ein und derselben Pflanze können sich die Blätter voneinander unterscheiden, sei es durch deutlich unterschiedliche Form (S. 30) oder als Folge ihrer individuellen Entwicklung (S. 28).

Abb. **25.** Formen einzelner Blätter. **a)** *Sauromatum guttulatum,* handförmig; **b)** *Montia perfoliata,* perfoliat; **c)** *Senecio webbii,* geöhrt an der Basis des Blattstiels; **d)** *Othonnopsis cheirifolia,* einfaches Blatt; **e)** *Foeniculum vulgare,* mehrfach gefiedert.

26 | Morphologie des Blattes: Symmetrie

Alle Blattformen variieren sehr stark, was das Ausmaß ihrer Symmetrie betrifft. Es gibt Arten mit sehr ausgeprägter Asymmetrie. Bei bestimmten Pflanzenarten (z. B. Ulmen) kann Asymmetrie ein durchgehendes Merkmal sein und bei allen Blättern gleichermaßen ausgebildet sein (Abb. **243**), sie kann aber auch weniger konstant auftreten, so daß jedes Blatt eine einmalige Form aufweist (Abb. **27d**). Einfache Blätter sind häufig an ihrer Basis asymmetrisch, die Sproßachse in ihrer Gesamtheit kann jedoch gemäß der Spiegelung der Blätter von rechts nach links (Abb. **32**) symmetrisch sein – oder auch nicht. Bei den Marantaceae sind die Blätter an der Mittelrippe mehr oder weniger asymmetrisch (Abb. **22**), wobei die breitere, ausgebuchtete Seite im jungen Zustand in die schmalere, geradere Seite eingerollt ist. Von oben gesehen, kann die breitere Hälfte zur rechten oder zur linken Seite weisen; innerhalb einer bestimmten Pflanze oder Art kann das übereinstimmend zutreffen oder auch nicht. Diese Anordnung kann gegenläufig (antitrop, Abb. **27h**) oder häufiger gleichläufig (homotrop, Abb. **27f**) sein. Theoretisch wäre noch eine weitere homotrope Anordnung möglich (Abb. **27g**), die aber offenbar nicht auftritt (TOMLINSON 1961). Auch bei gefiederten Blättern findet man oft Asymmetrie, z. B. fehlen manchmal einige Fiedern (Abb. **45**), außerdem können bei geteilten Blättern die Fiederblättchen am proximalen Ende symmetrisch gegenständig angeordnet sein, zum distalen Ende hin dagegen wechselständig (Abb. **69f**) oder umgekehrt (Abb. **271h**).

Abb. 26. *Manihot utilissima* Handförmig geteiltes Blatt.

Morphologie des Blattes: Symmetrie | 27

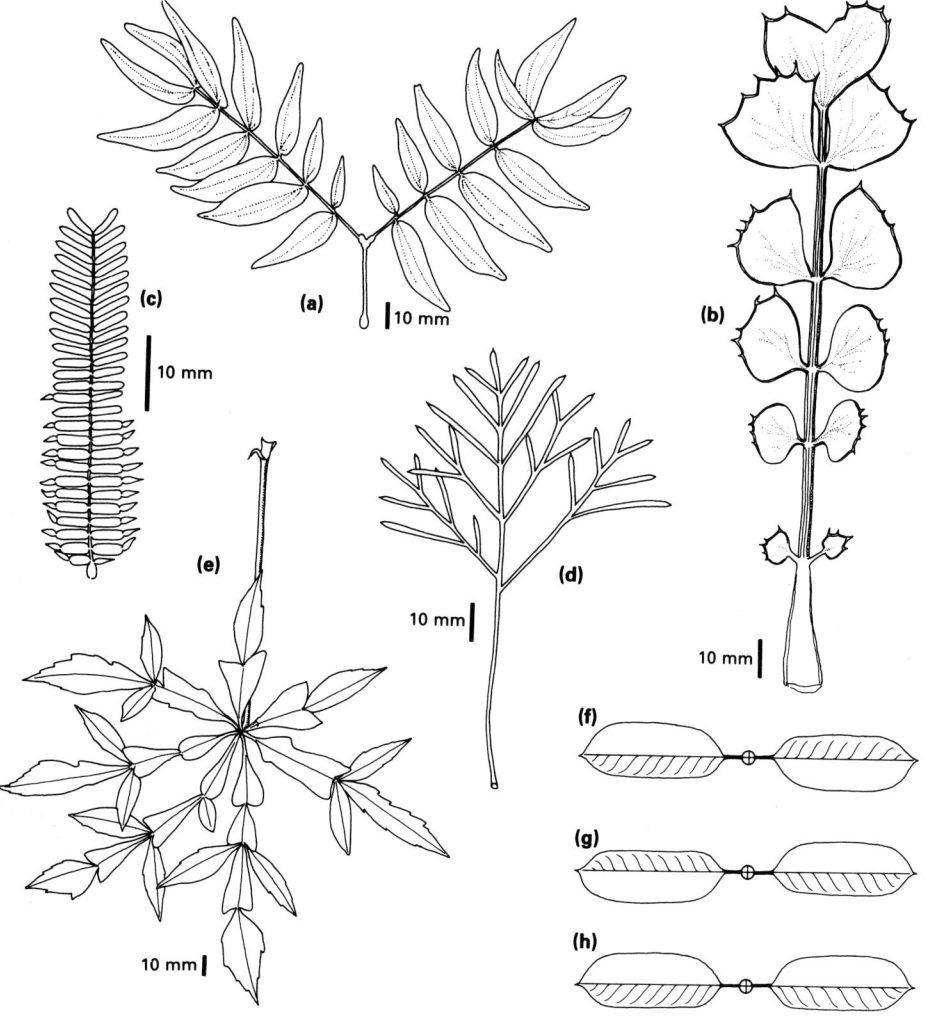

Abb. 27. Gestalt von Blattspreiten einzelner Blätter.
a) *Calliandra haematocephala,* doppelt gefiedert; **b)** *Azilia eryngioides,* gefiedert; **c)** *Acacia hindsii,* einzelne Fieder, vergl. Abb. **79**; **d)** *Isopogon dawsonii,* zweifach gefiedert; **e)** *Cussonia spicata,* handförmig; **f)-h)** Asymmetrische Blattanordnung bei den Marantaceae (M); **f)** gleichläufig (homotrop); **g)** nicht vorgefunden; **h)** gegenläufig (antitrop). (**f-h** nach Tomlinson 1961).

28 | Morphologie des Blattes: Heteroblastie

Die Blätter einer Pflanze variieren oft beträchtlich in Form und Größe, einige sind z. B. Laubblätter, andere Schuppenblätter (S. 64). Dieses verbreitete Phänomen der Variabilität wird als Blattpolymorphismus oder Heterophyllie bezeichnet, wenngleich man letzteren Begriff besser solchen Abwandlungen der Blattgestalt vorbehalten sollte, die durch Umwelteinflüsse verursacht worden sind. Weist eine Pflanze zwei ganz bestimmte Blatttypen auf, so nennen wir diesen Zustand Dimorphismus (S. 30). Treten dagegen an demselben Knoten zwei Blätter mit unterschiedlicher Form oder Größe auf, so bezeichnet man diese Anordnung als Anisophyllie (S. 32). Darüberhinaus zeigen alle Pflanzen während ihrer Individualentwicklung eine zeitliche Aufeinanderfolge verschiedener Blattgrößen. Diese Abfolge nennt man heteroblastische Reihe, und sie kommt nahezu zwangsläufig entlang der Keimlingsachse einer Pflanze (Abb. **28, 29a**) und oft auch eines sich entwickelnden Sprosses (Abb. **29d**) vor. So können zum Beispiel die ersten Blätter eines axillären Seitensprosses Schuppenblätter sein, wobei jedes folgende Blatt ein wenig stärker differenziert ist als das vorhergehende. Dieser Blattyp kann dann allmählich von einer Folge von Laubblättern abgelöst werden, und daraufhin kann sich diese ganze Abfolge wieder umkehren, so daß wiederum Schuppenblätter (Hochblätter) gebildet werden, ähnlich denen am proximalen Ende des Sprosses. Ein solcher Sproß wird dann oft von einer Infloreszenz abgeschlossen, wobei jede Blüte des Blütenstandes in der Achsel einer Braktee (S. 62) sitzt, welche eine Art Schuppenblatt darstellt.

Abb. 28. *Albizzia julibrissin*
Eine heteroblastische Blattfolge, bestehend aus einem Paar einfacher Kotyledonen, auf die ein einfach gefiedertes Laubblatt und zwei doppelt gefiederte Laubblätter folgen. Die Blattfolge dieses Keimlings ist sozusagen »außer der Reihe«, da das zweite zweifach gefiederte Blatt weniger hoch entwickelt ist als das erste.

Morphologie des Blattes: Heteroblastie | 29

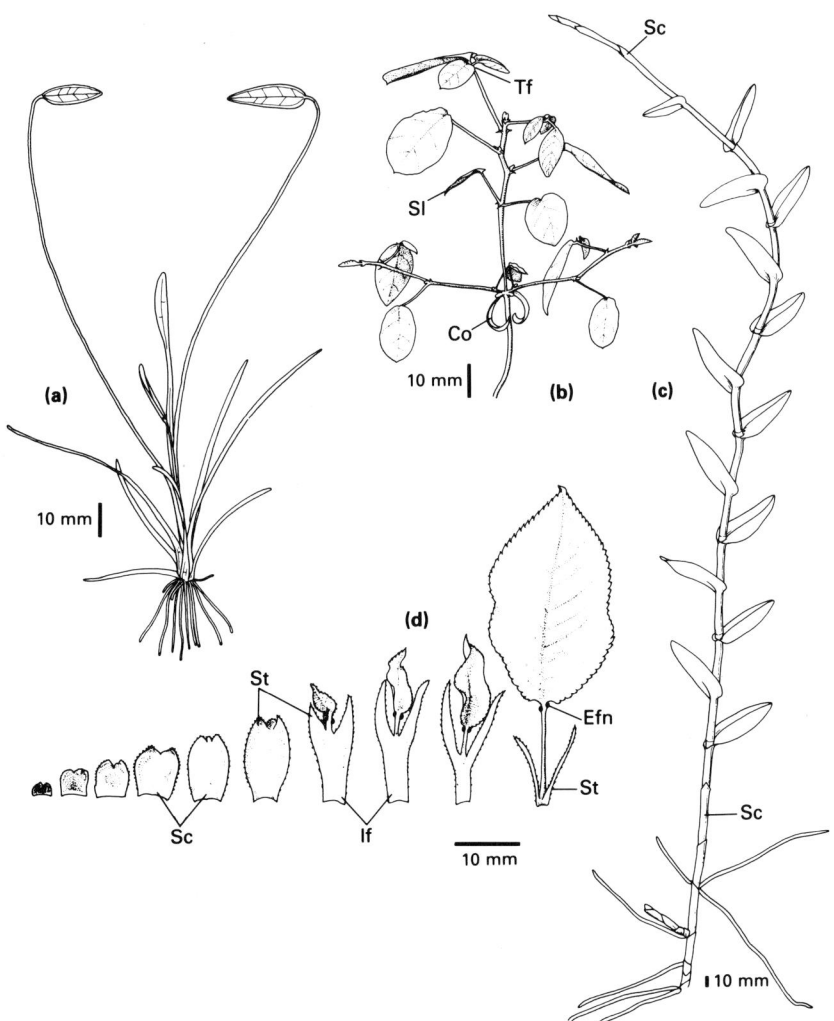

Abb. 29. a) *Alisma plantago-aquatica,* Keimling; **b)** *Kennedia rubicunda,* Keimpflanze; **c)** *Epidendrum ibaguense,* einzelner Sproß; **d)** *Prunus avium,* Blattfolge einer austreibenden Knospe. Co: Kotyledone. Efn: extraflorale Nektarien (S. 80). If: Zwischenform. Sc: Schuppenblatt. Sl: einfaches Blatt. St: Stipel (S. 52). Tl: dreizähliges Blatt.

Morphologie des Blattes: Blattdimorphismus (zwei unterschiedliche Blattformen an einer Pflanze)

Eine der ausgeprägtesten Formen von Heterophyllie (verschiedene Blattgestalten an derselben Pflanze; S. 28) ist der Blattdimorphismus. D. h., eine Pflanze produziert im Laufe ihres Lebens zwei völlig unterschiedliche Blattgestalten. Diese Erscheinung gilt natürlich für fast alle Pflanzen insofern, als zum einen die Keimblätter meist anders gestaltet sind als die Folgeblätter (vergl. Zwiebel, Abb. **163e**), und zum anderen viele Pflanzen Schuppenblätter (S. 64) an Rhizomen, Knospen oder im Blütenbereich (Brakteen, S. 62) aufweisen. Dennoch zeigen einige Pflanzen in Verbindung mit einer Änderung ihrer Umwelt einen abrupten Gestaltwandel ihrer Blätter, wie zum Beispiel die Wasserpflanzen, deren untergetauchte Blätter sich von denen über der Wasseroberfläche deutlich unterscheiden. Auch in oberirdischen Sproßsystemen (Abb. **31c**) kann es ähnlich jähe Änderungen in der Blattform geben, ebenso wie zwischen jungen und älteren Teilen einer Pflanze (Abb. **31a, b; 243**).

Abb. 30. *Acacia pravissima*
Die Sproßachse einer jungen Keimpflanze zeigt einen plötzlichen Übergang von zweifach gefiederten Blättern unten zu einfachen Phyllodien (S. 42) oben.

Morphologie des Blattes: Blattdimorphismus (zwei unterschiedliche Blattformen an einer Pflanze) | 31

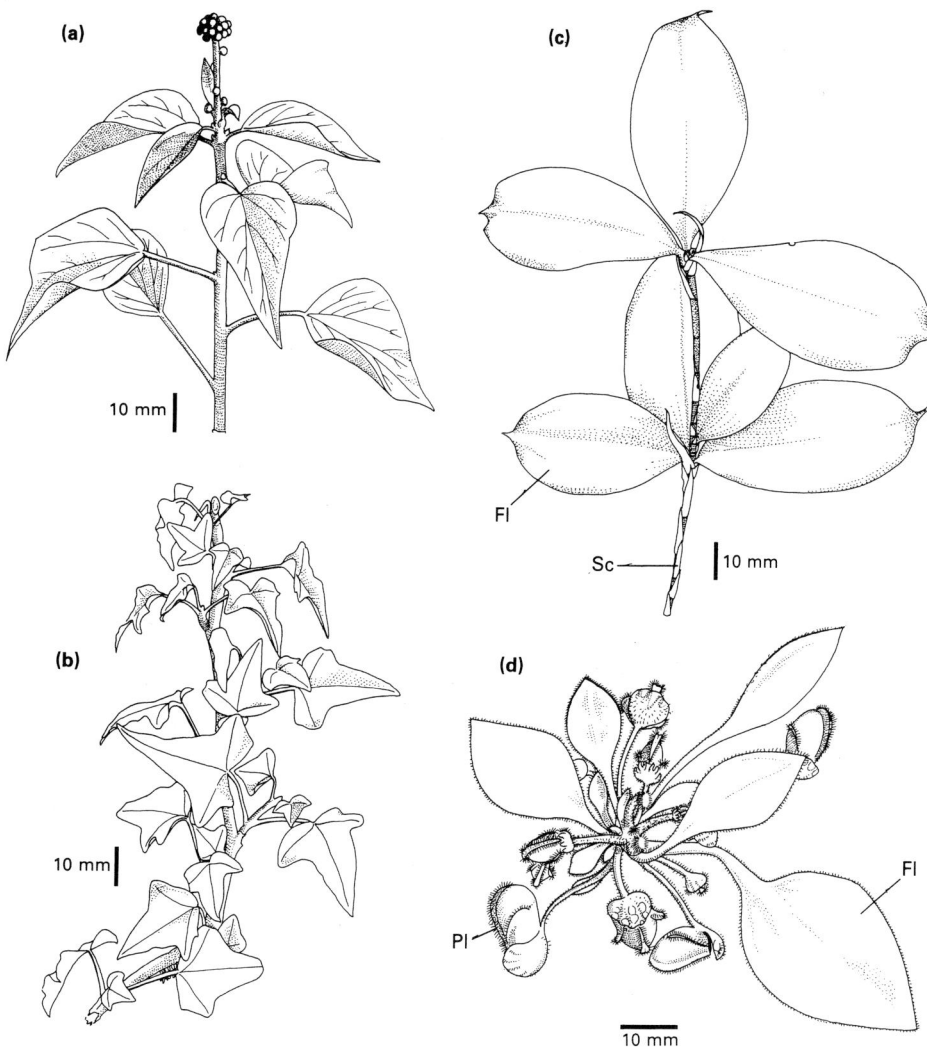

Abb. 31. a) *Hedera helix*, adulte Pflanze; **b)** *Hedera helix*, Jungpflanze; **c)** *Dracaena surculosa*, Luftsproß; **d)** *Cephalotus follicularis*, Keimpflanze von oben gesehen.
Fl: Laubblatt. Pl: Schlauchblatt (S. 88). Sc: Schuppenblatt (S. 64).

Morphologie des Blattes: Anisophyllie (zwei unterschiedliche Blattformen an einem Knoten)

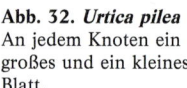

Abb. 32. *Urtica pilea*
An jedem Knoten ein großes und ein kleines Blatt.

Der Begriff Anisophyllie wird im allgemeinen auf eine bestimmte Form der Heterophyllie (S. 28) angewendet, bei der an demselben Knoten Blätter unterschiedlicher Größe oder Gestalt auftreten (d. h. Knoten mit gegenständiger Phyllotaxis [Blattstellung], Abb. **219i**). Die Verwendung dieses Ausdrucks ist also immer dort angezeigt, wo eine unterschiedliche Blattform oder -größe regelmäßig wiederholt wird. Bei waagerechten Sprossen mit kreuzgegenständiger (dekussierter) Blattstellung (Abb. **219j**) haben die zur Seite weisenden Blattpaare meist die gleiche Größe, während die Blätter der in dorsiventraler Richtung angeordneten Blattpaare ungleich groß sind. Es konnte nachgewiesen werden, daß eine solche Anisophyllie entweder primär ist, also aus einem irreversiblen Unterschied der Größe der Blattprimordien gleich zu Beginn der Entwicklung resultiert, oder aber sekundär, und dann von der Sproßorientierung im Laufe der Entwicklung des Blattpaares abhängt. Anisophyllie kann auch an horizontalen (plagiotropen, S. 246) Sprossen auftreten, die nur ein Blatt je Knoten tragen. In diesem Falle haben gewöhnlich die der Oberseite des Sprosses entspringenden Blätter eine andere Größe (sie sind im allgemeinen kleiner) als diejenigen der Sproßunterseite. Diese Art von Anisophyllie wird manchmal als laterale Anisophyllie bezeichnet und von der oben besprochenen Knoten-Anisophyllie unterschieden. Pflanzen, bei denen alle Blattpaare Anisophyllie aufweisen, können dennoch innerhalb eines Zweigsystems eine gewisse Gesamtsymmetrie zeigen, die vor allem dann zutage tritt, wenn die Blätter selbst asymmetrisch sind (Abb. **33e**). Vergleicht

Morphologie des Blattes: Anisophyllie (zwei unterschiedliche Blattformen an einem Knoten) | 33

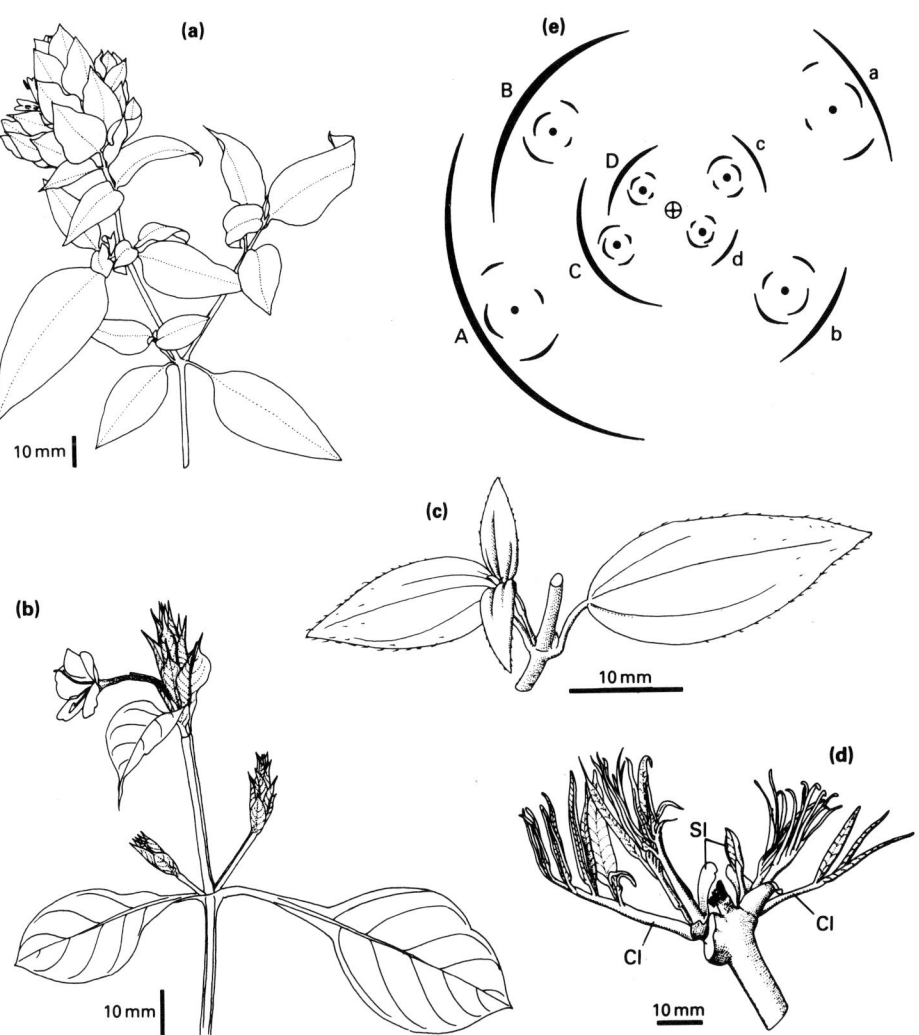

man bei ungleichen Blattpaaren die Aktivität oder das Potential (S. 242) der Kospe(n), so stellt man in der Regel fest, daß Achselknospen des größeren Blattes ein höheres oder jedenfalls anderes Potential aufweisen, als Knospen in der Achsel des kleineren Blattes (Anisocladie, Abb. **33a, b, c**). Anisophyllie kann auch im Keimblattstadium auftreten (Anisokotylie, Abb. **163f, 209**).

Abb. 33. a) *Beloperone guttata;* **b)** *Eranthemum pulchellium;* **c)** *Monochaetum calcaratum,* einzelner Nodus; **d)** *Phellodendron lavallii,* in Entwicklung begriffenes Sproßpaar; **e)** Diagramm eines Sproßsystems von *B. guttata* **(a)** in Aufsicht, das die Symmetrie zwischen großen und kleinen Blättern an jedem Knoten verdeutlichen soll, z. B. Aa, Bb. Cl: zusammengesetztes Blatt. Sl: einfaches Blatt.

34 | Morphologie des Blattes: Nervatur, Venation (Blattaderung)

Die Blattnerven, d. h. im anatomischen Sinne die Leitbündel, bilden bei vielen Pflanzen auf den Blättern hervortretende Strukturen. Das Muster dieser Aderung ist oft charakteristisch für eine bestimmte Pflanzenart oder sogar für eine größere taxonomische Gruppe. Von HICKEY (1973) liegt eine ausführliche Einteilung der Blätter nach ihrer Nervatur sowie ihrer Gestalt vor. Den Blättern der monokotyledonen Pflanzen schreibt man im allgemeinen eine parallele Nervatur zu, was die Anheftung der Blattbasis rund um die gesamte Sproßachse widerspiegelt, sowie das Fehlen offen endender Blattadern. Parallel angeordnete Blattnerven sind notwendigerweise untereinander über zahlreiche feine Queradern (Abb. **22**) verbunden. Darüber hinaus gibt es jedoch auch eine Menge Ausnahmen (Abb. **34, 35e**). Im Gegensatz dazu weisen die Blätter der meisten dikotyledonen Pflanzen Fiedernervatur (Abb. **35a**) auf, bei der es eine Reihe von Grundmustern gibt. Viele zweikeimblättrige Pflanzen zeigen dennoch eine parallele Nervatur (Abb. **35c, d**) oder, sehr selten, eine dichotome Venation. Die Blattadern eines einzelnen Blattes können normalerweise in Adern 1. Ordnung, Adern 2. Ordnung usw. eingeteilt werden; der Randnerv kann hervortreten. Eine Reihe von Beispielen ist hier dargestellt (Abb. **35g**). Die Bereiche, die von den Hauptnerven umschlossen und begrenzt werden, heißen Intercostalfelder (Abb. **35f**), und die blind endenden, feinen Äderchen, die in sie hineinziehen, bilden wiederum bestimmte Muster.

Abb. 34. *Dioscorea zanzibarensis*
Eine monokotyledone Pflanze mit netznervigen Blättern.

Morphologie des Blattes: Nervatur, Venation (Blattaderung)

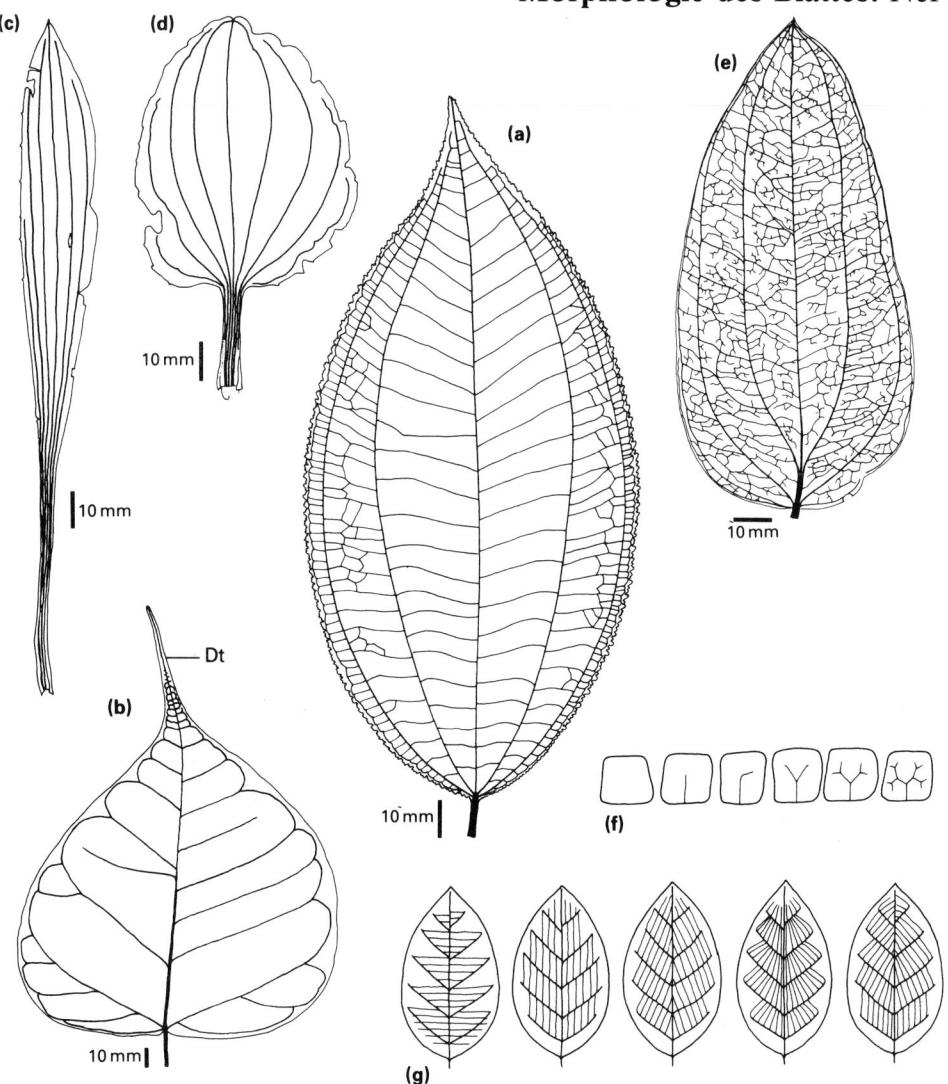

Abb. 35. a) *Clidemia hirta* (D), typisch für Melastomataceae; *Ficus religiosa* (D); **c)** *Plantago lanceolata*, parallelnervig (D); **d)** *Plantago major;* **e)** *Smilax* sp., netznervig (M); **f)** typische Muster von Intercostalfeldern, welche die letzten Äderchen zeigen; **g)** Abwandlungen in der Anordnung der Nerven 2. Ordnung am Beispiel eines Blattypes. Dt: Träufelspitze. (**f** und **g** nach HICKEY 1973).
(D) = Dikotyle Pflanze, (M) = Monokotyle Pflanze.

36 | Morphologie des Blattes: Knospenlage/Vernation (die Faltung des einzelnen Blattes)

In Entwicklung befindliche Blätter sind oftmals in einer schützenden Knospe (S. 264) eingehüllt. In diesem Zustand haben sie meist ihre nahezu endgültige Form hauptsächlich durch Zellvervielfachung erreicht, nicht jedoch ihre endgültige Größe, die vor allem durch Zellstreckung bewirkt wird. Je nach Anzahl, Größe und Komplexität der Blätter in der Knospe, sind sie meist vielfach gefaltet, wobei die Art und Weise der Faltung für jede Art ein durchgehendes Merkmal ist. Es gibt eine Vielzahl von Fachbegriffen, die sich auf dieses Phänomen beziehen. Die Faltung eines einzelnen Blattes bezeichnet man als Knospenlage (Vernation), die gegenseitigen Lageverhältnisse der Blattorgane in einer Knospe nennt man Ästivation (Knospendeckung, S. 38). Die Anordnung von Perianthgliedern in einer Blütenknospe ist der Lage von Laubblättern in einer vegetativen Knospe oft ähnlich (S. 148). Die unterschiedlichen Formen der Vernation haben bei der Bestimmung von Pflanzen häufig hohen diagnostischen Wert und deshalb eine umfangreiche Anzahl von Fachbegriffen notwendig gemacht. Die gängigsten Ausdrücke sind hier in einem räumlichen Diagramm dargestellt (Abb. **37**), das mehr Information übermitteln kann als eine allzu vereinfachende Beschreibung. Die einzelnen Fiedern eines zusammengesetzten Blattes können ebenfalls auf eine bestimmte Art und Weise gefaltet sein, während das Blatt selbst eine andere Anordnung aufweist. Die Faltung von Palmblättern ist besonders kompliziert und beruht auf ihrer einzigartigen Entwicklungsweise (S. 92). Eine umfassende Abhandlung über Vernationsverhältnisse findet sich bei CULLEN (1978).

Abb. 36a. *Drosophyllum lusitanicum*
Eine insektivore Pflanze mit »schneckenförmiger« Blattfaltung. Ungewöhnlich daran ist, daß die Blätter nach außen aufgerollt sind anstatt nach innen, wie in Abb. **37e**.

Abb. 36b. *Nelumbo nucifera*
Peltate Blätter mit eingerollter Blattfaltung (Abb. **37b**).

Morphologie des Blattes: Knospenlage/Vernation (die Faltung des einzelnen Blattes)

Abb. 37. Faltungstypen einzelner Blätter. **A)** plan; **B)** eingerollt (involutiv); **C)** zurückgerollt (revolutiv); **D)** zusammengerollt (supervolutiv, vergl. Abb. **39e, f**); **E)** »schneckenförmig« (circinat, vergl. Abb. **36a**); **F)** involutiv/supervolutiv; **G)** konduplikativ/involutiv; **H)** konduplikativ/plikativ; **I)** fächerförmig (plikativ); **J)** gefalzt (konduplikativ); **K)** explikativ; **L)** flach.

38 | Morphologie des Blattes: Knospendeckung/Ästivation (das Lageverhältnis mehrerer Blätter)

Abb. 38. *Rhizophora mangle*
Ein Beispiel für Vernation (S. 36): zusammengerollte Knospenlage (Abb. **39g**) eines gegenständigen Blattpaares.

Einzelne Blätter können zum einen unterschiedlich gefaltet (Vernation, S. 36) und zum anderen auf verschiedene Art und Weise in einer Knospe angeordnet sein (Ästivation oder Knospendeckung). Die Form, in der Perianthglieder in den Blütenknospen (S. 148) angeordnet sind, auf welche die hier dargestellten Fachausdrücke ebenfalls angewendet werden, ist oft ein charakteristisches und auffallendes Merkmal. Die Art der Knospenlage und Knospendeckung hängt zu einem gewissen Grad von der Anzahl der Blätter an einem Knoten ab (Phyllotaxis, Blattstellung, S. 218). Bei einkeimblättrigen Pflanzen, die jeweils nur ein Blatt pro Knoten tragen, sind die Blätter meist derart gefaltet oder gerollt, daß jedes Blatt von der Blattscheide des vorausgehenden oder des Tragblattes geschützt wird, oder von einem mehr oder weniger röhrenförmigen Vorblatt (Prophyll, Abb. **66a**). Bei gestauchten Sproßscheiteln mit meist spiraliger Blattstellung wird die Überlappung aneinandergrenzender Blätter komplizierter. Bei den Dikotyledonen, und zwar hauptsächlich bei solchen mit zwei oder mehr Blättern pro Knoten, tritt eine Vielzahl verschiedener Möglichkeiten auf. Die Ränder benachbarter Blätter können sich entweder gar nicht berühren (offene Knospendeckung, aperte Ästivation, Abb. **39c**) oder sie berühren sich lediglich, ohne sich dabei zu überlappen (valvat, Abb. **39b**). Zwei Blätter an demselben Knoten können einander gegenüber stehen und dabei flach-plan(at) aufeinandergelegt sein (Abb. **39a**), sich nur an ihren Rändern oder gar nicht berühren (Abb. **39d**). Sich überlappende Blätter (oder Petalen) nennt man dachziegelartig (imbrikat, z. B. Abb. **149d-j** mit Perianthgliedern). Um die genauen Einzelheiten der dachziegelartigen Anordnung erkennen zu können, muß vorsichtig vorgegangen werden. Dabei können mikroskopische Querschnitte durch ungeöffnete Knospen sowie die genaue Untersuchung einer Reihe von Knospen, die sich gerade entfalten, notwendig sein. Eine häufige Form der dachziegelartigen Überlappung bei Blüten, seltener bei vegetativen Knospen, ist die zusammengerollte (konvolutiv, Abb. **39e**) (vergl. die Verwendung des Ausdrucks bei Knospenlage, Abb. **37d**). Die zusammengerollte Anordnung kann auch dort auftreten, wo nur zwei Blätter beteiligt sind (Abb. **38, 39f**). Sind die einzelnen Blätter gefalzt (Abb. **37j**), so ist die Knospendeckung entweder equitant (reitend, Abb. **39g**) oder obvolut (halb-equitant, Abb. **39h**). Indem eine Knospe nach und nach größer wird, lassen sich auf Grund des Drucks, der von den sich ausdehnenden benachbarten Blättern ausgeübt wird, auf den Blättern ganz bestimmte Farb- und Furchungsmuster erkennen. Derartige Zeichnungen sind bei Monokotyledonen mit linealischen Blättern, wie z. B. den Gräsern, recht häufig und werden Einschnürungsstreifen genannt.

Morphologie des Blattes: Knospendeckung/Ästivation (das Lageverhältnis mehrerer Blätter)

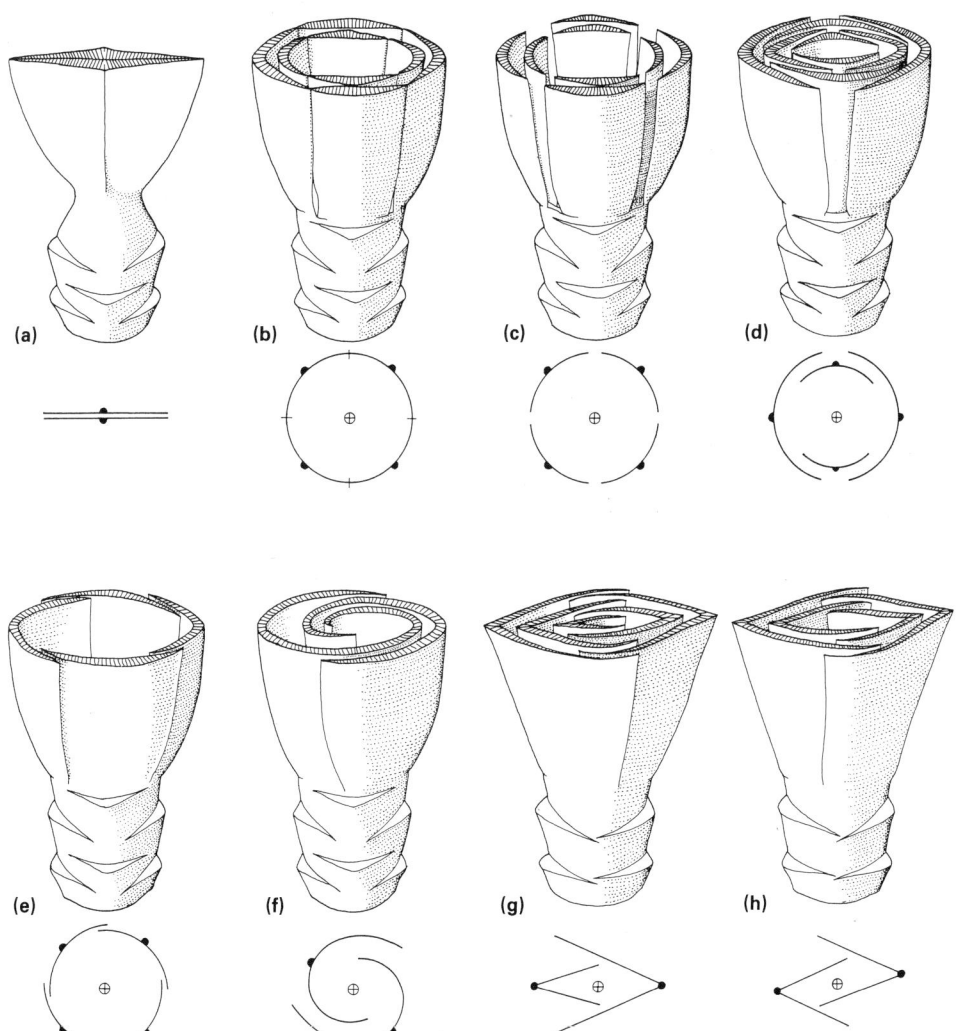

Abb. 39. Knospendeckung, Ästivationsformen:
a) aufeinandergelegt (planat), **b)** valvat, **c)** offen (apert),
d) gegenständig-apert, **e)** zusammengerollt (konvolutiv),
f) zusammengerollt (konvolutiv), **g)** reitend (equitant),
h) halb-equitant.

40 | Morphologie des Blattes: Petiolus (Blattstiel)

Die Blätter vieler dikotyler Pflanzen sowie einiger monokotyler (z. B. Araceae) besitzen einen Stiel (Petiolus), der die Blattspreite von ihrer Basis oder dem Anheftungspunkt am Stamm trennt. Die Entwicklung dieses Blattstiels geht in den beiden Gruppen auf unterschiedliche Weise vonstatten (S. 20). Blätter, die keinen Blattstiel aufweisen, heißen sitzend (ungestielt). Gelegentlich fehlt die Blattspreite offensichtlich, während der Blattstiel seitlich abgeflacht und zu einem assimilierenden Organ, einem Phyllodium (S. 42), umgewandelt ist. In ähnlicher Weise kann bei einem Blatt mit Spreite der Blattstiel beiderseits geflügelt sein (Abb. **49d**). Bei einer Reihe von Kletterpflanzen sind die Blattstiele ausdauernd und verbleiben an der Pflanze (Abb. **41h**). Nachdem die Blattspreite abgefallen ist, verholzen sie, und die Trennzone wandelt sich in eine Spitze um. In den meisten Fällen jedoch wird der Blattstiel zusammen mit der Blattspreite abgeworfen, ein Trenngelenk (S. 48) kann ausgebildet sein, muß aber nicht. Blattstiele können fleischig und angeschwollen sein (Abb. **41f**). Sie können auch auf Berührungsreiz reagieren und bei klimmenden Pflanzen als Kletterhilfe fungieren (Abb. **41e, h**). In manchen Fällen ist der gesamte Blattstiel oder ein Teil davon zu einem ausdauernden, verholzten Dorn umgewandelt (Abb. **40b, 41c, d**). Die Ausrichtung der Blattspreite kann durch Bewegungen des Blattstiels beeinflußt werden. Dies kann eine Art Drehung des Blattstiels sein oder aber mit Hilfe von Gelenkpolstern (Pulvini, S. 46) oder Gelenkknoten (Pulvinoiden, S. 46) geschehen. Letztere Strukturen sind Anschwellungen, die den Blattpolstern ähnlich sind, jedoch nur einmal in Funktion treten und eine irreversible Ausrichtung der Blattspreite bewirken. Häufig bildet das proximale Ende des Blattstiels eine schützende Höhlung, welche die Achselknospe (Abb. **265b**) oder die Terminalknospe (Abb. **265b, d**) umgibt. Der Hohlraum, der bei *Piper cenocladium* durch Längsfaltungen der Blattstiele entsteht, wird von Ameisen

Abb. 40a. *Psammisia ulbrieciana*
Langlebiges Blatt mit verholztem Blattstiel, der durch die Umfangserweiterung des Stammes überwuchert wurde.

Abb. 40b. *Quisqualis indicus*
Blattstieldornen (Blattspreiten abgeworfen).

Morphologie des Blattes: Petiolus (Blattstiel) | 41

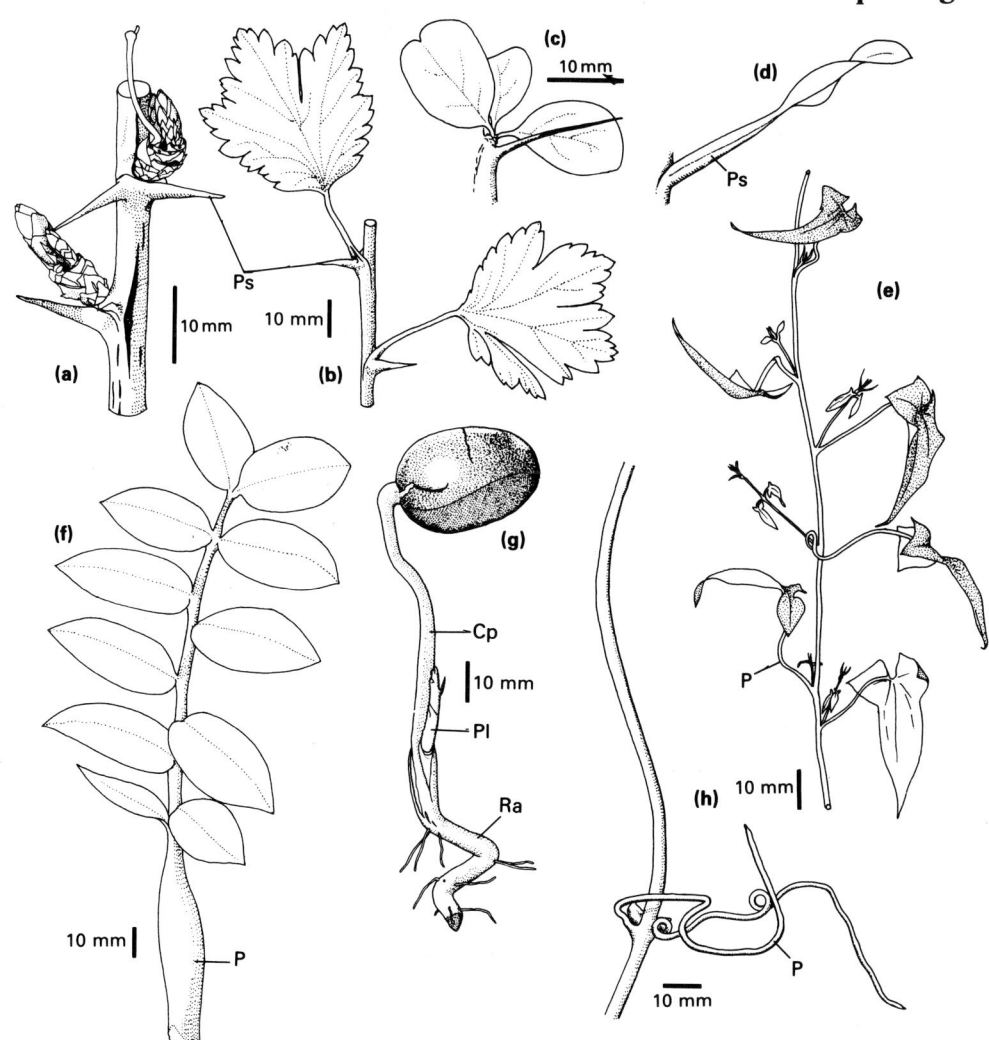

bewohnt. An der Innenseite dieser Aushöhlung werden Nährzellen gebildet. Ähnliche Nährgewebe treten am Blattstiel von *Cecropia* auf (Abb. **78**). Bei *Vitellaria* verlängern sich bei der Keimung die Blattstiele der Kotyledonen und treiben die Radikula des Keimlings tief in den Untergrund (Abb. **41g**).

Abb. 41. a, b) *Ribes uva-crispa*, Stacheln; **c, d)** *Fouquieria diguetii*, Dorn, der aus Stammgewebe gebildet wurde und an die abaxiale Oberfläche des Blattstiels angewachsen ist (S. 234) (d); **e)** *Maurandia* sp.; **f)** *Zamioculcas zamiifolia*, einzelnes Blatt; **g)** *Vitellaria paradoxum*, auskeimender Sämling; **h)** *Clematis montana*, einzelner Knoten.
Cp: Kotyledonarstiel. P: Blattstiel. Pl: Plumula. Ps: Blattstielemergenzen. Ra: Radikula.

42 | Morphologie des Blattes: Phyllodium (abgeflachter Blattstiel)

Viele Blätter, vor allem von Dikotyledonen, aber auch von monokotylen Pflanzen, können mit Begriffen für die Blattscheide (S. 59), den Blattstiel (S. 40) und die Blattspreite (S. 22) beschrieben werden, wenngleich die Entwicklung dieser Strukturen in den beiden Gruppen unterschiedlich abläuft (S. 20). Der »typische« Blattstiel eines Dikotyledonen-Blattes ist ein zylindrischer Stiel und nicht unbedingt zur Assimilation befähigt. Bei einer Reihe von Pflanzen ist jedoch der Blattstiel abgeflacht und trägt entscheidend zur Vergrößerung der lichtaufnehmenden Oberfläche des Blattes bei. Die Blattspreite kann dagegen vergleichsweise rudimentär (Abb. **45c**) ausgebildet sein oder ganz fehlen, wie sich aus dem Studium von Übergangsreihen schließen läßt (Abb. **45**). Solchermaßen abgeflachte Blattstiele nennt man Phyllodien, wobei die Abflachung in dorsiventraler (Abb. **53c**) oder – häufiger – seitlicher (Abb. **43**) Richtung erfolgt. Jüngere entwicklungsmorphologische Studien weisen darauf hin, daß Phyllodien Modifikationen des gesamten Blattes, nicht nur des Blattstiels, darstellen können (S. 44). Phyllodien, die einem Blatt homolog sind, können in ihren Achseln Knospen oder Sprosse tragen. Auf diese Weise können sie von abgeflachten Sprossen, Phyllokladien und Platykladien (S. 126) unterschieden werden, die selbst wiederum in den Achseln von Tragblättern sitzen.

Abb. 42. *Acacia paradoxa*
Jedes Phyllodium trägt in seiner Achsel eine Reihe von Knospen (S. 236), von denen sich eine zu einem Blütenstand entwickelt. Nebenblattdornen (S. 56) sind vorhanden (vergl. Abb. **43a, c**).

Morphologie des Blattes: Phyllodium (abgeflachter Blattstiel) | 43

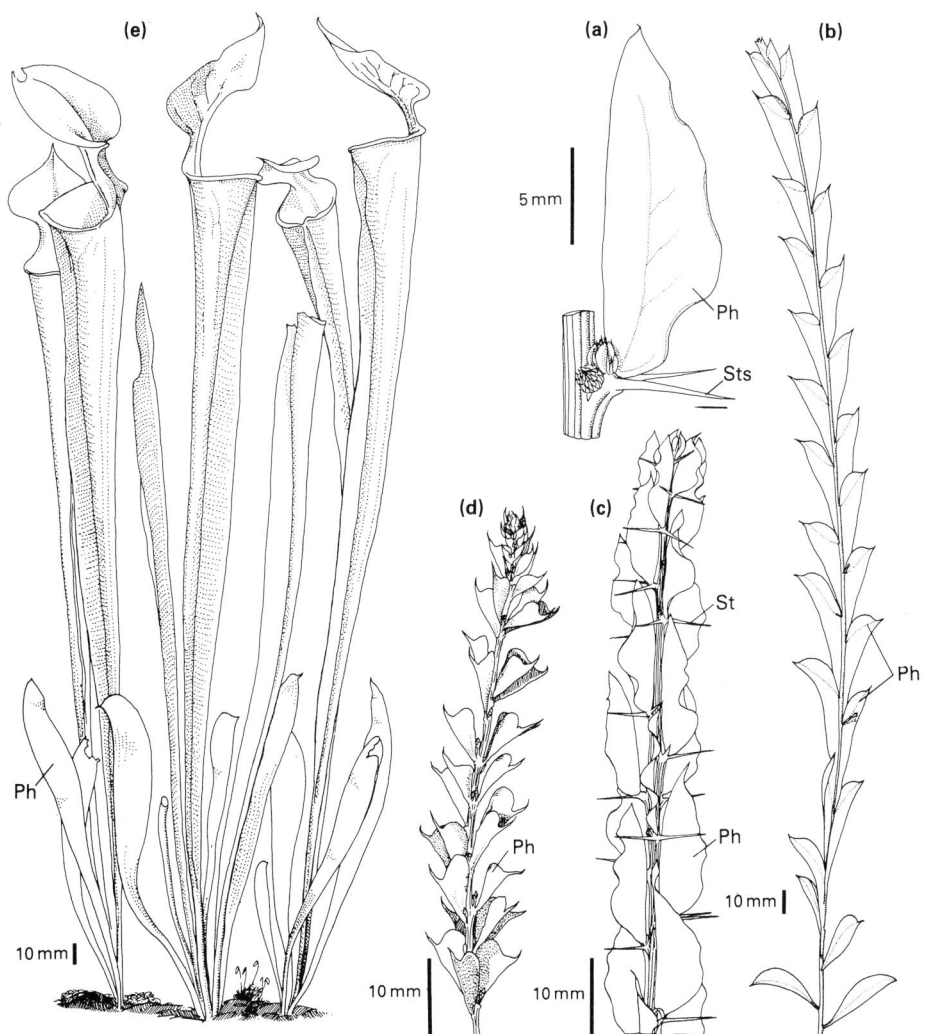

Abb. 43. a) *Acacia paradoxa*, einzelner Knoten; **b)** *A. glaucoptera*, Blätter entlang einer Keimlingsachse; **c)** *A. paradoxa*; **d)** *A. pravissima*; **e)** *Sarracenia flava*, Phyllodien und Schlauchblätter (S. 88). Ph: Phyllodium. Sts: Nebenblattdorn (S. 56).

44 | Morphologie des Blattes: Interpretation der Phyllodien

Um offensichtlich gleichartige Strukturen, die bei verschiedenen Pflanzenfamilien auftreten, miteinander vergleichen zu können, ist es hilfreich, wenn nicht gar unumgänglich, ihre Entwicklungsgeschichte zu vergleichen. Das hat sich vor allem für Blattstrukturen (S. 18) bestätigt und beim Vergleich von Mono- und Dikotyledonenblättern (S. 20) zu einem weiteren Verständnis beigetragen. Auch bei der Interpretation der Phyllodien (S. 42) hat es sich als nützlich erwiesen, die Entwicklungsgeschichte zu vergleichen. Entwicklungsgeschichtliche Untersuchungen an den Phyllodien einiger *Oxalis*-Arten haben ergeben, daß die Blattspreite in ihrer Entwicklung unterdrückt wird, bei manchen Blättern stärker, bei anderen weniger, und daß das Phyllodium tatsächlich einen abgeflachten Blattstiel darstellt. Das trifft allerdings nicht auf die Phyllodien einiger *Acacia*-Arten (Abb. **43a, b, c, d**) zu (KAPLAN 1975). In diesen Fällen wird die ganze Rhachis (S. 22) in die Bildung des Phyllodiums mit einbezogen. Infolge der Tätigkeit eines adaxialen Meristems (S. 18) wächst sie zu einer abgeflachten Struktur aus. Grundsätzlich können sich alle Blätter einer Akazie (außer den Keimblättern, Abb. **30**) zu Phyllodien entwickeln. Bei einigen Arten kann eine unterschiedliche Anzahl von Zwischenformen gefunden werden. Die älteren (proximalen) Zweige von *Acacia rubida* tragen beispielsweise zweifach gefiederte Blätter, während die jüngeren (distalen) Zweige an ihren Enden oft Phyllodien tragen (Abb. **45a, b**). Zwischen beiden Typen treten eine Reihe von Übergangsformen auf (Abb. **45c-j**). Überall entlang der Blattstiel- bzw. Rhachisachse kann adaxiales Meristem seine Tätigkeit aufnehmen. Dies geht mit einer Verringerung der Aktivität der Fiederprimordien einher. Das zusammengesetzte Blatt von *A. rubida* ist paarig gefiedert (ohne terminales Fiederblättchen, S. 22). Dieses Blatt weist jedoch, ebenso wie die Phyllodien und die Übergangsformen zwischen beiden, eine winzige terminale Spitze auf, die das älteste, distale Ende

Abb. 44. *Acacia rubida*
Phyllodien und zweifach gefiederte Blätter. In der Mitte ein »Übergangsblatt«.

Morphologie des Blattes: Interpretation der Phyllodien | 45

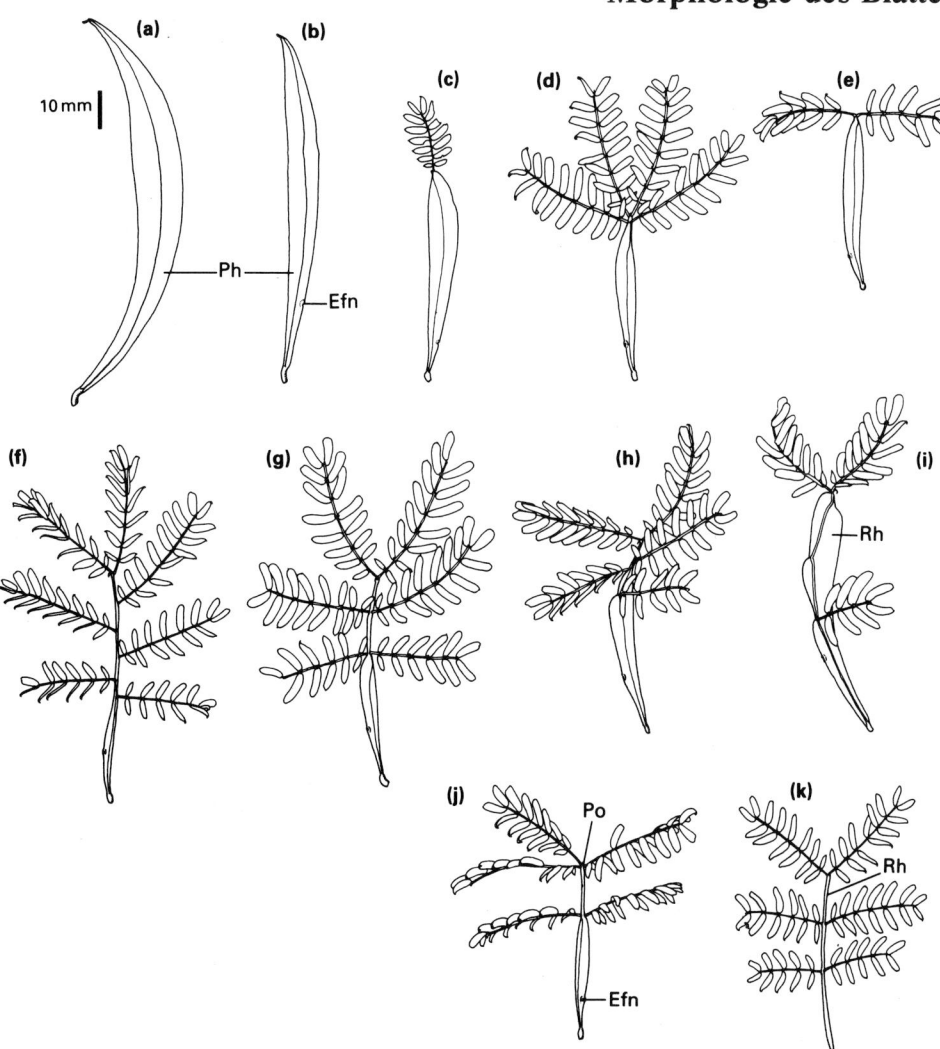

des Blattes darstellt (Abb. **45j**). Wie aus entwicklungsgeschichtlichen Studien hervorgeht, stellen demnach zumindest bei den Arten der Gattung *Acacia* die Phyllodien nicht abgeflachte Blattstiele, sondern vielmehr abgeflachte Blattspindeln dar.

Abb. 45. Eine Auswahl verschiedener Blattformen eines *Acacia rubida*-Baumes. **a, b)** adulte Laubblätter; **k)** Jugendform; **c)-j)** Zwischenformen. Efn: extraflorales Nektarium. Ph: Phyllodium. Po: Spitzchen. Rh: Rhachis.

46 | Morphologie des Blattes: Pulvinus (Gelenkpolster)

Abb. 46. *Mimosa pudica* **a)** Pflanze in ungestörtem Zustand; **b)** 5 Sekunden nach einer Störung. Die Gelenkpolster an den Basen der Blätter und Fiederblättchen haben sich verformt und wie ein Gelenk gewirkt, das die Blätter zum Zusammenklappen brachte. Die meisten Pulvini reagieren allerdings viel langsamer.

Anschwellungen des Blattstiels oder der Fiederstiele sind eine Erscheinung, die sowohl bei Dikotyledonen (Abb. **47**) als auch bei Monokotyledonen (Abb. **220**) häufig auftritt. Derartige Verdickungen fungieren normalerweise als eine Art Gelenk, das mehr oder weniger reversible Bewegungen zwischen den Teilen eines Blattes erlaubt (Abb. **46a, b, 47a, a'**). Man bezeichnet derartige Gelenkpolster als Pulvini (Einzahl: Pulvinus). Sie können an der Blattstielbasis (Abb. **80b**), der Verbindungsstelle zwischen Blattstiel und Blattspreite (Abb. **220**) und/oder der Basis eines jeden Fiederblättchens (Abb. **47d**) eines geteilten Blattes auftreten. Auch an Sproßachsen (S. 128) kommen sie vor. Eine Lageveränderung eines Blattes in bezug auf Licht oder Schwerkraft hat eine Ausgleichsbewegung der Blattorgane zur Folge. Dies geschieht über einen Turgormechanismus, bei dem Zellen der einen Seite des Gelenkpolsters auf Grund von Wasseraufnahme oder -verlust anschwellen bzw. zusammenschrumpfen. Gelenkpolstern oft weitgehend ähnlich sind Trenngelenke (S. 48) und Gelenkknoten (Pulvinoide). Gelenkknoten sind irreversible Wachstumsbewegungen ausführende Gelenke, die ein Blatt oder Fiederblättchen nur einmal (wieder) ausrichten oder aber bei rankenden Pflanzen eine Kletterhilfe darstellen (Abb. **41h**). Trenngelenke kennzeichnen den Punkt, an dem ein Blatt, ein Fiederblättchen, ein Teil des Blattstiels oder der Rhachis schließlich abgeworfen wird. Sie tragen nicht zur Ausrichtung von Blättern und dergleichen bei und weisen eine ringförmige Furche auf (Abb. **49a**). Wie anhand mikroskopischer Schnitte festgestellt werden konnte,

Morphologie des Blattes: Pulvinus (Gelenkpolster) | 47

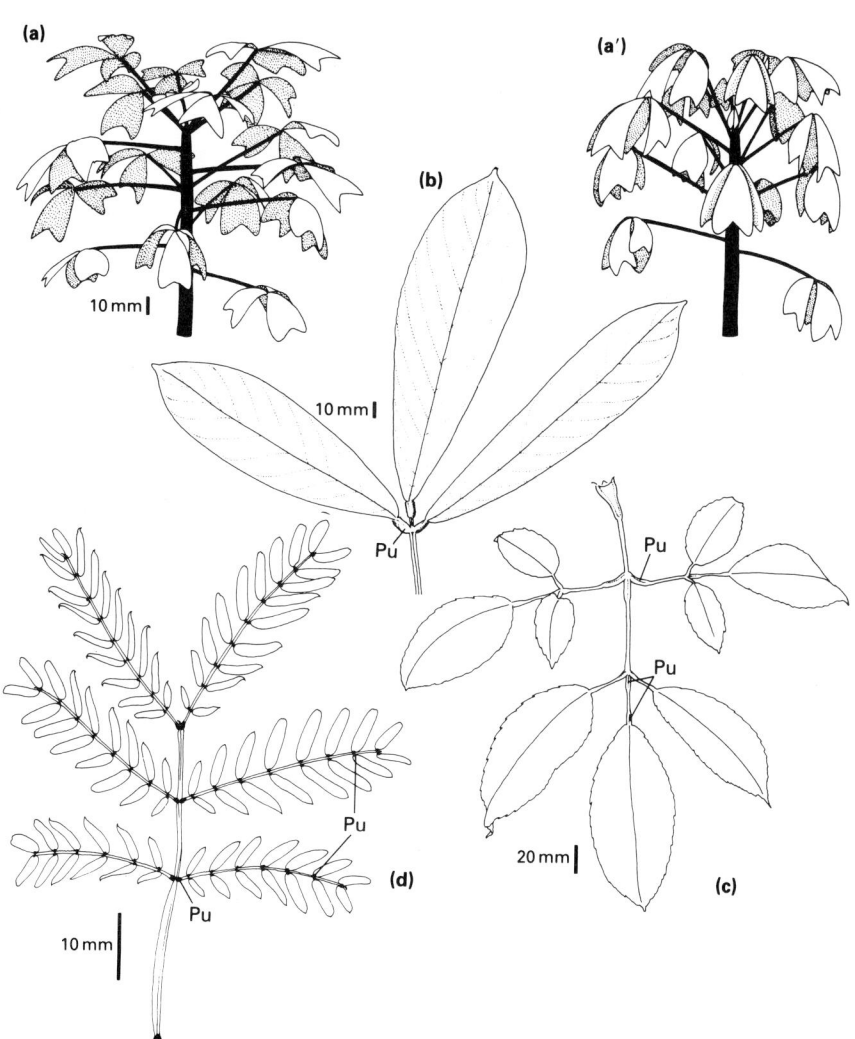

unterscheiden sich Gelenkpolster, Gelenkknoten und Trenngelenke hinsichtlich ihrer Anatomie deutlich voneinander:
Gelenkpolster: reversible Bewegungen sind möglich; die Leitbündel sind in der Mitte angeordnet und oft verholzt.
Gelenkknoten: die Bewegungen sind irreversibel; keine Furche vorhanden; die Leitbündel liegen an der Peripherie und sind nicht verholzt.
Trenngelenk: keine Bewegungsfähigkeit; Trennfurche vorhanden.
Auch bei Gräsern treten Gelenkpolster auf. Die Anschwellungen an den Knoten der Halme (S. 180) stellen die Pulvini der Basis der an diesem Knoten inserierenden Blattscheide dar.

Abb. 47. a, a') *Oxalis ortgeisii*, Blattstellung bei Tag und bei Nacht; **b)** *Derris elliptica*, Spitze eines geteilten Blattes; **c)** *Leea guineense*, einzelnes Blatt; **d)** *Acacia heterophylla*, einzelnes Blatt. Pu: Pulvinus.

48 | Morphologie des Blattes: Trenngelenk

Blätter sind in ihrem Aufbau oft mit Gelenken versehen, d. h. gegliedert. An der Verbindungsstelle, dem Trenngelenk, wird das Blatt schließlich abgeworfen. Solche Stellen sind häufig verdickt (Abb. **49a, c**) und weisen eine ringförmige Einschnürung auf, welche die spätere Abbruchstelle kennzeichnet (Abb. **49a**). Trenngelenke können in regelmäßigen Abständen entlang der Rhachis eines Fiederblattes auftreten und/oder an der Basis jedes einzelnen Fiederblättchens oder lediglich an der Basis des Blattes selbst. Trenngelenke ähneln Gelenkpolstern (S. 46) und Gelenkknoten (S. 46), tragen jedoch nicht zur Orientierung des Blattes oder der Fieder bei. Gelenkpolster können allerdings zusätzlich zu Trenngelenken vorhanden sein und zusammen mit dem Blatt abgeworfen werden oder zurückbleiben (Abb. **48**). Die Abbruchstelle, die letztendlich den Laubfall bedingt (d. h. die Trennzone), ist jedoch nicht unbedingt von außen als verdicktes Trenngelenk erkennbar. Bei manchen Bäumen werden die Blätter vielmehr dadurch abgeworfen, daß der Stamm, dem sie ansitzen, seinen Umfang stark erweitert (Abb. **40a**). Ähnliche Abbruchzonen treten auch an Sproßachsen auf (vergl. Abszission, S. 268).

Abb. 48. *Philodendron digitatum*
Ein handförmiges Blatt, bei dem zwei Fiedern abgetrennt sind; die Abtrennung erfolgte in der Mitte der Gelenkpolster.

Morphologie des Blattes: Trenngelenk | **49**

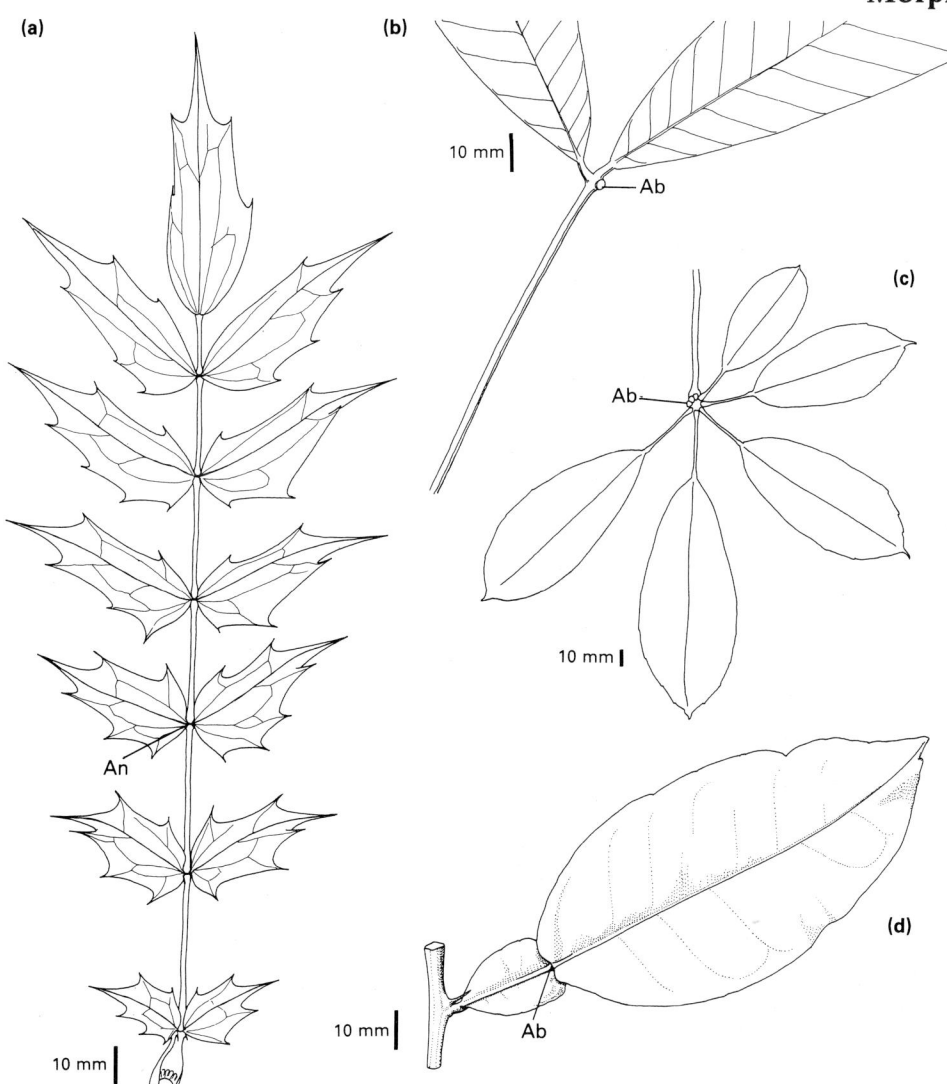

Abb. 49. a) *Mahonia japonica*, einzelnes Blatt; **b)** *Hevea brasilensis*, Teil eines Blattes; **c)** *Schefflera actinophylla*, einzelnes Blatt; **d)** *Citrus paradisi*, einzelner Knoten. Ab: Trenngelenk. An: ringförmige Einschnürfurche.

50 | Morphologie des Blattes: Blattscheide (Blattgrund)

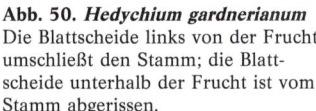

Abb. 50. *Hedychium gardnerianum*
Die Blattscheide links von der Frucht umschließt den Stamm; die Blattscheide unterhalb der Frucht ist vom Stamm abgerissen.

Der Aufbau eines Blattes kann oft in Begriffen wie Blattspreite (S. 22), Blattstiel (S. 40) und Blattgrund (Scheide) beschrieben werden. Diese Begriffe werden gleichermaßen auf Mono- und Dikotylenblätter angewendet, obwohl die Blattentwicklung in jeder der beiden Gruppen völlig unterschiedlich abläuft. Der Blattstiel bei der einen Gruppe entspricht nur in einem rein beschreibenden Sinn dem der anderen (S. 20). »Blattscheide« ist vielleicht der am wenigsten klar definierte Begriff dieser Reihe und wird auf alle möglichen, bestimmte Strukturen tragenden Abschnitte an oder nahe des Insertionspunktes des Blattes an der Sproßachse angewendet. Blattscheiden können Stipeln (Nebenblätter, S. 52) tragen. Hinsichtlich ihrer Form reichen Blattscheiden von kaum wahrnehmbaren Verbreiterungen der Blattbasis (Abb. **33c**) bis hin zu auffallenden, komplizierten Gebilden, die den ganzen Stamm umfassen (Abb. **50, 51b, c**). Eine Blattscheide kann die Achselknospe teilweise oder vollständig schützend umhüllen (Abb. **51c, d**). Die Enden der Blattscheide, entweder das proximale oder das distale, können zu Gelenkpolstern (S. 46) umgewandelt sein oder aber ausdauernd verholzen oder – wie bei vielen Palmen – faserig werden (Abb. **51b**). Bei den meisten Monokotyledonen-Blättern ist die Blattscheide eine besonders auffällige Struktur, die den Stengel infolge der besonderen Entwicklung ihrer Blätter (S. 18) umschließt. Durch die konzentrische Anordnung solcher Blattbasen entstehen Scheinstämme, wie zum Beispiel bei der Banane (*Musa* sp.). In einigen Fällen bildet der Blattgrund den Hauptteil der assimilierenden Oberfläche des Blattes (Abb. **89c**).

Morphologie des Blattes: Blattscheide (Blattgrund) | 51

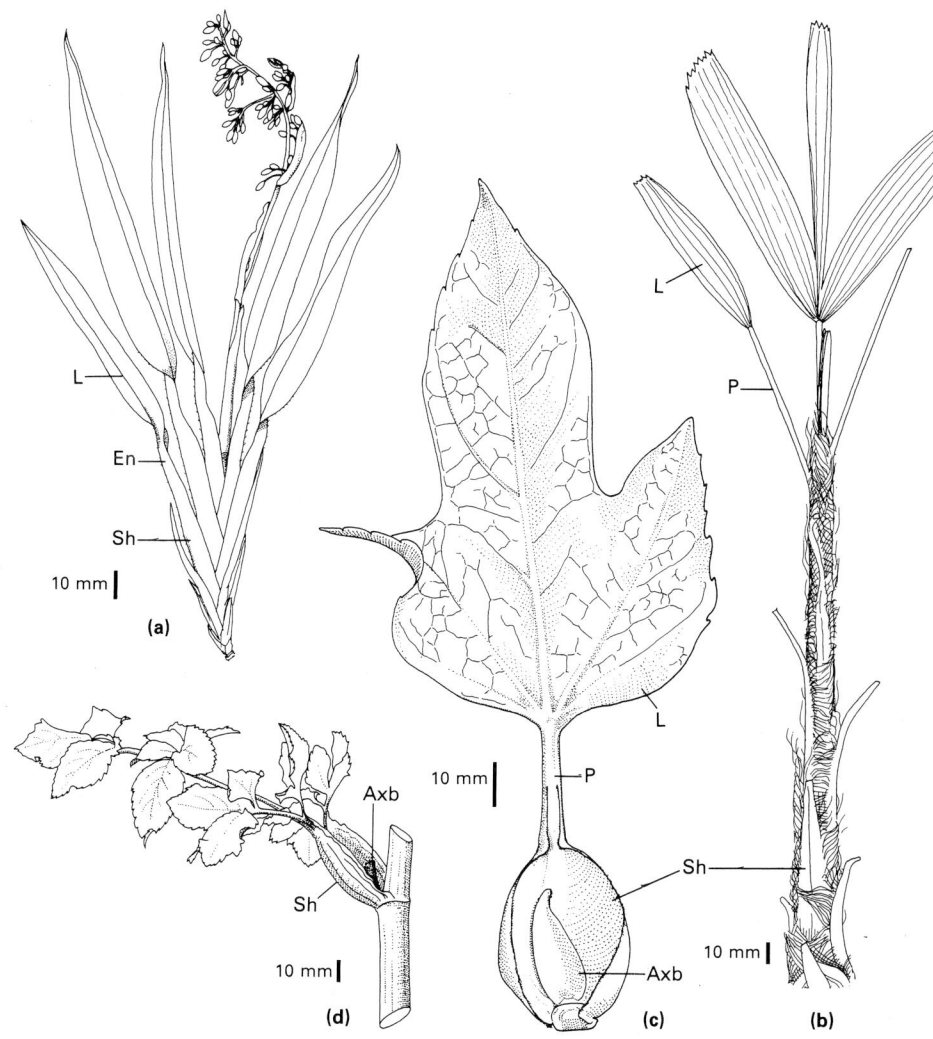

Abb. 51. a) *Dianella caerulea*, das obere Ende eines Luftsprosses; **b)** *Rhapis excelsa*, der obere Teil eines Luftsprosses; **c)** *Fatsia japonica*, einzelnes Blatt; **d)** *Smyrnium olusatrum*, einzelner Knoten. Axb: Achselknospe. En: schwertförmiger Abschnitt des Blattes (S. 86). L: Blattspreite. P: Blattstiel. Sh: Scheide.

Morphologie des Blattes: Stipeln/Nebenblätter (Ausgliederungen des Blattgrundes)

Abb. 52. *Liriodendron tulipifera*
Das Nebenblattpaar an der Basis jedes Blattstiels schützt das nachfolgende junge Blatt, dessen Silhouette hier sichtbar ist.

Unter einem Nebenblatt (Stipel) wird eine Ausgliederung des Unterblattes verstanden. In sehr frühen Entwicklungsstadien entwickeln sich aus dem Unterblatt des Blattprimordiums (S. 20) der Blattgrund (S. 20) und die Stipeln. Es gibt Pflanzenarten mit und ohne Stipeln. Monokotyledonen bilden im allgemeinen keine Nebenblätter aus; sind dennoch Stipeln vorhanden, kommen sie gewöhnlich in Einzahl je Blatt vor (Abb. **55b**), sehr selten in Zweizahl (Abb. **57b**). Die Nebenblätter der Dikotyledonen treten im typischen Fall paarig auf, und zwar an jeder Seite des Anheftungspunktes des Blattstiels an der Sproßachse eines (Abb. **53b**). Daneben gibt es eine Reihe verschiedener Variationsmöglichkeiten einschließlich dem Verschmelzen einzelner Strukturen (S. 54). Stipeln können relativ klein und unscheinbar sein (Abb. **53c, d**), oft schuppenartig (Abb. **61b, 80b**) und früh abfallen, wobei sie eine Narbe hinterlassen (Abb. **78**). Oft schützen sie die jüngeren Organe (Abb. **52**) einer Knospe und werden abgeworfen, wenn die Knospe sich entfaltet. Andererseits können Stipeln auch sehr auffällig und blattartig gestaltet sein (Abb. **55a, 57e**) und wie vollständige Laubblätter aussehen (Abb. **55d, 69e**), von denen sie nur dadurch unterschieden werden können, daß sie in ihren Achseln keine Knospen tragen. Es ist durchaus möglich, daß in einigen Fällen Gebilde, die früher als Nebenblätter beschrieben worden sind, wie z. B. bei vielen Rubiaceen-Arten (Abb. **55d**) (vergl. RUTISHAUSER 1984), in Wirklichkeit ganze Laubblätter darstellen. Die fraglichen Strukturen tragen dabei selbst Anhängsel (Kolleteren, Drüsenzotten, S. 80), die als rudimentäre Nebenblätter

Morphologie des Blattes: Stipeln/Nebenblätter (Ausgliederungen des Blattgrundes) | 53

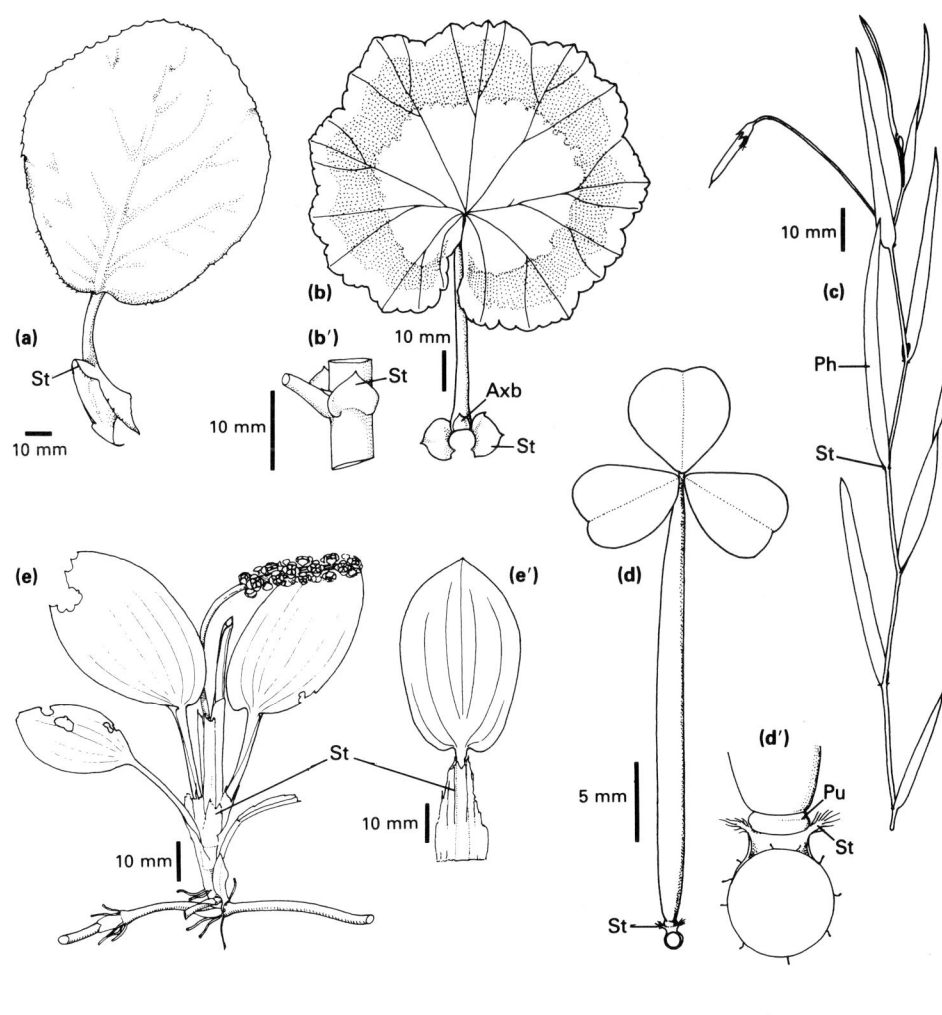

gedeutet werden können. Demnach wären alle Teile des Blattwirtels an einem Knoten laubblattartigen Ursprungs, wobei einige axilläre Knospen tragen, andere nicht. Nebenblätter können auf vielfältige Weise umgewandelt sein (S. 56), hauptsächlich zu Dornen (Abb. **43c, 6**). Diese sind verholzt und überdauern, nachdem der Rest des Blattes abgefallen ist.

Abb. 53. a) *Bergenia* sp. einzelnes Blatt; **b, b')** *Pelargonium* cv., einzelnes Blatt und Knoten von der Seite; **c)** *Lathyrus nissola;* **d, d')** *Oxalis* sp., einzelnes Blatt und Knoten von oben; **e, e')** *Potamogeton* sp., Blattrosette und einzelnes Blatt. Axb: axillare Knospe. Ph: Phyllodium (S. 42). Pu: Pulvinus (S. 46). St: Stipel.

Morphologie des Blattes: Position der Nebenblätter

Abb. 54. *Reynoutria sachalinensis*
Die Stipel, in diesem Falle als Ochrea ausgebildet, umfaßt vollständig den Stengel. Primordien sproßbürtiger Wurzeln (S. 98) sind direkt unterhalb des Knotens erkennbar.

Bei Dikotyledonen kann die Stellung eines Nebenblattpaares in bezug auf Blattbasis, Blattstiel und Anheftung des Blattes an der Sproßachse beträchtlich variieren. Die Stipeln können ganz am proximalen Ende des Blattes sitzen (Abb. **53b, 55f**) oder, aufgrund einer starken Rückbildung des Blattgrundes, scheinbar der Sproßachse entspringen und so als von der Blattbasis freie Nebenblätter erscheinen (stipulae liberae, Abb. **55g**). Nebenblätter können auch am Übergang zwischen Blattbasis (Scheide) und Blattstiel gefunden werden (Abb. **55h, i**). Stipeln, die mit einem Teil des Blattstiels angewachsen erscheinen (Abb. **55f, k**), nennt man adnat; tatsächlich ist es der Blattgrund, der in die Länge wächst und die Stipeln emporhebt. Ein Nebenblatt kann seitlich an der Sproßachse im 90°-Winkel zum Insertionspunkt des Blattes sitzen, also zwischen den Blattstielen (interpetiolar, Abb. **55i**). In diesem Fall kann es mit dem entsprechenden Nebenblatt eines anderen Blattes desselben Knotens verwachsen sein (interpetiolare Stipel, Abb. **55c**). Gelegentlich finden sich Nebenblätter auf der dem Blattansatz gegenüberliegenden Seite des Stengels, sie werden dann als Gegenstipeln bezeichnet (Abb. **55m**). Befindet sich ein Nebenblatt dagegen in echter adaxialer Position zwischen dem Blattstiel und der Sproßachse, so heißt es medianes oder intrapetiolares Nebenblatt (Abb. **55a, j**). Bei einer Reihe monokotyler Pflanzen kommt eine ähnlich angeordnete, einzelne Struktur vor, die oft als Nebenblatt beschrieben worden ist, die Ligula (Abb. **55b, 53e**); bei *Eichhornia* ist sie besonders schön entwickelt und trägt darüber hinaus am ihrem Ende stipuläre Anhäng-

Morphologie des Blattes: Position der Nebenblätter | 55

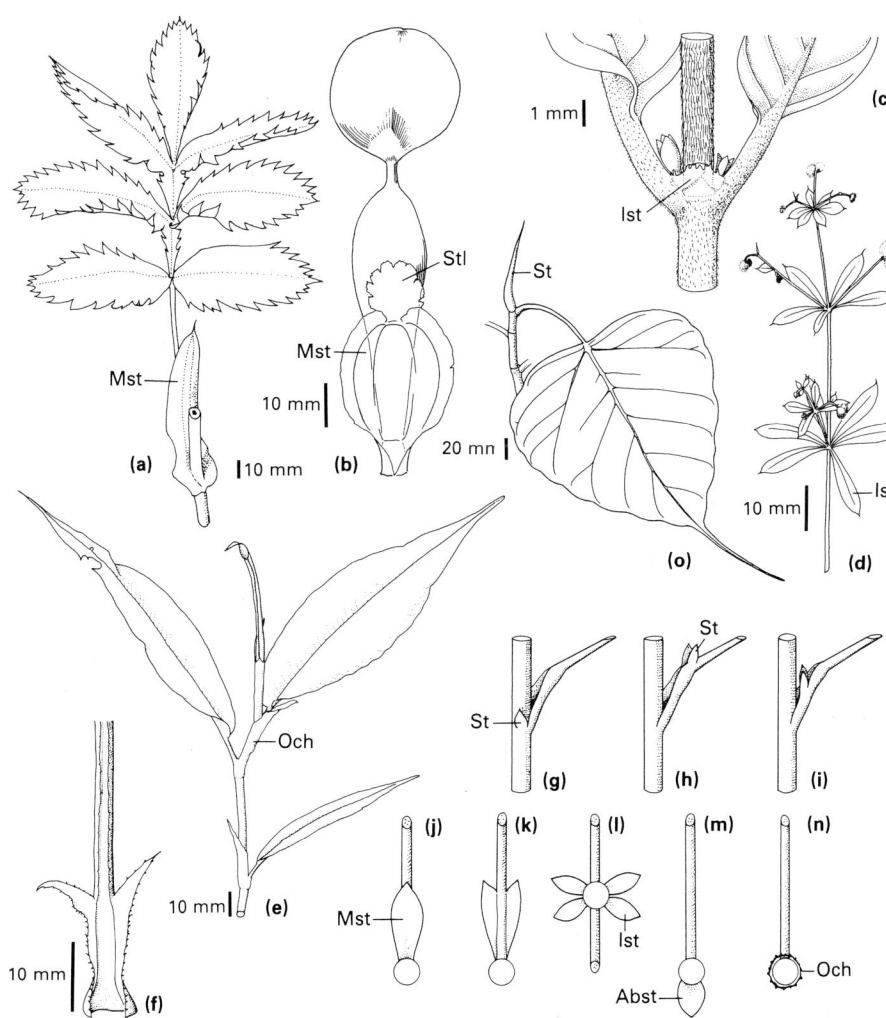

sel, die auch »Öhrchen« genannt werden. Umschließt diese einzelne Stipel den gesamten Stengel, so spricht man von einer Ochrea (Tute, Abb. **55e, n, 54**).

Abb. 55. a) *Melianthus major*, einzelnes Blatt an einem Knoten; **b)** *Eichhornia crassipes*, einzelnes Blatt; **c)** *Manettia inflata*, Blattpaar an einem Knoten; **d)** *Galium aparine*; **e)** *Polygonum* sp.; **f)** *Rosa* sp., Basis des Blattstiels; **o)** *Ficus religiosa*, junge Sproßspitze. **g)-n)** verschiedene Anordnungen von Nebenblättern. Abst: abaxiale (Gegen-) Stipel. Ist: interpetiolare Stipel. Mst: mediane (intrapetiolare) Stipel. Och: Ochrea. St: Stipel. Stl: stipuläres Öhrchen.

56 | Morphologie des Blattes: Umbildungen des Nebenblattes

Einige Arten der Gattung *Smilax* (Liliaceae) zeigen ein für Monokotylen höchst eigenartiges Verhalten: jedes Blatt trägt dort, wo sonst Stipeln stehen, zwei zu Ranken umgebildete Strukturen (Abb. **57b**). Die bei anderen Einkeimblättrigen auftretenden nebenblattartigen Gebilde stehen einzeln und sind gewöhnlich häutig und eher unscheinbar (Abb. **53e**). Die Stipeln der Dikotyledonen können ebenso lange wie das Laubblatt persistieren oder, wenn überhaupt, lange vor oder nach dem Blatt abgeworfen werden. Solche ausdauernden Nebenblätter sind meist zu verholzten Dornen modifiziert, die viele Jahre überdauern (Abb. **202b, 119f**). Die Stipulardornen mancher *Acacia*-Arten sind innen hohl und beherbergen Ameisen (Abb. **205a, 6**). Bei den paarig angelegten Dornstipeln von *Paliurus spina-christi* ist stets ein Dorn lang und gerade, der andere kurz und gebogen. Stipeln können auch zu extrafloralen Nektarien umgestaltet sein (Stipulardrüsen, Abb. **56**) oder einen Haarkranz darstellen (Abb. **57c**). Bei vielen Pflanzen sind die schuppenartigen Nebenblätter zu ruhenden Knospen zusammengefaßt und üben eine Schutzfunktion aus (Abb. **265c**).

Abb. 56. *Bauhinia* sp.
Zu extrafloralen Nektarien (S. 80) umgewandelte Stipeln.

Morphologie des Blattes: Umbildungen des Nebenblattes | 57

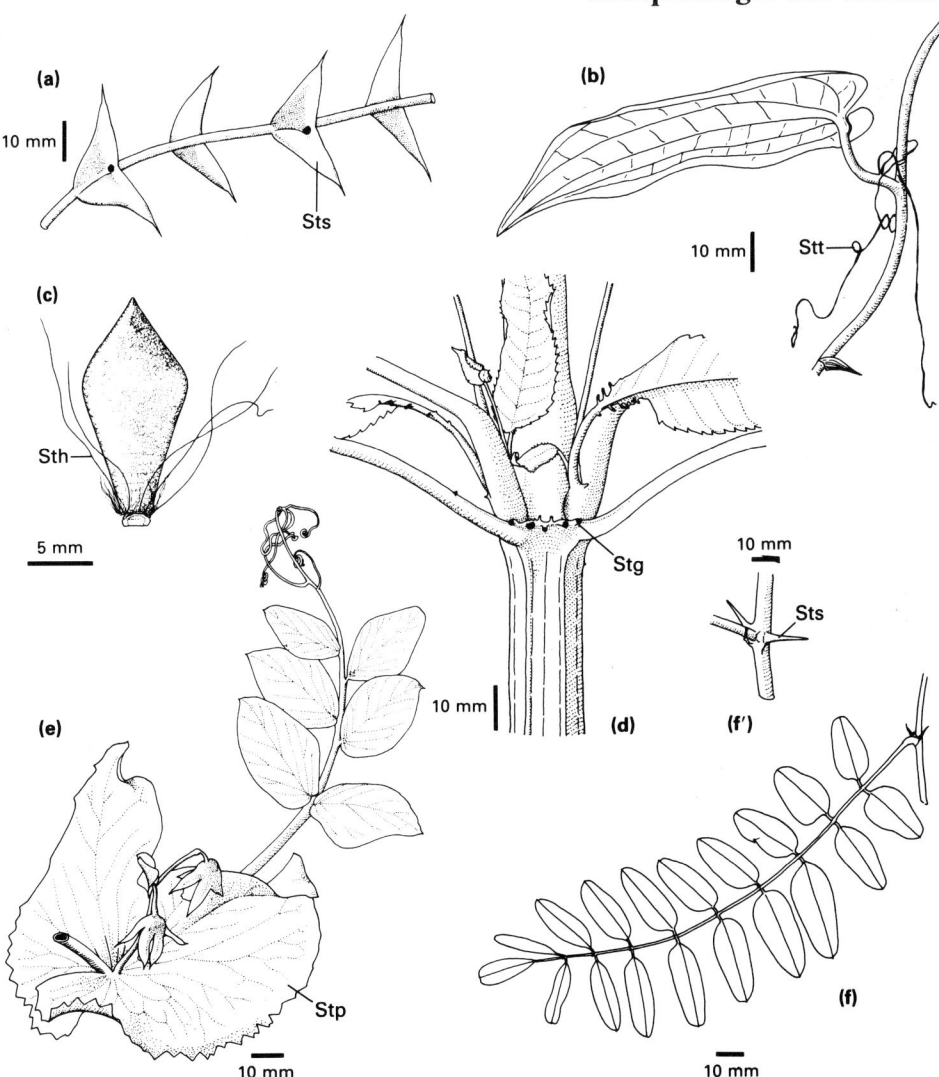

Abb. 57. **a)** *Acacia hindisii,* verholzte Nebenblattpaare; **b)** *Smilax lancaefolia,* einzelner Knoten; **c)** *Anacampseros* sp., einzelnes Blatt; **d)** *Impatiens balsamina,* Blattpaar an einem Knoten, die Drüsen stellen hier keine Stipeln dar, sondern entsprechen Randzähnen des Blattes (WEBERLING 1956); **e)** *Pisum sativum,* einzelnes Blatt an einem Knoten; **f, f')** *Robinia pseudacacia,* einzelnes Blatt an einem Knoten und Knoten vergrößert (vergl. Abb. **119f**). Sth: Stipularhaar. Stg: Drüsen in stipulärer Position. Stp: assimilierende Stipel. Sts: Stipulardorn. Stt: Stipularranke.

58 | Morphologie des Blattes: Stipellen (Ausgliederungen der Fiederblattspindel)

Abb. 58. *Phaseolus coccineus*
Ein Paar kleiner Stipellen am Blattstiel kurz unterhalb seines Übergangs in die Blattspreite.

Gelegentlich treten bei geteilten Blättern an der Basis der einzelnen Fiederblättchen Ausgliederungen auf, die Nebenblättern (S. 52) ähneln. Diese Strukturen werden als Stipellen (Nebenblättchen) bezeichnet und sind in der Regel bei einem Blatt von einheitlicher Gestalt (Abb. **59c**), sie können jedoch auch beträchtlich variieren. Am häufigsten findet man sie bei Vertretern der Leguminosae (Abb. **58, 59**). Viele zusammengesetzte sowie einige ungeteilte Blätter (Abb. **25c**) weisen unregelmäßig angeordnete, zwischen die Hauptfiedern eingestreute, kleine Blättchen auf (unterbrochen gefiedert), die in ihrem Aussehen Stipellen ähneln, jedoch nicht exakt am proximalen Ende einer jeden Hauptfieder stehen. Sie entsprechen basalen Segmenten der über ihnen sitzenden Fiedern. An Stelle von Stipellen kann bei zusammengesetzten Blättern eine Reihe anderer Strukturen beobachtet werden, die in ihrem Erscheinungsbild jedoch nie häutig oder blattartig sind. Dazu gehören z. B. Stacheln (Abb. **77d, e**) und extraflorale Nektarien (Abb. **81d**).

Morphologie des Blattes: Stipellen (Ausgliederungen der Fiederblattspindel) | 59

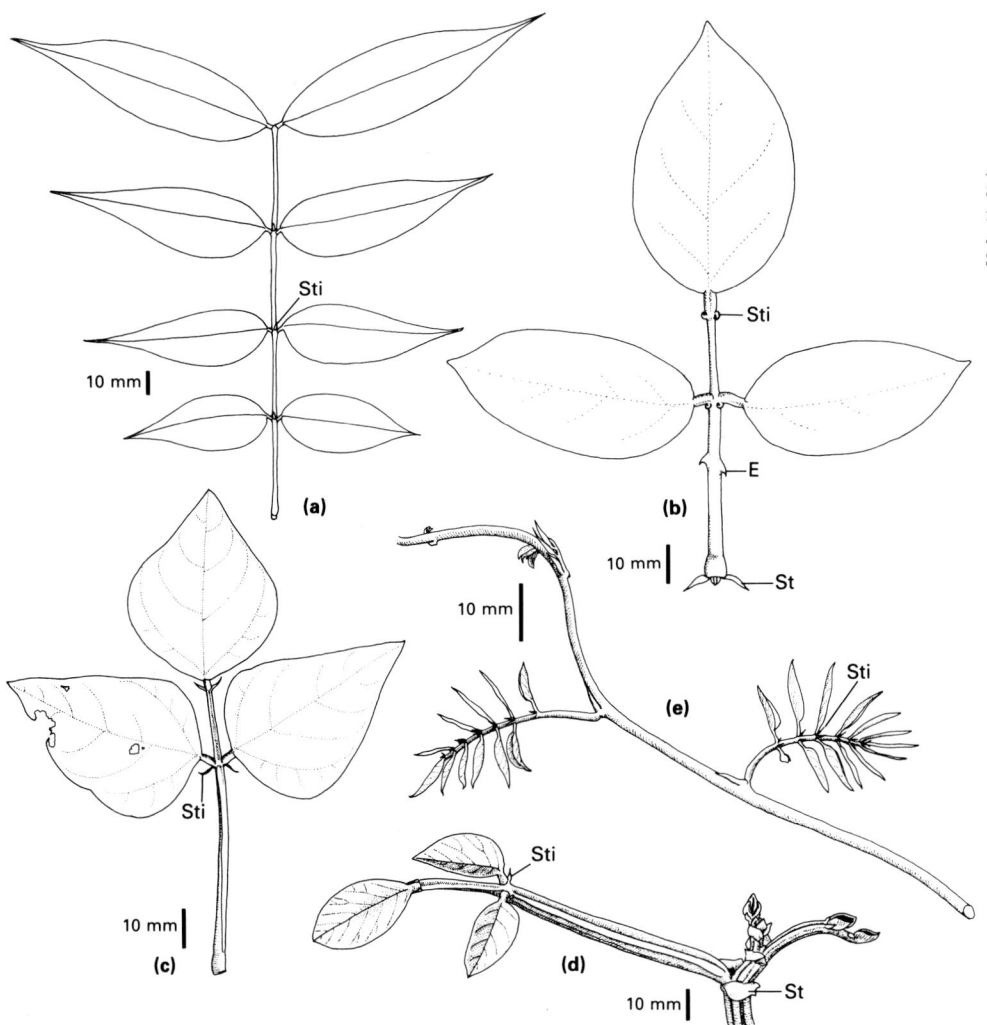

Abb. 59. a) *Cassia floribunda,* einzelnes Blatt (vergl. Abb. **81c**); **b)** *Erythrina crista-galli,* einzelnes Blatt; **c)** *Phaseolus vulgaris,* einzelnes Blatt; **d)** *Butea buteiformis;* **e)** *Wisteria sinensis.* E: Emergenz (S. 76). St: Stipel (Nebenblatt). Sti: Stipelle (Nebenblättchen).

Morphologie des Blattes: Pseudostipeln (basales Fiedernpaar in stipulärer Position)

Abb. 60. *Mutisia acuminata*
Bei diesem gefiederten Blatt aus der Familie der Compositen (überwiegend nebenblattlos) steht das proximale, d. h. unterste Blättchenpaar in stipulärer Stellung.

Bei den gefiederten Blättern einiger Dikotyledonen sitzt das proximale Fiedernpaar ganz dicht am Anheftungspunkt des Blattes am Knoten und erweckt so den Eindruck, in stipulärer Position zu stehen. Sind gleichzeitig noch Nebenblätter im eigentlichen Sinn vorhanden (Abb. **61b**), besteht über die Beschaffenheit der basalen Fiederblättchen keinerlei Zweifel, sind jedoch keine echten Stipeln ausgebildet, werden diese basalen Fiedern manchmal als Pseudostipeln bezeichnet. Auch in Familien, in denen überwiegend keine Nebenblätter auftreten (Abb. **60**), nennt man diese basalen Blättchen Pseudostipeln. Pseudostipeln können sich von den anderen Fiedern eines Blattes durch ihre Form unterscheiden (Abb. **61a**). Ein gründliches Studium der Blattprimordienentwicklung kann über die morphologische Beziehung zwischen dem untersten Fiedernpaar und jenen mehr distal gelegenen Aufschluß geben und klären, ob es sich nun tatsächlich um Pseudostipeln oder um echte Nebenblätter handelt. In manchen Fällen kann es dabei von großem Wert sein, die Versorgung von Blatt und Pseudostipeln mit Leitelementen zu betrachten. Blätter mit Stipeln zeigen oftmals drei Blattspurstränge, während nebenblattfreie Blätter oft nur eine Blattspur aufweisen. Auch die einzelnen Vorblätter (Prophylle) mancher *Aristolochia*-Arten (Abb. **67c**) werden gelegentlich als Pseudostipeln bezeichnet.

Morphologie des Blattes: Pseudostipeln (basales Fiedernpaar in stipulärer Position)

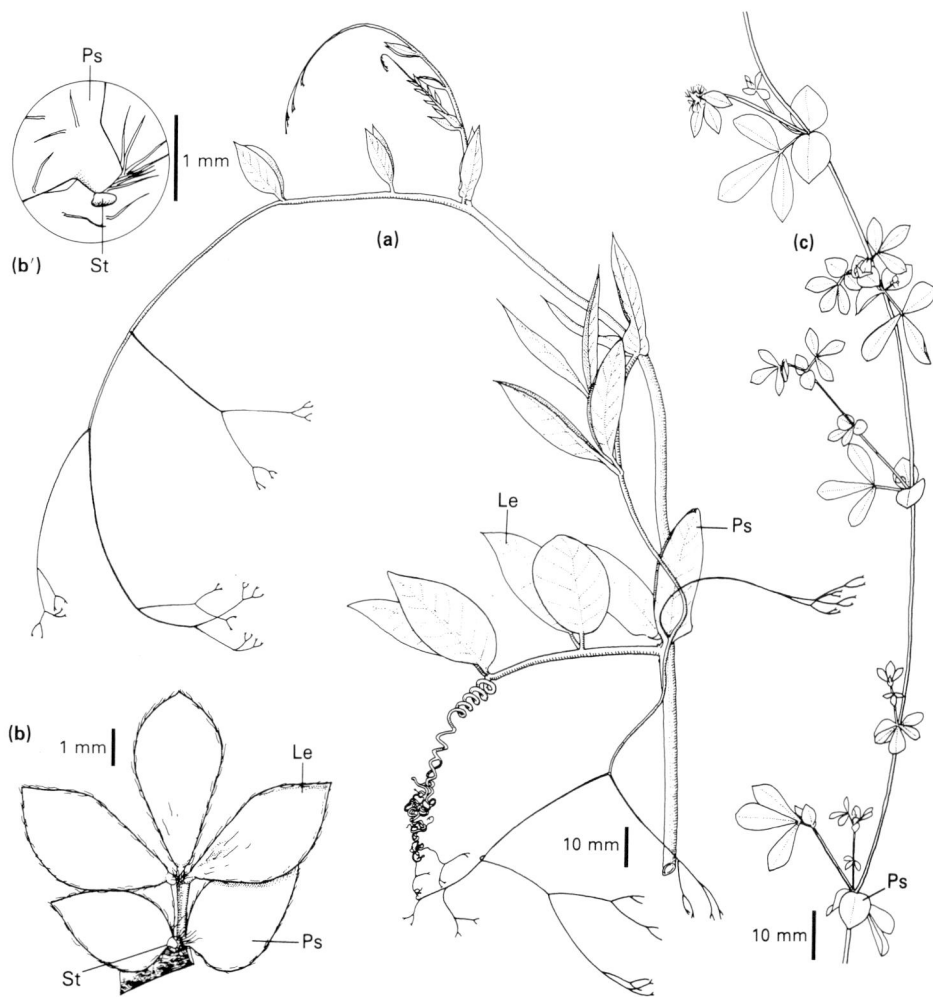

Abb. 61. a) *Cobaea scandens,* das Ende eines rankenden Sprosses; **b, b', c)** *Lotus corniculatus,* **c)** Sproßabschnitt, **b)** einzelnes Blatt, **b')** vergrößerte Darstellung eines winzigen Nebenblattes. Le: Fiederblättchen. Lt: Blattranke. Ps: Pseudostipel. St: Stipel.

Morphologie des Blattes: Brakteen und Brakteolen (Blätter im Bereich des Blütenstandes)

Blätter, die in Verbindung mit Blüten auftreten, sind häufig im Vergleich zu den Blättern des vegetativen Bereichs derselben Pflanze modifiziert oder in ihrer Größe reduziert. Man nennt solche Blätter Brakteen (Hochblätter; Niederblätter vergl. S. 64). Jedes Blatt, ob nun modifiziert oder nicht, in dessen Achsel eine Blüte sitzt, kann als Braktee (Deckblatt) bezeichnet werden, obwohl in vielen Fällen Blütenknospen auch ohne dazugehöriges Deckblatt auftreten. Demgegenüber kann auch der Stiel (Pedicellus) einer einzelnen Blüte eine Braktee tragen (bei Monokotylen in der Regel eine, bei Dikotyledonen zwei, siehe S. 66), in deren Achsel wiederum eine Blüte stehen kann. Es handelt sich dabei um brakteose Vorblätter (S. 66), sie werden oft als Brakteolen bezeichnet (Abb. **63e**). Sind mehrere Blüten sehr dicht gedrängt in einem Blütenstand zusammengefaßt, so bilden ihre einzelnen Hochblätter oft einen dichten Wirtel, ein Involukrum (Hülle, Abb. **144**). Ein Involukrum kann jedoch auch bei Einzelblüten auftreten (Abb. **147e**). Bei einer Doppeldolde (Abb. **141m**) bilden die mehr oder weniger brakteosen Tragblätter der Dolde eine Hülle, die der Döldchen ein Hüllchen. In einem Involukrum wird die einzelne Braktee Hüllblatt genannt. Manchmal sind eine oder mehrere Brakteen einer Infloreszenz recht groß und auffällig gestaltet (Abb. **62a, 63a, d**). Oft dienen Brakteen der Windverbreitung der Früchte (Abb. **235e**). Die Brakteen der Blütenstände vieler einkeimblättriger Pflanzen sind sehr auffällige Gebilde (Abb. **63a, c**), bei den Ährchen der Gräser (S. 186) stellen sie ganz besondere Strukturen dar. Generell können Brakteen auch wie Laubblätter aussehen, häufig sind sie schuppenartig, bei einigen Palmen sind sie sehr kräftig ausgebildet, sie können aber auch zu Dornen

Abb. 62a. *Cephaelis poepiggiana*
Ein Paar auffällig gefärbter Brakteen unterhalb der Infloreszenz.

Abb. 62b. *Barleria prionitis*
In der Achsel eines Laubblattes stehen junge Blütenknospen, die von dornartigen Brakteen eingerahmt sind (z. B. Blattdornen, S. 70).

Morphologie des Blattes: Brakteen und Brakteolen (Blätter im Bereich des Blütenstandes) | 63

(Abb. **62b**), Haken (Abb. **161b**) oder ausdauernden, holzigen, Früchte umgebende Strukturen modifiziert sein (Abb. **157h, 155o**).

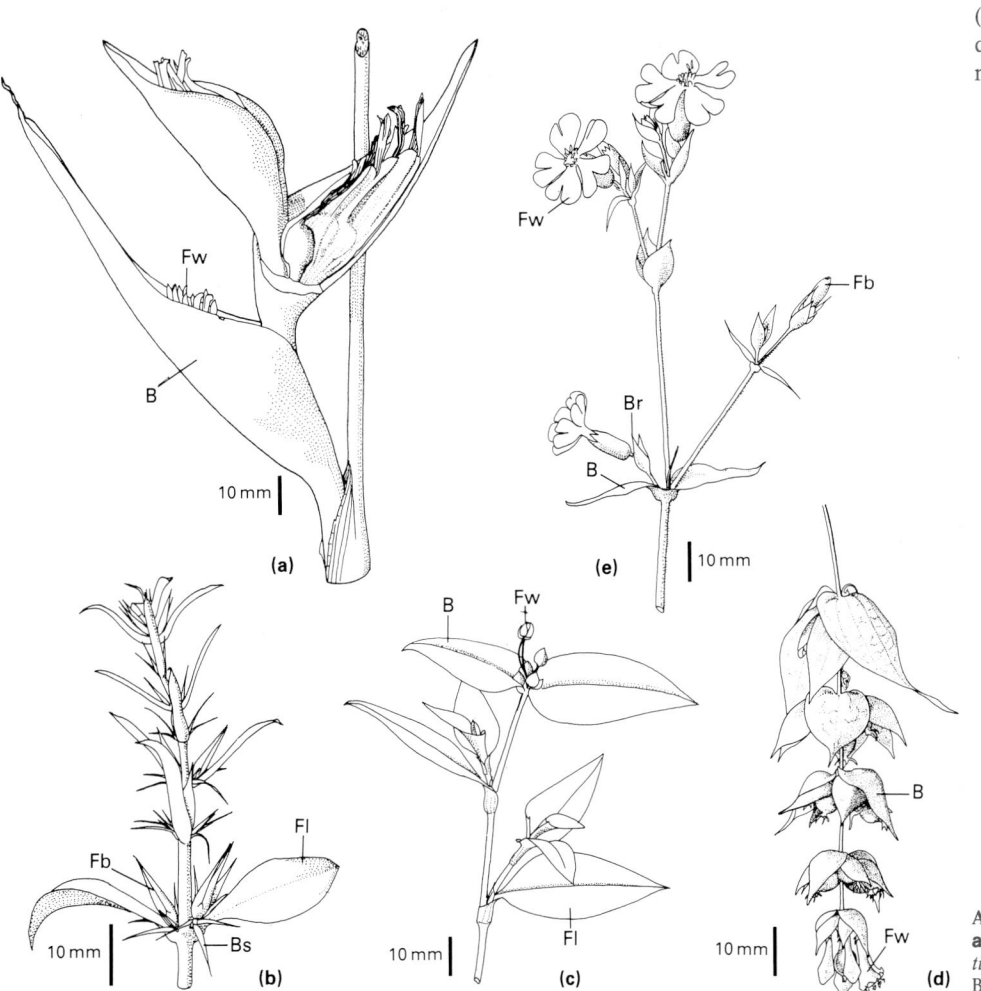

Abb. 63. Ausschnitte von Blütenständen mit Brakteen. **a)** *Heliconia peruviana*, **b)** *Barleria prionitis*, **c)** *Tradescantia* sp., **d)** *Leycesteria formosa*, **e)** *Silene dioica*. B: Braktee. Br: Brakteole. Bs: Brakteendorn. Fb: Blütenknospe. Fl: Laubblatt. Fw: Blüte.

64 | Morphologie des Blattes: Niederblätter und Schuppenblätter

Abb. 64. *Agave americana*
Schuppenblätter einer sich entwickelnden Blütenstandsachse (siehe auch die gegenüber der Einleitung dargestellte Abbildung einer aufgeblühten Infloreszenz).

Sehr viele Pflanzen weisen einen Blattdimorphismus (S. 30) auf. Dabei gehen den relativ großen, der Lichtaufnahme dienenden Laubblättern häutige Schuppenblätter voraus. Diese werden als Niederblätter bezeichnet. Sie sind manchmal chlorophyllfrei und üben oft als Knospenschuppen eine Schutzfunktion für das vegetative oder florale Meristem aus, indem sie dieses umhüllen (Abb. **64, 62b**). Die unterirdischen Sproßachsen rhizombildender Pflanzen tragen im allgemeinen Schuppenblätter (Abb. **65a, e**; vergl. auch Abb. **87c**), in deren Achseln axilläre Knospen sitzen können. Folgeblätter, die am oberirdischen Sproß stehen, zeigen oft eine heteroblastische Blattfolge (Abb. **29c**) von einem einfachen Schuppenblatt zu einem mehr oder minder kompliziert gebauten Laubblatt. Eine ähnliche zeitliche Aufeinanderfolge verschiedener Blattgrößen findet sich bei Blütensprossen. Die Laubblätter des proximalen Endes der Infloreszenachse gehen an ihrem distalen Ende in Schuppenblätter über. Diese, auf die Laubblätter folgenden Schuppenblätter, die beim Übergang in eine Infloreszenz und innerhalb derselben auftreten, werden als Hochblätter oder Brakteen und Brakteolen (S. 62) bezeichnet. Besonders bei den Monokotyledonen stellt das erste Blatt an einem Sproß (Vorblatt, S. 66) häufig ein Niederblatt dar, das sich in Größe und Gestalt erheblich von den weiter distalwärts gebildeten Blättern derselben Sproßachse unterscheidet. Schuppenblätter sind normalerweise kleiner als die entsprechenden Laubblätter einer bestimmten Pflanze; »klein« ist dabei ein relativer Begriff, können doch die Schutzfunktion ausübenden Schuppenblätter

Morphologie des Blattes: Niederblätter und Schuppenblätter | 65

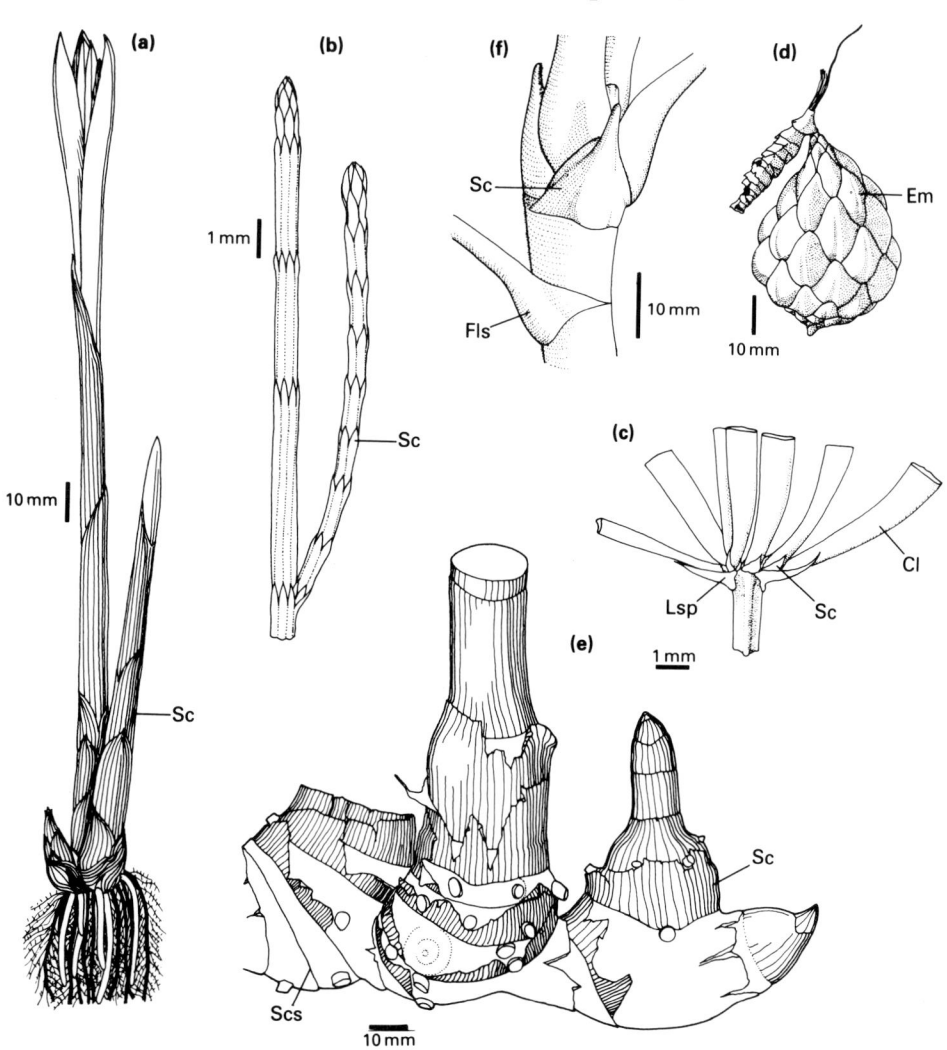

(Brakteen) der Infloreszenzen einiger Palmen kräftige, holzige Strukturen von über einem Meter Länge darstellen.

Abb. 65. a) *Cyperus alternifolius,* in Entwicklung begriffene oberirdische Sprosse; **b)** *Casuarina equisetifolia,* distales Ende eines Sprosses; **c)** *Asparagus densiflorus,* einzelner Knoten (vergl. Abb. **127a**); **d)** *Raphia* sp., Frucht;
e) *Costus spiralis,* Rhizom; **f)** *Fatsia japonica,* Schuppenblätter unterhalb der Sproßspitze. Cl: Phyllokladium (S. 126). Fls: Laubblattscheide (Abb. **51c**). Lsp: Blattdorn (S. 70). Sc: Schuppenblatt. Scs: Narbe eines Schuppenblattes.

Morphologie des Blattes: Vorblätter (die ersten Blattanlagen eines Seitensprosses)

Abb. 66a. *Philodendron pedatum*
Dieselbe Pflanze wie in Abb. **10**, späteres Entwicklungsstadium. Das cremefarbene Vorblatt fällt demnächst ab, nachdem es die Schutzfunktion an seinem axillären Seitensproß erfüllt hat (ein langgestrecktes Hypopodium, S. 262).

Die am ersten (proximalen) Knoten eines Sprosses entwickelten Blätter werden als Vorblätter (Prophylle) bezeichnet. Oft, aber bei weitem nicht immer, stellen die an dieser Stelle inserierten Blätter Schuppenblätter dar, wobei die Folgeblätter auf ähnliche Weise modifiziert sein können. Das einzige Vorblatt der Monokotylen kann zu einer besonders charakteristischen Schuppe (Abb. **66a**) entwickelt sein, die oft zweispitzig und zweikielig, und sonst als doppelt erscheint. Es befindet sich in der Regel in adossierter (d. h. adaxialer, siehe S. 4) Stellung, also auf der der Abstammungsachse zugewandten Seite des Seitensprosses. Adossierte Vorblätter treten auch bei manchen Dikotyledonen auf (Abb. **67c, d**). Bei zweikeimblättrigen Pflanzen mit zwei Vorblättern stehen diese im allgemeinen seitlich (Abb. **66b, 67a, b**). Ist jedoch nur ein Vorblatt vorhanden, muß es nicht gezwungenermaßen adossiert stehen. Wenn somit eine Brakteole (S. 62) das erste Blatt an einem Sproß ist, stellt sie ein Vorblatt dar. Die Vorspelzen der Gramineen-Ährchen (S. 186) sowie die »Schläuche« der weiblichen Ährchen der Riedgräser – Seggen – (S. 196) sind aufgrund ihrer Stellung ebenfalls als Vorblätter aufzufassen. Das Vorblatt des in der Gattung *Zea* (Mais, S. 190) den weiblichen Blütenstand aufbauenden Sproßsystems ist das erste einer Reihe großer, schützender »Lieschblätter«. In manchen Fällen sind Vorblätter ausdauernd und verholzt; sie können aber auch zu Haken, Dornen (Abb. **203b, 71c**) oder Ranken (Abb. **123e**) umgewandelt sein. Vorblätter können auch eine Schutzfunktion für Knospen übernehmen (S. 264). Bei sylleptischem (simultanem) Wachstum (S. 262)

Abb. 66b: *Simmondsia chinensis*
Jeder axilläre Seitensproß weist an seiner Basis zwei kleine, seitlich angeordnete Vorblätter auf, die die axillären Knospen schützen (S. 264) (vom Betrachter aus ist jeweils nur eines der beiden sichtbar).

wird das Vorblatt von der Mutterachse durch ein langes Hypopodium (Abb. **263a**) abgehoben. Sitzt jedoch das Vorblatt eines Seitensprosses in proximaler Stellung sehr dicht am Hauptsproß, so kann sich eine Knospe in der Achsel dieses Vorblattes ebenfalls sehr nahe an der Mutterachse entwickeln, was, wenn dieser Prozeß mehrfach wiederholt wird, zur dichten Zusammendrängung von Tochterachsen verschiedener Ordnungen führen kann (S. 238).

Morphologie des Blattes: Vorblätter (die ersten Blattanlagen eines Seitensprosses) | 67

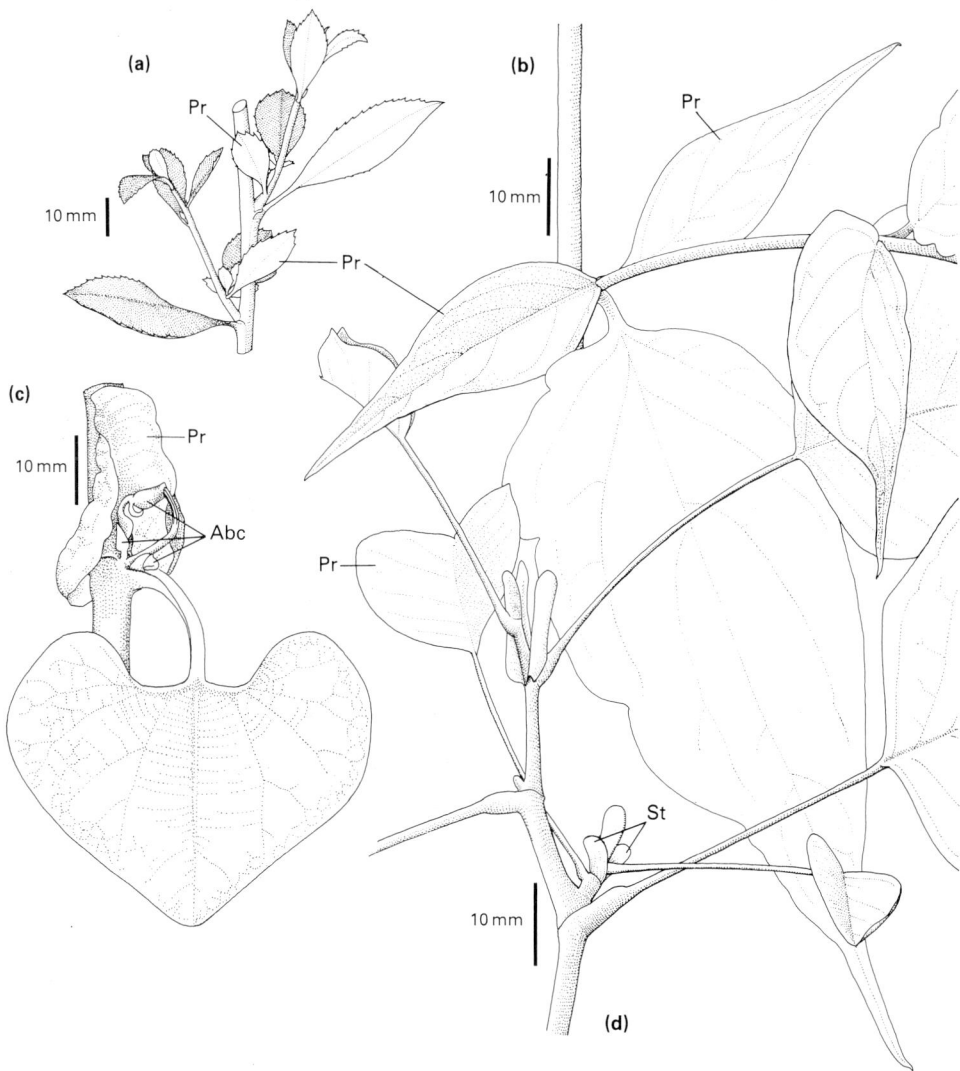

Abb. 67. a) *Escallonia* sp., **b)** *Leycesteria formosa*, Vorblattpaar an der Basis der Seitensprosse; **c)** *Aristolochia cymbifera*, einzelnes, adossiertes Vorblatt; **d)** *Liriodendron tulipifera*, einzelnes, großes Vorblatt. Abc: akzessorischer Knospenkomplex (S. 236). Pr: Vorblatt. St: Stipel.

68 | Morphologie des Blattes: Ranken

Rankende Pflanzen zeigen eine beachtliche Bandbreite morphologischer Strukturen, die verhindern, daß das Sproßsystem in sich zusammenfällt. Dabei kann die Sproßachse selbst winden, oder sie bildet sproßbürtige Haftwurzeln (Abb. **98**) sowie Ranken und Haken, welche modifizierte Sproßabschnitte darstellen (S. 122); sogar klimmende Blütenstände können ausgebildet werden (Abb. **145b**). Viele Kletterpflanzen besitzen hingegen Blätter, die ganz oder zum Teil zu Ranken und Haken umgewandelt sind. Nur in einer einzigen Gattung *(Smilax)* übernehmen die Nebenblätter (Stipeln) diese Funktion (Abb. **57b**). Auch der Blattstiel kann als Kletterorgan fungieren (Abb. **41e, h**). Blattranken an sich weisen eine Vielzahl verschiedener Formen auf. Zum einen kann bei einem ungeteilten Blatt lediglich der Endabschnitt fadenförmig ausgezogen sein und so eine windende Ranke bilden (Abb. **68b, 69g**), zum anderen kann aber auch die gesamte Spreite umgewandelt sein (Abb. **69e**). Ebenso gibt es bei gefiederten Blättern die Möglichkeit, daß entweder nur das terminale Fiederblättchen zur Ranke umgebildet ist oder auch eine bzw. mehrere seitliche Fiedern (Abb. **69a, b, c, f**). Dabei kann das Verhältnis von Fiederranken zu gewöhnlichen Fiederblättchen bei Fiederblättern einer bestimmten Art stark variieren oder auch sehr konstant sein. Ranken zeigen eine ausgeprägte Bewegungsfähigkeit und umschlingen eine Stütze, sobald eine solche berührt wird, in der Regel dadurch, daß auf der der Stütze abgewandten Seite stärkeres Wachstum erfolgt. Bei manchen Pflanzenarten erstarkt und verholzt nur der rankende Teil eines Blattes und wird ausdauernd (Abb. **68a**). Eine Ranke kann auf zweifache Weise agieren: Bevor sie beginnt, eine Stütze zu umschlingen, wirkt sie wie eine Art Enterhaken. Häufig sind die äußersten Enden solcher, oft verzweigter Ranken zu kleinen, zurückgebogenen Häkchen umgeformt (Abb. **61a**), gelegentlich auch zu Haftscheiben (Abb. **229b**). Hat eine Ranke sich erst einmal an irgendeinem beliebigen Punkt verankert, so beginnt der verblei-

Abb. 68a. *Bignonia* sp.
Bei jedem Blatt ist eines der drei Fiederblättchen zu einer schlingenden, verholzten Ranke ausgebildet.

Abb. 68b. *Mutisia retusa*
Jedes ungeteilte Blatt endet in einer Ranke.

Morphologie des Blattes: Ranken | 69

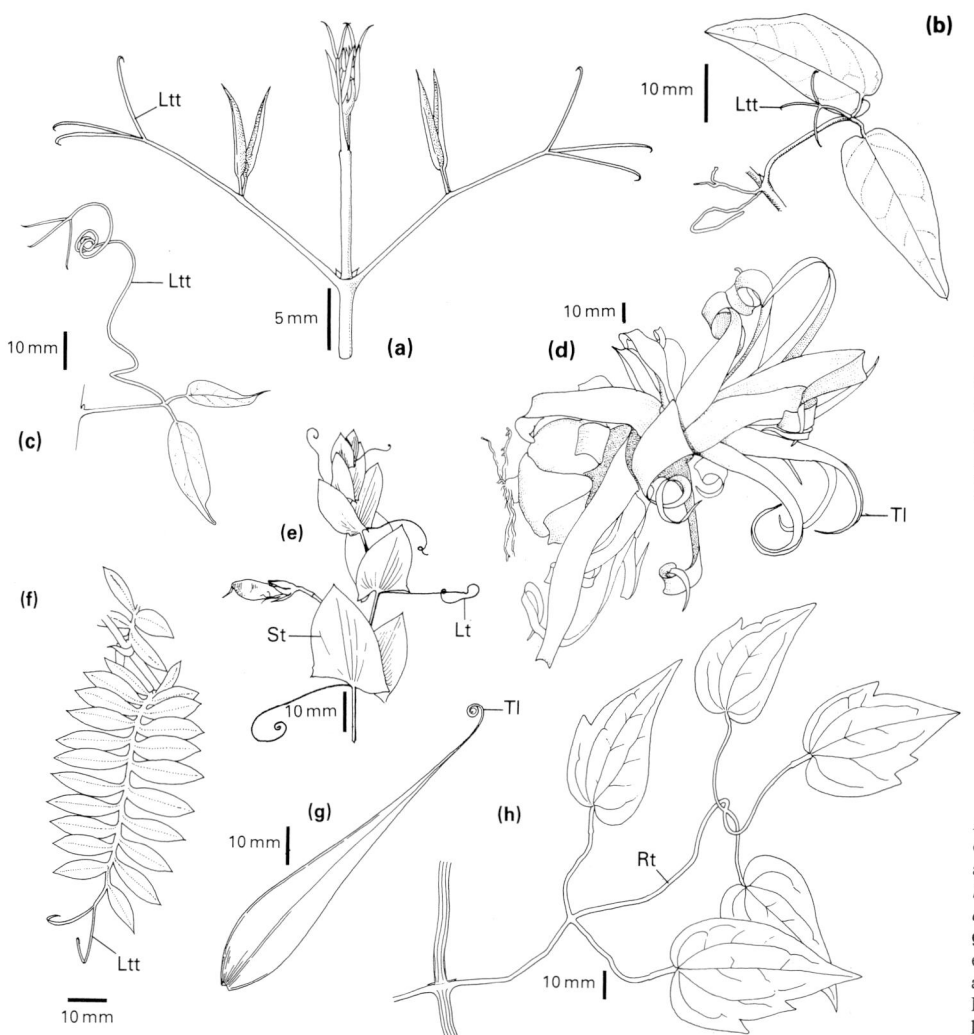

(b) bende Teil sich einzukrümmen, was zu einer uhrfederartigen Gestalt führt. Dieses uhrfederartige Einrollen kann entlang eines Teils der Ranke im Uhrzeigersinn geschehen und am restlichen Teil in entgegengesetztem Sinn. In der Regel weist eine Blattranke in ihrer Achsel eine Knospe oder sogar einen Sproß auf, während eine Sproßranke (S. 122) ihrerseits in der Achsel eines Tragblattes oder dessen Blattnarbe steht. In einigen Fällen ist es allerdings trotzdem nicht leicht, eindeutige Interpretationen abzugeben. Die Ranken der Cucurbitaceae scheinen auf den ersten Blick Sproßranken zu sein, da sie den Achseln von Tragblättern entspringen; in Wirklichkeit stellen sie jedoch die Vorblätter der in diesen Blattachseln sitzenden Knospen dar (S. 122).

Abb. 69. a) *Bignonia* sp., Sproßspitze; **b)** *Bignonia ornata*, einzelnes Blatt an einem Knoten (der zweite ist nicht abgebildet); **c)** *Pyrostegia venusta*, einzelnes Blatt; **d)** *Tillandsia streptophylla*, gesamte Pflanze; **e)** *Lathyrus aphaca*, Sproßspitze; **f)** *Mutisia acuminata*, einzelnes Blatt; **g)** *Littonia modesta*, einzelnes Blatt; **h)** *Clematis montana*, einzelnes Blatt an einem Knoten (der zweite ist nicht abgebildet). Lt: Blattranke. Ltt: Fiederranke. Rt: rankende Blattspindel (Rhachis). St: Nebenblatt. Tl: zur Ranke verlängerte Blattspitze.

Morphologie des Blattes: Dornen

**Abb. 70a, b. *Zombia antillarum*
a)** der mit Dornen besetzte Stamm; **b)** die Blattscheiden eines jeden Blattes spreizen am Übergang in den Blattstiel nach außen hin einen Fächer von Dornen ab.

Das gesamte Blatt oder Teile davon können zu holzigen, mehr oder weniger ausdauernden Dornen umgebildet sein (Dorn, Stachel, S. 76). Ein Blattdorn läßt sich im allgemeinen daran erkennen, daß er axilläre Knospen oder Seitensprosse trägt. Sproßdornen (S. 124) zeichnen sich demgegenüber dadurch aus, daß sie den Achseln von Tragblättern bzw. den entsprechenden Blattnarben (S. 6) entspringen. In einigen Fällen ist jedoch insofern Vorsicht geboten, als ein wie ein Sproßdorn erscheinender Dorn in Wirklichkeit auch eine Umbildung des bzw. der Vorblätter eines Achselsprosses sein kann (z. B. Abb. **71c, e, 203b**). Manchmal spitzt sich auch lediglich der Blattstiel als Ganzes (Abb. **40b**) oder ein Teil davon (Abb. **41a, b, c, d**) nach Abfallen der Spreite zu und verholzt. Ein Blatt kann auch Stipulardornen aufweisen (Abb. **57f**). Bei zusammengesetzten Blättern werden gelegentlich nur einige wenige Fiedern zu Dornen umgewandelt, wie das Beispiel rankender Palmen zeigt (Abb. **71f**). Auf der anderen Seite kann sich auch das gesamte Blatt zu einem Dorn entwickeln (Abb. **71c**), der bei manchen Pflanzen verzweigt ist (Abb. **71a**). In diesen Fällen weist die Pflanze entweder einen Blattdimorphismus auf (S. 30), indem sie zwei verschiedene Blattypen ausbildet, nämlich Dornblätter und Laubblätter, oder aber alle Blätter einer Pflanze sind zu Dornen umgebildet, wie dies bei den meisten Kakteen der Fall ist (S. 202). Eine andere Art von Dornen, die jedoch ebenfalls blattartigen Ursprungs ist, wird bei einigen Palmen verwirklicht, z. B. bei *Zombia* (Abb. **70b**). Nach dem Abfallen von Blattspreite und -stiel bleibt allein die scheidige

Morphologie des Blattes: Dornen | 71

Blattbasis erhalten, deren Blattnerven an ihrem Rand zu Dornen auslaufen, die in charakteristischer Weise vom Stamm der Palme abstehen (Abb. **70a**).

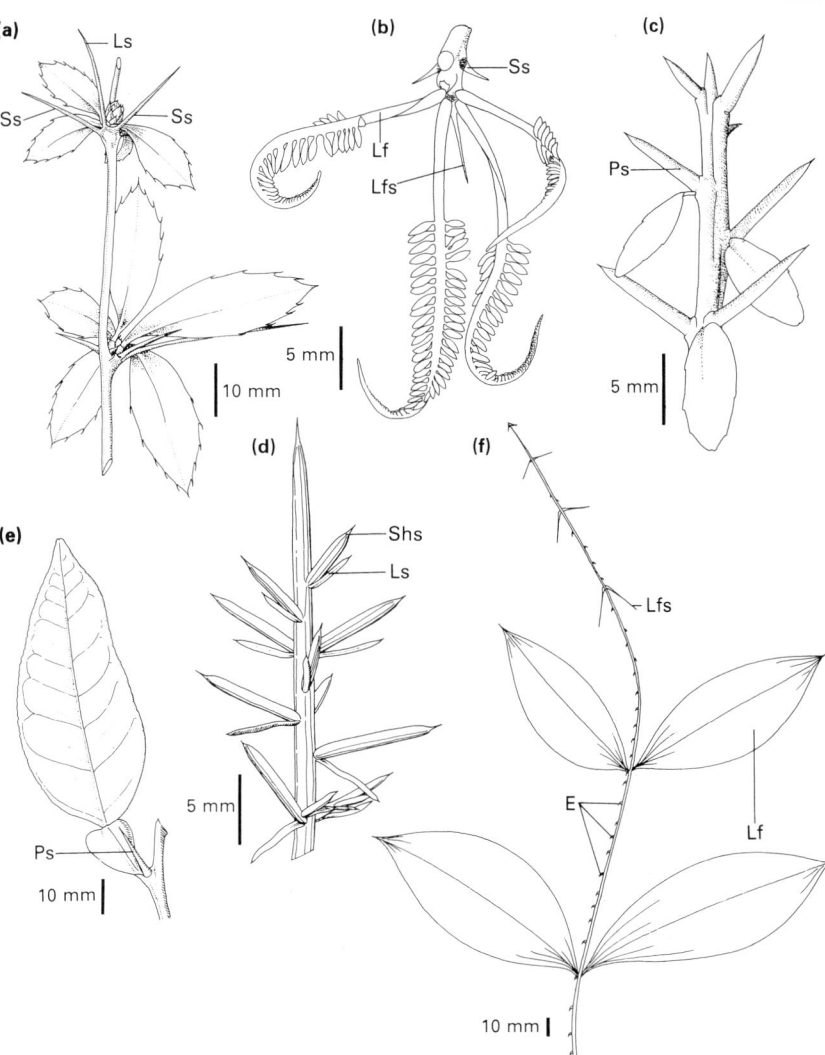

Abb. 71. a) *Berberis julianae*, Sproßabschnitt; **b)** *Parkinsonia aculeata*, einzelnes junges, gefingertes Blatt; **c)** *Microcitrus australasica*, Sproßspitze; **d)** *Ulex europaeus*, Sproßspitze; **e)** *Citrus paradisi*, einzelnes Blatt an einem Knoten; **f)** *Desmoncus* sp., distales Ende eines Blattes. E: Emergenz. Lf: Fiederblättchen. Lfs: Fiederdorn. Ls: Blattdorn. Ps: verdorntes Vorblatt (S. 66). Shs: Sproßdorn (S. 124). Ss: Stipulardorn (S. 56).

Morphologie des Blattes: Blätter, die als Fallen wirken (insektivore Pflanzen)

Abb. 72. *Nepenthes* cv. Die Spreite eines jeden Blattes ist zu einer innen hohlen Kammer umgewandelt. Dies stellt eine Form epiascidiater Blattentwicklung (S. 88) dar.

Die Vertreter einiger weniger Pflanzenfamilien (Droseraceae, Cephalotaceae, Lentibulariaceae, Nepenthaceae, Sarraceniaceae und Dioncophyllaceae) bringen Organe hervor, mit denen sie Insekten oder andere kleine Tiere einfangen können. Ist ein Insekt erst in einer solchen Falle gefangen, so wird es verdaut und über einen längeren Zeitraum hinweg absorbiert. Klassische Beschreibungen von insektivoren Pflanzen finden wir schon bei DARWIN (1875). Bei den Blattfallen werden generell mehrere Typen unterschieden: 1. Klebfallen; klebrige Blätter (Abb. **73a, b, 36a, 81g**), mit oder ohne hoch entwickelte drüsige Tentakeln; die Blätter rollen sich in der Regel zusammen, um so das erbeutete Insekt einzuschließen. 2. Einen anderen Typus stellen die Fallgruben dar, epiascidiate (S. 88) Blätter, die eine Art Schlauch bilden, in den das Insekt hineinfällt (Abb. **72, 31d, 89c, 43e**), hineinfliegt oder hineingesogen wird (Abb. **73e**). Die Art und Weise, wie sich schlauchförmige Blätter entwickeln, wird in Abschnitt 86 behandelt. Der innere Rand der Schlauchöffnung dieser Blätter weist häufig einen Belag aus losen Wachsflocken auf. Dieser bleibt an den Füßchen der Insekten haften und beschleunigt so das Ausgleiten und Hineinfallen in den Verdauungsschlauch. Die epiascidiaten Blattzipfel von *Utricularia* (Abb. **73e**) unterscheiden sich von den eben beschriebenen Fallen insofern, als sie beim Einfangen seiner Beute aktiv mitwirken: Der Schlauch wird von einer Klappe verschlossen, die sich bei Berührung der an ihrem Eingang stehenden Härchen durch Hebelwirkung nach innen öffnet. Da innerhalb des Wasserschlauches ein geringerer Wasser-

Morphologie des Blattes: Blätter, die als Fallen wirken (insektivore Pflanzen) | 73

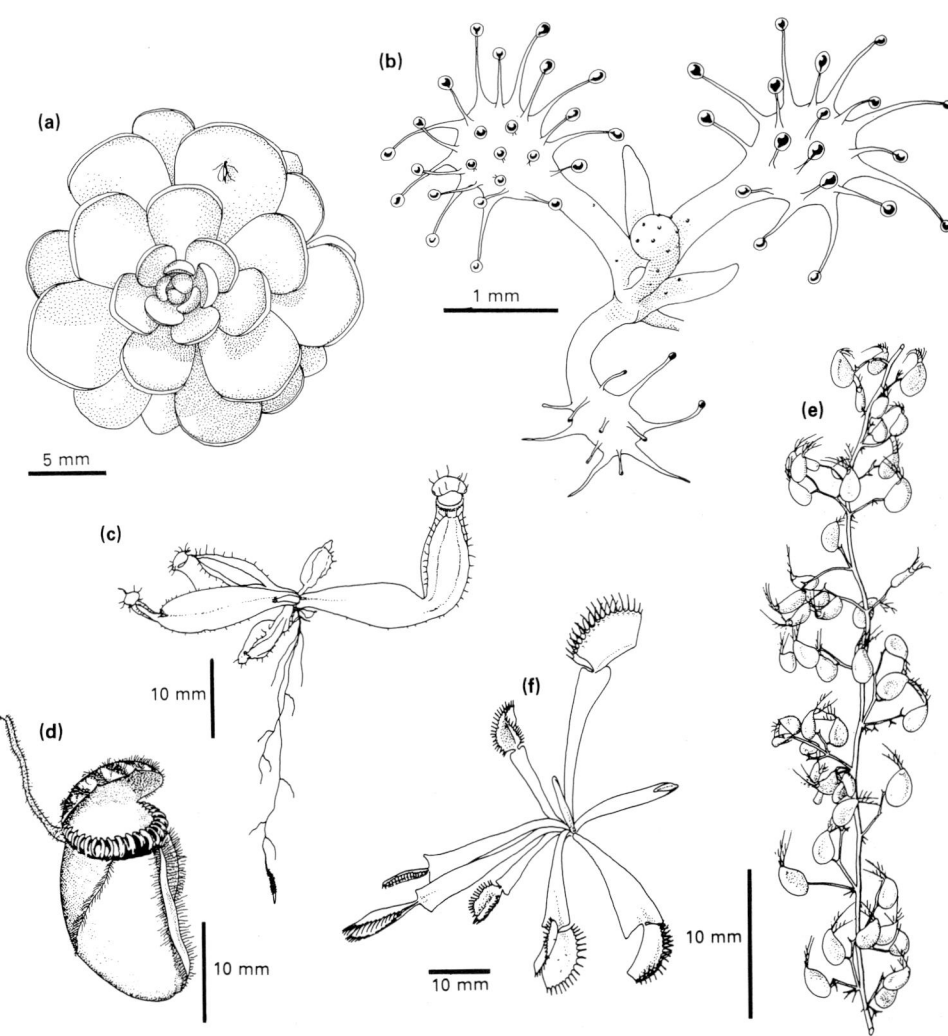

druck herrscht als außerhalb, wird beim Öffnen der Klappe augenblicklich ein Wasserstrom mit dem Insekt eingesogen (LLOYD 1933). 3. Rasche Reaktion auf einen stimulierenden Reiz kann bei den Klappfallen von *Dionaea muscipula* (Abb. **73f**) beobachtet werden. Wiederholter Druck auf die auf der adaxialen Seite des Blattes befindlichen Haare führt zu einem Zuschnappen der beiden Blatthälften. Einen vollständigen Überblick über fleischfressende Pflanzen geben JUNIPER et al. (1989).

Abb. 73. a) *Pinguicula lanii*, Blattrosette, von oben betrachtet; **b)** *Drosera capensis*, Keimling; **c)** *Nepenthes khasiana*, Keimling; **d)** *Cephalotus follicularis*, einzelnes Blatt; **e)** *Utricularia minor*, Sproßabschnitt; **f)** *Dionaea muscipula*, Keimling.

Morphologie des Blattes: Epiphyllie (Strukturen, die sich auf den Blättern entwickeln)

Nach klassischer Auffassung stellt das Blatt eine Ausgliederung der Sproßachse mit begrenztem Wachstum (S. 90) dar, die ihrerseits keine weiteren Blätter oder Sprosse trägt. Dennoch ist Epiphyllie (die Entwicklung von Strukturen auf den Blättern) nichts ungewöhnliches (DICKINSON 1978). Es gibt eine ganze Reihe von Pflanzenarten, bei denen Blütenstände oder vegetative Knospen auf den Blättern in allen möglichen Positionen angeordnet sind (Abb. **75h-n**). Zeigt eine bestimmte Art ein derartiges Verhalten, so handelt es sich im allgemeinen um eine durchaus regelmäßige Erscheinung, ungeachtet der Tatsache, daß dies in offensichtlichem Widerspruch zu den allgemein üblichen »Regeln« der Morphologie zu stehen scheint. Eine Reihe epiphyller Ausbildungen tritt jedoch bei einigen Pflanzen als Folge von Milbenbefall auf (MING et al. 1988). Normalerweise erwartet man von einer Knospe, daß sie in der Achsel eines Blattes (S. 4) steht und nicht nach oben verschoben ist und auf dem Blattstiel oder der Spreite zu sitzen kommt. Es gibt eine Vielzahl von Wegen, auf welchen sich epiphylle Organe entwickeln können. Ein eher theoretischer Erklärungsversuch geht davon aus, daß die Achselknospe mit ihrem Tragblatt verwächst (postgenitale Verwachsung), nachdem sich beide zunächst unabhängig voneinander entwickelt haben. Dies ist jedoch selten beobachtet worden. Ein anderer Ansatz, die Entwicklung epiphyller Strukturen zu erklären, bezieht eine ontogenetische Verschiebung mit ein. In einer Zone, die sowohl unterhalb des jungen Knospenprimordiums wie auch des darunterliegenden Blattprimordiums liegt, teilen sich in den frühesten Wachstumsstadien aktiv Zellen, und die Knospe verwächst mit dem Blatt zu einer Einheit; sie führten also nie eine eigenständige Existenz. Diese Art von interkalarem Wachstum findet ohne Zweifel in sehr vielen Fällen statt und hat zur Folge, daß ein Blütenstand oder eine vegetative Knospe scheinbar auf einem Blatt aufsitzt. Damit ließe sich auch das Phänomen der Adnation (Verwachsung von Organen unterschiedlicher Art) befriedigend erklären (Abb. **74**).

Epiphyllie kann aber auch durch einen weiteren Entwicklungsprozeß entstehen, wobei nicht immer eine ontogenetische Verschiebung auftreten muß. Eine Region von Zellen auf dem Blattprimordium behält ihre meristematische Fähigkeit und entwickelt sich zu einem unabhängigen Sproßsystem. Dieser Vorgang wird als Heterotopie bezeichnet. Ein gutes Beispiel hierfür ist *Streptocarpus* (S. 208). Solche Heterotopien (»anderer Platz«) scheinen in direktem Widerspruch zur klassischen Auffassung von Pflanzenwachstum zu stehen, welche diese Phänomene wohl als »Adventivorgane« (siehe S. 98, 178, 232) abtun müßte. Heterotopie ist ausführlich dokumentiert worden und führt in Verbindung mit ontogenetischer Verschiebung zu Erschei-

Abb. 74. *Spathicarpa sagittifolia*
Die in einer Linie angeordneten Blüten, die in Wirklichkeit einen Blütenstand (Ähre, Abb. **141c**) darstellen, verbleiben während ihrer gesamten Entwicklung mit ihrem Deckblatt (Spatha) verbunden, wie auch in Abb. **75k** dargestellt.

Morphologie des Blattes: Epiphyllie (Strukturen, die sich auf den Blättern entwickeln) | 75

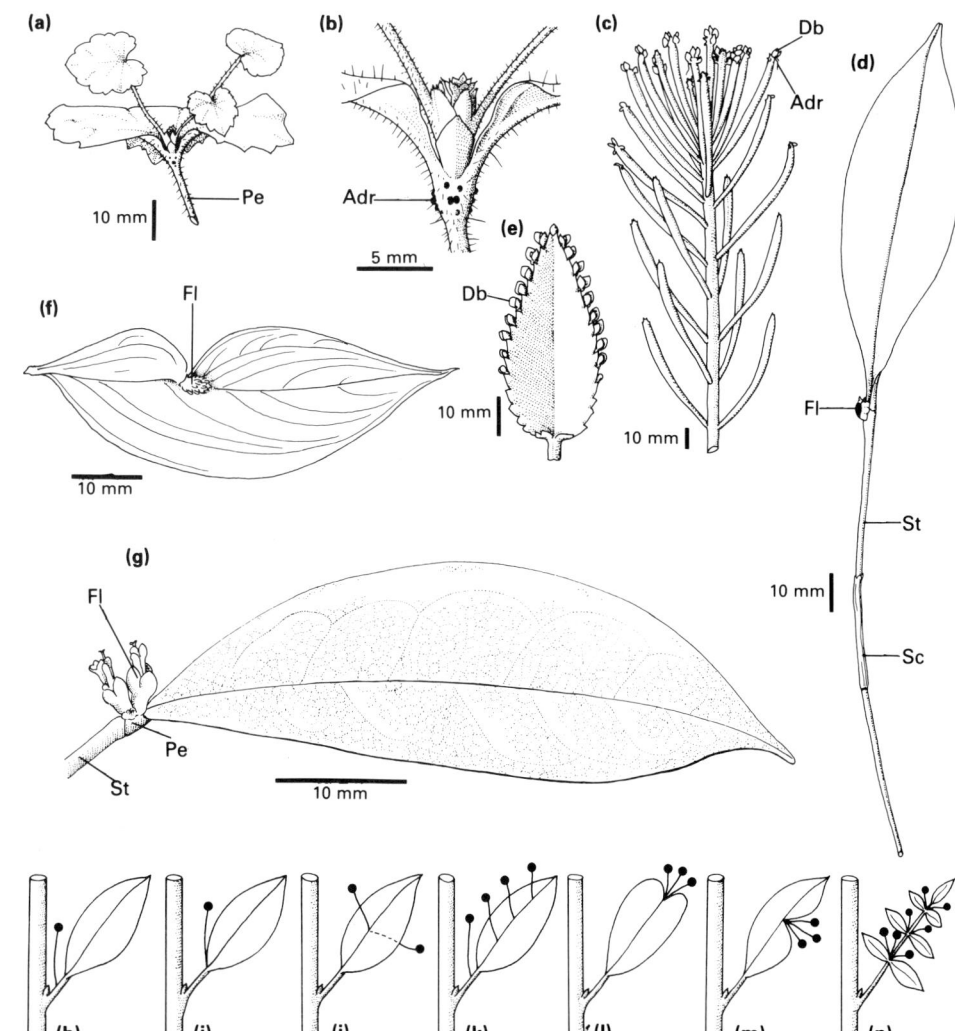

nungen wie: Infloreszenzen, die auf Blättern stehen (Abb. **75h-n**), Blätter, die anderen Blättern aufsitzen (MAIER & SATTLER 1977), leicht ablösbaren, vegetativen Knospen mit Wurzeln, die an Blättern sitzen (Abb. **75a, c, e**) und sogar zu offenbar embryoartigen Strukturen auf Blättern (TAYLOR 1967). Bei den Arten der Gattung *Bryophyllum* stellen während der Blattentwicklung meristematische Zellen in bestimmten Abständen am Blattrand ihre Teilungsaktivität ein, und es entsteht zunächst ein gesägter Blattrand. Im Anschluß daran nehmen diese meristematischen Zonen ihre Entwicklung wieder auf und erzeugen die bekannten leicht abzutrennenden Knospen (Abb. **233**, vergl. Abb. **227**). Darüber hinaus gibt es eine Vielzahl weiterer, scheinbar seltsamer Strukturen auf Blättern. Dazu gehören u. a. Adventivwurzeln (S. 98), Gallen (S. 278), Drüsen (S. 80), Futterkörper (S. 78), Emergenzen (S. 76) und Stipellen (S. 58). Epiphylle Organe können oft nicht leicht als solche erkannt werden; das hier dargestellte Beispiel von *Pleurothallis* (Abb. **75d**) weist eine völlig normale Morphologie auf und ist mit seiner terminalen Infloreszenz eben kein Fall von Epiphyllie.

Abb. 75. a, b) *Tolmiea menziesii*, einzelnes Blatt und Ausschnittsvergrößerung der Verbindungsstelle Blattspreite/-stiel; **c)** *Bryophyllum tubiflorum*, Sproßende (vergl. Abb. **227**); **d)** *Pleurothallis* sp., Sproßspitze (nur scheinbare Epiphyllie); **e)** *Bryophyllum daigremontanum*, einzelnes Blatt (vergl. Abb. **233**); **f)** *Polycardia* sp., einzelnes Blatt; **g)** *Tapura guianensis*, einzelnes Blatt; **h)-n)** Anordnung epiphyller Strukturen, nach DICKINSON (1978). Adr: Adventivwurzel. Db: ablösbare Knospe. Fl: Blüte(n). Pe: Blattstiel. Sc: Schuppenblatt. St: Stamm.

76 | Morphologie des Blattes: Emergenzen (Stacheln)

Pflanzen schützen ihre oberirdischen Organe häufig durch stachelige Ausbildungen. Leider wird die Terminologie, die sich auf diese Strukturen bezieht, nicht einheitlich gebraucht, so daß Begriffe wie »Dorn« und »Stachel« oft mehr oder weniger beliebig austauschbar verwendet werden. Unter »Dorn« wollen wir umgewandelte Blätter (Blattdornen oder Dornblätter, S. 70), Nebenblätter (Stipulardornen, S. 56), Sprosse (Sproßdornen, S. 124) oder Wurzeln (Wurzeldornen, S. 106) verstehen. Demgegenüber wenden wir den Ausdruck »Stachel« auf spitzige, meist verholzte Strukturen an, die sich aus der Epidermis eines Organs unter Beteiligung subepidermalen Gewebes bilden, sowie auf spitze Ausbildungen des Blattrandes (S. 7). Ein allgemein gebräuchliches Wort für Strukturen epidermal/subepidermalen Ursprungs ist Emergenz (Stammemergenz, S. 116, Blattemergenz, Abb. **77**). Emergenzen zeichnen sich dadurch aus, daß sie nicht an Stellen auftreten, wo normalerweise Blatt- oder Sproßprimordien stehen (vergl. Phyllotaxis, S. 218), sondern sozusagen eine zusätzliche Bildung eines dieser Organe darstellen. Blattemergenzen variieren beträchtlich in Form und Größe, sie können entweder auf den Blattrand beschränkt sein oder nur auf der Ober- (adaxial) oder der Unterseite (abaxial) von Blattspreite oder -stiel vorkommen. Bei gefiederten Blättern finden sich Emergenzen oft auf der Rhachis zwischen zwei benachbarten Fiederblättchen (Abb. **77d**). Hinsichtlich ihrer Stellung sind Emergenzen nicht immer leicht auszumachen; bei *Acacia seyal* (Abb. **117d**) steht ganz dicht bei jedem Nebenblatt ein Stachel. Die Stipeln selbst sind kurzlebig und fallen

Abb. 76. *Solanum torvium*
Emergenzen (Stacheln) auf der Blattoberseite; auch auf der Sproßachse (S. 116) sind sie präsent.

Morphologie des Blattes: Emergenzen (Stacheln) | 77

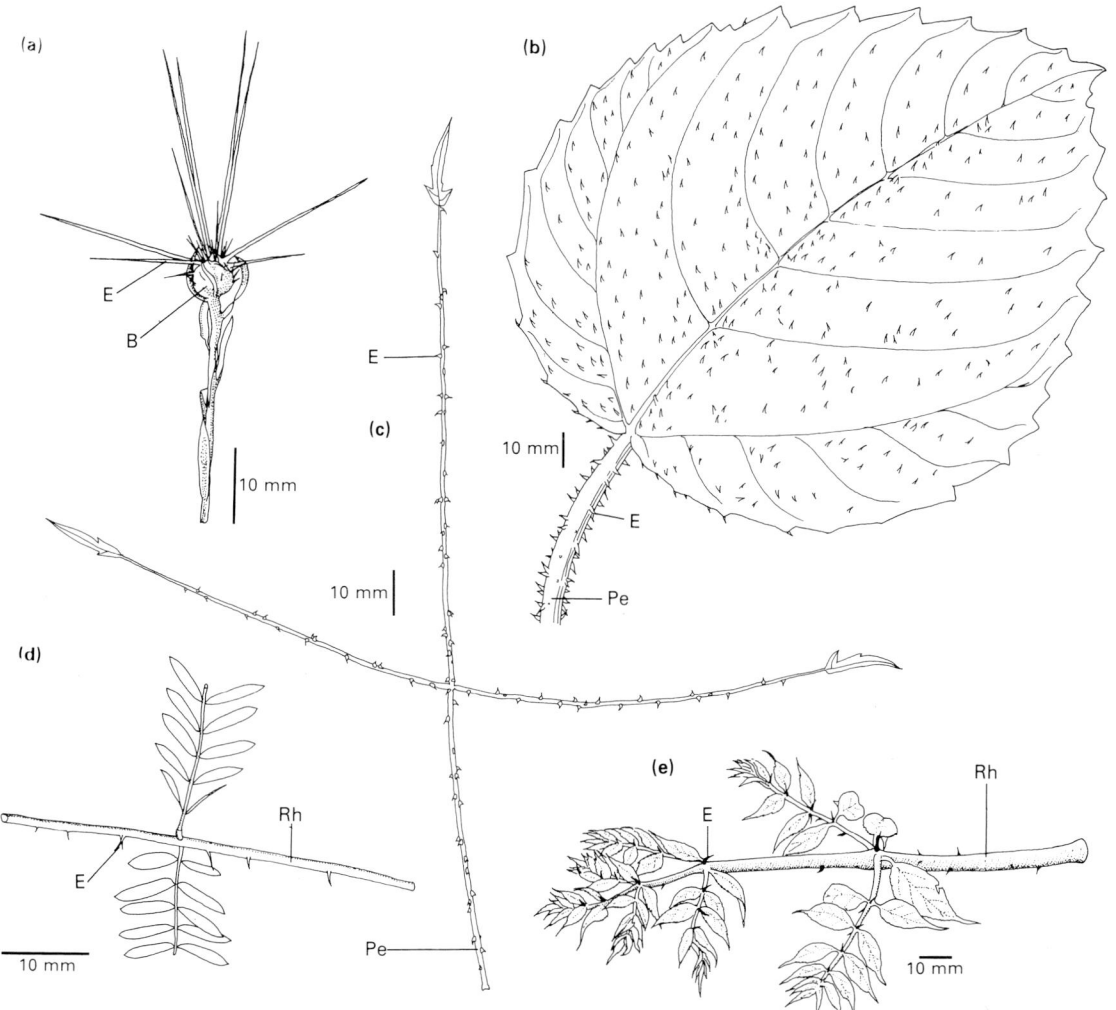

bald ab, wobei sie eine kleine, leicht zu übersehende Narbe hinterlassen. Bei einem flüchtigen Hinsehen würde man zweifellos annehmen, daß die Pflanze verdornte Stipeln hat.

Abb. 77. a) *Centaurea* sp. Blütenstand; **b)** *Laportea* sp., einzelnes Blatt; **c)** *Rubus australis*, einzelnes Blatt; **d)** *Acacia* sp., Teil eines Blattes; **e)** *Aralia spinosa*, Teil eines Blattes. B: Braktee. E: Emergenz (Stachel). Pe: Blattstiel. Rh: Rhachis.

Morphologie des Blattes: »food bodies« (Futterkörper)

Abb. 78. *Cecropia obtusa*
Auf der Unterseite jeder Blattstielbasis befindet sich ein Gewebepolster, das kontinuierlich Futterkörper erzeugt. Auf der gegenüberliegenden Seite des Blattansatzes ist knapp unterhalb der Stipularnarbe ein kleiner Fleck erkennbar; Ameisen haben dort eine Eintrittsöffnung zu ihrem im hohlen Internodium gelegenen Nistplatz geschaffen.

Auf der Blattoberfläche einiger Pflanzen treten eine ganze Reihe seltsamer Gebilde auf, die als Futterkörper bezeichnet werden. Anatomisch stellen sie entweder Trichome (S. 80) oder Emergenzen (S. 76) dar, die eine eiweißhaltige, im allgemeinen eßbare Substanz ausscheiden. Unglücklicherweise wurden diese verschiedenen Futterkörper meist mit den Namen ihrer jeweiligen Entdecker benannt. Die wichtigsten dieser Futterkörper sind hier aufgelistet.

(1) Beltsche Körperchen (nach BELT): diese Futterkörperchen treten bei *Acacia*-Arten an den Enden der Fiederblättchen auf (Abb. **79**);
(2) Müllersche Körperchen (nach MÜLLER): diese Futterkörper werden bei *Cecropia*-Arten von polsterartigen Anschwellungen an der Basis der Blattstiele gebildet (Abb. **78**);
(3) Beccarische Körperchen (nach BECCARI): an unterschiedlichen Stellen von Blatt und Blattstiel auftretende Futterkörper bei der Gattung *Macaranga*;
(4) »Perl«-Körper bei *Ochroma* auf Blättern und Sproßachse;
(5) Futterzellen bei Arten der Gattung *Piper*, die in Domatien (S. 204) des Blattstiels gefunden werden.

Ähnliche Strukturen, die in der Regel Öl ausscheiden (Ölkörper oder Elaiosomen), kommen an den Samen vieler Pflanzen vor und dienen dazu, Ameisen anzulocken. Kleine Gebilde auf der Blattoberfläche vieler Arten der Gattung *Passiflora* ahmen Schmetterlingseier nach.

Morphologie des Blattes: »food bodies« (Futterkörper) | 79

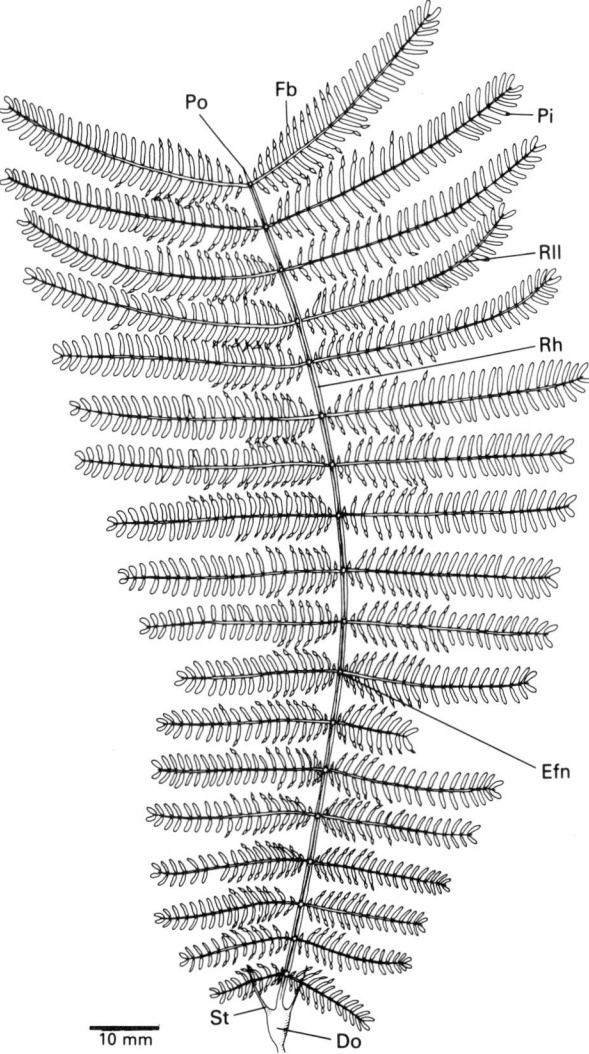

Abb. 79. *Acacia hindisii,* einzelnes Blatt. Do: Domatie (S. 204). Efn: extraflorales Nektarium. Fb: Futterkörper. Pi: Fiederblättchen. Po: Spitzchen, Ende der Rhachis. Rh: Rhachis. Rll: Rhachilla. St: Stipel.

Morphologie des Blattes: Trichome, Drüsen, Haare und Nektarien

Auf der Oberfläche von Blättern, Stamm und Wurzeln einer Pflanze entwickelt sich eine Vielzahl von Strukturen; dazu gehören Gallen (S. 278), Knöllchen (S. 276), Adventivknospen (S. 232, 178) und andere epiphylle Organe (S. 74). Darüber hinaus tragen viele Pflanzen Haare (Trichome), die epidermalen Ursprungs sind, und Emergenzen (S. 76), die in der Regel etwas robuster sind und aus epidermalem plus subepidermalem Gewebe hervorgehen. Auf die gesamte Bandbreite der Trichom-Anatomie einzugehen, würde den Rahmen dieses Buches sprengen, die kräftiger gebauten Drüsenhaare sind es jedoch durchaus wert, näher betrachtet zu werden. Einige Drüsen sind ganz ohne Zweifel subepidermalen Ursprungs und daher Emergenzen im engen Sinne. Der Übersichtlichkeit halber werden sie ebenfalls in diesem Kapitel behandelt. Verholzte Emergenzen sind an anderer Stelle beschrieben (S. 76, 116). Drüsige Anhängsel vermögen Salz (Salzdrüsen), Wasser (Hydathoden) oder zuckerhaltige Lösungen (extraflorale Nektarien, Abb. **81d, e**) auszuscheiden. Einen Überblick über das morphologische Spektrum sowie die Terminologie von Nektarien findet man bei Schmid (1988). Die Drüsen vieler insektivorer Pflanzen (Abb. **36a, 73b, 81g**) sezernieren eine sehr zähflüssige Substanz. Werden dagegen feste Stoffe ausgeschieden, so bezeichnet man diese als Futterkörper (S. 78). Zwei Typen von Drüsenhaaren sind mit dem Schutz und der Entfaltung der jungen Knospe assoziiert. Lediglich in zwei Unterordnungen, den Alismatiflorae und den Ariflorae, treten Drüsenhaare in den Achseln vegetativer Blätter auf. Diese Haare bezeichnet man als Squamulae

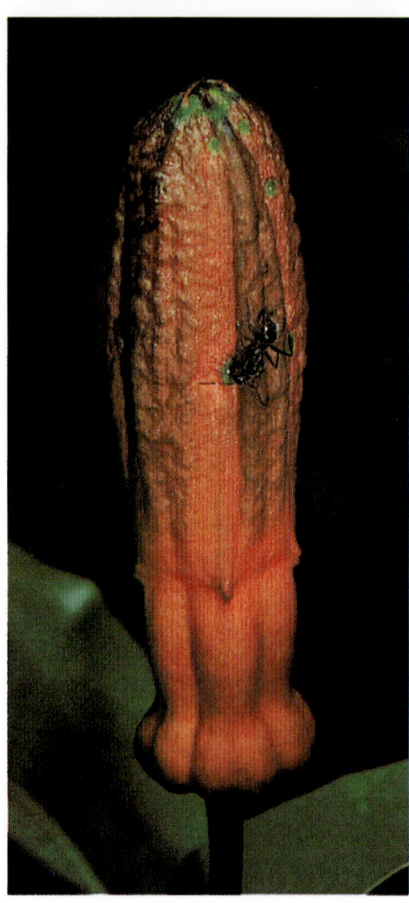

Abb. 80a. *Passiflora glandulosa*
Ameise, die an einem extrafloralen Nektarium auf der Oberfläche einer Blütenknospe frißt.

Abb. 80b. *Acacia lebbek*
Ein schüsselförmiges, extraflorales Nektarium auf der Oberseite (adaxial) des Blattstiels am Rande des Gelenkpolsters (S. 46). Abgestorbene Nebenblätter (S. 52) kurz vor dem Abfallen.

Morphologie des Blattes: Trichome, Drüsen, Haare und Nektarien | 81

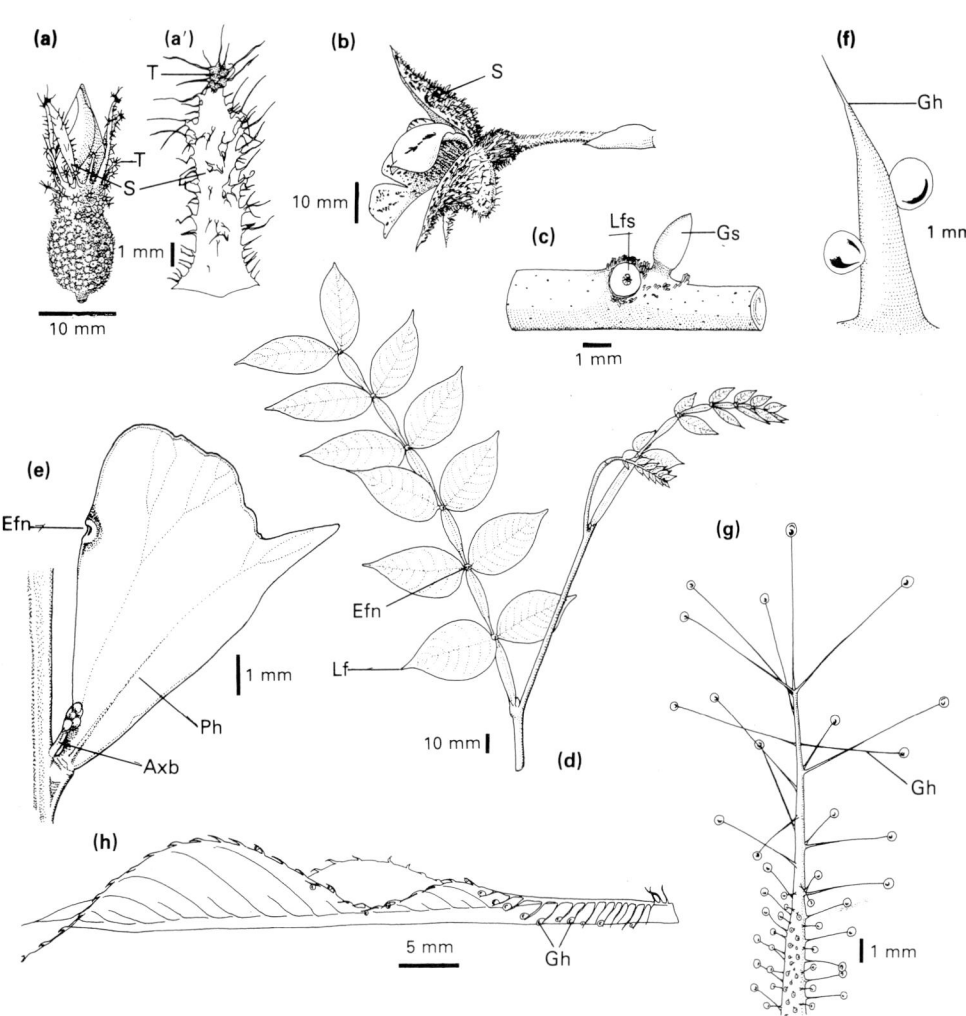

(Intravaginalschuppen). Ähnliche glanduläre Trichome, die bei vielen Pflanzen in Verbindung mit Knospen auftreten, werden Kolleteren (Drüsen-, Leimzotten) genannt.

Abb. 81. a, a') *Osbeckia* sp. Blütenknospe und einzelnes Kelchblatt; **b)** *Dendrobium finisterrae*, einzelne Blüte; **c)** *Cassia floribunda*, Teil der Blattrhachis (vergl. Abb. 59a); **d)** *Inga* sp., Sproßende; **e)** *Acacia pravissima*, Blatt an einem Knoten (vergl. Abb. 43d); **f)** *Laportea* sp., einzelnes Brennhaar (vergl. Abb. 77b); **g)** *Drosera binata*, Blattspitze; **h)** *Impatiens sodenii*, einzelnes Blatt. Axb: Achselknospe. Efn: Extraflorales Nektarium. Gh: Drüsenhaar. Gs: drüsiges Nebenblatt. Lf: Fiederblättchen. Lfs: Narbe eines Fiederblättchens. Ph: Phyllodium. S: Kelchblatt. T: Trichom.

82 | Morphologie des Blattes: Sukkulenz

Abb. 82. *Graptopetalum* sp.
Die spiralig angeordneten Blätter einer jeden Rosette sind fett und fleischig.

Pflanzenteile, die sich besonders fleischig anfühlen und sich beim Zerquetschen als deutlich wasserhaltig erweisen, werden im allgemeinen als »sukkulent« bezeichnet. Wurzeln (Abb. **111**), Sproßachsen (Abb. **203**) und Blätter vermögen Wasser zu speichern und kommen in Verbindung mit Umweltbedingungen vor, die Perioden des Wassermangels unterliegen. Die Blattbasen der Banane bilden einen Scheinstamm (S. 50), den man als sukkulent bezeichnen kann, ebenso wie die dicken, schuppenartigen Blätter, welche eine Zwiebel (S. 84) aufbauen. Eine viel stärker ausgeprägte Sukkulenz zeigen jedoch die Xerophyten und Epiphyten (Standorte mit möglicher Trockenheit), sowie die Halophyten (Standorte mit hoher Salzkonzentration). Die fleischigen Blätter dieser Pflanzen können bifacial (Abb. **83c**) gebaut sein oder auch zylindrisch (d. h. unifacial, Abb. **83j**) oder sogar annähernd kugelig (Abb. **83a**). Sind die Internodien zwischen den Blättern sehr kurz, so werden die nachfolgenden Blätter teilweise oder ganz von den älteren umschlossen. Dies ist besonders bei dekussiert stehenden Blattpaaren ausgeprägt (Abb. **83i**), vor allem dann, wenn bei einem Blattpaar die einzelnen Blätter stengelumfassend miteinander verbunden sind (connat, S. 234). Diese Form ist von den »Lebenden Steinen« (z. B. *Lithops* spp., *Conophytum* sp.) her bekannt (Abb. **83b**).

Morphologie des Blattes: Sukkulenz | **83**

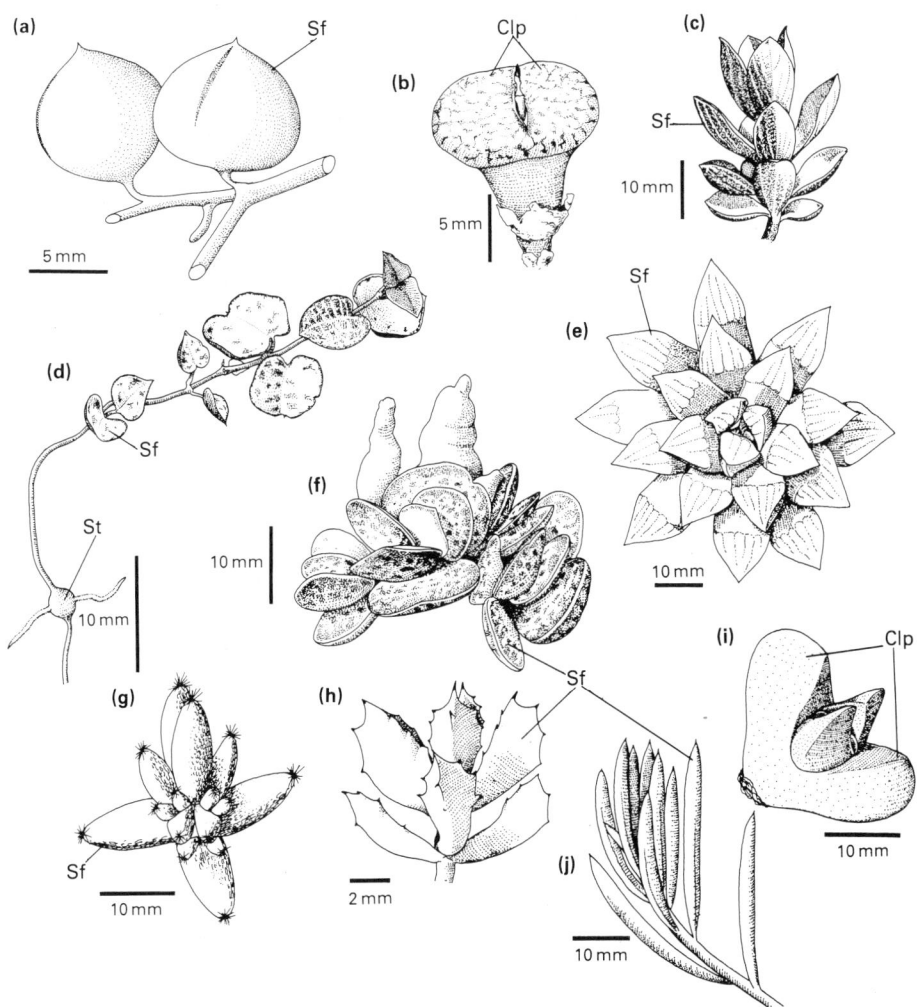

Abb. 83. a) *Senecio rowleyanus,* zwei fast kugelige Blätter; **b)** *Conophytum mundum,* Blattpaar; **c)** *Coleus caerulescens,* Sproßende; **d)** *Ceropegia woodii,* Sproßabschnitt; **e)** *Haworthia turgida* ssp. *subtuberculata,* Blattrosette von oben; **f)** *Adromischus trigynus,* Blattrosette; **g)** *Trichodiadema densum,* Blattrosette von oben; **h)** *Oscularia deltoides,* Sproßende; **i)** *Cheiridopsis pillansii,* Blattpaar; **j)** *Othonna carnosa,* Sproßende. Clp: Stengelumfassendes (S. 234) Blattpaar. Sf: einzelnes sukkulentes Blatt. St: Sproßknolle (S. 138).

Morphologie des Blattes: Zwiebel

Abb. 84. *Urginea* sp.
Die Basis jeder Blattscheide ist verdickt, so daß das Ganze eine Zwiebel bildet. In der Achsel eines jeden Blattes ist eine senkrechte Reihe von Beiknospen (S. 236) angeordnet, aus denen sich leicht ablösbare Zwiebelchen entwickeln.

Eine Zwiebel besteht aus einer gestauchten, im allgemeinen aufrecht wachsenden Sproßachse, an der eine unterschiedliche Anzahl fleischiger Schuppenblätter inseriert ist. Zwiebeln kommen häufig bei Monokotyledonen vor, aber auch bei einigen Dikotyledonen und haben die Erstellung einer ansehnlichen Terminologie bewirkt. Die äußeren Schuppenblätter einer Zwiebel sind meistens eher trockenhäutig als fleischig. Sie werden entweder schon so ausgebildet, oder stellen die vertrockneten Überbleibsel der letztjährigen fleischigen Blätter dar. Die Internodien zwischen den Blättern strecken sich kaum. Am basalen Teil der Sproßachse, der »Zwiebelscheibe« (Zwiebelkuchen), entwickeln sich sproßbürtige Wurzeln, die in vielen Fällen kontrahierbar sind (Abb. **107e**). In den Blattachseln einer Zwiebel können Infloreszenzen gebildet werden; in diesem Fall kann die monopodiale Hauptachse eine Reihe zwiebelartiger Strukturen aufweisen (Abb. **85d**), wobei die nachträglich sich entwickelnden Zwiebelscheiben auch dann bestehen bleiben können, wenn ihre Blätter schon längst zugrunde gegangen sind. Bei anderen Pflanzen wird ein terminaler Blütenstand ausgebildet; in diesem Falle entwickeln sich in den Achseln der Blätter eine oder mehrere Erneuerungsknospen zu Tochterzwiebeln und führen das sympodiale System fort. Darüber hinaus können zusätzliche, brutbildende Zwiebeln vorhanden sein, die jedoch kleiner sind als die Haupt-Erneuerungszwiebeln; sie stellen eine Möglichkeit der vegetativen Vermehrung dar (S. 170, 172). Grüne Laubblätter werden in der Regel am distalen Ende der Zwiebelachse entwickelt; im anderen Fall besteht die Zwiebel aus fleischigen Blattbasen, wobei jedes Blatt dann eine assimilierende, im Herbst absterbende Blattspreite aufweist. Locker aufgebaute Zwiebeln sind typisch für zweikeimblättrige Pflanzen.

Bei der Mehrzahl der Monokotyledonen weisen die Zwiebeln eine eher kompakte Gestalt auf, was auf die konzentrische Anheftung der Blätter an der gestauchten Zwiebelscheibe zurückzuführen ist. Die Reihenfolge der einzelnen Glieder innerhalb der Zwiebel kann sehr präzise festgelegt sein (Abb. **85e**). Auf eine bestimmte Anzahl von konzentrisch angeordneten Schuppenblättern mit Schutzfunktion (d. h. sie sind häutig und/oder verholzt) folgt zum Beispiel eine genau festgelegte Anzahl von fleischigen Speicherblättern (möglicherweise auch nur eines), auf die wiederum eine ganz bestimmte Zahl von Laubblättern folgt. Die Zwiebeln von *Hippeastrum* sind sympodial aufgebaut, wobei jede sympodiale Einheit vier Blätter und einen terminalen Blütenstand trägt. Achselknospen werden manchmal nur bei einigen wenigen Blattypen angelegt; es können aber auch in den Achseln aller Blattypen einer Zwiebel Knospen stehen. Sie entwickeln sich zu neuen Zwiebeln bzw., wenn der Blütenstand nicht terminal ist, zu Infloreszenzen. Ursprünglich achselständige Zwiebeln können sich über ausläuferartige Fortsätze, an deren Ende sie sitzen, weit von ihrer Mutterzwiebel entfernen (Zwiebelausläufer; vergl. Ableger, S. 174). Die Zwiebel des Knoblauchs (*Allium sativum*, Abb. **85b**) besteht aus verschiedenen Blattypen: einer Reihe proximaler, häutiger Schutzblätter, welche in ihren Achseln keine Knospen aufweisen, einer Anzahl

Morphologie des Blattes: Zwiebel | 85

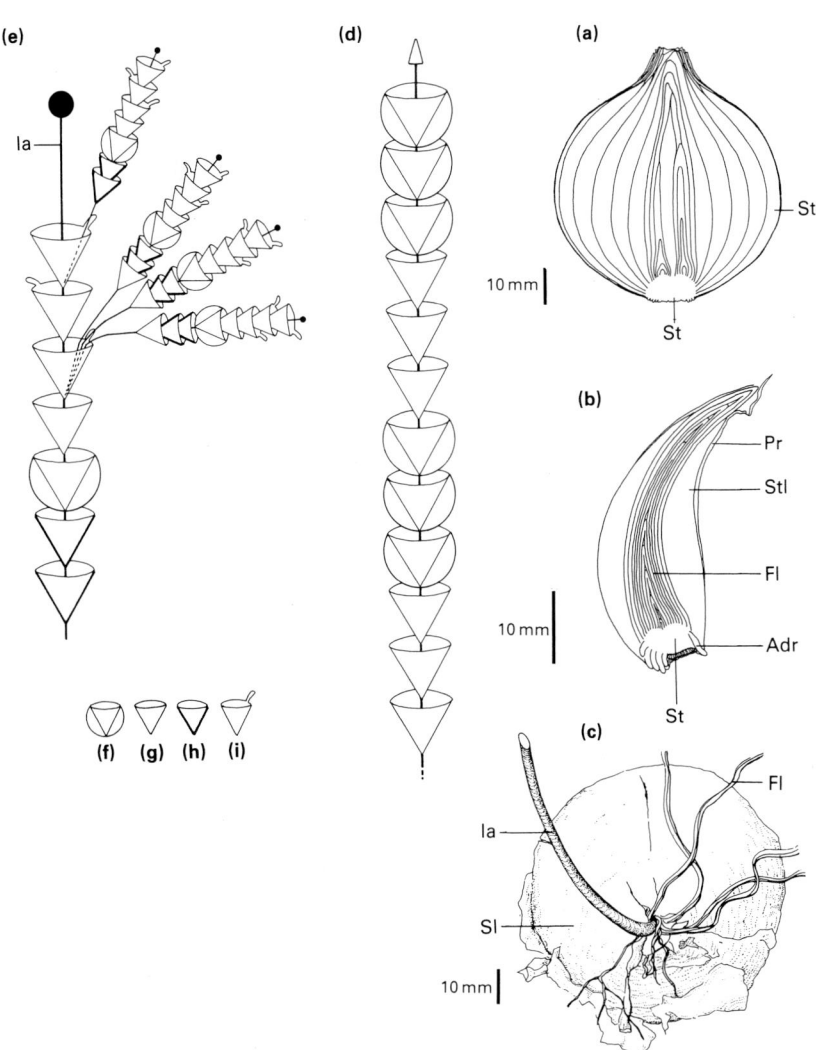

häutiger Schuppenblätter, die Knospen tragen, die »Zehen« (kollaterale Beiknospen, Abb. **84**, S. 236) und schließlich ganz distalwärts Laubblätter. Die Achse wird von einer sterilen Infloreszenz abgeschlossen. Jede Zehe hat ein äußeres schützendes Vorblatt (Abb. **85b**), das zweite Blatt ist ein Speicherblatt, das dritte stellt ein Laubblatt mit einer kleinen Spreite dar; alle folgenden Blätter haben Laubblattcharakter. Die Zwiebel des Knoblauchs wird als Schuppenzwiebel bezeichnet. Es ist üblich und auch nützlich, den Aufbau einer Zwiebel mit Hilfe eines »auseinandergezogenen« Schemas darzustellen, bei dem die Internodien gestreckt gezeichnet sind und die aufeinanderfolgenden Blätter als ineinander geschachtelte, auf dem Kopf stehende Kegel (Abb. **85d, e**). Die wirtschaftliche Bedeutung der Zwiebeln hat zu einem breiten Spektrum von Fachbegriffen geführt, um die jeweiligen besonderen Eigenschaften zu benennen. Zu den praktischen Aspekten des Baus von Zwiebeln siehe REES (1972).

Abb. 85. a) *Allium cepa,* Längsschnitt durch die gesamte Zwiebel; **b)** *Allium sativum,* Längsschnitt durch eine einzelne Achselknospe (»Zehe«) einer Zwiebel (»Knolle«); **c)** *Bowiea volubilis,* ganze Zwiebel; **d)** Schema des Aufbaus einer typischen monopodialen Zwiebel, **e)** einer sympodialen Zwiebel; **g)** häutiges Schuppenblatt, **h)** Schutzblatt, **i)** Laubblatt. Adr: Adventivwurzel. Fl: Laubblatt (in b) noch nicht entfaltet). Ia: Infloreszenzachse. Pr: Vorblatt: Sl: Schuppenblatt. St: Sproßachse. Stl: Speicherblatt.

Die Morphologie des Blattes: schwertförmige, seitlich abgeflachte und zylindrisch stielrunde Blätter

Aktive Zellteilung und -streckung in den verschiedenen Meristemen eines Blattprimordiums (S. 18) können im Grunde zu jeder möglichen Blattgestalt führen. Ein typisches, dorsiventral abgeflachtes Blatt (bifaciales Blatt, Abb. **87f**) mit einer »Ober«seite (adaxial) und einer »Unter«seite (abaxial) kommt durch die Tätigkeit von Meristemen am Rande des Blattprimordiums zustande. Eine Zunahme der Zellzahl in der Mitte der Blattoberseite (adaxiales Meristem, Abb. **19d**) führt zu einer Verdickung der Mittelrippe. Bei einigen Blättern ist die Aktivität des adaxialen Meristems sehr ausgeprägt, und gleichzeitig wird ihre seitliche Ausdehnung unterdrückt, so daß ein mehr oder weniger zylindrisches Blatt entsteht. Ein solches Blatt, bei dem die morphologische Oberseite unterdrückt ist, wird unifacial genannt, da es nur die (morphologische) Unterseite aufweist (KAPLAN 1973b) und nicht die beiden Seiten eines bifacialen Blattes. Ein unifaciales Blatt kann stielrund bleiben (Rundblatt, Abb. **87g**) oder später beidseitig abgeflacht werden (Abb. **87h**). Die Phyllodien von *Acacia* und anderen Arten haben sich auf diese Weise entwickelt (S. 42). Die Basis eines seitlich abgeflachten Blattes behält dabei ihre bifaciale, gefaltete Gestalt (konduplikativ, Abb. **37j**) bei; die Blattbasen der Folgeblätter zeigen eine reitende Knospendeckung (Abb. **39g**). Bei *Dianella* ist das Blatt an der Basis gefalzt, der mittlere Teil ist seitlich zusammengedrückt, und das distale Ende ist bifacial (Abb. **51a**). Rundblätter kommen durch verstärkte Entwicklung des Oberblattes einer Blattanlage zustande. Sie entwickeln sich bei Mono- und Dikotyledonen auf gleiche Art und Weise

Abb. 86. *Tillandsia usneoides*
Die adulte Pflanze hat keine Wurzeln mehr; fein behaarte Rundblätter absorbieren atmosphärisches Wasser.

Die Morphologie des Blattes: schwertförmige, seitlich abgeflachte und zylindrisch stielrunde Blätter | 87

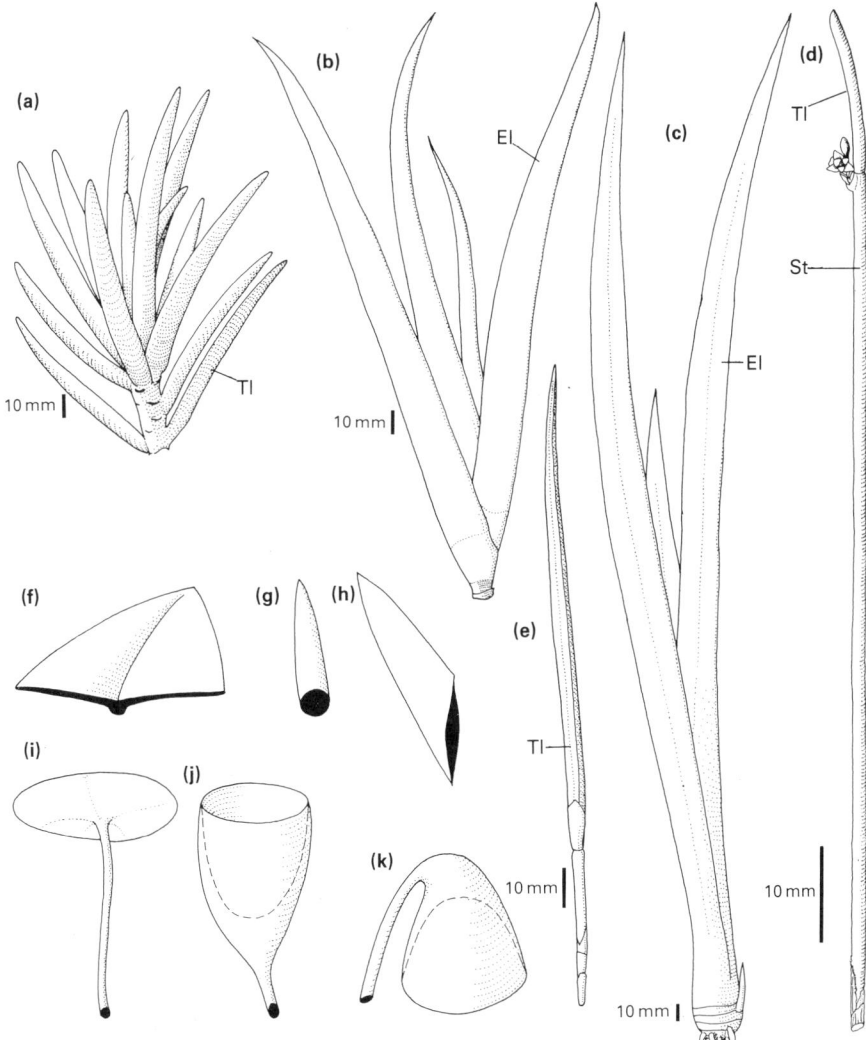

und sind demnach als homologe Strukturen (S. 20) aufzufassen. Örtlich eng umgrenzte Meristemtätigkeit führt bei einigen Arten auch zur Ausbildung von Schild- und Schlauchblättern (S. 88).

Abb. 87. **a)** *Senecio* sp., Sproßende; **b)** *Oberonia* sp., Sproßende; **c)** *Iris pseudacorus,* Laubblätter am distalen Ende eines Rhizoms; **d)** *Ceratostylis* sp., Sproß mit endständigen Rundblättern, **f)** bifacial, **g)** Rundblatt, **h)** seitlich zusammengedrückt, **i)** peltat, **j)** epiascidiat, **k)** hypoascidiat. El: seitlich zusammengedrücktes Blatt. St: Sproßachse. Tl: Rundblatt.

Morphologie des Blattes: ascidiat und peltat (schlauch- und schildförmige Blätter)

Durch die Tätigkeit der verschiedenen meristematischen Zonen eines sich entwickelnden Blattprimordiums entsteht in der Regel ein bifaciales Blatt, das eine morphologische Oberseite (adaxial, ventral) (Abb. **87f**) und eine morphologische Unterseite (abaxial, dorsal) aufweist. Dennoch gibt es auch Blätter, die in ihrer ventralen Ebene abgeflacht (seitlich zusammengedrückt, Abb. **87h**) sind sowie zylindrische Blätter (Rundblätter, Abb. **87g**). Auf ähnliche Weise kann ungleiche Meristemaktivität zur Bildung eines peltaten Blattes führen (Abb. **87i**), bei dem einer mehr oder weniger kreisrunden Blattspreite der Blattstiel in der Mitte der Unterseite anzusitzen scheint (Abb. **36b, 89b, d**). Diese Blattgestalt kann bei Blättern auch als eine Art Mißbildung (Teratologie) (Peltation, S. 270) auftreten, insbesondere bei Blättern mit basalen Lappen. Die Spreite eines peltaten Blattes ist flach oder leicht tellerförmig. Überwiegt das Flächenwachstum, so nimmt die Blattspreite trichterförmige Gestalt an und bildet einen Schlauch; ein solches Blatt wird ascidiat genannt. Im allgemeinen entspricht das Innere eines derartigen Schlauches entwicklungsgeschichtlich der Oberseite des peltaten Blattes, während die Außenseite des ascidiaten Blattes gleichbedeutend mit der Blattunterseite des Schildblattes ist (epiascidiat). Das charakteristische Blatt der Kannenpflanze ist nach diesem Muster aufgebaut (Abb. **89c**). Die epiphytische Gattung *Dischidia* (Urnenpflanze) weist zwei verschiedene Blatttypen auf: An rankenden Sprossen trägt sie bifaciale Blätter, während an Ästen, die sich in der Nähe des Stützbaumes befinden, ascidiate Blätter gebildet werden. In die Öffnungen solcher ascidiaten Blätter, die mit Detritus angefüllt sind, wachsen regelmäßig sproßbürtige Wurzeln (S. 98) hinein (Abb. **89f**). Auch bei den Wasserschläuchen der Lentibulariaceae (Abb. **73e**) handelt es sich um ascidiate Blattzipfel. Sie entwickeln sich an verschiedenen Stellen der stark zerschlitzten, untergetauchten Blätter dieser unbewurzelten Wasserpflanzen (vergl. Abb. **91e**). Sehr selten entwickelt sich ein ascidiates Blatt dahingehend, daß die Spreitenunterseite nach innen verlagert wird - man spricht dann von einem hypoascidiaten Blatt. Die Brakteen der Blüten von *Pelargonium* können von dieser Beschaffenheit sein, ebenso wie die Brakteen von *Norantea* (Abb. **88a, b,** und innere Umschlagseite).

Abb. 88a, b. *Norantea guyanensis*
Die Brakteen (S. 62), in deren Achseln die Blüten stehen, stellen hypoascidiate Blätter dar; die zunächst löffelartig geformten Gebilde **(a)** nehmen später die Gestalt hohler Kammern an **(b),** welche innen extraflorale Nektarien tragen (S. 80). Ihre endgültige Form ist auf der inneren Umschlagseite gezeigt.

Morphologie des Blattes: ascidiat und peltat (schlauch- und schildförmige Blätter) | 89

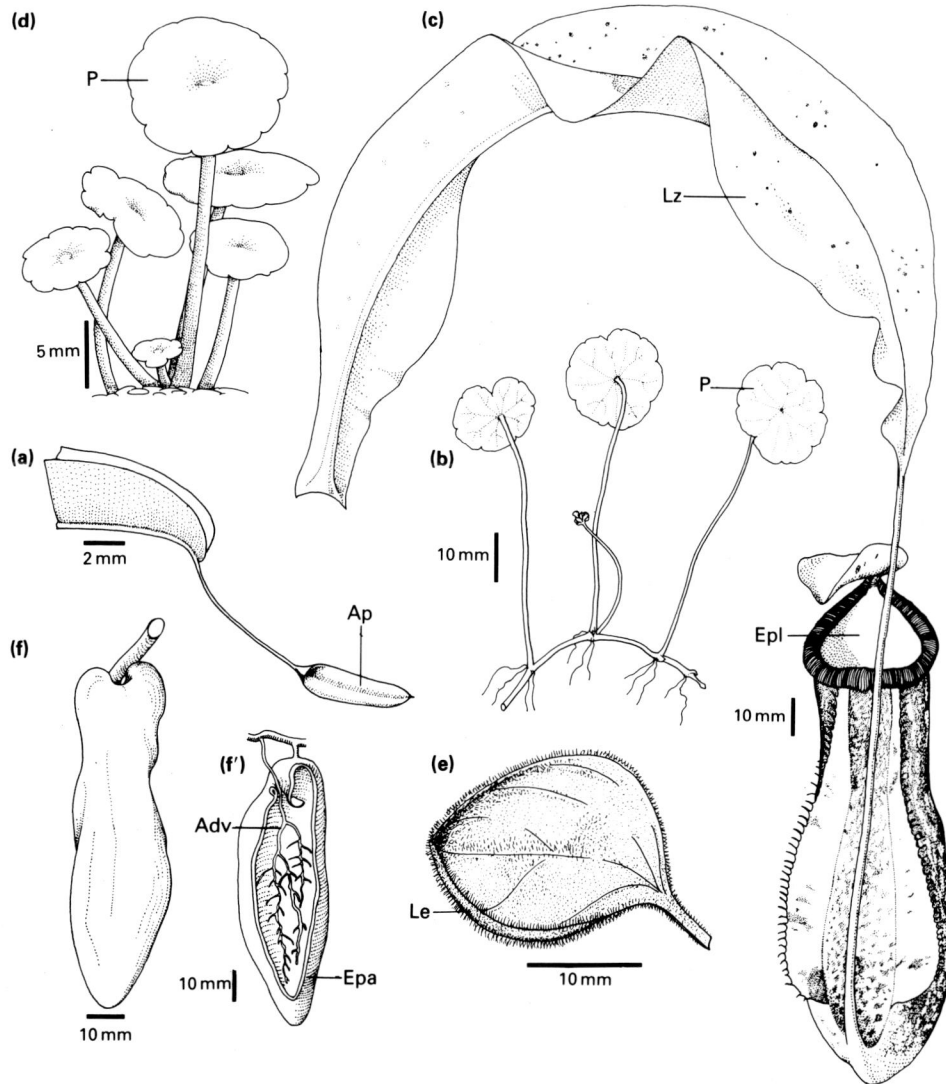

Abb. 89. **a)** *Cassia floribunda,* abnorme Blattspitze; **b)** *Hydrocotyle vulgaris,* Ausläufer mit Blättern; **c)** *Nepenthes* × *coccinea,* einzelnes Blatt; **d)** *Umbilicus rupestris;* **e)** *Justicia suberecta,* einzelnes Blatt; **f, f')** *Dischidia rafflesiana,* einzelnes Blatt und Blattausschnitt. Adv: Adventivwurzeln. Ap: abnorme peltate Entwicklung (Peltation). Epa: epiascidiates Blatt. Epl: epiascidiate Spreite (Oberblatt, S. 20). Le: eingerollter Blattrand (keine Peltation). Lz: basaler, bifacialer Blattabschnitt. P: peltates Blatt. (**f'** nach MASSART 1921).

Morphologie des Blattes: indeterminiertes (unbegrenztes) Wachstum

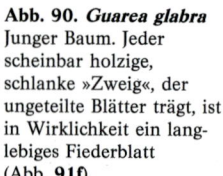

Abb. 90. *Guarea glabra* Junger Baum. Jeder scheinbar holzige, schlanke »Zweig«, der ungeteilte Blätter trägt, ist in Wirklichkeit ein langlebiges Fiederblatt (Abb. **91f**).

Blätter, vor allem von verholzten Pflanzen, werden im allgemeinen als temporäre Strukturen angesehen, die relativ rasch ihre endgültige Größe erreichen (d. h. sie sind determiniert); sie verbleiben nur eine begrenzte Zeit an der Pflanze und fallen aufgrund von Wassermangel oder Frost ab, oder indem die Verbindung zu den Leitelementen durch die sich ausdehnende Sproßachse (S. 48) abreißt. Ein Sproßsystem dagegen wird als etwas beständigeres aufgefaßt. Aber auch kleine Zweige und Äste werden oft abgeworfen (S. 268), und umgekehrt besitzen viele Pflanzen Blätter, die über einen bestimmten Zeitraum immer weiter wachsen (d. h. sie sind mehr oder weniger indeterminiert). Bei Gramineen (S. 180) und anderen Monokotyledonen ist dafür die Tätigkeit eines proximalen, interkalaren Meristems verantwortlich. Bei einigen Dikotyledonen erlangt das distale Ende eines Fiederblattes seine Fähigkeit zur Zellteilung wieder, und die endgültige Länge des Blattes wird langfristig durch die periodische Bildung von Fiederpaaren erreicht (Abb. **90, 91f**). Derartige Strukturen, die in ihrer Entwicklung sozusagen verzögert sind, können vorgeformt sein, d. h. das Blatt als Ganzes entwickelt sich von Anfang an, seine einzelnen Teile jedoch reifen erst nach und nach (Abb. **91a, b**), angefangen von der Blattbasis bis hin zur Blattspitze; das Blatt ist also im strengen Sinne determiniert. Setzt dagegen das apikale Meristem eines Blattes seine Tätigkeit fort und leitet über Jahre hinweg periodisch neues Wachstum ein, wie das nach STEINGRAEBER und FISHER (1986) bei *Guarea* der Fall ist (Epigenese, Abb. **91c, d**), so ist dieses Blatt als echtes, indetermi-

Morphologie des Blattes: indeterminiertes (unbegrenztes) Wachstum

niertes Blatt zu bezeichnen. Die ältesten, d. h. proximalen Blättchen, fallen in der Zwischenzeit ab, und die Rhachis nimmt aufgrund einer Kambiumtätigkeit an Dicke zu (solche Kambiumaktivität findet in manchen Fällen auch im Blattstiel anderer langlebiger, aber determinierter Blätter statt, Abb. **40a**). Blätter unbegrenzten Wachstums tragen oft Infloreszenzprimordien in Verbindung mit den Anlagen neuer Fiederblättchen (Epiphyllie, S. 74). Die Unterwasserblätter von *Utricularia* (vergl. S. 206) sind in ihrer Entwicklung nicht determiniert und scheinbar stark verzweigt (Abb. **91e**). Die einzigartigen Phyllomorphien (S. 208) einiger *Streptocarpus*-Arten verhalten sich wie indeterminierte, ungeteilte Blätter.

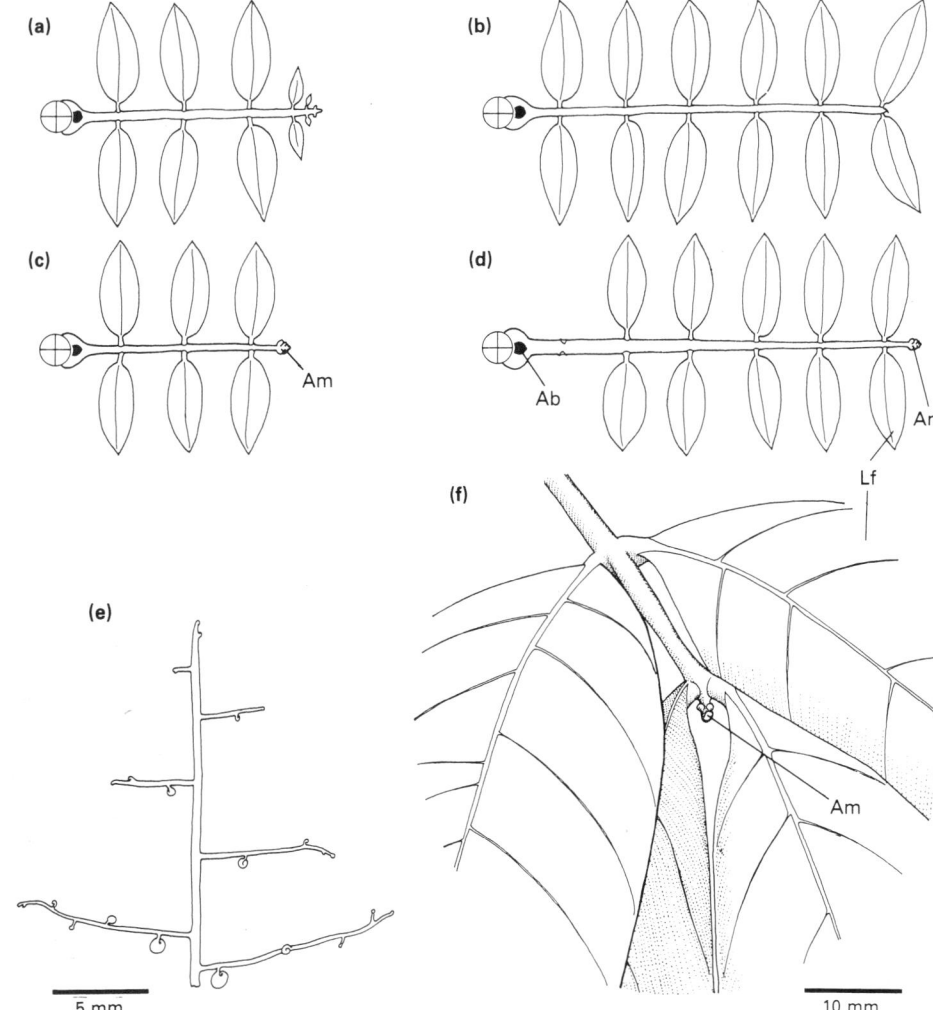

Abb. 91. a, b) determiniertes Blatt, das sich über einen längeren Zeitraum aus vorher angelegten Fiederblättchen entwickelt; **c, d)** Blatt unbegrenzten Wachstums, das mit Hilfe eines apikalen Meristems immer neue Fiedern ausbildet; **e)** *Utricularia reniformis,* das Ende eines indeterminierten Blattes; **f)** *Guarea glabra,* distales Ende eines zusammengesetzten Blattes (Abb. **90**). Ab: Achselknospe. Am: Apikalmeristem (des Blattes). Lf: Fiederblättchen.

Morphologie des Blattes: Palmen

Abb. 92a. *Jubaea spectabilis*
Reduplikate (zurückgeschlagene) Anheftung der Fiedern an der Mittelrippe des Blattes.

Abb. 92b. *Phoenix dactylifera*
Induplikate (eingeschlagene) Anheftung der Fiedern an der Mittelrippe des Blattes.

Die Blätter der Palmen bestehen aus Blattspreite, Blattstiel und Blattscheide. Bei der Blattspreite kann man drei Gestalttypen unterscheiden: digitate (palmate) Blätter (Abb. **93a**), denen eine Rhachis praktisch fehlt, gefiederte (pinnate) Blätter (Fiederpalmen, Abb. **93c**), bei denen die Fiedern der Rhachis ansitzen, sowie costapalmate Blätter, bei welchen die fingerförmig angeordneten Fiedern einer sehr kurzen Rhachis (»Costa«) entspringen (Abb. **93b**). Einige Palmen besitzen ungeteilte Blätter; *Caryota* hat ein doppelt gefiedertes Blatt (Abb. **93d**). Das charakteristischste Merkmal eines Palmenblattes jedoch tritt in der Entwicklung seiner Fiedern zutage (DENGLER et al., 1982, KAPLAN et al., 1982a, b). Diese entstehen dadurch, daß durch unterschiedliches Wachstum in der sich ausdehnenden Blattspreite die Lamina plisseeartig gefaltet wird (Abb. **37i**). Daran anschließend sterben zwischen den Falten Zellreihen ab, so daß die einzelnen »Fiedern« sich voneinander trennen. Die Streifen abgestorbener Zellen treten an den Blatträndern in Form heller Fäden auf (Abb. **93d**). Bei den Fächerpalmen, zu denen wir Palmen mit palmaten Blättern und costapalmaten Blättern zählen, setzt sich dieses Zerreißen der Blattspreite vom Spreitenrand aus nicht bis ganz ins Innere fort. Da das Gewebe zwischen den Falten eines Palmenblattes aufreißt, kann die Anheftung der einzelnen Fieder an der Rhachis oder dem Blattstiel auf zweierlei Weise erfolgen. Es kann reduplikat (zurückgeschlagen, Abb. **92a**) oder induplikat (eingeschlagen, Abb. **92b**) sein. Nahezu alle Fächerpalmen sind induplikat, während die meisten Fiederpalmen eine reduplikate Anheftung der Fiedern und ein end-

Morphologie des Blattes: Palmen | 93

ständiges Fiedernpaar aufweisen (paarig gefiedert, Abb. **23e**). Bei manchen Fächerpalmen ist am Übergang vom Blattstiel zur Spreite ein blatthäutchenartiges Anhängsel (Hastula, Abb. **93a'**) vorhanden. Es kann auf der Blattober- oder -unterseite oder auch beidseitig auftreten. Bei den Blättern der Cyclanthaceae läßt sich eine ähnliche Struktur finden. Die Scheiden der Palmblätter können über Jahre hinweg am Stamm verbleiben; entweder in Form faseriger Matten (Abb. **51b**), als Stummel, die durch die Stammverdickung in der Mitte aufreißen oder als eine Ansammlung von Dornen (Abb. **70a, b**). Diese stellen die faserigen Leitelemente der Ligula an der Verbindungsstelle zwischen Blattscheide und Blattstiel dar. Auch nichtverdornte Ligulae finden sich bei einer Reihe von Palmen. Dornen treten auch in Form modifizierter, sproßbürtiger Wurzeln (S. 106) auf oder als lange, dünne, modifizierte Blütenstände, sogenannte Flagellen; auch Emergenzen auf Stamm und Blättern (Abb. **71f**) werden ausgebildet. Bei den Blättern der Rattanpalmen, kletternden Arten, sitzt an einer gestreckten Rhachis oft ein zu Dornen oder zurückgebogenen Haken umgewandeltes, distales Fiedernpaar (Abb. **71f**). (Vergl. TOMLINSON 1990).

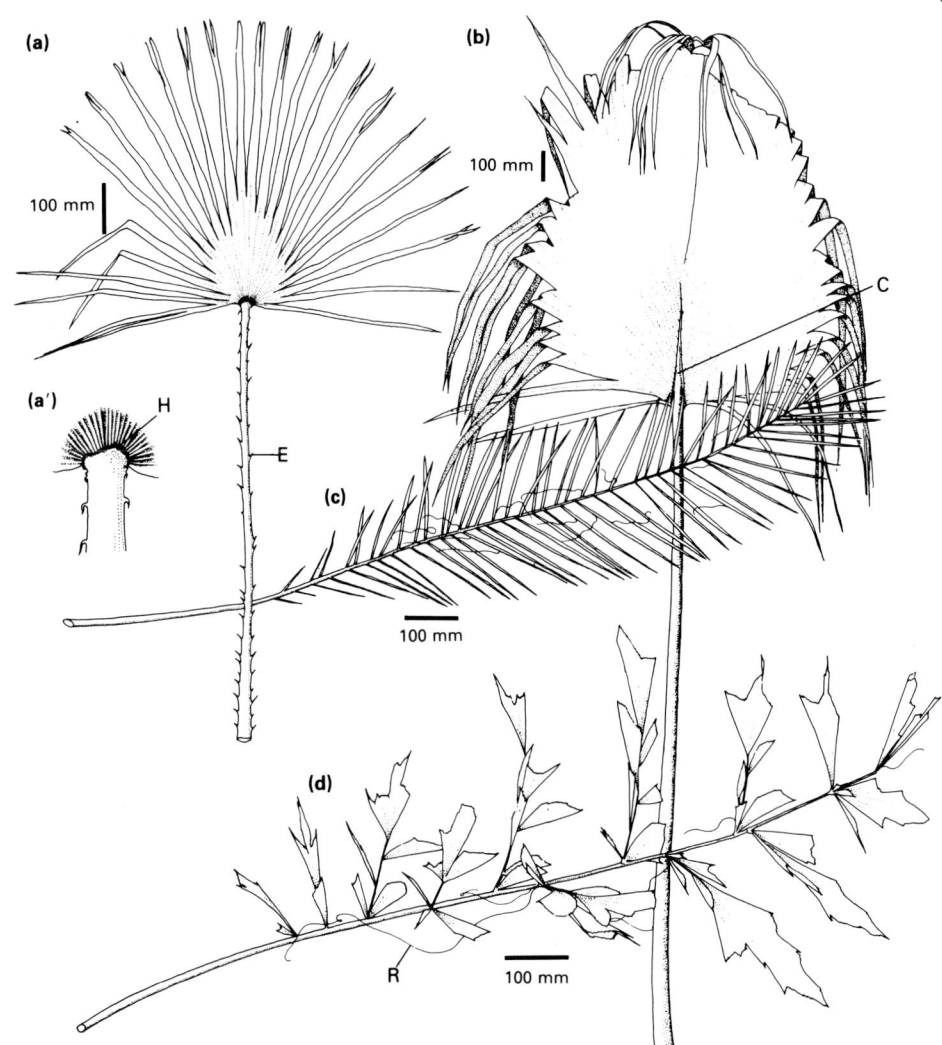

Abb. 93. a) *Livistona* sp., einzelnes, palmates Blatt und **a')** Ausschnittsvergößerung der Verbindungsstelle zwischen Blattstiel und Spreite; **b)** *Sabal palmetto*, einzelnes Blatt (Übergangsform: costapalmat, palmat mit sehr kurzer Rhachis); **c)** *Phoenix dactylifera*, einzelnes, pinnates Blatt; **d)** *Caryota* sp., einzelnes doppelt gefiedertes Blatt.
C: »Costa«. E: Emergenz (S. 76). H: Hastula. R: abgestorbenes Gewebe in Form heller Fäden.

94 | Morphologie der Wurzel: Entwicklung

Abb. 94. *Pisum sativum*
Ein Ausschnitt einer Wurzel (transparent wiedergegeben), der die endogene Anlage der Seitenwurzelprimordien zeigt.

Eine Wurzel entwickelt sich aus einem Wurzelprimordium, einer Gruppe meristematischer Zellen tief unter der Oberfläche einer bereits existierenden Wurzel oder eines Sprosses; man spricht von einer endogenen Entwicklung, d. h. eine Wurzel wird im Inneren angelegt (Abb. **94**). Zellteilung und -streckung hinter der Wurzelspitze führen bei der ersten Wurzel eines Embryos sowie auch bei allen folgenden zu einer Längenzunahme. Der Bereich des Wurzelspitzenmeristems wird von einer ständig vorhandenen Gewebekappe, der Wurzelhaube (Kalyptra), überzogen, die bei einigen Luftwurzeln besonders deutlich zu sehen ist (Abb. **95**). Bei Verletzung kann die Wurzelhaube von der Wurzelspitze erneuert werden. Neben der Wurzelhaube weist eine Wurzelspitze keine weiteren Organe auf und unterscheidet sich darin von einer Sproßspitze (S. 112), aus deren Oberfläche die Blattprimordien und die damit verbundenen Achselknospen entspringen; diese Art der Entwicklung wird als exogen, d. h. extern gebildet, bezeichnet. Eine Sproßspitze wird von den sie einhüllenden Blättern oder anderen Organen geschützt (S. 264). In einiger Entfernung von Kalyptra und Wurzelspitze kann eine Wurzel Seitenwurzeln aufweisen. Diese Seitenwurzeln entwickeln sich von meristematischen Zonen ausgehend mit Hilfe von Wurzelprimordien, die unter der Oberfläche der Hauptwurzel angelegt werden und sich ihren Weg durch den Cortex der Hauptwurzel bahnen. Zusätzlich zu den Seitenwurzeln können sich an einer Wurzel in Entfernung von der Wurzelspitze auch noch folgende Strukturen ausbilden: Knöllchen in Assoziation mit Bakterien (S. 276), Mykorrhiza in

Morphologie der Wurzel: Entwicklung | 95

Verbindung mit Pilzen (S. 276) und Wurzelknospen (d. h. Knospen von Sprossen an Wurzeln, S. 178) mit der Fähigkeit, sich zu einem vollständigen neuen Sproßsystem zu entwickeln. Hoch entwickelte Wurzelsysteme können sich auf zweierlei Art ausbilden. Zum einen vermag die ursprüngliche Radikula (Keimwurzel, S. 162) eines Sämlings viele, regelmäßig angeordnete Seitenwurzelprimordien zu tragen (S. 96). Diese Seitenwurzeln können sich nachfolgend verzweigen, und der Wurzeldurchmesser nimmt infolge der Kambiumaktivität (S. 16) zu. Zum anderen können im Sproßgewebe endogen Wurzelprimordien angelegt werden, welche die Ausbildung eines ausgedehnten Systems sproßbürtiger (adventiver) Wurzeln (S. 98) hervorrufen. Derartige Wurzeln treten oft nahe den Knoten einer Sproßachse auf. Diese Art von Bewurzelungssystem findet man bei der Mehrzahl der Monokotyledonen, deren Wurzeln nicht zu einem Dickenwachstum befähigt sind. Die Adventivwurzeln der Bromeliaceae können sich weit in die Rinde der Sproßachse fortsetzen, wobei sie erst eine Strecke parallel zur Sproßoberfläche wachsen, bevor sie schließlich an die Oberfläche treten (intracauline Wurzeln). Das Wurzelprimordium, das bei einem Embryo noch vor der Keimung angelegt wird, bezeichnet man als Radikula (S. 162).

Abb. 95. *Pandanus nobilis.* Spitze einer Stütz-Luftwurzel (vergl. Abb. **103**); deutlich erkennbar die kräftige Wurzelhaube.

96 | Morphologie der Wurzel: das primäre Wurzelsystem (allorhize Bewurzelung)

Bei Wurzelsystemen kann man grundsätzlich zwei Typen unterscheiden. Im ersten Fall leitet sich das gesamte Wurzelsystem von der Keimwurzel (S. 162) ab, die an Länge und Stärke zunimmt und sich seitlich verzweigt. Dieser Bewurzelungstyp wird als allorhiz bzw. Hauptwurzelsystem bezeichnet und tritt vor allem bei den Dikotyledonen auf. Im zweiten Fall wird das primäre Wurzelsystem durch ein System aus sproßbürtigen Wurzeln (Adventivwurzeln) ersetzt (homorhize Bewurzelung); dieser Bewurzelungstyp ist charakteristisch für die Monokotyledonen. Adventivwurzeln entwickeln sich aus Primordien, die in einem Sproß oder einem Blatt entstehen (S. 98). (Gelegentlich wird der Ausdruck »Adventiv-« auch auf Wurzeln angewendet, die sich in einem primären Wurzelsystem erst verspätet und sozusagen außer der Reihe entwickeln.) Bei vielen Dikotyledonen kommen beide Bewurzelungstypen vor. Um die Vielfalt der Verzweigungsmöglichkeiten eines primären Wurzelsystems zu beschreiben, kann auf dreierlei Weise vorgegangen werden: Beschreibung des Verzweigungssystems in seiner Gesamtheit; Untersuchung der Position der Seitenwurzelprimordien in einem sich entwickelnden Wurzelsystem; genaue Analyse des Verzweigungssystems in Begriffen der Verzweigungsreihenfolge (S. 284), der Geometrie und Topologie (mathematische Beschreibung der Verzweigungsverhältnisse) (FITTER 1982). Ein Beispiel für dieses Einteilungsmuster, das sich auf allorhize Bewurzelungsverhältnisse anwenden läßt, ist in den Abbildungen **97a-f** (verändert nach CANNON 1949) dargestellt. Dieses System stützt sich auf eine klare Unterscheidung zwischen der vertikal wachsenden Hauptwurzel und den verschiedenen Anordnungsmöglichkeiten der Seitenwurzeln erster Ordnung. Seitenwurzeln erster Ordnung bilden wiederum Seitenwurzeln zweiter Ordnung aus und so fort. Für homorhize Wurzelsysteme wurden vier weitere Begriffskategorien eingeführt (Abb. **97g-j**). Für das Wurzelsystem der Bäume existieren ähnliche Begriffsklassen (S. 100). Welcher Bewurzelungstyp auch vorliegen mag, die Einzelheiten eines Verzweigungsmusters hängen von der Position der Seitenwurzelprimordien ab. Wurzelprimordien entstehen aus meristematisch aktiven Zellen tief unter der Oberfläche einer bereits vorhandenen Wurzel (S. 94). Die Lage der Primordien ist nicht festgelegt; bei der Anordnung der Seitenwurzeln herrscht daher ein unterschiedlicher Grad an Regelmäßigkeit (»Rhizotaxis«). Innerhalb der Hauptwurzel werden Seitenwurzeln vielfach in Längsreihen angelegt, wobei die Lage der Reihen durch die Anordnung des Leitgewebes im Zentralzylinder bestimmt wird. Die Anzahl der Reihen variiert: es können zwei, drei (Abb. **97k**), vier oder viele ausgebildet werden. Die Anlage der Seitenwurzeln scheint mit zunehmender Anzahl der Längsreihen immer weniger exakt zu werden. Auch die Anordnung der Primordien in den Zwischenräumen entlang einer dieser Reihen kann mit einer gewissen Regelmäßigkeit erfolgen (MALLORY et al., 1970).

Abb. 96. *Bignonia ornata* Kletterpflanze, bei der das mittlere Blättchen eines jeden dreizähligen Blattes zu einem dreizinkigen Haken umgeformt ist (vergl. Abb. **69b**). In der Achsel eines jeden Blattes ist eine Knospe erkennbar. An diesem Knoten entwickelt sich darüberhinaus ein Paar verzweigter Adventivwurzeln (S. 98), die kaum sichtbar über den »Krallen«-Blättchen stehen.

Morphologie der Wurzel: das primäre Wurzelsystem (allorhize Bewurzelung)

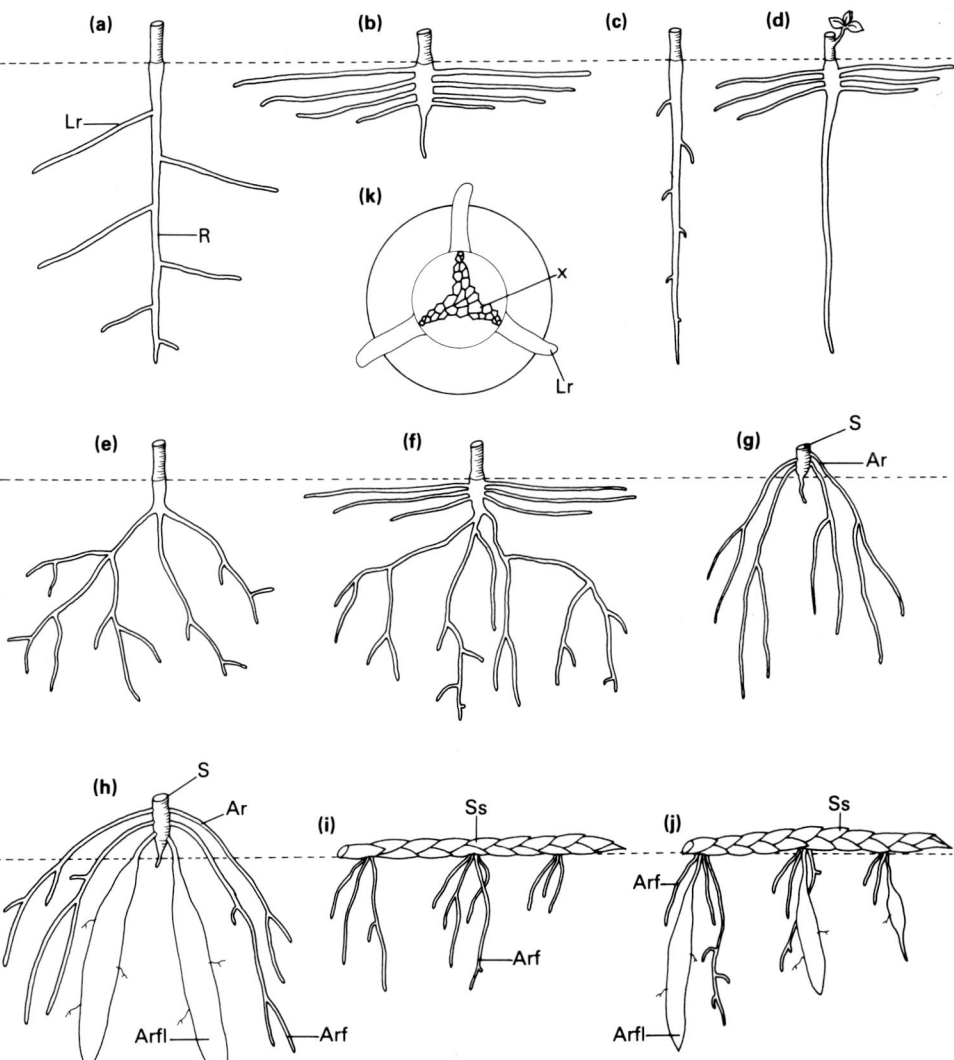

Abb. 97. Nach CANNON (1949). **a)-f)** Variationsmöglichkeiten in einem Hauptwurzelsystem (Seitenwurzeln entwickeln sich aus der Keimwurzel, allorhize Bewurzelung); **g)-j)** Typen homorhizer Bewurzelung (Adventivwurzelsystem). Die Wurzeln entwickeln sich an vertikalen **(g, h)** oder horizontalen **(i, j)** Sproßachsen. **k)** Querschnitt durch eine Wurzel mit dreistrahliger (triarcher) Xylemanordnung. Ar: Adventivwurzel. Arf: faserige Adventivwurzel. Arfl: fleischige Adventivwurzel. Lr: Seitenwurzel. R: Keimwurzel. S: Sproßachse. Ss: Schuppenblatt des Sprosses. X: Xylem.

Morphologie der Wurzel: Adventivwurzelsystem (homorhize Bewurzelung, sproßbürtige Bewurzelung)

Abb. 98. *Philodendron* sp.
An jedem Knoten des rankenden Sprosses entwickelt sich eine Reihe von Adventivwurzeln. Einige wachsen senkrecht nach unten, andere entwickeln sich horizontal und umschlingen so (mit Haftwurzeln) ihre Stützpflanze (welche wiederum Stammemergenzen aufweist, vergl. Abb. 117c).

Das Adjektiv »Adventiv« erscheint etwas unglücklich gewählt, da es in seiner eigentlichen Bedeutung »von außen herkommend« meint und im morphologischen Sinne auf alle Organe angewendet werden kann, die in atypischer Position auftreten. Im Falle adventiver Knospen (S. 232), die an einer Blattspreite angelegt werden (S. 74), mag dies passend sein, da Knospen üblicherweise in den Achseln von Blättern (S. 4) gebildet werden. Doch selbst dann ist es für die betreffende Pflanze nicht unbedingt etwas Außergewöhnliches. In bezug auf Adventivwurzeln (besser: sproßbürtige Wurzeln) ist der Ausdruck »Adventiv« in noch stärkerem Maße unangemessen, da er sich auf Wurzeln bezieht, die an Sprossen oder Blättern gebildet werden, also am Hauptwurzelsystem (S. 96) keinen Anteil haben. Bei nahezu allen einkeimblättrigen Pflanzen ist das Hauptwurzelsystem kurzlebig, und das gesamte funktionierende Wurzelsystem der Pflanze ist sproßbürtig, d. h. die Wurzeln entspringen der Sproßachse bodennah oder im Boden. Bei den rhizombildenden Monokotyledonen ist dies besonders deutlich ausgeprägt (S. 130). Ähnlich hochdifferenzierte sproßbürtige Wurzelsysteme werden selbstverständlich auch von vielen rhizom- oder ausläuferbildenden Dikotyledonen entwickelt (S. 132). In beiden Fällen treten sproßbürtige Wurzeln hauptsächlich an den Knoten auf, weshalb man sie auch als Knotenwurzeln bezeichnen könnte; die genaue Stelle, wo sich die endogen angelegten Wurzelprimordien entwickeln, wird von den Eigenschaften des Leitgewebes an diesem Knoten bedingt. Dies kann zu genau eingehaltenen Anordnungsmustern sproßbürtiger Wurzeln an einem Knoten führen, vor allem bei den Dikotyledonen (Abb. 96). Im Gegensatz dazu werden bei den Kletterpflanzen die Adventivwurzeln oft zwischen den Knoten angelegt (Abb. **99a**). Auch in meristematischen Bereichen der Sproßspitze können Primordien von Adventivwurzeln ausbildet werden; diese entwickeln sich dann entweder sofort zu Wurzeln oder erst viel später, wenn das Mutterorgan schon gealtert ist. Darüberhinaus können Primordien von Adventivwurzeln auch in altem Gewebe durch Rückdifferenzierung entstehen, d. h. bestimmte Zellen erlangen ihre meristematischen Fähigkeiten zurück. Die Entwicklung dieser neuen oder latenten Primordien in einer bereits ausdifferenzierten Hauptwurzel bringt ein zusätzliches Wurzelsystem hervor, das gelegentlich auch adventiv genannt wird, vor allem bei den Wurzeln der Bäume. Der Begriff Adventivwurzel bezeichnet also einerseits Wurzeln, die an ungewohnter Stelle erscheinen, d. h. an Sproßachsen oder Blättern, und andererseits Wurzeln, die sich aus älteren Organen, einschließlich älterer Wurzeln entwickeln. Darauf weist CANNON (1949) in seiner Einteilung der Homorhizie besonders hin. Wurzeln können lang und dünn sein und sich verankern, oder stark verzweigt und faserig (Abb. **235a**) sein, oder senkrecht nach oben bzw. senkrecht nach unten wachsen (Abb. **98**). Bei einigen Pflanzen haben die Wurzelprimordien somit eine gewisse Vorherbestimmung (Topophysis, S. 242). Die Sproßachsen von *Theobroma* (Kakaobaum) bilden erst dann sproßbürtige Wurzeln aus, wenn sie vom Stamm abgetrennt worden sind und bewurzelte Ableger bilden können; die sproßbürtigen Wurzeln eines

Morphologie der Wurzel: Adventivwurzelsystem (homorhize Bewurzelung, sproßbürtige Bewurzelung) | 99

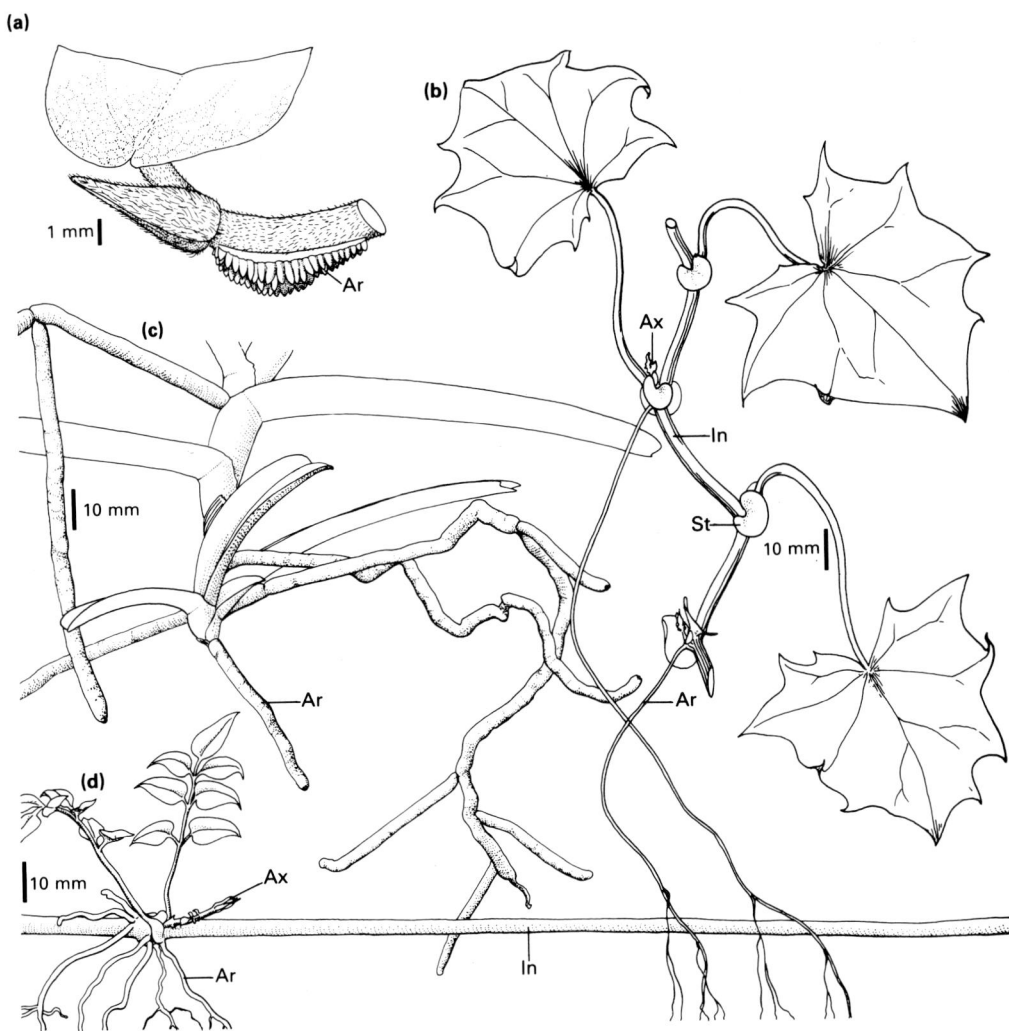

Schossers (der senkrecht nach oben wächst) entwickeln sich senkrecht nach unten, und umgekehrt bilden horizontal dahinkriechende Sproßachsen auch waagerecht ausgerichtete Adventivwurzeln aus. Einen umfassenden Überblick über Adventivwurzeln u. ä. gibt BARLOW (1986).

Abb. 99. a) *Ficus pumila,* Ende eines Klettersprosses (vergl. Abb. **243**); b) *Senecio mikanoides;* c) *Acampe* sp., Wurzeln, die aus einer Blattscheide hervortreten; d) *Jasminium polyanthum,* Abschnitt eines kriechenden Sprosses. Ar: Adventivwurzel. Ax: Achselsproß. In: Internodium. St: Stipel (S. 52).

100 | Morphologie der Wurzel: Architektur der Baumwurzeln

Die Wurzeln der Bäume zeigen äußerst vielgestaltige Verzweigungssysteme. Der Aufbau eines solchen Systems verändert sich im Laufe der Individualentwicklung eines Baumes oft beträchtlich. Vergleichsweise junge Bäume können z. B. ein auf der Keimwurzel basierendes Pfahlwurzelsystem ausgebildet haben. KRASILNIKOW (1968) beschreibt ein ganzes Spektrum von Variationsmöglichkeiten dieses Ausgangstyps (Abb. **101a, d-f**), welches mit CANNON's (1949) Beschreibung der Wurzelsysteme (Abb. **97**) vergleichbar ist. Dieses Hauptwurzelsystem kann daraufhin erweitert oder aber vollständig durch ein sekundäres Wurzelsystem ersetzt werden. Das sekundäre Wurzelsystem, gelegentlich auch als Adventivwurzelsystem bezeichnet, entsteht durch die Tätigkeit von Wurzelprimordien am alten Hauptwurzelsystem und durch die Bildung sproßbürtiger Wurzeln aus Stammgewebe (Abb. **100**). Bei der Betrachtung des Wurzelsystems eines Baumes kann man weiterhin zwischen dem primären Grundgerüst in Form von Haupt- und Seitenwurzeln und zusätzlichen »Unter«systemen primärer und sekundärer Wurzeln unterscheiden, die an der tragenden und der Ernährung der Pflanze dienenden Architektur keinen Anteil haben. Zusätzlich können charakteristische Strukturen wie z. B. Stützwurzeln (Abb. **101c, d**), Stelzwurzeln (S. 102) und Atemwurzeln (S. 104) ausgebildet sein. Die Wurzeln eines einzelnen Baumes können auf natürliche Weise miteinander verwachsen; derartige Symphysen (Verwachsungen) wurden auch zwischen den Wurzeln benachbarter Bäume derselben Art, gelegentlich sogar verschiedener Arten beobachtet. Bei diesem Überblick über die Bau-

Abb. 100. *Pandanus* **sp.**
Ein hoch entwickeltes System aus Stelzwurzeln (S. 102) von derselben Art wie in Abb. **101g** dargestellt.

Morphologie der Wurzel: Architektur der Baumwurzeln | 101

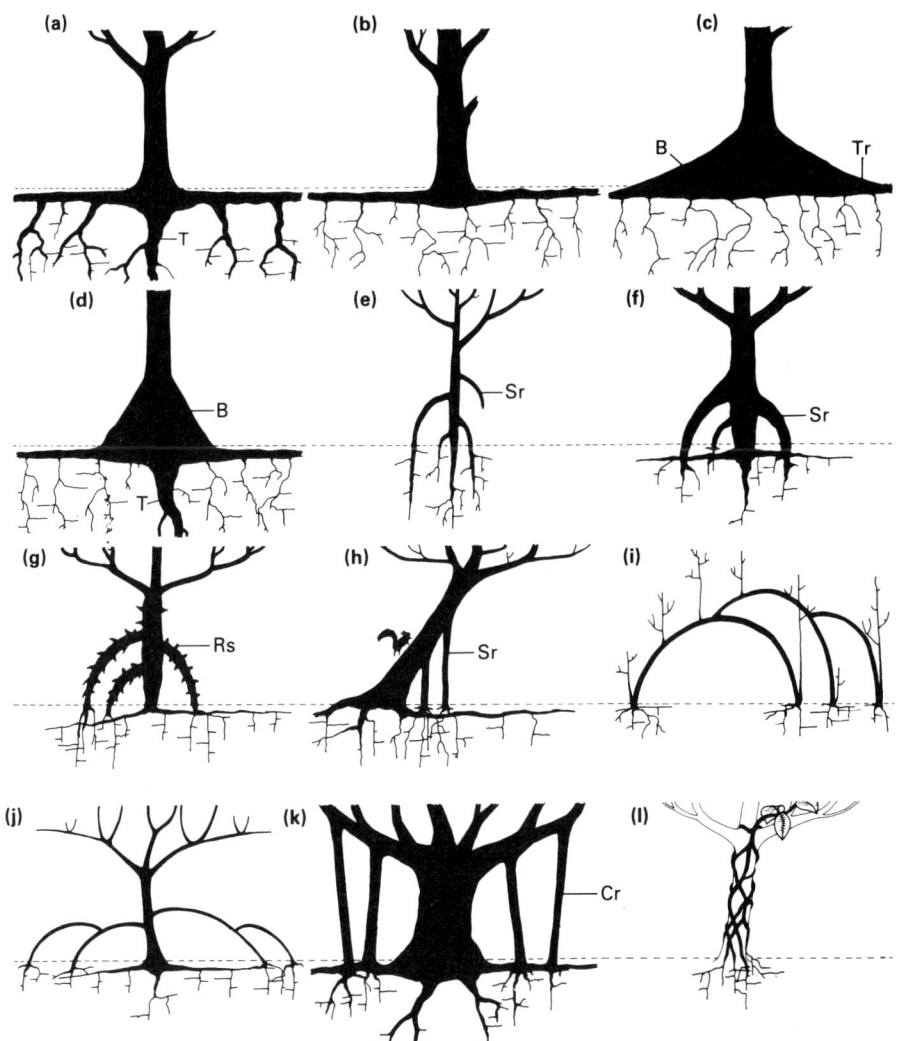

weise von Baumwurzeln beziehen wir uns auf JENIK (1978), der in seinem Versuch einer Klassifizierung die einzelnen Phänomene der Wurzelsysteme tropischer Bäume (Abb. 101) benannt hat, bei denen das Hauptwurzelsystem immer ganz oder teilweise zu Grunde geht.

Abb. 101. Verändert nach JENIK (1978). Wurzelsysteme tropischer Bäume. B: Stützwurzel. Cr: Säulenwurzel. Rs: Wurzeldorn. Sr: Stelzwurzel. T: Pfahlwurzel. Tr: Brettwurzel (vergl. S. 102).

102 | Morphologie der Wurzel: Stütz- und Stelzwurzeln

Abb. 102. *Euterpe oleracea*
Stelzwurzeln einer Palme. Die kleinen Ausgliederungen an der Oberfläche einer jeden Stützwurzel sind Pneumatorhizen, Atemwurzeln (S. 104).

Stelz- oder Stützwurzeln sind sproßbürtige Wurzeln (S. 98), die am Stamm oder an den Ästen eines Baumes oder an der Sproßachse einer aufrecht wachsenden krautigen Pflanze gebildet werden. In einigen wenigen Ausnahmefällen halten Stützwurzeln das horizontale Rhizomsystem in einer Höhe von bis zu einem Meter über dem Boden (*Hornstedtia, Geostachys* und *Scaphochlamys* bei den Zingiberaceae sowie *Eugeissonia minor,* einer Palme). Es wurden auch Stützwurzeln gefunden, die wiederum Atemwurzeln (Pneumatophoren, S. 104) tragen. JENIKS (1978) Einteilung des Wurzelsystems tropischer Bäume schließt eine Reihe von Lageverschiebungen bei den Stützwurzeln der Bäume ein (Abb. **101e-k**). Stelzwurzeln können selbst wiederum Stelzwurzeln ausbilden (Abb. **101j**). Wie in Abb. **101i** dargestellt, führen bogenartig geformte Sproßsysteme, die sich dort, wo sie auf den Boden auftreffen, wieder bewurzeln, zu einem ähnlichen Erscheinungsbild. Stelzwurzeln können anfänglich die Form von Dornen aufweisen (Abb. **101g**) und nachfolgend zu Wurzeln auswachsen. Stützwurzeln können zweiseitig zusammengedrückt sein (Abb. **101c, d**) und an der Basis eines Baumstammes Brettwurzeln bilden; solche brettartigen Wurzeln können von der Stammbasis über weite Strecken horizontal an der Bodenoberfläche auslaufen. Stelzwurzeln verzweigen sich meist reich, sobald sie den Boden erreicht haben. Bei den Monokotyledonen behalten sie ihren ursprünglichen Durchmesser bei; bei dikotyledonen Pflanzen dagegen können sie, bis sie sich mit ihrem distalen Ende eingewurzelt haben, sehr dünn bleiben und sich erst später zu einer Stütz- oder Säulenwurzel

Morphologie der Wurzel: Stütz- und Stelzwurzeln | 103

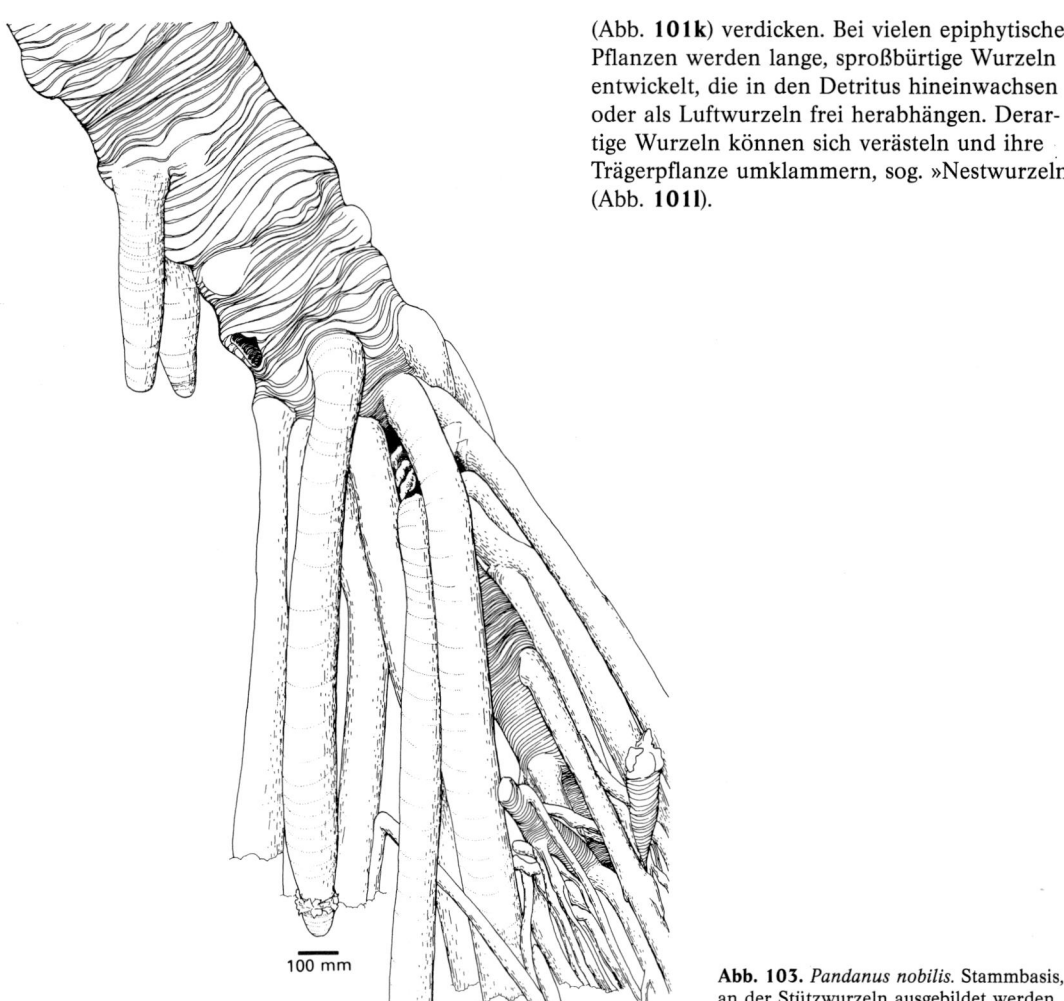

(Abb. **101k**) verdicken. Bei vielen epiphytischen Pflanzen werden lange, sproßbürtige Wurzeln entwickelt, die in den Detritus hineinwachsen oder als Luftwurzeln frei herabhängen. Derartige Wurzeln können sich verästeln und ihre Trägerpflanze umklammern, sog. »Nestwurzeln« (Abb. **101l**).

Abb. 103. *Pandanus nobilis.* Stammbasis, an der Stützwurzeln ausgebildet werden (vergl. Abb. **100**).

104 | Morphologie der Wurzel: Pneumatophoren (Atemwurzeln)

Viele holzige Pflanzen besiedeln sumpfige oder den Gezeiten unterworfene Standorte. Die über dem Wasserspiegel befindlichen Bereiche ihres Wurzelsystems, bzw. jene, die bei Niedrigwasser freiliegen, weisen interessante Modifikationen auf. Diese Wurzeln zeichnen sich durch eine besondere Anatomie aus und werden gewöhnlich als Pneumatophoren (Atemwurzeln) oder, genauer, als Pneumatorhizen bezeichnet. Sie zeigen ein breites Formenspektrum und entwickeln sich auf unterschiedliche Weise. Sie sind reich mit Lenticellen (S. 114) ausgestattet und weisen große Interzellularräume auf, die mit denen der untergetauchten Wurzeln in Verbindung stehen und so deren Gasaustausch ermöglichen. Atemwurzeln können in Form von Stelz- oder Brettwurzeln (Abb. 101) auftreten. Sie können auch an dicht unter der Erdoberfläche horizontal dahinstreichenden Wurzeln als Seitenwurzeln angelegt werden und senkrecht nach oben wachsen (Kniewurzeln, Abb. 104); manchmal erstarken sie dann (Abb. 105a). Gelegentlich werden diese Kniewurzeln wiederum selbst von Stelzwurzeln gestützt. Im anderen Falle krümmen sich die kurz unter der Substratoberfläche waagerecht streichenden Wurzeln nach oben bis über die Wasserlinie empor und wenden sich dann wieder nach unten um. Der an der Luft befindliche Abschnitt, das »Wurzelknie«, kann sich daraufhin verdicken oder auch recht dünn bleiben (Abb. 105b, d). Die horizontale Wurzel kann untergetaucht bleiben, während die Seitenwurzel nur einmal auftaucht, um eine Kniewurzel zu bilden. Viele Pflanzen, vor allem Palmen, die in ständig mit Wasser durchtränktem Boden leben, bilden auf der Oberfläche ihrer Stützwurzeln eine Vielzahl winziger Seitenwurzeln aus und erscheinen wie mit Mehl bestäubt (Abb. 102). Diese Strukturen werden Pneumatorhizen genannt; bestimmte Stellen auf der Oberfläche von Atemwurzeln, die dem Gasaustausch dienen, werden als Pneumathoden bezeichnet (TOMLINSON 1990).

Abb. 104. *Rhizophora mangle*
Mangrovensumpf mit einem Gewirr von Stelzwurzeln (S. 102). Im Vordergrund erkennt man die Atemwurzeln von *Avicennia nitida,* die, senkrecht nach oben gerichtet, über die Wasseroberfläche ragen.

Morphologie der Wurzel: Pneumatophoren (Atemwurzeln) | 105

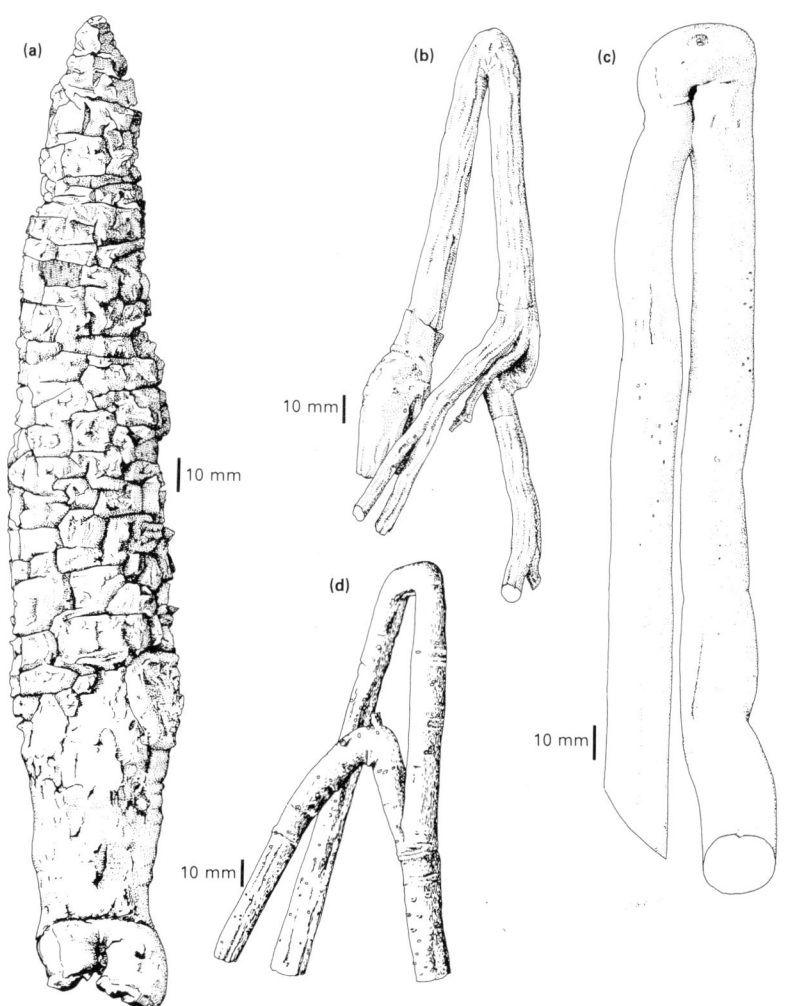

Abb. 105. a) *Sonneratia* sp., Kniewurzel; **b)** *Mitragyna ciliata*, Kniewurzel; **c)** *Gonystylus* sp., Kniewurzel; **d)** *Symphonia gabonensis*, Kniewurzel.

Morphologie der Wurzel: Modifikationen

Abb. 106. *Myrmecodia echinata*
Die angeschwollene Hypokotylknolle, deren Oberfläche von zahlreichen kurzen Dornwurzeln durchbrochen ist (S. 111), ist gekammert und dient Ameisen als Wohnstätte (vergl. Domatien, S. 204).

Die Wurzeln einer Pflanze zeigen oft eine enorme Bandbreite verschiedener Morphologien. Einige Wurzeln sind in der Regel verhältnismäßig dick und robust, andere dagegen sehr fein und faserig. Bei den Dikotyledonen findet darüber hinaus in unterschiedlichem Maße Verholzung statt. Die Hauptwurzeln dikotyler Bäume können massive Gebilde darstellen, die im Querschnitt möglicherweise sogar Jahresringe aufweisen und eine dicke Borke entwickeln. Andere Wurzeln zeigen spezifische Abwandlungen. Sie können zu Stelz- und Luftwurzeln (S. 102), Atemwurzeln (Pneumatophoren, S. 104), Speicherorganen (Knollen, S. 110) oder, bei parasitischen Pflanzen, zu Haustorien (S. 108) umgeformt sein, oder in Verbindung mit anderen Organismen Strukturen wie z. B. Knöllchen und Mykorrhizen (S. 276) bilden. Wurzeln können auch Knospen tragen (S. 178). Einzelne Wurzeln sind fähig, sich in ihrer Länge beträchtlich zu verkürzen und auf diese Weise als Zugwurzeln (Abb. **107e**) zu wirken; dadurch sind sie in der Lage, einen Sproß oder eine Zwiebel auf einem bestimmten Niveau im Untergrund zu halten. Die Kontraktion kommt entweder durch Verkürzung und gleichzeitige Erweiterung von Zellen zustande, oder dadurch, daß bestimmte Zellen gänzlich kollabieren. Die Adventivwurzeln (S. 98) einiger Kletterpflanzen können sich verzweigen (Abb. **96**), sich zu Hohlräumen ausweiten, einen langsam trocknenden Klebstoff ausscheiden (Abb. **99a**), der die Haftung am Substrat ermöglicht, oder ihre Stützpflanze sogar fest umschlingen (Abb. **98**). Vor allem bei epiphytischen Orchideen tritt eine andere Art sproßbürtiger Luftwurzeln auf; diese

Morphologie der Wurzel: Modifikationen | 107

sind mit einer Schicht toter Zellen bedeckt, dem Velamen radicum, das weiß erscheint, wenn das Gewebe mit Luft gefüllt ist. Das Velamen kann sich bis zu einer inneren, wasserundurchlässigen Schicht mit Wasser vollsaugen, nur einige kleine Bereiche davon bleiben mit Luft gefüllt. Die Wurzel bekommt dadurch ein grünes Aussehen, da die Chloroplasten aus tieferen Gewebeschichten durchscheinen. Es hat sich jedoch gezeigt, daß die Luftwurzeln das Wasser nicht aus dem Velamen absorbieren; Wasser wird nur von den distalen Wurzelenden aufgenommen, die in Kontakt mit dem Substrat stehen. Das Velamen übt lediglich eine Schutzfunktion aus. Bei einigen wenigen Pflanzen verlieren ganz bestimmte Wurzeln ihre meristematische Wurzelspitze mit der Kalyptra und entwickeln statt dessen eine verholzte Spitze. Derartige Wurzeldornen werden bei verschiedenen Arten sowohl über als auch unter dem Erdboden ausgebildet (Abb. **107d**).

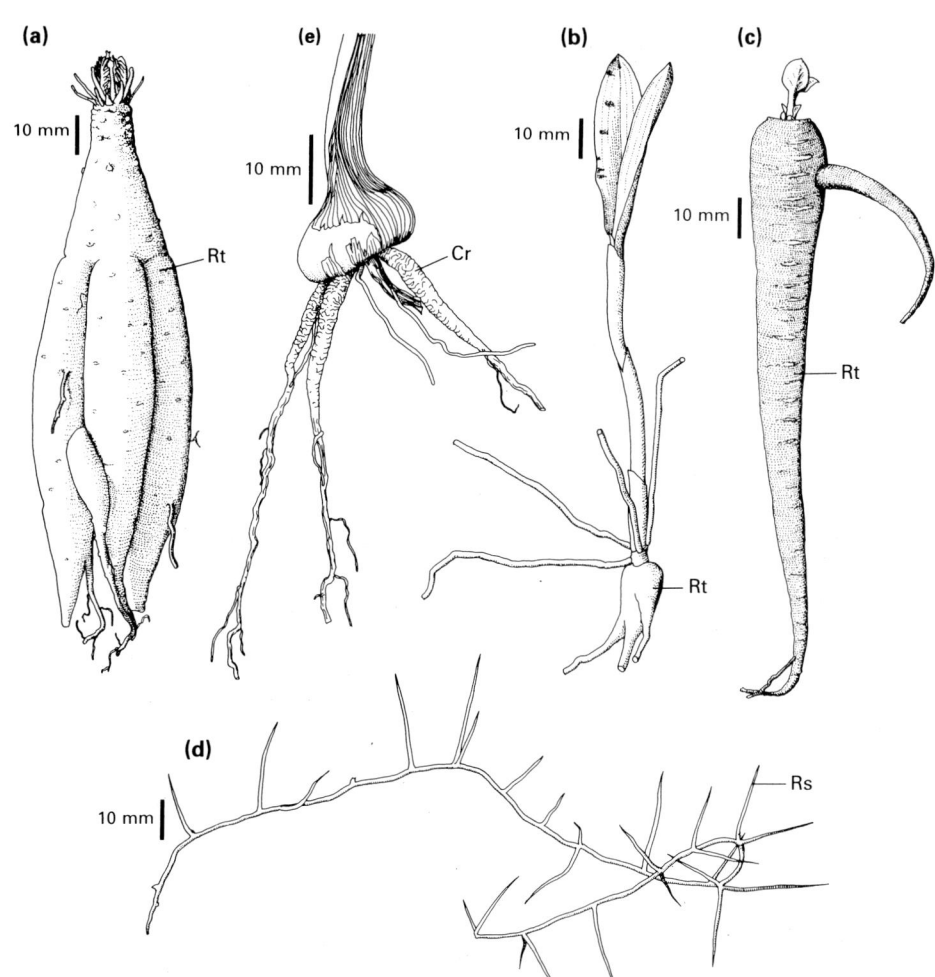

Abb. 107. a) *Incarvillea delavayi*, unterirdische, verdickte Wurzeln; **d)** *Dactylorhiza fuchsii*, Wurzelknolle an der Stammbasis; **c)** *Mirabilis jalapa*, unterirdische, verdickte Wurzel; **d)** *Dioscorea prehensilis*, verzweigte, verdornte Wurzeln; **e)** *Crocosmia × crocosmiflora*, Sproßknolle mit Zugwurzeln. Cr: Zugwurzel. Rs: Wurzeldorn. Rt: Wurzelknolle.

108 | Morphologie der Wurzel: Haustorien

Abb. 108. *Cuscuta chinensis*
An den Kontaktpunkten zwischen dem windenden Sproß des Parasiten mit dem Stamm der Wirtspflanze werden an bestimmten Stellen angeschwollene Polster ausgebildet, die bei den unteren beiden Windungen als Ausbuchtungen erkennbar sind.

Bei den parasitisch lebenden Blütenpflanzen unterscheidet man zwischen Vollschmarotzern (Holoparasiten), die nicht mehr zur Photosynthese befähigt sind, und Halbschmarotzern (Hemiparasiten), die noch Blattgrün aufweisen und somit teilweise autotroph sind. Sie sichern sich ihren gesamten Nährstoffbedarf bzw. einen Teil davon, indem sie mittels Haustorien Gewebe ihrer Wirtspflanze anzapfen. Die morphologische Natur der Haustorien ist äußerst unterschiedlich, und in den meisten Fällen können sie weder äußerlich noch auf Grund ihrer inneren Struktur eindeutig als modifizierte Wurzeln erkannt werden. Als extremes Beispiel sei *Rafflesia* genannt, bei der der gesamte Pflanzenkörper aus zarten, verzweigten Fäden besteht, die wiederum aus einer amorphen Zellmasse aufgebaut sind, welche das assimilat- und wasserleitende System der Wirtspflanze durchdringt. Nur die Bildung der Blüten verrät ihre Existenz. Andere parasitische Pflanzen entwickeln sich in unmittelbarer Nachbarschaft mit ihrem Wirt. Dort, wo ihre Wurzeln miteinander in Kontakt kommen, heften sich Ausgliederungen des Parasiten an der Oberfläche der Wirtspflanze an und stellen durch die Ausbildung eines Haustoriums im Inneren des Wirts eine Verbindung her. An verschiedenen Wirtswurzeln können die Haustorien einer bestimmten parasitischen Pflanzenart durchaus unterschiedlich gebaut sein. Bei Kletterpflanzen, die außer ihrer ursprünglichen Keimwurzel keine Verbindung mehr mit dem Erdboden haben, entwickeln sich die Haustorien an den Sproßachsen. Die Arten der Loranthaceen sind typische Hemiparasiten mit grünen Blättern. Sie bilden meist kleine, verholzte Büsche; einige Arten können aber auch die Größe kleinerer Bäume erreichen. Ihre Haustorien zeigen eine Reihe charakteristischer Merkmale. Der Parasit sitzt der Wirtspflanze z. B. an einem bestimmten Punkt an Stamm oder Ast (Abb. **109a, b, c**) auf, und der Wirt reagiert darauf mit der Ausbildung einer unnatürlichen Anschwellung, die in einer besonders eigenartigen Form auch Holzrose genannt wird. Ein Haustorium kann entweder eine einzelne Struktur sein, die in das Wirtsgewebe eingesenkt ist (Senker), oder aus einer Vielzahl eben dieser Strukturen aufgebaut sein, die sich alle von einem Anheftungspunkt her entwickeln. Es können auch Strukturen gebildet werden, die, Ausläufern (vergl. S. 134) gleich, auf der Oberfläche der Wirtspflanze verlaufen (Abb. **109c**); in bestimmten Abständen bilden diese Ausläufer Haftscheiben (Hapteren) aus, durch die hindurch Haustorien in das Wirtsgewebe eindringen. Ausläufer können auf einem lebenden Ast entlangwachsen, sich aber umbiegen und wieder zurückwenden, sobald sie an einem toten, abgebrochenen Ende anlangen. Manchmal stirbt die Wirtspflanze jenseits des Anheftungspunktes des Parasiten ab. Die Verankerung (S. 168) der Loranthaceen-Keimlinge ist ein komplexer Vorgang. Zu Beginn ist der Same mit seinem Hypokotyl auf einem Ast der Wirtspflanze befestigt. Noch steht nicht fest, ob dabei irgendeine Form von Wurzel vorhanden ist. Bei *Viscum* zum Beispiel schwillt in diesem Entwicklungsstadium die Hypokotylbasis unter Ausbildung eines primären Haustoriums an, das mit der Unterlage fest verleimt ist. Drehbewegungen im haustorialen Gewebe treiben einen Senker

Morphologie der Wurzel: Haustorien

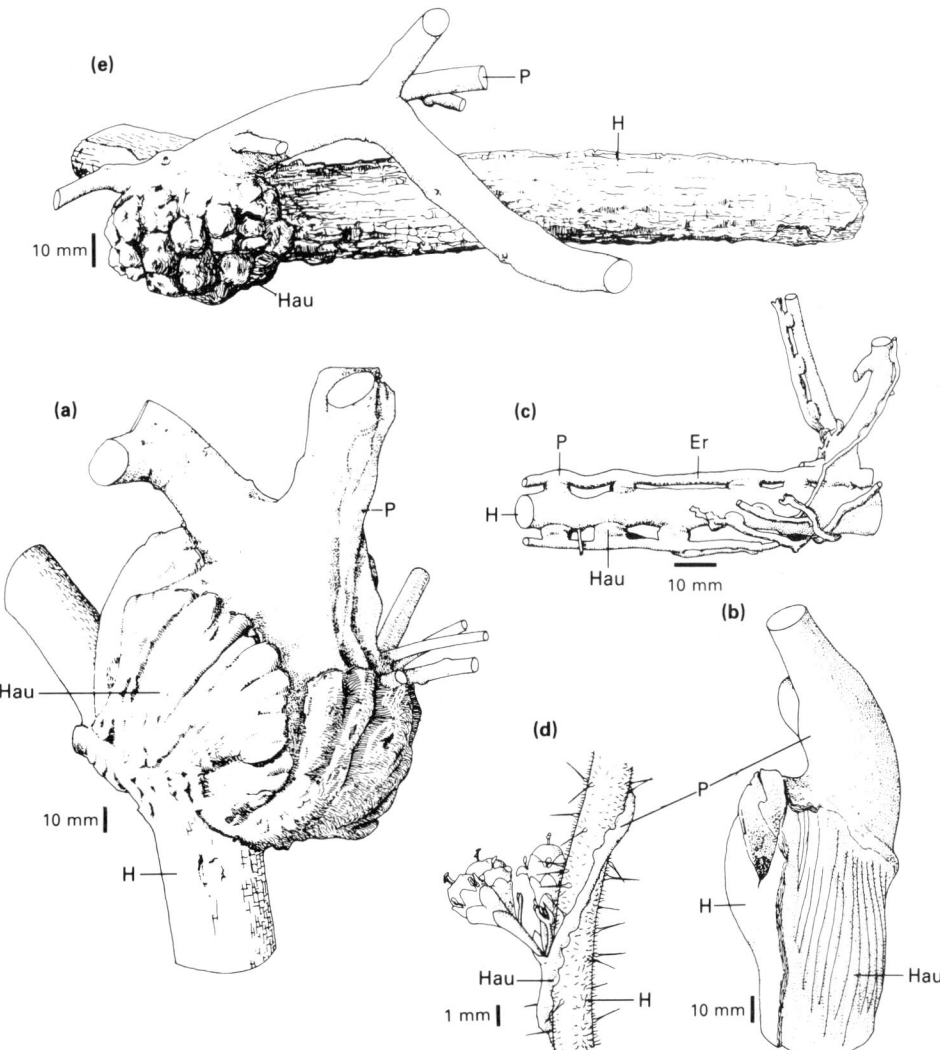

tief in das Wirtsgewebe hinein. Der Keimling mit seinen assimilierenden Kotyledonen kann sich nun aufrichten. Bei einigen Arten sind die Keimblätter miteinander verwachsen (S. 234) und liegen der Oberfläche des Wirtsastes auf. Die Keimknospe (Plumula) kann nun aus einem Spalt zwischen den beiden Keimblättern hervortreten. Die Einzelheiten dieser Entwicklung variieren beträchtlich von Art zu Art. Einen umfassenden Überblick über die Biologie der parasitisch lebenden Pflanzen gibt Kuijt (1969).

Abb. 109. Schmarotzer/Wirt-Verbindungen. **a)** *Tapinanthus oleifolius;* **b)** *Phoradendron perrottetii* (auf *Protium insigne* als Wirt); **c)** *Amylotheca brittenii;* **d)** *Cuscuta* sp. (auf *Urtica pilulifera* als Wirt); **e)** *Lysiana exocarpi* (auf *Hakea intermedia*). Er: »Ausläufer«-Wurzel, die an manchen Stellen Senker in die Unterlage schickt. H: Wirt. Hau: Haustorium. P: Parasit.

Morphologie der Wurzel: Knollen

Abb. 110. *Chlorophytum comosum*
Ausgegrabene Pflanze mit verdickten Wurzelknollen. An den Blütenständen ist unechte Viviparie (S. 176) erkennbar.

Die durch Zellteilung und -streckung hervorgerufene seitliche Ausdehnung einer Wurzel führt bei manchen Arten zur Bildung einer Wurzelknolle; ähnliche unterirdische Organe können sich auch an verdickten Sproßachsen entwickeln und werden dann Sproßknollen (S. 138) genannt. Häufig bildet nur ein Teil der Wurzeln Knollen, die bei verschiedenen Arten beträchtlich in Größe und Gestalt variieren können. Bei einigen Orchideen schwillt während jeder Wachstumsperiode nur eine einzige sproßbürtige Wurzel (S. 98) zu einer Knolle an; sie speichert über die Ruheperiode Nährstoffe für die nächste Wachstumsphase. Eine ähnliche Entwicklung findet bei *Ranunculus ficaria* statt. Am oberirdischen Sproß werden an der Basis der Knospen einzelne sproßbürtige Wurzeln entwickelt. Diese Wurzeln schwellen an und bilden ablösbare »Brutknöllchen«, die das Apikalmeristem der Knospe mit einschließen. Ähnliche Knöllchen entwickeln sich aus Adventivknospen an der Sproßbasis. In beiden Fällen können an den Knöllchen wiederum weitere Adventivknospen gebildet werden. Auf diese Weise entstehen Organe, die aus Gewebe zusammengesetzt sind, das sich sowohl von Wurzeln wie auch vom Sproß ableitet (siehe auch S. 174, unterirdische Knolle an verlängerter Achse). Im Gegensatz zu Sproßknollen weisen Wurzelknollen zumindest in jungen Stadien eine Kalyptra auf; darüber hinaus können Seitenwurzeln ausgebildet sein. Auch tragen Wurzelknollen keine regelmäßige Folge von Schuppenblättern mit axillären Knospen, obwohl an ihrem proximalen Ende durchaus ein oder zwei Knospen vorhanden sein können. Diese Knospen leiten sich dann

Morphologie der Wurzel: Knollen | 111

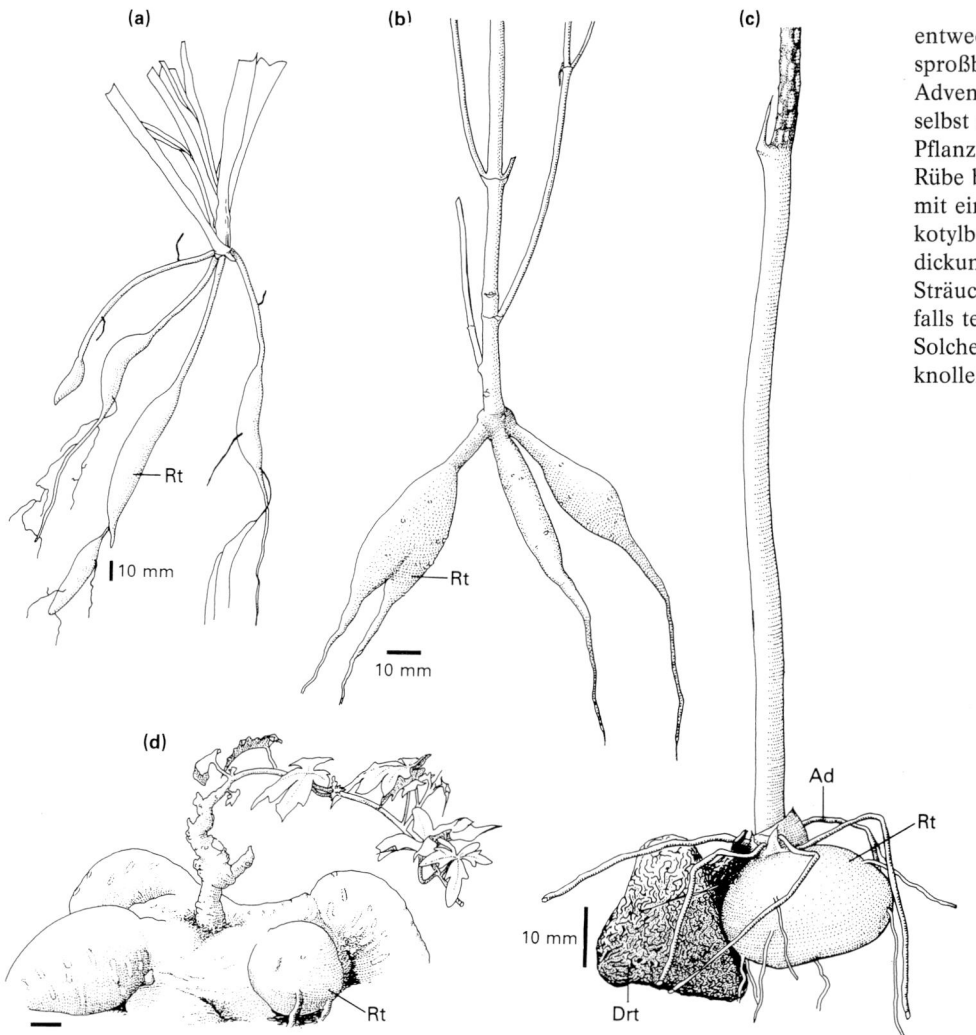

entweder von der Sproßachse ab, welcher die sproßbürtige Wurzel angehört, oder sie stellen Adventivknospen dar (S. 232), die der Wurzel selbst entspringen. Die Hauptwurzel einer Pflanze kann ebenfalls anschwellen und eine Rübe bilden; dies geschieht meist in Verbindung mit einer gleichzeitigen Verdickung der Hypokotylbasis (S. 166). Die enormen holzigen Verdickungen, die bei manchen Bäumen oder Sträuchern ausgebildet werden, können ebenfalls teilweise von Wurzelgewebe abstammen. Solche holzigen Strukturen werden als Holzknollen bezeichnet (Abb. **138a**).

Abb. 111. Verdickte Speicherwurzeln.
a) *Chlorophytum comosum,* **b)** *Dahlia* sp.,
c) *Dioscorea* sp., **d)** *Kedrostris africana.*
Ad: Adventivwurzel (S. 98). Drt: verkümmerte Wurzelknolle. Rt: Wurzelknolle.

112 | Morphologie der Sproßachse: Entwicklung

Abb. 112. *Linaria* sp. Abnorme Entwicklung einer Sproßachse. Anstatt einer zylindrischen wurde eine bandförmige Struktur ausgebildet (Fasziation, Verbänderung, S. 272).

Eine Sproßachse ist aus einer Serie von Knoten (Nodus, Nodium; Plural: Nodi, Nodien) aufgebaut, die durch Zwischenknoten (Internodien, Stengelglieder) voneinander getrennt sind. Die Blätter einer Sproßachse sind an den Knoten inseriert und tragen im allgemeinen in ihren Achseln Knospen (S. 4). (Förster verwenden diese Ausdrücke in einem anderen Sinne: ein Knoten bezeichnet bei ihnen die Stelle eines Astwirtels an einem Stamm, während die Stammabschnitte zwischen den Astwirteln als Internodien bezeichnet werden.) Sind die Internodien sehr kurz, erscheinen die aufeinander folgenden Knoten, als wären sie miteinander vereinigt. Eine Sproßachse zusammen mit ihren Blättern wird Sproß (S. 4) genannt, wobei jede achselständige Knospe einen potentiellen weiteren Sproß darstellt. Die Abfolge, in welcher sich an einer Pflanze die einzelnen Seitensprosse entwickeln, bedingt ihre typische Gestalt. Das Längenwachstum einer Sproßachse ist auf die Tätigkeit eines Apikalmeristems an ihrem distalen Ende zurückzuführen. Der Vegetationskegel, dem das Scheitelmeristem einer Sproßachse angehört, verändert sich ständig in Form und Größe, und zwar in dem Maße, in dem in regelmäßigen Abständen an seinen Flanken neue Blattprimordien (S. 18) ausgegliedert werden (exogene Entwicklung) (S. 218). Ältere, weiter unten inserierte Blätter können eine Art Schutzfunktion übernehmen, indem sie die jüngeren überdecken (S. 264). Die Zeitspanne zwischen der Bildung zweier aufeinander folgender Blattprimordien an ein und demselben Spitzenmeristem wird als Plastochron bezeichnet. Kurz unterhalb der Spitze kann eine Sproßachse sowohl an Umfang wie auch an Länge zunehmen. Vor allem bei den Monokotyledonen, insbesondere bei den Palmen, ist dies ein auffälliges Merkmal, da bei diesen Pflanzen ein späteres Dickenwachstum mittels Kambiumaktivität (S. 16) in der Regel nicht möglich ist. Das Apikalmeristem einer Sproßachse kann entweder kontinuierlich Blattanlagen hervorbringen oder aber in regelmäßigen Abständen mit dazwischen liegenden Ruheperioden (S. 260). Die Blattentwicklung kann in bezug auf das Längenwachstum der Sproßachse phasenverschoben sein (Abb. **283i**). Das Apikalmeristem eines Sprosses wird auch als Spitzenmeristem (Terminalknospe) bezeichnet, um es von axillären Meristemen (Achselknospen) abzugrenzen, die den Achseln ihrer Blätter entspringen. Der Begriff laterales Meristem wird in einem anderen Zusammenhang verwendet (siehe S. 16). Jedes Achselmeristem besitzt ein eigenes Spitzenmeristem und kann zu einem vollwertigen Sproß auswachsen. Setzt das Spitzenmeristem seine Tätigkeit unbegrenzt fort, so führt dies zu einem monopodialen Wachstum des Sprosses (S. 250). Im anderen Fall stellt das Scheitelmeristem früher oder später seine Aktivität ein und endet mit der Produktion einer Blüte, eines Blütenstandes oder eines anderen Organs, oder verliert auf andere Art seine meristematische Fähigkeit (S. 244). Die Fortsetzung der Achse geschieht dann durch die Entwicklung eines axillären Meristems, das sich in der Regel knapp unterhalb der Spitze befindet. Ein derartiges Wachstum bezeichnet man als sympodial (S. 250). Sproßachsen können ein vielfältiges Formenspektrum aufweisen (S. 120); ihre Oberfläche kann durch die Entwicklung von Borke (S. 114), Emergenzen (S. 116), sproßbürtigen Wurzeln (S. 98) und Adventivknospen (S. 232) auf unterschiedlichste Weise abgewandelt sein.

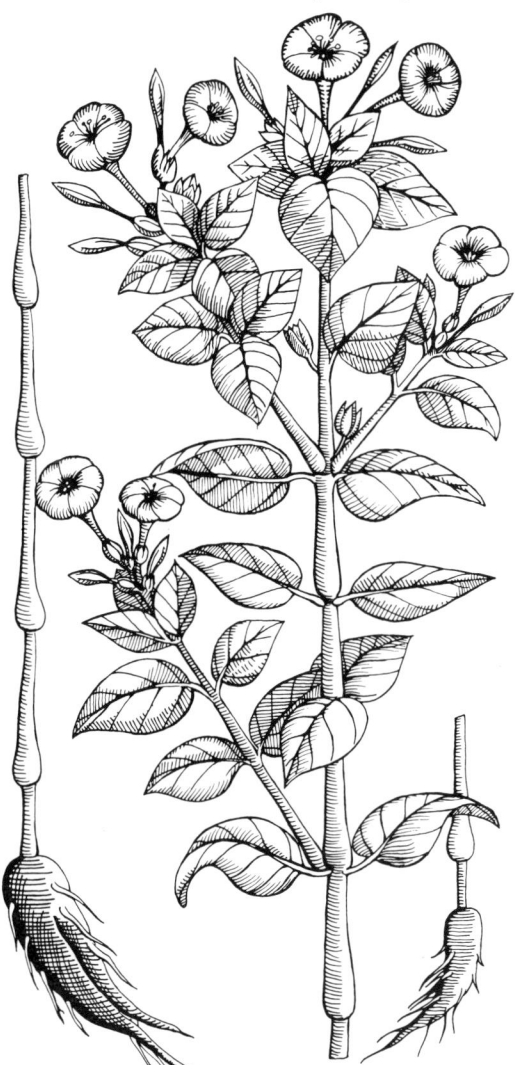

Abb. 113. »Die Wunderblume mit weißen Blüten« *(Mirabilis jalapa)*, gezeichnet nach einem Gemälde von Gerard (1633). Die Abbildung zeigt Wurzelknollen (vergl. Abb. **107c**) und Pulvini an der Sproßachse (Sproßgelenk, vergl. Abb. **129**).

114 | Morphologie der Sproßachse: Borke

Die Oberfläche einer Sproßachse, einer Wurzel oder gelegentlich auch eines Blattstiels (Abb. 40a) kann durch die Entwicklung einer Borkenschicht weiter ausdifferenziert sein. Die Struktur der Borke ist ein charakteristisches Merkmal jeder Pflanzenart und stellt bei der Bestimmung eine wertvolle Hilfe dar, wenngleich sie je nach Alter der Pflanze erhebliche Unterschiede aufweisen kann. Der Ausdruck Borke wird oft auf die gesamte vom Holz abziehbare Schicht verwandt. Diese Schicht schließt jedoch an ihrer Innenseite das Phloem (Nährstoffe transportierendes Gewebe) und die Bastfasern mit ein. Im strengen Sinne gilt der Begriff Borke aber nur für die äußeren Gewebeschichten. Sie kommt durch die Tätigkeit eines Meristemzylinders zustande, der im Inneren der Sproßachse gebildet wird, dem Korkkambium oder Phellogen, welches ein laterales Meristem (S. 16) darstellt. Die Zellen außerhalb des Korkkambiums sind tot, diejenigen innerhalb des Zylinders können Chloroplasten enthalten; ist die äußere Schicht dünn genug, erscheint dadurch die Borke grün. Nimmt der Stamm an Umfang zu, so reißen die toten Borkenschichten auf und fallen ab und werden von innen her wieder ergänzt. Darüber hinaus liegt das Korkkambium in der Sproßachse oftmals gar nicht als einfacher Zylinder vor, sondern weist eine unregelmäßige, dreidimensionale Anordnung auf, so daß die Borke in einzelnen Stücken gebildet wird, die sich unabhängig voneinander ablösen können. Diese Merkmale geben einer Borke ihr unterschiedlich strukturiertes Aussehen. In regelmäßigen Abständen ist die Borke von Lenticellen (Korkwarzen) unterbrochen. Dies sind kleine Stellen locker gepackter Zellen, die den Gasaustausch mit den darunter liegenden lebenden Geweben ermöglichen. Diese Korkwarzen oder Korkporen können besonders bei glatten Borken sehr auffällig sein (Abb. **115a**). Um die Narben abgefallener Blätter oder Zweige herum bildet die Borke charakteristische Muster aus (Abb. **115e**). Nach ihrem natürlichen Aussehen teilt CORNER (1940) die Borke tropischer Bäume grob in sechs Kategorien ein: glatt (Abb. **115a**), rissig (Abb. **115b**), aufgesprungen (Abb. **115c**), schuppig (Abb. **115d**), feinschuppig (Abb. **115e**) und ablösend (Abb. **115f**). Den Monokotyledonen fehlt – bis auf wenige Ausnahmen – ein Borke produzierendes Korkkambium; viele Einkeimblättrige, z. B. Palmen, entwickeln eine harte äußere Faserschicht, die sich aus alten Blattscheiden ableitet.

Abb. 114. *Ficus religiosa*
Teil eines jungen Sprosses; sechs Knoten sind erkennbar. Auffällig die Lenticellen an den oberen drei Internodien. Die Ausbildung einer Borke beginnt an den Knoten und ist an den unteren, älteren Knoten schon weiter fortgeschritten.

Morphologie der Sproßachse: Borke | 115

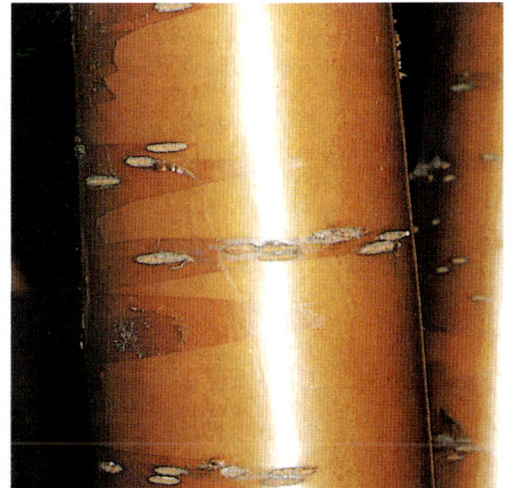

Abb. 115. Borkentypen. **a)** *Prunus maakii*, glatt; **b)** *Castanea sativa*, rissig; **c)** *Liquidambar styraciflua*, aufgesprungen;

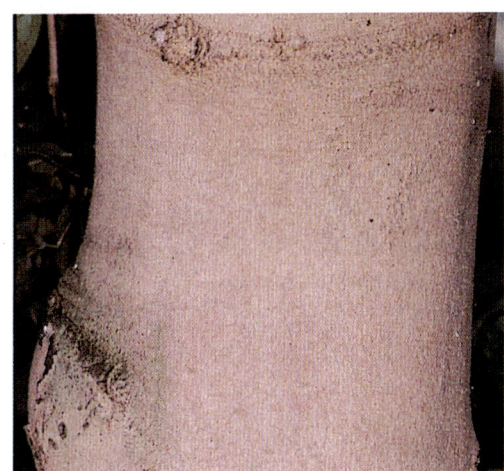

d) *Talauma hodgsonii*, schuppig; **e)** *Peumus boldus*, feinschuppig; **f)** *Acer griseum*, ablösend.

116 | Morphologie der Sproßachse: Emergenzen (Stacheln)

Abb. 116a. *Chorisia* sp.
Ausdauernde Stammstacheln.

Abb. 116b. *Aiphanes acanthophylla*
Emergenzen am Stamm einer Palme; bei anderen Palmenarten (z. B. *Cryosophila* und *Mauritia* spp.) treten in ähnlichen Positionen Wurzeldornen (S. 106) auf.

Neben Blättern, Knospen und Wurzeln bildet eine Sproßachse oft noch eine weitere Art von Strukturen aus, die Emergenzen; diese treten meist in Form von Stacheln in Erscheinung. Oft wird zwischen den Begriffen Stachel und Dorn (S. 76) nicht ganz exakt unterschieden. Wir wollen hier unter einem Stachel ausschließlich eine spitze, holzige (zumindest im ausgewachsenen Zustand) Struktur an einem Blatt (S. 76) oder einer Sproßachse verstehen, die sich von subepidermalem Gewebe ableitet. Im Gegensatz dazu sind Trichome (Haare) Ausbildungen der Epidermis (S. 80). Eine Emergenz stellt also weder einen modifizierten Sproß (S. 124) noch ein Blatt (S. 70) oder eine abgewandelte Wurzel (S. 106) dar. An jungen Sproßachsen sind die Stacheln meist unregelmäßig angeordnet (Abb. **117**) und unterschiedlich groß. Sind sie der Länge nach seitlich abgeflacht (Abb. **117a**), so ähneln sie in ihrem Aussehen oft einer geflügelten Sproßachse (Abb. **121d**). An älteren Sproßachsen sind die Stacheln oft abgeworfen und haben eine Narbe hinterlassen, oder sie überdauern und verwandeln sich zu recht kräftigen Gebilden (Abb. **116a, 117c**). Stacheln lassen sich aber dennoch meist verhältnismäßig leicht ablösen, ein Indiz für ihre oberflächennahe Herkunft; auch ziehen keine Leitbündel in sie ein. Stacheln treten sehr häufig in Verbindung mit einer rankenden oder kletternden Lebensweise auf.

Morphologie der Sproßachse: Emergenzen (Stacheln) | 117

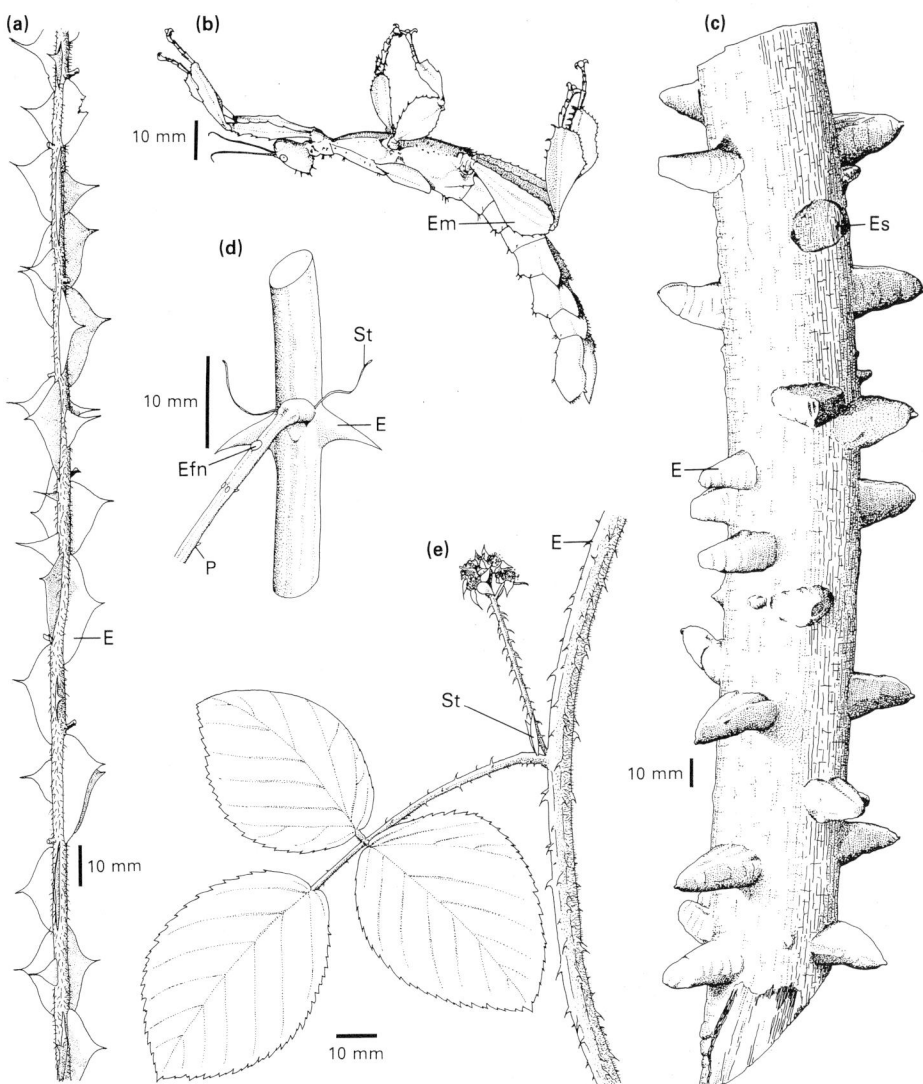

Abb. 117. a) *Rosa sericea* var. *pteracantha*, Sproßachse nach Laubfall; **b)** *Extatosoma tiaratum;* **c)** *Fagara* sp., alter Stammabschnitt; **d)** *Acacia seyal*, Sproßabschnitt mit Blattinsertionsstelle; **e)** *Rubus fruticosus* agg. E: Emergenz. Efn: extraflorales Nektarium. Em: Emergenz-Mimikry. Es: Emergenznarbe. P: Blattstiel. St: Stipel (S. 52).

118 | Morphologie der Sproßachse: Narben

Abb. 118. *Philodendron* sp.
Jede runde, weißliche Narbe stammt von einem abgefallenen Laubblatt. Die in den Achseln eines jeden Laubblattes gebildeten Knospen sind ebenfalls abgefallen und haben Knospennarben hinterlassen, die von den Blattnarben umgeben sind. Auch sproßbürtige Wurzeln (S. 98) sind ausgebildet.

Narben, die an einer Sproßachse auftreten, zeigen entweder die ursprüngliche Stelle eines inzwischen abgefallenen Organs an, oder sie entwickeln sich als Reaktion auf eine Verletzung oder Pfropfung. Bei jungem Gewebe kann die Stelle, an der eine Verletzung stattgefunden hat, durch die Absonderung von Milchsaft oder Harz verdeckt sein. In altem, noch funktionsfähigem Gewebe werden bei der Entstehung von Holz und Borke verschiedenste Strukturen gebildet, die eine Wunde überwuchern können. Narben, die durch das Abwerfen (Abszission) von Blättern, Wurzeln, Sprossen und Früchten entstanden sind, treten im allgemeinen in einer regelmäßigeren Anordnung auf und zeigen eine einheitlichere Form. Oft fallen Blätter an genau vorbestimmten Bruchstellen – den Trennungszonen (S. 48) – ab, und die am Sproß zurückbleibende Narbe verrät die vormalige Anordnung der Leitbündelstränge im Blatt (Abb. **119a**). Viele Pflanzen werfen ganze Sproßsysteme ab, wobei das Abbrechen wiederum an ganz bestimmten Stellen erfolgt (S. 268); die entsprechende Narbe bleibt solange bestehen, bis sie durch nachfolgendes Wachstum des Stammes überwuchert wird (Abb. **115e**). Zunehmendes Dickenwachstum führt dazu, daß Narben, die ursprünglich sehr nahe beieinander lagen, sich voneinander entfernen; dieser Fall kann z. B. bei einem Laubblatt und seinem Nebenblattpaar auftreten (Abb. **119f**). Die Stipeln werden bei vielen Pflanzen schon in sehr frühen Stadien der Blattentwicklung abgeworfen; ihre Existenz läßt sich oft nur an Hand der zurückbleibenden Stipularnarben (S. 78) nachweisen. Die relative Position von Narben an

Morphologie der Sproßachse: Narben

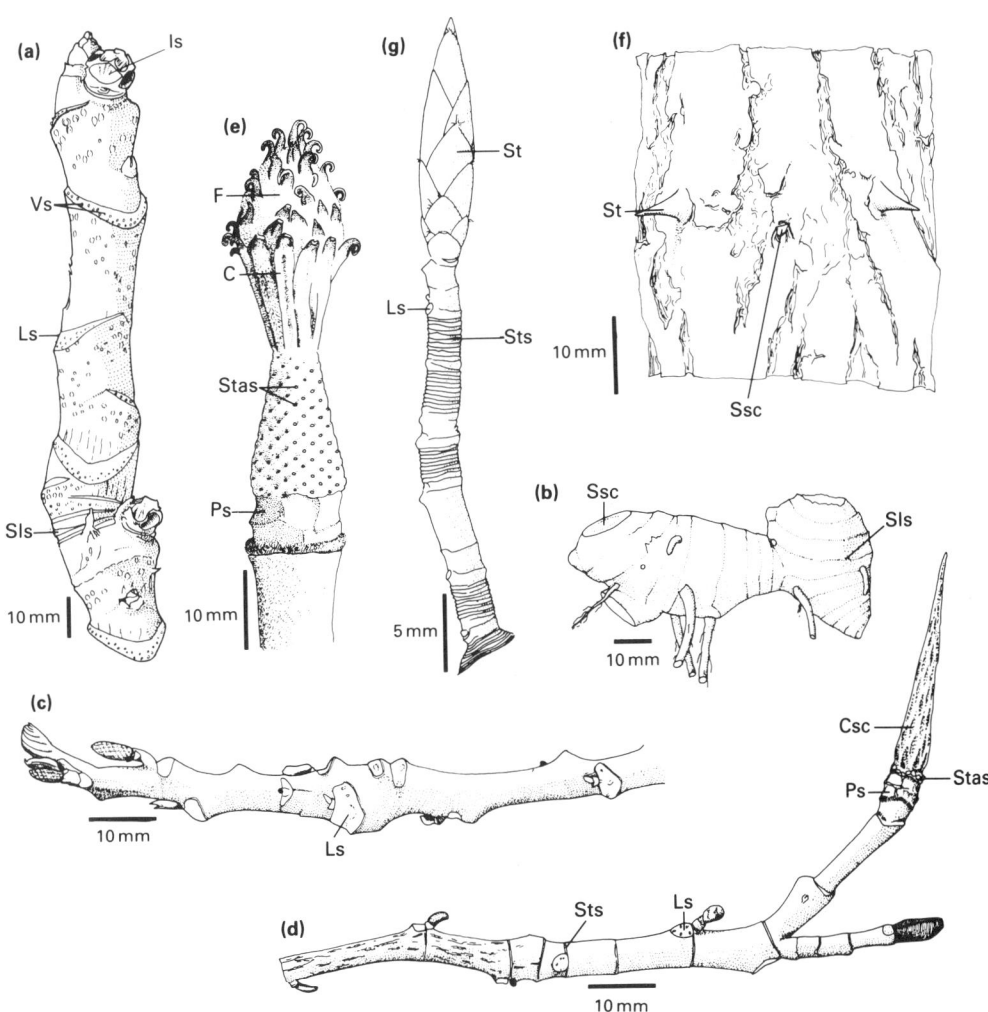

einem Sproß kann helfen, die verbleibenden Strukturen (S. 4) richtig zu interpretieren und zeigt z. B. an, ob ein Sproßsystem monopodial oder sympodial (S. 250) aufgebaut ist. Die Knospenschuppen einer Terminalknospe, die nur durch sehr kurze Internodien voneinander getrennt stehen, hinterlassen beim Abfallen einen Ring aus Narben, der die Position der ruhenden Knospe anzeigt. Wird eine Ruheperiode als Reaktion auf eine jahreszeitliche Trockenheit oder Kälte eingelegt, so kann man das Alter eines Sproßsystems durch das Abzählen der Narbenringe bestimmen (Abb. **269b**).

Abb. 119. a) *Aralia spinosa,* das Ende eines Sprosses im Winter; **b)** *Hedychium* sp., Rhizomabschnitt (vergl. Abb. **131e**); **c)** *Pterocarya fraxinifolia,* Sproßende im Winter; **d)** *Liriodendron tulipifera,* Wintersproß mit den Resten einer Terminalblüte; **e)** *Magnolia grandiflora,* Blüte nach dem Abwurf der Petalen und Staubblätter; **f)** *Robinia pseudacacia,* Borke mit Resten der an diesem Knoten gebildeten Organe; **g)** *Fagus sylvatica,* Sproßende im Winter. C: Karpell. Csc: Fruchtblattnarbe. F: Frucht. Is: Infloreszenznarbe. Ls: Blattnarbe. Ps: Perianthnarbe. Sls: Narbe eines Schuppenblattes. Ssc: Stelle eines abgeworfenen Sprosses. St: Stipel. Stas: Staubblattnarbe. Sts: Stipularnarbe. Vs: Narben der Leitbündelstränge.

Morphologie der Sproßachse: Gestalt

Abb. 120. *Miconia alata*
Zwei Stadien in der Entwicklung und Reifung eines gefurchten Sproßinternodiums. Das junge »Flügel«-Gewebe wird abgestoßen **(a)** wenn sich holzige Kanten und Borke entwickeln **(b)**.

Die Mehrzahl der oberirdischen Sproßachsen ist in ihrem Querschnitt rund. Die krautigen und jungen Sprosse strauchiger Vertreter einiger Familien, z. B. der Labiatae, zeigen einen vierkantigen Stengel, der eine runde Form annimmt, sobald er verholzt. Unterirdische Sproßachsen können vielfältige Gestalten aufweisen (siehe S. 130, 136, 138). Die Sproßachsen sukkulenter Pflanzen sind im typischen Falle verdickt (S. 202); sie können aber auch seitlich abgeflacht und einem Blatt ähnlich sein (S. 126). Bei einigen Arten laufen die Blattbasen nach unten den Stengel hinab, wobei sie hervorstehende Kanten ausbilden (Abb. **24**); der Stengel wird dadurch geflügelt (Abb. **121a, b, e**). In diesen Fällen können die Blätter schon sehr bald abgeworfen oder durch Schuppen ersetzt werden. Die einfache zylindrische Form kann durch die Ausbildung einer Borke (S. 114) weiter ausdifferenziert werden, oder, wie beispielsweise bei kletternden Pflanzen, eine Reihe von Krümmungen und Verdrehungen durchmachen (Abb. **121c**), die auf unterschiedliche Wachstumsraten in den verschiedenen Geweben zurückzuführen sind, zusammen mit der Bildung von Bereichen kurzlebiger und leicht zerreißbarer Zellen. Die alten, noch lebenden Sproßachsen einiger Wüstenpflanzen werden auf ähnliche Weise rissig und zerteilen sich entlang der im Inneren des Holzes angelegten, in Längsrichtung verlaufenden Korkleisten. Die Stämme mancher tropischer Bäume furchen sich mit der Zeit so tief, daß dabei Höhlungen entstehen, die von einer Seite bis zur anderen reichen, ein Phänomen, das als Fenestration bekannt ist.

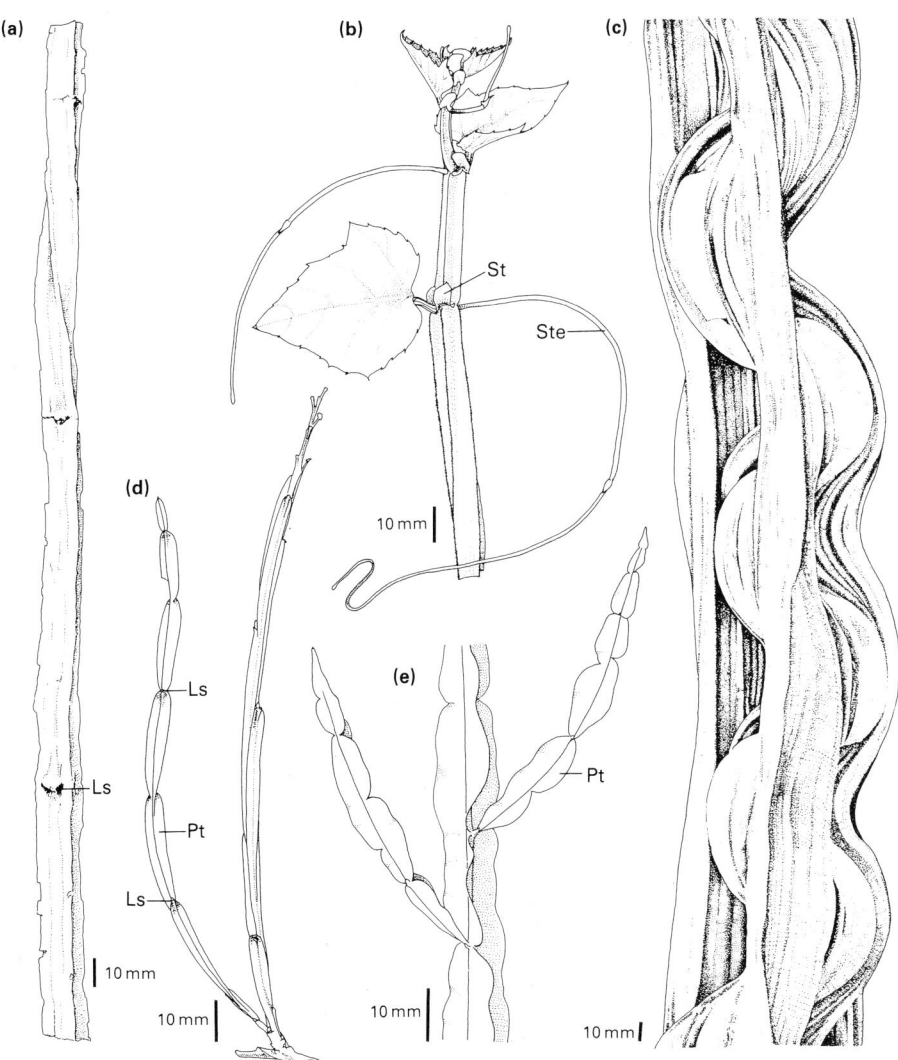

Abb. 121. a) *Cissus* sp., Teil eines alten Stammes; **b)** *Cissus quadrangularis*; **c)** *Bauhinia* sp., alte Sproßachse einer Liane (S. 308); **d)** *Genista sagittalis*; **e)** *Baccharis crispa*. Ls: Blattnarbe. Pt: geflügelte Sproßachse. St: Stipel (S. 52). Ste: Sproßranke (S. 122).

Morphologie der Sproßachse: Ranken und Haken

Abb. 122a. *Gouania* sp.
Eine beblätterte Sproßranke.

Abb. 122b. *Illigera* sp.
Achselsprosse, die die Form zurückgebogener Haken angenommen haben.

Viele Kletterpflanzen besitzen Ranken oder Haken, die auf ähnliche Art wirken wie ein Enterhaken. Diese Strukturen können aus modifizierten Blättern (S. 68), Teilen von Blättern (Blattstiel, S. 40; Stipeln, S. 56) oder umgewandelten Sprossen hervorgegangen sein. Manche Sproßranken umschlingen zunächst ihre Stützpflanze und können sich nachträglich verdicken und auf diese Weise dauerhafte, verholzte Klammerhaken bilden (Abb. **122a, 123a**). Im anderen Falle windet sich eine Ranke um ihre Halterung und verkürzt sich dadurch, daß sie sich uhrfederartig aufrollt; das proximale und das distale Ende einer Ranke können dabei in entgegengesetztem Sinne aufgewickelt sein. Oft sind Sproßranken verzweigt, und einige tragen an ihren distalen Enden Haftscheiben. Sproßranken und Haken sind entweder modifizierte Seitensprosse, oder aber sie stellen das Ende von Sprossen dar, deren Achsen sympodial weitergeführt werden (S. 250). Sehr häufig werden Sproßranken offensichtlich auch anstelle von Blütenständen gebildet; in diesen Fällen interpretiert man sie als modifizierte Infloreszenzen (Abb. **145b, d**). Gelegentlich tragen Ranken auch Blätter und Knospen, doch ihre tatsächliche Herleitung ist oft schwer zu erkennen. Dies trifft vor allem auf die Familien Vitaceae, Passifloraceae und Cucurbitaceae zu. Bei letzteren wird die einzelne Ranke (Abb. **123e**), oder manchmal auch ein Rankenpaar an einem Knoten, im allgemeinen als modifiziertes Blatt, als Vorblatt (S. 66), betrachtet, obwohl dies für die Gattung *Bryonia* von GUÉDÈS (1966) nicht bestätigt werden konnte. In einer neueren Untersuchung über Cucurbitaceen-Ranken interpretiert LASSNIG (1989) die Ranken von *Thaldianthus* als axilläre Blütensprosse und die Vorblätter als Rankenarme. Solchen Entscheidungen sollte eine sorgfältige Untersuchung der Entwicklungsgeschichte des Apikalmeristems eines Sprosses vorausgehen; dabei muß besonders die Stellung neuer Rankenprimordien im Verhältnis zu anderen Organen, z. B. den Blättern und Knospen (S. 4, 6) berücksichtigt werden. Entwicklungsgeschichtliche Studien über die Rankenbildung bei Arten der Gattung *Passiflora* (Passifloraceae) belegen, daß jedes Blatt in seiner Achsel eine ganze Reihe von Beiknospen trägt (SHAH und DAVE 1971; Abb. **237c**). Eine der mittleren Knospen entwickelt sich zur Ranke, die demzufolge einen umgewandelten Sproß darstellt. Eine oder mehrere der lateralen Beiknospen entwickeln sich zu Blüten oder Blütenständen, während eine dritte, über (distal) der Ranke plazierte Knospe zu einem vegetativen Sproß auswachsen kann. Nach einer älteren Auffassung (TROLL 1937, Abb. 659) stellen die Ranken axilläre Sprosse dar, und die Blüten oder Blütenstände sind als Seitentriebe derselben zu verstehen, die jedoch in der Regel keine Tragblätter aufweisen (Abb. **145b, 238**). Ähnlich gegensätzliche Deutungen versuchen, die Ranken der Vitaceae zu erklären. Diese Sproßranken sind häufig verzweigt und tragen kleine Blätter (Abb. **121b**). An der Sproßachse entspringen sie einem Knoten, dem auf der gegenüberliegenden Seite ein Laubblatt ansitzt (Abb. **121b, 123d**). Diese Pflanzen weisen oft eine sehr exakte Abfolge von Knoten mit oder ohne Ranken auf (Abb. **229b**). In den Abhandlungen über den Sproß von *Vitis* wird gewöhnlich davon ausgegangen, daß die Ranken das Ende eines Sprosses darstellen, während die Achse an sich sympodialen Aufbaus (S. 250) ist; eine frühzeitig austreibende Seitenknospe führt das Wachstum fort. Entwicklungsgeschichtliche Untersuchungen am Sproßscheitel der Ranken zeigten jedoch, daß diese seitlich am Apikalmeristem entspringen; sie sind demnach keine terminalen Strukturen (Tucker und Hoefert 1968). Geht man dagegen von einem monopodialen Aufbau der Achse aus, so gibt es drei weitere Interpretationsmöglichkeiten: Entweder die Knospe, aus der sich die Ranke entwickelt, entspringt an der Sproßachse um 180° versetzt von dem Blatt, in dessen Achsel sie eigentlich stehen sollte (Shah und Dave 1970), oder die Rankenknospe wird während des Sproßwachstums aus ihrer ursprünglichen Stellung verschoben und erscheint dann an dem darüber liegenden Knoten – also eine Art Adnation (S. 234) (Millington 1966; Gerrath und Posluszny 1988). (Vergl. Formenreihe der Vitaceae bei Troll und Weberling 1989.) Zu guter letzt kann eine Ranke auch zu einem Organ »sui generis« erklärt werden – das ist allerdings etwas völlig anderes, denn dafür ist keine Interpretation notwendig (S. 206)!

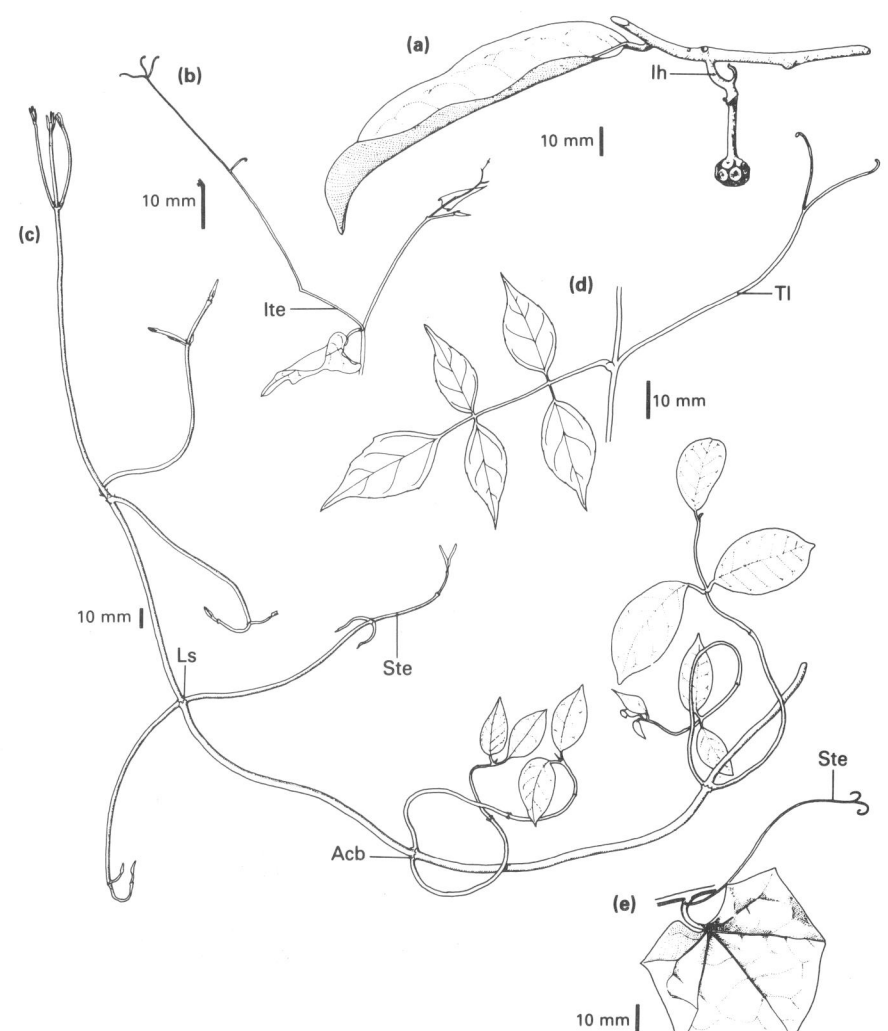

Abb. 123. a) *Artabotrys* sp., einzelne Frucht an einer zu einem Haken gebogenen Infloreszenzachse (S. 144); **b)** *Antigonon leptopus,* Infloreszenzranke (S. 144); **c)** *Hippocratea paniculata;* **d)** *Vitis cantoniensis;* **e)** *Gerrardanthus macrorhizus* (Cucurbitaceae, S. 122). Acb: Beiknospe (S. 236). Ih: Infloreszenzhaken. Ite: Infloreszenzranke. Ls: Blattnarbe. Ste: Sproßranke. Tl: der Sproßranke gegenüber stehendes Blatt.

124 | Morphologie der Sproßachse: Dornen

Ein Dorn (S. 6) ist eine Struktur, die sich aus einem Organ unterschiedlichster Natur einwickeln kann: aus einem modifizierten Blatt (S. 70), einem Nebenblatt (S. 56), einem Blattstiel (S. 40), einer umgewandelten Wurzel (S. 106), einem Blütenstiel, der nach dem Fruchtfall stehen geblieben ist (S. 144), oder aber er stellt einen umgewandelten Sproß dar. Die Begriffe Dorn und Stachel (S. 76) werden oft sehr uneinheitlich gebraucht. In der deutschen Terminologie sind wir gewohnt, den Begriff Stachel auf Emergenzen (S. 76, 116) anzuwenden. Ein Sproßdorn entsteht dann, wenn das Scheitelmeristem eines Sprosses seine meristematische Aktivität einstellt, und seine Zellen statt dessen holzig und faserig werden. Ein solcher Dorn kann beblättert sein und demzufolge auch Knospen tragen, die sich wiederum zu Dornen entwickeln können (Abb. **125c, 242**); er kann aber auch keinerlei seitliche Ausgliederungen aufweisen (Abb. **125a**). Ist dies der Fall, so läßt sich seine Abstammung dennoch feststellen; der Dorn wird nämlich in der Achsel eines Blattes oder dessen Narbe (S. 6) stehen. Häufig bildet sich von den vielen in der Achsel eines Blattes stehenden Beiknospen eine zu einem Dorn (Abb. **124a, 236b**) um. Bei einer ausgewachsenen Pflanze ist dies nicht immer gleich zu erkennen. Sproßdornen sitzen entweder seitlich an Langtrieben unbegrenzten Wachstums (Abb. **125b**), oder sie stehen terminal, d. h. sie bilden das Ende eines Sprosses begrenzten Wachstums (Kurztrieb, Abb. **125e**). Wird ein relativ langer vegetativer Sproß schließlich von einem Dorn abgeschlossen, so wird nur der Spitzen-Abschnitt als Dorn bezeichnet.

Abb. 124a. *Gleditsia triacanthos*
In der Achsel eines Blattes (abgefallen) entwickeln sich zwei Sprosse (S. 236); der obere stellt einen Sproßdorn dar.

Abb. 124b. *Pachypodium lamerei*
Ein gestauchtes Verzweigungssystem (S. 238) von Sproßdornen, die sich in der Achsel eines jeden Blattes entwickeln.

Morphologie der Sproßachse: Dornen

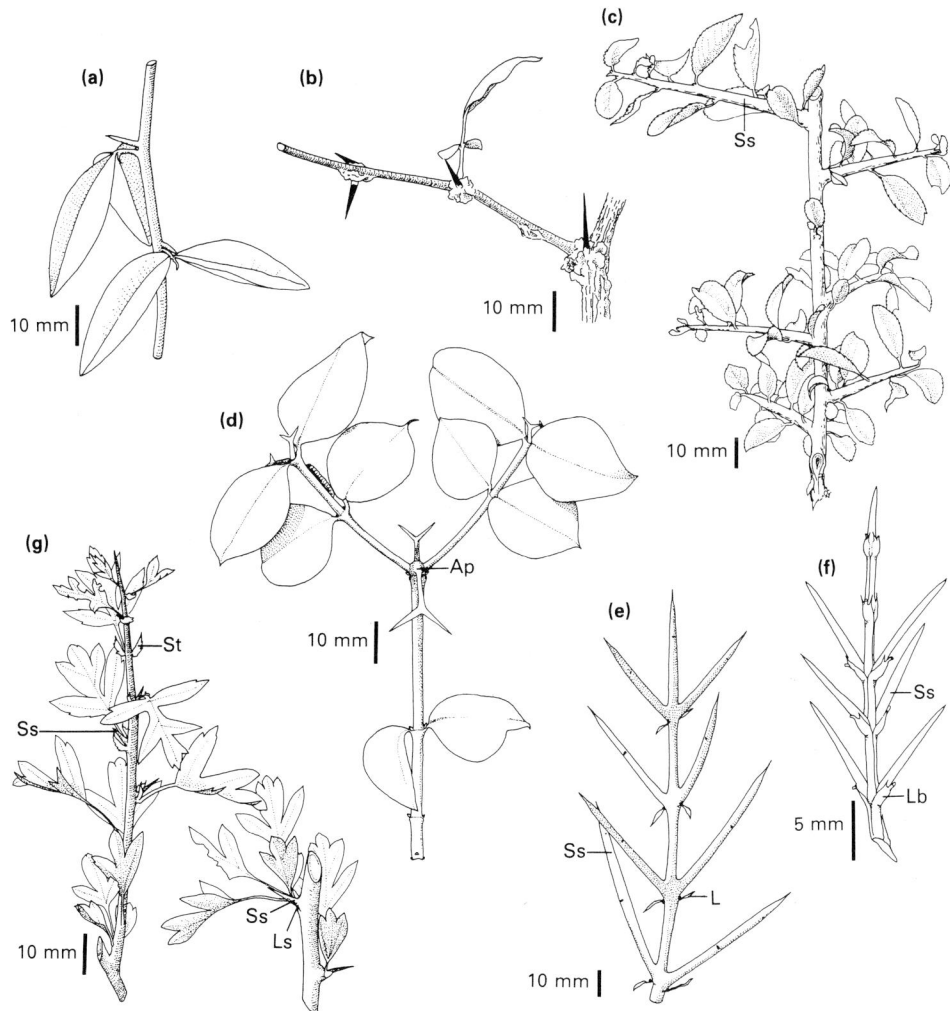

Abb. 125. Sproßdornen in den Achseln von Blättern oder Blattnarben. **a)** *Balanites aegyptiaca*, **b)** *Aegle marmelos*, **c)** *Prunus spinosa*, **d)** *Carissa bispinosa*, **e)** *Colletia infausta*, **f)** *Genista horrida*, **g)** *Crataegus monogyna*. Ap: Parenchymatisierung des Scheitels (S. 244). L: Blatt. Lb: Blattbasis. Ls: Blattnarbe. Ss: Sproßdorn. St: Stipel (S. 52).

126 | Morphologie der Sproßachse: Platykladien und Phyllokladien (abgeflachte, grüne Sproßachsen)

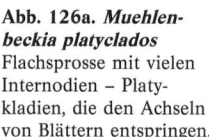

Abb. 126a. *Muehlenbeckia platyclados*
Flachsprosse mit vielen Internodien – Platykladien, die den Achseln von Blättern entspringen.

Abb. 126b. *Phyllanthus angustifolius*
Blütenbüschel an den Rändern der Flachsprosse (Platykladien).

Die Sproßachsen mancher Pflanzen stellen abgeflachte, grüne Gebilde dar, die zur Photosynthese befähigt sind und kleine Blätter tragen. Solche Flachsprosse werden als Platykladien bezeichnet. Eine Pflanze kann ausschließlich solche Art von Sprossen aufweisen, oder die Flachsprosse entstehen an einer – uns geläufigeren – zylindrischen Achse (Abb. **247a**). Unter einem Platykladium versteht man, im Gegensatz zum Phyllodium (Blattstielblatt, flächig ausgebildeter Blattstiel, S. 42), eine aus einer Reihe von Internodien bestehende Sproßachse (Abb. **126a, b, 127b**). Platykladien sind an ihren Schuppenblättern oder den Narben abgefallener Blätter zu erkennen. Die Knospen in den Achseln dieser Blätter entwickeln sich zu weiteren Platykladien oder zu Blütenständen (Abb. **126b**). Bei Kakteen, deren Vegetationskörper aus Platykladien aufgebaut sind (Abb. **127b, 203a**), kennzeichnen Areolen (S. 202) die Stellen, an denen eigentlich Blätter/Knospen stünden. Als Phyllokladium wird ein blattähnlicher Flachsproß begrenzten Wachstums (Kurztrieb) bezeichnet, dessen Spitzenmeristem zugrunde geht; ein solcher Sproß weist in der Regel nur einen oder zwei Knoten auf (Abb. **127a, c, d**). Platykladien und Phyllokladien stehen in den Achseln von Blättern, die oft zu Schuppenblättern reduziert sind, oder den Narben, wo jene abgefallen sind (Abb. **127d**). Ein Phyllokladium kann auf seiner Oberfläche ein Schuppenblatt mit der dazugehörigen Knospe tragen (Abb. **127d'**) und dann den Anschein eines epiphyllen Blattes (S. 74) erwecken. Phyllokladien können auch zu mehreren büschelförmig der Achsel eines einzigen Schuppenblattes entspringen (Abb. **127a, 239g**).

Morphologie der Sproßachse: Platykladien und Phyllokladien (abgeflachte, grüne Sproßachsen) | 127

Als geflügelt (Abb. 121e) werden Sprosse bezeichnet, deren zylindrische Achse abgeflachte, flügelartige Ränder ausgegliedert hat. Die Tatsache, daß einerseits Blätter ausgebildet werden, die axilläre Knospen tragen (S. 74), und auf der anderen Seite Flachsprosse, die im allgemeinen als Platykladien und Phyllokladien bezeichnet werden, gibt Spielraum für beträchtliche Diskussionen, was die Herkunft dieser Organe anbetrifft. Die klassische Morphologie neigt dazu, für jedes Beispiel eine eigene Kategorie zu schaffen; dagegen gehen jüngste entwicklungsgeschichtliche Untersuchungen dazu über, die Ausbildungen von Blatt/Sproß-Merkmalen in solchen Organen als Kontinuum anzusehen. Dieses würde bedeuten, daß es einen Merkmalsübergang zwischen unterschiedlichen Organtypen gibt, eine Erscheinung, die als Homöosis bezeichnet wird (COONEY-SOVETTS und SATTLER 1986; SATTLER 1988).

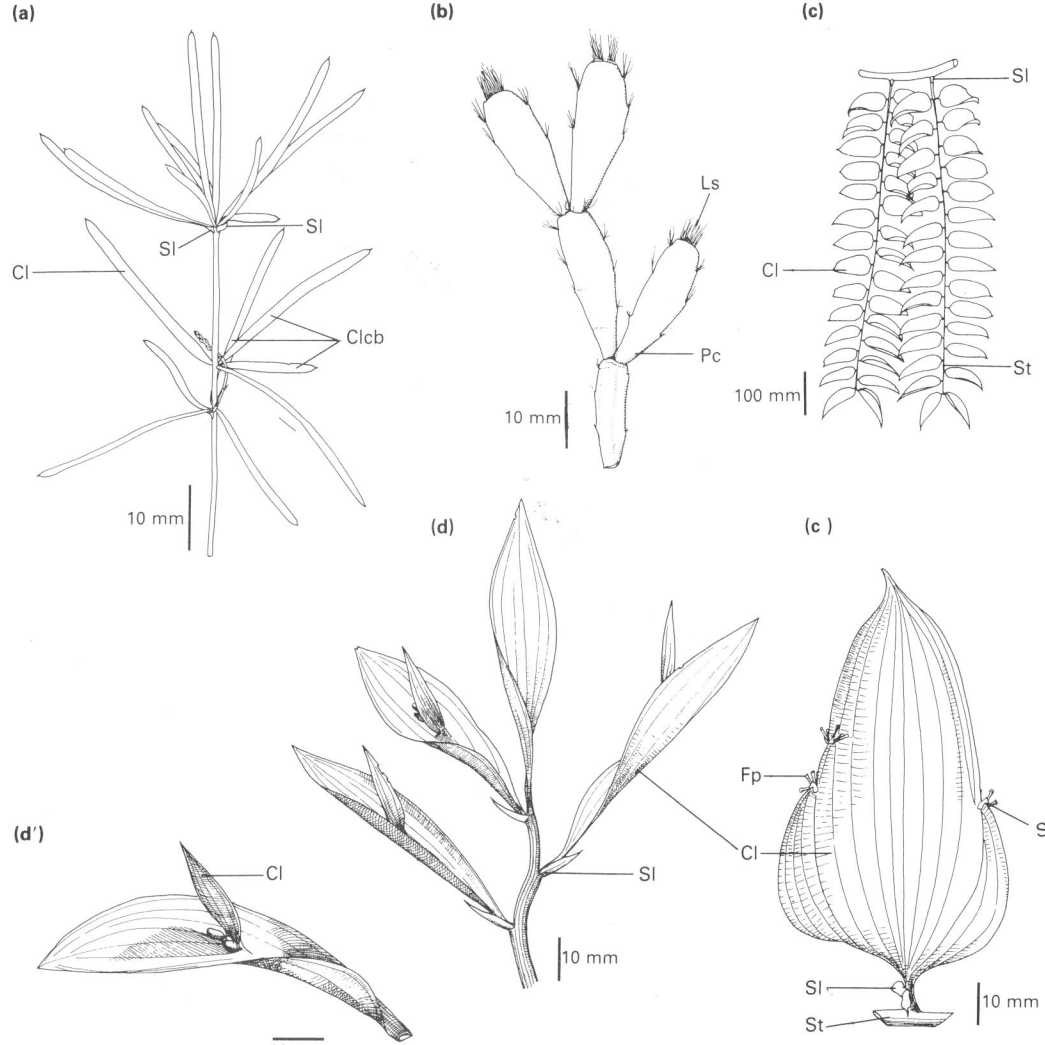

Abb. 127. Grüne Flachsprosse in den Achseln von Schuppenblättern. **a)** *Asparagus densiflorus*, **b)** *Rhipsalidopsis rosea*, **c, c')** *Semele androgyna*, **d, d')** *Ruscus hypoglossum*. Cl: Phyllokladium. Clcb: Phyllokladien mit gestauchter Verzweigung (vergl. Abb. 239g). Fp: Blütenstiel. Ls: Blattdorn (S. 202). Pc: Platykladium. Sl: Schuppenblatt. St: Sproßachse.

128 | Morphologie der Sproßachse: Pulvinus (Sproßgelenk)

Abb. 128a. *Rhoicissus rhomboidea*
Altes verdicktes und verholztes Sproßgelenk.

Abb. 128b. *Piper dilatatum*
Sproßgelenke, Anschwellungen an jedem Knoten.

Gelenkartige Verdickungen an einer Sproßachse oder einem Blatt bezeichnen wir als Pulvini (Einzahl: Pulvinus). Bei den Blättern muß unterschieden werden (S. 46) zwischen Pulvini, die reversible Veränderungen in der Ausrichtung eines Blattes ermöglichen (Gelenkpolster, Blattpolster, Blattkissen), Pulvinoiden, die nur irreversible Bewegungen erlauben (Gelenkknoten) und Trenngelenken, die die Stellen künftigen Blattabwurfs kennzeichnen. Trenngelenke finden sich auch an Sproßachsen, sie erlauben den Abwurf ganzer Zweige (S. 268); anhand der zurückbleibenden Narbe zusammen mit dem abgefallenen Sproßstück können sie zweifelsfrei identifiziert werden. Verdickte Sproßgelenke, die eine Bewegung ermöglichen, gehören meist dem Pulvinoid-Typus an, d. h. Krümmungen an diesen Gelenkknoten sind wahrscheinlich auf Zellteilungen innerhalb einer meristematischen Zone (S. 112) zurückzuführen und daher nicht regulierbar. Dennoch knicken viele Sprosse, wenn sie welken, an einem Sproßgelenk ab und erlangen ihre ursprüngliche Lage wieder zurück, sobald sie gewässert werden. In diesen Fällen wird die Festigkeit durch Turgeszenz aufrecht erhalten; Festigungsgewebe fehlt nahezu vollständig, während das Gelenk selbst meristematisch bleibt. Es ist noch nicht bekannt, ob es irgendeine Pflanze gibt mit Sproßgelenken, die wiederholte Bewegungen in eine Richtung und wieder zurück nach Art der Blattpolster zulassen. Ein Sproßgelenk kann sich durch Wachstum gewaltig ausdehnen (Abb. **128a**) und schließlich verholzen.

Morphologie der Sproßachse: Pulvinus (Sproßgelenk) | 129

Abb. 129. *Mirabilis jalapa.* Am proximalen Ende fast jedes Internodiums ist ein Sproßgelenk ausgebildet.

Morphologie der Sproßachse: Rhizome (unterirdische Sproßachsen)

Abb. 130. *Alpinia speciosa*
Ein ausgegrabenes Rhizomsystem. Der unterirdische Abschnitt einer jeden sympodialen Einheit (S. 250) überdauert wesentlich länger als der distale oberirdische Abschnitt, der an einer Trennzone (S. 268) abgestoßen wird. Tomlinsonsches Modell (Abb. **295d**).

Eine Sproßachse, die mehr oder weniger horizontal (plagiotrop) unter dem Erdboden verläuft, wird als Rhizom (S. 170) bezeichnet. Rhizome sind im allgemeinen von dicker Gestalt, fleischig oder holzig; sie weisen Schuppenblätter auf oder, weniger häufig, Laubblätter (Abb. **87c**) bzw. Narben, wo diese Blätter abgefallen sind. In den allermeisten Fällen bilden sie an ihren Knoten sproßbürtige Wurzeln aus. Rhizome können unterschiedlich dick sein; ihr Durchmesser reicht von wenigen Millimetern bei einigen Gräsern bis hin zu einem halben Meter oder mehr bei der Palme *Nypa*. Eine Wurzel, die Wurzelknospen trägt (S. 178), kann man von einem Rhizom dadurch unterscheiden, daß sie weder Tragblätter noch Blattnarben aufweist. In der Mehrzahl sind Rhizome sympodial (S. 250) gebaut; das distale Ende eines jeden Sprosses richtet sich auf und geht zu vertikalem Wachstum über, es werden Laubblätter und terminale oder laterale Blütenstände ausgebildet. Bei einigen Pflanzen entwickeln sich Infloreszenzen jedoch auch direkt aus Knospen des unterirdischen Rhizoms. Unterhalb der Erdoberfläche wird das Wachstum eines Rhizoms mit Hilfe einer oder mehrerer Achselknospen fortgeführt, die oft in jahreszeitlicher Abhängigkeit entwickelt werden; damit läßt sich das Alter eines Rhizoms abschätzen. Nacheinander entwickelte sympodiale Einheiten (S. 250) können relativ zur Hauptachse sehr regelmäßig angeordnet sein (Abb. **269d**). Der oberirdische Sproßabschnitt einer sympodialen Einheit ist in der Regel nur von kurzer Lebensdauer und wird in Bodennähe abgetrennt, es sei denn, er bildet sich zu einem Klettersproß um. Der unterirdi-

Morphologie der Sproßachse: Rhizome (unterirdische Sproßachsen) | 131

sche Rhizomanteil überdauert eine Weile, bevor auch er schließlich zugrunde geht und verrottet (Abb. **171c, d, 130**). Wenn monopodiale Rhizome mit seitlich angelegten, oberirdischen Sprossen an ihrem distalen Ende absterben, kann eine weitere Ausbreitung des Rhizoms nur durch axilläre Knospen erfolgen. Aufgrund von Adnation (Abb. **235a**) kann ein sympodiales Rhizom auf den ersten Blick monopodial erscheinen. Rhizome, bei denen jede sympodiale Einheit relativ kurz und dick ist, werden pachykaul (dickstämmig, Abb. **131b**) genannt, lange und eher dünne Rhizome dagegen bezeichnet man als leptokaul (dünnstämmig, Abb. **131f**; vergl. S. 194). Ein besonderer Rhizomtyp tritt bei Palmen und Araceen auf: Aus der Basis einer ansonsten aufrechten Pflanze wächst horizontal ein einzelner, unterirdischer Sproß aus, der sich an seinem distalen Ende aufrichtet. (Im Englischen wird dieser Rhizomtyp »sobole« genannt.) Obgleich Rhizome typischerweise als horizontal wachsende Sproßachsen definiert sind, finden sich viele Beispiele, in denen das Sproßsystem in Wirklichkeit vertikal entweder nach oben oder nach unten wächst, und sich tatsächlich aus oberirdischen Teilen der Pflanze entwickelt.

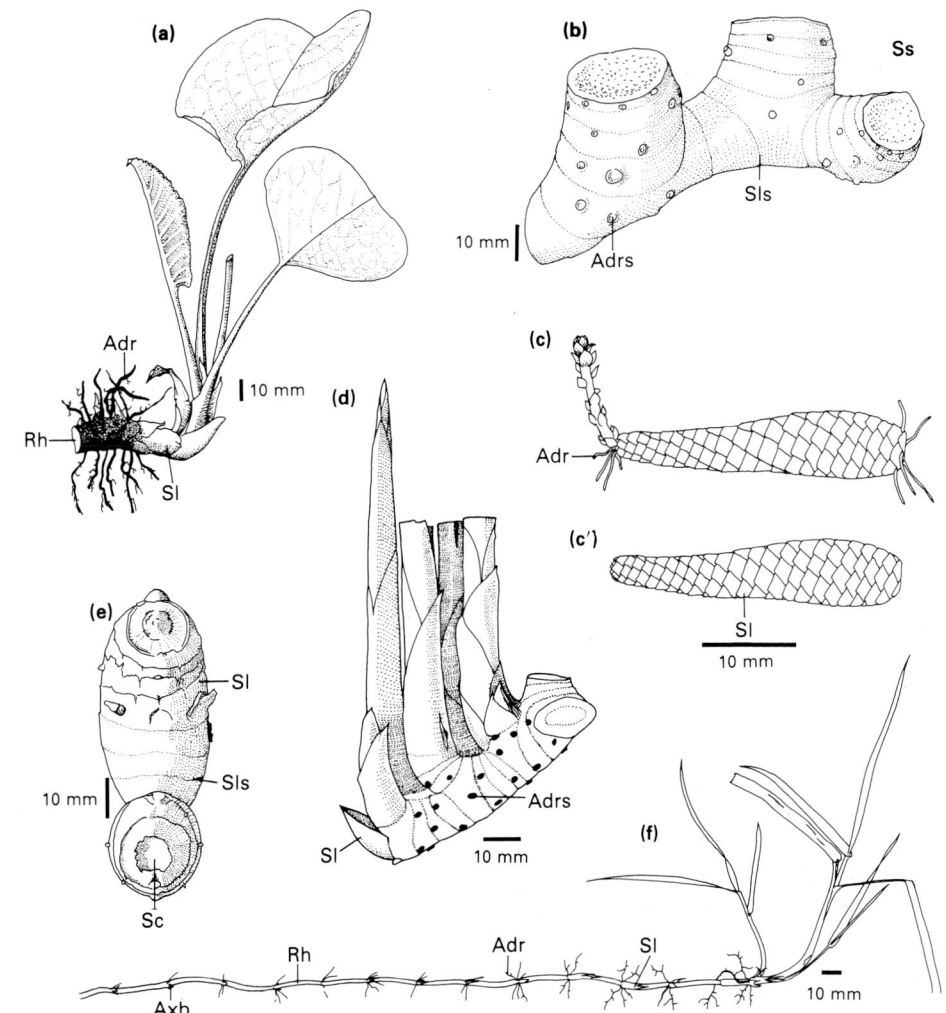

Abb. 131. a) *Petasites hybridus*, Rhizom mit Laubblättern; **b)** *Costus spiralis*; **c, c')** *Achimenes* sp.; **d)** *Cyperus alternifolius*, junges Rhizomende (vergl. Abb. **269d**); **e)** *Hedychium* sp., Rhizom von oben (vergl. Abb. **119b**); **f)** *Agropyron (Elymus) repens*. Adr: sproßbürtige Wurzel. Adrs: Narbe einer sproßbürtigen Wurzel. Axb: Achselknospe. Rh: Rhizom. Sl: Schuppenblatt. Sls: Narbe eines Schuppenblattes. Ss: Narbes eines Sprosses.

Morphologie der Sproßachse: Stolonen (Ausläufer, kriechende Sproßachsen)

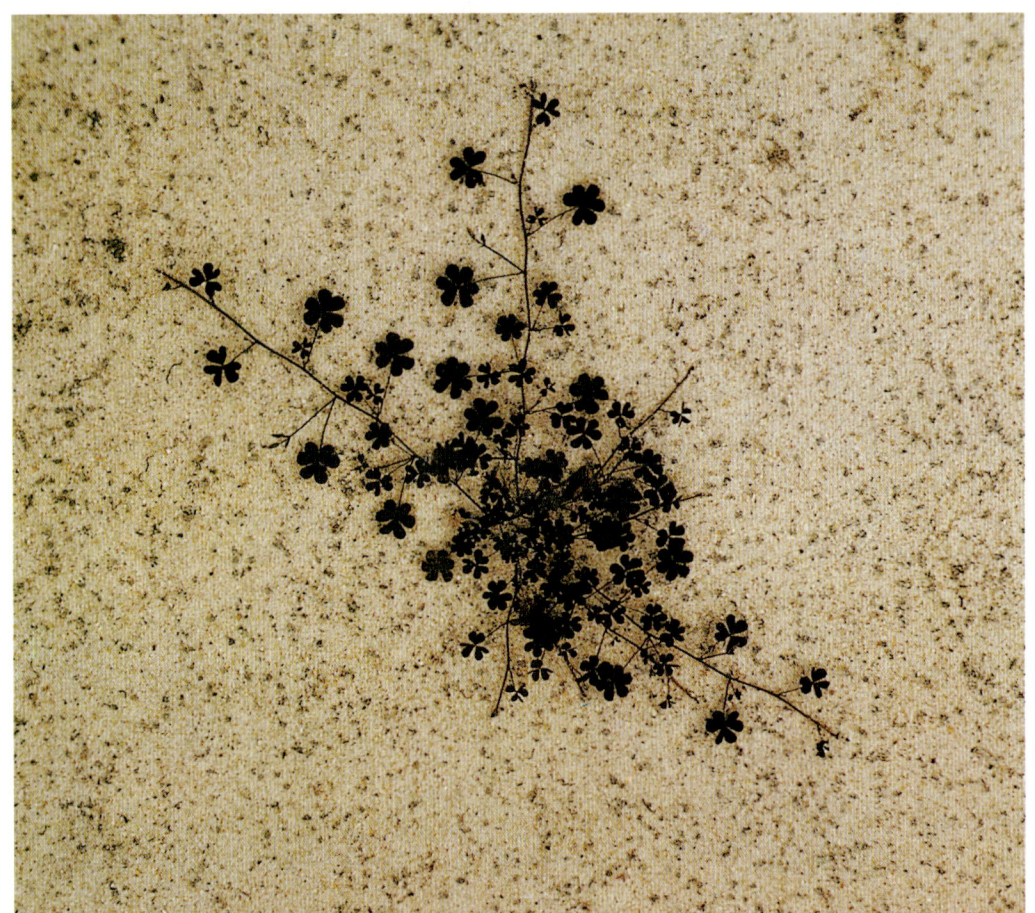

Die Begriffe Stolon (Ausläufer) und Ableger (S. 170, 134) werden etwas unklar gegeneinander abgegrenzt. Unter einem Ausläufer wird eine auf der Substratoberfläche oder im Substratdetritus dahinkriechende Sproßachse verstanden. Ein Stolon zeichnet sich durch lange, dünne Internodien und den Besitz von Laubblättern, gelegentlich auch von Schuppenblättern, aus. Die Knospen in den Achseln der Blätter entwickeln sich zu Infloreszenzen oder weiteren Stolonen. Sproßbürtige Wurzeln (Adventivwurzeln, S. 98) treten in der Regel an den Knoten hervor (Knotenwurzeln), manchmal sogar nur an solchen Knoten, die wiederum einen Seitenstolon ausgebildet haben. Ausläufer entwickeln sich oft strahlenförmig von einem jungen Keimling ausgehend (Abb. **132**) und breiten sich in alle Richtungen aus; aus bewurzelten Knoten entstehen neue Pflanzen, sobald die mit der Mutterpflanze verbindende Ausläuferachse beschädigt wird oder zugrunde geht (Abb. **171a, b**). Stolonen können sowohl monopodial als auch sympodial (S. 250) wachsen. In der Gattung *Echinodorus* (CHARLTON 1968) ist die aufgerichtete Achse der Pflanze sympodial gebaut; das exmittierte Ende einer jeden sympodialen Einheit wird zu einem horizontalen Aus-

Abb. 132. *Oxalis corniculata*
Keimpflanze von oben. Die Laubblätter des Keimlings sind an der Sproßachse in acht vertikalen Reihen (Abb. **221b**) angeordnet; ihre Achselknospen entwickeln sich zu Stolonen, die in bis zu acht verschiedene Richtungen ausstrahlen.

Morphologie der Sproßachse: Stolonen (Ausläufer, kriechende Sproßachsen) | 133

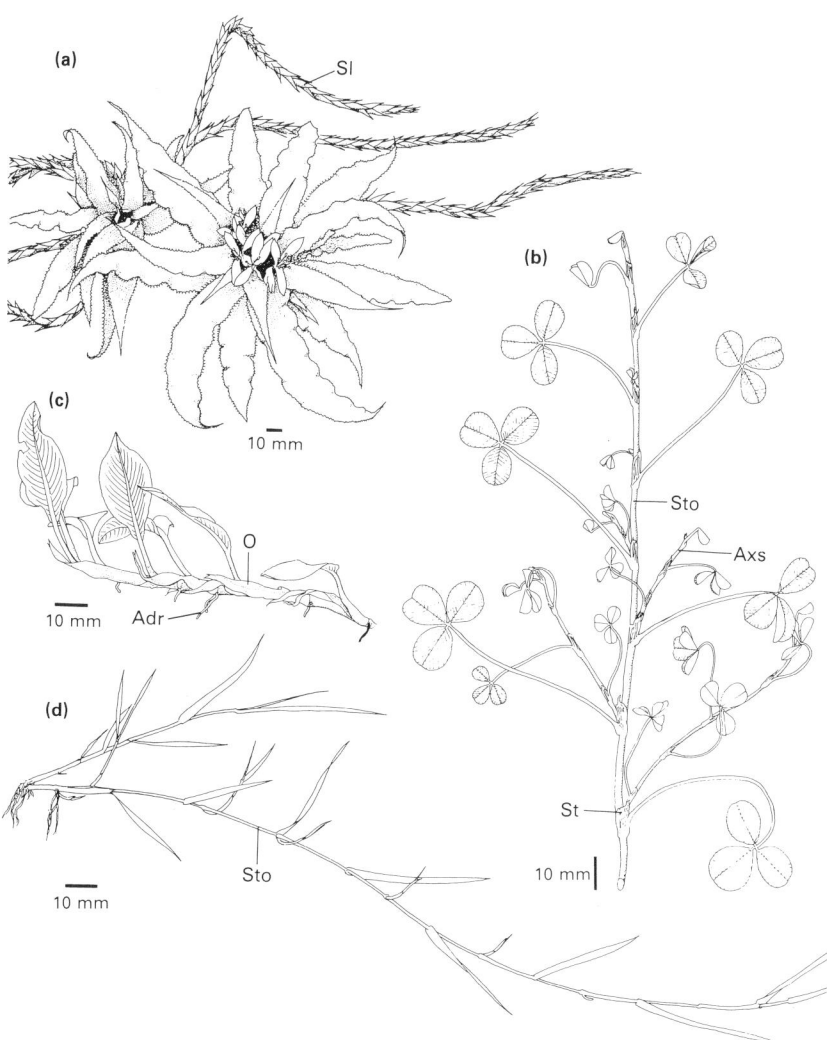

läufer, der monopodial weiterwächst. Unter bestimmten Bedingungen kann anstelle eines Stolons allerdings auch eine Infloreszenz gebildet werden. Blätter und Knospen werden bei diesen Pflanzen in sehr regelmäßiger Reihenfolge gebildet.

Abb. 133. a) *Cryptanthus* »cascade«, Blattrosetten mit axillären Sprossen, die in Form von Ausläufern hervortreten; **b)** *Trifolium repens;* **c)** *Polygonum affine,* junges Ende eines Ausläufers; **d)** *Agrostis stolonifera.* Adr: sproßbürtige Wurzel. Axs: Achselsproß. O: Ochrea (S. 54). Sl: Schuppenblatt. St: Stipel (S. 52). Sto: Stolon.

134 | Morphologie der Sproßachse: Ableger (kriechende Sproßachsen)

Ein Ableger ist eine über dem Erdboden wachsende, dünne horizontale Sproßachse, die aus einem oder mehreren Internodien aufgebaut ist; an ihrem distalen Ende trägt sie eine Laubblattrosette oder eine Aufeinanderfolge von Blättern verschiedener Größe (S. 28), aus deren Achseln wiederum Ableger entspringen. Ableger sind an den zwischen Mutter- und Tochterpflanze befindlichen Knoten nicht bewurzelt. Die an einem Ableger vorhandenen Blätter sind in der Regel als Schuppenblätter ausgebildet. Ablegerachsen überdauern oft nicht lange, und die Bildung von Ablegern und neuen Rosetten stellt eine Form der vegetativen Vermehrung (S. 170) dar. Eine Reihe von Pflanzen entwickelt aufrechte Blütenstände, die anstelle von Blüten Brutzwiebeln (S. 172) oder Zwiebeln mit sproßbürtigen Wurzeln tragen (Abb. **173d**); diese Sproßachsen krümmen sich in einem weiten Bogen und plazieren dabei eine neue Pflanze auf dem Untergrund (Abb. **177a**). Diese Gebilde entsprechen Ablegern, wobei letztere jedoch von Beginn an plagiotropes Wachstum (S. 246) aufweisen. Bei einer Anzahl zwiebelbildender Arten (S. 84) tritt eine ähnliche Erscheinung auf: An einer verlängerten Achse werden unterirdische Knollen angelegt (englisch: dropper, S. 174). Diese wachsen jedoch in den Boden hinunter und entwickeln sich nicht – wie Ableger – über der Erdoberfläche.

Abb. 134. *Sempervivum arachnoideum*
Am Ende eines jeden Ablegers wird eine neue Tochterrosette mit sukkulenten (S. 82) und behaarten Blättern ausgebildet.

Morphologie der Sproßachse: Ableger (kriechende Sproßachsen) | 135

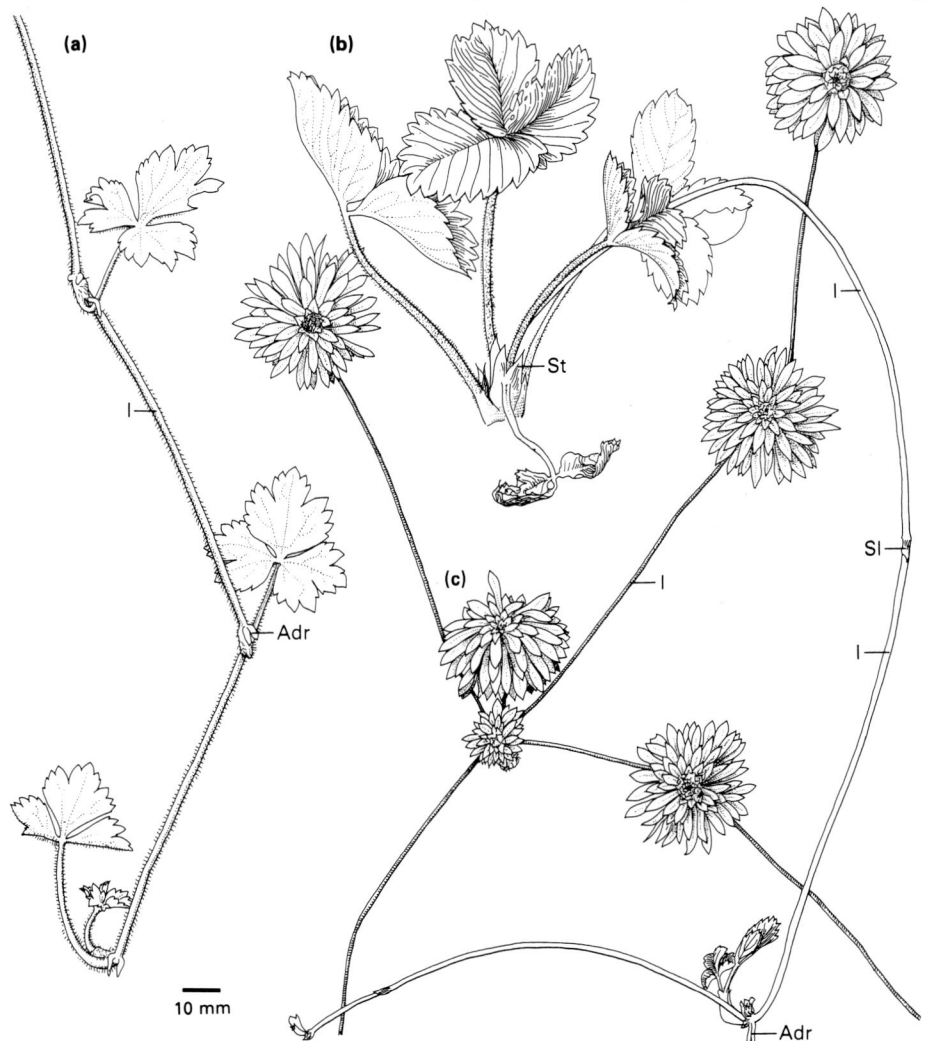

Abb. 135. Ableger mit langen Internodien. **a)** *Ranunculus repens*, **b)** *Fragaria × ananassa*, **c)** *Androsace sempervivoides*. Adr: sproßbürtige Wurzel. I: Internodium. Sl: Schuppenblatt. St: Stipel (S. 52).

136 | Morphologie der Sproßachse: orthotrope Sproßknollen (verdickte Sproßachsen)

Abb. 136. *Cyanastrum hostifolium*
Eine ruhende Sproßknolle, die sich aus einer Knospe oben auf der letztjährigen Knolle entwickelt hat. Die konzentrischen Ringe stellen die Narben (S. 118) der abgefallenen Blätter dar. Jede Blattnarbe trägt in ihrer Achsel eine Knospe.

Unter einer orthotropen Sproßknolle (englisch: corm) versteht man eine kurze, verdickte Sproßachse mit mehreren Internodien und Knoten, die entweder Schuppen- oder Laubblätter trägt. Eine orthotrope Sproßknolle entwickelt sich an oder unter der Erdoberfläche in senkrechter Richtung. Unter günstigen Umweltbedingungen wächst das Spitzenmeristem (S. 16) der Sproßknolle oder das einer dem Sproßscheitel benachbarten Knospe zu einem oberirdischen Blütentrieb aus, der in der Regel Laubblätter trägt (Abb. **137b**). Mit der Bildung dieses Triebes kann die Sproßknolle beträchtlich an Größe verlieren oder vollständig einschrumpfen. Während der Wachstumsperiode schwellen eine oder mehrere axilläre Knospen zu neuen Sproßknollen an. Diese Knospen können entweder der Spitze der alten Sproßknolle aufsitzen (Abb. **171e, f**), oder sie werden seitlich nahe der Knollenbasis ausgegliedert (Abb. **171g, h**). Überdauert die alte Knolle, so hat dies ein senkrecht angeordnetes sympodiales System zur Folge (Abb. **137c'**). Zwischen einer solchen Struktur und einem Rhizom mit sehr kurzen sympodialen Einheiten (Abb. **181d, f**) besteht wenig Unterschied. Sproßbürtige Wurzeln werden im allgemeinen nur an der Basis der orthotropen Sproßknolle entwickelt; sie können in einigen Fällen als Zugwurzeln fungieren (Abb. **107e**). Bei einigen wenigen, orthotrope Sproßknollen bildenden Pflanzen ist das Verzweigungssystem nicht sympodial, sondern monopodial. Die untersten Internodien an der Basis eines blütentragenden Stengels verdicken sich im Laufe der Wachstumsperiode und bilden direkt auf der alten Knolle eine neue. Dies ist z. B. bei *Oxalis*

Morphologie der Sproßachse: orthotrope Sproßknollen (verdickte Sproßachsen) | 137

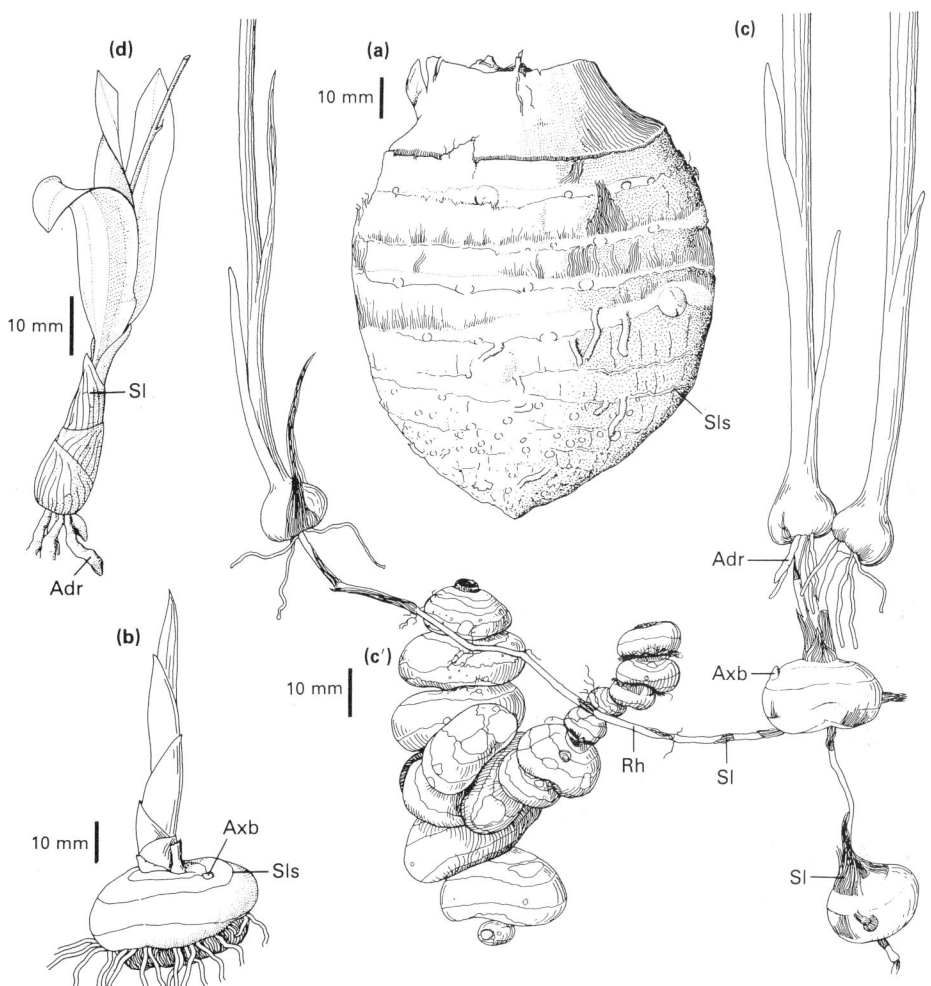

floribunda der Fall (JEANNODA-ROBINSON 1977). Die Scheinknollen der Orchideen (Abb. **137d, 199d, f**), die aus einem oder mehreren verdickten Internodien bestehen, sind als entsprechende Organe aufzufassen.

Abb. 137. a) *Colocasia esculenta,* ruhende Sproßknolle; **b)** *Gladiolus* sp., Sproßknolle mit austreibendem Sproß; **c, c')** *Crocosmia × crocosmiflora,* Aufeinanderfolge von Sproßknollen, z. T. mit dazwischengeschobenen Rhizomabschnitten; **d)** *Polystachya pubescens,* Scheinknolle einer Orchidee (S. 198). Adr: sproßbürtige Wurzel. Axb: Achselknospe. Rh: Rhizom. Sl: Schuppenblatt. Sls: Narbe eines Schuppenblattes.

Morphologie der Sproßachse: Sproßknollen (verdickte Sproßachsen)

Abb. 138a. *Eucalyptus* sp.
Eine ausdauernde, holzige Sproßknolle (Holzknolle), die eine Reihe ruhender Knospenbüschel trägt. Das Photo wurde uns freundlicherweise von J. C. Noble zur Verfügung gestellt.

Abb. 138b. *Cissus tuberosa*
Zu einer Sproßknolle verdickte Internodien.

Ebenfalls als Sproßknollen bezeichnet man in der Regel unterirdisch wachsende Sprosse mit Schuppenblättern, deren axilläre Knospen zu vegetativen Sprossen auswachsen (englisch: tuber). Anhand der bei diesen Sproßknollen vorhandenen Blätter oder Blattnarben kann man sie von Wurzelknollen (S. 110) unterscheiden. Charakteristisch für Sproßknollen ist, daß sie als Anschwellung am distalen Ende eines schlanken unterirdischen Rhizoms entstehen und somit keineswegs Teil eines sympodialen Systems sind, wie das für Rhizome typisch ist (S. 130). Dennoch ist eine klare Unterscheidung zwischen dieser Art von Sproßknolle und Rhizomen nicht immer leicht zu treffen (Abb. **139b**). Unter Wassermangel kann beispielsweise eine Kartoffelknolle *(Solanum tuberosum)* (Abb. **139e**) eine Reihe zusätzlicher Knollen ausbilden (Abb. **271g'**). Im allgemeinen überdauern Sproßknollen länger als die Mutterpflanze und treiben unter günstigen Umweltbedingungen aus Achselknospen wieder aus. Auch sproßbürtige Wurzeln (S. 98) werden ausgebildet. An den oberirdischen Sprossen mancher Pflanzen, insbesondere der Kletter- und Hängepflanzen, können ebenfalls Sproßknollen auftreten; sie lassen sich leicht ablösen, bilden daraufhin sproßbürtige Wurzeln aus und gehen zu vegetativem Wachstum über. In diesem Falle sind sie entweder aus ablösbaren Achselknospen (Abb. **139a**) hervorgegangen, oder sie stellen verdickte Knoten dar, wie bei *Ceropegia woodii* (Abb. **83d**), oder aber ein verdicktes Internodienpaar, wie im Falle von *Vitis gongylodes* und *Cissus tuberosa* (Abb. **139c, 138b**). Viele holzige Pflanzen, die unter Umständen sogar Baumformat errei-

Morphologie der Sproßachse: Sproßknollen (verdickte Sproßachsen) | 139

chen können, bilden auf oder unterhalb der Bodenoberfläche relativ mächtige Stammverdikkungen aus, sogenannte Holzknollen. Für viele Arten der Gattung *Eucalyptus* sind sie ein typisches Merkmal (Abb. **138a**). Eine Holzknolle schließt in die Borke eingebettet viele Büschel ruhender Knospen (Abb. **237d**) ein. Aus diesen Knospenbüscheln entwickeln sich nach Überdauerung ungünstiger Umweltbedingungen, wie z. B. Feuer bei *Eucalyptus*, Gruppen neuer Sprosse. Die Ausbildung neuer Triebe aus altem Gewebe wird im allgemeinen als epicormische Verzweigung bezeichnet; vergl. Kauliflorie (S. 240).

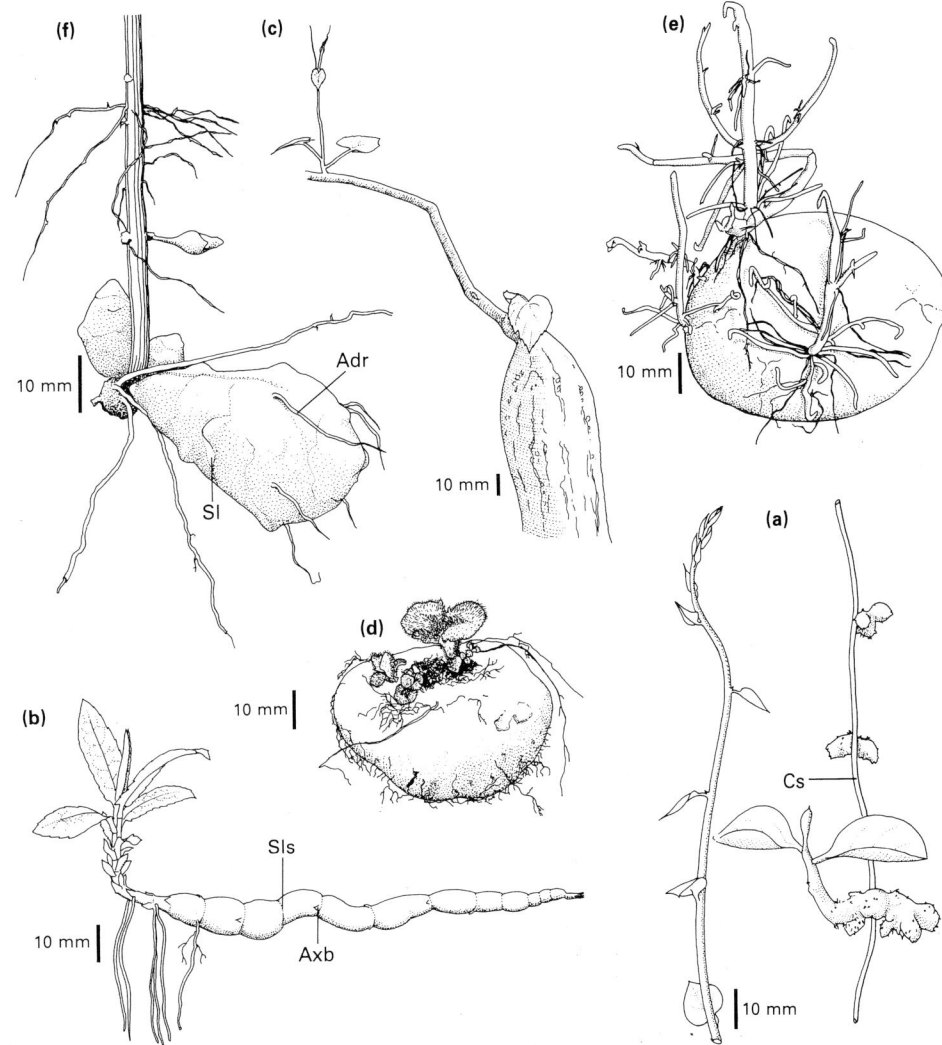

Abb. 139. a) *Anredera gracilis*, Knollen an oberirdischem Kletterproß; **b)** *Ballota nigra*, unterirdische, verdickte Sproßachse; **c)** *Cissus tuberosa*, angeschwollener, oberirdischer Sproßabschnitt (vergl. Abb. **138b**); **d)** *Sinningia speciosa*, austreibende Sproßknolle; **e)** *Solanum tuberosum*, austreibende Sproßknolle; **f)** *Helianthus tuberosus*, unterirdische, verdickte Sproßachse. Adr: sproßbürtige Wurzel. Axb: Achselknospe. Cs: Kletterproß. Sl: Schuppenblatt. Sls: Narbe eines Schuppenblattes.

Fortpflanzungsmorphologie: Blütenstände, Verzweigungsmuster

Ein Blütenstand (Inflorenz) ist ein der Fortpflanzung dienendes Sproßsystem, das Blüten trägt. Er besteht aus einer Anordnung von Achsen, wobei die Hauptachse als Blütenstandsachse (Inflorenzachse) bzw. vor allem bei Gräsern als Spindel bezeichnet wird (S. 184). Jede neue Verzweigung und letzten Endes auch jede Blüte entspringt der Achsel eines (Hoch)blattes (Braktee, S. 62), das sich häufig schon durch seine Größe von den Laubblättern derselben Pflanze unterscheidet. Einige oder alle diese Brakteen können fehlen. Durch eine schrittweise Verkleinerung und Umwandlung laubiger Blätter zu Hochblättern kann der vegetative Bereich fast unmerklich in den generativen übergehen, so daß Grenzen manchmal schwer zu erkennen sind. Über die Typologie (Feststellung gemeinsamer Baupläne) von Blütenständen (S. 142) ist sehr viel geschrieben worden. In starkem Maße ist die Verzweigungsweise zur Charakterisierung und Klassifizierung herangezogen worden. Dabei kann man zwischen einfachen und komplexen Inflorenzen unterscheiden. Als einfach werden solche Blütenstände bezeichnet, deren Verzweigung nicht über den ersten Grad hinausgeht:
einfache Inflorenzen: Traube, Ähre, Dolde, Kolben, Köpfchen. Bei einer Traube (Botrys) sind die Internodien der Hauptachse deutlich entwickelt und alle Blüten gestielt, bei einer Ähre (Spica) fehlen die Blütenstiele, so daß die Blüten unmittelbar an der Blütenstandsachse sitzen (Abb. **141c**). Die Dolde (Umbella) unterscheidet sich von der Traube durch die Verkürzung der Inflorenzachse im blütentragenden Bereich. Bei allen drei Inflorenzformen schließt die Inflorenzachse definitionsgemäß nicht mit einer Endblüte ab. Zwar findet man oft die Bezeichnungsweise »Traube mit Endblüte« (Abb. **141a**), eine solche Verzweigungsform leitet sich jedoch durch Verarmung aus einer Rispe (Abb. **141g**) ab und wird als Botryoid bezeichnet; entsprechendes gilt für die »Dolde mit Endblüte« (Abb. **141l**), die als Sciadioid von der echten, terminalblütenlosen Dolde unterschieden wird. Ist die Achse der Ähre deutlich verdickt, so spricht man von einem Kolben (Spadix, Abb. **141e**); Kolben sind oft von einem großen Hochblatt (Spatha, S. 74) eingehüllt. Ein Blütenstand mit einer stark verdickten, aber kurzen, kopfförmigen Hauptachse, der die Blüten aufsitzen, wird Köpfchen (Capitulum, Cephalium, Abb. **141j**) oder auch Körbchen genannt; eine Kopfform des Blütenstandes kann freilich auch aus einer starken Verkürzung aller Achsen und damit einer Zusammendrängung aller Blüten resultieren. Herabhängende Blütenstände mit einer dominierenden Hauptachse werden oft als Kätzchen (Abb. **141f**) bezeichnet, sie sind jedoch gewöhnlich stärker verzweigt als eine Ähre und leiten sich zumeist von einem Thyrsus (siehe unten) ab; auch beim Blütenstand der Feige (Ficus, Abb. **141k**), bei dem die Blüten auf der Innenfläche eines kompakten, urnenförmig »eingestülpten« Blütenstandes sitzen, herrscht ein thyrsoidales Verzweigungsmuster.
Komplexe Inflorenzen: Doppeltraube, Doppelähre, Doppeldolde, Rispe, Thyrsus.
Ersetzt man bei den einfachen Inflorenzen Traube, Ähre, Dolde die einzelnen Blüten durch ganze Blütenstände desselben Verzweigungsmusters, so erhält man die Doppeltraube (Diplobotryum), Doppelähre und Doppeldolde – die letztgenannte Verzweigungsform ist bekanntlich für die meisten Apiaceae (Umbelliferae), die »Doldenblütler«, charakteristisch. Die Rispe (Panicula) ist dadurch gekennzeichnet, daß die Inflorenzachse mit einer Terminalblüte abschließt, ebenso auch alle Seitenachsen, deren Verzweigungsgrad von der obersten, unter der Terminalblüte ansitzenden Einzelblüte abwärts mehr oder minder regelmäßig zunimmt (Abb. **141g**), so daß der ganze Blütenstand einen kegelförmigen Umriß erhält. Dieser kann freilich durch eine Verlängerung der Seitenachsen, hauptsächlich der Hypopodien (S. 66) so abgewandelt werden, daß alle Blüten in einer Ebene angeordnet sind (Abb. **141h, i, n**) und ein Corymbus gebildet wird.
Von der Rispe sollte man den Thyrsus (Abb. **141q**) als Blütenstand »mit cymös verzweigten Teilblütenständen (Partialinflorenzen)« unterscheiden. Als cymöse Verzweigung bezeichnen wir die auf die Achsen der Vorblätter beschränkte Verzweigung der Seitenachsen, wobei die Vorblätter (S. 66) als einzige Blattorgane der Blüte vorausgehen und bei den Dikotylen (auch bei manchen Monokotylen) gewöhnlich in Zweizahl und transversaler Stellung auftreten. Erfolgt die Verzweigung stets aus den Achseln beider Vorblätter, so entsteht ein dichasialer Teilblütenstand, kurz: ein Dichasium (Abb. **141o**), bei dem die Vorblattäste sich fortgesetzt in zwei die Mutterachse übergipfelnde Seitenäste weiterverzweigen. Statt der dichasialen Verzweigung ergibt sich eine monochasiale, wenn jeweils eine Vorblattachsel steril bleibt. Kommen dabei an den auseinander hervorgehenden Ästen abwechselnd die Anlagen in den

Fortpflanzungsmorphologie: Blütenstände, Verzweigungsmuster | 141

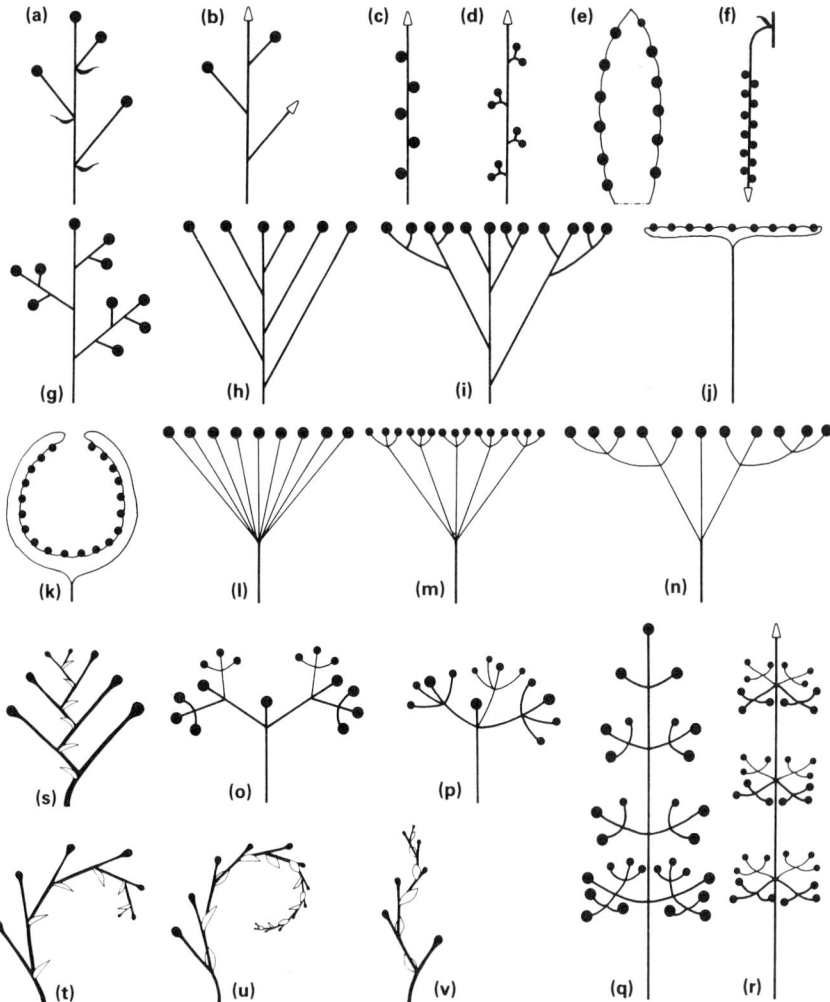

linken und rechten Vorblattachseln zur Entwicklung, so entsteht eine Wickel (Cincinnus, Abb. **141u**), ist stets nur das linke oder das rechte Vorblatt[1] »fertil«, so resultiert eine Schraubel (Bostryx, Abb. **141v**). Geschieht dies an beiden Ästen eines anfänglich dichasial verzweigten Teilblütenstandes, so ergibt sich eine Doppelwikkel bzw. eine Doppelschraubel. Tritt nur ein einziges sog. adossiertes Vorblatt auf, so ergibt sich aus einer der wickeligen entsprechenden Verzweigungsweise die als Fächel (Rhipidium, Abb. **141s**) bezeichnete Form eines cymösen Teilblütenstandes, die wir z. B. bei den Schwertlilien *(Iris)* finden. Eine weitere Verzweigungsform, die oft mit den cymösen in Zusammenhang gebracht wird, ist die bei den Binsen (Juncaceae) vorkommende Sichel (Drepanium, Abb. **141t**). Hier entspringen die in Blüten endenden Fortsetzungssprosse jedoch nicht einer Vorblattachsel, sondern der Achsel eines zweiten, dem Vorblatt gegenüberstehenden Blattes. Die Sichel, bei der alle Achsen auf einer Seite stehen, ist somit nicht cymös verzweigt.

[1] jeweils bezogen auf die durch das zugehörige Tragblatt und die Abstammungsachse verlaufende Mediane

Abb. 141. Schematische Darstellungen von Verzweigungsformen bei Infloreszenzen. **a)** Botryoid, in **h)** schirmrispenartig; **b)** Traube; **c)** Ähre; **d)** Doppeltraube mit reduzierten, jeweils auf zwei Blüten beschränkten seitlichen Trauben; **e)** Kolben; **f)** Kätzchen; **g)** Rispe; **i)** Schirmrispe, Corymbus; **j)** Köpfchen; **k)** urnenförmiger Blütenstand der Feige; **l)** Sciadioid (»Dolde mit Endblüte«); **m)** Doppeldolde; **n)** Schirmthyrsoid; **o)** cymös-dichasial verzweigter Teilblütenstand, **s, u, v)** cymös-monochasiale Teilblütenstände: **s)** Fächel, **u)** Wickel, **v)** Schraubel; **t)** Sichel; **q)** Tyrsoid (mit Endblüte); **r)** Tyrsus i. e. S., (ohne Endblüte).

Fortpflanzungsmorphologie: Blütenstände (Fortsetzung); Parakladien

Abb. 142. *Alisma plantago-aquatica*
Ansicht von schräg unten. Ein hochorganisierter dreidimensionaler Blütenstand, bei dem sich die Verzweigungsmuster auf zunehmend komplexeren Ebenen wiederholen, z. B. bei den Parakladien.

Die hier erläuterten Fachausdrücke sollten nur dazu dienen, bestimmte Verzweigungsweisen zu beschreiben, sie bezeichnen im Bauplan einer Pflanze jedoch nicht unbedingt zugleich auch identische, homologe Strukturelemente. Dem Bauplan nach unterscheiden wir zwischen zwei Typen von Infloreszenzen:
Beim monotelen Typ schließen wie bei den in Abb. **141g, h, i, n** dargestellten Blütenständen sowohl die Hauptachse als auch alle Seitenachsen mit Blüten ab. Die in der Terminalblüte der Hauptachse vorausgehenden Seitenachsen sind – gleich, ob verzweigt oder unverzweigt – einander gleichwertige, homologe Elemente: sie wiederholen das Verhalten der Hauptachse und werden daher alle gleichermaßen als Wiederholungstriebe oder Parakladien bezeichnet, entsprechend auch ihre Verzweigungen als Parakladien 2ter oder nter Ordnung (vgl. auch Abb. **143e**). Das »Prinzip der Wiederholung« von Bauelementen (Abb. **143a–d**) spielt somit im Aufbau der Blütenstände eine wichtige Rolle. Dies bedingt auch den hohen Symmetriegrad vieler Blütenstände.
Die nach dem polytelen Typ gebauten Infloreszenzen schließen nicht mit einer Terminalblüte ab, sondern enden in einer vielblütigen Floreszenz (Hauptfloreszenz), die, wie etwa eine Traube oder Ähre, viele Einzelblüten umfaßt (so bei den Brassicaceae), oder statt dessen cymöse Teilblütenstände (Partialfloreszenzen) in einer der soeben beschriebenen Formen, wie z. B. bei den Lamiaceae (Labiatae), deren Floreszenzen offene Thyrsen darstellen. Auch bei den Infloreszenzen des polytelen Typs gibt es Wiederholungstriebe (Parakladien). Es sind die der Hauptfloreszenz an der Infloreszenzachse vorausgehenden Seitentriebe, die das Verhalten des Hauptsprosses insoweit wiederholen, als sie selbst wieder in einer Floreszenz enden (Abb. **143h**), die wir dann als Co-Floreszenz von der Hauptfloreszenz unterscheiden.
Die polytelen Blütenstände leiten sich von den monotelen durch zwei Entwicklungsschritte ab: 1. den Verlust der Terminalblüte und 2. eine Spezialisierung ihrer Seitenachsen in solche, die jetzt als Einzelblüten oder Partialfloreszenzen Element einer Einheit höherer Ordnung, der Floreszenz, darstellen, und polytele Parakladien, die selbst wieder in Floreszenzen enden. Ein solcher Übergang ist in Abb. **143f** bereits durch die homogene botryoidale (traubenähnliche) Struktur im Endabschnitt der Hauptachse und an den stärker verzweigten Seitenachsen vorbereitet. Kommt es zum Verlust der Terminalblüten (Abb. **143h**), so ist der Übergang zur Polytelie vollzogen, die mit P bezeichneten Abschnitte stellen nunmehr traubige Floreszenzen (Hauptfloreszenz und Parakladien mit Co-Floreszenzen) dar.
Beiden Blütenstandstypen ist somit gemeinsam, daß der Terminalblüte bei den monotelen Infloreszenzen und der Hauptfloreszenz bei den polytelen eine Zone von Parakladien vorausgeht, die mit ihren Blüten die ganze Infloreszenz »bereichern«, wir nennen sie daher »Bereicherungszone«. Weiter unterhalb unterbleibt die Entwicklung der Parakladien gewöhnlich, in dieser »Hemmungszone« bleibt die Infloreszenzachse somit unverzweigt und ist auch sonst oft stärker vegetativ geprägt. Bei einjährigen Pflanzen kann die Bereicherungszone

Fortpflanzungsmorphologie: Blütenstände (Fortsetzung); Parakladien | 143

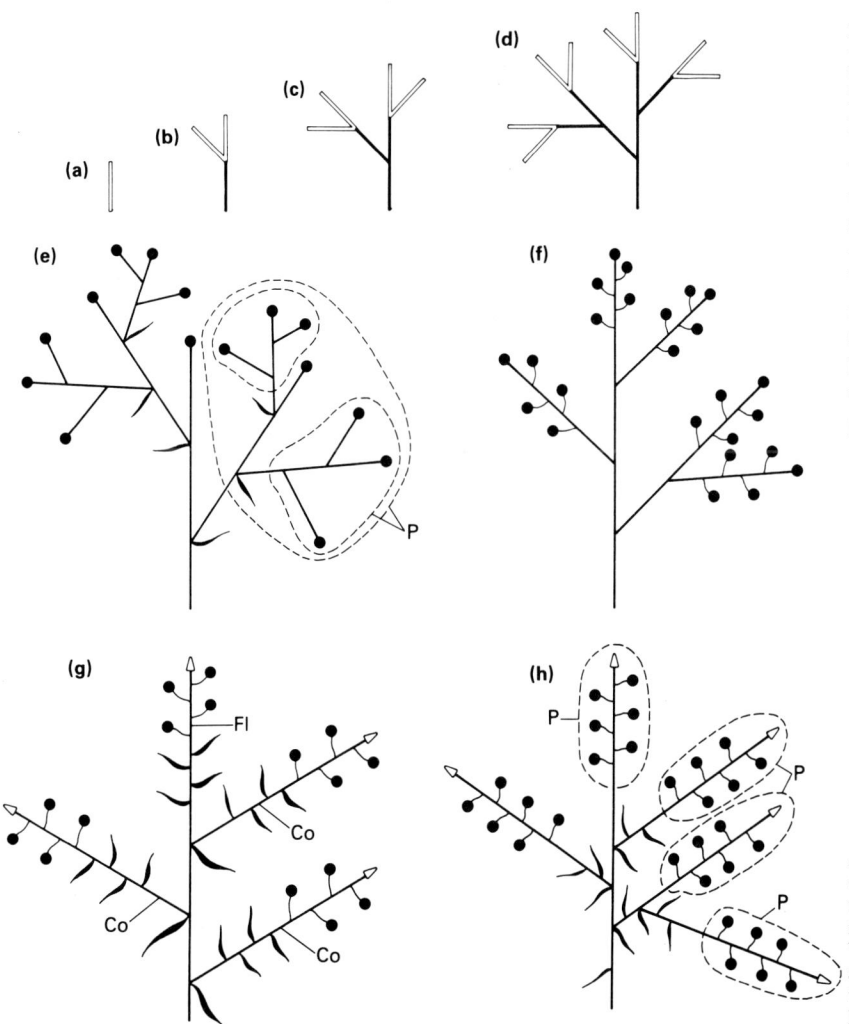

jedoch auch bis zur Basis hinabreichen. Bei perennierenden Pflanzen sind an der Basis der Pflanze jedoch Achselknospen als »Innovationsknospen« ausgebildet, die in der folgenden Vegetationsperiode austreiben und Erneuerungstriebe liefern, welche dem vorjährigen Blütentrieb in vollen Zügen gleichen. Der Hemmungszone geht hier also eine »Innovationszone« voraus.

Während einjährige, aber auch manche vieljährigen Pflanzen, wie z. B. Agaven, nur ein einziges Mal zur Blüte gelangen und daher als hapaxanth bezeichnet werden, pflegen andere von ihrer »Blühreife« ab in jeder Vegetationsperiode zu blühen, sie sind pollakanth.

Abb. 143. a) – d) Die Ausbildung von Parakladien verschiedener Ordnung (Prinzip der Wiederholung gleichwertiger Bauelemente); e) Parakladien (P) verschiedener Ordnung; f) monotel-rispige Infloreszenz mit botryoidaler Verzweigung des Endabschnittes und der proximalen Parakladien, Vorstadium zu h) polytele Infloreszenz mit traubigen Floreszenzen (P), in g) gehen diesen sterile Brakteen voraus (Fl Hauptfloreszenz, Co CoFloreszenzen).

Fortpflanzungsmorphologie: Infloreszenzmodifikationen (Umwandlungen des Blütenstandes)

Abb. 144. *Mutisia retusa*
Der Blütenstand, ein Köpfchen (Abb. **147j**) mit einem Hüllkelch aus Brakteen (S. 62), entwickelt sich an einer Achse, die gerade eine Stützpflanze umschlingt. Die Blattspitzen sind bei dieser Pflanze darüber hinaus zu Ranken umgebildet (Abb. **68b**).

Ein Blütenstand ist ein Verzweigungssystem, das Blüten hervorbringt (S. 140). Daneben können Blütenstände aber auch Modifikationen erfahren. Dabei können drei Hauptgruppen unterschieden werden. Im ersten Fall trägt die Infloreszenz zwar Blüten, hat daneben aber noch eine weitere Aufgabe. Der Blütenstand von *Bowiea volubilis* (Abb. **145c**) stellt ein Kletterorgan dar, das seine Stütze umschlingt; die Seitenzweige spreizen sich dabei in stumpfem Winkel von der Mutterachse ab (Abb. **257d**) und sitzen in den Achseln winziger schuppenförmiger Blätter. Die Infloreszenzachse ist grün und übernimmt die Assimilationsfunktion der Laubblätter, die nur sehr kurzlebig sind (Abb. **85c**). Die distalen Enden der meisten Seitenzweige wandeln sich zu parenchymatisiertem Gewebe um (S. 244) und stellen ihr Wachstum ein, und nur die zuletzt gebildeten Zweige schließen mit einer Einzelblüte ab. Die Blütenstände einiger anderer Kletterpflanzen dienen als Ranken (Abb. **145b, 144**) oder tragen Haken (Abb. **123a**). Im zweiten Fall übernimmt die Infloreszenz erst nach Ablauf der Blütezeit eine weitere Funktion. So können beispielsweise die Blüten- bzw. Fruchtstiele erhalten bleiben, holzig werden und als ausdauernde Dornen fungieren. Bei *Montanoa schottii* krümmt sich der Blütenstiel, wird starr und bildet auf diese Weise einen Kletterhaken, sobald die Frucht ausgebildet ist. In der Gattung *Bougainvillea* verholzen die Blütenstiele einiger Blüten und wirken wiederum als Haken (Abb. **145d**). *Bougainvillea* ist ein Beispiel für die dritte Möglichkeit, bei welcher sich ein Achselmeristem entweder zu einer Infloreszenz oder einem Dorn (Abb. **236b**) entwickeln kann. Bei einigen klimmenden Palmen (z. B. *Calamus*-Arten) kann der Blütenstand durch eine schlanke, mit Dornen bestückte Achse ersetzt werden. Blütenstandsstiele oder Blütenstiele können darüber hinaus weitere Aufgaben übernehmen, auch ohne daß sie modifiziert

Fortpflanzungsmorphologie: Infloreszenzmodifikationen (Umwandlungen des Blütenstandes)

sind. Die Blütenstiele von *Arachis* (Erdnuß) und *Cymbalaria muralis* (Zymbelkraut) verlängern sich, biegen sich um und verfrachten die Frucht tief in den Boden oder in eine dunkle Ecke (Abb. **267c, c'**). Auf ähnliche Weise krümmt sich der Blütenstiel von *Eichhornia* und versenkt den Fruchtstand unter Wasser (Abb. **267a**). Manche Infloreszenzen ahmen eine Einzelblüte nach, welche im allgemeinen als Pseudanthium bezeichnet wird. Die Parakladien (S. 142) der Blütenstände bei *Euphorbia* bestehen im typischen Fall aus einer weiblichen Einzelblüte ohne Perianthelemente und fünf zu Cymen angeordneten männlichen Blüten, die jeweils aus einem einzigen Staubblatt bestehen (Abb. **151f**). Was dabei wie Kelch- und Kronblätter aussieht, sind fünf Brakteen, die mit vier (oder fünf) Paaren verwachsener Stipeln auf Lücke stehen. Ein jedes dieser Gebilde, ein Cyathium, scheint eine Einzelblüte darzustellen; sie können zu mehreren zu einer symmetrischen Einheit gruppiert sein (Abb. **8**).

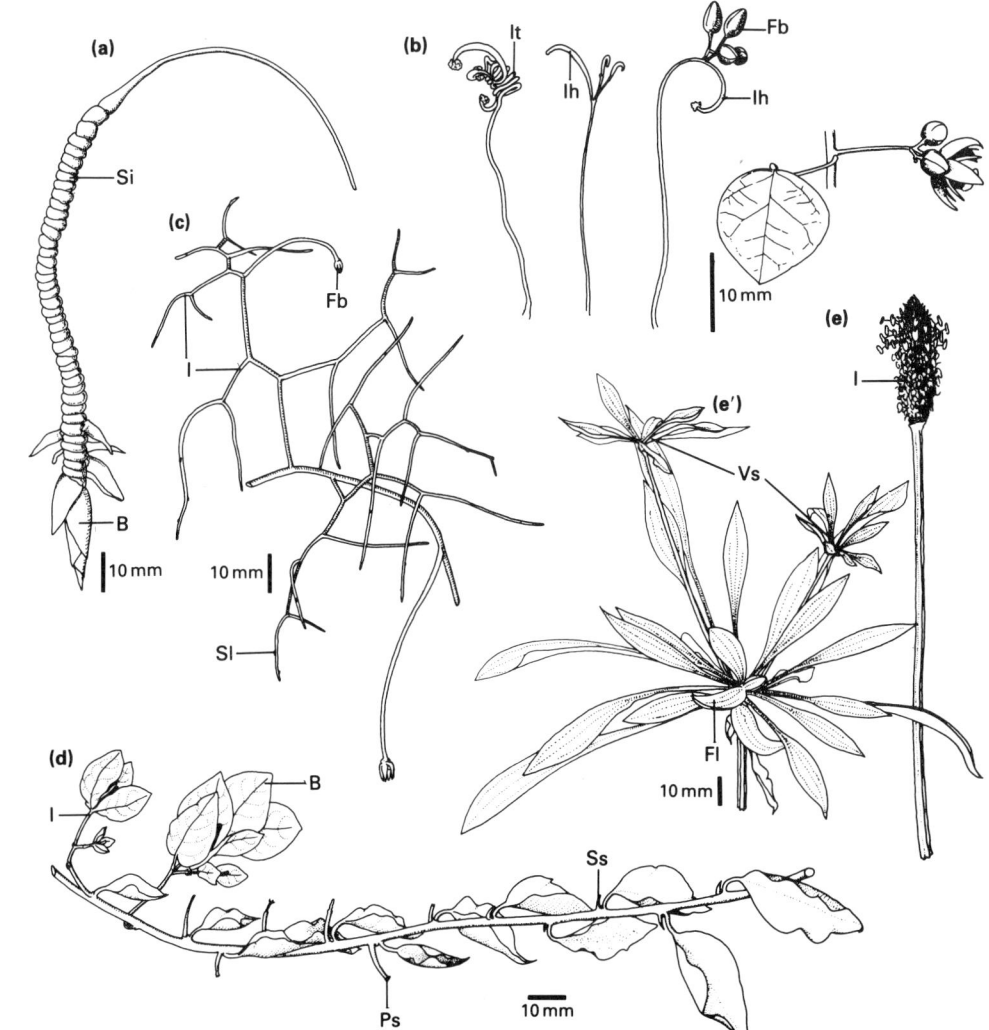

Abb. 145. **a)** *Coelogyne* sp., Blütenstandsachse mit verdickten Internodien; **b)** *Ophiocaulon cissamepeloides*, unterschiedliche Infloreszenzmodifikationen bei einer Pflanze (Passifloraceae, S. 122); **c)** *Bowiea volubilis*, spreizklimmender Blütenstand (Abb. **257d**); **d)** *Bougainvillea* sp., rankende Sproßachse; **e, e')** *Plantago lanceolata*, normale und abnormale Infloreszenz (S. 270). B: Braktee. Fb: Blütenknospe. Fl: Laubblatt (an der Stelle einer Braktee). I: Infloreszenz. Ih: Infloreszenzhaken. It: Infloreszenzranke. Ps: zu einem Dorn umgewandelter Blütenstandsstiel. Sl: Schuppenblatt. Si: verdicktes Internodium einer Infloreszenz. Ss: Sproßdorn. Vs: vegetativer Sproß (anstelle einer Blüte).

Fortpflanzungsmorphologie: Morphologie der Blüte

Bei der systematischen und taxonomischen Einteilung der Blütenpflanzen stellen die morphologischen Feinheiten der Blüten eine wichtige Grundlage dar. Die verschiedenen Bestandteile einer Blüte sitzen in einer bestimmten Reihenfolge an einer sehr kurzen, unterschiedlich gestalteten zentralen Achse, dem Blütenboden (Receptaculum, Torus) (Abb. **147a**). Aufgrund der geringen Länge der Blütenachse stehen die am weitesten oben (distal) angeordneten weiblichen Organe (Gynoeceum) in der Mitte des Receptaculums. Um sie herum sind die proximalen männlichen Blütenorgane (Androeceum) angeordnet; diese sind von der Blütenhülle (Perianth) umgeben. Ist die Blütenachse zwischen Gynoeceum und Androeceum stielartig verlängert, spricht man von einem Gynophor (Stempelträger, Abb. **147b**). Ein Gynoeceum fehlt in rein männlichen Blüten oder ist in Form eines rudimentären, nicht funktionsfähigen Stempels entwickelt. In rein weiblichen Blüten ist entweder überhaupt kein Androeceum vorhanden oder es tritt in Form von Staminodien, rudimentären, sterilen Staubblättern auf. Die Anordnung und Aufeinanderfolge von Gynoeceum/Androeceum/Perianth ist nicht immer leicht zu durchschauen (Abb. **147j-o**). Die Blütenhülle besteht aus verschieden gefärbten oder grünen, umgewandelten Blättern, die spiralig oder in Wirteln angeordnet sind. Gelegentlich sind die männlichen und weiblichen Geschlechtsorgane durch ein verlängertes Achsenstück, das Androgynophor, über die Perianthglieder emporgehoben (Abb. **147c**). Oft sind die einzelnen Perianthsegmente auf verschiedene Weise miteinander (S. 234) oder mit Teilen des Androeceums oder des Gynoeceums verwachsen (Adnation, S. 234). Besteht eine Blütenhülle aus mehreren Wirteln unterschiedlicher Gestalt, so nennt man die innen angeordneten Komponenten Kronblätter (Petalen); sie bilden die Blütenkrone (Corolla). Die weiter außen stehenden Blütenblätter werden als Kelchblätter (Sepalen) bezeichnet; sie formen den Blütenkelch (Calyx) (Abb. **147d**). Sehen alle Perianthbestandteile gleich aus, so nennt man sie Tepalen, Perigonblätter. Unterhalb des Kelches können darüber hinaus blattartige Strukturen auftreten, die als Involukrum (Hüllkelch) bezeichnet werden und aus wirtelig angeordneten Brakteolen bestehen (Abb. **147e**). Stehen diese Brakteolen in einem einzelnen Wirtel direkt unter dem Kelch, so spricht man von einem Außenkelch (Epicalyx, Abb. **147f**); in einigen Fällen wird der Außenkelch aus den Stipeln benachbarter Sepalen gebildet. Das Gynoeceum setzt sich aus einem oder mehreren Fruchtblättern (Karpellen) zusammen, die dem Blütenboden entspringen. Ein Gynoeceum, dessen Karpelle nicht miteinander verwachsen sind, heißt apokarp (chorikarp, Abb. **147g**). Jedes dieser Fruchtblätter bildet ein Gehäuse, das Ovar (Fruchtknoten), in welches sich eine oder mehrere Samenanlagen hinein entwickeln. Jede Samenanlage wiederum sitzt an einer stielartigen Struktur, dem Funikulus, der aus der Plazenta hervortritt. Nach der Befruchtung entwickelt sich jede Samenanlage zu einem Samen. Jedem Karpell ist ein Griffel zugehörig, der eine der Aufnahme der Pollen dienende Oberfläche, die Narbe, aufweist. Bei apokarpen Blüten werden Karpell, Griffel und Narbe zusammen manchmal auch als Stempel (Abb. **147g**) bezeichnet. Bei der Mehrzahl der Pflanzen sind die Fruchtblätter, meist 3, 4 oder 5, miteinander verwachsen; ein solches Gynoeceum wird coenokarp (synkarp) genannt. Die Griffel der Fruchtblätter können dabei frei bleiben oder ebenfalls zu einer mehr oder weniger einheitlichen Struktur verwachsen sein (Abb. **147h**). Das zusammengesetzte Gebilde wird als Fruchtknoten bezeichnet. Das gesamte coenokarpe Gynoeceum heißt Stempel. Jedes Fruchtblatt kann sein eigenes Gehäuse beibehalten (Abb. **147i**); man spricht dann von Loculament (Fruchtfach). Die Gehäuse der einzelnen Fruchtblätter können aber auch auf verschiedenste Arten miteinander verschmelzen (Abb. **147i'**). Das synkarpe Gynoeceum wird dann multilokulär, trilokulär, unilokulär etc. genannt, je nach Anzahl der beteiligten Fruchtfächer.

Das Androeceum besteht aus einer Anzahl Staubblätter. Jedes Staubblatt (Stamen) setzt sich aus einer Anthere, welche den Pollen enthält, und einem Stiel, dem Filament, zusammen (Abb. **147c**). Die Staubblätter können miteinander zu mehreren Röhren oder Gruppen verwachsen (S. 234) oder auf vielfältige Art an den Petalen oder am Gynoeceum angeheftet sein (Adnation, S. 234). Steht das Ovar oberhalb der Staubblätter, und die Staubblätter wiederum entspringen über dem Perianth, so bezeichnet man diesen Fruchtknoten als oberständig (Abb. **147a-h**). Wird dagegen das Ovar von den Rändern des Blütenbodens übergipfelt, so daß Staubblätter und Blütenhülle über dem Fruchtknoten zu stehen kommen, so heißt der Fruchtknoten unterständig; Staubblätter und Perianth-

Fortpflanzungsmorphologie: Morphologie der Blüte

glieder sind in bezug auf das Gynoeceum epigyn (Abb. **147j**). Von epigyner Zone spricht man dann, wenn entweder Kelch, Krone und Staubblätter (Abb. **147k**) oder nur Krone und Staubblätter (Abb. **147l**) epigyn und miteinander verwachsen sind. In Blüten mit oberständigem Gynoeceum nennt man Staubblätter und Perianthsegmente hypogyn (Abb. **147h**). Staubblätter, Blütenkrone und Kelch in Verbindung mit einem oberständigen Fruchtknoten können jedoch auf vielfältige Weise miteinander verschmolzen sein und dann einer perigynen Zone aufsitzen; peri (»herum«) deshalb, weil bei dieser Anordnung die Staubblätter bzw. das Perianth um den Fruchtknoten herum stehen (Abb. **147m**). In Abb. **147n** ist der Kelch hypogyn, während Krone und Androeceum einer perigynen Zone entspringen. Sitzen Staubblätter und Blütenhülle dagegen wirklich seitlich einem Fruchtknoten an, so spricht man von einem halbunterständigen Fruchtknoten (Abb. **147o**).

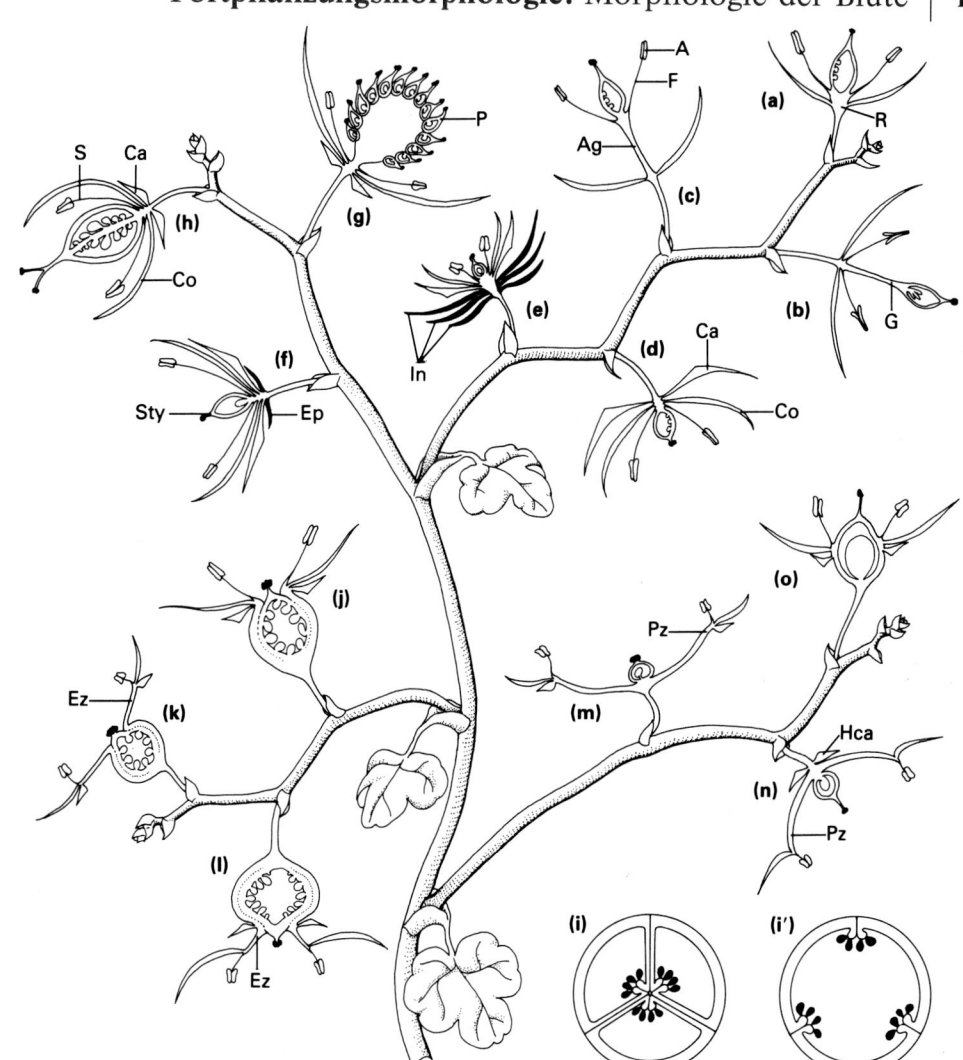

Abb. 147. Schematische Darstellung der Blütenmerkmale. **a)-h)** oberständiger Fruchtknoten (**g**, apokarp, **h**, synkarp); **i)** trilokulärer (dreifächeriger) Fruchtknoten (Querschnitt); **i')** unilokulärer Fruchtknoten (Querschnitt); **j)-n)** unterständiger Fruchtknoten; **o)** halbunterständiger Fruchtknoten. A: Anthere. Ag: Androgynophor. Ca: Calyx (Kelch). Co: Corolla (Krone). Ep: Epicalyx (Außenkelch). Ez: epigyne Zone. F: Filament. G: Gynophor. Hca: hypogyner Kelch. In: Involukrum (Hüllkelch). P: Stempel. Pz: perigyne Zone. R: Receptaculum (Blütenbecher). S: Staubblatt. Sty: Griffel.

Fortpflanzungsmorphologie: Ästivation (Knospendeckung)

Abb. 148. *Malvaviscus arborea*
Die Kronblätter zeigen eine contorte Knospendeckung (vergl. Abb. **39e** und **151d**). Die Petalen der obersten Blüte sind genau in der entgegengesetzten Richtung eingedreht wie die der beiden unteren Blüten. Eine gedrehte Staubblattröhre umgibt den Griffel, der mit einer stark verzweigten Narbe (S. 146) über jene hinausragt.

Die verschiedenen Organe und Perianthsegmente einer Blüte sind im allgemeinen bei jeder Art in ganz bestimmter und vorhersagbarer Weise und in unterschiedlichem Maße symmetrisch angeordnet. Auch die Art und Weise, wie die einzelnen Elemente innerhalb einer Knospe relativ zueinander liegen (Ästivation), läßt vielerlei Möglichkeiten zu, ist aber für jede Art spezifisch. Bei Blüten wird zur Beschreibung der Knospendeckung dieselbe Terminologie angewandt, die auch für die Knospenlage (S. 36) und Knospendeckung (S. 38) von Laubblättern in vegetativen Knospen Anwendung findet. Diese Anordnungsverhältnisse der Blütenorgane werden in der Regel mit Hilfe schematisierter Blütendiagramme (S. 150) dargestellt; dabei sind hinsichtlich der Ausrichtung bestimmte Konventionen zu beachten. Bei seitlich ausgegliederten Blüten wird zusammen mit der Stellung des Tragblattes auch die Position der Abstammungsachse aufgezeigt (Abb. 149a). Die der Achse am nächsten stehende Seite der Blüte wird als hinten (Oberseite) bezeichnet, die dem Tragblatt zugewandte Seite heißt vorn (Unterseite). Durch eine Blüte können, von oben betrachtet, verschiedene Symmetrieebenen gelegt werden (Abb. **149b**), die dann als Mediane (durch Abstammungsachse, Blütenachse und Trag- bzw. Vorblatt), Transversale (in senkrechtem Winkel dazu, also quer durch die Blüte) und Diagonale bezeichnet werden. Hätte ein von oben nach unten geführter imaginärer Schnitt durch die Blüte zwei gleiche Seiten zum Ergebnis, dann ist diese Blüte symmetrisch; im anderen Falle wäre sie asymmetrisch, Abb. **151d**). Symmetrische Blüten haben oft nur eine Symmetrieebene; die beiderseits dieser Spiegelachse entstehenden Hälften sind deckungsgleich. Im Normalfall ist diese Spiegelachse die Mediane, selten die Transversale oder eine Diagonale. Solche Blüten mit nur einer Symmetrieebene heißen zygomorph (Abb. **151c, e**). Können dagegen zwei oder mehrere imaginäre Schnitte durch eine Blüte geführt werden, die alle gleichartige Seiten zur Folge haben, so wird die Blüte als radiärsymmetrisch (strahlig, aktinomorph, Abb. **151a**) bezeichnet. Die einander entsprechenden Teile, die bei solchen Schnittebenen entstehen, müssen nicht unbedingt völlig identisch sein. Brakteen und Brakteolen werden dabei nicht berücksichtigt. Den besten Überblick über Anordnung und Stellung der Perianthelemente einer Blüte (Ästivation) erhält man mittels eines waagerecht geführten Querschnitts durch eine Blütenknospe. Sind dabei die proximalen Enden der Blütenblätter miteinander verwachsen, so können die Begriffe der Ästivation nur auf die nicht-verwachsenen, freien distalen Enden der Perianthblätter angewendet werden. Die Terminologie richtet sich nach der bei vegetativen Blättern angewandten (Vernation, Knospenlage, S. 36 und Ästivation, Knospendeckung, S. 38); auf die Perianthsegmente innerhalb eines Wirtels bezogen bedeutet dies: offen (apert, Abb. **39c**), die Sepalen berühren sich an ihren Enden nicht; klappig (valvat, Abb. **39b**), die Sepalen berühren sich an ihren Rändern; korrugativ (Abb. **149c**); dachziegelig (imbrikat, Abb. **149d-j**), d. h. die Kelchblätter greifen mit ihren Rändern übereinander. Bei einer imbrikaten Knospendeckung gibt es verschiedene Ausprägungen, so z. B. contort, wobei die Ränder der Blattor-

Fortpflanzungsmorphologie: Ästivation (Knospendeckung) | 149

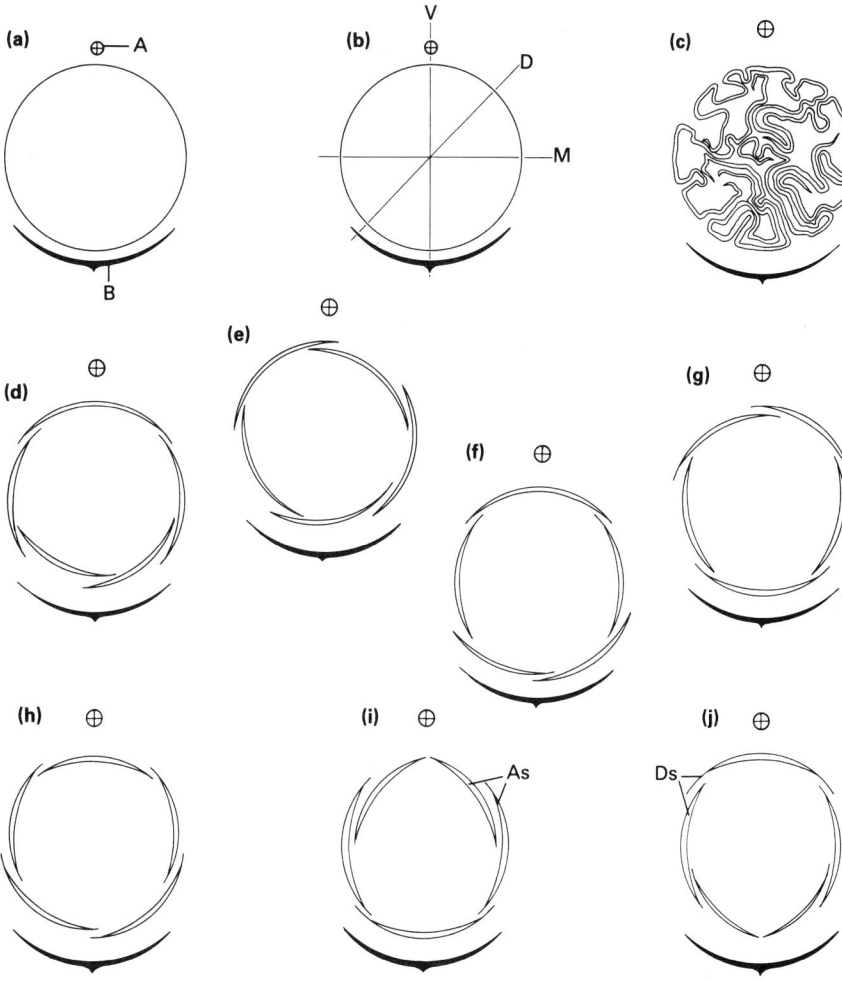

gane abwechselnd ein- oder umgeschlagen sind (Abb. **39e, 148**). Von einem Quincunx spricht man dann, wenn von fünf zu einem Wirtel angeordneten Blütenorganen zwei außen stehen, zwei innen und eines halb außen, halb innen (quincunciale Knospendeckung, Abb. **149e, f, g**). Neben der quincuncialen und der konvolutiven Knospendeckung gibt es noch einige weitere Möglichkeiten, wie fünf Periantelemente angeordnet sein können (Abb. **149d, h, i, j**). Greift in einem Blattwirtel jedes Element - von unten angefangen - über das ihm unmittelbar vorausgehende, so nennt man diese Art der Knospendeckung aufsteigend (Abb. **149i**); ist das Gegenteil der Fall, so ist von einer absteigenden Knospendeckung die Rede (Abb. **149j**). In einem vollständigen Blütendiagramm (S. 150) wird nicht nur die Symmetrie einer Blüte in ihrer Gesamtheit dargestellt, es gibt auch darüber Aufschluß, wie die in einzelnen Wirteln angeordneten Blütenorgane (z. B. die Kronblätter) relativ zueinander (z. B. zum Androeceum) stehen. Für ein eingehenderes Studium der Ästivation sei auf die umfassenden Darstellungen, die zu diesem Thema erschienen sind, hingewiesen, z. B. SCHOUTE (1935).

Abb. 149. Möglichkeiten der Knospendeckung schematisch dargestellt. **a)** Stellung der Blüte (Kreis) in bezug zu Abstammungsachse und Vorblatt; **b)** Symmetrieebenen; **c)** korrugative Ästivation; **d)-j)** imbrikate Ästivation (**e', f', g**: quincuncial). A: Achse. As: aufsteigende Knospendeckung. B: Braktee (Vorblatt). D: Diagonale. Ds: absteigende Knospendeckung. M: Transversalebene. V: Mediane.

Fortpflanzungsmorphologie: Blütendiagramme und Blütenformeln

Der einheitliche Bau der Blüten und ihre Symmetrieverhältnisse (S. 148) machen es uns möglich, sie in Form der üblichen schematischen Blütendiagramme darzustellen (S. 8) und zu Blütenformeln zusammenzufassen. Bei einem Blütendiagramm blickt der Betrachter sozusagen von oben auf die Blüte; es zeigt die Stellung der Blüte in bezug auf ihre Abstammungsachse und das Deckblatt, aus dessen Achsel sie hervorgeht (Abb. **149a**). Sind Vorblätter (Brakteolen) vorhanden, so wird ihre Anordnung ebenfalls angezeigt (Abb. **151a**). Die verschiedenen Organe einer Blüte, die der Blütenachse in aufsteigender Folge entspringen, Kelch, Krone, Staubblätter, Fruchtknoten (S. 146) werden in einer horizontalen Ebene dargestellt, wobei der Kelch ganz außen steht und der Fruchtknoten in der Mitte. Unterscheiden sich die Glieder der Blütenhülle äußerlich deutlich voneinander, so wird dies durch Verwendung unterschiedlicher Symbole hervorgehoben (Abb. **151a**). Jedes einzelne Staubblatt wird durch ein Symbol dargestellt, das gleichzeitig die Seite angibt, nach welcher sich die Antheren öffnen, um den Pollen auszustreuen, nach außen (Abb. **151a**) oder nach innen (Abb. **151b**). Das Gynoeceum wird in Form eines Querschnitts durch den Fruchtknoten gezeichnet, so daß die Anordnung der Fruchtblätter daraus ersichtlich ist. Sind die einzelnen Teile miteinander verwachsen, so wird dies durch eine an entsprechender Stelle verlaufende Linie angedeutet, welche die vereinten Organe miteinander verbindet. Bei dem in Abb. **151b** dargestellten Blütendiagramm sind die Petalen untereinander und mit je einem Staubblatt verwachsen (S. 234). Abb. **151d** zeigt einen Fall, in dem die Petalen an ihrer Basis verwachsen, an ihrem oberen Ende jedoch frei sind; die Kelchblätter dagegen sind in ihrer gesamten Länge miteinander verwachsen und die Staubblätter sind zu einer Röhre vereint. Auch der Knospendeckung (Ästivation, S. 148) innerhalb einer Blüte wird in einem Blütendiagramm Rechnung getragen (diese ist bei den Kronblättern: quincuncial, Abb. **151a**; klappig, Abb. **151b**; contort, Abb. **151d**). Gleichzeitig wird die Anordnung der Elemente eines Wirtels zu einem anderen aufgezeigt. Trifft der imaginäre Radius durch die Mitte eines Kronblattes auf eine Lücke zwischen zwei Kelchblättern oder auf eine Verwachsungsnaht, so werden diese Blattorgane alternierend genannt (Abb. **151d**). Liegen die Elemente benachbarter Wirtel dagegen auf demselben gedachten Radius, so spricht man von einer opponierten Stellung; die Staubblätter der in Abb. **151b** dargestellten Pflanze stehen also zu den Petalen opponiert; man kann auch sagen, sie stehen <u>vor</u> den Petalen.

Die Blüten vieler Pflanzen weisen Wirtel auf, bei denen nicht alle Elemente zur Ausbildung gelangt sind, so wie man es aufgrund theoretischer Erwägungen erwarten würde. Diese ausgefallenen Organe können in einem Diagramm durch einen Punkt oder ein Sternchen angedeutet werden (theoretisches Diagramm) (Abb. **151e**). Ein Blütendiagramm hebt das Maß an Symmetrie innerhalb einer Blüte hervor. Die einzelnen Elemente eines Wirtels werden alle gleich groß dargestellt, ohne daß dabei versucht wird, die mitunter beträchtlichen Größenunterschiede bei den Petalen, wie es bei vielen zygomorphen Blüten der Fall ist, herauszustellen.

Diesen Aspekt beleuchtet eine andere Art von Blütendiagramm, der Axialschnitt; dabei wird die Blüte so gezeichnet, als würde man sie nach einem Schnitt genau durch die Mediane von der Schnittseite her betrachten (Abb. **151c**). Die Art der Darstellung, wie sie für Blütendiagramme verwendet wird, kann auch zur Darstellung von Sproßsystemen (S. 8) sowie den Cyathien der Euphorbiaceae (Abb. **144, 151f**) herangezogen werden. Blütendiagramme und Axialschnitte durch Blüten können weiterhin durch den Zusatz einer Blütenformel ergänzt werden. Das ist eine Kombination aus Zahlen und Buchstaben, die über Anzahl der Blütenorgane und Wirtel, ihre Anheftung sowie den Aufbau des Gynoeceums Aufschluß gibt. Die Blütenformel für *Lamium album* (Abb. **151c, e**) lautet z. B.:

$$\cdot\mid\cdot \; K(5) \; [C(5) \; A4] \; \underline{G(2)},$$

wobei ·|· eine zygomorphe Blüte bedeutet (⌽ = radiärsymmetrisch und ◎ = spiralig im Gegensatz zu wirtelig), K = Kelch, C = Krone (Corolla), A = Androeceum und G = Gynoeceum. Die Ziffern geben die Anzahl der Elemente eines Wirtels an, z. B. 5 Kelchblätter, wobei runde Klammern dann stehen, wenn die Teile des Wirtels miteinander verwachsen sind. Eine sehr große Anzahl wird mit ∞ ausgedrückt, 0 bedeutet nicht vorhanden. Sind die Organe zweier separater Wirtel miteinander verbunden, so wird dies durch eckige Klammern angedeutet. Ein Balken über oder unter der Gynoeceumziffer zeigt an, ob ein unter- bzw. oberständiger Fruchtknoten vorliegt; dieses Merkmal wird in einem Blütendiagramm nicht gezeigt.

Fortpflanzungsmorphologie: Blütendiagramme und Blütenformeln | 151

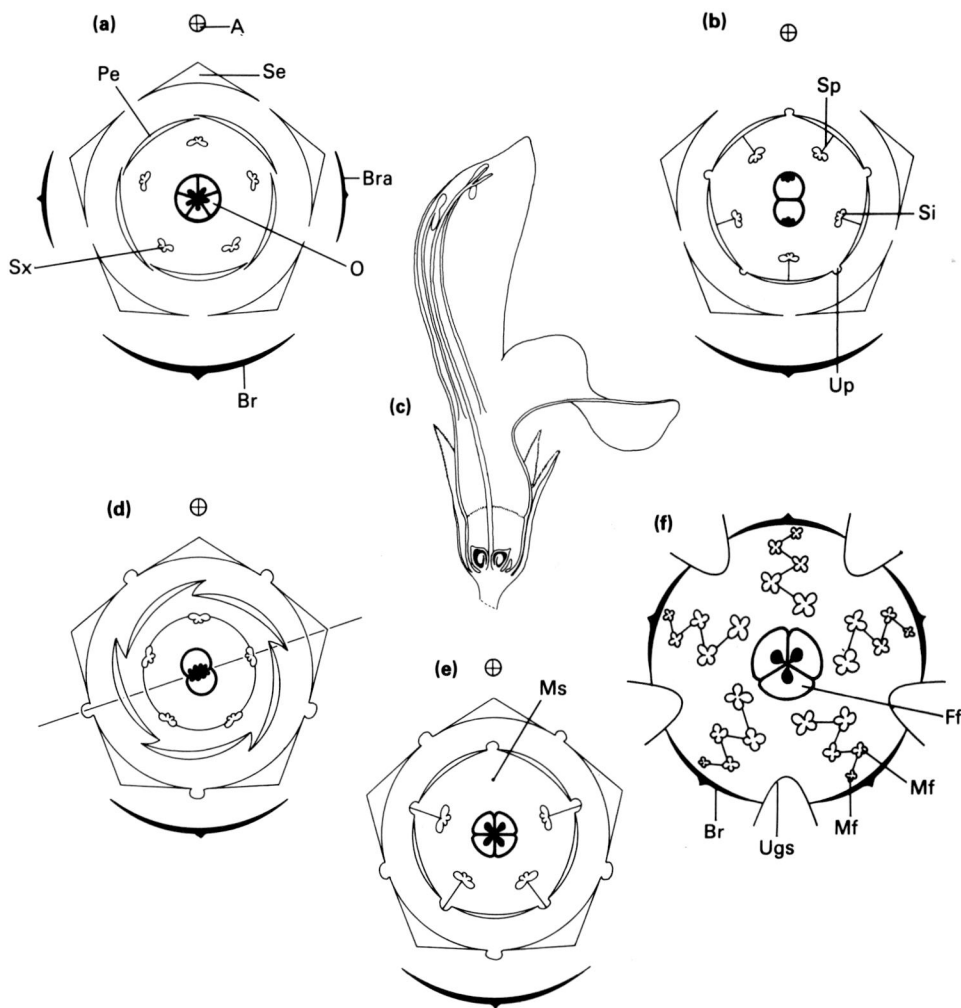

Abb. 151. Blütendiagramme. **a)** Symbole; **b)** Verwachsung von gleichartigen Organen und Organen verschiedener Art; **c)** *Lamium album,* Axialschnitt; **d)** Petalen mit Sepalen alternierend; **e)** Blütendiagramm von *Lamium album;* **f)** Blütendiagramm eines terminalen Cyathiums (S. 144) von *Euphorbia* sp. A: Abstammungsachse. Br: Deckblatt. Bra: Brakteole (S. 62). Ff: weibliche Blüte. Mf: männliche Blüte (nur Staubblätter). Ms: ausgefallenes Staubblatt. O: Ovar (Fruchtknoten). Pe: Petalum (Kronblatt). Se: Sepalum (Kelchblatt). Si: Staubblatt mit nach innen gewandtem Staubbeutel. Sp: mit dem Staubblatt verwachsenes Kronblatt. Sx: Staubblatt mit auswärts gewandtem Staubbeutel. Ugs: verwachsene und zu Drüsen umgewandelte Nebenblätter. Up: Verwachsung von Petalen.

Fortpflanzungsmorphologie: Bestäubungsmechanismen

Abb. 152a. *Aristolochia tricaudata*; **Abb. 152b.** *Aristolochia trilobata*
Die Organe der Blütenhülle sind zu einer Röhre verwachsen und bilden eine Kesselfalle, in welcher Insekten solange gefangen gehalten werden, bis die Bestäubung vollzogen ist.

Sobald die Pollenkörner von den Antheren (S. 146) freigegeben und auf die Narbenoberfläche einer Blüte übertragen werden, findet Bestäubung statt. Das kann nun die Narbe derselben Blüte sein, die einer anderen Blüte derselben Pflanze oder aber die Narbe der Blüte einer anderen Pflanze. Jede Blüte weist spezielle morphologische Merkmale auf, die im Dienste dieser Pollenübertragung stehen; zu diesem Thema ist bereits eine Reihe detaillierter Studien veröffentlicht worden (z. B. DARWIN 1884; KNUTH 1906; PROCTOR und YEO 1973; FAEGRI und VAN DER PIJL 1979). Bei den Bestäubungsmechanismen, vor allem dann, wenn Insekten daran beteiligt sind, finden oft rasche Bewegungen der Blütenorgane statt, die schwierig zu beobachten sind. Bei selbstbestäubenden Blüten können die Blütenorgane ihre Ausgangsposition wiedererlangen, doch auch hier sind sorgfältige Untersuchungen erforderlich. Eine Einteilung der Bestäubungsmechanismen wird auf Grund verschiedener Kriterien vorgenommen: (a) Das ausführende Agens der Bestäubung, z. B. Wind, Wasser, Invertebraten (Bienen, Schmetterlinge, Ameisen, Käfer, Fliegen, Wespen, Mollusken), Vertebraten (Fledermäuse, Vögel, Säugetiere, Reptilien) sowie Selbstbestäubung. (b) Die Art der Anlockung, z. B. Farbe, Form, Geruch, Geschmack, Bewegung, Zusammensetzung des Pollens, Nektar, fehlende Anlockung. Ein drittes Einteilungssystem (c) stützt sich mehr auf die morphologischen Merkmale der Blüten als auf Bestäubungsmodi oder Art der Anlockung (FAEGRI und VAN DER PIJL 1979); es läßt sich folgendermaßen untergliedern:

Fortpflanzungsmorphologie: Bestäubungsmechanismen | 153

(1) Blüte, die sich öffnet, wenn der Pollen ausgestreut wird
   (a) Blüte unauffällig (Abb. **213b**)
   (b) Blüte auffällig
      i. schüssel- oder napfförmig (Abb. **153a**)
      ii. glocken- oder trichterförmig (Abb. **153b**)
      iii. kopfig oder bürstenförmig (Abb. **153g**)
      iv. schlundförmig (Abb. **153d**)
      v. fahnenförmig (Abb. **153h, i**)
      vi. röhrenförmig (Abb. **153f, j**)
(2) Blüte, die von Blütenbesuchern geöffnet wird, wenn sie den Pollen ausstreut (Abb. **153c, e**)
(3) Blüte, die für den Blütenbesucher als Falle wirkt (Abb. **152 a, b**)
(4) Blüte, die dauernd geschlossen bleibt und zwangsläufig selbstbestäubt wird
(5) Blüte, die zusätzlich zu anderen Bestäubungsmechanismen über Selbstbestäubung verfügt.
Dieses System läßt sich gleichermaßen auf einen gesamten Blütenstand anwenden, wie auch auf eine einzelne Blume oder Blüteneinheit (Pseudanthium), wie z. B. das Köpfchen bei Vertretern der Compositae (Abb. **141j, 144**). Darüberhinaus ließe sich jede erdenkliche Anzahl ähnlicher Systeme konstruieren oder austüfteln.

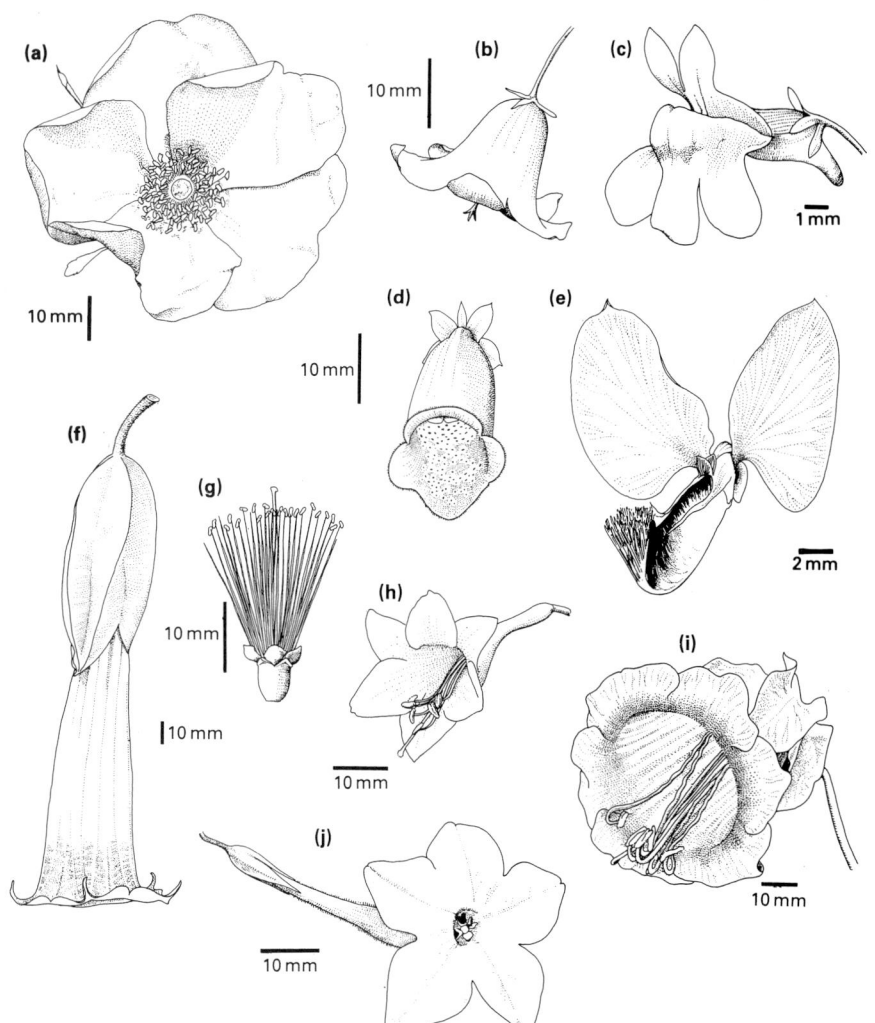

Abb. 153. **a)** *Rosa rugosa*, schüsselförmig; **b)** *Campanula persicifolia*, Glocke; **c)** *Cymbalaria muralis*, Öffnungsmechanismus; **d)** *Digitalis purpurea*, schlundförmig; **e)** *Polygala virgata*, Öffnungsmechanismus; **f)** *Datura sanguinea* (vergl. Abb. **235d**), Röhre; **g)** *Callistemon* sp., bürstenförmig; **h)** *Hosta sieboldiana*, flaggenförmig; **i)** *Cobaea scandens*, fahnenförmig; **j)** *Nicotiana tabacum*, Röhre.

Fortpflanzungsmorphologie: Morphologie der Früchte

Abb. 154. *Sterculia platyfoliacia*
Apocarpes Gynoeceum; die fünf Karpelle einer jeden Blüte (Abb. **147h**) trennen sich in sehr frühen Entwicklungsstadien voneinander; daraufhin öffnet sich ein jedes nach Art einer Balgfrucht (Abb. **157q**).

Laut Definiton versteht man unter einer Frucht eine Blüte im Zustand der Samenreife. Im botanischen Sinne bedeutet dies, daß eine Frucht als eine Samen tragende oder beinhaltende Struktur (d. h. als ein befruchteter Fruchtknoten) aufzufassen ist, ungeachtet ihrer Qualität als eßbares Objekt. Eine Frucht wird dann als Einzelfrucht (Abb. **157a-h, o-v**) bezeichnet, wenn sie sich aus dem einzigen Karpell des Fruchtknotens (S. 146) einer Einzelblüte entwickelt oder aus dem einzelnen Fruchtknoten eines coenocarpen Gynoeceums (Abb. **147h**) hervorgeht. Leitet sich die Frucht dagegen von einer Blüte mit chorikarpem Gynoeceum ab, bei welchem die Fruchtblätter nicht miteinander verwachsen sind (Abb. **147g**), so wird sie als Sammelfrucht bezeichnet (Abb. **157i-k**). Von einem Fruchtstand spricht man, wenn an der Bildung der Frucht eine Gruppe von Blüten beteiligt ist (Abb. **157l-n**). Die Definition von Frucht als eine »Blüte im Zustand der Samenreife« besagt, daß neben dem Gynoeceum auch noch andere Organe, wie z. B. der Blütenboden oder Perianthglieder, an der Fruchtbildung beteiligt sein können (**157g, h**). Eine systematische Einteilung der Früchte wird zum Teil anhand von morphologischen Merkmalen, zum Teil aber auch in bezug auf die Ausbreitungsmechanismen (S. 160) vorgenommen. Wir wollen hier einen repräsentativen Überblick (VAN DER PIJL 1969) über die gebräuchlichsten Begriffe geben (S. 156). Üblicherweise werden Früchte entweder als »trocken« oder »fleischig« eingeteilt oder nach ihrem Öffnungsmechanismus als Springfrüchte (Streu-, Öffnungsfrüchte, die aufplatzen, wenn die Samen freigegeben werden) oder Schließfrüchte (bei denen die Samen von der Fruchtwand umschlossen bleiben) bezeichnet. Fleischige Früchte weisen dennoch oft eine harte, verholzte Schicht auf, die einen Teil der Fruchtwand, des Perikarps, darstellt. Das Perikarp geht aus der Wand des Fruchtknotens hervor und ist aus drei Schichten aufgebaut, dem äußeren Exokarp, dem inneren Endokarp und dem dazwischen liegenden Mesokarp. Demnach ist die alleräußerste Schicht einer vollständigen Kokosnuß *(Cocos nucifera)* oder eines Pfirsichs *(Prunus persica)* als Exokarp anzusprechen, die faserige Hülle der Kokosnuß bzw. das Fruchtfleisch beim Pfirsich stellen das Mesokarp dar, während die harte Schale bzw. der Stein das Endokarp ausmachen. Beide Früchte sind im botanischen Sinne Steinfrüchte (Abb. **157f**), und der dünne braune Überzug unmittelbar an der Innenseite des harten Endokarps ist die Samenschale (Testa), die den Embryo umgibt (der zusätzlich mit Endosperm ausgestattet sein kann, S. 163). Bei einer Beere (Abb. **157e**) ist die Samenschale sklerenchymatisch, alle Perikarplagen dagegen sind faserig oder fleischig ausgebildet. Die äußere, pigmentierte Schale einer Frucht aus der Gattung *Citrus* stellt somit das Exokarp dar, die darunter liegende weiße Schicht ist das Mesokarp, und das Endokarp besteht aus einer Menge saftiger Emergenzen - dem eßbaren Anteil. Jeder Same besitzt eine harte Samenschale. Dieser besondere Typ von Beere mit einem Endokarp aus saftigen Emergenzen wird Zitrusfrucht genannt. Typische Beeren (Abb. **157e**) stellen die Trauben des Weins *(Vitis vinifera)* dar.
(Fortsetzung auf Seite 156.)

Fortpflanzungsmorphologie: Morphologie der Früchte | 155

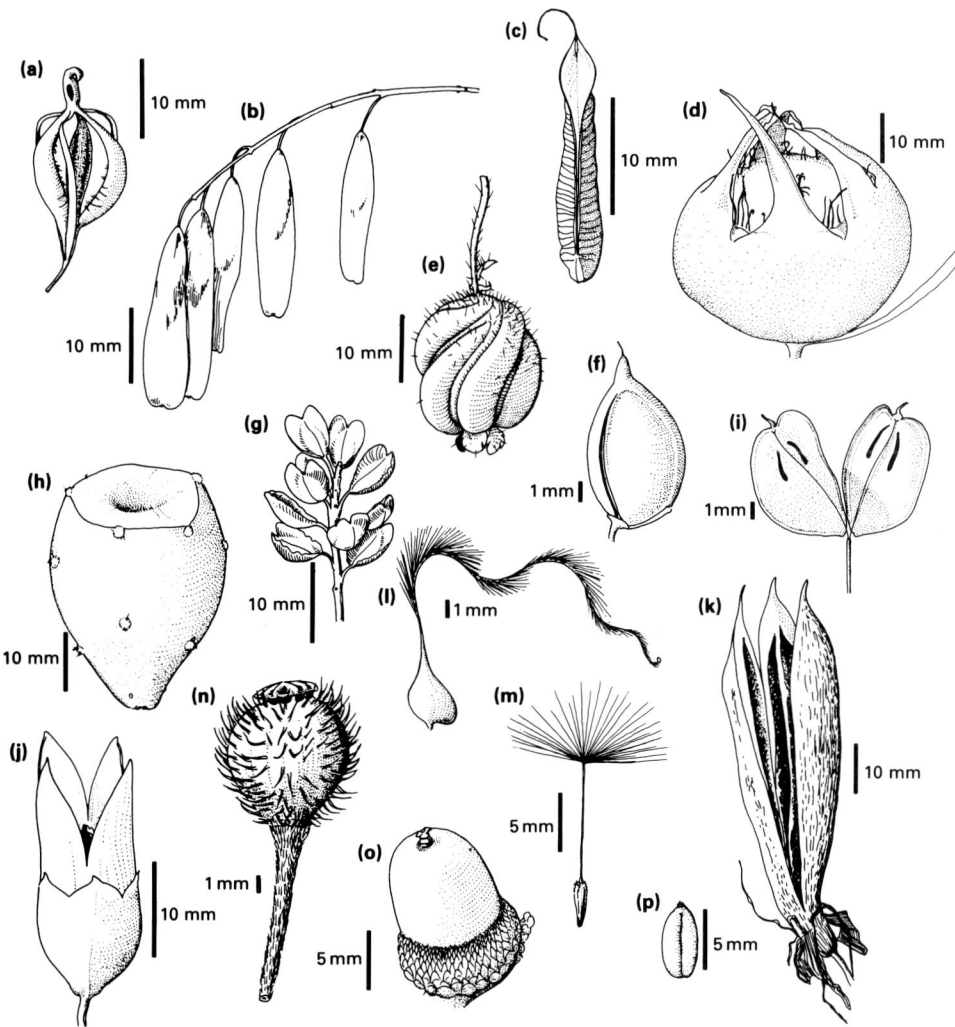

Abb. 155. a) *Epidendrum* sp., septifrage (scheidewandbrüchige) Kapsel; **b)** *Fraxinus excelsior*, Flügelfrucht; **c)** *Aquilegia vulgaris*, Balg; **d)** *Mespilus germanica*, Apfelfrucht (Sammelbalgfrucht); **e)** *Blumenbachia insignis*, scheidewandspaltige Kapsel; **f)** *Carmichaelia australis*, Hülse; **g)** *Phlox* sp., Kapsel; **h)** *Opuntia* sp., Beere; **i)** *Heracleum sphondylium*, Spaltfrucht; **j)** *Vestia lycoides*, Kapsel; **k)** *Phormium tenax*, rückenspaltige Kapsel; **l)** *Clematis montana*, Nüßchen; **m)** *Taraxacum officinale*, Achäne, unterständiger Fruchtknoten; **n)** *Papaver hybridum*, Porenkapsel; **o)** *Quercus petraea*, Nuß; **p)** *Triticum aestivum*, Karyopse.

Fortpflanzungsmorphologie: Morphologie der Früchte (Fortsetzung)

Abb. 156. *Entada* sp.
Eine gewaltige, holzige Hülse. Der Abstand zwischen den Autoscheinwerfern beträgt 60 cm.

A. Achäne. Schließfrucht. Trocken. In der Regel klein aus zwei (Compositae, Dipsacaceae) oder drei (Valerianaceae) Karpellen bestehend.

B: Karyopse. Nußfrucht mit oberständigem Fruchtknoten, bei der die Samenschale (Testa) mit dem Perikarp verwachsen ist (z. B. Gramineae, S. 186).

C. Nuß. Schließfrucht. Trocken. Verholztes Perikarp. Im allgemeinen groß und mit mehr als einem Fruchtblatt.

D. Flügelfrucht. Geflügelte Nuß.

E. Beere. Schließfrucht. Fleischiges Perikarp, sklerenchymatische Testa (Weintraube *Vitis vinifera*).

F. Steinfrucht. Schließfrucht. Exokarp fest und Mesokarp fleischig. Endokarp holzig. Samenschale nicht holzig (Pflaume *Prunus domestica*).

G. Sammelbalgfrucht, Apfelfrucht. Fleischig. Blütenboden fleischig. Testa holzig (Apfel *Malus pumila*).

H. Nußfrucht mit Cupula. An der Fruchtbildung sind Emergenzen beteiligt.

I. Sammelnußfrucht.

J. Sammelbeere.

K. Sammelsteinfrucht.

L. Zapfen. Trockener Fruchtstand aus Nüssen, mit Beteiligung der Brakteen (Hopfen *Humulus lupulus*).

M. Fleischiger Fruchtstand (Maulbeere *Morus* spp.; Ananas *Ananas comosus,* Abb. **233**).

N. Syconium. Fleischige Frucht mit Nüssen, die der Innenfläche der urnenförmigen Blütenstandsachse ansitzen (Abb. **241**).

O. Spaltfrucht. Eine Frucht, die auseinanderbricht, ohne dabei Samen zu entlassen. Jedes Bruchstück umfaßt eine (einsamige) Teilfrucht oder Kokke, diese bleibt geschlossen (Schließfrucht).

P. Bruchfrucht, Gliederhülse. Eine Frucht, die sich von einer atypisch geschlossenen Hülse (R) ableitet.

Q. Balgfrucht. Streufrucht. Einzelnes, nur auf einer Seite, der »Bauchnaht«, aufspringendes Karpell.

R. Hülse. Streufrucht. Einzelnes Karpell, das sich auf zwei Seiten, der Bauch- und der Rückennaht, öffnet.

S-Y. Kapseln. Aus mehr als einem Karpell gebildete Streufrüchte.

S. Schote. Streufrucht. Zwei Fruchtblätter, die entlang ihres Plazentarrahmens (Replums) aufreißen.

T. Schötchen. Streufrucht. Eine kurze Schote.

U. Pyxidium, Deckelkapsel. Aufspringende Kapsel mit einem Deckel.

V. Porenkapsel. Kapsel öffnet sich mit Poren.

W. Fach-, rückenspaltige Kapsel. Streufrucht. Kapsel, bei der sich jedes Karpell öffnet.

X. Scheidewandbrüchige Kapsel. Streufrucht. Kapsel, bei der die Samen an der zentralen Säule stehen bleiben. (Kann entweder rückenspaltig – wie gezeigt – oder scheidewandspaltig wie in Y sein).

Y. Scheidewandspaltige Kapsel. Streufrucht. Kapsel, bei der sich die Karpelle voneinander ablösen.

Eine umfangreichere Auflistung findet sich bei RADFORD et al. (1974).

Fortpflanzungsmorphologie: Morphologie der Früchte (Fortsetzung) | 157

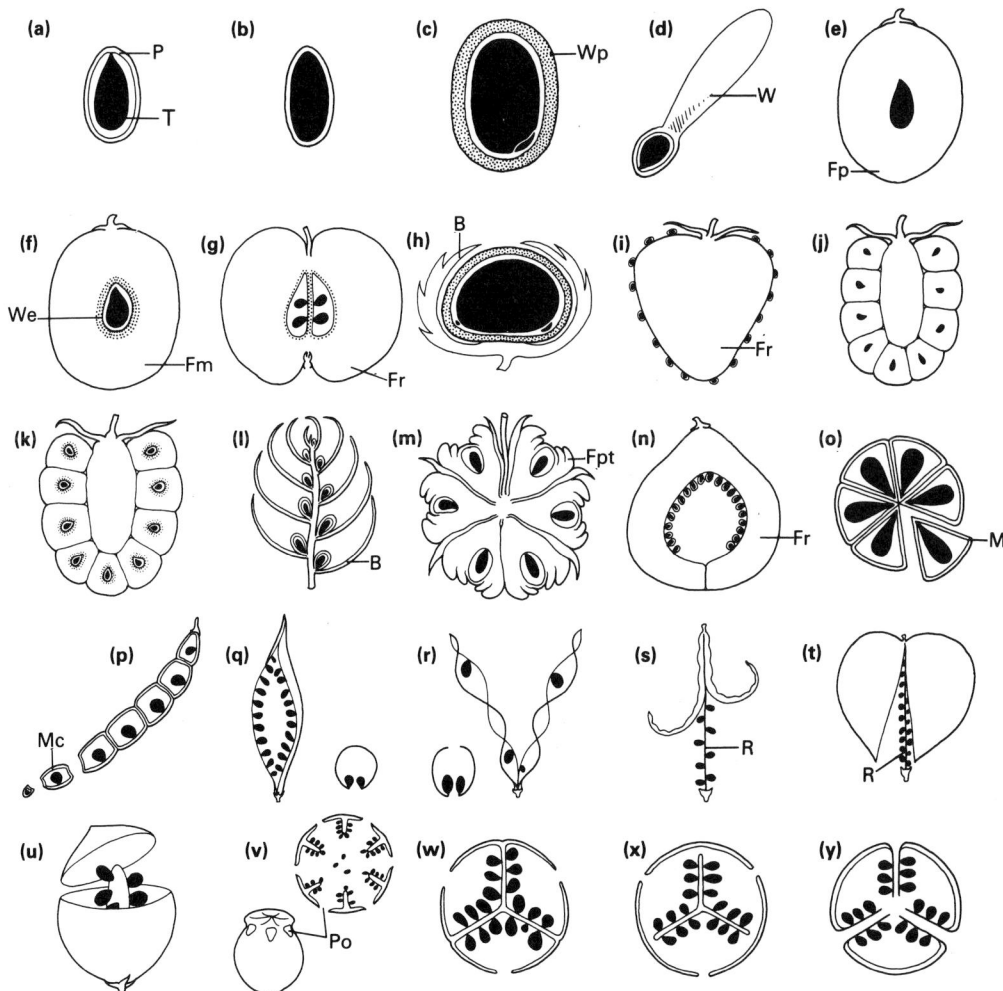

Abb. 157. Fruchtformen (S. 156) (Samen schwarz gezeichnet). B: Braktee. Fm: fleischiges Mesokarp. Fp: fleischiges Perikarp. Fpt: fleischiger Perianth. Fr: fleischiger Blütenboden. Mc: Teilfrucht (Merikarp). Po: Pore. R: Replum (Plazentarrahmen). T: Testa (Samenschale). W: Flügel. We: holziges Endokarp. Wp: holziges Perikarp.

158 | Fortpflanzungsmorphologie: Morphologie der Samen

Abb. 158. *Paullinia thalictrifolia*
Ein schwarzer, glänzender Same hängt an einem weißen Arillus aus einer offenen roten Beere heraus.

Jede Samenanlage eines Fruchtknotens (S. 146) entwickelt sich, sofern eine Befruchtung stattgefunden hat, zu einem Samen. Das Stielchen, mit dem die Samenanlage und später der Same mit der Plazenta verbunden ist, wird als Funikulus bezeichnet und kann bei der Samenverbreitung (S. 160) aus der reifen Frucht (S. 154) eine wichtige Rolle spielen. Löst sich der Same vom Funiculus ab, so bleibt am Samen eine Narbe zurück, das Hilum (Samennabel, Abb. **159e**). Das distale Ende einer Samenanlage wird von zwei Hüllen, den Integumenten gebildet. Normalerweise berühren sie sich an ihren Enden nicht, sondern lassen an der Spitze eine Öffnung, die Mikropyle (Abb. **159l**) frei, durch die der Pollenschlauch während der Befruchtung in die Samenanlage eindringen kann. Wenn die Samenanlage zu einem Samen heranreift, entwickeln sich eines oder beide Integumente zur Samenschale oder Testa. Die Mikropyle kann auf dem Samen sichtbar bleiben (Abb. **159e**). Einige Samenanlagen sind sozusagen um 180° über den Funiculus hinweggekrümmt (anatrope Stellung der Samenanlage, Abb. **159m** im Gegensatz zur atropen Stellung, Abb. **159l**) und die Mikropyle liegt dann in unmittelbarer Nähe des Hilums. Der Funiculus erscheint als Furche, die an der Seite der Samenanlage entlangläuft und als Raphe (Samennaht) bezeichnet wird. Die Samenschale kann sehr kompliziert gebaut und auch sehr hart sein (Sclerotesta). Bildet die Testa dagegen eine weiche, fleischige Schicht aus, so wird sie Sarkotesta genannt. Bei vielen von Vögeln und anderen Tieren verbreiteten Samen (van der Pijl 1969) ist die Samenschale zu einer harten Testa umgebildet und mit einem

Fortpflanzungsmorphologie: Morphologie der Samen

auffällig verdickten, fleischigen, arillusähnlichen Anhängsel versehen. Ist dieser Keimwulst eine Ausgliederung der Raphe, so nennt man ihn Strophiole (Abb. **159a**), tritt er direkt neben der Mikropyle auf, so wird er, vor allem wenn er besonders hart ist, als Caruncula (Abb. **159b**) bezeichnet. Darüber hinaus können noch weitere komplizierte Strukturen um das mikropylare Ende eines Samens entwickelt sein; diese werden falsche Samenmäntel (Abb. **159c**) genannt und können beim Ablösen eine weitere Narbe hinterlassen, das sogenannte falsche Hilum. Eine fleischige Ausgliederung des Funiculus, die fast den gesamten Samen umhüllt, ist der Arillus (Samenmantel, Abb. **158, 159d, f**). Der Ausdruck »Same« wird oft in irreführender Weise auf eine ganze Frucht oder zumindest Teile davon angewendet, insbesondere dann, wenn der eigentliche Same innerhalb eines trockenen, geschlossen bleibenden Perikarps verwachsen ist. Die »Samen« der Gräser (Gramineae), Doldenblütler (Umbelliferae) und der Chenopodiaceae sind im morphologischen Sinne Früchte (Karyopse, Nuß, S. 156).

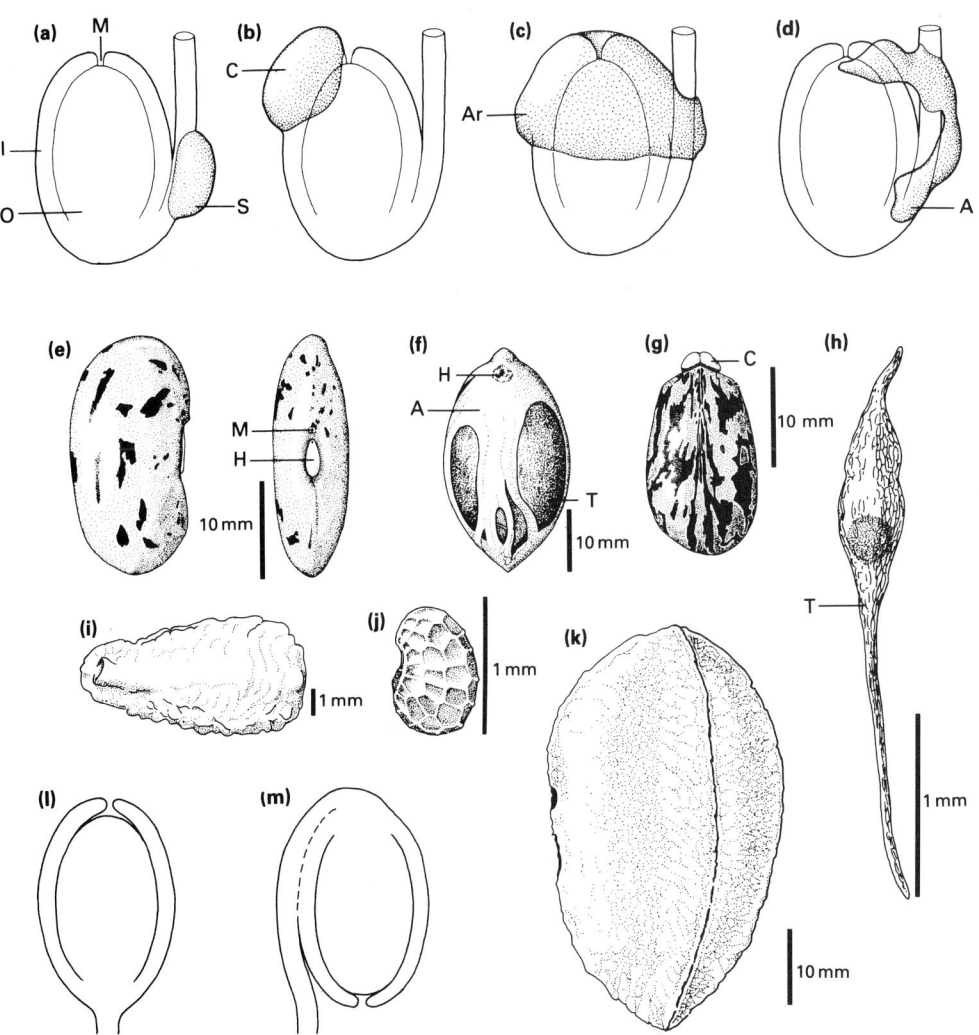

Abb. 159. a)-d) arillusartige Samenanhängsel, **a)** Strophiole, **b)** Caruncula, **c)** falscher Samenmantel, **d)** Arillus. **e)-k)** einzelne Samen, **e)** *Phaseolus vulagris*, **f)** *Myristica fragrans*, **g)** *Ricinus zanzibarensis*, **h)** *Epidendrum ibaguense*, **i)** *Proboscidea louisianica*, **j)** *Papaver hybridum*, **k)** *Bertholletia excelsa*, der Paranußbaum, **l)** atrope Samenanlage, **m)** anatrope Samenanlage. A: Arillus. Ar: falscher Samenmantel. C: Caruncula. F: Funiculus. H: Hilum. I: Integument. M: Mikropyle. O: Samenanlage. S: Strophiole. T: Testa.

160 | Fortpflanzungsmorphologie: Frucht- und Samenausbreitung

Abb. 160. *Geranium* sp.
Zwei Früchte. Jede ist bereits explodiert. Fünf Karpelle haben sich an der Basis von der Mittelsäule gelöst und nach innen eingedreht, wobei die Samen nach Art einer Katapultschleuder hinausgeschleudert wurden.

Pflanzen werden durch das Freisetzen ablösbarer Abschnitte ausgebreitet, die sich in Entfernung von der Mutterpflanze festsetzen. Diese Gebilde – Früchte, Samen, Brutzwiebeln (S. 172) – werden Diasporen genannt, Ausbreitungseinheiten. Früchte als Ganzes oder auch die einzelnen Samen können durch eine Reihe verschiedener Faktoren verbreitet werden; am häufigsten werden hierbei Wind, Wasser und Tiere (Vögel, Insekten etc.) angegeben, es treten aber auch Schleudermechanismen auf. Sowohl Früchte als auch Samen weisen morphologische Einrichtungen auf, die nachweislich im Dienste der Ausbreitung stehen. Durch Wind ausgebreitete Früchte oder Samen besitzen in der Regel Strukturen, die zur Oberflächenvergrößerung beitragen. Diese können in Form von Flügelsäumen (Abb. **155b**), Fallschirmen (Abb. **155m, 161f**) oder Haaren (Abb. **155l**) ausgebildet sein. Hakige Dornen (S. 76) an Früchten weisen in der Regel auf eine »epizoochore« Ausbreitung an Fell oder Federn von Tieren (Abb. **161b, e**) hin; bei der Freigabe der Samen ist oft ein passiver, durch Schüttelbewegungen begünstigter Schleudermechanismus beteiligt (Abb. **161d**). Passive Schleuderbewegungen treten auch bei Pflanzen mit Porenkapseln auf (Abb. **155n**). Aktive Schleudermechanismen funktionieren einerseits aufgrund plötzlichen Aufreißens einer Springfrucht beim Austrocknen (Abb. **160**), andererseits kann dabei auch Turgorzunahme eine Rolle spielen (Abb. **161c**). Früchte und Samen, die verzehrt und auf diese Weise von Tieren (»endozoochor«) ausgebreitet werden, sind in der Regel wenigstens zum Teil fleischig (Abb. **161g**). Dabei kann der eßbare Anteil nur aus einem Teil oder der gesamten Fruchtwand (Perikarp) bestehen, das Endokarp kann sich in den Hohlraum des Fruchtknotens zwischen die Samen hineinschieben (das Fruchtfleisch,

Fortpflanzungsmorphologie: Frucht- und Samenausbreitung | 161

Pulpa). Ist die Frucht selbst weder fleischig noch anderweitig attraktiv, so kann sie beim Öffnen zumindest einen reichen Farbkontrast von Frucht, Same und Samenanhängseln, z. B. einen Arillus (Abb. **158**), zur Schau stellen. Der Samenstiel (Funikulus) kann ebenso bunt gefärbt sein, verlängert oder fleischig, und den Samen aus der Frucht herausbaumeln lassen. Die Samenschale ist gewöhnlich hart, außer im Falle einer Sarkotesta (S. 158). Früchte oder Samen, die von Ameisen ausgebreitet (bzw. gesammelt) werden, weisen ein ölhaltiges Anhängsel, das Elaiosom, auf, das aus verschiedenen morphologischen Strukturen des Samens hervorgegangen sein kann, z. B. einer modifizierten Caruncula oder Strophiole (Abb. **159**) oder anderen Elementen an Früchten oder Fruchtverbänden. Früchte und Samen können auch überhaupt nicht aktiv ausgebreitet werden, sondern einfach in unmittelbarer Nähe der Pflanze zu Boden fallen (Abb. **155o**) oder sogar durch einen sich biegenden Fruchtstiel in den Boden hinein gedrückt werden (Abb. **267a, c**). Fängt ein Same bereits in der Frucht an zu keimen, noch bevor diese von der Pflanze abgefallen ist, nennt man diese Pflanze vivipar (lebend gebärend, Abb. **166**).

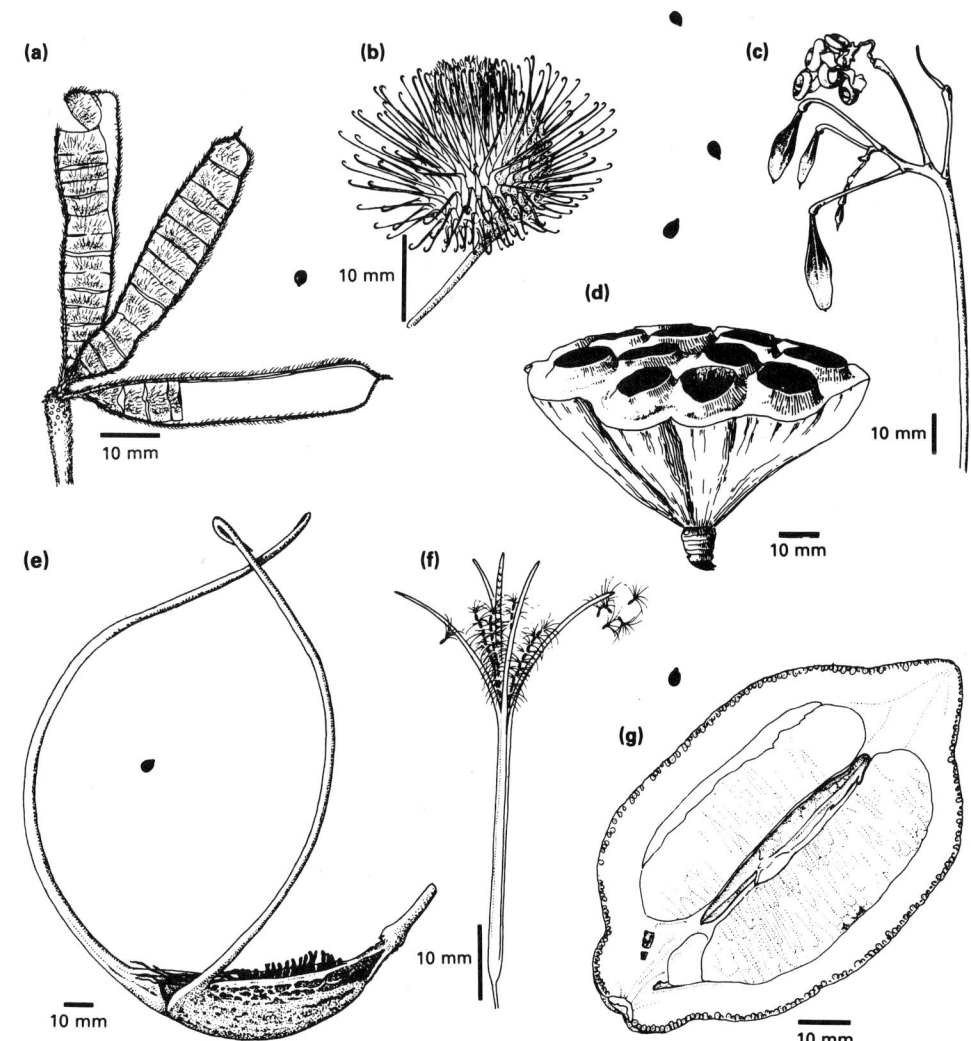

Abb. 161. **a)** *Mimosa berlondiera*, passiver Schleudermechanismus; **b)** *Arctium minus*, Tierverbreitung, mit Haken besetzte Brakteen; **c)** *Impatiens glandulifera*, aktive Schleuderbewegung; **d)** *Nelumbo nucifera*, passiver Schleudermachanismus mit Wasser; **e)** *Proboscidea louisianica*, Tierverbreitung, mit Haken besetzte Frucht; **f)** *Epilobium montanum*, Windverbreitung, Samen mit Federn besetzt; **g)** *Citrus limon*, Tierverbreitung, aktiv, fleischiges Endokarp.

162 | Morphologie der Keimpflanze: Terminologie

Abb. 162. *Ocimum basilicum*
Sämlinge von oben betrachtet. Epigäische Keimung (vergl. Abb. **165a**) mit zwei vergleichsweise großen Keimblättern, die gedrängt zu einem Paar sich entwickelnder Laubblätter stehen.

In der Regel enthält jeder Same (S. 158) nur einen Embryo, in welchem in den ersten Differenzierungsstadien von Geweben und Organen das künftige Sproß- und Wurzelsystem angelegt wurde. Der Same enthält gewöhnlich auch eine begrenzte Menge gespeicherter Nährstoffe, die es dem Embryo ermöglichen, die Samenschale zu durchstoßen und sich zu einer unabhängigen, zur Photosynthese befähigten Pflanze zu entwickeln. Dieser Vorgang wird als Keimung (S. 164) bezeichnet, die junge Pflanze heißt bis zu einem unbegrenzten, willkürlichen Alter, zumindest jedoch solange, wie die Kotyledonen erhalten sind, Keimpflanze (Keimling, Sämling) (Erstarkung, S. 168, 314). Je nach Art der Keimung und Abstammung der Pflanze, monokotyl oder dikotyl, unterscheiden sich die im Samen eingeschlossenen Embryonen und die keimenden Sämlinge deutlich voneinander. Der Embryo und damit auch der Keimling einer dikotylen Pflanze besitzt zwei Keimblätter (Kotyledonen). Diese sitzen dem Kotyledonarknoten einer Achse an, die an ihrem einen Ende eine Keimwurzel (Radikula) und am anderen das Apikalmeristem eines Sprosses (S. 16) bzw. die Plumula (Keimknospe) aufweist (Abb. **163**). Der Übergang zwischen Sproß und Wurzel (die sogenannte Übergangszone) kann mehr oder minder kontinuierlich oder auch abrupt erfolgen, und die morphologische Grenze ist ohne anatomische Untersuchung des Leitbündelsystems nicht unbedingt leicht zu erkennen; in anderen Fällen kann an dieser Stelle ein deutlicher Wurzelhals (Abb. **163c**) ausgebildet sein. Den Achsenabschnitt zwischen Kotyledonarknoten und Übergangszone nennt man

Morphologie der Keimpflanze: Terminologie

Hypokotyl (S. 166), das Achsenstück unmittelbar über den Keimblättern Epikotyl. Die Keimblätter selbst können gelappt oder gestreckt sein und im Inneren des Samens auf mannigfaltige Weise gefaltet vorliegen – ähnlich den Blättern in einer Knospe (S. 38). In der Regel sind sie beide gleich groß, doch bei einigen Dikotyledonen ist eines der beiden Keimblätter sehr viel größer als das andere (Abb. **163f, 209**). Sie stehen meist zueinander gegenständig am Knoten und weisen oft einen sehr kurzen Stiel auf. In der Achsel jedes Keimblattes stehen axilläre Knospen (S. 236). Während des Keimungsvorgangs (S. 164) spielen die Keimblätter eine entscheidende Rolle; sie speichern beispielsweise Nährstoffe oder übernehmen Assimilationsfunktion oder beides. Bei den Monokotyledonen dient das einzige Keimblatt nicht zur Nährstoffspeicherung; Nährstoffe werden in dieser Klasse im Inneren des Samens in Form eines dem Embryo anliegenden Endosperms bereitgestellt. Der Kotyledo nimmt das gesamte Endosperm auf, sobald der Same keimt. Darüber hinaus vermag er auch Assimilationsfunktion zu übernehmen (S. 164).

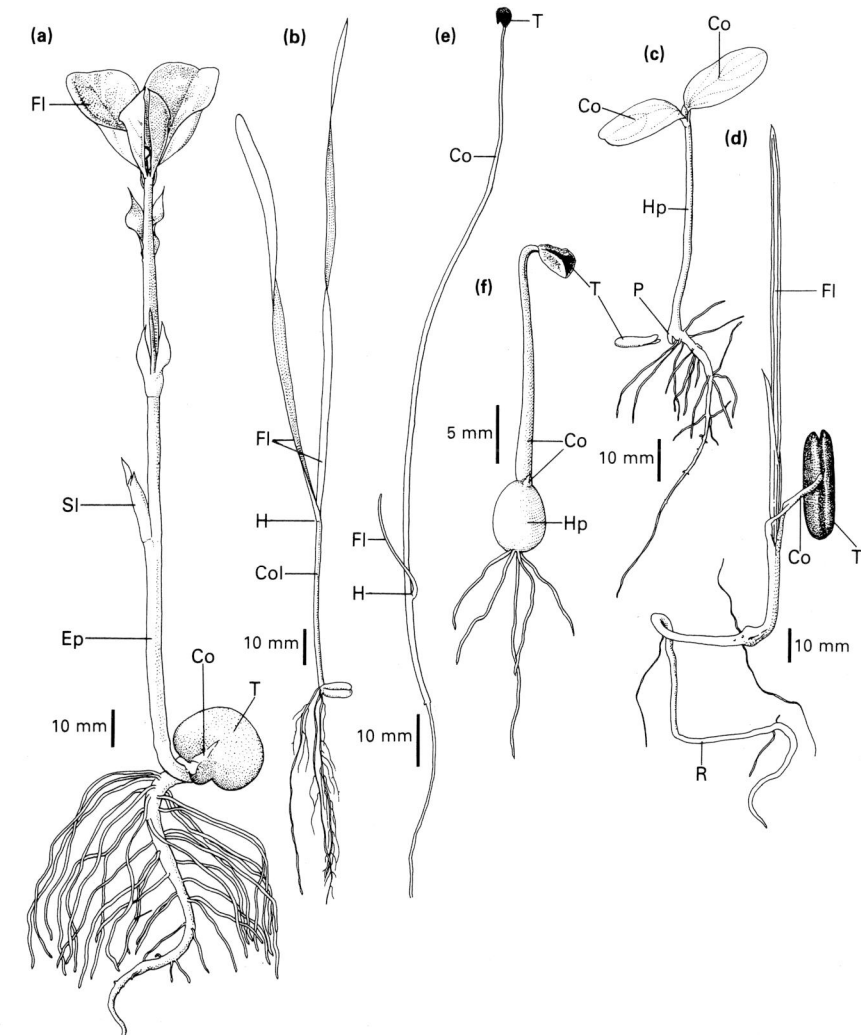

Abb. 163. a) *Vicia faba*, hypogäische (unterirdisch keimende) Dikotyledone; **b)** *Triticum aestivum*, hypogäische Monokotyledone; **c)** *Cucumis sativus*, epigäische (oberirdisch keimende) zweikeimblättrige Pflanze; **d)** *Phoenix dactylifera*, hypogäische einkeimblättrige Pflanze; **e)** *Allium cepa*, epigäische Monokotyle; **f)** *Cyclamen persicum*, epigäische Dikotyle (Anisokotylie, S. 32). Co: Kotyledonen. Col: Koleoptile (S. 164). Ep: Epikotyl. Fl: Laubblatt. H: Höhlung. Hp: Hypokotyl. P: Wurzelhals. R: Wurzel. Sl: Schuppenblatt. T: Testa.

Morphologie der Keimpflanze: Keimung

Während der Keimung nimmt der Same zunächst Wasser auf (Quellung). Der zur Verankerung (S. 168) des Keimlings wichtigste Schritt ist jedoch die Ausbildung einer oder mehrerer Wurzeln, die zusätzliches Wasser aufzunehmen vermögen und die Pflanze im Substrat befestigen. Die im Samen gespeicherten Nährstoffe liegen entweder in den Kotyledonen (nur bei vielen Dikotyledonen) und/oder in Form eines Endosperms vor, welches bei der Befruchtung zusätzlich zum Embryo entsteht und innerhalb der Samenschale den Embryo umgibt. Bei einigen Arten spielt auch Gewebe der Samenanlage (S. 154), das Periderm, eine Rolle als Nahrungsquelle. Je nach Lage der Keimblätter während des Keimungsvorgangs unterscheidet man die epigäische von der hypogäischen Keimung; »-gäisch« bezieht sich dabei auf die Bodenoberfläche (»Erde«), »epi« heißt über und »hypo« unter. Demnach keimt ein epigäischer Sämling (Abb. **165a, c, e**) dergestalt, daß seine Keimblätter (Abb. **163c**) oder sein Keimblatt (Abb. **163e**) über den Boden gebracht werden. Bei einer hypogäischen Keimung dagegen streckt sich die Achse so, daß die Kotyledonen (Abb. **165b**) oder der Kotyledo (Abb. **165f, g**) unter der Erdoberfläche oder zumindest auf gleicher Höhe damit verbleiben. Damit die Keimblätter über das Bodenniveau gelangen, muß sich der Achsenabschnitt unterhalb der Keimblätter, das Hypokotyl (S. 166), strecken. Bei Kotyledonen, die im Boden verbleiben, verlängert sich der oberhalb der Keimblätter stehende Achsenabschnitt, das Epikotyl. Das bedeutet: bei einer hypogäischen Keimung streckt sich das Epikotyl, bei einer epigäischen Keimung das Hypokotyl.

Die Funktionsverlagerungen, welche die Kotyledonen während der Keimung vollführen, sind in Abb. **165** dargestellt. Eine ungewöhnliche Art der Keimung, bei der die sich streckenden Kotyledonarstiele eine besondere Rolle spielen, wurde bei *Vitellaria paradoxum* (Abb. **41g**) beobachtet.

Bei den Monokotyledonen streckt sich das Keimblatt bei der Keimung, wobei seine distale Spitze in der Samenschale mit dem Endosperm verbleibt, während das proximale Ende den Rest des Embryos aus der Samenschale hinaus schiebt (Abb. **163d, 165f, g**). Das Keimblatt ist der Sproßachse in nahezu stengelumgreifender Weise angeheftet, wie dies auch für die Laubblätter der Monokotylen charakteristisch ist (S. 14). Es kann auf diese Art eine Röhre bilden, in deren Basis der Sproßscheitel zunächst verborgen ist. Das zweite Blatt tritt daraufhin aus einem Loch oder Spalt an der Seite des Keimblattes hervor (Abb. **163e**). Bei anderen einkeimblättrigen Pflanzen streckt sich der Kotyledo nicht (Gräser), sondern verbleibt innerhalb des Samens und absorbiert das Endosperm. Das zweite Organ, das gebildet wird, stellt eine assimilierende Scheide dar, die Koleoptile; diese wird entweder als zweites Blatt oder als Teil des Kotyledos selbst interpretiert (S. 180).

Die Primärwurzel (Keimwurzel, Radikula) eines Dikotyledonen-Sämlings bildet in dem Maße, in dem sie an Umfang zunimmt, Seitenwurzeln aus. Bei einem Monokotyledonen-Embryo sind in der Regel zusätzlich zur Primärwurzel schon eine Reihe von Wurzelprimordien (S. 94) angelegt (sproßbürtige Wurzeln, S. 98). Wurzeln, die bereits vor der Keimung im Embryo als Primordien vorliegen, werden oft ebenfalls als Keimwurzeln bezeichnet.

Abb. 164. *Cucurbita pepo*
Keimling mit epigäischer Keimung. Die photosynthetisierenden Kotyledonen haben beträchtlich an Größe zugenommen und sind nun wesentlich größer als die Samenschale (Testa) (noch sichtbar), die sie einmal umschlossen hat.

Morphologie der Keimpflanze: Keimung | 165

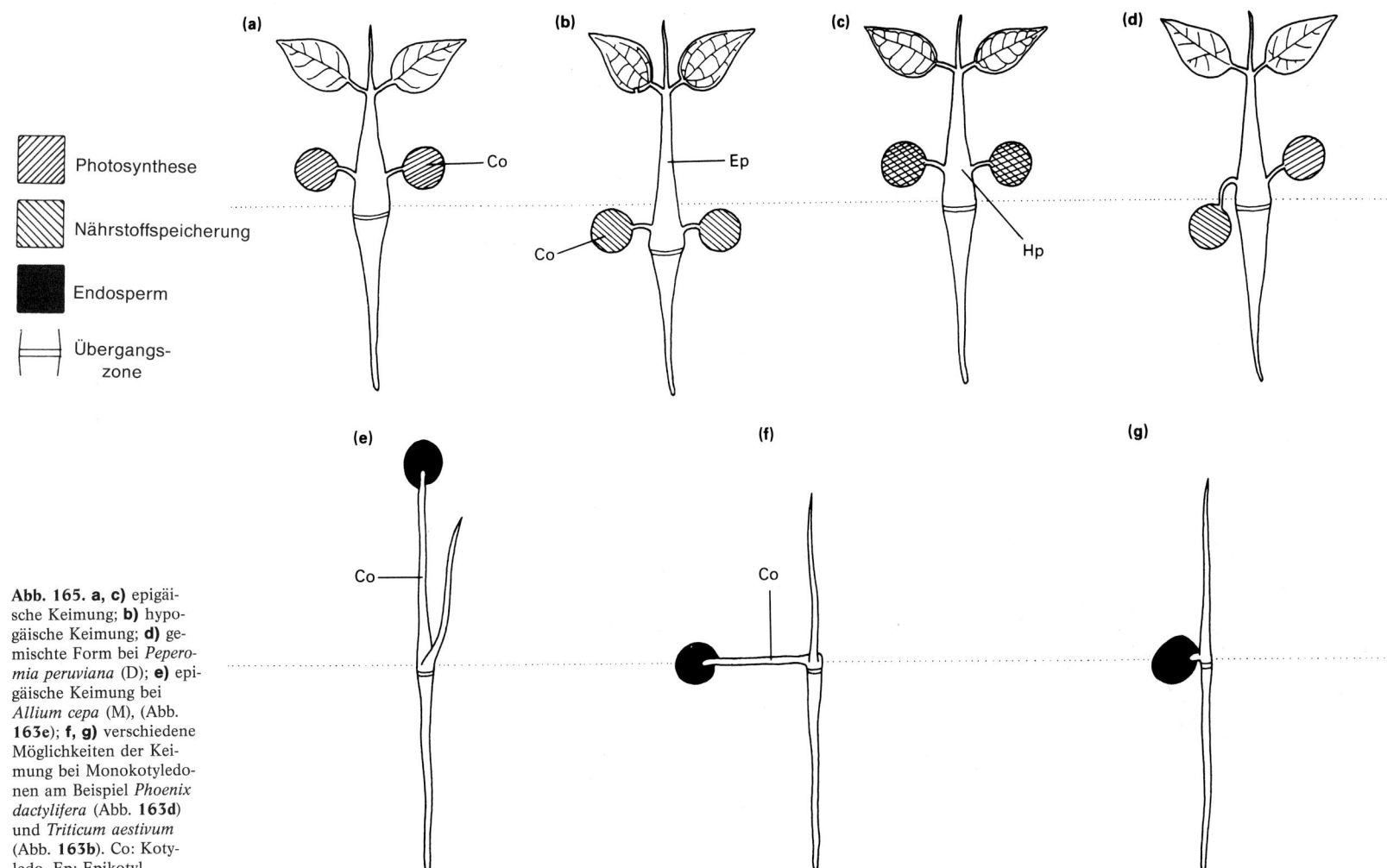

Abb. 165. **a, c)** epigäische Keimung; **b)** hypogäische Keimung; **d)** gemischte Form bei *Peperomia peruviana* (D); **e)** epigäische Keimung bei *Allium cepa* (M), (Abb. 163e); **f, g)** verschiedene Möglichkeiten der Keimung bei Monokotyledonen am Beispiel *Phoenix dactylifera* (Abb. 163d) und *Triticum aestivum* (Abb. 163b). Co: Kotyledo. Ep: Epikotyl. Hp: Hypokotyl.

166 | Morphologie der Keimpflanze: Hypokotyl

Abb. 166. *Rhizophora mangle*
Der Embryo keimt aus, während Frucht und Same noch mit der Mutterpflanze verbunden sind. Die Keimung kommt durch eine Streckung des Hypokotyls zustande, das in diesem Stadium den größten Teil des Keimlings ausmacht. Das Epikotyl ist immer noch im Samen eingeschlossen, die Radikula (Keimwurzel) ist am unteren, gesprenkelten Ende des Keimlings zu erkennen.

Das Hypokotyl einer Pflanze ist derjenige Abschnitt der Sproßachse, der den Knoten, an dem die Keimblätter (bei Dikotyledonen) inseriert sind, mit dem proximalen Ende der Keimwurzel verbindet. Bei Pflanzen mit epigäischer Keimung (Abb. **163c**) ist das Hypokotyl gestreckt. Der Bereich, in dem das Hypokotyl in die Wurzel übergeht, die Übergangszone, ist äußerlich oft schlecht abzugrenzen, ihre innere Struktur hingegen ist anatomisch durchaus gut ausgeprägt. Beim Leitbündelsystem des Hypokotyls herrschen die in die Kotyledonen einziehenden Elemente vor. Das Hypokotyl weist oft einen wurzelähnlichen Habitus auf, trägt z. T. Wurzelhaare und bildet häufig sogar Adventivwurzeln aus (S. 98). Per definitionem trägt das Hypokotyl keine Blätter; es kann also oberflächlich betrachtet der Keimwurzel ähneln, mit der es direkt verbunden ist. Auch kann es Knospen aufweisen, die, da sie nicht in den Achseln von Blättern stehen, Adventivknospen (Hypokotylknospen, Abb. **167c**) darstellen. Auf diese Weise kann unterhalb der Kotyledonen ein ausgedehntes Sproßsystem ausgebildet werden, und die Plumula (S. 162) entwickelt sich unter Umständen erst gar nicht. Das Hypokotyl kann auf gleiche Weise wie eine Zugwurzel (S. 106) kontraktil sein. Häufig ist das Hypokotyl beträchtlich verdickt und bildet eine Speicherknolle (Hypokotylknolle). Bei verschiedenen Arten können darüberhinaus die Sproßinternodien über den Kotyledonen sowie die Wurzel unterhalb der Übergangszone in die Verdickung einbezogen sein. Ohne gründliche entwicklungsgeschichtliche Untersuchungen der Anatomie dieser Knollen ist es oftmals schwierig zu entscheiden, welchen Anteil dabei Sproß, Hypokotyl oder Wurzel haben (Abb. **167a-d**). Der Sproßabschnitt sollte Blätter tragen oder Blattnarben aufweisen, und der Wurzelbereich Seitenwurzeln, möglicherweise sogar in regelmäßigen senkrechten Reihen. Eine Streckung des embryonalen Hypokotyls, noch bevor Frucht und Same abgefallen sind, führt zu Viviparie. Bei manchen Mangrovenarten z. B. (Abb. **166**) fällt der gesamte Keimling vom Baum. Echte Viviparie, bei der der Same noch vor der Ausbreitung keimt, ist relativ selten. Falsche Viviparie (Brutbildung, S. 176), bei der anstelle von Blüten wurzelnde vegetative Knospen gebildet werden, ist dagegen häufig anzutreffen. Bei einigen Vertretern parasitischer Pflanzen spielt das Hypokotyl der sehr jungen Keimpflanzen bei der Anheftung des Parasiten an den Wirt eine Rolle (S. 108).

Morphologie der Keimpflanze: Hypokotyl | 167

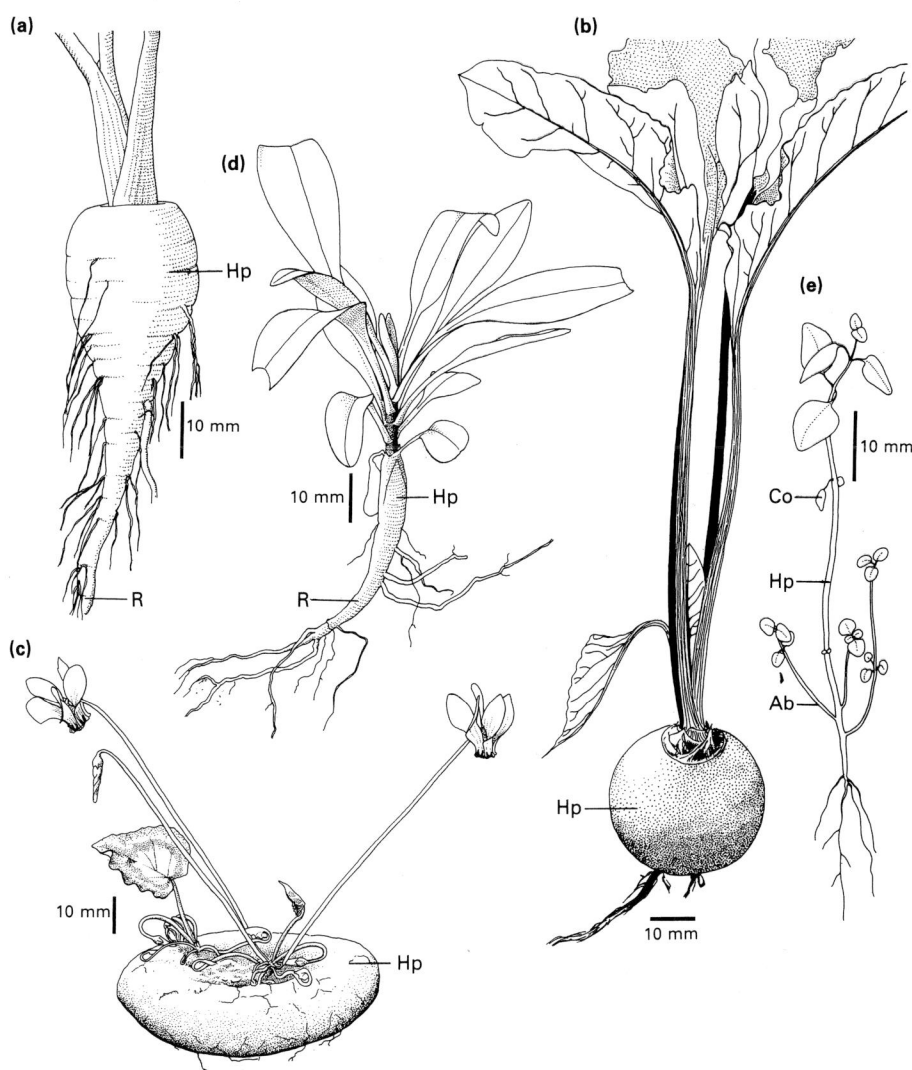

Abb. 167. a)-d) Wurzelknollen (S. 110), die einen oberen (proximalen) Abschnitt des verdickten Hypokotyls einschließen. **a)** *Pastinaca sativa,* **b)** *Beta vulgaris,* **c)** *Cyclamen hederifolium,* **d)** *Centranthus ruber,* **e)** *Antirrhinum majus.* Ab: aus Adventivknospen (S. 232) hervorgegangener Sproß. Co: Kotyledo. Hp: Hypokotyl. R: Radikula.

Morphologie der Keimpflanze: Verankerung und Erstarkungswachstum

Durch den Keimungsprozeß (S. 164) wird eine junge Keimpflanze so verankert, daß sie im Boden festsitzt, Wasser aufnehmen und assimilieren kann. Dieses Sich-Festsetzen und Erstarken ist ein fortlaufender Prozeß und wird von einer Reihe morphologischer Vorgänge bestimmt, die zur Entwicklung des Wurzelsystems und eines ausgedehnten Sproßsystems führen. Zwischen dem morphologischen Entwicklungszustand einer Pflanze (S. 314) und ihrem tatsächlichen Alter ist in vielen Fällen keine Verbindung erkennbar. Insbesondere bei der Entwicklung von Monokotylen-Keimlingen verdient das Erstarkungswachstum Beachtung. Den Sproßachsen und Wurzeln der Einkeimblättrigen fehlt die Fähigkeit, ihren Umfang zu erweitern; alle Wurzeln sind somit relativ dünn und entspringen der Sproßachse (sproßbürtige Wurzeln, S. 98). Der Entwicklung zusätzlicher Wurzeln muß demnach eine Zunahme der Sproßoberfläche auf Bodenniveau vorausgehen (HOLTTUM 1954). Von TOMLINSON und ESLER (1973) werden verschiedene Möglichkeiten des Erstarkungswachstums bei Monokotyledonen wie folgt aufgeführt:

A. (Abb. **169c**) Bei Palmen ist jedes nachfolgend ausgebildete Internodium ein klein wenig dicker als das vorhergehende; die Internodien an sich sind sehr kurz. Daraus entwickelt sich eine Keimpflanze, welche die Form eines auf dem Kopf stehenden Kegels aufweist und durch Zugwurzeln (S. 106) in den Boden gezogen wird. Ist der Kegel auf diese Weise erstarkt, so werden nachfolgend längere Internodien ausgebildet, und der Stamm entsteht. Auf der vergrößerten Kegeloberseite ist nun genügend Platz zur Entwicklung vieler sproßbürtiger Wurzeln.

B. (Abb. **169i**) Viele Monokotyledonen bilden Rhizome aus (S. 130), die - bis auf wenige Ausnahmen - sympodial aufgebaut (S. 250) sind. Dasselbe trifft auf die Erstarkung der Keimpflanzen zu: Knospen an der Basis der Plumula (Keimknospe) entwickeln sich zu kleinen, gedrungenen sympodialen Einheiten, deren distale Enden sich aufrichten; diese tragen Knospen, aus denen wiederum etwas größere Einheiten hervorgehen und so fort.

C. (Abb. **169h**) Die in B. dargestellte sympodiale Verzweigungsabfolge kann dergestalt variiert werden, daß sich die Wuchsrichtung in bezug auf die Schwerkraft ändert, was zur Bildung einer noch stärker ausgedehnten bewurzelbaren Oberfläche führt. Dadurch wird der erstarkte Keimling noch fester im Boden verankert.

D. (Abb. **169f**) Diese Änderung in der Ausrichtung kann allein auf die Sproßspitze beschränkt sein, ohne daß dabei seitliche Verzweigungen einbezogen wären. Dennoch kann sich der Stammdurchmesser von Internodium zu Internodium beträchtlich erweitern, wie dies bereits in A. dargelegt wurde.

E. Bei einigen Arten der Gattung *Cordyline* (Agavaceae) wächst die Plumula in der unter A. beschriebenen Weise, ohne jedoch dabei derart gestauchte Internodien auszubilden, sondern aufgrund von sekundärem Dickenwachstum (S. 16). Zusätzlich entwickelt sich eine Knospe nahe der Basis des Sämlings zu einem senkrecht nach unten wachsenden Rhizom, das die Pflanze durch die Ausbildung sproßbürtiger Wurzeln im Boden verankert (Abb. **169k**). Eine Aufeinanderfolge solcher Änderungen in der Ausrichtung wird am Beispiel *Costus spectabilis* gezeigt (Abb. **169d**).

F. (Abb. **169g**) Das Wachstum mancher Keimlinge geht rasch und in orthotroper Richtung (S. 246) vonstatten, wobei ein rankender oder klimmender Habitus in Verbindung mit der Ausbildung von Stelzwurzeln (S. 102) der Pflanze Halt verleihen.

Diese Möglichkeiten des Sich-Festsetzens und Erstarkens sind nicht allein auf die Keimpflanze beschränkt; aus ruhenden Knospen, die erst sehr viel später austreiben (Reiteration, Neuaustrieb, Wiederholungstrieb, S. 298), können sich der ursprünglichen Keimlingsachse ähnliche Sproßsysteme entwickeln. Die Sproßachse eines Dikotyledonen-Keimlings kann in den meisten Fällen aufgrund der Tätigkeit eines Kambiums (S. 16, Abb. **169e**) seinen Umfang nahezu unbegrenzt erweitern. Die Art und Weise, wie sich eine solche Pflanze im Boden verankert und erstarkt, ist also im allgemeinen eine andere als bei den Monokotyledonen, da das Wurzelsystem weitgehend aus Verzweigungen der Keimwurzel hervorgeht und weniger von der Bildung sproßbürtiger Wurzeln bestimmt ist. Bei rhizom- oder ausläuferbildenden Dikotyledonen (Abb. **169a**) spielt die Keimwurzel keine so bedeutende Rolle, da an den seitlichen Verzweigungen dieser Achsen weitere Sprosse entstehen, aus denen – wie bei den Monokotyledonen auch – sproßbürtige Wurzeln hervorgehen können. Davon abgesehen können die Keimlinge dikoty-

Morphologie der Keimpflanze: Verankerung und Erstarkungswachstum

ler Pflanzen auch Zugwurzeln besitzen sowie ein kontraktiles Hypokotyl; es herrschen z. T. komplizierte Verankerungsmechanismen vor, wie z. B. bei *Oxalis hirta* (Abb. **169j**). Auch frühzeitig sich entwickelnde Knospen in den Achseln der Kotyledonen oder am Hypokotyl (Abb. **167e**) können als Erstarkungsmechanismen wirken, ebenso wie die sich biegenden Sproßachsen bei *Salix repens* (Abb. **267b**). Eine extreme Form verfrühter Entwicklung ist bei Pflanzen verwirklicht, bei denen der Same bereits keimt, während er noch in der Frucht eingeschlossen ist und an der Mutterpflanze hängt. Man nennt dies Viviparie, z. B. *Rhizophora* (Abb. **166**). Einen Überblick über die vielfältigen Möglichkeiten der Erstarkung von Waldbäumen in bezug auf ihr Keimungsverhalten gibt MIQUEL (1987); zu Pflanzen mit unterirdischen Speicherorganen (S. 170) sei auf PATE und DIXON (1982) verwiesen.

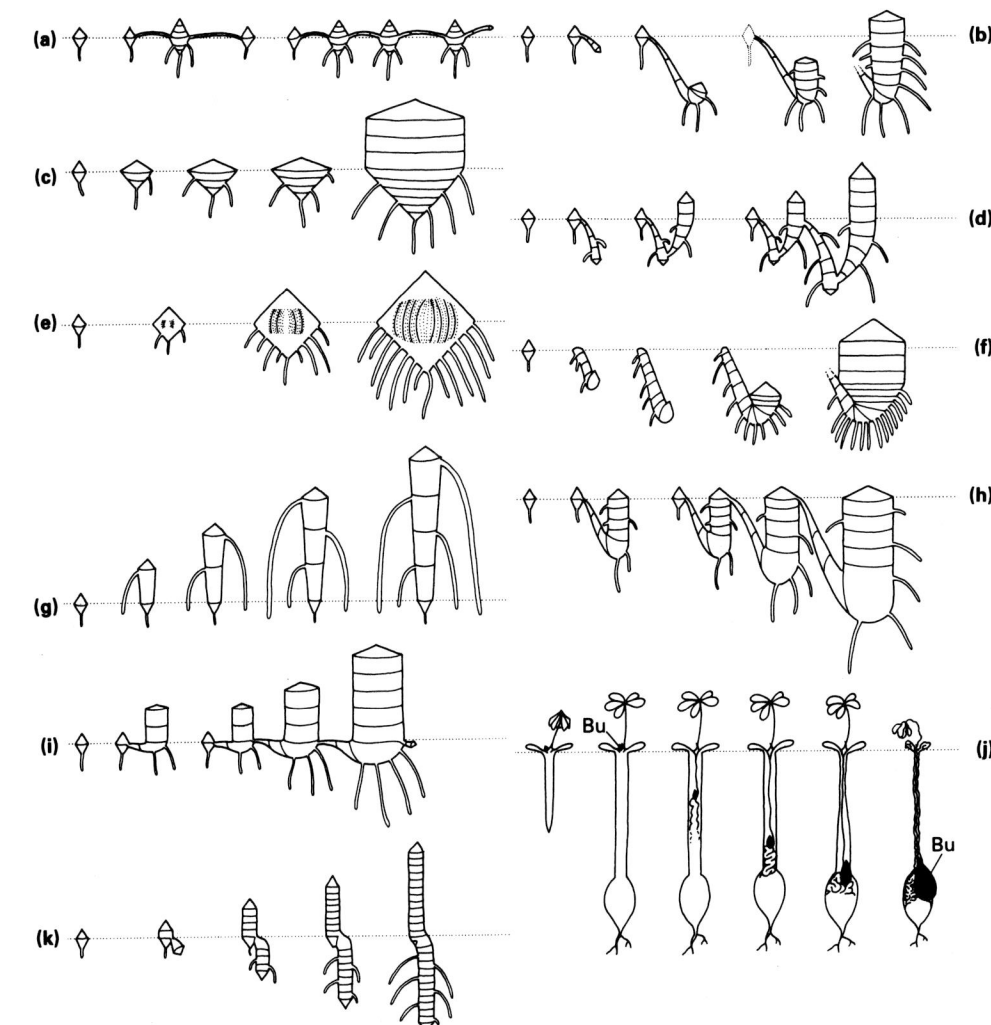

Abb. 169. Beispiele für Erstarkungswachstum. **a)** Ausbildung von Ausläufern ausgehend von der Mutterpflanze; **b)** Ausbildung nachfolgender, größerer, aber kurzlebiger sympodialer Einheiten (vergl. **h**); **c)** Dickenzunahme bei den nachfolgenden Internodien; **d)** Größenzunahme der nachfolgenden sympodialen Einheiten mit einer Änderung der Wuchsrichtung; **e)** Umfangzunahme aufgrund von Kambiumtätigkeit; **f)** wie »c« mit zunächst abwärts gerichtetem Wachstum; **g)** anfängliches senkrechtes Wachstum unterstützt durch Stelzwurzeln; **h)** Zunahme an Dicke und Tiefenlage aufeinanderfolgender langlebiger sympodialer Einheiten; **i)** Größenzunahme aufeinanderfolgender sympodialer Einheiten; **j)** *Oxalis hirta*, Kontraktion der Keimwurzel in Verbindung mit einer Streckung des Laubblattstiels führt zu einer Abwärts-Verlagerung der axillären Knospe (Bu) in den Boden (DAVEY 1946); **k)** Ausbildung eines einzelnen, nach unten wachsenden Seitensprosses.

170 | Vegetative Vermehrung: Rhizome, Sproßknollen, Zwiebeln, Ausläufer, Ableger

Die vegetative Vermehrung (auch vegetative Fortpflanzung genannt, wenn sie der sexuellen Fortpflanzung gegenübergestellt werden soll) ist ein Vorgang, der nicht ablaufen kann, ohne daß bestimmtes Gewebe dabei abstirbt, so daß Teile einer bereits existierenden Pflanze abgelöst werden und sich als selbständige Pflanzen neu bewurzeln. Spezielle Trenngewebe können wie im Falle sich ablösender Brutzwiebeln (S. 172) ausgebildet werden, oder eine Pflanze zerfällt durch Fragmentation, wie das bei Wurzelknospen (S. 178) der Fall ist, wobei sich das Gewebe zwischen den lebenden Komponenten zersetzt. Jede der folgenden morphologischen Strukturen, Rhizom (S. 130), Ausläufer (S. 132), Ableger (S. 134), orthotrope Sproßknolle (S. 136), Zwiebel (S. 84) und Knolle (Sproßknolle, S. 138, Wurzelknolle, S. 110) unterliegt der vegetativen Vermehrung durch Absterben und Zerfall von altem Gewebe. Ausläufer- und Ablegerachsen sind meist relative lange und dünne Sproßabschnitte mit gestreckten Internodien, die von Bereichen mit sehr kurzen Internodien abgelöst werden und sproßbürtige Wurzeln (S. 98) aufweisen. Durch das Absterben der Ausläufer- oder Ablegerachse werden die bewurzelten und nun unabhängigen Tochterpflanzen (von denen man in der Einzahl als Dividuum spricht, die in ihrer Gesamtheit jedoch als Klon bezeichnet werden) von der Mutterpflanze getrennt (Abb. **171a, b**). Die Achse eines Rhizoms ist im typischen Fall kräftiger und gedrungener als die eines Ausläufers und fragmentiert im allgemeinen nur dann, wenn sie sich verzweigt. Sobald der ursprüngliche, proximale Abschnitt zugrunde geht, trennt sich das Dividuum in zwei neue Dividuen auf; dies geschieht jedesmal, wenn der Fäulnisprozess eine Verzweigungsstelle erreicht (Abb. **171c, d**). Bei der Definition des Begriffes »Rhizom« wird im allgemeinen das horizontale Wachstum unter der Erdoberfläche besonders betont. Eine Reihe epiphytischer Pflanzen bilden nun Sproßachsen mit Rhizomen aus, die mehr oder weniger senkrecht an Baumstämmen entlang wachsen (Abb. **294a**). Eine Art »Luft«-Rhizom wird von einigen Arten holziger Monokotylen (z. B. *Cordyline*) gebildet. Diese Rhizome entwickeln sich in ähnlicher Weise abwärts gerichtet, wie wir sie aus der Erstarkung des Keimlingsrhizoms kennen (Abb. **169k**). Sie sind darüber hinaus befähigt, sich unter bestimmten Bedingungen als eigenständige Pflanzen zu bewurzeln. Unter einer orthotropen Sproßknolle wird eine kompakte, gedrungene und verdickte Sproßachse verstanden, die senkrecht im Boden steckt und an ihrem distalen oder proximalen Ende Tochtersproßknollen tragen kann. Die Tochtersproßknollen stellen dabei axilläre Knospen dar, die sich in den Achseln von Blättern der Mutterknolle entwickelt haben. Stirbt schließlich die Mutterknolle ab, so werden die Tochterknollen freigesetzt (Abb. **171f, h**). Das gleiche geschieht bei der vegetativen Vermehrung der Zwiebeln (Abb. **171m**). Wiederum ist die Sproßachse vertikal ausgerichtet, doch die Nährstoffe werden nicht wie im Falle der orthotropen Sproßknolle im verdickten Stamm gespeichert, sondern in den Blattbasen oder in Schuppenblättern. Knospen in den Achseln der Blätter können sich zu Tochterzwiebeln entwickeln, die dann rings um die Mutterpflanze angeordnet sind, die schließlich verrottet. Eine plagiotrope Knolle kann sich entweder aus einer verdickten und in den Achseln ihrer Blätter Knospen tragenden Sproßachse entwickeln oder aus einer angeschwollenen Wurzel, die unabhängig von Blättern Adventivknospen trägt. In beiden Fällen stehen die Knollen meist über dünne, langgestreckte

Abb. 170. *Cylindropuntia leptocaulis*
Die großen, runden Früchte tragen ablösbare Ausbreitungseinheiten mit zähen, von Widerhaken besetzten Dornen.

Vegetative Vermehrung: Rhizome, Sproßknollen, Zwiebeln, Ausläufer, Ableger | 171

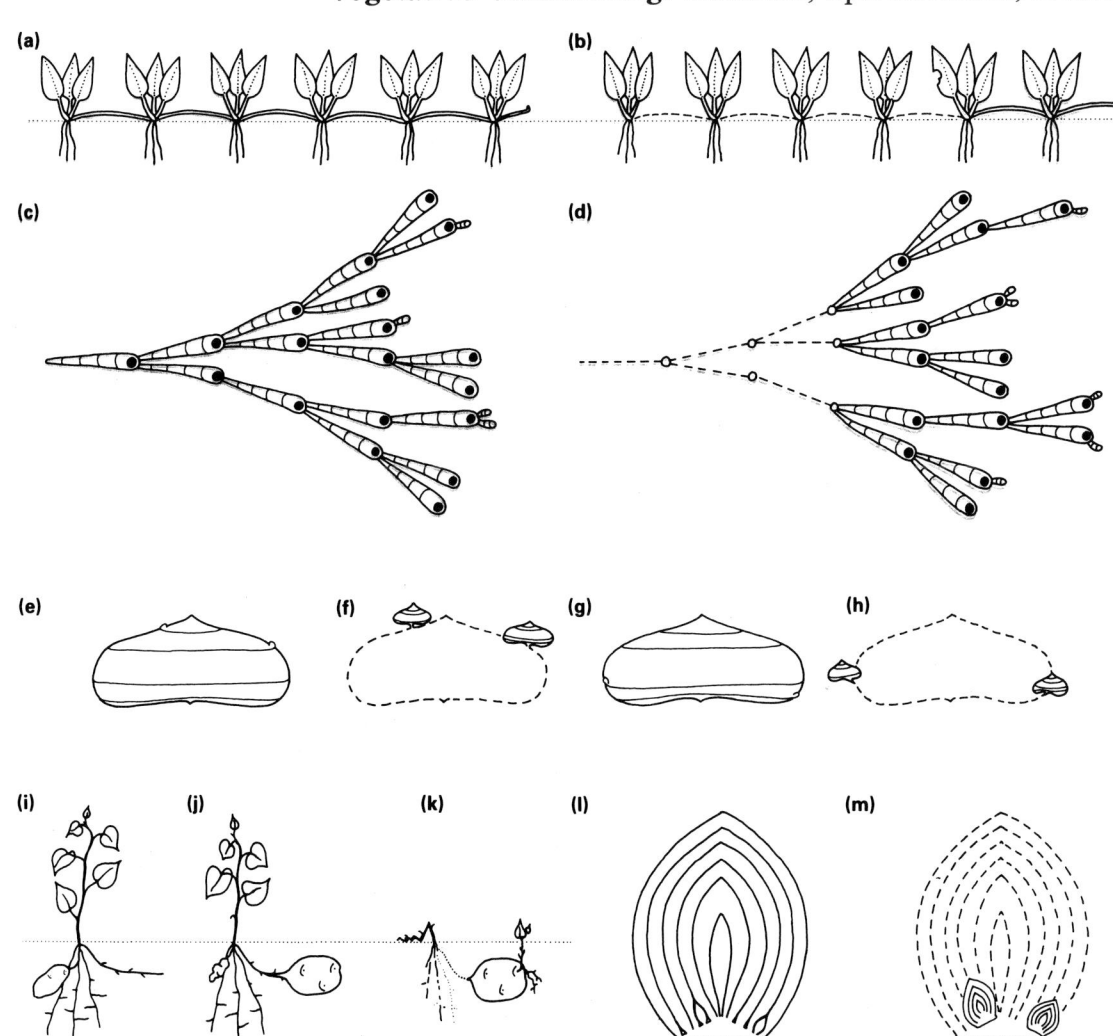

Achsen mit der Mutterpflanze in Kontakt; ein Abbrechen oder Verrotten dieser Verbindungen hat eine vegetative Vermehrung zur Folge (Abb. **171k**). Diese langgestreckten, dünnen, unterirdischen Verbindungsstränge zwischen plagiotroper Sproßknolle und der Mutterpflanze werden gelegentlich ebenfalls als »Ausläufer« (Stolonen) bezeichnet. Wurzelknollen stehen über feine Wurzeln mit ihrer Mutterpflanze in Verbindung. Die oberirdischen Sprosse einiger krautiger Pflanzen und Büsche biegen sich unter ihrem eigenen Gewicht um und berühren den Boden. Die Bildung sproßbürtiger Wurzeln (S. 98) führt dann zu einer Art natürlicher Vermehrung durch Ableger, wobei der sich bewurzelnde Abschnitt der Sproßachse zu einer selbständigen Pflanze auswächst, sobald die Verbindung mit der Mutterpflanze zugrunde geht. Eine umfangreiche Darstellung unterirdischer Speicherorgane geben PATE und DIXON (1982).

Abb. 171. Beispiele für natürliche Klonierung. **a, b)** Trennung einzelner Dividuen bei einer ausläuferbildenden Pflanze nach dem Absterben der dazwischen liegenden Verbindung; **c, d)** Auflösung einer rhizombildenden Pflanze nach dem Absterben der proximalen Elemente, von oben betrachtet; **e)-h)** Ausbildung von Tochtersproßknollen auf einer Mutterknolle, die daraufhin verrottet; **i)-k)** plagiotrope Sproßknollen überdauern nach dem Absterben der Ursprungs-Pflanze; **l, m)** Ausbildung von Tochterzwiebeln an einer Mutterzwiebel, die daraufhin zugrunde geht.

Vegetative Vermehrung: Brutzwiebeln (ablösbare Knospen mit Wurzeln)

Abb. 172. *Lilium* cv. minos
Anstelle einer Blüte wurde eine leicht ablösbare Brutzwiebel mit sproßbürtigen Wurzeln ausgebildet.

Brutzwiebeln sind kleine Zwiebeln (S. 84), d. h. kurze, gestauchte Sproßachsen mit fleischigen Schuppenblättern oder Blattbasen, die sogleich sproßbürtige Wurzeln ausbilden. Der Ausdruck Brutzwiebel wird allerdings oft in ungenauer Weise auf kleine, der vegetativen Vermehrung dienende Organe jeder Art angewendet, wie z. B. axilläre Sproßknollen, die bei einigen Kletterpflanzen an den oberirdischen Trieben gebildet werden (Abb. **139a**). Darüber hinaus gibt es einige andere Begriffe, wie Bulbille, Brutknöllchen, Tochterbrutzwiebel und Brutknospe, die zum einen verschiedentlich mit exakten Definitionen belegt wurden, aber andererseits wahllos als Synonyme verwendet werden. Kleine Zwiebeln treten meist nur an ein oder zwei Stellen einer Pflanze auf; entweder befinden sie sich an oberirdischen Sproßachsen, wo sie axilläre Knospen darstellen und vor allem in Blütenständen an die Stelle von Blüten treten (S. 176), oder sie stehen in Blattachseln einer voll entwickelten, großen Zwiebel. Erstere werden dabei übereinstimmend als Brutzwiebeln bezeichnet. Bei den innerhalb einer bereits existierenden Zwiebel sich entwickelnden Zwiebelchen unterscheidet man zwei Typen: eine oder mehrere größere Zwiebeln, welche die Mutterzwiebel ersetzen (nach MANN 1960 Erneuerungszwiebeln) und eine Reihe kleinerer Zwiebeln in den Achseln von Schuppenblättern, die freigesetzt werden, wenn die Mutterzwiebel abstirbt (Vermehrungszwiebeln). Häufig werden in jeder Blattachsel mehrere Vermehrungszwiebeln gebildet (Abb. **84**, S. 236), und gelegentlich verwachsen diese (S. 234) mit der Unterseite (abaxiale Seite) des nächstjüngeren Blattes oder in einiger Entfernung vom Knoten mit der adaxialen Seite des Blattes. Diese Vermehrungszwiebeln können an den Enden langer, dünner Sproßachsen (S. 174) ausgebildet sein, und sich auf diese Weise von der Mutterpflanze entfernt ausbreiten. Bei manchen Pflanzen, z. B. *Oxalis cernua* (Abb. **169j**) sind diese Vorgänge noch komplizierter gestaltet. Sehr viele Wasserpflanzen überstehen Kälte- oder Trockenperioden oder Zeiten des Nährstoffmangels mit Hilfe vegetativer Vermehrung; sie bilden ablösbare Knospen, die als Turionen (»Überwinterungsknospen«) bezeichnet werden. Bei den Lemnaceae (S. 212) stellen sie einfach besonders kleine Vegetationskörper dar. Bei *Utricularia*-Arten bringt das Scheitelmeristem rings um eine mit Haaren und Schleim bedeckte kompakte Knospe Schuppenblätter hervor. Bei anderen Arten ähneln die Turionen eher den anderen vegetativen Knospen dieser Pflanze, sind aber gedrungener und von dunkelgrüner Farbe. Turionen können von einer Seitenknospe, von der Terminalknospe eines Sprosses oder beiden gebildet werden. Diese Überwinterungsknospen lassen sich aufgrund einer Trennschicht von Zellen an ihrer Basis leicht ablösen, oder aber sie allein überdauern, während der Rest der Pflanze verfällt. In den Blättern der Turionen sind Nährstoffe gespeichert, und sproßbürtige Wurzeln werden dann ausgebildet, wenn wieder günstige Umweltbedingungen herrschen. Diese Form der »Überwinterung« stellt ein typisches Beispiel für jene Pflanzenform dar, die RAUNKIAER (1934) der Kategorie Hydrophyten zuordnet (Abb. **315g**).

Vegetative Vermehrung: Brutzwiebeln (ablösbare Knospen mit Wurzeln) | 173

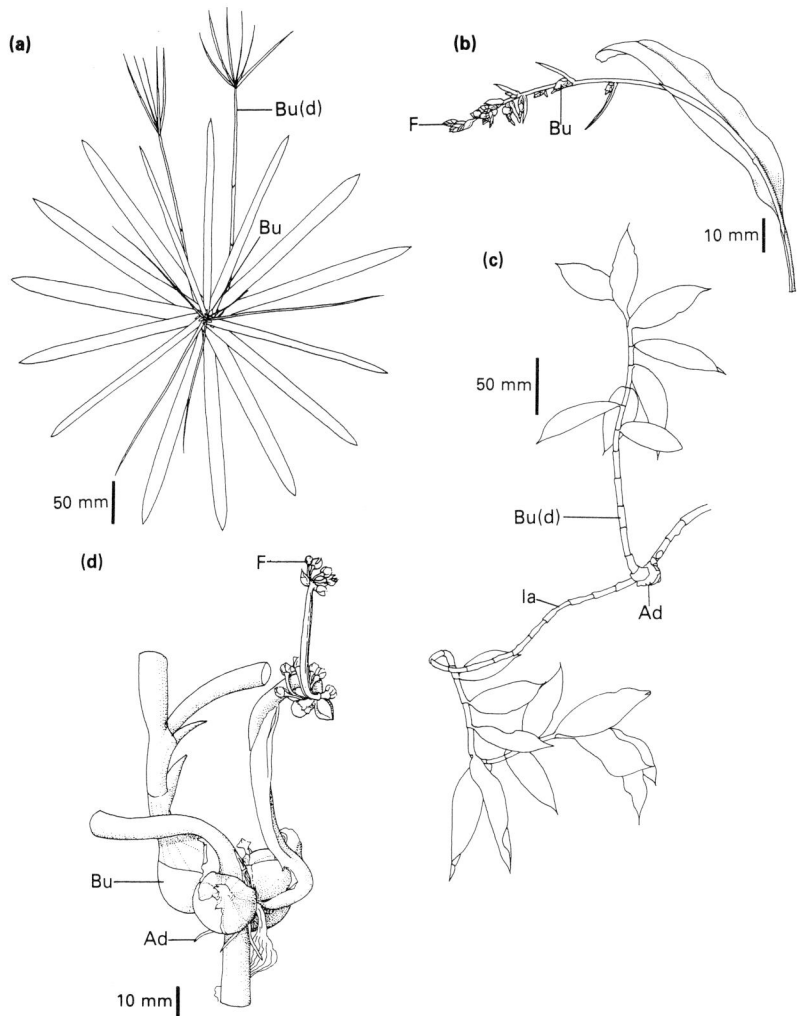

Abb. 173. a) *Cyperus alternifolius*, Ende eines oberirdischen Sprosses, von oben gesehen; **b)-d)** distales Ende einer Infloreszenzachse: **b)** *Globba propinqua*, **c)** *Costus spiralis*, **d)** *Allium cepa* var. *viviparum*. Ad: sproßbürtige Wurzel. Bu: Brutzwiebel (Bulbille). Bu(d): in Entwicklung begriffene Brutzwiebel. F: Blüte. Ia: Infloreszenzachse.

Vegetative Vermehrung: unterirdische Knolle an verlängerter Achse

Abb. 174. *Erythronium dens-canis*
Das distale Ende einer unterirdischen Knolle mit verlängerter Achse. Rechts im Bild ein Längsschnitt. Zwei künftige Triebe sind erkennbar; derjenige in der Mitte stellt die ursprüngliche Knospe der Knolle dar, die Seitenknospe links davon entspringt der Achsel eines Schuppenblattes, das nun bereits abgelöst ist.

Knospen, die in den Blattachseln an der Basis einer Zwiebel (Abb. **84, 171m**) oder einer orthotropen Sproßknolle (S. 136, Abb. **171f, h**) gebildet werden, entwickeln sich in der Regel zu eigenständigen, sproßbürtig bewurzelten (S. 98) Pflanzen, die nahe der Basis der Mutterpflanze angeordnet sind. Bei einer Reihe von Pflanzen jedoch kann die Knospe am Ende einer feinen, wurzelähnlichen Achse waagerecht oder senkrecht von der Mutterpflanze fortgeführt werden (Abb. **175h**). Der Entwicklungsablauf dieser Knollen variiert dabei im einzelnen von Pflanze zu Pflanze und kann nur durch sorgfältige morphologische Schnitte durch Organe in allen Entwicklungsstadien abgeleitet werden. Der verlängerte Abschnitt stellt oftmals ein sehr langgestrecktes Internodium dar, genauer gesagt ein Hypopodium (S. 262); das ist der Abschnitt einer Sproßachse zwischen dem ersten Blatt (Prophyll, Vorblatt, S. 66) einer Achselknospe und der Abstammungsachse. In einigen Fällen bildet sich unmittelbar neben der Knospe das Primordium einer sproßbürtigen Wurzel aus, und beide Organe wachsen als eine vereinte Struktur aus (d. h. sie sind miteinander verwachsen, Abb. **175a-e**). Die Basis des Tragblattes kann ebenfalls auswachsen und mit der sich entwickelnden Knolle Schritt halten: sie bildet dann eine äußere Schicht um die gesamte Struktur, mit der sie später verwächst (Abb. **174**). Auf diese Weise vergrößerte Gebilde werden manchmal als Sproßknollen (S. 138) bezeichnet. Schließlich kann der Wurzelanteil um ein Vielfaches länger sein als der Sproß, und man bezeichnet das verdickte Organ dann als eine Wurzelknolle (S. 110).

Vegetative Vermehrung: unterirdische Knolle an verlängerter Achse | **175**

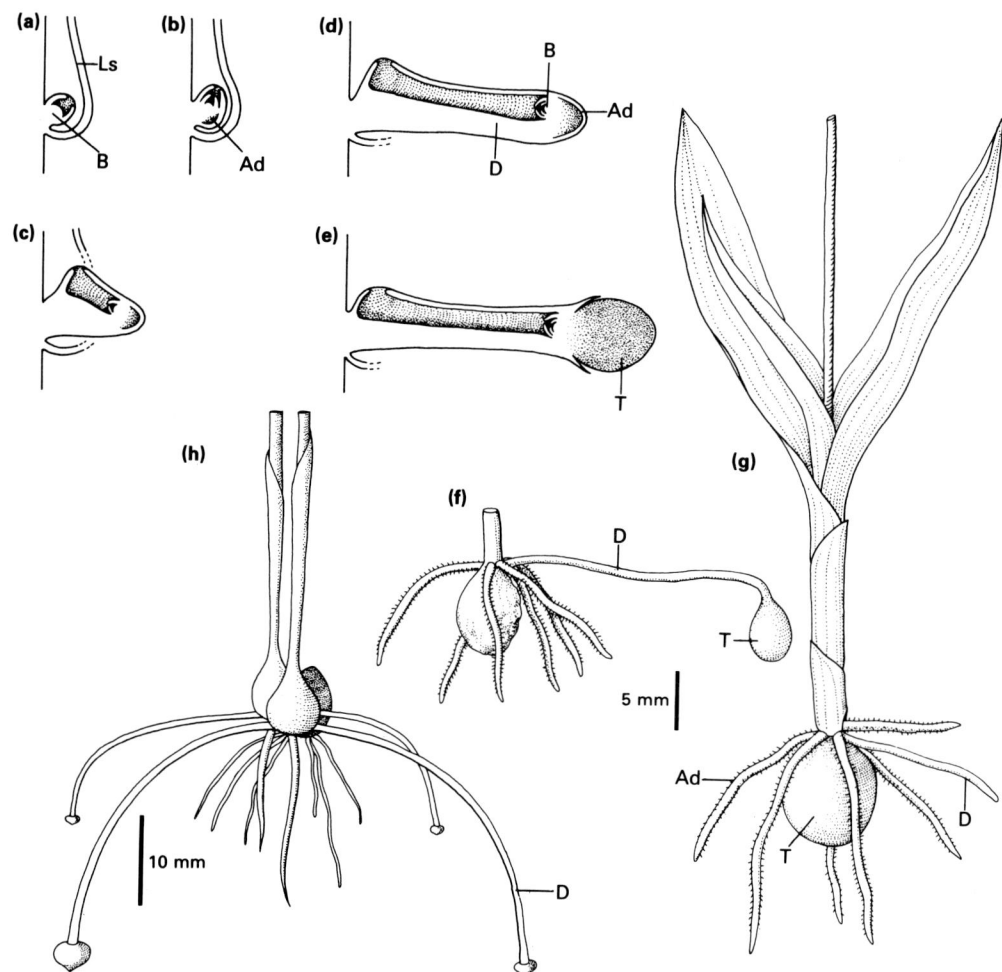

Abb. 175. a)–g) Entwicklung einer unterirdischen Knolle mit verlängerter Achse bei *Herminium monorchis;* **h)** *Ixia conica,* Zwiebel, die unterirdische Knollen mit verlängerten Achsen hervorbringt. Ad: sproßbürtige Wurzel. B: Knospe. D: unterirdische Knolle mit verlängerter Achse. Ls: Blattscheide. T: Sproßknolle. (**a-e,** nach Troll 1943; **f-h,** nach Raunkiaer 1934).

Vegetative Vermehrung: Brutbildung (unechte Viviparie)

Abb. 176. *Deschampsia alpina*
Im Blütenstand haben sich anstelle der Ährchen kleine Schößlinge (S. 182) gebildet. Dies ist ein Beispiel für unechte Viviparie; unter (echter) Viviparie versteht man das Auskeimen eines Samens an der Mutterpflanze, bevor er abgeworfen wird (S. 168).

Ein Meristem innerhalb eines Blütenstandes entwickelt sich entweder zu einer Blüte oder es bringt eine weitere Verzweigungseinheit hervor (S. 142). Ein jedes dieser Meristeme sitzt in der Achsel eines modifizierten Blattes, einer Braktee (S. 62); diese kann jedoch auch fehlen. Darüber hinaus gibt es auch Brakteen, die keine tätigen axillären Meristeme tragen. Man spricht dann von einer »sterilen« Braktee (dies tritt z. B. bei Gräsern auf, S. 186). Bei einigen Pflanzen entwickeln sich Meristeme, die eigentlich Blüten hervorbringen würden, zu vegetativen Knospen mit sproßbürtigen Wurzeln (Abb. **177a**). Werden die auf diese Weise hervorgegangenen Pflanzen abgeworfen oder erlangen sie nach dem Verkümmern der Infloreszenzachse Kontakt mit dem Untergrund, so können sie sich zu unabhängigen Pflanzen weiterentwickeln. Die Blattbasen der Knospen können angeschwollen sein, so daß das Ganze einer Zwiebel ähnelt; man spricht dann von einer Brutzwiebel (S. 172). Die Bildung vegetativer Knospen anstelle von Blüten oder, wie bei vielen Gräsern, von vegetativen Sprößlingen in normalerweise sterilen Ährchen (Abb. **177b, c, d**) wird als Brutbildung oder unechte Viviparie bezeichnet. Echte Viviparie tritt dann auf, wenn ein Same bereits, ohne abgeworfen worden zu sein, an der Mutterpflanze auskeimt (S. 168). Bei einigen Pflanzen kann die Infloreszenzachse zu vegetativem Wachstum zurückkehren (Abb. **261b**) oder es werden eher vegetative anstatt generativer Seitensprosse gebildet (Abb. **199a** und **253a**).

Vegetative Vermehrung: Brutbildung (unechte Viviparie) | 177

Abb. 177. a) *Chlorophytum comosum,* herabhängender Blütenstand; **b)** *Festuca ovina* var. *vivipara,* Blütenstand mit Schößlingen (S. 182) anstelle der Ährchen; **c)** *Dactylis glomerata,* desgl., vergl. Abb. **185g**; **d)** *Poa × jemtlandica,* einzelnes Ährchen, das sowohl Blüten als auch vegetative Knospen enthält. Ad: sproßbürtige Wurzel. B: vegetative Knospe. F: Blüte.

178 | Vegetative Vermehrung: Wurzelknospen

Die Wurzeln vieler Pflanzen, Monokotyledonen wie Dikotyledonen, bringen Knospen hervor, die sich zu einem Sproßsystem entwickeln können. Bei vielen Arten treten diese Knospen, auch Wurzelknospen genannt, nur dann auf, wenn die Wurzel verletzt wurde. Die Knospen differenzieren sich dann aus dem im Anschluß an die Verletzung gebildeten Kallusgewebe. Bei einigen wenigen Pflanzen werden Wurzelknospen so dicht am Wurzelpol gebildet, daß es ohne anatomische Untersuchungen ihrer Entwicklung den Anschein hat, als würde sich die Wurzel in einen Sproß umgewandelt haben. Dies trifft vor allem dann zu, wenn der Wurzelpol selbst seine meristematische Fähigkeit einbüßt und parenchymatisch wird (S. 244). Die Primordien von Wurzelknospen sind endogenen Ursprungs (S. 94, Abb. **178**), d. h. sie entstehen innerhalb des Wurzelgewebes, ebenso wie die Primordien der Seitenwurzeln. Im Gegensatz dazu werden typische Sproßknospen exogen, also an der Sproßoberfläche angelegt. Hinsichtlich ihrer genauen Lage an einer Wurzel sind die Wurzelknospen variabel. Sie können an exakt denselben Stellen auftreten, wo normalerweise die Seitenwurzelprimordien stehen würden, im typischen Fall also im Perizykel; die Wurzelknospen sind dann jeweils gemäß den Besonderheiten in der Wurzelanatomie in einer Anzahl von Längsreihen angeordnet (Abb. **97k**). Häufig entwickeln sich Wurzelknospenprimordien in unmittelbarer Nachbarschaft einer Seitenwurzel, bevor diese von der Hauptwurzel ausgegliedert wird. Im anderen Fall differenzieren sich die Wurzelknospen in der Wurzelrinde völlig unabhängig von der Stellung der Seitenwurzeln. Bei einigen Bäumen entwickeln sich Wurzelknospen innerhalb des lebenden Bereichs der Wurzelrinde, verbleiben aber über einen längeren Zeitraum in Ruhe. Aus dieser Art Knospen können sich ausgedehnte Baumbestände entwickeln, so daß in einem kleinen Wäldchen (z. B. von *Populus* spp. oder *Liquidambar* sp.) die Bäume folglich über das Wurzelsystem miteinander in Verbindung stehen. Auch das Verwachsen von Wurzeln ursprüng-

Abb. 178. *Rubus idaeus*
Apikalmeristem eines Sprosses, das aus Wurzelgewebe ausgegliedert wird (endogene Entwicklung).

Vegetative Vermehrung: Wurzelknospen | 179

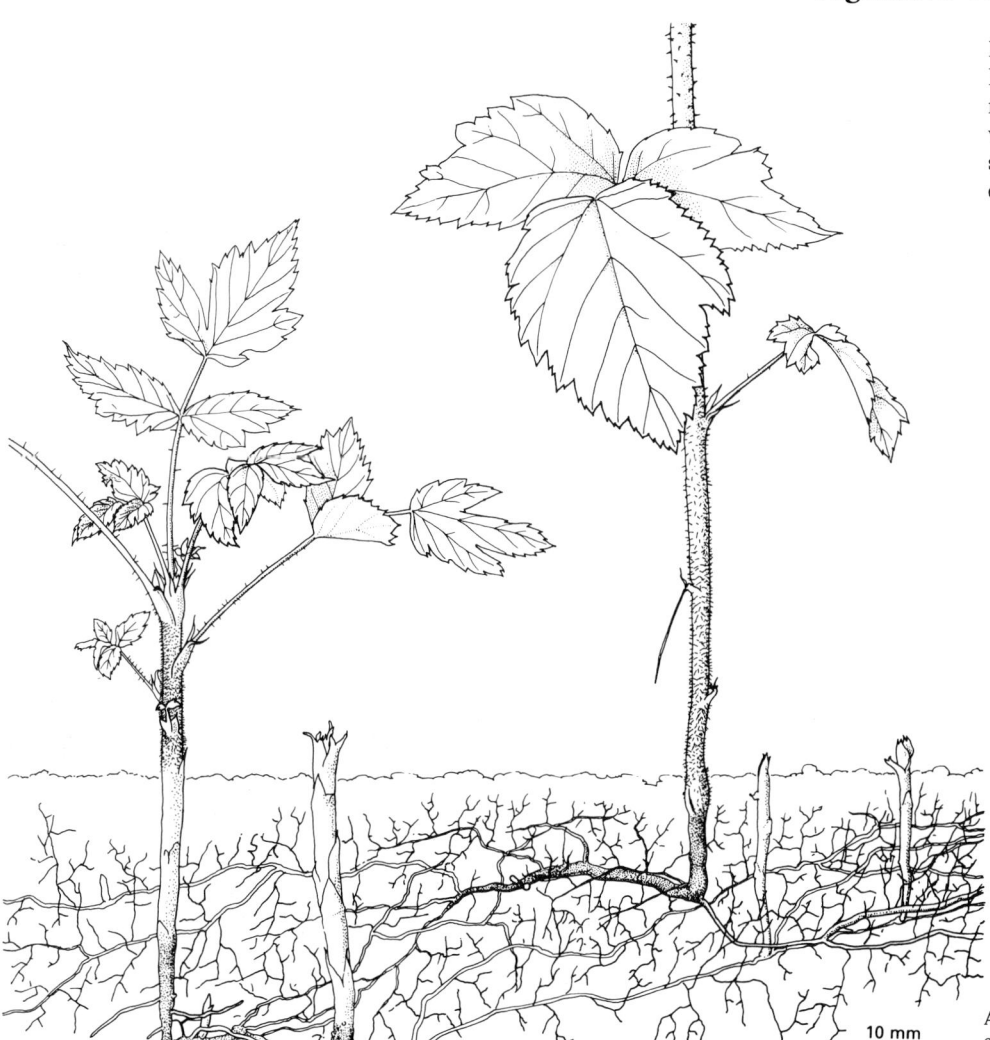

lich getrennter Individuen kann zum gleichen Ergebnis führen. Bei krautigen Pflanzen dagegen neigen die Wurzelverbindungen zwischen auswachsenden Wurzelknospen zum Verkümmern, so daß die einzelnen Pflanzen den Kontakt miteinander verlieren.

Abb. 179. *Rubus idaeus.* Verschiedene Stadien der Sproßentwicklung aus Wurzelknospen.

180 | Morphologie der Gräser: vegetatives Wachstum

Ein junger Graskeimling besteht aus einer sehr kurzen Sproßachse, die noch keine Internodien ausgebildet hat, so daß die blättertragenden Knoten sehr dicht beieinander stehen. Die Blätter sind dabei so angeordnet, daß sie den Stengel (fast) ganz umfassen und auf diese Weise eine röhrige Struktur, die Blattscheide, bilden, die auf einer Seite offen sein kann und das nächstjüngere Blatt umhüllt. Das erste Blatt eines Graskeimlings ist das Scutellum (Schildchen), ein im Inneren der Frucht als Saugorgan dienender, reduzierter Kotyledo. Ein zweites blattartiges Organ erscheint bei der Keimung oberhalb des Erdbodens. Es stellt eine einfache grüne Röhre dar, die Koleoptile (Keimblattscheide) (Abb. **163b**, vergl. S. 164). Der zuerst gebildete Teil eines der sich nachfolgend entwickelnden Blätter ist in der Regel flach und wird als Blattspreite (Lamina) bezeichnet. Die Längenzunahme der Lamina erfolgt durch Zellteilungen an ihrem proximalen Ende (interkalares Meristem, S. 18). Den unteren, proximalen Teil eines Blattes bildet die Blattscheide, ein mehr oder weniger röhrenförmiger Abschnitt, der bei einigen Arten distalwärts zusammengedrückt sein kann. Auch die Blattscheide weist an ihrem untersten, proximalen Punkt ein interkalares Meristem auf. Die Lamina kann an der Übergangsstelle zwischen Blattspreite und -scheide nach hinten umgeschlagen sein. An dieser Stelle befindet sich die Ligula (Blatthäutchen, Abb. **181h**), ein Gewebeanhängsel, das als Haarkranz (Abb. **181b, c**) ausgebildet sein oder ganz fehlen kann. Seitliche Auswüchse der Lamina an der Grenze zur Blattscheide werden Blattöhrchen genannt (Abb. **181h**). Bei einigen Gramineen-Arten (S. 192) ist die Lamina eher kurz und breit und sitzt der Blattscheide mit einem deutlichen Stiel an, welcher jedoch dem Blattstiel der Dikotyledonen-Blätter (S. 20) nicht homolog ist. Die Blätter eines Süßgrases sind an der Sproßachse in zwei Reihen angeordnet (distich, Abb. **219c**). Die Knoten der vertikalen Sproßachse, des Halms, sind oft verdickt und stellen regulierbare Gelenke dar. Diese Blattgelenkpolster (S. 46) werden nur von dem alleruntersten Ende der Blattscheide gebildet. Einige Gräser bilden verdickte Sproßknollen aus (Abb. **181e, f**). Die an einem Knoten angeheftete Blattscheide ist häufig sehr eng um das darauffol-

Abb. 180. *Dactylis glomerata* var. *hispanica*
Ein kriechendes, büscheliges Gras. Aus der Achsel eines jeden Blattes der Hauptachse geht ein Bestockungstrieb (Seitensproß) hervor.

Morphologie der Gräser: vegetatives Wachstum | 181

gende Internodium gewickelt und wird dabei noch von der Blattscheide des darunterliegenden Knotens umschlossen. Um feststellen zu können, welches Blatt zu welchem Knoten gehört, ist es nötig, diese Strukturen voneinander abzuziehen. Dieses Vorgehen ermöglicht es außerdem, die Knospen in den Achseln der Blattscheiden zu identifizieren sowie die Insertionspunkte der Seitensprosse (Bestockungstriebe, S. 182) zu bestimmen. Alle Wurzeln einer Graspflanze (außer der ersten, der Primär- oder Keimwurzel, die von einem Gewebemantel, der Koleorhiza, geschützt wird) sind sproßbürtig (S. 98). Die Primordien sproßbürtiger Wurzeln, die im Embryo noch vor der Keimung angelegt wurden, befinden sich im allgemeinen an den Knoten von Koleoptile und erstem Laubblatt. Die Mehrzahl der Gräser verzweigt sich wiederholt, wobei die Seitenzweige (Bestockungstriebe) in der Regel nach dem gleichen morphologischen Muster aufgebaut sind wie die Mutterpflanze (S. 182).

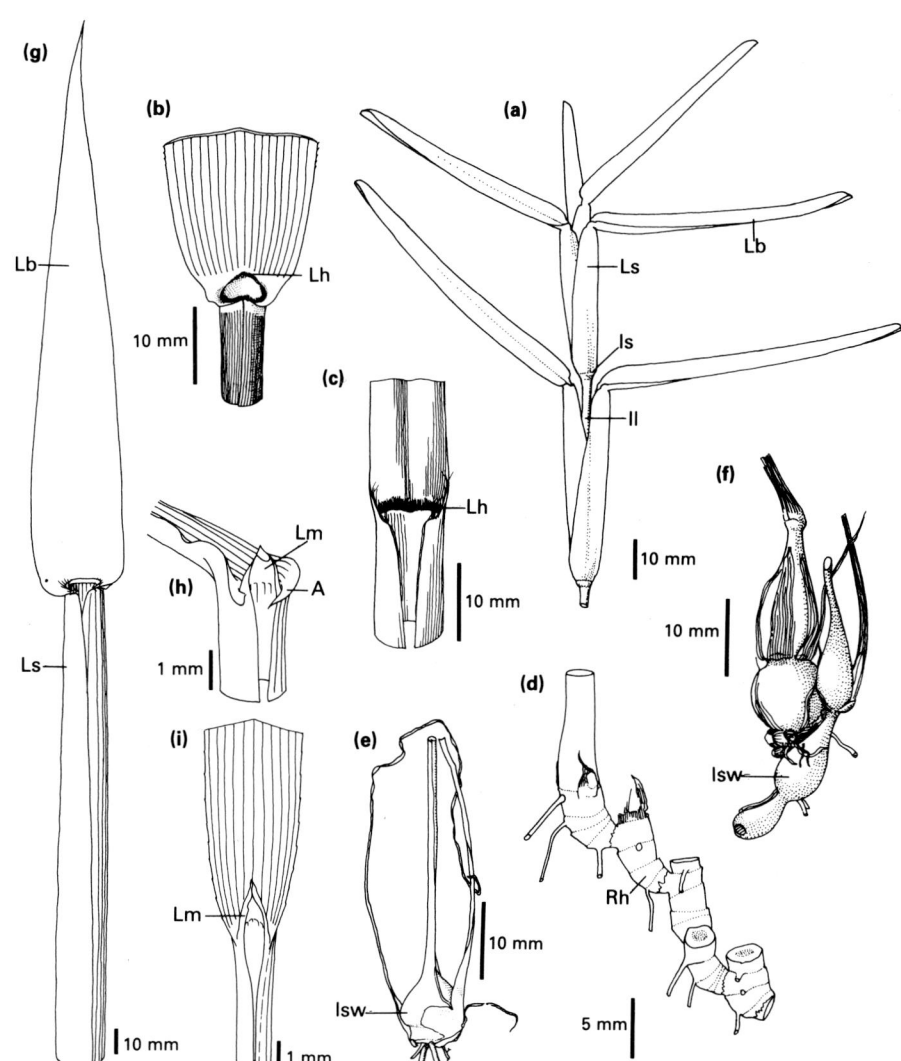

Abb. 181. a) *Stenotaphrum secundatum*, vegetativer Sproß mit abwechselnd langen und kurzen Internodien; **b)** *Phragmites communis*, Übergangsstelle zwischen Blattspreite und -scheide; **c)** *Cortaderia argentea*, Übergangsstelle zwischen Blattspreite und -scheide; **d)** *Stenotaphrum secundatum*, Rhizom (S. 130); **e)** *Panicum bulbosum*, verdickte Basis eines Schößlings; **f)** *Arrhenatherum elatius* var. *bulbosum*, eine Reihe verdickter Internodien (vergl. Sproßknolle der Orchideen, S. 198); **g)** *Arundo donax*, einzelnes Blatt; **h)** *Lolium perenne*, Übergangsstelle zwischen Blattspreite und -scheide; **i)** *Poa annua*, Übergangsstelle zwischen Blattspreite und -scheide. A: Blattöhrchen. Il: langes Internodium. Is: kurzes Internodium. Isw: verdicktes Internodium. Lb: Blattspreite. Lh: haarige Ligula. Lm: trockenhäutige Ligula. Ls: Blattscheide. Rh: Rhizom.

Morphologie der Gräser: Bildung von Bestockungstrieben (Seitensproßbildung)

Üblicherweise bezeichnet man den ersten Sproß eines Grases, d. h. die Achse, die sich aus dem Epikotyl (S. 162) entwickelt, als den Hauptsproß oder die Mutterachse der Pflanze. Alle folgenden Triebe gehen aus axillären Knospen hervor und werden als Bestockungstriebe oder Erneuerungstriebe (Innovationssprosse) bezeichnet. Das erste Blatt (Vorblatt, S. 66) eines solchen Innovationssprosses steht in adaxialer Position (S. 4) und ist im allgemeinen sehr viel kleiner als die später ausgebildeten Blätter; oft läßt es auch den typischen Aufbau in Blattscheide und -spreite vermissen. Der Seitensproß eines Grases kann sich dergestalt entwickeln, daß er ein genaues Abbild der Mutterachse darstellt, senkrecht nach oben wächst und eine endständige Infloreszenz ausbildet. Dieses vertikale Wachstum führt dazu, daß sich der Seitensproß nur eingekeilt zwischen Mutterachse und der Scheide seines Deckblattes entfalten kann (Abb. **183a**). Diese Form der Sproßentwicklung heißt demnach intravaginal (von der Blattscheide eingeschlossen). Aus jeder Blattachsel an der Basis der Hauptachse einschließlich der Koleoptile kann ein solcher Innovationstrieb hervorgehen. Im weiteren Verlauf der Entwicklung können axilläre Knospen an der Basis des Erneuerungstriebes selbst wiederum zu Bestockungstrieben auswachsen. Auf diese Weise entsteht eine kompakte Graspflanze. Sowohl am Hauptsproß wie auch an den Seitensprossen werden an den unteren Knoten sproßbürtige Wurzeln ausgebildet, so daß jeder Innovationssproß seinen eigenen Satz an Blättern, Adventivwurzeln und Tochter-Schößlingen hat. Dieser kompakte, intravaginale Wuchs führt zu einem »(dicht)rasigen« (»horstigen«) Habitus der Pflanze. Im anderen Fall kann ein Innovationssproß auch von der Mutterachse weg zur Seite hin austreiben und auf diese Weise mit ihr einen mehr oder weniger rechten Winkel bilden. Beim Auswachsen muß der Bestockungstrieb dann die Basis seines Tragblattes durchstoßen, was man als extravaginale Seitensproßbildung bezeichnet (Abb. **183b**). Solcherart ausgegliederte Erneuerungssprosse liegen in der Regel dem Boden oder der umgebenden Vegetation auf (vergl. Abb. **182**). Sie können auch Ausläufer (Abb. **133d**) bilden, indem sie stetig in horizontaler Richtung über dem Boden von der Mutterpflanze wegwachsen, oder unterirdische Rhizome (Abb. **131f**), wie dies für Bambus-Arten charakteristisch ist. Die Blätter solcher Achsen sind oft nur als Niederblätter (Schuppenblätter, S. 64) ausgebildet, vor allem wenn der Seitensproß unterirdisch wächst. Schließlich kann die Spitze eines extravaginalen Bestockungstriebes seine Wuchsrichtung ändern und sich aufrichten; das horizontale Wachstum wird von einem Tochter-Bestockungstrieb fortgeführt (d. h. sympodiales Wachstum, S. 250).

Die Blätter der Süßgräser sind meist zweizeilig angeordnet (distich, S. **219c**). In der Aufsicht würde demnach das Sproßsystem eines Grases mit Erneuerungstrieben wie in Abb. **183d** dargestellt aussehen, wobei alle Blätter in einer Ebene lägen und auf diese Weise mit den Seitensprossen ein fächerförmiges Büschel bildeten. Diese Anordnung trifft jedoch nicht immer zu, da die Knospe jedes Seitensprosses an dem Knoten, dem sie ansitzt, leicht verschoben (S. 230) sein kann. Das hat zu Folge, daß sie

Abb. 182 *Arundo donax*
Ein ausdauerndes, steifes Gras, das insofern ungewöhnlich ist, als es an oberirdischen Sproßachsen vegetative Triebe hervorbringt. Jeder Seitensproß durchstößt die Blattscheide seines Tragblattes, ein Umstand, der normalerweise nur bei ausläufer- oder rhizombildenden Gräsern auftritt (vergl. Abb. **183b**). Diese Art ist buntscheckig.

Morphologie der Gräser: Bildung von Bestockungstrieben (Seitensproßbildung)

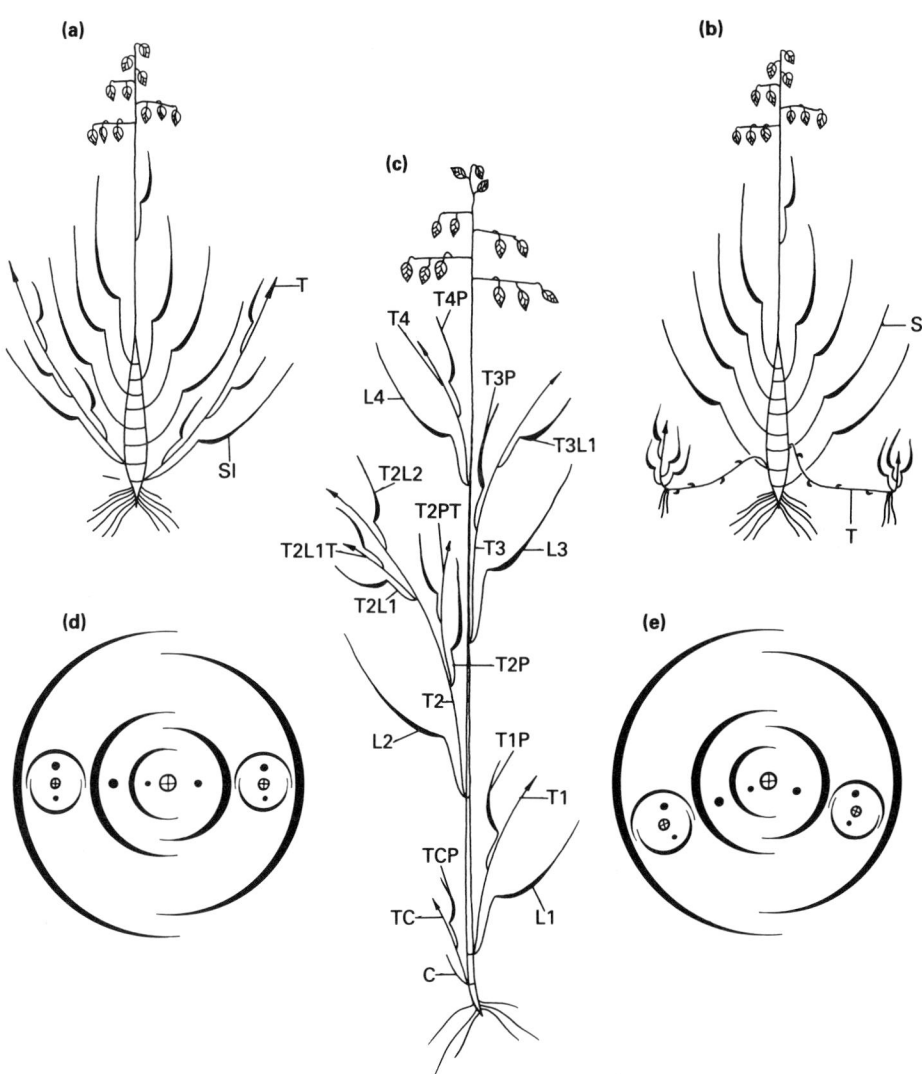

mit der Mittellinie (Mediane) ihres Tragblattes nicht auf einer Linie steht (Abb. **183e**). In entsprechender Weise wirkt sich dies auf die Gesamtgestalt des Grasbüschels aus. Verzweigungsanalysen bei seitensproßbildenden Gräsern (einschließlich der Getreidearten) werden oft durch bestimmte Bezugssysteme (S. 284) erleichtert, welche die Reihenfolge der Seitensproßausbildung verdeutlichen. Die Blätter der Mutterachse werden dabei als C (für »Coleoptile«), L1, L2 (für »Laubblatt«) etc. bezeichnet. Der axilläre Bestockungstrieb (engl. »tiller«) der Koleoptile wird mit TC benannt, der in der Achsel des ersten Laubblattes T1 usw. Trägt T1 wiederum Seitensprosse, so sitzt der erste davon in der Achsel des Vorblatts von Seitensproß T1 und kann somit als T1.PT gekennzeichnet werden. Der nächste Seitensproß entspringt der Achsel des ersten Laubblattes von Seitensproß T1 und trägt dann die Bezeichnung T1.L1T. In Abb. **183c** ist ein derartiges Verzweigungsschema mit der entsprechenden Beschriftung dargestellt, das dann notwendig wird, wenn man einen ganz bestimmten Seitensproß oder ein Blatt exakt benennen will. Einzelheiten über die Morphologie der Süßgräser können bei KIRBY (1986) nachgelesen werden.

Abb. 183. a) Intravaginale Seitensproßbildung; **b)** extravaginale Seitensproßbildung; **c)** Bezeichnungsschema; **d)** Aufsichtsdiagramm einer hypothetischen distichen Blattanordnung, wobei die Knospen mit den Mittelrippen der Blätter auf einer Linie stehen; **e)** typisches Aufsichtsdiagramm, das die Verlagerung der Knospen an der Achse zeigt, so daß sie nicht mehr auf der Mediane der Tragblätter zu liegen kommen. Sl: Tragblatt. T: Bestockungstrieb.

Morphologie der Gräser: Aufbau der Blütenstände

Abb. 184. *Aegilops ovata*
Die runde äußere Hüllspelze eines jeden Ährchens trägt lange endständige Grannen.

Blütenstände werden aufgrund der Anordnung ihrer Blüten und nach der Art ihrer Verzweigung eingeteilt (S. 140). Die Blüten der Gräser und Bambus-Arten jedoch sind zu Gruppen vereint und von je einem Paar Schuppenblätter (Hüllspelzen) eingehüllt. Jede dieser Einheiten wird Ährchen (S. 186) genannt; zur Beschreibung der Infloreszenzen der Süßgräser (Gramineae) wird nun die Anordnung dieser Ährchen herangezogen. Der Stiel, an dem ein Ährchen sitzt, wird als Ährchenstiel bezeichnet. Die Sproßachse mit ihren gestreckten Knoten, die den Blütenstand trägt, heißt Halm. Ein Halm kann jedoch auch vegetative Seitenzweige hervorbringen, wie bei Bambus-Arten oder anderen ausdauernden, holzigen Gräsern (Abb. **182**). Der Achsenkörper der Infloreszenz heißt je nach Art des Blütenstandes Ähren- oder Rispenspindel. Diese wiederum kann vielfältig verzweigt sein; die Ästchen können dabei verhältnismäßig kurz oder lang oder auch beides sein. Die häufigste Form eines Gramineen-Blütenstandes ist eine Doppelähre oder eine Doppeltraube (oder eine »Rispe«[1], wenn sie sich mehrfach verzweigt, Abb. **141g, 185d, e, g, h, i**). Die Knoten, denen die einzelnen Ästchen ansitzen, können am Achsenkörper in so dichten Abständen angeordnet sein, daß es wirkt, als würden alle Ästchen demselben Punkt entspringen. Die Ährchen selbst können an langen oder kurzen Stielchen sitzen oder ungestielt direkt dem Achsenkörper entspringen (Abb. **185a, b, c**). Gehen mehrere Doppelähren aus demselben Punkt hervor, so hat dies eine fingerförmige Anordnung zur Folge. Beim Blütenstand der Gerste (*Hordeum* spp.) sind die zu Drillingen gruppierten und mit extrem kurzen Stielen ansitzenden Ährchen in zwei Reihen am Achsenkörper (an jeder Seite eine) angeordnet (Abb. **189j**). Beim Weizen (*Triticum* spp.) sind zwei Reihen einzelner, ungestielter Ährchen ausgebildet (Abb. **188c**). Die ungestielten Ährchen einer solchen Ähre können in den Achsenkörper eingebettet sein, oder die beiden Reihen scheinen aufgrund von Verlagerungsvorgängen während der Entwicklung eher einseitswendig Seite an Seite an der Spindel zu stehen als mit dem Rücken zueinander. Jedes Ährchen geht aus einer Knospe hervor, doch das dazugehörige Deckblatt (S. 62) fehlt meist, obwohl gewisse Anzeichen in Form eines Gewebewulstes oft erkennbar sind. Die kragenförmige Narbe an der Basis einer Weizenähre stellt eine solche Braktee dar. Das äußerste distale Ende einer Infloreszenzspindel oder eines Rispenästchens kann wiederum mit einem vollständigen Ährchen oder einem teilweise sterilen Ährchen abschließen, oder die Achse endet blind. Nach der Fruchtreife zerfällt die Infloreszenzachse. Einige Arten bilden dazu gelegentlich Soll-Bruchstellen aus. Zum Teil werden die Ährchen auch einzeln mit oder ohne Hüllspelzen (S. 186) oder in Gruppen abgeworfen. In anderen Fällen fällt die gesamte Ähre ab oder der Blütenstand als Ganzes. Einige Ähren zerfallen in Einzelteile, von denen jedes genau ein Ährchen trägt.

---

[1] Der Begriff »Rispe« wird für Gramineenblütenstände verwendet, obgleich es sich hier im strengen Sinne nicht um eine Rispe handelt.

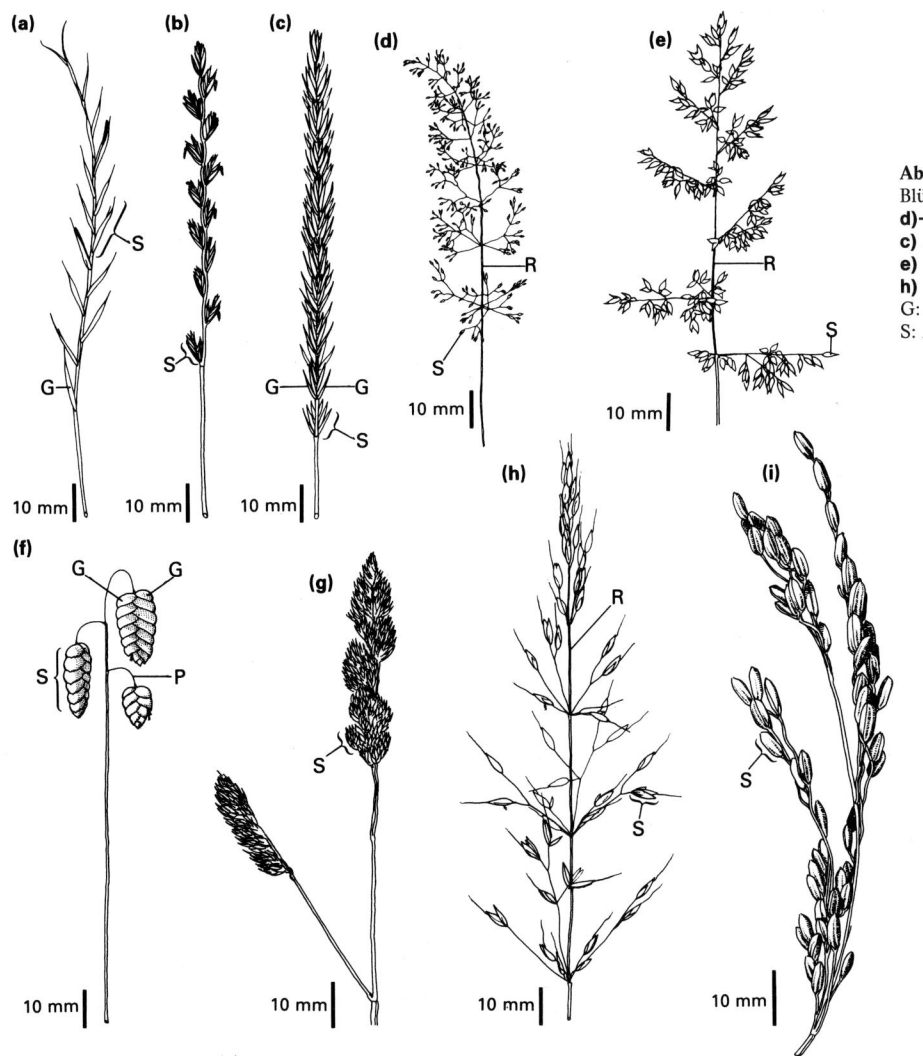

Abb. 185. Beispiele für den unterschiedlichen Aufbau von Blütenständen bei Süßgräsern. **a)-c)** Doppelähren, **d)-i)** Rispen: **a)** *Nardus stricta*, **b)** *Lolium perenne*, **c)** *Agropyron (Elymus) repens*, **d)** *Agrostis tenuis*, **e)** *Holcus lanatus*, **f)** *Briza maxima*, **g)** *Dactylis glomerata*, **h)** *Arrhenatherum elatius*, **i)** *Oryza sativa*. C: Halm. G: Hüllspelze. P: Ährchenstiel. R: Achsenkörper (Spindel). S: Ährchen.

Morphologie der Gräser: Ährchen und Einzelblüte

Eine einzelne Gramineen-Blüte besteht aus einem oberständigen Fruchtknoten (S. 146) mit 3 (2 oder 1) Narben, 3 (2 oder 1) Staubblättern (bei Bambus-Arten und einigen weiteren Species sind 6 Staubblätter ausgebildet) und 2 (gelegentlich 3 oder fehlenden) Schwellkörpern (Lodiculae), kleinen, unscheinbaren Anhängseln, die als Perianthglieder (S. 146) interpretiert werden. Bei einigen Arten treten auch eingeschlechtliche Blüten auf. Die Blüten sitzen in ährenförmiger Anordnung an einer kurzen Achse, der Rhachilla (Ährchenachse). Die Anzahl der Blüten je Ährchen (1 bis mehrere) ist für jede Art charakteristisch. Jede Blüte geht aus der Achsel einer Braktee hervor, der Deckspelze; am Blütenstiel befindet sich eine Brakteole, die Vorspelze (**Abb. 187j**). Deckspelze und Vorspelze hüllen die Blüte schützend ein, wobei die Deckspelze in der Regel um die Vorspelze herumgreift. Die Blüte wird erst dann sichtbar, wenn die beiden Lodiculae anschwellen und Deck- und Vorspelze so auseinander drücken, daß Antheren und Narben heraushängen können (Abb. **186**). Nahezu alle Gräser sind windbestäubt (vergl. Abb. **192b**). Die Gesamtheit aus Deckspelze, Vorspelze und Blüte i. e. S. wird als die Einzelblüte eines Ährchens bezeichnet (Abb. **187j**). An der Basis der Ährchenachse befinden sich zwei weitere, sterile Brakteen, in deren Achseln jedoch keine Blüten sitzen; sie werden als Hüllspelzen bezeichnet. Die der Abstammungsachse zunächst gelegene Braktee stellt das Vorblatt der Ährchenachse dar und wird untere Hüllspelze genannt; sie muß aber nicht gezwungenermaßen in adaxialer Position stehen. Die andere, distalere Braktee heißt obere Hüllspelze.

Dieses Paar Hüllspelzen schließt eine unterschiedliche, aber für jede Art charakteristische Anzahl von Einzelblüten ein. Der gesamte Komplex, bestehend aus Hüllspelzen und Einzelblüten, wird als Ährchen bezeichnet (Abb. **187k**) und ist ein durchgehendes Merkmal der Gräser. Eine Einteilung der Gramineen-Infloreszenzen wird dementsprechend auch anhand der Anordnung der Ährchen anstelle der von Einzelblüten vorgenommen (S. 184). Soll also der Blütenstand eines Grases untersucht werden, so geht man am besten so vor, daß man die einzelnen Ährchen anhand ihres basalen Hüllspelzenpaares identifiziert. Ein einzelnes Ährchen kann verschiedene Arten von Einzelblüten enthalten (*Sorghum*, Abb. **191a**); ebenso kann ein Blütenstand aus verschiedenen Arten von Ährchen aufgebaut sein, beispielsweise aus sterilen und fertilen (*Cynosurus*, Abb. **187e, f**). Bei *Setaria* und *Pennisetum* (Abb. **191b**) fehlen die terminalen Ährchen ganz, nur ihre Achsen sind in Form einer Borste ausgebildet (fälschlich als Involukrum, Hüllkelch, S. 146 bezeichnet). Der Blütenstand von *Coix* besteht aus einer begrenzten Anzahl von Ästchen, die alle in einer harten, glänzenden, perlartigen Struktur enden. Diese »Perle« stellt dabei die verhärtete Basis eines Blattes dar, dessen kurze Achse ein einziges weibliches Ährchen trägt, das von der Perle umschlossen bleibt. Eine Reihe männlicher Ährchen, die derselben Achse entspringen, ragen aus der Perle heraus.
Hüllspelzen, Deckspelzen und Vorspelzen sind im typischen Falle trockenhäutige Niederblätter (S. 64), die in Gestalt und Vielfalt variieren; hin und wieder fehlt in einem Ährchen (Abb. **185b**) auch die eine oder andere Komponente. Die Spelzen können rund oder gekielt sein, d. h.

Abb. 186. *Arrhenatherum elatius*
Staubbeutel und Narben treten aus den fertilen, zwittrigen Ährchen hervor. In diesen Ährchen besitzt jede Einzelblüte eine begrannte Deckspelze; mehrere Grannen sind hier erkennbar.

Morphologie der Gräser: Ährchen und Einzelblüte | 187

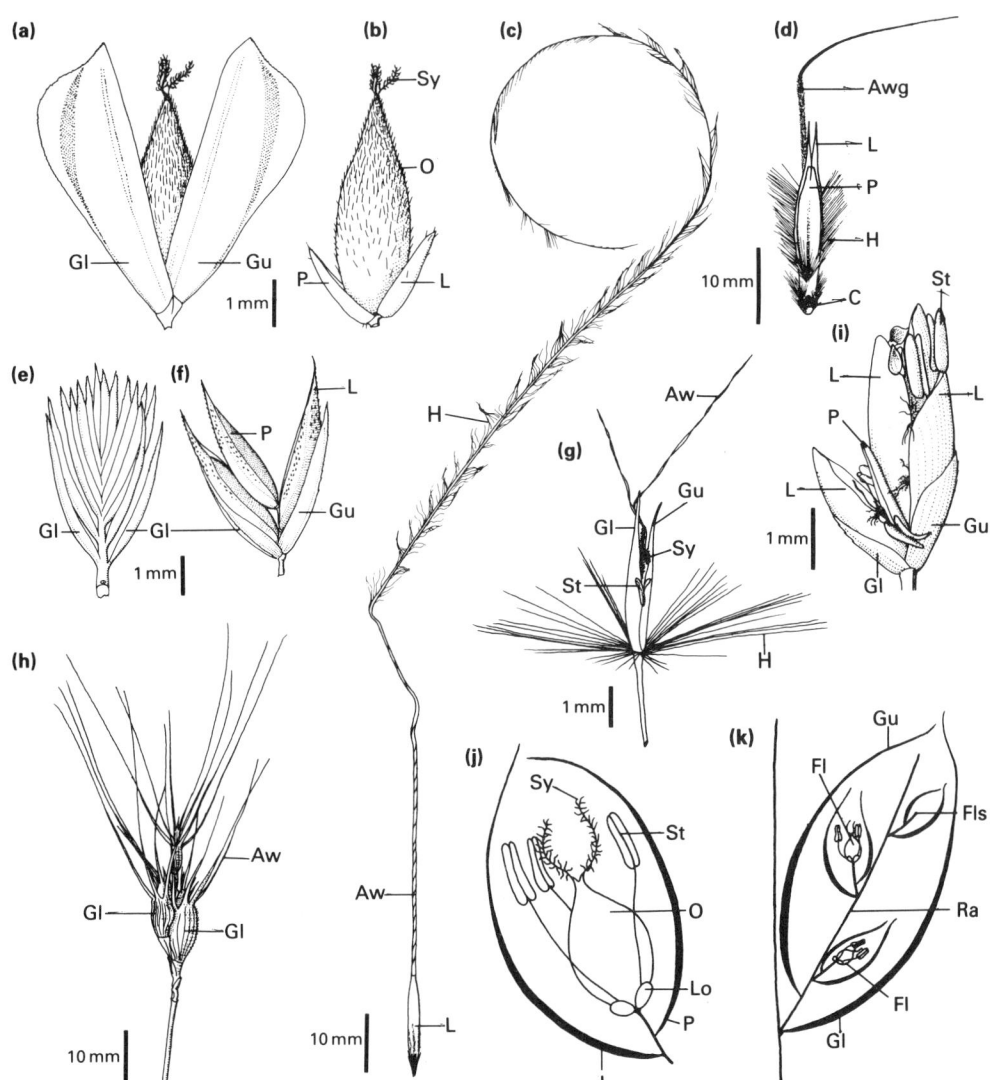

entlang ihrer Mittelrippe gefaltet (konduplikativ, Abb. **37j**), und ihre Mittelrippe kann darüberhinaus zu einer langen Granne ausgezogen sein. Die Granne befindet sich dann entweder ganz an der Spitze von Deckspelze (Abb. **189h**) oder Hüllspelze (Abb. **189d**) oder sie geht an ihrer Rückseite ab. Oft ist eine Granne an ihrer Basis stark verdreht und oberhalb dieses gewundenen Abschnitts geknickt. Eine solche gekniete Granne (Abb. **187d**) reagiert auf Austrocknung oder Befeuchtung, indem sie sich dreht und dabei die Früchte gegen die umgebende Vegetation oder das Substrat hebelt. Enden viele Blattnerven in Form einer Granne, so können sie sich voneinander abspreizen (Abb. **184, 187h**) oder miteinander über eine gewisse Länge verdreht sein. An den Ährchen können Haare ausgebildet sein, die dann oft das auffälligste Merkmal des Blütenstandes darstellen. Gelegentlich können Einzelblüten durch kleine Sprößlinge, die bereits mit Wurzeln ausgestattet sind, ersetzt sein (unechte Viviparie, S. 176).

Abb. 187. **a)** *Phalaris canariensis*, einzelnes Ährchen; **b)** *Phalaris canariensis*, Einzelblüte; **c)** *Stipa pennata*, Einzelblüte (mit begrannter Deckspelze); **d)** *Avena* sp., Einzelblüte (gekniete Granne, dem Rücken der Deckspelze entspringend); **e)** *Cynosurus cristatus*, steriles Ährchen; **f)** *Cynosurus cristatus*, fertiles Ährchen; **g)** *Miscanthus* sp., einzelnes Ährchen; **h)** *Aegilops ovata*, Gruppe von Ährchen; **i)** *Poa annua*, einzelnes Ährchen; **j)** Diagramm einer Einzelblüte; **k)** Diagramm eines einzelnen Ährchens. Aw: Granne. Awg: gekniete Granne. C: Narbe. Fl: Einzelblüte. Gl: untere Hüllspelze. Gu: obere Hüllspelze. H: Haar. L: Deckspelze. Lo: Lodiculae (Schwellkörper). O: Ovar (Fruchtknoten). P: Vorspelze. Ra: Ährchenachse. St: Staubblatt. Sy: Griffel.

Morphologie der Gräser: Blütenstände der Getreide

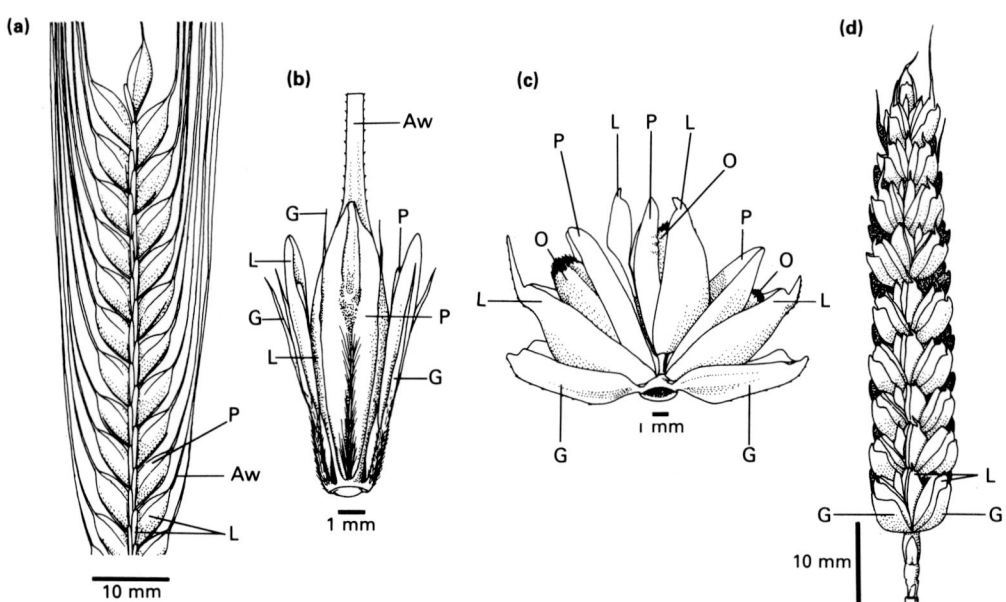

Abb. 188. a) *Hordeum vulgare* var. *distichum* (zweizeilige Gerste), Teil einer Ähre; **b)** *Hordeum vulgare*, Büschel aus drei Ährchen (Ährchendrilling) von unten (abaxial), ein Ährchen fertil, zwei steril; **c)** *Triticum aestivum* (Saatweizen), einzelnes Ährchen; **d)** *Triticum aestivum*, Ähre. Aw: Granne. G: Hüllspelze. L: Deckspelze. O: Fruchtknoten. P: Vorspelze.

Zu den Getreiden zählt man eine Reihe wichtiger kultivierter Süßgräser, die ihre Morphologie der beständigen Abwandlung durch Zuchtwahl zu verdanken haben. Dennoch treffen alle typischen Merkmale der Gräser auch auf die Getreide-Arten zu, wie z. B. vegetatives Wachstum (siehe S. 180, 182), Infloreszenztypen (S. 184) und Aufbau der Ährchen (S. 186). Der Blütenstand des Weizens (*Triticum* spp.) ist eine Doppelähre (Abb. **188d**), in der an jedem Knoten nur ein einziges Ährchen sitzt (Abb. **188c**), wie anhand des einzigen Hüllspelzenpaares je Knoten leicht festzustellen ist. Jedes Paar Hüllspelzen schließt eine kurze Ährchenachse ein, die eine begrenzte Anzahl zwittriger Einzelblüten trägt. Zwei, drei oder gelegentlich auch vier der unteren Einzelblüten sind dabei fertil. Die Ährchen stehen alternierend an beiden Seiten der Ährenspindel; in der Regel ist ein terminales Ährchen ausgebildet. Die einzelnen Weizen-Arten und -Varietäten unterscheiden sich im Aussehen voneinander; dieses hängt von der Anzahl der fertilen Einzelblüten je Ährchen ab, von der Kompaktheit der Doppelähre sowie davon, ob und bis zu welchem Grad die Deck- oder gelegentlich auch die Hüllspelzen begrannt sind. Beim Drusch wird das Weizenkorn (eine Karyopse, Abb. **157b**) aus Vor- und Deckspelze herausgeschlagen. Der Blütenstand des Roggens (*Secale* sp.) ähnelt dem des Weizens grundsätzlich, jedes Ährchen enthält jedoch in der Regel zwei fertile Einzelblüten und die Rudimente einer dritten, sterilen (Abb. **189a**). Der Blütenstand der Gerste (*Hordeum* sp.) ist dem des Weizens ebenfalls sehr ähnlich und stellt eine Ähre dar, bei der die Ährchen in Gruppen an einem sehr kurzen Stielchen der Spindel ansitzen (Abb. **188a**). Alle Ährchen stehen seitlich, so daß die Ährenachse selbst nicht in einem terminalen Ährchen endet. Die drei Ährchen (»Ährchendrilling«) sind dabei so angeordnet, daß der Eindruck entsteht, als stünde eines in der Mitte und würde von den beiden anderen flankiert. Oft sind die zwei seitlichen Ährchen steril (Abb. **188b**). Jedes Ährchen enthält nur eine Einzelblüte. Demnach findet man an jedem Knoten, abwechselnd auf beiden Seiten der Ährenachse, zum einen drei Paar Hüllspelzen, die, kommen sie in Verbindung mit den sterilen, seitlichen Ährchen vor, sehr klein sein können,

Morphologie der Gräser: Blütenstände der Getreide | 189

und zum anderen je drei Einheiten bestehend aus Deck- und Vorspelzen. Die Deckspelzen sind durchgehend lang begrannt; gelegentlich sind ihre distalen Enden mit einer Art Kapuze versehen (Abb. **189e'**). Diese kapuzenartige Struktur kann wiederum ein zusätzliches epiphylles (S. 74) Ährchen beinhalten. Sind alle drei Ährchen eines Spindelabsatzes fruchtbar, so scheint der Blütenstand aus sechs (drei auf jeder Seite der Ährenachse) Längsreihen von Ährchen zu bestehen (sechszeilige Gerste, Abb. **189f, f'**). Sind dagegen die seitlichen Ährchen steril, so hat es den Anschein, als sei die Ähre aus zwei Zeilen von Ährchen (auf jeder Seite der Ährenspindel das mittlere Ährchen) aufgebaut (zweizeilige Gerste, Abb. **189h, h'**), obwohl die Hüllspelzen der seitlichen Ährchen auch hier in der üblichen Position zu finden sind. Eine vierzeilige Gerste kommt dann zustande, wenn die seitlichen, fertilen Ährchen der Spindelseiten ineinander greifen (Abb. **189g, g'**). Andere weithin angebaute Getreide-Arten werden im nächsten Kapitel beschrieben. (Fortsetzung auf Seite 190.)

Abb. 189. a) *Secale cereale* (Saat-Roggen), Teil einer Ähre, **a')** Diagramm der Ährchenanordnung; **b)** *Triticum durum*, Ähre, **b')** Anordnung der Ährchen; **c)** *Triticum* sp. (aus Nepal); **d)** *Aegilops speltoides*, Ähre; **e)** *Hordeum* sp., mit »Kapuze«, **e')** *Hordeum* sp. (mit »Kapuze«) Einzelblüte; **f)** *Hordeum vulgare* var. *hexastichum* (sechszeilige Gerste), **f')** Ährchenanordnung; **g)** *Hordeum vulgare* var. *tetrastichum*, **g')** Ährchenanordnung; **h)** *Hordeum vulgare* var. *distichum*, **h')** Ährchenanordnung; **i)** wie **f)**, Büschel aus drei Ährchen; **j)** wie **g)**, Büschel aus drei Ährchen; **k)** wie **h)**, Büschel aus drei Ährchen. F: Einzelblüte. G: Hüllspelze. L: Deckspelze. Lh: Deckspelze mit »Kapuze«. P: Vorspelze. R: Ende einer ährchentragenden Spindel. Sf: steriles Ährchen.

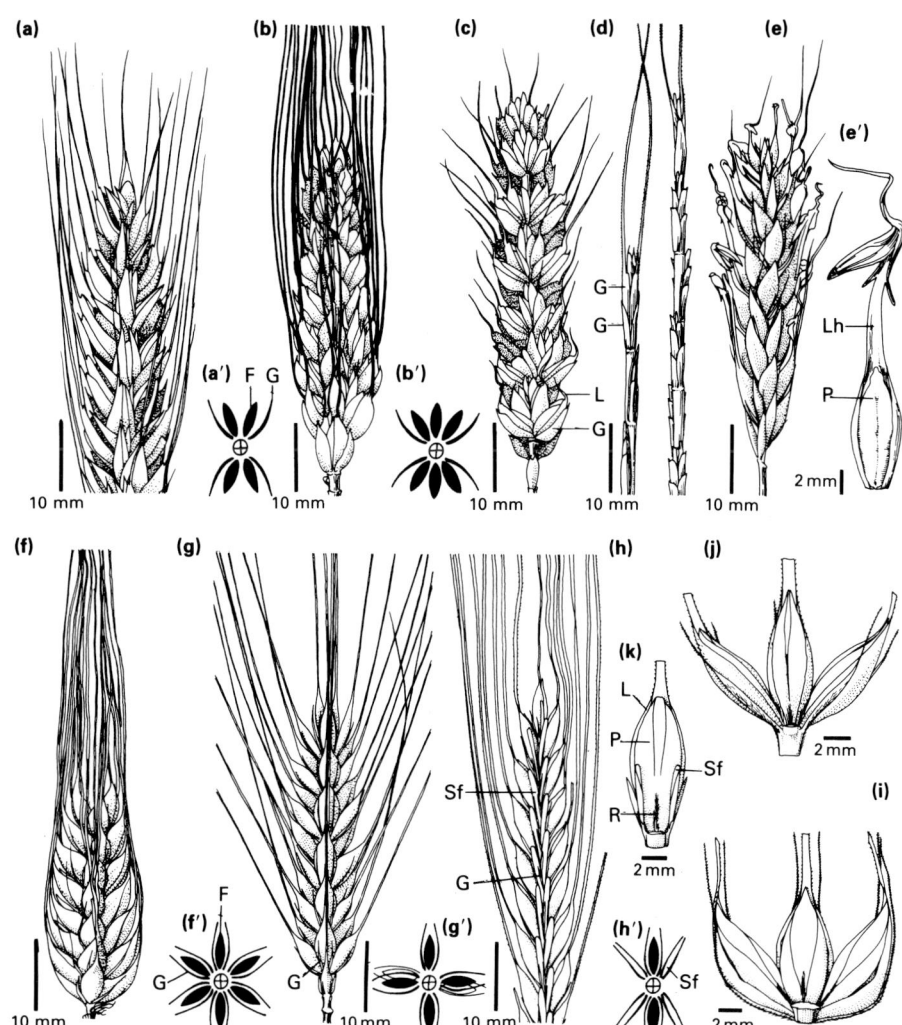

Morphologie der Gräser: Blütenstände der Getreide (Fortsetzung)

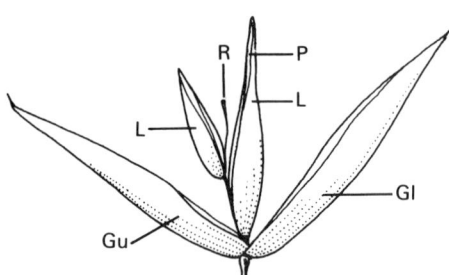

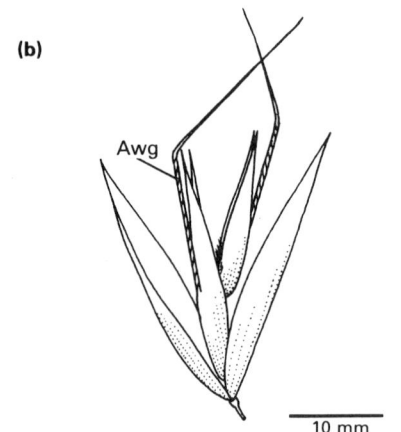

Abb. 190. **a)** *Avena* sp., einzelnes Ährchen (Deckspelzen unbegrannt); **b)** *Avena sativa*, einzelnes Ährchen. Awg: gekniete Granne. Gl: untere Hüllspelze. Gu: obere Hüllspelze. L: Deckspelze. P: Vorspelze. R: Ährchenachse.

Avena sativa (Hafer)
Die Blütenstände der verschiedenen Hafer-Arten sind lockere »Rispen« (Abb. **141g, 185h**) mit gedrängten Knoten, so daß die Ästchen z. T. in Scheinwirteln angeordnet sind. Das jeweils letzte Ästchen endet in einem auffälligen Ährchen (S. 186), das den Ährchenaufbau sehr deutlich erkennen läßt. Die Hüllspelzen sind dabei besonders lang ausgebildet und schützen eine Ährchenachse, an der bis zu sieben Einzelblüten sitzen, von denen die untere oder die unteren zwei oder drei fertil sein können. Die Vorspelzen sind eher unscheinbar; die Deckspelzen hingegen weisen mitunter eine Granne auf, die oftmals gekniet ist (Abb. **190b**). Die Basis der Deckspelze ist vielfach verdickt (Kallus) und dicht behaart. An dieser Stelle bricht die Einzelblüte meist von der Ährchenachse ab und hinterläßt eine deutliche Narbe (Abb. **187d**).

Oryza sativa (Reis)
Der Blütenstand des Reises ist eine »Rispe«, die teilweise vom obersten Stengelblatt umschlossen wird (Abb. **185i**). Jedes Seitenästchen der »Rispe« schließt mit einem Ährchen ab, das eine (selten mehr) fertile Einzelblüte enthält. In den Blüten sind sechs Staubblätter ausgebildet. Die Hüllspelzen sind klein (Abb. **191c**), die Deckspelzen unterschiedlich begrannt. Die Ährchenstiele (S. 184) brechen unterhalb des Ährchens ab.

Zea mays (Mais)
Der Mais bildet zwei unterschiedliche Infloreszenztypen aus: rein weibliche Blütenstände (Maiskolben), die seitlich am Halm aus den Achseln von Laubblättern hervorgehen, und terminale, rein männliche Blütenstände. Diese sind endständige »Rispen« mit einem Paar ähnlich aufgebauter Ährchen, von denen eins sitzend, das andere kurz gestielt ist. Der weibliche Blütenstand ist eine am Ende ihrer Achse sitzende Ähre, die von einer Reihe großer Hüllblätter (Lieschblätter) eingeschlossen ist. Die weiblichen Ährchen treten in Paaren auf, wobei jedes Ährchen eine fertile und eine sterile Einzelblüte enthält. Hüll-, Deck-, und Vorspelzen sind alle kürzer als der große Fruchtknoten. Die Griffel sind sehr lang und treten am distalen Ende der umhüllenden Lieschen hervor.

Sorghum bicolor (Mohrenhirse, Kaffernkorn)
Der Blütenstand ist eine »Rispe«, deren Ährchen in Paaren geordnet sind; dabei ist eins der Ährchen zwittrig und sitzend, das andere männlich oder steril und an einem kurzen Ährchenstiel stehend (Abb. **191a**). Das zwittrige Ährchen ist beträchtlich größer als das männliche und mit zwei Einzelblüten ausgestattet. Die untere Einzelblüte ist steril und ohne Vorspelze, die obere besitzt zwar eine Deckspelze, doch die Vorspelze kann auch hier fehlen. Das gestielte männliche Ährchen enthält gleichfalls eine untere sterile Einzelblüte, die nur durch ihre Deckspelze vertreten ist, und eine obere männliche Einzelblüte, deren Vorspelze ebenfalls fehlt. Bei einigen Formen besteht dieses Ährchen einzig aus ihrem Paar Hüllspelzen.

Panicum miliaceum (Rispenhirse, Millet)
Der Blütenstand der Rispenhirse ist, wie der Name schon sagt, eine »Rispe« mit frei stehenden Ährchen. Die obere Hüllspelze eines jeden Ährchens ist länger als die untere und umschließt eine untere sterile und eine obere fertile Einzelblüte (Abb. **191f**).

Morphologie der Gräser: Blütenstände der Getreide (Fortsetzung) | 191

Pennisetum typhoides (Perl- oder Rohrkolbenhirse) Der Blütenstand der Perlhirse ist eine Ährenrispe, d. h. eine dicht gedrängte »Rispe« oder eine locker verzweigte Doppelähre. Die Ährchen stehen paarweise zu dichten Gruppen vereint. Unterhalb eines jeden Ährchens entspringen zahlreiche Stielchen, denen jedoch das terminale Ährchen fehlt, und die so einen dichten Besatz von Borsten bilden (siehe auch *Setaria*, S. 186), die bei den einzelnen Varietäten in Größe und Länge stark differieren (Abb. **191b**). Jedes Ährchen besteht aus einer männlichen und einer zwittrigen Einzelblüte.

Eleusine coracana (Fingerhirse)
Die Infloreszenz der Fingerhirse besteht aus einem nach allen Seiten strahlenden Bündel von Doppelähren, die an der Spitze des Halms angeordnet sind. Jede dieser Doppelähren trägt an der Außenseite ihrer Ährenspindel zwei Reihen von Ährchen. Die beiden Reihen überlappen sich zu einem gewissen Grad. Jedes Ährchen, das anhand seines basalen Hüllspelzenpaares identifiziert werden kann, ist aus bis zu 12 Einzelblüten zusammengesetzt, die rechts und links von der Ährchenachse entspringen (Abb. **191d**). Die Einzelblüten sind zwittrig mit auffälligen Deck- und Vorspelzen.

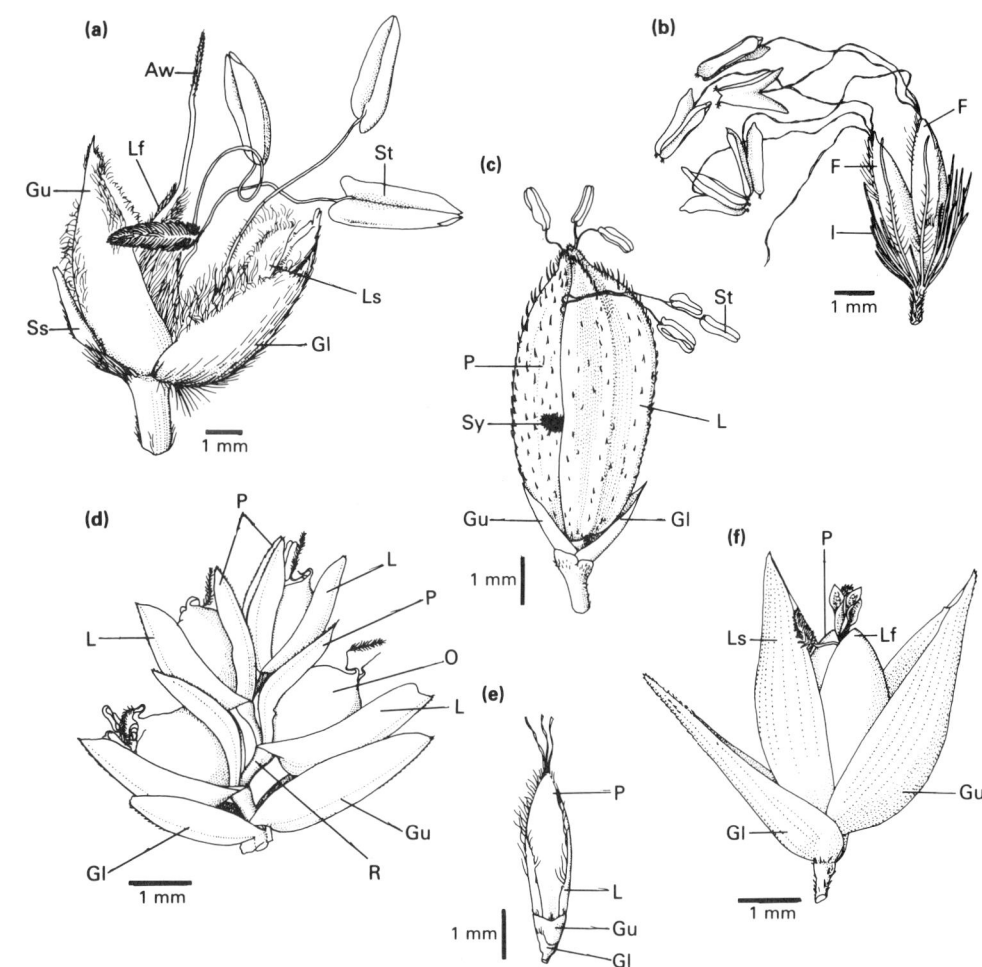

Abb. 191. a) *Sorghum bicolor*, Ährchenpaar; **b)** *Pennisetum typhoides*, Ährchenpaar; **c)** *Oryza sativa*, einzelnes Ährchen; **d)** *Eleusine coracana*, einzelnes Ährchen; **e)** *Pennisetum typhoides*, einzelnes Ährchen, die Staubbeutel entfernt; **f)** *Panicum miliaceum*, einzelnes Ährchen.
Aw: Granne. F: Einzelblüte. Gl: untere Hüllspelze. Gu: obere Hüllspelze. I: Involukrum. L: Deckspelze. Lf: Deckspelze der fertilen Einzelblüte. Ls: Deckspelze der sterilen Einzelblüte. O: Fruchtknoten. P: Vorspelze. P: Ährchenachse. Ss: steriles Ährchen. St: Staubblatt. Sy: Griffel.

Morphologie der Gräser: oberirdische Sprosse der Bambus-Gewächse

Abb. 192a. *Bambusa arundinacea*
Die sich verzweigende Infloreszenz einer absterbenden Pflanze (vergl. Abb. 194) (die Blätter im Vordergrund sind die einer Palme).

Abb. 192b. *Piresia* sp.
Habitus einer vollständigen Pflanze: einer der kleinsten Bambusse. Heruntergefallenes Laub wurde entfernt, um den plagiotropen unterirdischen Blütenstand zu zeigen, der Schuppenblätter und – bei dieser Art – zwei distale Ährchen trägt. Die Bestäubung wird wahrscheinlich durch Ameisen vollzogen.

Die Bambus-Gewächse gehören zur Familie der Süßgräser (Gramineae, Tribus Bambuseae) und können in der Regel daran erkannt werden, daß sowohl ihre »Halme« (siehe S. 180) als auch ihr Rhizom (S. 194) stark verholzt und ausdauernd sind. Als weitere typische Merkmale können die vegetative Verzweigung des Stammes und das Auftreten eines kurzen Stielchens zwischen Blattscheide und Spreite der vegetativen Blätter (Abb. **193b**) genannt werden. Darüberhinaus setzen sich die einzelnen Ährchen aus mehr Komponenten zusammen, als wir das bei anderen Gräsern kennengelernt haben; sie können z. B. > 2 Hüllspelzen oder sterile Deckspelzen, > 2 Lodiculae, > 3 Staubblätter, > 2 Griffel ausgebildet haben (Abb. **193f, g**). Der Halm eines Bambus ist aus einer Reihe mehr oder weniger gestreckter Internodien aufgebaut, die an den Knoten abwechselnd nach beiden Seiten (zweizeilig) angeordnete (Abb. **219c**) Schuppenblätter ausgliedern. Diese Schuppenblätter stellen nur die Blattscheiden kompletter Laubblätter dar; sie können jedoch je nach Species und in Abhängigkeit von ihrer Position innerhalb der zeitlichen Aufeinanderfolge der verschiedenen Blattgrößen (S. 28) an ihrem distalen Ende noch ein Spreitenrudiment tragen (Abb. **193d**), ebenso ein Blatthäutchen und Öhrchen. In der Achsel eines jeden Schuppenblattes sitzt eine Knospe (Abb. **193e**). Solche vegetativen Knospen tragen in der Regel wiederum Knospen und entwickeln sich zu einem gestauchten Verzweigungssystem (Abb. **193c, 239c**). Einige Arten bilden auch echte Beiknospen (S. 236) aus. Die Seitenzweigsysteme sind ausdauernd und bilden wiederum Seitenzweige in jahreszeitlichem

Morphologie der Gräser: oberirdische Sprosse der Bambus-Gewächse | 193

Turnus. Die Schuppenblätter eines Halms sowie die Vorblätter innerhalb eines Seitenzweigsystems fallen leicht unter Zurücklassen auffälliger Narben ab (Abb. **193c**). Ruhende Knospen finden sich häufig in mehr oder weniger markante Furchen eingebettet. Die Seitenzweige können einerseits in Form von Sproßdornen (S. 124) ausgebildet sein, andererseits können sie schlanke, beblätterte vegetative Zweige darstellen oder bei blühenden Exemplaren die Infloreszenzen tragen (Abb. **192a, 193a**). Die Blütenstände der Bambus-Arten entstehen seitlich an Ästen des Stammes; in der Mehrzahl der Fälle sind es »Rispen« (Abb. **141g**), die jedoch oft aus Untereinheiten ungestielter Ährchen aufgebaut sind. Dabei können die unteren Ährchen einer Gruppe durch eine Nebenknospe ersetzt sein (Scheinährchen; McClure 1966), was die Ausbildung eines zusätzlichen Infloreszenzastes ermöglicht (indeterminierter Blütenstand; McClure 1966). Fehlen diese Ersatzknospen, bezeichnet man die Infloreszenz als determiniert (McClure 1966). Die Bambus-Gewächse sind windbestäubt; eine Ausnahme bildet *Piresia* (Abb. **192b**).

Abb. 193. a) *Arundinaria* sp., blühender Bestockungstrieb; **b)** *Sasa palmata*, einzelnes Laubblatt; **c)** *Sinarundinaria* sp., gestauchte Verzweigung an einem oberirdischen Sproß (siehe Abb. **239c**); **d)** *Sasa palmata*, einzelnes Schuppenblatt; **e)** *Bambusa arundinacea*, oberirdischer Sproßabschnitt; **f)** Blütendiagramm eines Bambus-Ährchens; **g)** Blütendiagramm eines Süßgras-Ährchens. Axb: Achselknospe. L: Deckspelze. Ll: Blattspreite. Lo: Lodicula. Lp: Blattstiel. Ls: Blattscheide. P: Vorspelze. Rl: Spreitenrudiment. S: Sproßachse. Sl: Schuppenblatt. Sls: Narbe eines Schuppenblattes. Sp: Ährchen. St: Staubblatt.

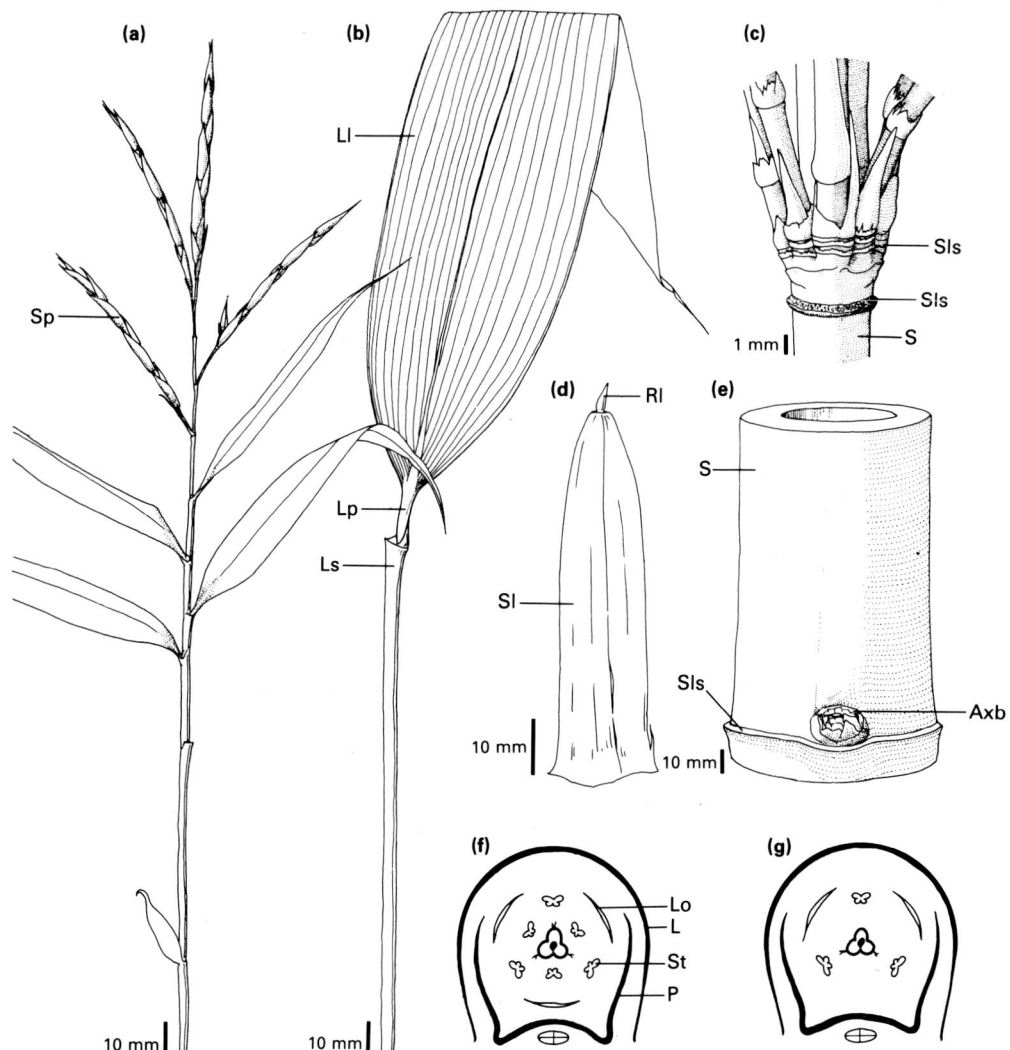

Morphologie der Gräser: Rhizom der Bambus-Gewächse

Abb. 194. *Bambusa arundinacea*
a) Ausgegrabenes Rhizom eines absterbenden Bambushorstes. Am oberen Rand des Bildes kann man einen oberirdischen Halm erkennen. McCluresches Modell (Abb. **295c**).

b) Nahaufnahme der Oberfläche eines Rhizomabschnitts mit Reihen abgestorbener sproßbürtiger Wurzeln (S. 98), die sich mit den Narben der Schuppenblätter abwechseln; auf den Narben der Schuppenblätter können noch die Endigungen der Blattspurstränge erkannt werden.

Die Bambus-Gewächse entwickeln ausgedehnte und ausdauernde, holzige unterirdische Wurzelstöcke, die sich auch verzweigen. Die Verzweigungen eines solchen Rhizoms tragen nur Schuppenblätter (siehe S. 64), wobei sproßbürtige Wurzeln ausschließlich an den Knoten ausgebildet werden (Abb. **194b**). MCCLURE (1966) unterscheidet zwei Grundtypen von Rhizomen. (i) Pachymorphe Rhizome (vergl. pachykaul, dickstämmig, S. 130) mit kurzen, dicken Rhizomgliedern, die in der Regel recht massiv gebaut sind und distal in einem aufrechten Halm enden (Abb. **194a**). Knospen, die an dieser Art Rhizom entstehen, bringen immer weitere Rhizomzweige hervor (Abb. **195a**). (ii) Leptomorphe Rhizome mit langen, dünnen Rhizomgliedern, die im allgemeinen innen hohl sind und den Untergrund unbegrenzt durchziehen, d. h. sie richten sich selten auf, um einen orthotropen, terminalen Halm zu bilden. Dagegen wachsen die Knospen dieser Rhizomglieder in der Regel zu aufrechten Halmen aus, manchmal aber auch zu weiteren unterirdischen leptomorphen Rhizomabschnitten (Abb. **195d**). Das proximale Ende eines neuen Rhizomabschnittes oder seitlichen Halms ist immer verhältnismäßig dünn und wird als Rhizom- oder Halmhals bezeichnet (Abb. **195b**). Dieses Verbindungsstück zwischen Rhizomelement und Halm ist oft, vor allem bei Keimlingen (siehe auch Erstarkungswachstum, S. 168), nach unten verlagert und trägt weder axilläre Knospen in seinen Schuppenblättern noch sproßbürtige Wurzeln. Der »Hals« eines pachymorphen Rhizoms kann kurz (Abb. **195a**) oder lang (Abb. **195b**) sein; der eines leptomorphen Rhizoms ist immer kurz (Abb. **195d**). Der Übergang zwischen dem »Hals« eines Halms und dem Halm selbst kann durch eine Reihe kurzer Internodien auseinandergezogen sein; McClure (1966) nennt dies eine metamorphe (sich umwandelnde) Achse vom Typ 1 (»metamorph axis type 1«, Abb. **195c**). Dieses Phänomen tritt nur an seitlich ausgegliederten Halmen auf. Die distalen Enden pachymorpher Rhizome oder leptomorpher Rhizome, die in Halmen enden, können sich mit Hilfe einer Reihe langer Internodien strecken; McClure (1966) bezeichnet dies als eine metamorphe Achse vom Typ 2 (»metamorph axis type 2«, Abb. **195f**). Diese eigenartigen Strukturen treten bei den verschiedenen Bambus-Arten in unterschiedlichen Kombinationen auf (Abb. **195e, g**). Die nicht-verholzten und nicht-ausdauernden unterirdischen Organe anderer Vertreter der Gramineen zeigen oft eine ganz ähnliche Morphologie wie die der Bambusse (Abb. **181d**), und beide wiederum bilden Verzweigungsmuster, die sich mit den Rhizomsystemen der Zingiberaceae (Abb. **311**) vergleichen lassen.

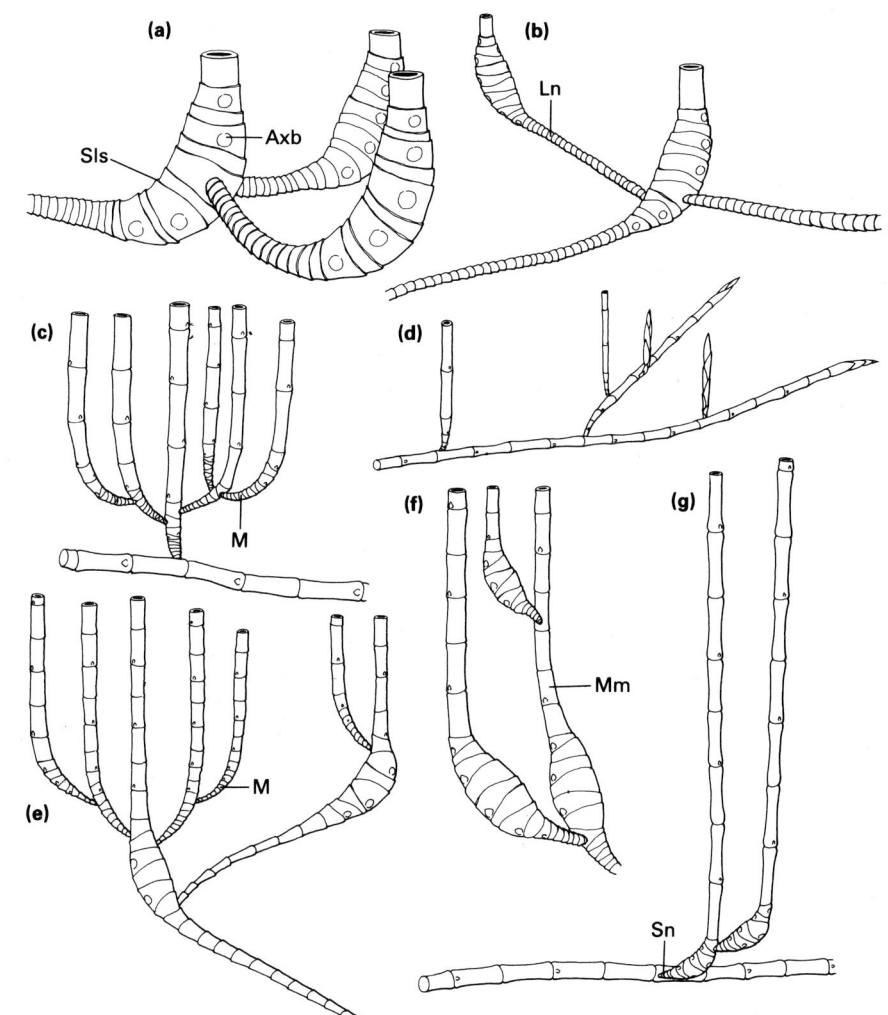

Abb. 195. Typen des Bambuseen-Rhizoms. Nach McClure (1966). **a)** pachymorph; **b)** pachymorph, mit langem Hals; **c)** metamorphe Achse Typ 1; **d)** leptomorph; **e)** pachymorph, langer Hals und metamorphe Achse Typ 1; **f)** metamorphe Achse Typ 2; **g)** leptomorph und pachymorph, kurzer Hals. Axb: Achselknospe. Ln: langer Hals. M: metamorphe Achse Typ 1. Mm: metamorphe Achse Typ 2. Sls: Narbe eines Schuppenblattes. Sn: kurzer Hals.

Morphologie der Sauergräser

Die Vertreter der Familie der Riedgrasgewächse (Sauergräser, Cyperaceae) zeigen in ihrer Morphologie eine beachtliche Vielfalt vegetativer und generativer Besonderheiten. Viele von ihnen erscheinen auf den ersten Blick den Süßgräsern (S. 180) sehr ähnlich. Die vegetativen Blätter bestehen aus einer Scheide, welche die Sproßachse zylinderförmig einhüllt, und einer schmalen Blattspreite mit einem Blatthäutchen an der Übergangsstelle zwischen Blattscheide und Spreite. Die Sproßachse ist in der Regel kräftig und gibt nach drei Richtungen Blätter ab (tristich, dreizeilig, Abb. **219e**; Gramineen sind zweizeilig, distich, Abb. **219c**). Die oberirdischen Sprosse der Cyperaceae stellen durchweg die distalen Enden unterirdischer sympodialer Rhizomabschnitte dar (Abb. **269d**). Diese Rhizome können ganz unterschiedlich aufgebaut sein, sie können dem pachymorphen oder leptomorphen Typus angehören (siehe Bambuseen-Terminologie, S. 194) oder an der Basis der oberirdischen Sprosse Sproßknollen (S. 138) ausbilden. In welche Richtung sich bei einer sympodialen Verzweigungssequenz die folgenden Rhizomglieder ausbreiten, wird häufig maßgeblich von der dreizeiligen Blattstellung bestimmt (Abb. **197c, c'**). Oftmals sind die nachfolgend ausgebildeten sympodialen Einheiten über eine gewisse Länge miteinander verwachsen und täuschen so einen monopodialen Aufbau vor; dies trifft vor allem auf leptomorphe Arten zu (Abb. **235a**). Die Blütenstände der Riedgrasgewächse sind unterschiedlich gebaut und zeigen dabei so ziemlich dasselbe Formenspektrum, wie wir es schon von den Gramineen kennen (S. 184). Die einzelnen Blüten können zwittrig, rein weiblich oder männlich sein und sind in charakteristischer Weise zu Infloreszenzeinheiten zusammengefaßt, die hier wie bei den Gramineen Ährchen (S. 186) genannt werden. Die Blüten besitzen kein Perianth oder die Perianthelemente sind zu Borsten oder Schuppen umgewandelt. Die Blüten selbst stehen in den Achseln von Schuppenblättern, den Spelzen. Meist erleichtert das Auftreten von Vorblättern in gewöhnlich adaxialer (S. 66) Position das Herausfinden der genauen Anordnung der Blütenbestandteile, die hier in nicht so konstantem Maße gebildet werden wie bei den Ährchen der Süßgräser (S. 186). Bei der Gattung *Carex* und anderen ist das Vorblatt der weiblichen Blüte groß und flaschenförmig und hüllt als sogenannter »Schlauch« (Utriculus) die Blüte ein, welche allein aus dem Fruchtknoten besteht. Eine solche weibliche Blüte sitzt seitlich an einer Ährchenachse (Rhachilla), welche innerhalb des Schlauchs ein auffälliges Merkmal sein kann. Die verschiedenen Infloreszenztypen innerhalb der Cyperaceae wurden von EITEN (1976) ausführlich diskutiert; einige grob vereinfachte Beispiele aus diesem Spektrum sind in Abb. **197d-i** dargestellt.

Abb. 196. *Bulbostylis vestita*
Die aufrechte Sproßachse wird von einem Mantel aus ausdauernden Blattscheiden vor den Feuern geschützt, die in ihrem Verbreitungsgebiet, der Savanne, natürlicherweise vorkommen.

Morphologie der Sauergräser | 197

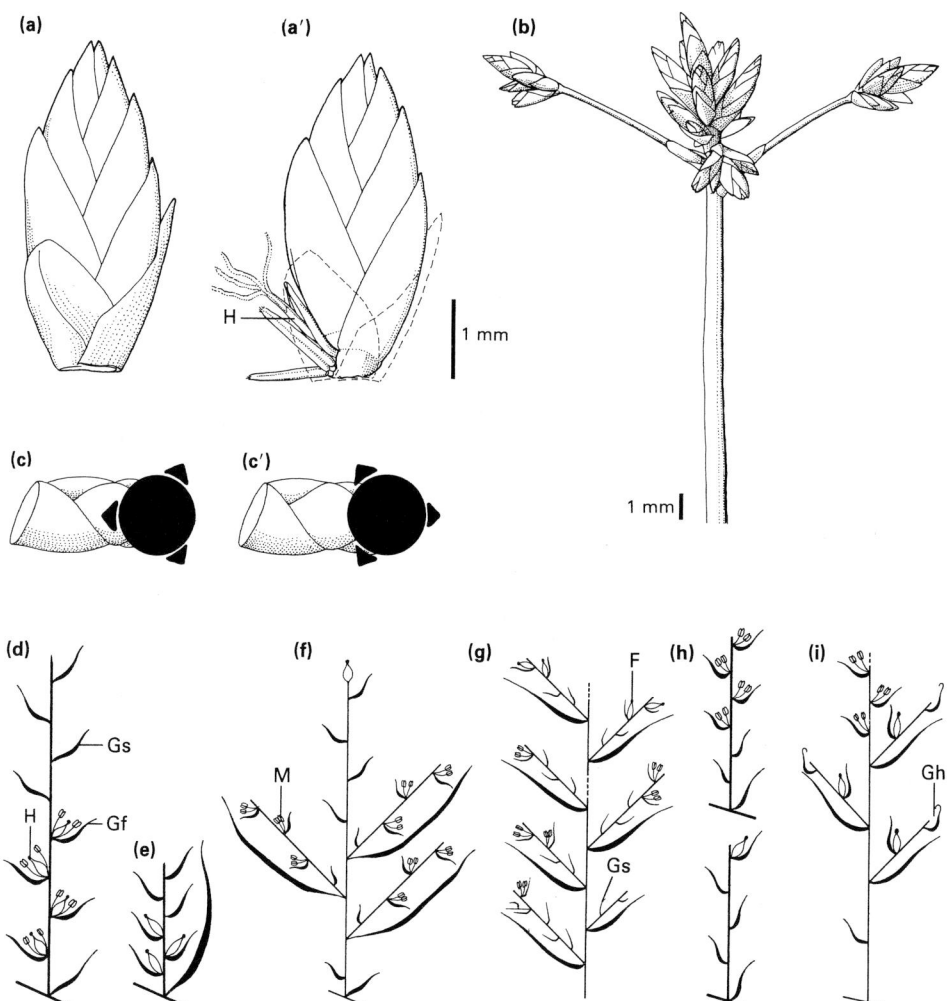

Abb. 197. a) *Cyperus alternifolius,* einzelnes Ährchen; **a')** desgl., die beiden untersten Spelzen entfernt; **b)** *Cyperus alternifolius,* Blütenstand; **c, c')** *Eriophorum* sp., verschiedene Positionen, in denen am Rhizom in Basisnähe des oberirdischen Sprosses Knospen angelegt sein können; **d)-i)** nach EITEN (1976), eine Auswahl verschiedener Blütenstandstypen bei Cyperaceen. F: weibliche Blüte. Gf: fertile Spelze. Gh: hakenförmige Spelze. Gs: sterile Spelze. H: zwittrige Blüte. M: männliche Blüte.

198 | Morphologie der Orchideen: vegetativer Aufbau

Abb. 198. *Campylocentrum pachyrhizum*
In der Bildmitte ist das Sproßsystem dieser Orchidee erkennbar, zusammen mit abgestorbenen Infloreszenzachsen. Der Hauptteil der Pflanze besteht aus grünen, abgeplatteten sproßbürtigen Wurzeln (S. 98).

Die Orchideen (Orchidaceae) zeichnen sich durch ganz charakteristische und in der Regel hochkomplizierte Blüten (S. 200) aus. Hinsichtlich ihrer vegetativen Organisation zeigen sie eine Reihe unterschiedlicher Formen, die hier als Beispiel für die Vielgestaltigkeit des Organisationsaufbaus einer bestimmten taxonomischen Gruppe überblicksweise dargestellt werden sollen (siehe auch Abb. **253**). Die Mehrzahl der Orchideen besitzt entweder ein sympodiales Rhizom oder – weniger häufig – ein monopodiales; da diese Pflanzen jedoch auch epiphytisch wachsen können, muß das Rhizom nicht unbedingt immer unterirdisch sein (S. 170). Monopodial wachsende Orchideen tragen seitliche Blütenstände (Abb. **253b, 199b**), die Infloreszenzen der sympodial wachsenden Orchideen sind entweder ebenfalls seitlich angelegt (Abb. **253a, d, 199d**) oder endständig (Abb. **253c, 199e**). Ein unverkennbares Merkmal vieler Orchideen ist ihre Scheinknolle (Abb. **199d-f**). Das ist ein bestimmter verdickter Sproßabschnitt, der aus einem oder mehreren Internodien besteht und so einer orthotropen Sproßknolle (Abb. **137d**) entspricht. Die Lage einer Sproßknolle innerhalb des Rhizomsystems einer bestimmten Orchidee ist in der Regel ebenso genau festgelegt wie die Anzahl der Blätter, die sie trägt, kann darüberhinaus aber eine Reihe von Verlagerungen erfahren (Abb. **199, 253**). Die Blätter der Orchideen unterscheiden sich von Art zu Art in Größe und Gestalt; oft sind Schuppenblätter ausgebildet. Zusätzlich zu den der Nährstoffspeicherung dienenden Scheinknollen können die Orchideen auch verschiedentlich verdickte Wurzeln (Wurzelknollen,

Morphologie der Orchideen: vegetativer Aufbau | 199

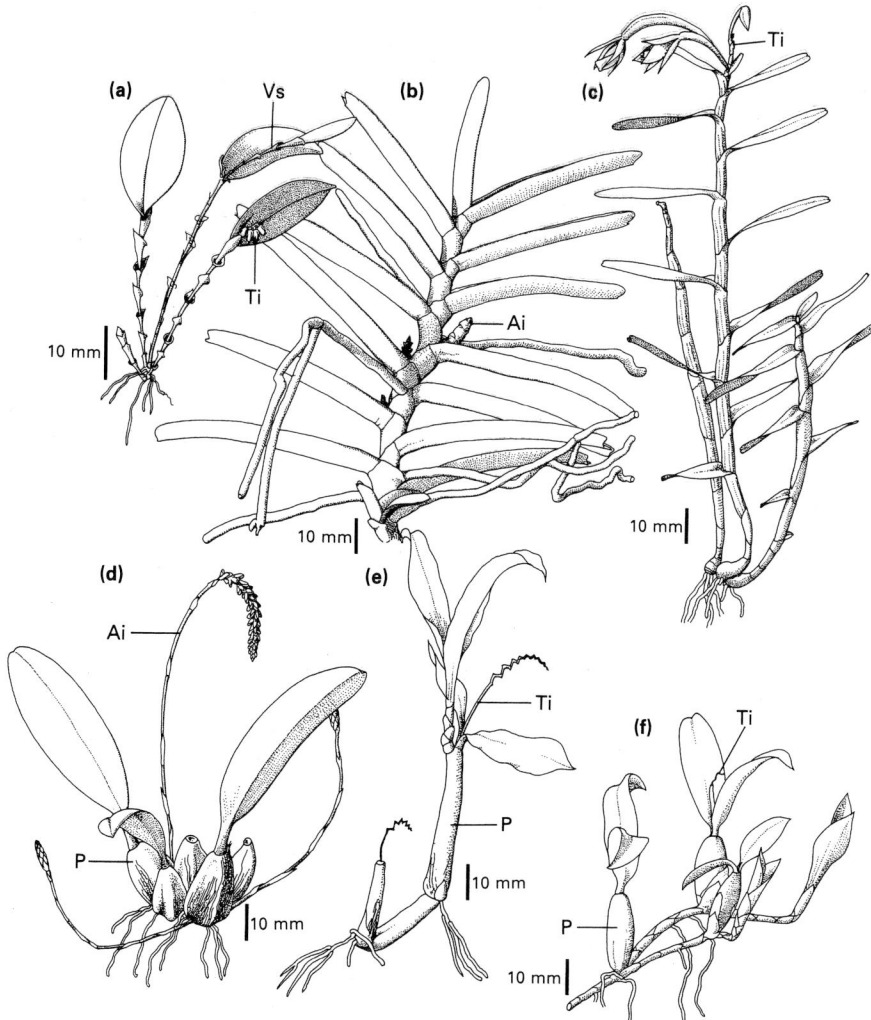

S. 100) aufweisen. In einigen Fällen schließen diese Wurzelknollen Gewebe der Sproßachse mit einem Scheitelmeristem ein und entsprechen dann den unterirdischen Knollen an gestreckten Achsen anderer Pflanzen (Abb. **175f, g**). Ein zweites charakteristisches Merkmal vieler Orchideenwurzeln ist das Velamen radicum (S. 106), ein in hohem Maße Wasser absorbierender Mantel. Eine solche Wurzel kann auch photosynthetisch aktiv sein; ein extremes Beispiel, *Campylocentrum,* ist in Abb. **198** dargestellt.

Abb. 199. Beispiele für das vegetative Wachstum der Orchideen. **a)-c)** ohne Sproßknollen, **d)-f)** mit Sproßknollen. Siehe auch Abb. **253. a)** *Restrepia ciliata,* **b)** *Acampe* sp., **c)** *Epidendrum* sp., **d)** *Bulbophyllum* sp., **e)** *Pholidota* sp., **f)** *Coelogyne fimbriata.* Ai: achselständige Infloreszenz. P: Scheinknolle. Ti: terminale Infloreszenz. Vs: vegetativer Sproß.

200 | Morphologie der Orchideen: Luftsprosse und Infloreszenzen

Die Orchideenblüte zeigt eine Reihe besonderer Merkmale, die in ihrer Gesamtheit für die Familie kennzeichnend sind, obgleich sie zum Teil auch in anderen Familien auftreten. DRESSLER (1981) nennt sieben Hauptcharakteristika:
(1) Die Staubblätter sitzen alle auf einer Seite der Blüte (in der Regel ist davon nur eins fertil);
(2) Die Staubblätter sind mit dem Griffel zu einem »Säulchen« (= Gynostemium) verwachsen (Abb. **201d'**).
(3) Das den Staubblättern gegenüber stehende Kronblatt ist hoch differenziert (= Labellum oder Lippe) (vergl. Abb. **201a, b, c, d**);
(4) Teile der Narbe stellen den Bestäubungsapparat dar (= Rostellum) (Abb. **201d'**).
(5) Die Pollenkörner sind meist zu einer kompakten Masse vereint (= Pollinium) (Abb. **201a'**);
(6) Die Blütenstiele sind oft verdreht (Resupination) (Abb. **201e**);
(7) Bildung extrem winziger Samen (Abb. **159h**).

Die Blüte einer Orchidee besteht aus sechs Perianthsegmenten, die in zwei Wirteln zu je drei Blütenblättern angeordnet sind. Das adaxiale Kronblatt des inneren Wirtels ist als komplizierte Lippe gestaltet. Eine Torsion des Blütenstiels (Resupination) verdreht die Blüte in den meisten Fällen um 180°, so daß das Labellum in einer abaxialen Position zu stehen kommt. Ein Staubblatt (gelegentlich zwei) verwächst mit dem Griffel und bildet das »Säulchen«. Der obere Teil dieses Gynostemiums trägt den fruchtbaren Staubbeutel (Androklinum) und den fertilen Teil der Narbe (Rostellum). Die Blüten können einzeln stehen oder in Blütenständen angeordnet sein. Als häufigste Infloreszenztypen kommen Trauben (Abb. **141b**) vor; selten stehen die Blüten (sekundär) den Blättern gegenüber (S. 230).

Abb. 200. *Paphiopedilum venustum*

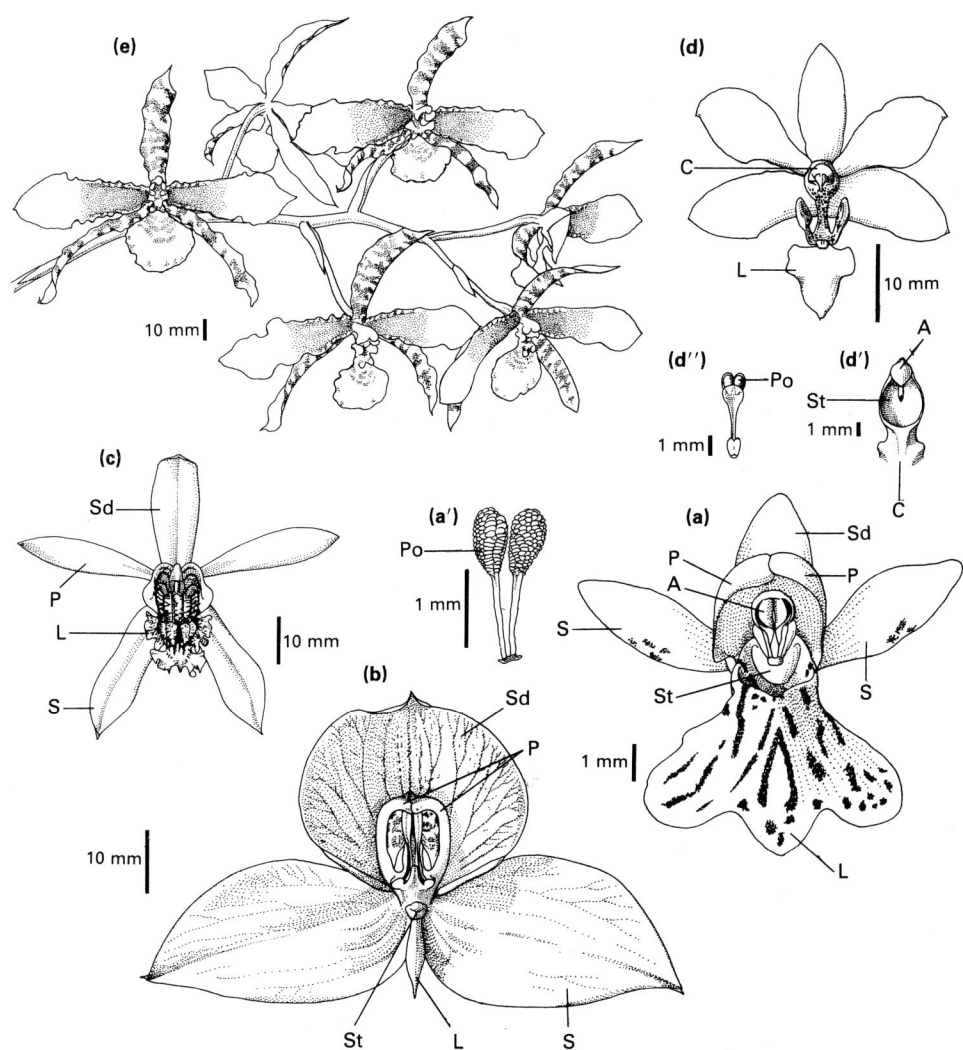

Abb. 201. a) *Dactylorhiza fuchsii*, Blüte; **a')** *Dactylorhiza fuchsii*, Pollinium; **b)** *Disa* ›Diores‹; **c)** *Coelogyne* sp., Blüte; **d)** *Doritis pulcherrima*, Blüte; **d')** *Doritis pulcherrima*, Säulchen; **d")** *Doritis pulcherrima*, Pollinium; **e)** *Rossioglossum grande*, Infloreszenz, an der Resupination auftritt. A: Anthere (Androklinum) in Verbindung mit dem Rostellum. C: Säulchen. L: Labellum (Lippe). P: seitliches Kronblatt. Po: Pollinium. S: seitliches Kelchblatt. Sd: dorsales Kelchblatt. St: Narbenoberfläche.

Kakteen und Kaktusähnliche

Abb. 202a. *Alluaudia adscendens* (Didiereaceae)
Jedes Blattpaar hat sich zusammen mit seinem Sproßdorn (S. 124) aus der Achselknospe eines inzwischen abgefallenen Blattes entwickelt.

Abb. 202b. *Euphorbia ammati* (Euphorbiaceae)
Die paarweise angeordneten Dornen stellen je ein Nebenblattpaar dar (S. 52). In der Achsel einer jeden Blattnarbe steht eine winzige Knospe.

Die Dornen der Kakteen (Cactaceae) stellen modifizierte Blätter dar. In der Gattung *Pereskia* werden noch gewöhnliche bifaciale Blätter ausgebildet, die Blätter ihrer axillären Knospen entwickeln sich jedoch zu Dornen. Bei manchen Arten treten zwei Dornen je Knospe auf, die umgewandelte Vorblätter (S. 66) darstellen (Abb. **203b**). Bei der überwiegenden Mehrzahl der Kakteen ist die grüne Sproßachse entweder abgeflacht und kann somit als Platykladium bezeichnet werden (S. 126, Abb. **203a, 294a**), oder sie ist angeschwollen und trägt auffällige Erhebungen (»Höcker«, »Mamillen«, »Blattpolster«, Abb. **203g**). Diese Höcker können miteinander zu Längsreihen verschmolzen sein (Abb. **203c**). Bei der Gattung *Opuntia* können auf den abgeflachten, neu ausgebildeten Sprossen kleine vergängliche Blättchen beobachtet werden (Abb. **203a**). Jedes Blatt trägt in seiner Achsel eine Knospe, deren Blätter wiederum durch Büschel von Dornen ersetzt sind. Diese Dornpolster werden als Areolen bezeichnet. Manche Dornen (Glochidien, Widerhakenstacheln) sind mit Widerhaken besetzt und leicht ablösbar. Bei mamillenbildenden Arten befinden sich die Areolen meist am distalen Ende dieser Erhebungen. Einige Arten der Gattung *Mammillaria* zeigen eine andere Form meristematischer Umorganisation, die zu einer symmetrischen Spaltung des Sproßscheitels führt, d. h. zu echter Dichotomie (S. 258). Das Apikalmeristem der Areole kann sich auf verschiedene Weise weiterentwickeln: es kann absterben oder in Ruhe verharren, weiterhin mehr Blätter in Form von Dornen ausbilden oder sich zu einem vegetativen Sproß oder einer Blüte entwickeln. Die

Kakteen und Kaktusähnliche | 203

Blätter einer eine Areole bildenden Knospe entwickeln sich nicht immer zu Dornen völlig gleicher Gestalt. Die Dornen auf der abaxialen Seite der Areole sind im allgemeinen die größten. Zwischen den Dornen treten oft Haare (Trichome, S. 80) auf. Auch bei einigen Vertretern der nahe verwandten Familie der Didiereaceae sind die Blätter axillärer Knospen in ähnlicher Weise zu Dornen umgewandelt (Abb. 202a). Manche Vertreter der Euphorbiaceae (Abb. 203f, h) und der Asclepiadaceae (*Stapelia* und *Ceropegia*, Abb. 203e) ähneln Kakteen dadurch, daß sie verdickte, abgeflachte, gerippte oder mit Mamillen besetzte Sproßachsen ausbilden. Die Dornen der Euphorbiaceae sind entweder paarweise angeordnet und stellen bei manchen Arten (vergl. UHLARZ 1974) modifizierte Nebenblätter dar (Abb. 202b), oder sie stehen einzeln in den Achseln von Blättern oder Blattnarben und sind dann als umgewandelte Infloreszenzachsen (S. 144) oder ausdauernde Blattbasen (S. 40) aufzufassen. In den Achseln der Blattdornen der Asclepiadaceen-Vertreter mit kaktusartigem Habitus stehen ruhende vegetative oder generative Knospen.

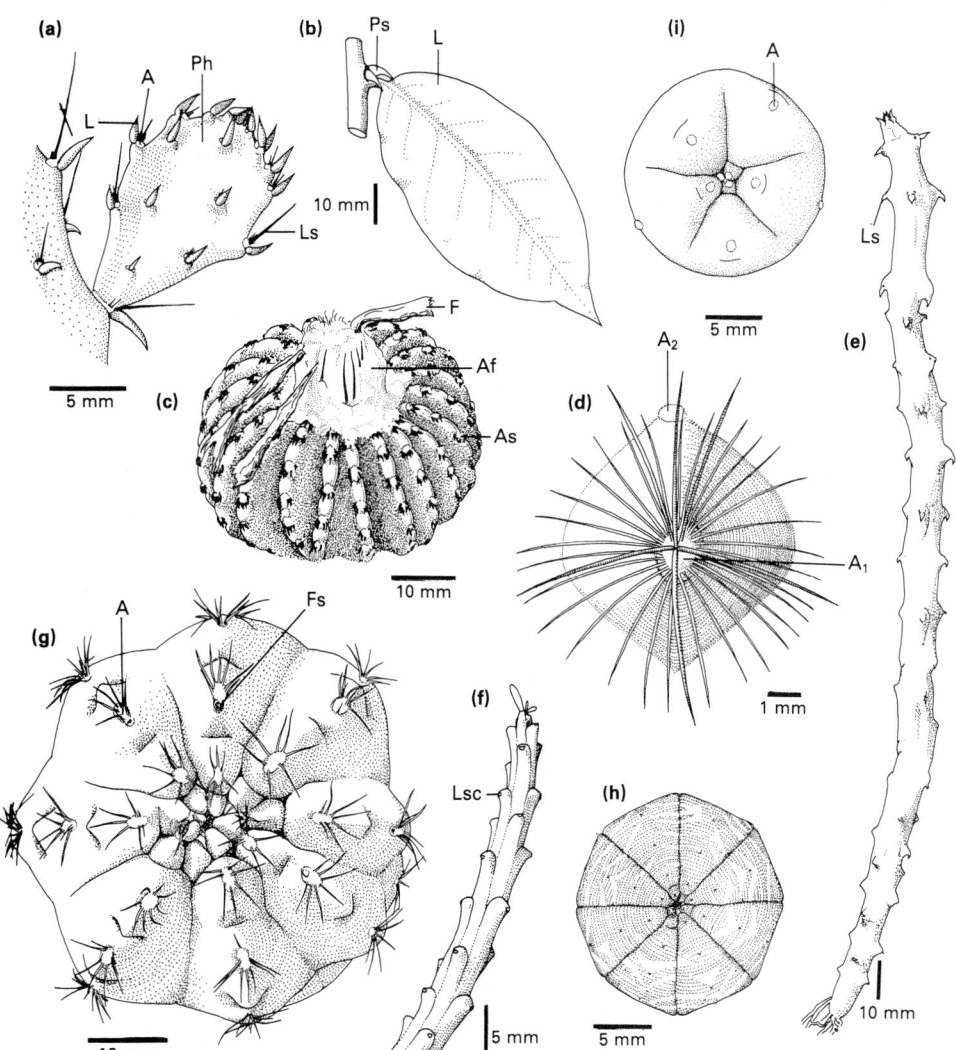

Abb. 203. **a)** *Opuntia* sp.; **b)** *Pereskia aculeata*, einzelner Knoten; **c)** *Discocactus horstii*, gesamte Pflanze; **d)** *Mammillaria microhelia*, einzelne Mamille; **e)** *Ceropegia stapeliiformis*, Habitus einer Pflanze in jugendlichem Stadium; **f)** *Euphorbia caput-medusae*, distales Ende eines Seitensprosses; **g)** *Gymnocalycium baldianum*, Habitus einer Pflanze von oben; **h)** *Euphorbia obesa*, Habitus einer Pflanze von oben; **i)** *Lophophora williamsii*, Habitus einer Pflanze von oben. A: Areole. Af: blühende Areole (adulter Pflanzenkörper). As: sterile Areole (junger Pflanzenkörper). Fs: Blütennarbe. L: Blatt. Ls: Blattdorn. Lsc: Blattnarbe. Ph: Platykladium (S. 126). Ps: Vorblattdorn (S. 66).

204 | Domatien: Hohlräume, die von Tieren bewohnt werden

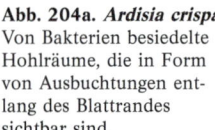

Abb. 204a. *Ardisia crispa*
Von Bakterien besiedelte Hohlräume, die in Form von Ausbuchtungen entlang des Blattrandes sichtbar sind.

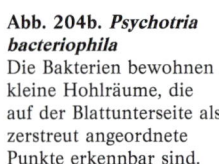

Abb. 204b. *Psychotria bacteriophila*
Die Bakterien bewohnen kleine Hohlräume, die auf der Blattunterseite als zerstreut angeordnete Punkte erkennbar sind.

Eine Domatie, wörtlich übersetzt ein »kleines Haus«, ist ein Hohlraum innerhalb eines Organs einer Pflanze (Sproßachse, Blatt oder Wurzel) (Abb. **106, 205b**), in dem Ameisen, gelegentlich auch Milben wohnen (»Milbenhäuschen«!). Domatien können mannigfaltig gebaut sein. Sie werden von der Pflanze auch dann ausgebildet, wenn keine Tiere zugegen sind (im Gegensatz zu Gallen, S. 278). Oft geht mit der Bildung von Domatien die Produktion von Futterkörpern oder Nektarien (S. 78, 80) einher. Hinsichtlich ihres Baus können Domatien ganz einfach gestaltet sein, wie z. B. die adaxialen Furchen in den Basen der Blätter bei *Fraxinus* (Milben); der Hohlraum kann auch durch eine Gewebeüberwölbung an der Verbindungsstelle zweier Hauptblattnerven zustandekommen (Milben, Abb. **205c**). Komplizierter gebaut sind Domatien, die in Form hohler Internodien (Abb. **78**) oder Blattstiele (Abb. **205d**) auftreten und Eingangsöffnungen für die Ameisen aufweisen, sowie die hohlen Anschwellungen an der Unterseite mancher Blätter (Ameisen). Auch die ausgehöhlten, holzigen Stipulardornen einiger *Acacia*-Arten (Abb. **205a, a'**) werden von Ameisen bewohnt. Von ganz anderer Art als Domatien sind solche Aushöhlungen in Blättern, die von Bakterien besiedelt werden (»Blattknöllchen«), die typischerweise bei Vertretern der Rubiaceae vorkommen. Die Bakterien sammeln sich dabei entweder in den Hydathoden (Wasserexkretionsdrüsen) am Blattrand an (Abb. **204a**) oder in erweiterten, auf beiden Blattseiten unterhalb der Spaltöffnungen liegenden Hohlräumen (Abb. **204b**). Wahrscheinlich dringen die Bakterien in diese Aushöhlungen bereits ein, während

Domatien: Hohlräume, die von Tieren bewohnt werden | 205

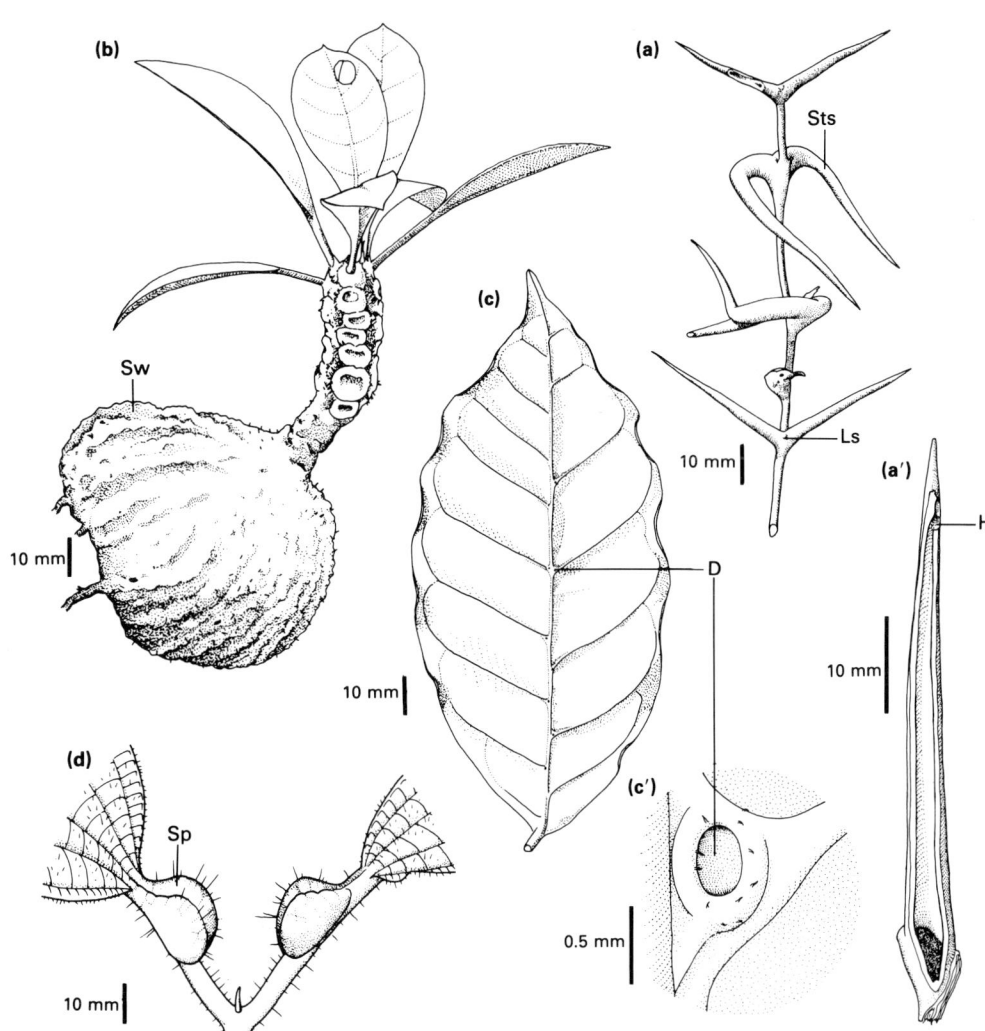

sich das Blatt noch in der Knospe entwickelt; Schleimabsonderungen der Drüsenzotten (Kolleteren, S. 80) dürften damit in Zusammenhang stehen.

Abb. 205. a) *Acacia sphaerocephala,* eine Reihe von Stipulardornpaaren (S. 56); **a')** desgl., Schnitt durch einen Dorn; **b)** *Myrmecodia echinata,* ganze Pflanze; **c)** *Coffea arabica,* Blatt von unten; **c')** desgl., einzelne Domatie; **d)** *Tococa guyanensis,* Stiele eines Blattpaares. H: Eintrittsöffnung. Ls: Blattnarbe. Sp: verdickter, hohler Blattstiel, Eingangsöffnungen auf der abaxialen Seite. Sts: hohle Stipulardornen. Sw: verdickte Wurzel mit einer Aushöhlung.

206 | Pflanzen mit abweichendem Bau: theoretischer Hintergrund

Morphologie ist die Lehre von der Gestalt. Studien über Pflanzenformen wurden vielfach von philosophischen Betrachtungen begleitet. Einer der ersten Pflanzenmorphologen war THEOPHRASTUS (370–285 vor Chr.), ein Philosoph; diese Verbindung von Morphologie und Philosophie hat bis in unsere heutige Zeit angehalten. Eine detaillierte Schilderung der Geschichte dieses Themas finden wir bei ARBER (*The Natural Philosophy of Plantform,* 1950); SATTLER widmet sich der philosophischen Geisteshaltung (1982, 1986). Der Ansatz des deutschen Dichters und Philosophen GOETHE (geb. 1749) ist beispielhaft für das immer wiederkehrende Bestreben der Botaniker, in der Pflanze irgendeine strukturelle »Identität« zu entdecken, irgendetwas, das so eindeutig ist wie der Kopf, der Schwanz oder das Herz eines Tieres. Was macht eine Pflanze aus, wie ist ihre Gestalt? Goethe erkannte den Gestaltwandel (»Metamorphose«), dem die Blätter einer Pflanze unterworfen sind. Entwicklungsgeschichtliche Untersuchungen belegen, daß sowohl das Laubblatt als auch Kelch- und Kronblätter aus ursprünglich gleichwertigen Blattprimordien des Sproßscheitels hervorgehen. Verschiedene Organe, die im Bauplan denselben Platz einnehmen, heißen homolog (siehe S. 1). Die klassische Auffassung der Pflanzenform, wie sie von SACHS (1874) vertreten wird, teilte demzufolge die Organe einer Pflanze in vier Kategorien ein, wobei in jeder vielfältige homologe Abweichungen möglich waren. Dies waren die Sproßachse (Caulom), das Blatt (Phyllom), die Wurzel (Rhizom, eine Bezeichnung, die heute nur auf unterirdische Sproßachsen, nicht aber auf Wurzeln angewendet wird) und Haare (Trichome). Sproßachse und Blätter bilden zusammen den Sproß. Obwohl man in letzter Zeit auch versucht hat, Pflanzen in der Form zu beschreiben, daß man von unterschiedlichen Konstruktionseinheiten ausgeht (S. 282), finden diese vier grundlegenden und in der Regel leicht identifizierbaren morphologischen Kategorien immer noch allgemeine Anwendung. Dennoch ließen sich viele Beispiele anführen, bei denen der Versuch, Teile von Pflanzen in Übereinstimmung mit dem klassischen System zu identifizieren, fehlgeschlagen ist oder zur reinen Ansichtssache wurde (z. B. SATTLER et al., 1988). Einer fertig ausgebildeten Struktur sieht man in der Regel nicht an, auf welche Weise sie sich entwickelt hat; entwicklungsgeschichtliche Untersuchungen sind daher oftmals hilfreich, wenn es sich darum handelt, eine bestimmte Morphologie zu klären (z. B. S. 20, 44). Dies ist vor allem in den Fällen angebracht, in denen aufgrund der Tätigkeit eines Meristems zwei Organe sich als eines entwickeln oder miteinander in Verbindung bleiben. Dieses Verhalten kann für die betreffende Pflanze durchaus »normal« sein (Mamillen der Kakteen, S. 202; Epiphyllie, S. 74; Verwachsung, S. 234) oder es ist die Folge einer unnatürlichen Unterbrechung der Meristemaktivität, z. B. von Fasziation (Verbänderung, S. 272), einer Art unterbrochener Entwicklung oder Teratologie (Mißbildung, S. 270). Die Annahme, daß jegliche morphologische Eigenart mit Hilfe des klassischen Schemas erklärbar sein müßte, birgt eine Gefahr in sich: eine tatsächliche Abwei-

chung von der »Norm« innerhalb des Pflanzenreichs wird dann nämlich nicht als solche erkannt oder gleich als eigenständiges Organ »sui generis« (wörtlich »seiner eigenen Art«, d. h. »atypisch«, z. B. S. 122) ausgegeben, für den Fall, daß man sich über die klassische Auslegung hinwegsetzen will. Ein etwas weniger starrer Ansatz wäre wahrscheinlich ratsam (GROFF und KAPLAN 1988). SATTLER (1974) vertritt beispielsweise den Standpunkt, anzuerkennen, ja zu erwarten, daß sich manche Strukturen nicht eindeutig den streng umgrenzten Bereichen Blatt oder Stamm zuordnen lassen (siehe auch Platykladien, S. 126). Es besteht kein Zweifel darüber, daß einige Pflanzen Formen hervorbringen, die sich mit den herkömmlichen Beschreibungen nicht ohne weiteres vereinbaren lassen (z. B. *Streptocarpus*, S. 208). Einige dieser Pflanzen werden hier in groben Zügen dargestellt und als Pflanzen mit abweichendem Bau bezeichnet (S. 208–212); »abweichender Bau« im Hinblick auf ein botanisches Lehrgebäude, jedoch nicht »unangepaßt« im Hinblick auf eine erfolgreiche Existenz. Auch die Haustorien vieler parasitischer Arten lassen sich morphologisch nicht einordnen (S. 108), und die Blätter einiger Lentibulariaceae sind nur schwer mit klassischen Vorstellungen in Einklang zu bringen (SCULTHORPE 1967); in diesem Buch werden sie unter unbegrenztem Wachstum abgehandelt (S. 90).

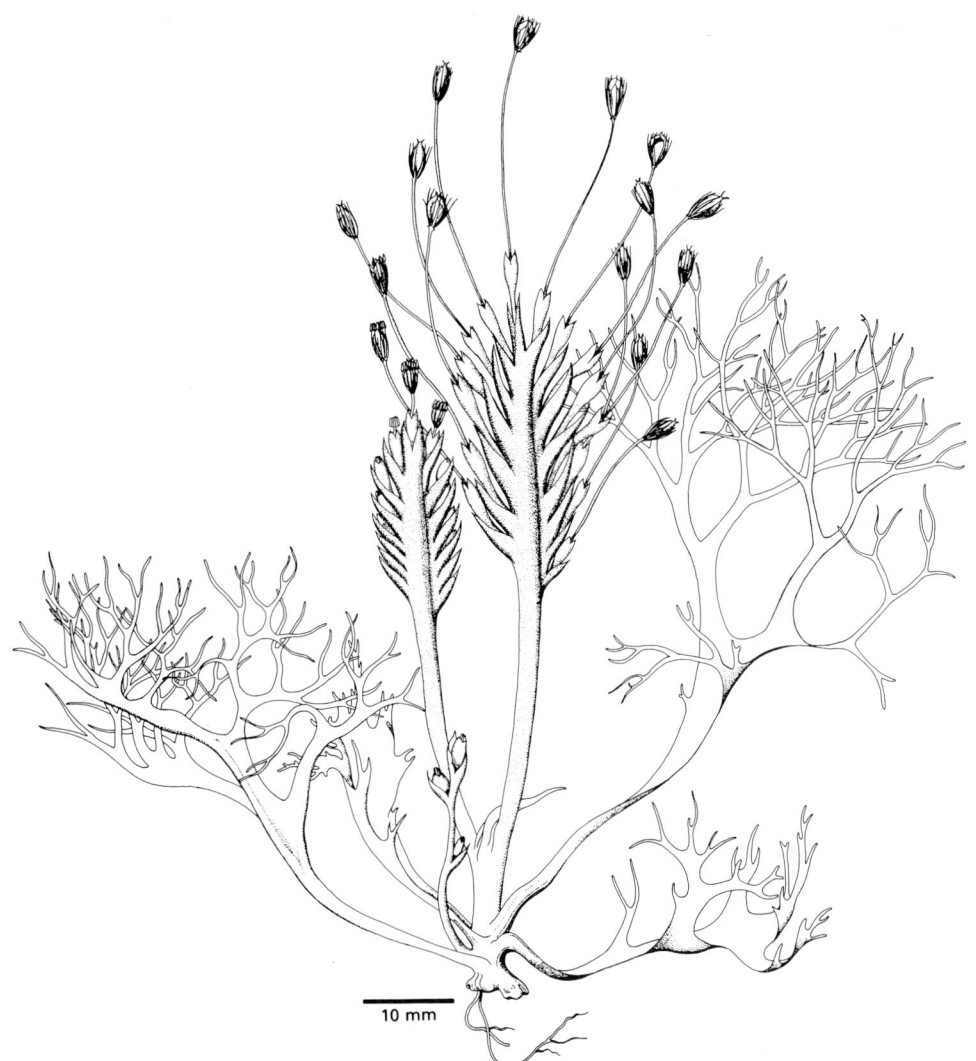

Abb. 207. *Mourera weddelliana* (Podostemaceae), Habitus (S. 210). Nach einer Zeichnung von TULASNE (1852).

Pflanzen mit abweichendem Bau: Gesneriaceae

Die meisten Pflanzen aus der Familie der Gesneriaceae (Dikotyledonae) weisen eine ganz gewöhnliche Morphologie auf; bei vielen jedoch geht die Tendenz dahin, Keimblätter unterschiedlicher Größe auszubilden (Anisokotylie, S. 32). Bei einigen Gattungen, z. B. *Streptocarpus* (Abb. **209a-f**), *Acanthonema, Trachystigma, Monophyllaea, Moultonia* und *Epithema* (Abb. **209g, h**), wächst das eine Keimblatt wesentlich schneller und größer aus als das andere; die Wuchsform einer derartigen Pflanze ist mit den Konzepten der klassischen Morphologie nicht ohne weiteres in Einklang zu bringen (S. 206). JONG und BURTT (1975) schlagen daher vor, *Streptocarpus fanniniae* mit Hilfe herkömmlicher Begriffskategorien folgendermaßen zu beschreiben: »Die Pflanze ist vollständig aus zahlreichen gestielten Blättern (d. h. keine Sproßachse) aufgebaut; die langen, herunterhängenden Blattstiele bewurzeln sich an ihrer Unterseite, sobald sie über das Substrat hinweg kriechen, so daß ein dichtes Geflecht entsteht. In regelmäßigen Abständen werden an der Oberseite der langen Blattstiele akzessorische Blätter ausgegliedert, welche ihrerseits wiederum akzessorische Blätter bilden. Blütenstände entwickeln sich an der Verbindungsstelle zwischen Blattstiel und Spreite.« JONG und BURTT (1975) vermeiden es, eine dieser Strukturen auch nur ansatzweise an Hand homologer Vergleiche (S. 1) mit »gewöhnlichen« Pflanzen zu beschreiben; statt dessen bemühen sie sich, die diesen Pflanzen zugrundeliegende Konstruktionseinheit herauszufinden, und bezeichnen sie als »Phyllomorph«. Das ist also eine Blattspreite (oder Lamina) mit ihrem proximalen Blattstiel. Bei der Keimung eines *Streptocarpus*-Samens entwickelt sich nur eines der beiden Keimblätter zu seiner vollen Größe und bildet so das erste Phyllomorph der Pflanze (Abb. **209a-d**). Das Scheitelmeristem der Keimpflanze, das im Normalfall seine Entwicklung fortführen würde, um so das Epikotyl auszubilden, wird in das Gewebe der Oberseite des sich erweiternden Keimblattes integriert und tritt nun an die Übergangsstelle zwischen Blattstiel und Spreite (Abb. **208**). Dieses Meristem, das typisch ist für Phyllomorphe, wird als Furchenmeristem bezeichnet, weil es sich in Form einer langgestreckten Vertiefung darbietet. Bei einigen Arten bringt es einen Blütenstand hervor, und die Pflanze, die nur aus diesem einen kotyledonaren Phyllomorph besteht, stirbt nach der Fruchtreife ab. Bei anderen Arten bildet es in unterschiedlichem Maße zusätzliche Phyllomorphe und Blütenstände aus; an Phyllomorphen zweiter Ordnung entstehen wiederum Phyllomorphe dritter Ordnung usw. An der Unterseite des Blattstiels entwickeln sich Wurzelprimodien. Bei der Gattung *Epithema* (HALLÉ und DELMOTTE 1973) stirbt das einzelne, große Keimblatt während der Trockenzeit ab, und erst das dritte Blatt der Pflanze bildet das fruchtbare Phyllomorph (Abb. **209g, h**). Phyllomorphe können mit Hilfe zweier zusätzlicher Meristeme über einen Zeitraum von mehreren Vegetationsperioden in die Länge wachsen. Eins davon, das basale Meristem (Abb. **209d**), liegt am proximalen Ende der Blattspreite, dem Furchenmeristem benachbart. Unter günstigen Bedingungen führt fortgesetzte Zellteilung in diesem Bereich zu einer Längenzunahme der Blattspreite. Auf der anderen Seite kann die Spreite unter ungünstigen Bedingungen (Trockenheit) ihr distales Ende auch dadurch abwerfen, daß quer durch

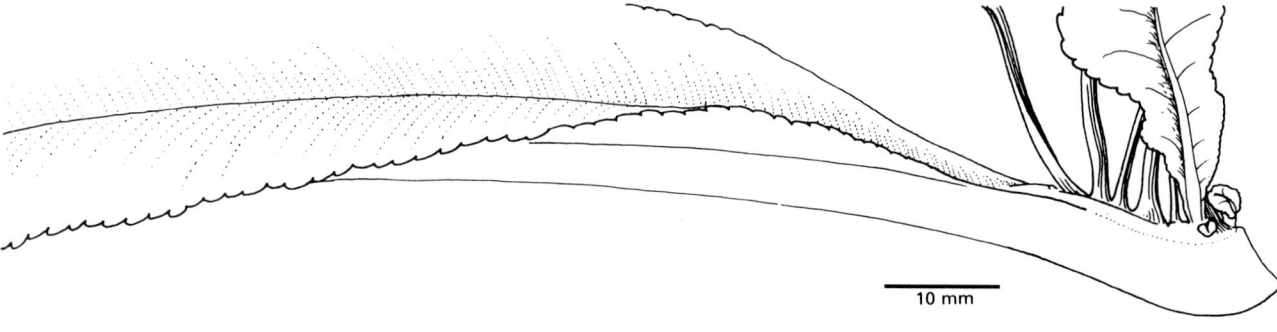

Abb. 208. *Streptocarpus rexii*, Basis eines einzelnen Phyllomorphs mit Tochterphyllomorphen, die der meristematischen Zone entspringen.

10 mm

Pflanzen mit abweichendem Bau: Gesneriaceae

die Spreite eine Trennschicht ausgebildet wird. Auch der Blattstiel kann mit Hilfe eines zweiten, zusätzlichen Meristems, dem Blattstiel-Meristem, beträchtlich an Länge zunehmen (Abb. **209e**). Dieses verläuft unterhalb des Furchenmeristems quer über den Blattstiel. Eine Längenzunahme in diesem Bereich führt nicht nur zu einer Verlängerung des gesamten Blattstiels, sondern hat auch ein Zerreißen des Furchenmeristems in lauter einzelne Meristembereiche zur Folge. JONG und BURTT (1975) nennen diese Meristemfragmente »abgetrennte Meristeme« (Abb. **209d**). Jedes dieser Meristembruchstücke kann weiterhin zusätzliche Phyllomorphe und/oder Infloreszenzen ausbilden. Daß eine Pflanze aus Phyllomorphen aufgebaut ist, wie wir das bei den Gesneriaceae kennengelernt haben, findet im Pflanzenreich keine Entsprechung. Das von den meisten Blütenpflanzen verwirklichte Konzept von Blatt und dazugehörigen akzessorischen Knospen (Beiknospen) läßt sich auf den phyllomorphen Aufbau der Gesneriaceen nicht anwenden; demnach muß es sich dabei wohl um eine eigenständige Entwicklungstendenz handeln (vergl. Lemnaceae, S. 212).

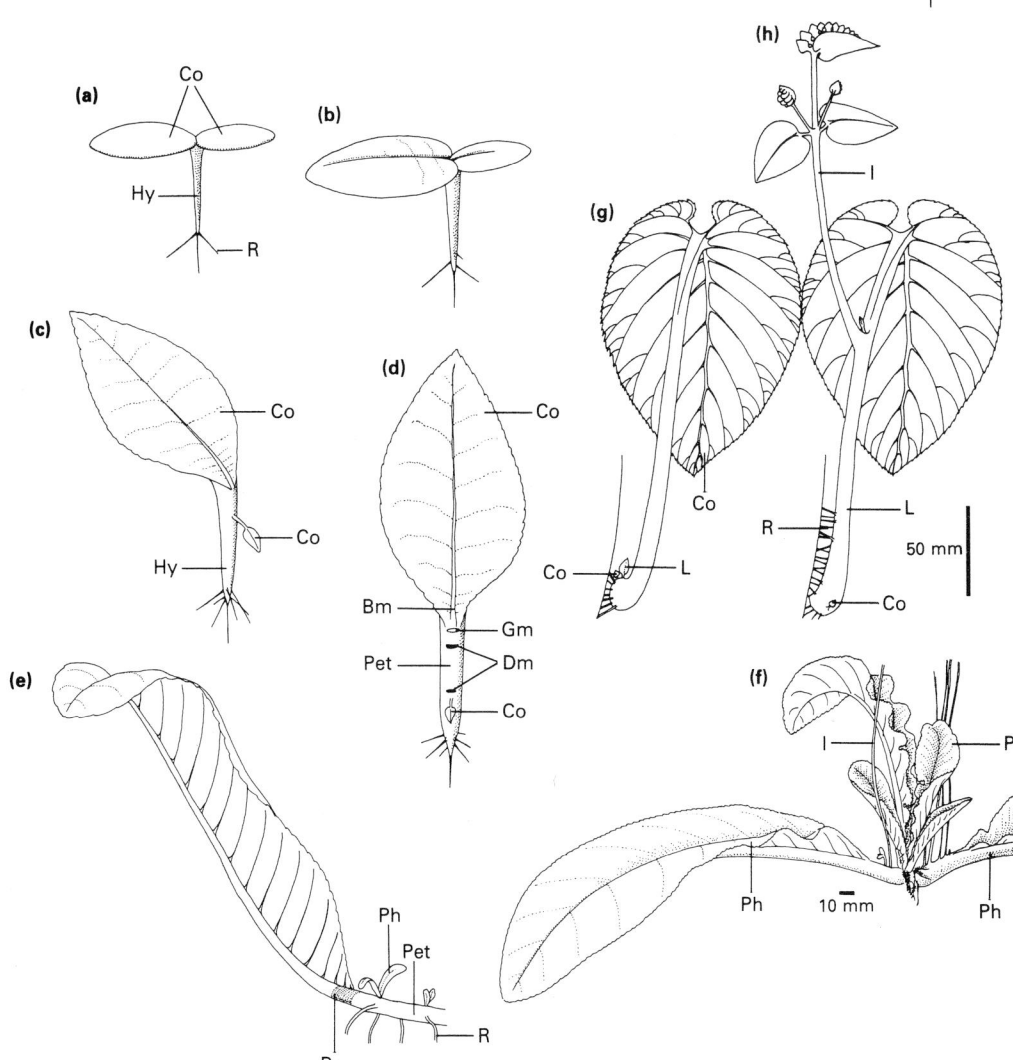

Abb. 209. a)–e) *Streptocarpus fanniniae,* verschiedene Entwicklungsstadien einer Keimpflanze; **f)** *Streptocarpus rexii,* Basis einer Pflanze; **g)** *Epithema tenue,* Habitus einer sterilen Pflanze; **h)** *Epithema tenue,* Habitus einer fertilen Pflanze. Bm: Basalmeristem. Co: Kotyledo. Dm: abgetrenntes Meristem. Gm: Furchenmeristem. Hy: Hypokotyl. I: Infloreszenz. L: Blatt Nr. 3. Pet: Blattstiel. Ph: Phyllomorph. Pm: Blattstiel-Meristem. R: Wurzel. g, h) nach HALLÉ und DELMOTTE (1973), alle anderen nach JONG und BURTT (1975).

Pflanzen mit abweichendem Bau: Podostemaceae (Blütentange) und Tristichaceae

Abb. 210. Ein von THURET (1878) im 19. Jh. angefertigter Stich des Thallus der Meeresalge *Cutleria multifida*. Vergl. mit den Abb. **207** und **211**.

Die Vertreter der beiden Familien Podostemaceae (Dicotyledonae, Blüten ohne Blütenhülle, jedoch in eine Spatha, S. 140, eingeschlossen) und Tristichaceae (Dicotyledonae, Blüten mit 3 oder 5 Perianthsegmenten) besiedeln schnellfließende tropische Flüsse in Afrika, Asien und Südamerika. Hinsichtlich ihrer Morphologie variieren sie beträchtlich (Abb. **207, 211**) und sind, solange sie keine Blüten ausgebildet haben, überhaupt nicht als Blütenpflanzen erkennbar. Den Vegetationskörper mancher parasitischer Pflanzen kann man treffend als »fädig« oder »myzelartig« (z. B. *Rafflesia,* S. 108) beschreiben, um damit den pilzartigen Charakter zum Ausdruck zu bringen. In Anlehnung daran könnte man den Habitus der hier dargestellten Pflanzen als »thallusartig« bezeichnen, da er bei oberflächlicher Betrachtung dem vieler Algen oder Lebermoose ähnelt. Bei einigen Pflanzen aus diesen beiden Familien hat es den Anschein, als wären sie aus einer beblätterten Sproßachse aufgebaut, doch diese Strukturen können ihrem Aussehen nach ineinander übergehen; bei einigen Arten sind die Blätter z. B. von unbegrenztem Wachstum (S. 90) und behalten ein funktionsfähiges Scheitelmeristem. Die Gattungen der Tristichaceae tragen ausschließlich Schuppenblätter, die nicht von Leitelementen durchzogen sind. Bei der Keimung bildet der Same keine Keimwurzel aus; statt dessen entstehen am Hypokotyl sproßbürtige Wurzeln (S. 98). Diese Wurzeln vermögen sich daraufhin in eine hoch differenzierte Struktur umzuwandeln, eine »Haptere« (Haftorgan; wiederum ein der Algenterminologie entliehener Begriff), mit der die Pflanze an der Oberfläche von Felsen

Pflanzen mit abweichendem Bau: Podostemaceae (Blütentange) und Tristichaceae

haftet; auch können sie sich dorsiventral abflachen und Chlorophyll enthalten (vergl. die Wurzeln einiger Orchideen, Abb. 98). Ähnlich wie bei anderen Pflanzen, deren Bau sich mit den klassischen morphologischen Erwartungen nicht deckt (S. 206), ist es auch in diesem Fall vermutlich zwecklos, nach homologen Entsprechungen (siehe S. 1) bei anderen, »gewöhnlichen« Angiospermen zu suchen. In der Theorie wird in der Regel allerdings davon ausgegangen, daß diese Haftorgane ihrem Ursprung nach im Grunde Wurzeln darstellen, die nach Art der Wurzelknospen (S. 178) endogen entstandene Sproß- bzw. Blattorgane ausbilden (SCHNELL 1967). Ein ausführliches Literaturverzeichnis über die Podostemaceae haben CUSSET und CUSSET (1988) zusammengestellt, in Verbindung mit einem Überblick über die Morphologie einiger Vertreter der Tristichaceae.

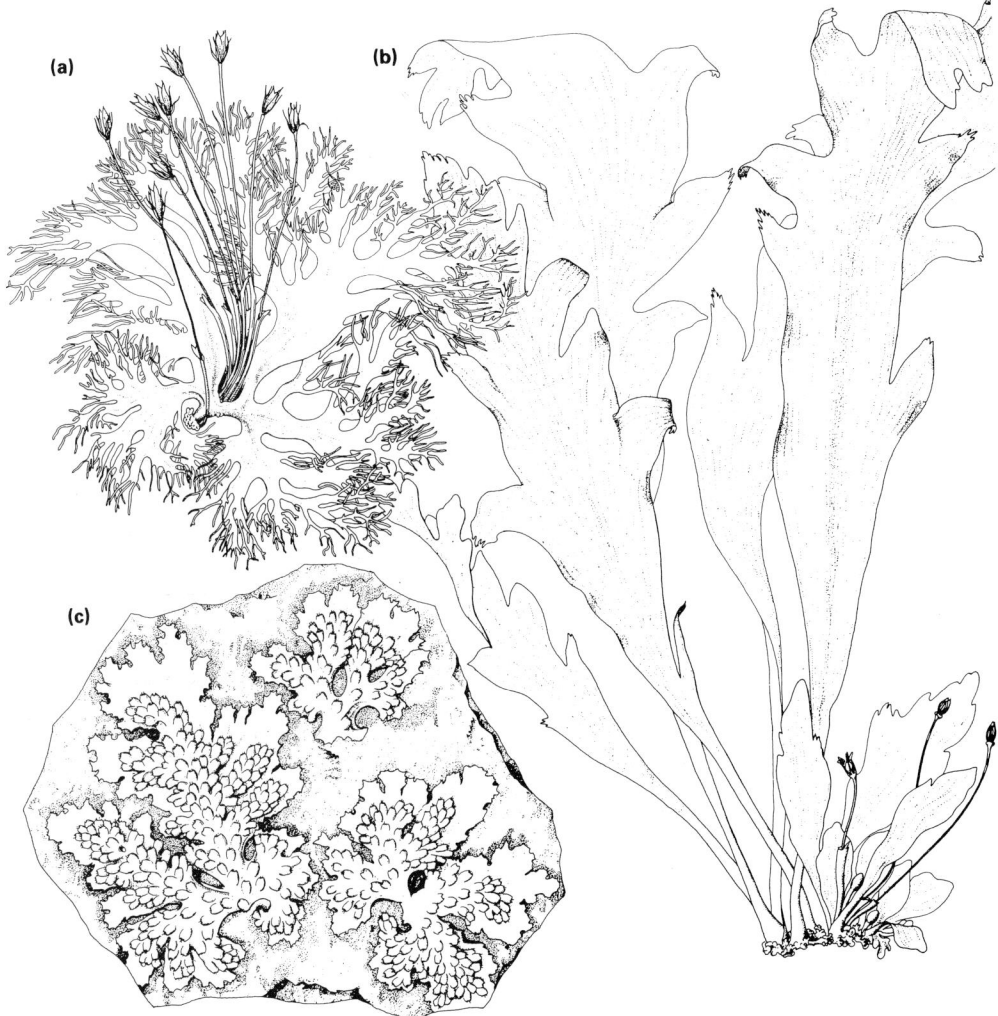

Abb. 211. Beispiele unterschiedlicher Wuchsformen bei den Podostemaceae. **a)** *Ryncholacis hydrocichorum*, **b)** *Marathrum utile*, **c)** *Castelnavia princeps*. Nach TULASNE (1852). (Siehe auch Abb. **207**.)

Pflanzen mit abweichendem Bau: Lemnaceae

Die Familie der Lemnaceae (Monocotyledonae, eng mit den Araceae verwandt) läßt sich in vier Gattungen unterteilen: *Spirodela, Lemna, Wolffiella* und *Wolffia*. Alle Arten stellen sehr kleine Wasserpflanzen dar, die untergetaucht oder auf der Oberfläche von Frischwasser schwimmen. Die Pflanzen bestehen aus einzelnen Sproßgliedern oder Vegetationskörpern (engl. »frond«) oder sind über einen gewissen Zeitraum hinweg aus Ketten mehrerer dieser Strukturen zusammengesetzt. Die Vegetationskörper der einzelnen Arten unterscheiden sich hinsichtlich ihrer Größe; bei den Arten der Gattung *Spirodela* (Abb. **213e**) erreichen sie ungefähr 10 mm, die der Gattung *Wolffia* (Abb. **213b, c**) werden nur etwa 1,5 mm lang. In der Regel sind sie an ihrem distalen Ende abgeflacht, wogegen sie sich zu ihrem proximalen Ende hin verschmälern. Wurzeln werden entweder überhaupt nicht ausgebildet oder in Einzahl, oder sie entstehen zu wenigen an der Unterseite des Vegetationskörpers. In Taschen an den Rändern der Sproßglieder befinden sich, geschützt durch einen Gewebelappen, zwei meristematische Zonen (bei *Wolffia* in der Regel nur eine). Innerhalb dieser Taschen oder Scheiden entwickeln sich neue Sproßglieder; sie lösen sich früher oder später ab und bilden so Ketten zusammenhängender Vegetationskörper (Klone). Unter widrigen Bedingungen werden winzige »Überdauerungs«-Sproßglieder gebildet (Turionen, Überwinterungsknospen, S. 172). Von Zeit zu Zeit wandeln sich diese Taschen um und werden fortpflanzungsfähig; es entwickeln sich männliche und weibliche Blüten, die einzig aus Androeceum bzw. Gynoeceum bestehen (Abb. **213b**). Zusammenhängende Ketten von *Lemna*-Sproßgliedern zeigen in ihrem Aufbau oft eine bemerkenswerte Symmetrie (S. 228): die Sproßglieder treten aus den Taschen in strenger Reihenfolge hervor, entweder auf der einen oder auf der anderen Seite. Die aus mehreren Sproßgliedern bestehenden Ketten sind daher je nachdem, nach welcher Seite das erste Sproßglied ausgegliedert wurde, entweder rechts- oder linksläufig. Die Vegetationskörper linksläufiger Ketten tragen ihre generativen Taschen auf der rechten Seite und umgekehrt. Solch kleine und einfach gebaute Pflanzen eignen sich nicht sonderlich für morphologischen Auslegungen, auch nicht mittels entwicklungsgeschichtlicher Studien. Die Vegetationskörper der Lemnaceae wurden folgendermaßen interpretiert: jedes Sproßglied besteht aus einer distalen Blattspreite mit einem schmalen, proximalen Bereich, der aus einem Vereinigungsprodukt aus Blatt und Sproßachse hervorgegangen ist und zwei meristematische Zonen aufweist (und

Abb. 212. *Lemna minor* Sproßglieder von unten. Je Sproßglied wird eine Wurzel ausgebildet.

Pflanzen mit abweichendem Bau: Lemnaceae

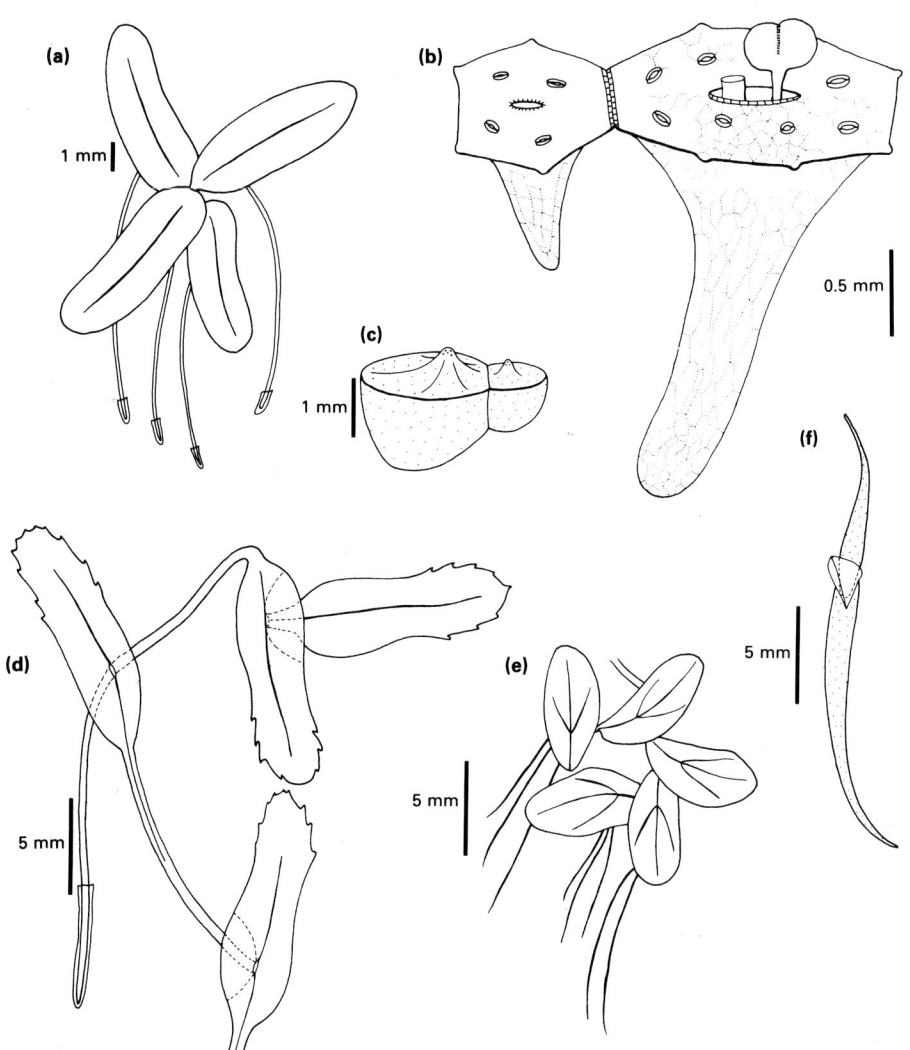

somit von ähnlicher Struktur ist wie das Phyllomorph von *Streptocarpus*, S. 208). Untersuchungen an den größeren Arten von *Spirodela* und *Lemna* vermuten eine nach klassischem Muster angeordnete Reihe disticher Knospen, die an einer sehr kurzen Sproßachse stehen; Tragblätter fehlen dabei mehr oder weniger. Die Enden der Sproßachsen sind entweder abgeflacht (Phyllokladium, S. 126) oder es wird ein terminales Blättchen ausgebildet und das Scheitelmeristem geht verloren.

Abb. 213. a) *Lemna valdiviana,* **b)** *Wolffia microscopia,* **c)** *Wolffia papulifera,* **d)** *Lemna trisulca,* **e)** *Spirodela oligorhiza,* **f)** *Wolffiella floridana.* Nach Daubs (1965). Jede Zeichnung stellt eine ganze Pflanze dar.

Teil II

Bau und Organisation

»What a complex matter in its summation, but what a simple one in its graduated steps, the shaping of a tree is.«

Ward (1909) *Trees: Form.*

»(Actually) we need a solid geometry of tree form to show how systems with apical growth and axillary branching, rooted in the ground and displaying foliage, pervade space.«
Corner (1946) *Suggestions for botanical progress.*

Abb. 215.
Der Prototyp eines »Wipfelfloßes«, mit dem die Kronenregion tropischer Bäume erforscht werden kann, auf seinem Einweihungsflug in Südamerika. Diese ausgeklügelte Konstruktion ermöglicht es Botanikern zum ersten Mal, *in situ* Untersuchungen der Architektur im Wipfelbereich des tropischen Regenwaldes durchzuführen.

216 | Bau und Organisation: Einführung

Abb. 216a. *Pinus* sp. (Gymnospermae, S. 14)

Abb. 216b. *Populus* sp.

Diese botanisch exakten Computerzeichnungen wurden im Labor für Biomodellierung am Centre de Coopération Internationale en Récherche Agronomique pour le Dévelopement, Montpellier, Frankreich erstellt. (Reffye et al. 1988).

Die im ersten Teil dieses Handbuches beschriebenen Aspekte der Pflanzenmorphologie stellen zum überwiegenden Teil statische Merkmale einer Pflanze dar. Gelegentlich kommt man allerdings nicht umhin, über einen gewissen Zeitraum hinweg die Entwicklung eines bestimmten Organs zu verfolgen, um damit seinen fertigen Aufbau zu verstehen. Eine Blütenpflanze ist jedoch kein statisches Objekt, sondern vielmehr ein dynamischen Prozessen unterworfener Organismus, der beständig wächst und sich weiter entwickelt. Dieser stetige, andauernde Aufbau zeigt sich im fortschreitenden Zuwachs (und dem Verlust) an den morphologischen Strukturen, die in Teil I beschrieben sind. Pflanzen wachsen nicht in zufälliger, sondern in organisierter und anpassungsfähiger Weise, die durch innere und äußere Faktoren kontrolliert wird.

Teil II befaßt sich mit der dynamischen Morphologie der Pflanzen; diese Strukturen lassen sich nicht unbedingt zu einem bestimmten Zeitpunkt während der Entwicklung einer Pflanze in ihrem gesamten Ausmaß erfassen. Glücklicherweise finden sich an den Pflanzen immer wieder Spuren früherer Entwicklungsereignisse, wie z. B. Narben längst abgeworfener Organe oder fortschreitende Veränderungen bei vergleichbaren Organen verschiedenen Alters. Während des Wachstums und der Entwicklung einer Pflanze lassen sich diese Entwicklungsabläufe auf mehreren Ebenen überprüfen, so z. B. die Zunahme der Zellanzahl, Zuwachs an Gewicht oder in der Anzahl der gebildeten Blätter und ihrer Fläche.

Einen umfassenderen Einblick in die Entwicklungsmorphologie oder die »Architektur« einer Pflanze gewähren Untersuchungen der Tätigkeit der Knospen. Alle neuen Bestandteile im Gesamtgerüst einer Pflanze entstehen letztendlich aus Knospen. Eine Knospe entwickelt sich zu einem Sproß (hier auch Sproßeinheit genannt, S. 286). Der Begriff Knospe schließt eine Ruhephase mit ein, die jedoch nicht immer stattfindet (S. 262). Genaugenommen sollte man daher besser von einem Apikalmeristem statt von einer Knospe sprechen (zur Terminologie der Begriffe Knospe und Meristem siehe Seite 16). Das Ausmaß, in dem Knospen oder Scheitelmeristeme an der Wuchsform einer Pflanze beteiligt sind, kann unter drei miteinander verknüpften Aspekten erfolgen. Zum einen spielt die Lage der Knospe innerhalb des gesamten Gefüges der Pflanze eine Rolle, zum anderen das der Knospe innewohnende Potential, d. h. welches Organ sie hervorbringen kann und wie starr diese Entwicklung festgelegt ist (Topophysis, S. 242), und drittens Zeitpunkt und Dauer des Knospenwachstums sowie des daraus entstandenen Sprosses im Hinblick auf die übrige Pflanze. Die morphologischen Konsequenzen, die sich aus der verschiedenen Position eines Apikalmeristems, seinem Entwicklungspotential und dem Zeitpunkt seiner Aktivität ergeben können, werden in Teil II behandelt. Außerdem werden mögliche Fehlentwicklungen (Meristemzerreißung, S. 270–278) beschrieben und es wird beispielhaft aufgezeigt, was das morphologische Wesen einer Pflanze in ihrer Gesamtheit ausmacht (Verzweigungsaufbau der Pflanzen, S. 280–314). Um die Organisation einer Pflanze zu verstehen, muß man erst die Konstruktionseinheiten ihres Aufbaus (S. 280–286) als solche erkennen; außerdem muß man sich darüber im klaren sein, daß es in unvermeidlicher Weise immer einige Pflanzen geben wird, die nicht in das allgemein gültige Blütenpflanzen-Schema passen (S. 206–212). Dieser Abschnitt beschränkt sich auf eine Betrachtung des Sproßaufbaus (die Einzelheiten im Aufbau der Wurzelsysteme sind noch nicht hinreichend verstanden), wobei die Fortschritte auf dem Gebiet der Baum-Architektur der Veranschaulichung dienen sollen (S. 288–304).

Abb. 217. *Platanus orientalis*. Veränderung des Verzweigungsmusters durch Stutzen der Äste; ein Beispiel für Neuaustrieb (S. 298) nach Verletzung.

Position der Meristeme: Phyllotaxis (Blattstellung; Anordnung der Blätter an einer Sproßachse)

Unter dem Begriff Blattstellung (Phyllotaxis) verstehen wir die Anordnung der Blätter, die in regelmäßiger Abfolge entlang einer Sproßachse entstehen (vergl. Rhizotaxis, S. 96). Innerhalb ein und derselben Pflanze – zumindest jedoch innerhalb desselben Sprosses – bleibt die Blattstellung in der Regel konstant und stellt damit ein wertvolles Bestimmungsmerkmal dar. Bei monokotylen Pflanzen entsteht an jedem Knoten nur ein einziges Blatt; ist jedoch zwischen einzelnen langen Internodien eine Folge von sehr kurzen eingeschoben, ist dies nicht immer deutlich zu erkennen. Die Blätter der Dikotyledonen stehen einzeln oder zu mehreren an einem Knoten. Das Lageverhältnis der Blätter einer Pflanze zueinander wirkt sich auf den Lichtgenuß jedes einzelnen Blattes aus. Von noch größerer Bedeutung ist jedoch der Einfluß, den die Blattstellung auf das Verzweigungsmuster einer Pflanze ausübt, da mit der Lage eines Blattes gewöhnlich auch die seiner axillären Knospe (oder seines Apikalmeristems, S. 16) festgelegt ist; dies trifft vor allem auf holzige mehrjährige Pflanzen zu (S. 288–304). Will man sich dem Studium der Phyllotaxis widmen, so kommt man nicht umhin, sich zum einen mit einer umfangreichen Terminologie und zum anderen mit den Fibonacci-Reihen (S. 220) auseinanderzusetzen.

Blattstellung (Phyllotaxis): Terminologie

A. *Ein Blatt je Knoten*
Dispergiert (zerstreut), [gelegentlich *alternierend* (wechselständig) genannt, im Gegensatz zu *gegenständig* (zwei Blätter je Knoten), siehe unten]
Monostich (mit einer Blattzeile). Alle Blätter befinden sich auf einer Seite der Sproßachse, bilden also von oben gesehen eine Reihe (Abb. **219a**). Diese Blattstellung tritt sehr selten auf; meist geht sie mit einem asymmetrischen Wachstum der Internodien zwischen aufeinanderfolgenden Blättern einher und hat eine leichte Schraubung der Sproßachse zur Folge. Die Blätter sind in diesem Fall in einer flachen Spirale angeordnet; eine solche Blattstellung heißt *spiromonostich* (Abb. **219b, 226**).
Distich (zweizeilig). Die Blätter sind, von oben betrachtet, in zwei Zeilen angeordnet; der Winkel zwischen den beiden Reihen beträgt in der Regel 180° (Abb. **219c, 218**). Distiche Blattstellung tritt im Pflanzenreich häufig auf und ist ein kennzeichnendes Merkmal der Süßgräser (S. 180). Wird diese Blattstellung von einer leichten spiraligen Drehung überlagert, so ist eine *spirodistiche* Phyllotaxis die Folge (Abb. **219d, 220**).
Tristich (dreizeilig). Die Blätter sind in drei Reihen angeordnet mit einem Winkel von 120° zwischen den einzelnen Reihen (Abb. **219e**). Diese Blattstellung ist typisch für die Cyperaceae (S. 196). Tritt dabei eine Drehung auf, spricht man von *Spirotristichie* (Abb. **219f**).
Spiralig (schraubig). Die Blätter sind, von oben gesehen, in mehr als drei Längszeilen angeordnet, z. B. in fünf (Abb. **219g**) oder acht Reihen (Abb. **219h, 132, 246**). Diese Blattstellung wird mit Hilfe eines Bruchs gekennzeichnet, der den Divergenzwinkel zwischen zwei aufeinanderfolgenden Blättern ausdrückt (S. 220).

B. *Zwei Blätter je Knoten*
Gegenständig. Die zwei, an jedem Knoten inserierten Blätter stehen um 180° versetzt und bilden somit zwei Reihen (Abb. **219i**) (dieselbe Blattanordnung tritt oftmals als Folge einer Drehung der Internodien auf, z. B. Abb. **225a**). Stehen aufeinanderfolgende Blattpaare im 90°-Winkel zueinander, so erscheinen von oben vier Blattzeilen; diese Blattstellung nennt man *kreuzgegenständig* (dekussiert) (Abb. **219j, 233**). Bei einigen Pflanzen beträgt der Winkel zwischen den aufeinanderfolgenden Blattpaaren weniger als 90°. Diese Blattstellung wird als *zweipaarig gefiedert* (Abb. **219k**; »schiefe Dekussation«) bezeichnet und leitet zu einer Doppel-Spirale (genetische Spirale, S. 220) mit zwei Längsreihen von Blättern über; eine solche Anordnung nennt man spiralige Dekussation (Spirodekussation).

Abb. 218. *Ravenala madagascariensis*
Die Blattanlagen und damit auch die Blätter entstehen am Scheitelmeristem in zwei Reihen, im Abstand von genau 180°; eine distische Blattstellung ist die Folge (Abb. **219c**).

Position der Meristeme: Phyllotaxis (Blattstellung; Anordnung der Blätter an einer Sproßachse) | 219

C. *Drei oder mehr Blätter je Knoten*

Wirtelig (quirlständig). Jedem Knoten entspringt eine festgelegte oder veränderliche Anzahl von Blättern. Von oben betrachtet sind die Blätter aufeinanderfolgender Wirtel bisweilen in einzelnen Längsreihen angeordnet; in diesem Falle stehen die einzelnen Blattwirtel säuberlich voneinander getrennt (Abb. **219l, 229c**). Von einem *Scheinwirtel* (Scheinquirl) spricht man, wenn bei Pflanzen mit einem Blatt je Knoten Bereiche mit sehr kurzen Internodien von einzelnen langen Internodien unterbrochen werden (Abb. **260a**), so daß die Blätter quirlig angeordnet erscheinen.

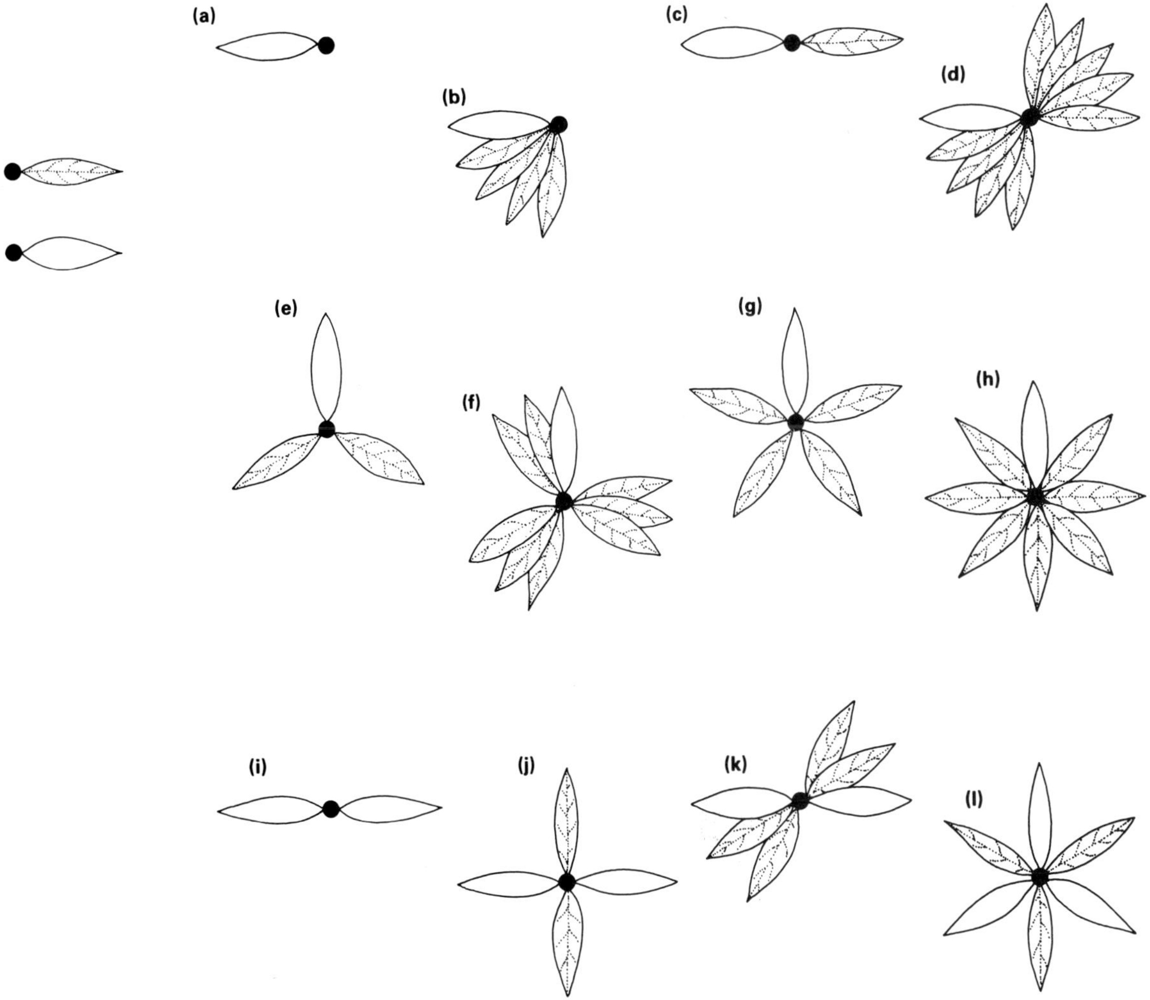

Abb. 219. Verschiedene Formen der Blattstellung:
a) monostich, **b)** spiromonostich, **c)** distich, **d)** spirodistich, **e)** tristich, **f)** spirotristich, **g, h)** spiralig, **i)** gegenständig, **j)** dekussiert, **k)** zweipaarig gefiedert (spirodekussiert), sog. »schiefe Dekussation«, **l)** wirtelig.

Position der Meristeme: Fibonacci-Reihe

Es hat sich eingebürgert, die Blattstellung einer Pflanze mit nur einem Blatt je Knoten (distich, tristich, schraubig; S. 218) in Form eines mathematischen Bruchs auszudrücken, also z. B. $1/2$, $1/3$, $2/5$, usw. Diese Brüche sind ein Maß für den Winkel des Stammumfangs (Scheitelkreis), der zwischen jeweils zwei aufeinanderfolgenden Blättern auftritt. Bei einer $1/3$-Blattstellung (tristich, Abb. **219e**) beträgt der Divergenzwinkel zwischen zwei in Längsrichtung angeordneten, benachbarten Blättern demnach $1/3 \times 360° = 120°$; bei der $2/5$-Stellung stehen zwei entwicklungsgeschichtlich aufeinanderfolgende Blätter in einem Abstand von $2/5 \times 360° = 144°$ zueinander (Abb. **221a**). Verbindet man die aufeinanderfolgenden Blattansätze einer Sproßachse mit einer gedachten Linie, also in Richtung des jeweils nächstjüngeren Blattes, so entsteht eine Spirale, die Grundspirale (genetische Spirale) (Abb. **221a, b**; siehe auch Einleitung).

Den Wert eines derartigen, die Blattstellung kennzeichnenden Bruches erhält man folgendermaßen: ausgehend von einem beliebigen unteren, älteren Blatt, folgt man der Grundspirale so lange, bis man zu dem ersten, in einer Linie direkt über dem Ausgangsblatt liegenden Blatt gelangt. Blätter, die entlang einer Längsreihe angeordnet sind, bezeichnet man als auf einer Orthostiche (Geradzeile) liegend. Eine distische Pflanze (Abb. **219c**) weist demnach zwei Orthostichen auf, eine tristische Pflanze (Abb. **219e**) drei; bei der $2/5$-Blattstellung (Abb. **221a**) finden wir 5 Geradzeilen. Ordnen wir dem unteren Blatt der Abb. **221a** die Zahl 0 zu, so erhält das Blatt, welches direkt darüber steht, also auf derselben Geradzeile angeordnet ist, die Zahl 5. Dabei haben wir, der Grundspirale folgend, die Sproßachse zweimal umlaufen. Die Anzahl der Orthostichen bildet den Nenner des Divergenzbruchs; die Anzahl der Umläufe geht in den Zähler ein. Der Divergenzwinkel beträgt also $2/5$ eines Kreisumfangs; zwei aufeinanderfolgende Blätter schließen folglich einen Winkel von 144° ein.

In dem in Abb. **221b** dargestellten Fall beträgt der Winkel zwischen den aufeinanderfolgenden Blättern 135° ($3/8$-Stellung; d. h. Blatt 8 steht direkt über Blatt 0, wobei drei Umläufe zu tätigen sind). Diese Größen lassen sich in der Regel ohne großen Aufwand gewinnen; Drehungen der Internodien oder Verlagerungen der Blattprimordien, so daß sich die Blätter nicht mehr genau auf den ursprünglich ausgebildeten Orthostichen entwickeln (S. 230), verkomplizieren jedoch eine eindeutige Zuordnung.

Am häufigsten werden bei Pflanzen mit spiraliger Blattstellung die folgenden Divergenzbrüche

$$1/2 \quad 1/3 \quad 2/5 \quad 3/8 \quad 5/13 \quad 8/21 \quad 13/34 \ldots$$

angetroffen, die entsprechende Winkel von

$$180° \quad 120° \quad 144° \quad 135° \quad 138°28' \quad 137°6' \quad 137°39'$$

einschließen.

Sowohl Zähler als auch Nenner bilden dabei eine sogenannte Fibonacci-Reihe, d. h. jede folgende Zahl ergibt sich aus der Summe ihrer beiden vorhergehenden ($2 + 3 = 5$, $3 + 5 = 8$, usw.). Diese Zahlenreihe, die auf den Fibonacci-Zahlen beruht, könnte bis ins Unendliche weitergeführt werden; jeder weitere Bruch würde dabei einen Wert annehmen, der sich dem Winkel 137°30'28" annähert, ihn aber niemals erreicht. Dieser Grenzwinkel, der Limitdivergenzwinkel, schließt einen Kreisbogensektor mit ganz besonderen Eigenschaften ein.

Der Quotient von A geteilt durch B in der Abb. **221c** hat den gleichen Wert wie B geteilt durch den gesamten Stammumfang (A + B). Ist also A = 1 so ergibt sich daraus für B der Wert

Abb. 220. *Ischnosiphon* sp.
Eine zweizeilige Blattstellung (vergl. Abb. **219c**), bei der nach Ausgliederung der Blattprimordien eine Verdrehung der Internodien erfolgt, was zu einer spirodistichen Anordnung der Blätter führt (Abb. **219d**). An der Basis einer jeden Blattspreite sind ferner ein Gelenkpolster (Pulvinus, S. 46) zu erkennen.

Position der Meristeme: Fibonacci-Reihe | 221

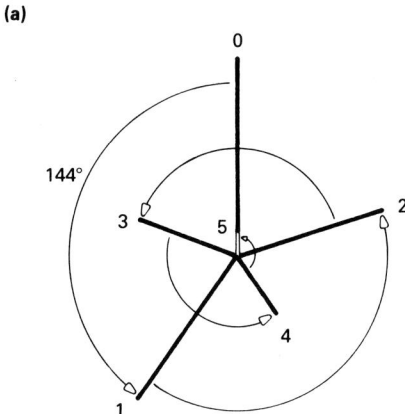

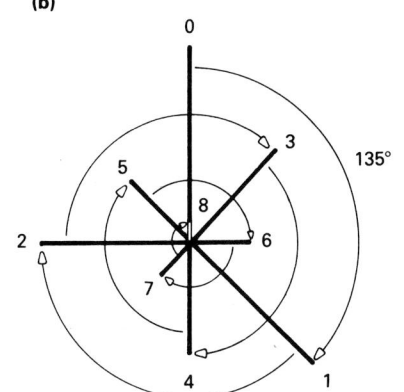

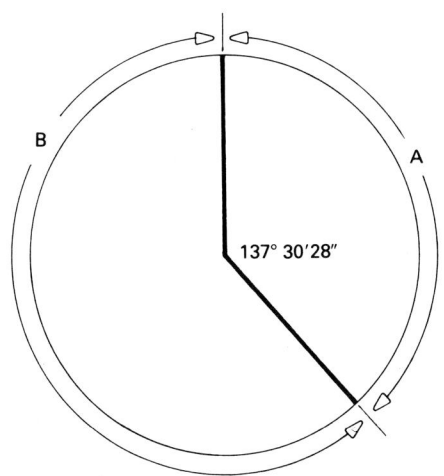

1,61803..., ist B = 1, dann beträgt die Summe aus A + B = 1,61803...
1,61803... ist eine sogenannte Irrationalzahl, eine Zahl, die sich nicht durch einen Bruch ganzer Zahlen ausdrücken läßt, sondern nur als nicht periodischer Dezimalbruch mit unbegrenzter Stellenzahl dargestellt werden kann. Sie wird Phi, φ, genannt und kann auf folgende Weise mathematisch dargestellt werden:

$$\frac{1 + \sqrt{5}}{2} \; ;$$

eine andere, uns geläufigere Irrationalzahl ist Pi, π, $^{22}/_{7}$.
Jede Linie oder jeder Kreisbogen, der im Verhältnis 1 zu Phi aufgeteilt wird, wird nach dem »Goldenen Schnitt« aufgeteilt. Man hat herausgefunden, daß die dabei entstehenden Proportionen in besonderem Maße das Auge erfreuen.
(Fortsetzung auf Seite 222).

Abb. 221. a) $^{2}/_{5}$-Blattstellung, die Pfeile deuten die Grundspirale an. Die Positionen 0 und 5 liegen auf derselben Orthostiche; b) $^{3}/_{8}$-Blattstellung; c) ein durch den »Goldenen Schnitt« A = 1, B = 1,61803... geteilter Kreisbogen; d) die Verwandtschaft des »Goldenen Schnitts« mit der Entstehung einer logarithmischen Spirale.

222 | Position der Meristeme: Fibonacci-Reihe (Fortsetzung)

Abb. 222. *Opuntia* sp.
Oberflächenansicht eines Platykladiums (S. 126); man erkennt in einer logarithmischen Spirale angeordnete Reihen von Areolen (S. 202). An einigen Stellen entwickeln sich Blütenknospen.

Die Kenntnis des Auftretens von Fibonacci-Reihen und damit auch des Goldenen Schnitts in der Phyllotaxis von Pflanzen (S. 220) hat vielerlei Untersuchungen und Erklärungsversuche nach sich gezogen. Die wichtigsten Ansätze seien hier kurz vorgestellt:

1. Sind alle Blätter (und damit auch die weiteren Verzweigungen) einer Pflanze entlang der Sproßachse in Abständen von genau 137°30′28″ räumlich angeordnet, dann steht kein Blatt oder Zweig direkt über einem anderen; dadurch wird keines der unteren Organe durch weiter oben angeordnete voll beschattet. Spiralige Blattstellungen, die sich mit den Divergenzbrüchen $5/13$, $8/21$, $13/34$ und höher ausdrücken lassen, nähern sich diesem Winkel an.
2. Der Goldenen Schnitt läßt eine enge verwandtschaftliche Beziehung zu einer logarithmischen Spirale erkennen. Die Zeichnung in Abb. **221d** soll dies veranschaulichen.

Eine logarithmische Spirale (Helix) kann sowohl nach innen als auch nach außen unendlich fortgeführt werden, ohne daß sich dabei ihre Gestalt grundsätzlich ändern würde. Schneckenhäuser oder das Gehäuse von *Nautilus* stellen solche Spiralen dar. In demselben Maße, wie ein Tier an Größe zunimmt, beansprucht es auch zunehmend mehr Volumen. Dennoch behalten sowohl das Tier wie auch das Gehäuse immer die gleiche *Form* bei, ungeachtet der dabei entstehenden Dimensionen. Ein vergleichbares Wachstumsphänomen findet im Scheitelmeristem einer Pflanze statt. Die zunächst kleinen Blattanlagen beginnen sich zu entwickeln, haben dabei aber nur immer denselben Bereich

Position der Meristeme: Fibonacci-Reihe (Fortsetzung)

an der Oberfläche des Sproßscheitels zu Verfügung (Abb. **18**). Die Folge einer derart dichten Anordnung sich ausdehnender Organe zeigt sich beim Fruchtstand der Ananas (Abb. **223**) oder an den fruchtenden Köpfchen der Sonnenblume (*Helianthus* spp.). Alle Sonnenblumen-Samen weisen zwar dieselbe Form auf, in ihrer Größe unterscheiden sie sich jedoch voneinander. Darüber hinaus sind sie in ausstrahlenden spiraligen Reihen, sogenannten Parastichen oder Schrägzeilen, angeordnet; man erkennt zwei Laufrichtungen dieser Reihen, im Uhrzeigersinn und gegen den Uhrzeigersinn. Diese Parastichen stellen wiederum logarithmische Spiralen dar. Die Zwischenräume zwischen diesen sich schneidenden oder überlagernden logarithmischen Spiralen sind immer von gleicher Form, ungeachtet ihrer Ausdehnung.

Im Laufe ihrer Entwicklung nehmen die Blattanlagen eines wachsenden Sproßscheitels beständig an Größe zu; dennoch stehen sie weiterhin in ähnlicher Weise »passend« ineinander gefügt, auch wenn sie sich an ihrem basalen Insertionspunkt ausdehnen. Dabei bilden sie zwangsläufig zwei Sets ineinandergreifender Parastichen (Abb. **223**). Die große Einheitlichkeit dieser Form, die auf der logarithmischen Spirale gründet, wird erst dann erreicht, wenn die Anzahl der Parastichen einer jeden Richtung einer Fibonacci-Reihe entspricht.

Zählt man also die Schrägzeilen eines Sonnenblumen- oder Ananasfruchtstands, so kommt man zu folgendem Ergebnis:

1 2 3 5 8 13 21 34 etc.

in der einen Richtung und

2 3 5 8 13 21 34 55 etc.

in der anderen Richtung.
Zahlenkombinationen außerhalb dieses Musters treten nicht auf und würden eine verdrehte Anordnung anzeigen. Diese Reihe ist komplementär zu derjenigen, die den Winkel zwischen zwei aufeinanderfolgenden Blättern auf der Grundspirale angibt; sie bezeichnet den Winkelwert (Gradzahl), den der Sektor B, nicht A, innerhalb des gesamten Kreisumfangs einnimmt (Abb. **221c**). Einen umfassenden Überblick über Fibonacci-Reihen und Blattstellung finden wir bei STEVENS (1974).

Abb. 223. *Ananas comosus*, fleischiger Fruchtstand (Abb. **157m**). Dieses Exemplar weist 8 abwärts und im Gegenuhrzeigersinn laufende Parastichen auf und 13 abwärts, im Uhrzeigersinn laufende.

224 | Position der Meristeme: phyllotaktische Probleme

Mit unserer Standard-Terminologie lassen sich zwar die meisten Formen der Blattstellung problemlos darstellen, dennoch finden sich immer wieder Fälle, in denen die Phyllotaxis unklar oder verwirrend erscheint. Unter der Überschrift »phyllotaktische Probleme« wollen wir an dieser Stelle einige Beispiele dafür geben, obwohl das Problem natürlich nur für den Morphologen besteht, nicht für die Pflanze. Abweichungen von der allgemein üblichen Blattanordnung lassen sich in zwei Kategorien einteilen:

(a) Pflanzen, bei denen die ursprünglich reguläre Blattstellung durch nachträgliche Verschiebungen in der Ausrichtung verdeckt wird (Abb. **219b, d, f**), und
(b) Pflanzen, die eine Abweichung von der allgemein üblichen Blattstellung aufweisen.

Ein und dieselbe Pflanze kann dabei durchaus mehr als eine Form der Blattstellung aufweisen. Vor allem bei holzigen Pflanzen mit sowohl orthotropen als auch plagiotropen Sprossen (Abb. **246**) ist dies oftmals der Fall. Eine Änderung in der Phyllotaxis kann auch an einem einzelnen Trieb auftreten und spiegelt dabei ebenfalls einen Wechsel der Wuchsrichtung wider (z. B. Metamorphose, S. 300). Bei den Dikotyledonen findet sich häufig ein Wechsel von dekussierter zu schraubiger (spiraliger) Beblätterung. In jedem Fall sind hier die Keimblätter als gegenständiges Blattpaar angelegt. Der Abschnitt der Sproßachse zwischen zwei unterschiedlichen Blattstellungen weist wiederum eine Art Übergangsphyllotaxis auf, in der die Blätter in einer für uns oft verwirrenden Weise angeordnet sind (Abb. **227**). Entlang eines Sprosses kann die Blattstellung auch durch eine gewisse Wuchsrhythmik (S. 260) unterbrochen sein; zwischen Sproßabschnitten mit langen Internodien und Blättern mit breiter Basis können solche mit kleinen, schuppigen Niederblättern (von einer ruhenden Terminalknospe) und kurzen Internodien eingeschoben sein (Abb. **119g**). Eine sonst im strengen 90°-Winkel angeordnete kreuzgegenständige Blattstellung kann sich entlang eines Sprosses um einige wenige Grade verschieben, nämlich dort, wo sich eine ruhende Knospe befand. Auch kann sich die Richtung einer spiraligen Blattstellung von einem Blatt zum nächstjüngeren plötzlich umkehren. Mitunter geht die ursprüngliche Blattstellung eine Pflanze auch durch Verlagerungsvorgänge, die von nachfolgend auftretender Meristemaktivität bedingt werden, verloren oder wird verwischt. Eine distische Blattanordnung kann in eine spirodistische übergehen, sobald sich die Internodien ausweiten und strecken (Abb. **220**). In anderen Fällen sind aufeinanderfolgende Internodien um 90° verdreht und überführen so eine kreuzgegenständige Phyllotaxis in eine scheinbar gegenständige (Abb. **224**). Dies tritt besonders an plagiotrop ausgerichteten Ästen auf (Abb. **225a**). In gleicher Weise kann eine ursprünglich dekussierte Blattstellung in eine paarig gefiederte, schraubig dekussierte umgewandelt werden (Metamorphose, S. 300). (Fortsetzung auf Seite 226.)

Abb. 224. *Eugenia* sp. Ein plagiotrop wachsender (S. 246) Zweig mit kreuzgegenständiger Blattstellung (Abb. **219j**), bei dem alle Blätter durch eine Drehung der Internodien nachträglich in eine horizontale Ebene gebracht wurden, gefolgt von einer Regulation durch Gelenkpolster (S. 46).

Position der Meristeme: phyllotaktische Probleme | 225

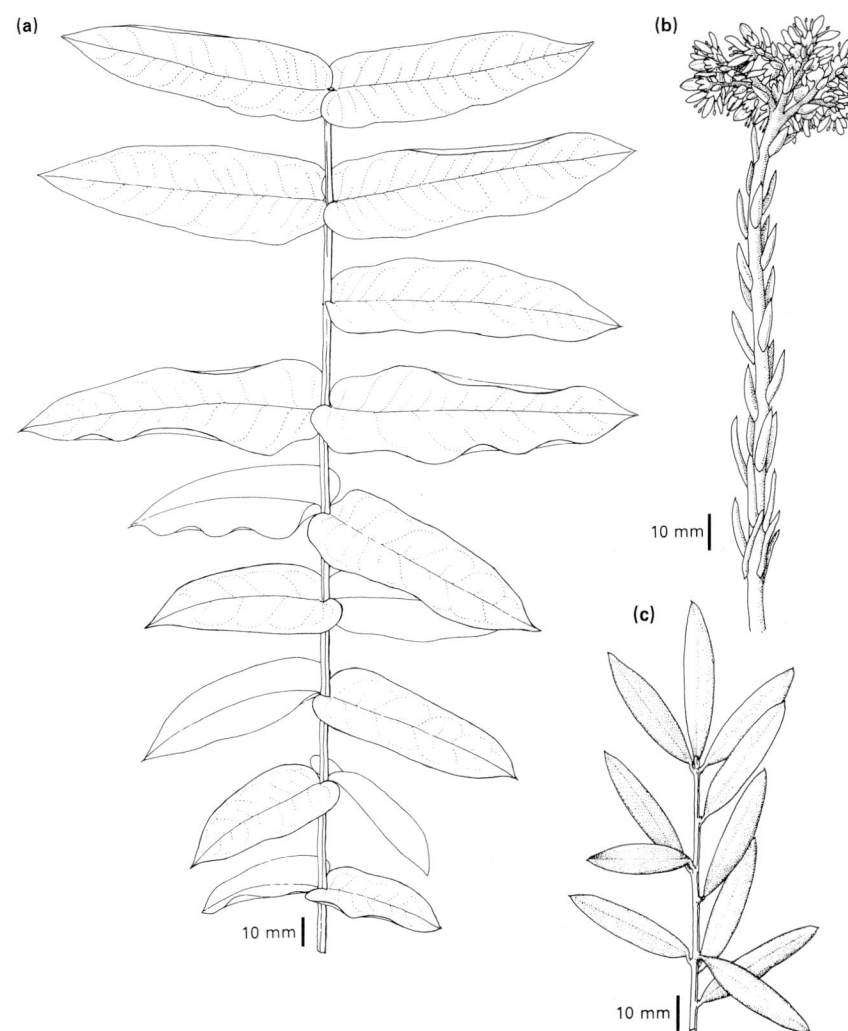

Abb. 225. a) *Eucalyptus globulus,* horizontaler Sproß, von oben gesehen. Am proximalen Ende kreuzgegenständige Blattstellung (Abb. **219j**), am distalen Ende gegenständige Blattstellung (Abb. **219i**). **b)** *Sedum reflexum,* nicht genau festgelegte schraubige Blattstellung ohne erkennbares geometrisches Muster. **c)** *Olea europaea,* unterschiedliche Internodienlängen führen zu einer uneinheitlichen Phyllotaxis.

226 | Position der Meristeme: phyllotaktische Probleme (Fortsetzung)

Abb. 226. *Costus spiralis*
Spiromonostiche Blattstellung
(vergl. Abb. **219b**).

Eine regelmäßige, perfekt ausgeformte spiralige (schraubige) Blattstellung am Sproßscheitel kann durch Verwachsungsvorgänge zwischen Blatt und Stamm (S. 234) während der Entwicklung des gesamten Systems vollständig verwischt werden. Vor allem bei Vertretern der Solanaceae kommt dies sehr häufig vor (Abb. **234a, b**). Innerhalb der Aufeinanderfolge von Blättern steht in sehr seltenen Fällen ein Sproß an der Stelle eines Blattes (und wird dann gewöhnlich von einer Blüte verkörpert, wie bei einigen Vertretern der Nymphaeaceae). Geht die Blüte aus der Achsel eines sehr kleinen Schuppenblattes (Braktee, S. 62) hervor, so liegt das »Problem« hauptsächlich in dem Größenunterschied zwischen einem relativ mächtig ausgebildeten Blütenstiel (oder seiner Narbe) und einem vergleichsweise unscheinbaren Deckblatt. Fehlt das Deckblatt dagegen ganz, so scheint die Blüte an der Stelle des Blattes zu sitzen. Eine sich auf diese Weise frühzeitig (praekursiv) entwickelnde vegetative Knospe kann so dem Sproß den Anschein von echter Dichotomie (S. 258) geben. Bei einigen Arten ist eine ungewöhnliche Blattstellung an der Sproßspitze etwas völlig der Norm entsprechendes. Den Arten der Gattung *Costus* beispielsweise wird eine spiromonostiche Blattstellung zugeschrieben. An dem in Entwicklung begriffenem Scheitelmeristem werden die Blattprimordien einzeln und mit langen Pausen zwischen den aufeinanderfolgenden Blättern ausgegliedert (d. h. ein langes Plastochron, S. 18). Jede neue Blattanlage ist gegenüber dem vorhergehenden Blattprimordium um wenige Grad um die Sproßspitze verschoben, so daß die Blätter auf einer flachen Schraube angeordnet sind, die sich mit keiner einzigen der normalerweise auftretenden schraubigen Blattstellungen vergleichen läßt (Abb. **226**). Die oberirdischen Sprosse von *Costus* stellen die distalen Enden sympodialer, unterirdischer Rhizomsysteme dar (Abb. **131b**), und in jeder nachfolgend ausgebildeten sympodialen Einheit findet ein Wechsel der Wuchsrichtung der Schraube (im Uhrzeigersinn oder Gegenuhrzeigersinn) statt. Auch anderweitig sind gelegentlich außergewöhnliche Blattstellungen anzutreffen. Am Rhizom von *Nelumbo* z. B. treten die Blätter in Dreiersets auf. Auf ein ventrales Schuppenblatt folgt ein dorsales Schuppenblatt und daran schließt sich ein dorsales Laubblatt an. Bei *Anisophylla disticha* wechseln zwei Blattgrößen einander in regelmäßiger Reihenfolge ab, und zwar jeweils zwei auf der einen Seite und zwei auf der anderen Seite: links klein, links groß, rechts klein, rechts groß, links klein und so fort. Die großen Blätter entspringen dabei der Unterseite des horizontal wachsenden Sprosses, während die kleinen Blätter an der Oberseite entstehen (VINCENT und TOMLINSON 1983). Eine auf ähnliche Weise aufgebaute Blattstellung wurde bei *Orixa japonica, Lagerstroemia indica* und *Berchemiella berchemiaefolia* beschrieben und danach als »Orixa-Typ« (engl: orixate) bezeichnet.

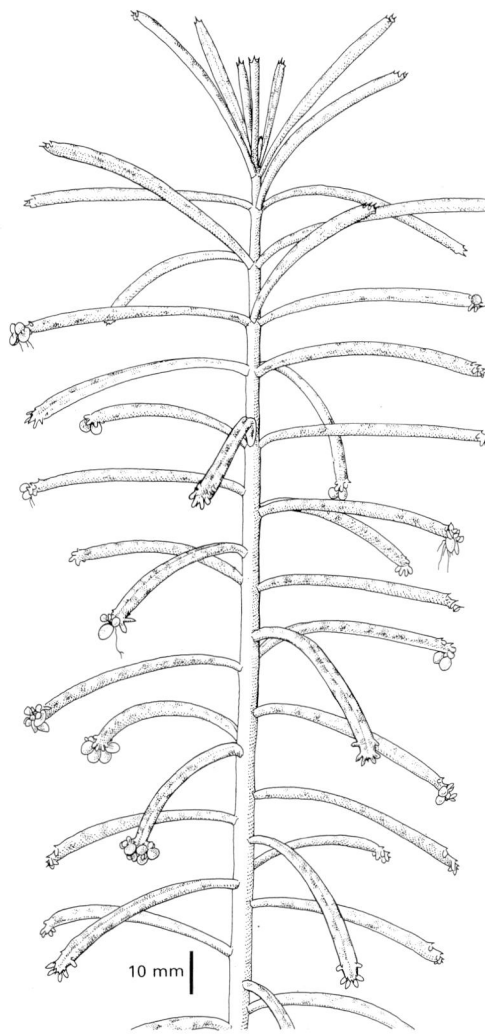

Abb. 227. *Bryophyllum tubiflorum.* Zylindrische (S. 86) Blätter, die an ihrem distalen Ende Adventivknospen (S. 74, 232) tragen. Die Blätter sind an der Basis der Sproßachse schraubig angeordnet und gehen in der oberen Hälfte in eine wirtelige Blattstellung über (vergl. Abb. **233**).

228 | Position der Meristeme: Symmetrie der Pflanzen

Symmetrie ist ein auffälliges Merkmal vieler Blätter (S. 26) und Blüten (S. 148); das Symmetriekonzept kann jedoch auch auf andere Pflanzenteile (vergl. Infloreszenzen, Abb. **142**) oder sogar auf Pflanzen in ihrer Gesamtheit angewendet werden. Im Falle vieler Kakteen oder anderer Sukkulenten mit begrenzter Verzweigung (S. 202) ist Symmetrie im geometrischen Sinne für uns ganz selbstverständlich. Im allgemeinen gilt, je weniger eine Pflanze verzweigt ist, desto symmetrischer erscheint sie. Symmetrie ist die Folge sich ständig wiederholender, gleichartiger Verzweigungsmuster (Parakladien, Abb. **142**). Bildet eine Pflanze eine Reihe von Knospen (Apikalmeristeme, S. 16) aus, deren Entwicklungspotential genau festgelegt ist (S. 242), und stehen diese Knospen in den Achseln von Tragblättern, die ihrerseits wiederum ganz exakt angeordnet sind (Blattstellung, S. 218), so wird die sich daraus ergebende Verzweigung ein ausgeprägtes Symmetriemuster aufweisen. Nachträgliche Verletzung, ungleicher Knospenaustrieb oder ein Wachstum, das aufgrund äußerer (Umwelt-) Faktoren verändert wird (besonders in Abhängigkeit von der Lichtintensität), verwischen bei älteren Pflanzen oft die Symmetrieverhältnisse. Auch endogen festgelegte Verkümmerung von Seitenzweigen (S. 244) sowie zeitlich gestörter Knospenaustrieb (z. B. Reiteration, Wiederholungsaustrieb, S. 298) führen zu einer Aufhebung der Symmetrie. Bei Pflanzen mit kreuzgegenständiger Blattstellung ist Symmetrie ein besonders augenfälliges Merkmal. Die paarig angelegten Knospen wachsen häufig zu spiegelbildlichen Verzweigungssystemen aus (Abb. **228**). Entlang einer vertikalen Achse kann eine derartige Symmetrie nach drei Seiten hin ausgebildet sein. Bei Pflanzen, die Anisophyllie aufweisen, sind auch die Verzweigungen an den einzelnen Knoten asymmetrisch; diese Asymmetrien an den einzelnen Knoten können allerdings innerhalb des gesamten Gefüges der jeweiligen Pflanze wiederum in symmetrischer Weise angeordnet sein (Abb. **33e**). Merkmale dieser Art können in der Regel ohne weiteres bestimmt und mit Hilfe vereinfachter, auf das wesentliche beschränkter Diagramme, vor allem solchen vom »Blütendiagramm«-Typ, dargestellt werden (Abb. **9, 259**). Paradoxerweise entsteht bei Pflanzen ein symmetrischer Aufbau oft als Folge einer in der Entwicklung begründeten Anordnung asymmetrischer Strukturen. Abb. **229c** zeigt die wirtelige Stellung der Blätter und Sprosse an einem Knoten einer vertikalen Sproßachse von *Nerium oleander*. An jedem Knoten strahlen symmetrisch schräg nach oben drei Seitenzweige aus. Jeder davon trägt an seinem ersten Knoten ein Paar Vorblätter (S. 66), gefolgt von einem Wirtel aus drei Blättern am nächsten Knoten; ein Ast davon dürfte die Fortsetzung der Hauptachse sein. In Abb. **33d** sind zwei einfache Blätter dargestellt, die innerhalb des charakteristisch gefiederten Blattkomplexes des Baumes *Phellodendron* auftreten und bald abfallen werden. Fiederblätter an diesen Stellen müßten in dem engen Gefüge denselben knapp bemessenen Raum einnehmen. Eine andere Art von Symmetrie kann sich durch die wiederholte Abfolge von Organen entlang einer Achse ausbilden. Ein

Abb. 228. *Rothmannia longiflora*
Ein gabeliges Verzweigungssystem (unechte Dichotomie, S. 258), bei der die rechte und die linke Seite an sich asymmetrisch sind, jedoch spiegelbildlich zur Deckung gebracht werden können, so daß das gesamte System wiederum symmetrisch ist.

Position der Meristeme: Symmetrie der Pflanzen | 229

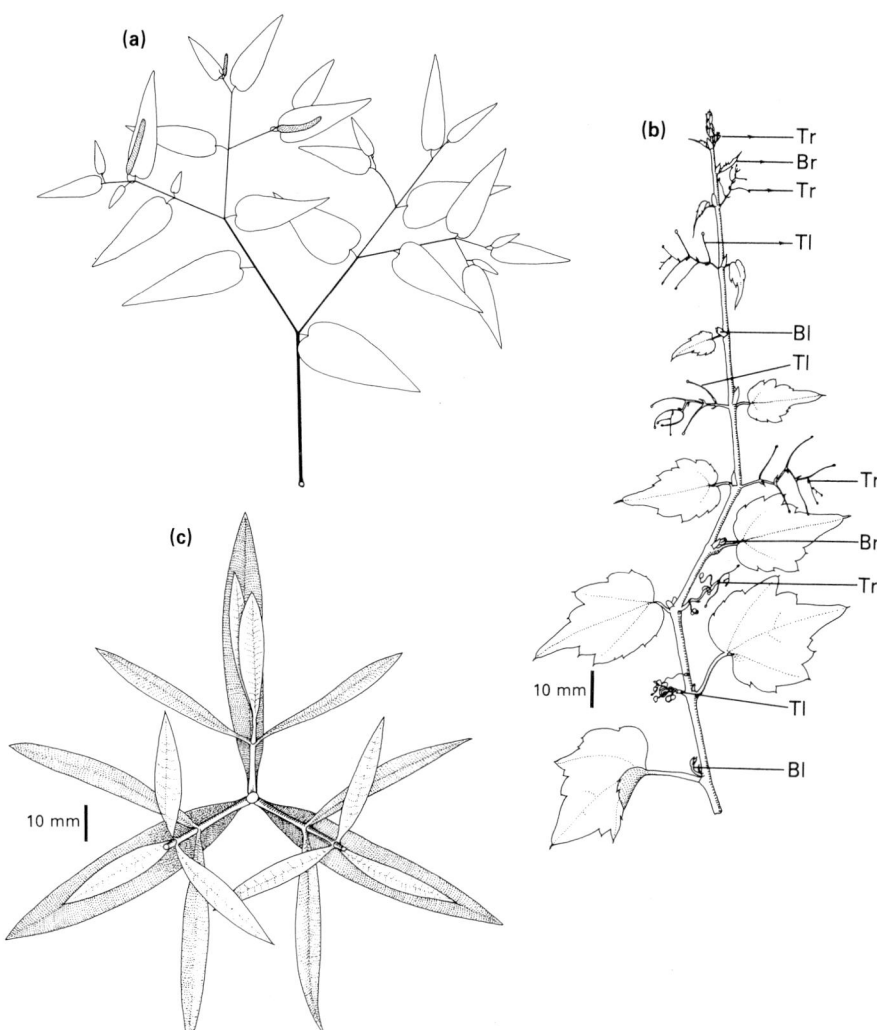

Beispiel hierfür ist die Position der Sproßranken beim Wilden Wein *(Parthenocissus)* (Abb. **229b, 310**). Die Ranken stehen scheinbar stets dem Blatt gegenüber (S. 122), in regelmäßiger rechts/links-Abfolge, und jeder dritte Knoten ist rankenlos. Auch auf die Drehrichtung einer spiraligen (schraubigen) Blattstellung in den einzelnen sympodialen Einheiten läßt sich das Symmetriekonzept anwenden (siehe *Costus,* S. 226), ebenso wie auf die regelmäßige Abfolge von Organen entlang sympodialer Achsen (*Carex arenaria,* Abb. **235a-c**). Die Reihenfolge der Anordnung einzelner Strukturen entlang einer Achse ist oft eher asymmetrisch als durch Wiederholung symmetrisch. Die Symmetrie innerhalb einer Pflanze kann ein ganz wesentliches Merkmal ihrer Wuchsform sein und ist sogar bei großen Bäumen noch deutlich erkennbar (Abb. **304**). Bei kompakten Infloreszenzformen tritt Symmetrie in bemerkenswerter Weise zutage (Abb. **8**).

Abb. 229. a) *Piper nigrum,* eine auf unterer Ebene offensichtlich unregelmäßig auftretende Variante von Scheindichotomie (Abb. **259d**) führt auf höherer Ebene zu einem regelmäßigen Verzweigungsmuster. **b)** *Parthenocissus tricuspidata.* Die Ranken stehen den Blättern gegenüber (S. 122), bilden in Wirklichkeit jedoch das distale Ende der Hauptachse. Jeder dritte Knoten weist zwar eine Knospe auf, ist aber rankenlos. Jede Art stimmt auf irgendeine Weise mit folgendem Abfolge-Schema überein: Knospe links (Bl), Ranke links (Tl), Ranke rechts (Tr), Knospe rechts (Br), Tr, Tl, Bl, Tl, Tr, Br, Tr, Tl usw.
c) *Nerium oleander,* von oben gesehen, die Blätter stehen in Dreierwirteln, mit Ausnahme des davon abweichenden Vorblattpaares (S. 66).

Position der Meristeme: Knospenverschiebung (Rekauleszenz, Konkauleszenz)

Abb. 230a. Fuchsia cv. 'Mrs. Popple'
Ein teratologischer (S. 270) Fall, bei dem eine Knospe im Laufe ihrer Entwicklung verschoben wurde und nun an einer Stelle entfernt von ihrem eigentlichen Tragblatt sitzt (Konkauleszenz). (Dieselbe Art bildet auch abnorme Blüten aus, siehe Abb. **270**.) Eine solche Art der Knospenverschiebung tritt als normale Erscheinung bei vielen Pflanzen auf (Abb. **231b**).

Abb. 230b. Datura cornigera
Ein zur Seite auf die Blattbasis verschobener Sproß. Diese Gattung zeichnet sich durch eine in diesem Punkt recht wandelbare Morphologie aus (siehe Abb. **234a, b**).

Jedes Blatt einer Blütenpflanze weist in der Regel in seiner Achsel eine Knospe auf (S. 4). Dabei sitzt die Knospe in distaler Richtung zum Blatt, also oberhalb des Blattes; infolgedessen steht auch der Sproß, zu dem sich die Knospe entwickelt, oberhalb der Blattnarbe, nachdem das Blatt selbst abgefallen ist. Dabei liegen gewöhnlich der Mittelpunkt der Knospe und die Mittelrippe des Blattes auf einer Linie. In einigen Fällen trifft dies jedoch nicht zu. Die Knospe kann völlig fehlen, möglicherweise ist aber auch das Blatt nicht vorhanden, was des öfteren bei Blütenständen der Fall ist. Die Knospe kann scheinbar an der Stelle eines Blattes sitzen (S. 226), es können aber auch mehrere Knospen in einer Blattachsel sitzen (Beiknospen, S. 236), wobei sich alle bis auf eine von ihrer natürlichen Position hinwegverlagert haben (Abb. **236a, b**). Wenn nur eine einzige Knospe auftritt, kann diese um die Sproßachse herum verschoben und somit nicht axillär sein. Bei Monokotyledonen sind derartige Verlagerungserscheinungen nicht so offensichtlich, da das Blatt selbst nahezu den ganzen Stammumfang umschließt (Abb. **183d, e**). Im Verlauf der Weiterentwicklung des Apikalmeristems und der Verlängerung der Sproßachse können Knospe und Tragblatt durch eingeschobenes Gewebe voneinander getrennt werden (Konkauleszenz) (Verwachsung von Organen verschiedener Herkunft, Adnation, Abb. **231b**). Im Extremfall erscheint dann die Knospe in Verbindung mit dem nächst jüngeren Blatt, steht aber auf der »falschen« Seite der Sproßachse (Abb. **231a, e**). Äußerst selten steht eine Knospe tatsächlich zu ihrem Deckblatt gegenständig, wie bei *Thalassia*

Position der Meristeme: Knospenverschiebung (Rekauleszenz, Konkauleszenz) | 231

(TOMLINSON und BAILEY 1972); sie wird vom Sproßscheitel auf der »verkehrten« Seite der Sproßachse ausgegliedert. Häufig scheinen eine Knospe oder ein Sproß jedoch nur auf den ersten Blick dem Blatt gegenüber zu stehen, während sie in Wirklichkeit das Ende einer sympodialen Einheit darstellen; die Hauptachse selbst wird dabei von einem Achselsproß fortgesetzt (Abb. **251a**). Eine Knospe kann auch – anstatt entlang der Sproßachse (Konkauleszenz) – auf die Spreite ihres Deckblattes verschoben sein (Rekauleszenz) (Abb. **230b**). Dann hat es den Anschein, als habe das Blatt keine zugehörige axilläre Knospe (außer es treten zusätzlich Beiknospen auf, S. 236), sondern als säße die Knospe (typischerweise eine Blüte oder ein Blütenstand) irgendwo auf dem Blattstiel oder der Lamina (Epiphyllie, S. 74). Gelegentlich entwickeln sich Knospen auch an Stellen in völliger Abwesenheit von Deck- oder Tragblättern (Adventivknospen, S. 232).

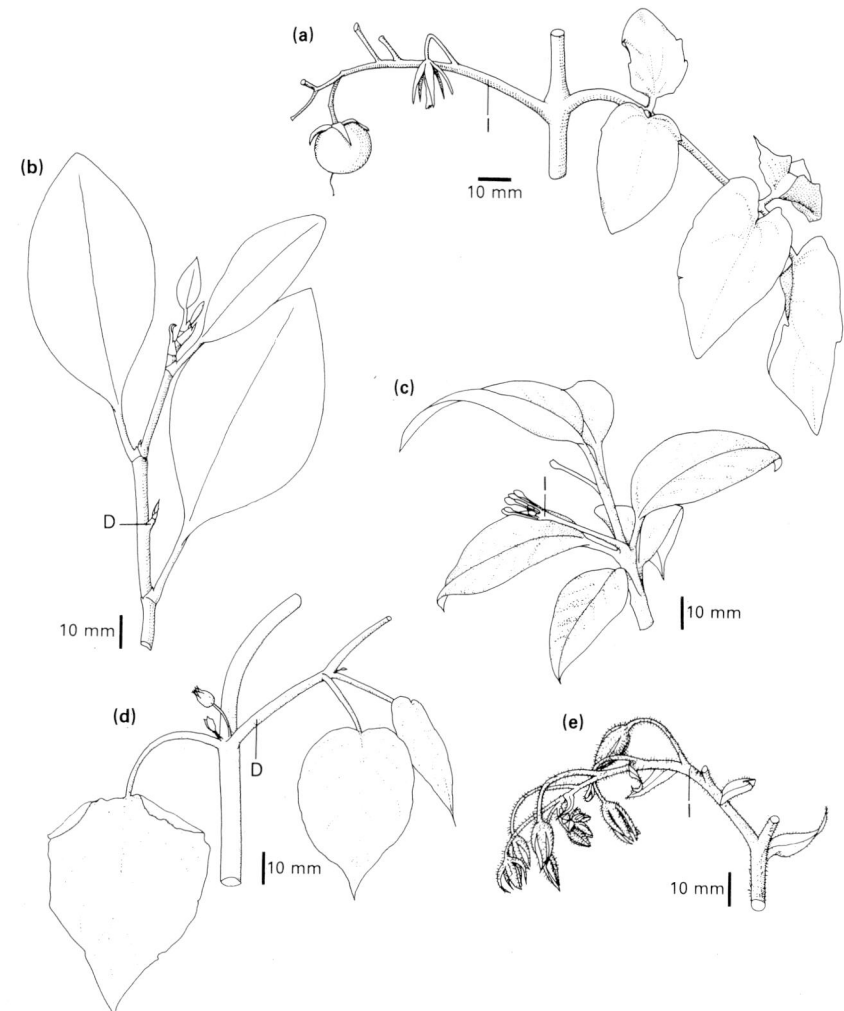

Abb. 231. **a)** *Lycopersicon esculentum,* der Blütenstand auf der linken Seite gehört eigentlich der Achsel des nächsten, darunterliegenden Blattes an; **b)** *Griselinia littoralis,* eine von ihrem Deckblatt nach oben verschobene Knospe; **c)** *Hoya multiflora,* der Blütenstand ist ursprünglich terminal und wird von einem aus der Achsel eines der beiden vorausgehenden Wirtelblätter entspringenden Fortsetzungstrieb beiseite gedrängt. Daher sieht es so aus, als sei er um die Sproßachse herum verschoben worden; **d)** *Physalis peruviana,* vegetativer Sproß, der von seinem Tragblatt weg nach oben verschoben wurde und nun einem oberen Blatt gegenüber steht, das jedoch eine eigene, normal ausgebildete Knospe hat; **e)** *Borago officinalis,* wie **a)**. D: verlagerter Sproß. I: Infloreszenz.

232 | Position der Meristeme: Adventivknospen (Knospen, die nicht aus Blattachseln entspringen)

Eine Knospe heißt »adventiv«, wenn sie an ungewöhnlicher Stelle erscheint (vergl. Adventivwurzeln, d. h. sproßbürtige Wurzeln an einer Sproßachse, S. 98). Dabei muß betont werden, daß – außer im Falle einer Mißbildung von seiten der Pflanze (Teratologie, S. 270) – die sogenannte ungewöhnliche Position der Adventivknospe nur für den Beobachter unerwartet ist, für die Pflanze hingegen ist sie völlig normal. In der Regel befindet sich eine Knospe in der Achsel eines Blattes, also knapp über dem Insertionspunkt des Blattes an der Sproßachse. Knospen, die sich an dieser Stelle entwickeln (wobei es auch mehr als eine sein können, S. 236), verlagern sich mitunter durch nachfolgende Meristemtätigkeit weg von ihrem ursprünglichen Tragblatt (S. 230). Der Begriff »adventiv« bezeichnet Sproßmeristeme, die sich an beliebiger Stelle einer Pflanze und unter vollkommenem Fehlen eines Deckblattes entwickeln (Abb. **232**) (diese Definition schließt allerdings die Seitenzweige der Blütenstände aus, bei denen Brakteen, also Tragblätter, oftmals nicht ausgebildet sind). Demnach gehen also Sprosse, die an Wurzeln gebildet werden (S. 178), aus Adventivknospen hervor. Eine Reihe tropischer Bäume nennt man auch Saftholz- (Splintholz-, Weichholz-)Bäume, da sie im Innern ihres Stammes kein Kernholz ausgebildet haben. Wird der Stamm eines solchen Baumes abgetrennt, so können lebende Zellen im Innern des Achsenkörpers ihre Tätigkeit wieder aufnehmen und Sproßmeristeme entwickeln (NG 1986). Diese Sproßmeristeme bilden dann Adventivknospen. Eine ähnliche endogen entstandene Meristemaktivität führt zu stamm- (epicormischen) und astbürtigen (caulifloren) Sprossen (S. 240). Adventivknospen treten am Hypokotyl vieler Pflanzen auf (Abb. **167e**). Eine andere Kategorie bilden jene Adventivknospen, die auf einem Blatt (Blattstiel und/oder Blattspreite) gebildet werden. Dieses Phänomen wird als Epiphyllie (S. 74) bezeichnet und ist in vielen Fällen die Folge einer Verlagerung von axillären Knospen. In anderen Fällen gehen diese Knospen auf die Tätigkeit meristematischer Gruppen von Zellen am Blattrand zurück (Abb. **233**). Derartige Adventivknospen lassen sich meist leicht ablösen, bewurzeln sich sproßbürtig (Adventivwurzeln, S. 98) und sind oft nach Art einer Brutzwiebel (S. 172) gestaltet. Auf ähnliche Weise bilden sich bei vielen sukkulenten Pflanzen Adventivknospen an der verletzten Basis abgelöster Blätter. Überdauert eine Knospe in einem Ruhezustand noch lange Zeit, nachdem bereits alle Spuren ihres Deckblattes verschwunden sind, so kann es auf den ersten Blick so scheinen, als sei sie eine Adventivknospe. Dies trifft in einigen Fällen auf stammbürtige Knospen (S. 240) zu, die an der Oberfläche von Stämmen oder Ästen auftreten.

Abb. 232. *Medeola virginiana*
Ausgegrabenes sympodiales Rhizom. Am proximalen Ende einer jeden sympodialen Einheit (in unserem Bild ganz rechts außen) befindet sich eine Adventivknospe, die nicht in der Achsel eines Deckblattes sitzt. Die Wachstumsrichtung dieser Knospe, nach links oder nach rechts, wechselt zwischen den aufeinanderfolgenden Einheiten ab, so daß auf diese Weise ein voraussagbares Verzweigungsmuster entsteht, das jedoch in Abhängigkeit von den jeweiligen Umweltbedingungen mehr oder weniger unterbrochen sein kann (BELL 1974; COOK 1988).

Position der Meristeme: Adventivknospen (Knospen, die nicht aus Blattachseln entspringen) | **233**

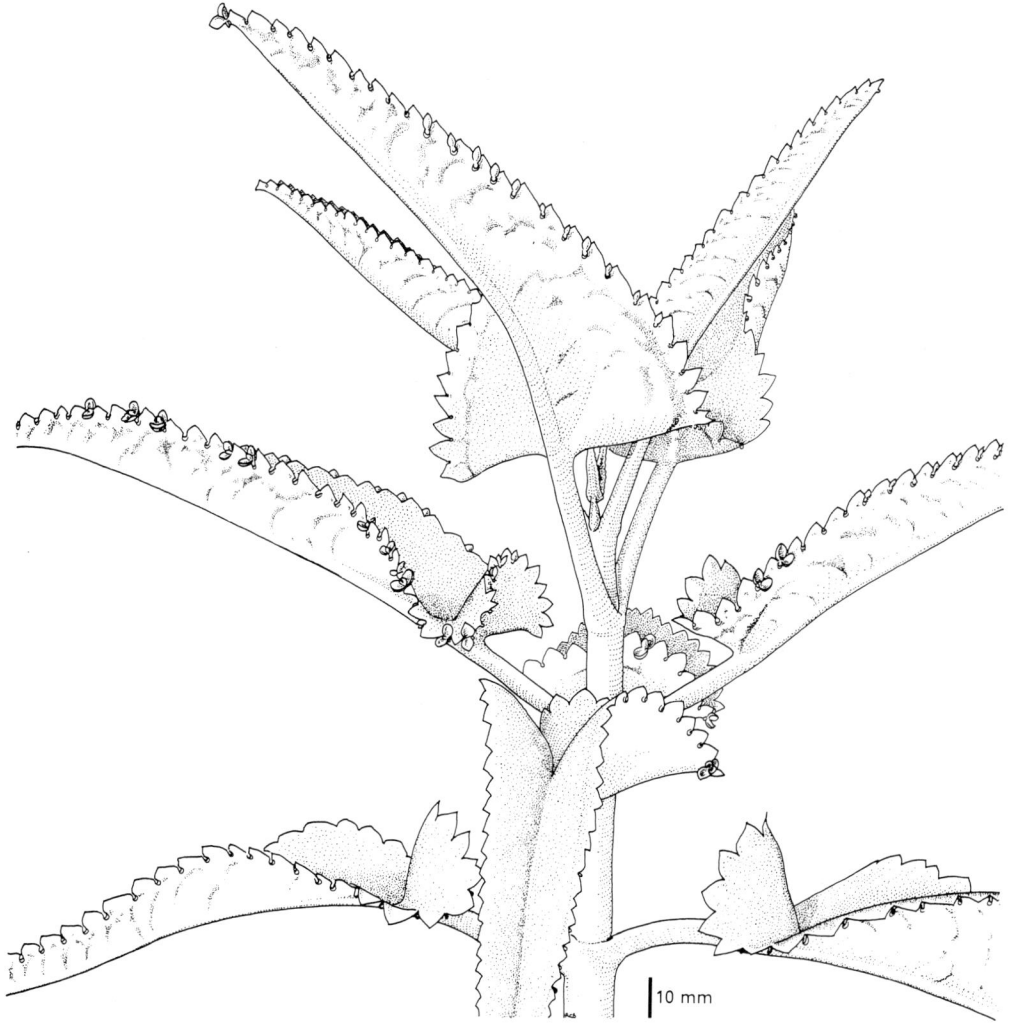

Abb. 233. *Bryophyllum daigremontiana*, an den Blatträndern befinden sich ablösbare Knospen mit sproßbürtiger Bewurzelung (S. 74). Die Blattstellung ist kreuzgegenständig (vergl. Abb. **227**).

Position der Meristeme: Adnation (Verwachsung von Organen unterschiedlicher Art)

Abb. 234a, b. *Datura cornigera*
Zwei Entwicklungsstadien eines Seitensprosses. **a)** Aus gemeinsamem Gewebe beginnen Blattbasis und Achselsproß hervorzugehen. **b)** Dieser Vorgang ist weiter fortgeschritten; ein langer Abschnitt bestehend aus Sproß/Blattgewebe hat an seiner Spitze nun eine Blattspreite zusammen mit einer Terminalblüte ausgebildet.

Der Begriff Verwachsung bezieht sich auf Strukturen, die miteinander vereint sind. Sind die beiden Organe (unter Umständen auch mehr als zwei) dabei von derselben Art (z. B. zwei Petalen), bezeichnet man sie als verwachsen (connat). Gehören sie dagegen verschiedenen Kategorien an, so werden sie oft adnat, d. h. »angewachsen« genannt. Innerhalb der Blüte treten sowohl Verwachsungen gleichartiger wie auch ungleichartiger Organe auf (einschließlich Brakteen, Sepalen, Petalen, Staub- und Fruchtblätter, S. 146). Gegenständige oder wirtelige Blätter können an einem Knoten miteinander verwachsen sein (Abb. **235f**). Außerhalb der Blüte tritt eine Verwachsung ungleichartiger Organe in der Regel unter Einbeziehung einer Knospe auf, sei es nun, daß sie mit ihrem Tragblatt (Epiphyllie, S. 74) oder mit der benachbarten Sproßachse verwachsen ist (Abb. **231b**). Verwachsungsvorgänge können grundsätzlich auf zweierlei Weise vonstatten gehen. Die ursprünglich getrennt voneinander entstandenen Organe können sich, während sie sich nebeneinander entwickeln, noch im Primordienstadium fest miteinander verbinden (postgenitale Verwachsung). Dies geschieht beispielsweise oft im Falle der Fruchtblattverwachsungen. Postgenitale Verwachsung von zwei Organen kann allerdings auch die Folge einer teratologischen Erscheinung (S. 270) sein.

Im anderen Falle sind die beiden Organe (gleicher oder ungleicher Art) nur in den allerersten Entwicklungsstadien getrennt. Aufgrund der Meristemaktivität von gemeinsamem Gewebe, auf dem beide angeordnet sind, wachsen sie dann aber gemeinsam. Auf diese Weise wird eine angewachsene Knospe auf den Blattstiel ihres Deckblattes »hinausgeschoben« (Abb. **230b**) oder an der Sproßachse von der Blattachsel weg »emporgehoben« (Abb. **230a**). Die beiden Organe machen dabei den Eindruck, miteinander verschmolzen zu sein, während sie sich in Wirklichkeit die ganze Zeit über miteinander verbunden entwickelt haben. Treten Organe von vornherein miteinander vereinigt

Position der Meristeme: Adnation (Verwachsung von Organen unterschiedlicher Art) | 235

auf, so nennt man dies kongenital; kongenitale Vereinigung kann sowohl zwischen Organen derselben Art wie auch zwischen solchen unterschiedlicher Abstammung auftreten. Ein besonders verwickelter Fall wurde bei vielen Rattanpalmen (kletternde Palmen, S. 92) beobachtet: der sich in der Achsel eines Blattes entwickelnde Blütenstandsstiel (oder das Flagellum) verwächst bis zum nächsthöheren Knoten mit der Hauptsproßachse und tritt daraufhin gelegentlich seitlich oder unterhalb des Blattes dieses Knotens hervor. Einigen Arten der Gattung *Carex* (z. B. *C. arenaria*, Abb. **235a-c**) wird monopodiales Wachstum zugeschrieben (S. 250). Eingehende Untersuchungen der Blattanordnung sowie der Leitbündelanatomie belegen jedoch, daß das Rhizom in Wirklichkeit sympodialen Aufbaus ist, wobei Tochter/Mutter-Knoten in exakt wiederholten Abständen miteinander verwachsen sind.

Abb. 235. a) *Carex arenaria*, Rhizom mit oberirdischen Sprossen; **b)** Diagramm von »a«, die punktierten Abschnitte entsprechen jeweils einer sympodialen Einheit, deren proximales Internodium mit einem Internodium der vorhergehenden Einheit verwachsen ist; **c)** Strichdiagramm von »b«, das den durchgehenden Aufbau aus derartigen Elementen hervorheben soll; **d)** *Datura sanguinea*, Axialschnitt durch eine Blüte (S. 150), Kelchblätter miteinander verwachsen, Kronblätter miteinander verwachsen, Staubblätter den Kronblättern »angewachsen«; **e)** *Tilia cordata*, Blütenstandsstiel dem Deckblatt »angewachsen«; **f)** *Lonicera × brownii*, Laubblattpaar am Knoten miteinander verwachsen. Ar: Verankerungswurzel. B: Braktee. C: Verwachsung von Organen gleicher Art. Fr. Faserwurzel. Lc: verwachsenes Blatt. Pc: verwachsenes Kronblatt. Pe: Blütenstandsstiel. Sa: angewachsenes Staubblatt. Sc: verwachsenes Kelchblatt. Sl: Schuppenblatt. a)-c) z. T. nach NOBLE et al. (1979).

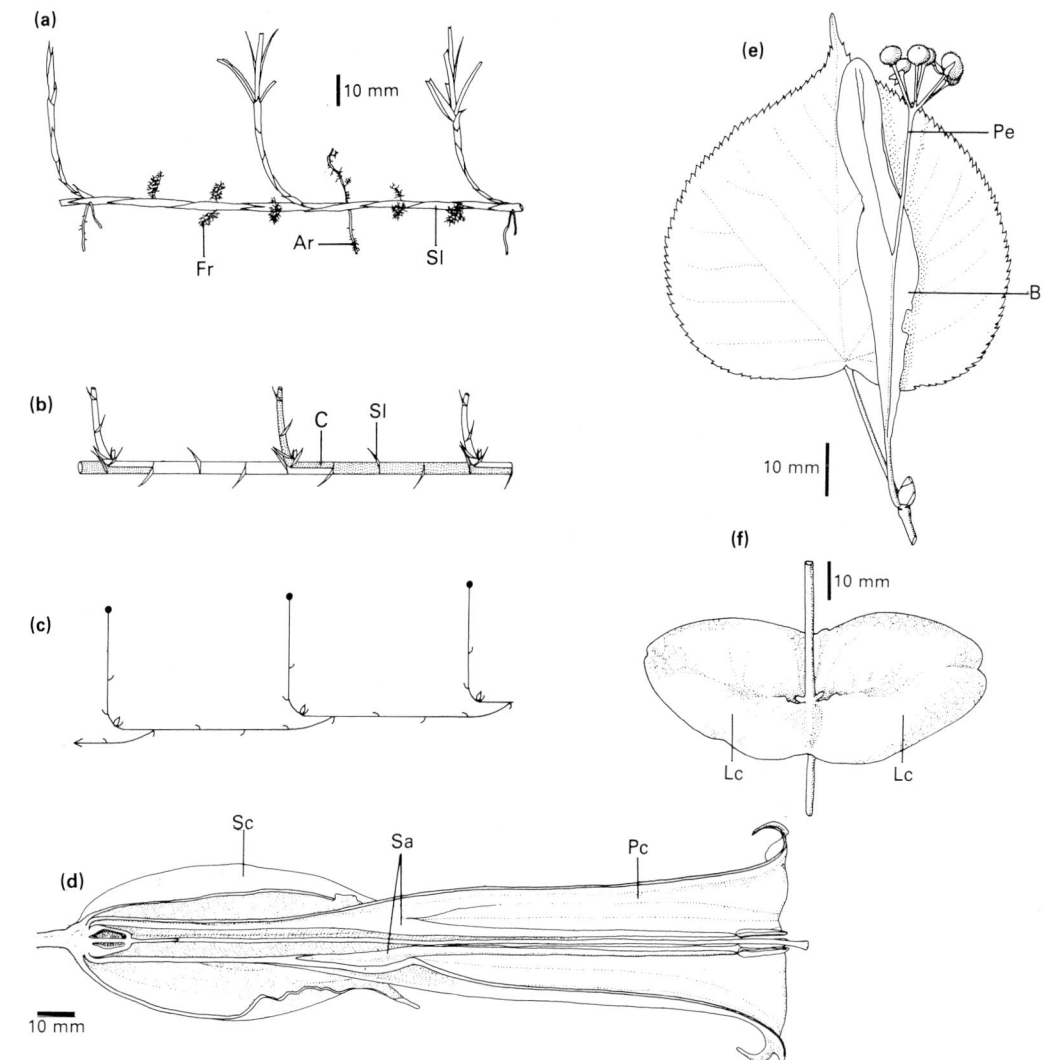

236 | Position der Meristeme: akzessorische Knospen (Beiknospen; Vervielfachung in Blattachseln)

Es ist nichts Ungewöhnliches, daß man in der Achsel eines einzelnen Blattes (einschließlich eines Kotyledos, S. 162) mehr als eine Knospe vorfindet. Eine dieser Knospen ist in der Regel kräftiger als die übrigen akzessorischen (oder überzähligen) Knospen und wird die erste oder einzige sein, die sich auf normale Weise entwikkelt. Eine sehr ähnliche Anordnung kann dadurch entstehen, daß aus einer einzelnen Achselknospe ein gestauchtes Verzweigungssystem mit sehr kurzen Internodien hervorgeht (S. 238). Akzessorische Knospen können entweder nebeneinander in der Blattachsel sitzen (kollaterale Beiknospen), oder in einer senkrechten Linie entlang der Sproßachse angeordnet sein (seriale Beiknospen). Bei jeder Species herrscht gewöhnlich eine Art Hierarchie vor, was Knospengröße und Reihenfolge des Austreibens betrifft (Abb. **237e-j**). In einigen Fällen wachsen schließlich sogar alle Knospen einer Blattachsel aus und bilden die gleiche Art von Sprossen. Einige *Eucalyptus*-Arten bilden sogenannte Holzknollen (Abb. **138a**) aus; im basalen Bereich dieser Pflanzen werden die Knospen zu dreien angelegt, von denen sich nur die Hauptknospe zu einem Sproß entwickelt. Wird dieser jedoch durch Frost oder Feuer verletzt, so treiben die beiden serialen Beiknospen, von denen eine oben und die andere unterhalb angelegt ist, zu Erneuerungssprossen aus. Die meristematische Zone in der Achsel eines *Eucalyptus*-Blattes ist in einigen Fällen sogar imstande, kontinuierlich Beiknospen zu produzieren (Abb. **237d**). Andererseits hat jede Beiknospe ihr eigenes, bestimmtes Potential. Bei verschiedenen Baum-Arten, z. B. bei *Shorea,* wächst eine Knospe eines Paares sofort nach ihrer Entstehung zu einem horizontalen Sproß aus (sylleptischer Sproß, S. 262; Plagiotropie, S. 246), während die zweite Knospe in ihrem Austrieb verzögert ist und nur zu einem vertikalen Sproß austreiben kann (S. 262; Orthotropie, S. 246). In der Achsel eines einzelnen Blattes können demnach Strukturen in vielfältiger Kombination vorgefunden werden, wobei sich innerhalb einer Serie von Beiknospen jedes

Abb. 236a. *Leucaena* sp. Alle akzessorischen Knospen (Beiknospen) in der Achsel eines einzigen Blattes entwickeln sich zu Blütenständen.

Abb. 236b. *Bougainvillea glabra* Seriale Beiknospen in der Achsel eines Blattes. Die obere Knospe kann sich entweder zu einem Sproßdorn entwickeln (S. 124), wie in unserem Falle, oder zu einem Blütenstand (Abb. **145d**).

Position der Meristeme: akzessorische Knospen (Beiknospen; Vervielfachung in Blattachseln) | 237

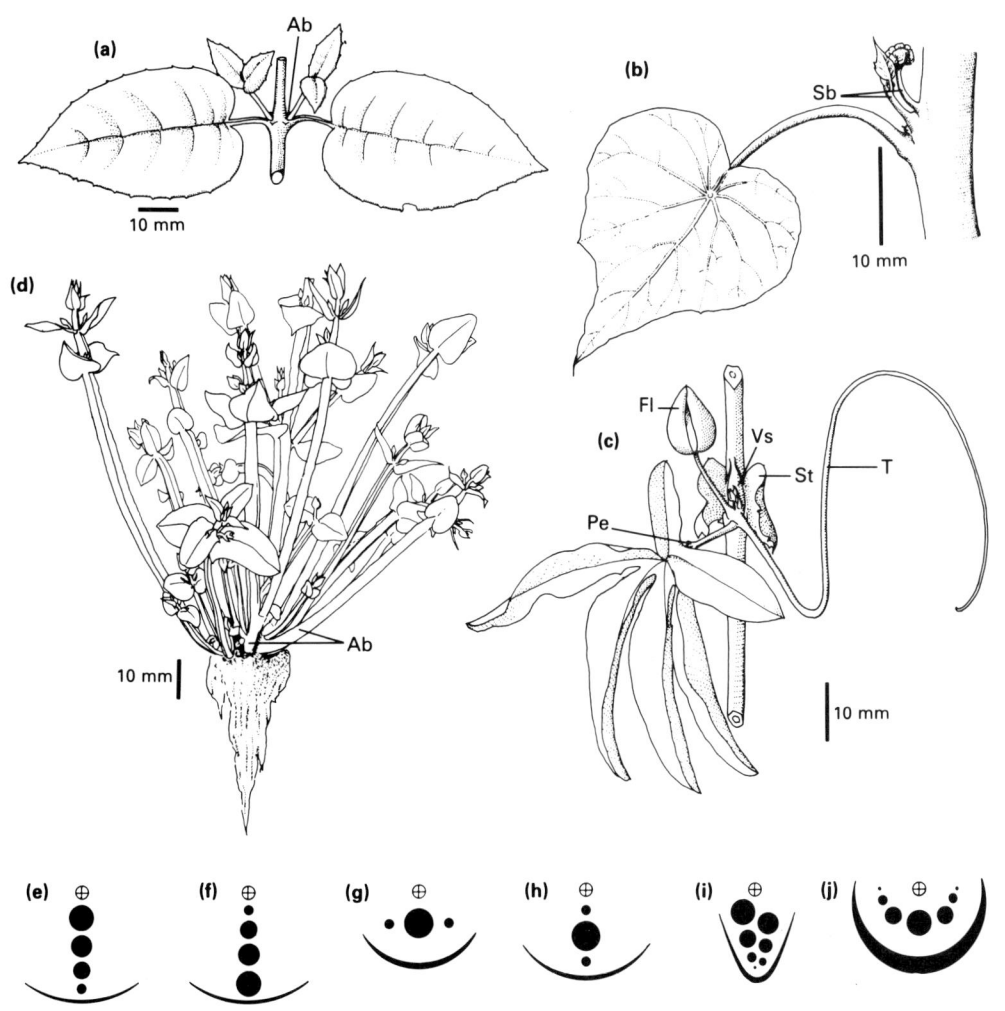

Organ aus einer Knospe herleitet; so können beispielweise ein Dorn und ein vegetativer Sproß (Abb. **236b**) ausgebildet sein, ein Blütenstand und ein vegetativer Sproß, oder eine Blüte, eine Sproßranke und ein vegetativer Sproß, wie im Falle der Passionsblume (*Passiflora*, Abb. **237c**) (vergl. S. 122).

Abb. 237. a) *Fuchsia* sp., einzelner Knoten; **b)** *Stephania* sp., einzelner Knoten; **c)** *Passiflora caerulea*, einzelner Knoten; **d)** *Eucalyptus globulus*, stammbürtige (epicormische) Seitenzweigbildung (S. 240); **e, f, h)** seriale Beiknospen, **g, j)** kollaterale Beiknospen, **i)** versetzt angeordnete seriale Beiknospen. Ab: akzessorische Knospe. Fl: Blüte. Pe: Blattstiel. Sb: seriale Beiknospen. St: Stipel. T: Ranke. Vs: vegetativer Sproß.

238 | Position der Meristeme: unechte Vervielfachung (zusammengedrängte, gestauchte Verzweigung)

Entwickeln sich aus der Achsel eines einzelnen Blattes mehrere Organe (vegetative Sprosse, Blüten, Ranken oder Dornen), so lassen sie sich entweder auf die Aktivierung einer Reihe akzessorischer Knospen (Beiknospen, S. 236) zurückführen, oder aber sie sind die Folge eines gestauchten Verzweigungssystems mit einer sehr geringen Internodienstreckung. Im letzteren Fall hat eine einzelne Achselknospe weitere Knospen hervorgebracht, an denen sich wiederum Achselknospen in kontinuierlicher Reihenfolge entwickeln. Somit steht jede Knospe bzw. jeder Sproß in der Achsel eines anderen Blattes, während akzessorische Knospen sich in ihrer Gesamtheit in der Achsel ein und desselben Deckblattes befinden (Abb. **237b**, **239a**). Um diese beiden morphologischen Entwicklungsmöglichkeiten sicher voneinander unterscheiden zu können, sind in einigen Fällen sehr sorgfältige Studien junger Entwicklungsstadien bis hin zum Primordium notwendig, begleitet von Untersuchungen des Verlaufs und der Anknüpfung der Leitelemente (ist also eine Knospe z. B. mit einer anderen Knospe verbunden oder direkt mit der Sproßachse?). So werden beispielsweise die beiden Knospen in der Blattachsel von *Gossypium* (Baumwolle) häufig als Beiknospen beschrieben (S. 236), MAUNEY und BALL (1959) fanden durch anatomische Untersuchungen jedoch heraus, daß es sich dabei um eine Verzweigung handelt. Die Knospen eines gestauchten Verzweigungssystems können alle dasselbe Entwicklungspotential besitzen, also gleichermaßen nur zu Blüten (Abb. **239e**), Phyllokladien (Abb. **239g**) oder Dornen (Abb. **124b**) auswachsen; andererseits ist es ebenso möglich,

Abb. 238. *Ophiocaulon cissampeloides*
Der etwas links stehende, vertikale Sproß hängt nach unten, das Tragblatt befindet sich also oberhalb des Seitensprosses. Die Blattspreite wird mit Hilfe einer Drehung des Blattstiels wieder mit der Oberseite dem Licht zugewendet. Der Seitensproß ist als Sproßranke entwickelt (vergl. Abb. **145b**) und hat offensichtlich an seinem proximalen Ende einen Tochtersproß ausgebildet, einen Blütenstand; siehe auch Erklärung in Kapitel 122.

Position der Meristeme: unechte Vervielfachung (zusammengedrängte, gestauchte Verzweigung) | 239

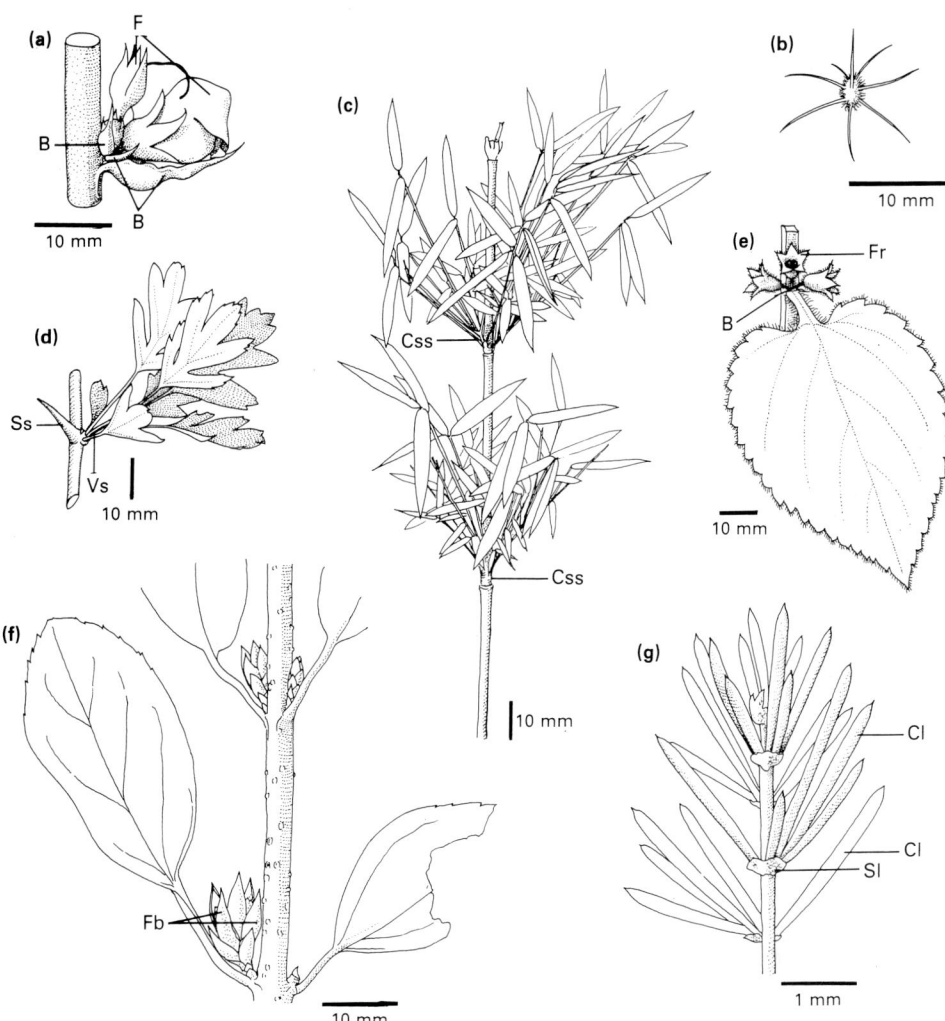

daß sie sich zu völlig unterschiedlichen Organen entwickeln und zu unterschiedlichen Zeiten aktiviert werden, wie das auch bei akzessorischen Knospen der Fall ist (Abb. **239d**). Die Areolen (S. 202) der Kakteen stellen ein besonders geläufiges Beispiel dafür dar.

Abb. 239. a) *Verbascum thapsus*, Blütenbüschel an einem Knoten (Beiknospen, vgl. Abb. **237i**); **b)** *Melocactus matanzanus*, einzelne Areole (S. 202); **c)** *Sinarundinaria* sp., gestauchte Verzweigung, siehe Abb. **193c**; **d)** *Crataegus monogyna*, Sproßbüschel an einem Knoten; **e)** *Stachys sylvatica*, zusammengedrängter cymöser Teilblütenstand an einem Knoten; **f)** *Forsythia* sp., gestauchter Blütenstand an einem Knoten; **g)** *Asparagus plumosus*, gedrängtes Sproßsystem bestehend aus Phyllokladien. B: Braktee. Cl: Phyllokladium (S. 126). Css: zusammengedrängtes Sproßsystem. F: Blüte. Fb: Blütenknospe. Fr: Frucht. Sl: Schuppenblatt. Ss: Sproßdorn (S. 124). Vs: vegetativer Sproß.

Position der Meristeme: Kauliflorie (Blüten, die aus einer holzigen Sproßachse hervortreten)

Abb. 240. *Parmentiera cerifera* Kauliflorie. Eine Blüte und zwei Früchte. Jede dieser Strukturen entwickelt sich aus einem ausdauernden Knospenkomplex.

Mit dem Begriff Kauliflorie (Stammblütigkeit, Stammbürtigkeit der Blüten) wird ein Phänomen bezeichnet, bei dem die Blüten (Abb. **240**), und demzufolge auch die Früchte (Abb. **240, 241**), direkt aus dem Stamm oder den Ästen eines Baumes hervorgehen. Die letztgenannte Erscheinung ist auch als Ramiflorie bekannt. Die Bildung einzelner oder, häufiger, ganzer Büschel vegetativer Zweige an vereinzelten Stellen am Stamm, gelegentlich auch der Äste, aus ruhenden Knospen heißt epicormische (stammbürtige) Verzweigung (Abb. **237d**). An den Stellen, an denen Kauliflorie auftritt oder aus ruhenden Knospen vegetative Sprosse hervorgehen, ist die Borkenoberfläche oft verdickt oder aufgerissen. Die beiden Knospentypen, die zu Kauliflorie oder epicormischer Verzweigung befähigt sind, können völlig verschiedenen Ursprungs sein; dabei weisen die Knospen einer bestimmten Art entweder alle dieselbe Herkunft auf, oder es treten innerhalb einer Pflanze Knospen beider Abstammungsarten auf. Zum einen können die Knospen echte Adventivknospen (S. 232) darstellen, die endogen angelegt werden (d. h. wie Wurzelprimordien, S. 94, tief in bereits existierendem Gewebe), indem lebende Zellen ihre meristematische Tätigkeit wiederaufnehmen; der auf diese Weise gebildetete Sproß wächst an einer bestimmten Stelle nach außen und durchbricht die Borke des Baumes. Stammschößlinge aus abgeschnittenen Baumstämmen können auf ähnliche Weise gebildet werden, und zwar hauptsächlich von der Kambiumzone, aber auch von Splintholz (S. 232).

Zum anderen kann eine Knospe, die an einem

Position der Meristeme: Kauliflorie (Blüten, die aus einer holzigen Sproßachse hervortreten)

Stamm oder Ast ganz regulär in der Achsel eines Blattes gebildet wurde, über lange Zeit hinweg lebend bleiben und jedes Jahr nur ein winziges Stückchen auswachsen. Auf diese Art hält sie mit dem sich fortwährend ausdehnenden Stamm Schritt und wird nicht durch das sekundäre Dickenwachstum des Baumes überwuchert, wie das bei abgestorbenen Aststümpfen (die einen Knoten im Holz hinterlassen) oder eingewachsenen Nägeln oder Drähten der Fall ist. Eine derartige Knospe bildet in der Regel nur Schuppenblätter aus, ihre Achselknospen jedoch vermögen sich ganz normal zu entwickeln und seitlich neben der Mutterknospe auszuwachsen. Dieser Vorgang kann sich solange wiederholen, bis eine ganze Anzahl von Knospen an der Oberfläche der Borke vorhanden ist. Potentielle epicormische oder kauliflore Knospen, die auf diese exogene Weise gebildet wurden, nennt man sproßbildende Knospen, im Gegensatz zu sproßbürtigen (Adventiv-)Knospen, die endogenen Ursprungs sind. Auch letztere bahnen sich ihren Weg nach außen und vervielfachen sich in ihrer Anzahl. Keiner der beiden Knospentypen kann dabei allerdings als ruhend bezeichnet werden, da sie nach Art eines Kurztriebes (S. 254) jedes Jahr ein kleines Stück wachsen. Solange, bis sie sich zu einem stammbürtigen Ast oder einer Blüte bzw. Infloreszenz entwickelt haben, bezeichnet man sie daher als unterdrückte Knospen.

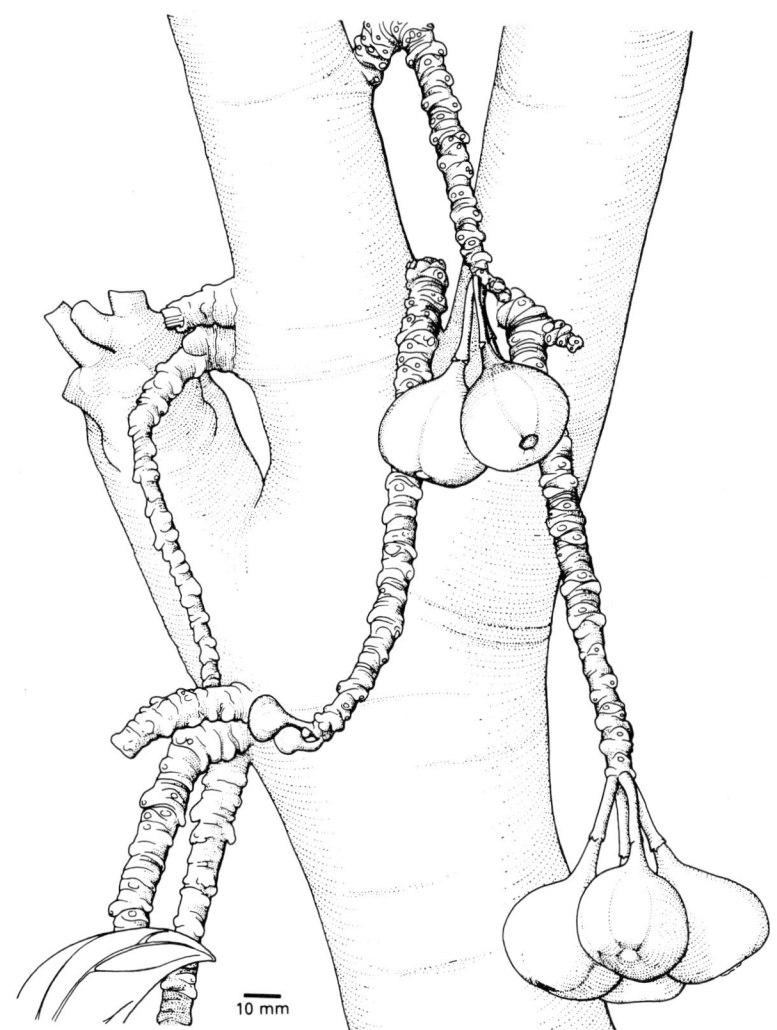

Abb. 241. *Ficus auriculata*. Die Früchte (Syconium, Fruchtstand mit fleischigem, eingestülptem Blütenstandsboden; Abb. **157n**) entwickeln sich aus Kurztrieben des Stammes.

Meristempotential: Determination (Topophysis; festgelegte Differenzierungsrichtung einer Knospe)

Eine Pflanze setzt sich in ihrem äußeren Gesamtgefüge aus einer Anzahl von Sprossen zusammen, von denen jeder aus einer Knospe bzw. einem Apikalmeristem (S. 16) hervorgegangen ist. Einige Sprosse sind dabei nur von zeitlich begrenzter Natur und werden früher oder später abgeworfen (Zweigfall, S. 268), andere Knospen verbleiben in Ruhe; manche Knospen oder Triebe sind in ihrer Entwicklung genau festgelegt und bilden eine ganz bestimmte Struktur mit spezifischen morphologischen Merkmalen aus, andere haben demgegenüber eine flexible, weniger starr festgelegte Differenzierungsrichtung, d. h. je nachdem, welchen Bedingungen die Knospe unterworfen ist, kann sie sich zu verschiedenen Organen entwickeln. In vielen Fällen kann bei einer Knospe das ihr innewohnende, festgelegte Potential oder ihre Entwicklungsfähigkeit dadurch nachgewiesen werden, daß man den Sproß von seiner Achse abtrennt und sich bewurzeln läßt, woraufhin er seine spezifischen morphologischen Eigenschaften wiedererlangen wird. Dieses irreversible Beibehalten charakteristischer Eigenschaften nennt man Determination (engl. »Topophysis«); dieser Ausdruck wird in der Regel auf zwei spezielle Phänomenkategorien angewandt. Zum einen bezeichnet der Begriff Topophysis den Fall, daß eine Pflanze, besonders ein Baum, zwei oder mehrere verschiedene Arten von Ästen hervorbringt, die sich voneinander in gewissen Einzelheiten bezüglich der Blattform, der Blühfähigkeit sowie der Ausrichtung (z. B. plagiotrop oder orthotrop, S. 246) unterscheiden. Jeder dieser Sprosse behält seine charakteristischen Eigenschaften bei, sobald man ihn in Form eines Stecklings bewurzelt: ein plagiotrop wachsender Seitenzweig von *Theobroma* (Kakao) fährt, nachdem er abgetrennt und bewurzelt wurde, fort, in horizontaler Richtung am Untergrund entlang zu wachsen und ist nicht in der Lage, eine aufrechte Sproßachse auszubilden (S. 98). (In TROLL 1969 wird dieses Phänomen unter der Bezeichnung »stabile Induktion« beschrieben.)

Die zweite Form von Determination (Topophysis) bezieht sich auf Sprosse verschiedener Altersstufen innerhalb einer Pflanze. Jede Pflanze kann dahingehend beschrieben werden, daß sie beispielsweise jugendliche und ausgewachsene Laubblätter trägt. In dem Maße, in dem die Pflanze wächst, durchläuft sie verschiedene Altersstadien (S. 314), geht also von der Jungpflanze über zur adulten, ausgereiften Form (Abb. 203c). Das tatsächliche chronologische Alter einer Pflanze ist in diesem Zusammenhang weitgehend irrelevant. Ein Waldbaum vermag als Keimpflanze über Jahrzehnte hinweg sich kaum weiterzuentwickeln und jedes Jahr nur eine ganz geringe Wachstumsrate aufzuweisen; eröffnen sich dann aber günstige Umweltbedingungen, wie z. B. eine Lücke inmitten des Waldes, durch die vermehrt Licht einstrahlen kann, so kann sich dieser Baum zu einer ausgewachsenen Pflanze entwickeln mit all ihren typischen morphologischen Eigenschaften. Auch hier können also Gewebe sowohl der juvenilen als auch der adulten Teile der Pflanze ohne Abwandlung ihre charakteristischen Merkmale beibehalten. Ein häufig zitiertes Beispiel ist der Vergleich zwischen jugendlichem Efeu, *Hedera helix* (monopodial, distische Blattstellung, mit Wurzeln, klettert mit Hilfe sproßbürtiger Wurzeln, Blüten fehlend) und ausgewachsenem Efeu (sympodial, spiralige Blattstellung, Wurzeln fehlend, mit Blüten). Eine künstlich vermehrte

Abb. 242. *Gleditsia triacanthos*
Ein junger stammbürtiger Sproß, der der Achse eines alten Baumes entspringt. Die Bildung eines determinierten Sproßdorns anstelle eines neuen vegetativen Sprosses oder einer Blüte ist auf diese Position zurückzuführen (vergl. Kauliflorie, S. 240).

Abb. 243. *Ficus pumila*. Eine Kletterfeige. Juveniles Stadium mit kleinen asymmetrischen Blättern und sproßbürtigen Wurzeln; das adulte Stadium mit großen Blättern und Früchten. Ar: sproßbürtige Wurzeln.

Meristempotential: Determination (Topophysis; festgelegte Differenzierungsrichtung einer Knospe) | 243

jugendliche Pflanze kann sich zu einer adulten weiterentwickeln, wohingegen es einer künstlich vermehrten adulten Efeupflanze nicht möglich ist, zur monopodialen Kletterphase zurückzukehren. In diesem Sinne könnte man behaupten, Topophysis sei eine auf die Knospen (Apikalmeristeme) aller Blütenpflanzen anwendbare Erscheinung. Die Differenzierungsrichtung (das Potential) einer Knospe kann entweder genau vorgegeben, also starr sein, sie kann sich also beispielsweise nur zu einer Infloreszenz entwickeln und wird auch in jedem Falle diese spezielle Struktur ausformen, oder das Potential einer Knospe ist variabel. Doch auch in diesem Fall ist das Ergebnis ihres Wachstums voraussagbar und hängt von ihrer genauen Position und der Zeit ihres Austreibens innerhalb des komplizierten Verzweigungsaufbaus der Pflanze ab (siehe auch Architekturmodelle der Bäume, S. 288; Wiederaustrieb, S. 298; Metamorphose, S. 300). Von den vielen Knospen in der Achsel eines *Bougainvillea*-Blattes differenziert sich eine, sofern die Umweltbedingungen günstig sind, zu einem vegetativen Sproß aus, und eine andere entwickelt sich in genau festgelegter Weise entweder zu einem Dorn oder zu einem Blütenstand (Abb. **145d, 236b**). Eine künstliche Bewurzelung dieser Strukturen würde ohne Zweifel bestätigen, daß ihre Differenzierungsrichtung determiniert ist. Der Begriff Topophysis sollte genaugenommen solchen Fällen vorbehalten bleiben, bei denen die Art des Meristemwachstums irreversibel festgelegt ist, obwohl dies natürlich nur den augenfälligeren Aspekt eines generellen Phänomens kontrollierten Meristempotentials darstellt.

244 | Meristempotential: Verkümmerung von Organen

Abb. 244. *Alstonia macrophylla*
Das Apikalmeristem einer orthotropen Achse (S. 246) hat sein Wachstum eingestellt; sein Gewebe hat sich zu reifen Parenchymzellen ausdifferenziert. Koribasches Modell (Abb. **295h**; vergl. späteres Stadium, Abb. **266**).

Der bleibende Verlust der meristematischen Aktivität des Sproßscheitels kann den Bau einer Pflanze in demselben Maße beeinflussen wie das Entwicklungspotential des Sprosses an sich. Die kontinuierliche Entwicklung eines einzigen Apikalmeristems führt zu monopodialem Wuchs (S. 250). Sehr häufig jedoch verliert ein Sproß aufgrund der Bildung einer terminalen Struktur, wie z. B. einer Blüte oder eines Blütenstandes, sein Apikalmeristem, woraufhin er sein Wachstum einstellt. Im anderen Falle ist der Verlust der meristematischen Aktivität auf das Verkümmern des Sproßscheitels zurückzuführen; das Apikalmeristem stirbt ab. Diese Art des Absterbens ist oftmals keine Zufallserscheinung oder irgendwelchen Verletzungen zuzuschreiben, sondern vielmehr ein ebenso voraussagbares Ereignis, wie es auch das Austreiben der Knospen darstellt (S. 242). Bei holzigen Pflanzen findet ein Absterben des Apikalmeristems häufig am Ende der Vegetationsperiode statt (Abb. **245**), vergl. MUELLER (1988). Das Einstellen der Meristemaktivität eines Sproßscheitels kann die Umdifferenzierung bestimmter Zelltypen einschließen. Werden die Zellen des Sproßpols dickwandig und verholzen sie noch vor dem Absterben (z. B. durch Sklerenchymatisierung), so kann der Sproß in einem Dorn enden (S. 124). Im anderen Fall sterben die Zellen nicht ab, sondern bleiben als parenchymatische Zellen lebend, büßen allerdings ihre meristematische Fähigkeit ein (z. B. Parenchymatisierung). Obgleich die Zellen selbst am Leben bleiben, ist der Sproßpol der Verkümmerung anheimgefallen. Parenchymatisierung ist ein regelmäßiges Merkmal im Aufbau einiger Bäume (Abb. **244**); in noch auffälligerer Weise tritt sie bei der Entwicklung von Sproßranken (S. 122) und innerhalb der Verzweigungsabfolge einiger Infloreszenzen auf (Abb. **145c**). Bei Achselknospen kann ein Verkümmern des Apikalmeristems schon während sehr früher Entwicklungsstadien auftreten, wenn die Knospenanlage selbst noch kaum ausgebildet ist. In der Achsel des nachfolgend sich entwickelnden Blattes wird daraufhin von einer Knospe keinerlei Spur sichtbar sein. Darüber hinaus kann in einigen Fällen ein Sproß- oder Wurzelpol auch durch Einwirkung äußerer Faktoren zugrunde gehen, beispielsweise durch Insektenfraß. Der Scheitelbereich kann dabei einfach zerstört werden, eine Galle ausbilden (S. 278) oder gelegentlich parenchymatisch werden. Das Absterben und Abwerfen ganzer Sproßsysteme wird als Zweigfall (Abszission, S. 268) bezeichnet.

Meristempotential: Verkümmerung von Organen | 245

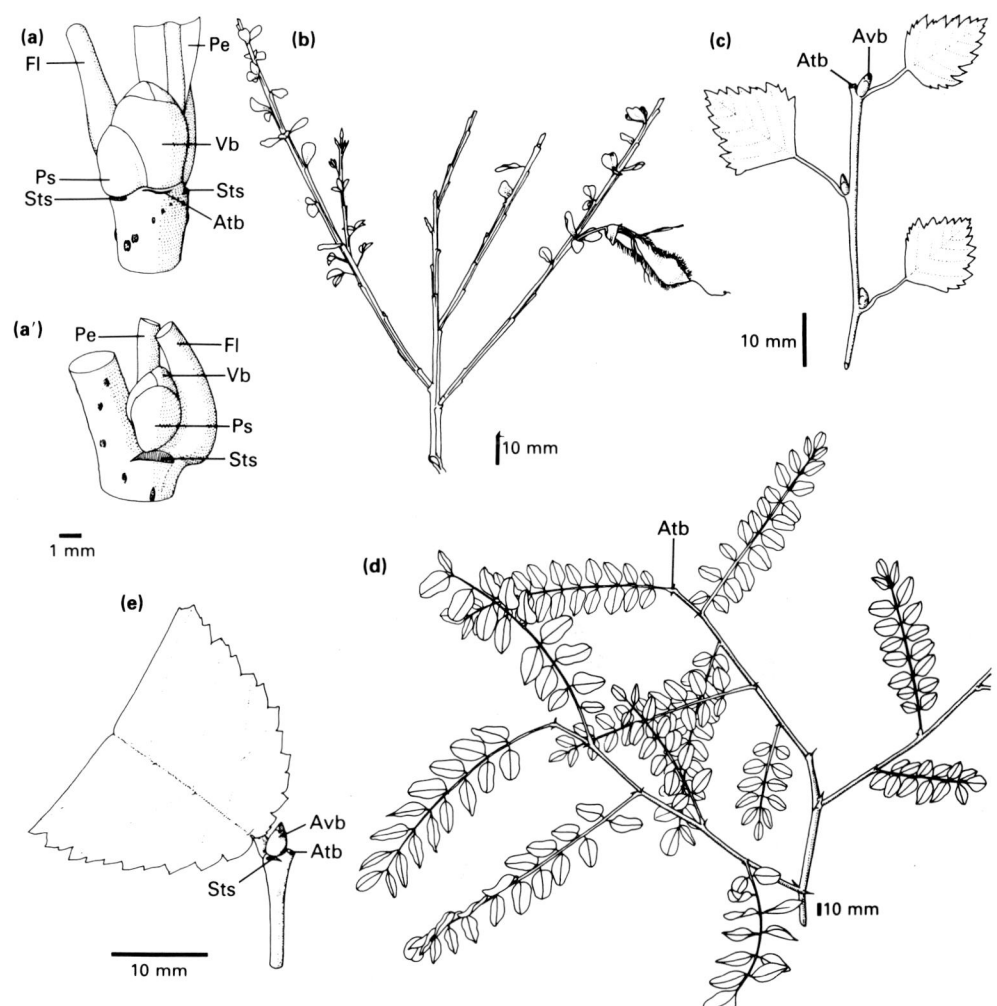

Abb. 245. a) *Tilia cordata,* distales Ende eines Sprosses mit verkümmerter Terminalknospe. Der Blütenstandsstiel sitzt in der Achsel eines Laubblattes, die vegetative Knospe in der Achsel eines seiner Vorblätter, eines Schuppenblattes; das andere Vorblatt stellt die Braktee des Blütenstandes dar (Abb. **235e**). **a')** desgl., seitlicher Knoten; **b)** *Cytisus scoparius,* das Ende eines jeden Sprosses verkümmert; **c)** *Betula pubescens* ssp. *odorata;* **d)** *Robinia pseudacacia;* **e)** *Ulmus glabra,* Ende eines abgestorbenen Sprosses. Atb: abgestorbene Terminalknospe. Avb: axilläre vegetative Knospe. Fl: Laubblatt. Pe: Blütenstandsstiel. Ps: schuppiges Vorblatt. Sts: Stipularnarbe. Vb: vegetative Knospe in der Achsel eines schuppigen Vorblattes.

246 | **Meristempotential:** Plagiotropie und Orthotropie (die Gestalt in bezug auf ihre Wuchsrichtung)

Unter dem Begriff orthotroper Wuchs wird ein in vertikaler Richtung verlaufendes Wachstum verstanden; demgegenüber bezeichnet man die horizontale Ausrichtung eines Sprosses als plagiotropen Wuchs. Im Zusammenhang mit der Gesamtkonstruktion einer Pflanze ist die Bedeutung dieser Begriffe jedoch viel umfassender. Die Morphologie eines orthotropen Sprosses ist eine andere als die eines plagiotropen Sprosses derselben Species (Abb. **246, 247a**). Die Differenzierungsrichtung eines Sprosses (sein Potential), die sich in Form von orthotropem oder plagiotropem Wachstum äußert, kann für die Gestalt des gesamten Organismus von entscheidender Bedeutung sein; dies kann am einfachsten dort beobachtet werden, wo beide Wuchsrichtungen innerhalb derselben Pflanze verwirklicht werden und zu völlig gegensätzlichen Morphologien führen. Die Bambusgattung *Phyllostachys* besitzt ein plagiotropes, unterirdisches Rhizom, das schuppige Niederblätter trägt. Aus den axillären Knospen dieser Blätter entwickeln sich in der Regel verzweigte, orthotrope Sprosse, die, außer an ihrer Basis, Laubblätter aufweisen und zur Blüte gelangen können (Abb. **195d**). Der Kakaobaum *(Theobroma)* bildet zwei verschiedene Seitensproßtypen aus; die orthotropen Schosser mit einer spiraligen Blattstellung und die horizontal abstehenden, plagiotropen Äste mit einer distichen Phyllotaxis. Jeder dieser beiden Zweigtypen behält auch als Steckling, abgeschnitten und bewurzelt, seine orthotrope oder plagiotrope Wuchsrichtung bei (siehe Topophysis, S. 242). Bei anderen baumförmigen Pflanzen umfassen die morphologischen Unterschiede zwischen diesen beiden Seitenzweigtypen auch Blattform, Blühfähigkeit, Wiederausrichtung der Blätter mittels Internodiendrehung und oft sogar proleptisches Wachstum bei orthotropen Ästen und sylleptisches Wachstum bei plagiotropen (S. 262). Bei einem einzelnen Sproß, also dem Produkt eines einzelnen Apikalmeristems, kann es vorkommen, daß er von einer Form in die andere überwechselt. So ist es zu erklären, daß bei den meisten sympodialen Rhizomsystemen der proximale Abschnitt einer jeder sympodialen Einheit plagiotrop ausgerichtet ist und über eine entsprechende Reihe morphologischer Merkmale verfügt; er richtet sich plötzlich auf, wobei sein distales Ende eine orthotrope Richtung annimmt, und besitzt nun eine andere morphologische Ausstattung. Umgekehrt weisen die sympodialen Einheiten einiger Lianen (Abb. **309e**) ein orthotrop ausgerichtetes proximales Ende auf, mit dessen Hilfe sie an ihren Stützpflanzen emporklettern; das distale Ende dagegen wächst in plagiotroper Richtung weg von dieser Halterung.

Innerhalb ein und derselben Pflanze kann man beim Aufbau der Verzweigungen oft ein Kontinuum beobachten von Orthotropie zu Plagiotropie. Dies tritt vor allem bei Bäumen auf, die im Laufe ihrer Entwicklung hinsichtlich ihrer Seitenzweigbildung eine Art Metamorphose (S. 300) durchmachen. So kann sich beispielsweise das distale Ende eines neu gebildeten plagiotropen Astes im Vergleich zu dem vorher ausgegliederten immer weiter in orthotroper Richtung aufrichten (Abb. **301b**). Dort, wo sich eine sympodiale Folge orthotroper Verzweigungen entwickelt, kann es den Anschein haben, als seien die kleinsten, jüngst ausgebildeten distalen Einheiten plagiotrop; dies allerdings lediglich in bezug auf ihre Ausrichtung. Diese Abfolge wird als orthotroper Verzweigungskomplex bezeichnet (Abb. **247b**). Auf ähnliche

Abb. 246. *Laetia procera*
Die Blätter und damit auch ihre Achselsprosse sind an einer orthotropen, vertikalen Achse spiralig angeordnet (³/₈ Blattstellung, Abb. **221b**), während die Blätter an den plagiotropen Achsen eine distiche (2zeilige) Blattstellung aufweisen. Rouxsches Modell (Abb. **291h**).

Meristempotential: Plagiotropie und Orthotropie (die Gestalt in bezug auf ihre Wuchsrichtung)

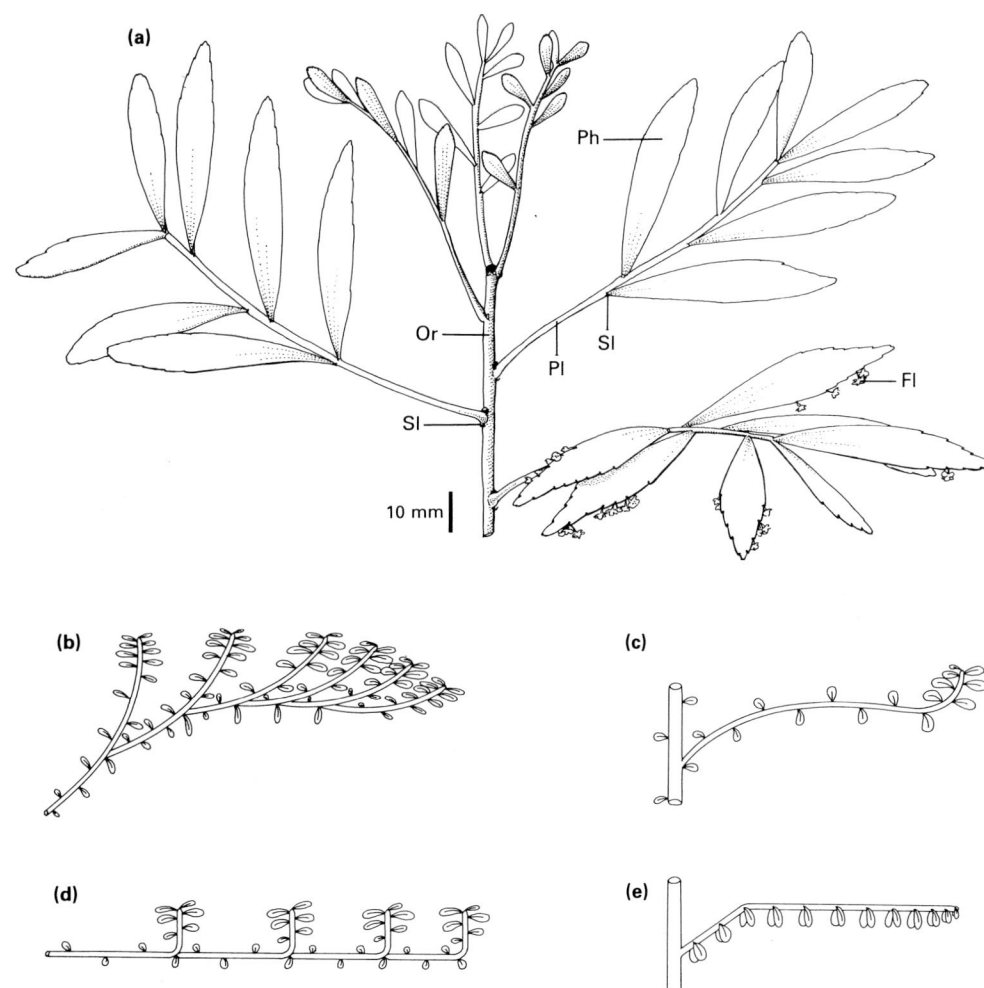

Weise kann sich ein monopodialer, orthotroper Ast im Laufe seines Wachstums nachträglich umbiegen; dennoch wird er an seinem distalen Ende weiterhin seine orthotrope Herkunft zeigen (Abb. **247c**). Ein plagiotropes, sympodiales Verzweigungssystem, das sich eher nach dem Appositionsprinzip (Hinzufügen neuer Triebe) statt nach dem Substitutionsprinzip (Ersetzen derselben) (Abb. **247d**, S. 250) entwickelt, kann bei oberflächlicher Betrachtung einem orthotropen Verzweigungssystem ähnlich sehen; seine tatsächliche Beschaffenheit kann jedoch anhand der streng plagiotropen Ausrichtung der proximalen Abschnitte der sympodialen Einheiten erkannt werden. Eine monopodiale Achse wird auch dann als plagiotrop bezeichnet, wenn ihr distales Ende zwar die ganze Zeit horizontal wächst, ihr proximaler Abschnitt aber in leicht schräger Richtung angeordnet ist (Abb. **247e**). In diesen weniger eindeutigen Fällen ist eine Untersuchung der Verzweigungsentwicklung während unterschiedlicher Wachstumsphasen unumgänglich, denn nur so können plagiotrope oder orthotrope Tendenzen ausgemacht werden (S. 304).

Abb. 247. a) *Phyllanthus angustifolius*, gegensätzliche Sproßmorphologien; **b)** orthotroper Verzweigungskomplex; **c)** orthotroper Zweig, der im proximalen Bereich nach unten geneigt ist; **d)** plagiotroper Ast, der sich sympodial ausbreitet (S. 250); **e)** plagiotroper Zweig mit schräg orientiertem proximalen Bereich. Fl: Blüte. Or: orthotroper Sproß, der ausschließlich plagiotrope Sprosse trägt. Ph: Platykladium (S. 126). Pl: plagiotroper Sproß, der ausschließlich Platykladien trägt. Sl: Schuppenblatt.

Meristempotential: Basitonie und Akrotonie, Apikalkontrolle

Die Differenzierungsrichtung eines Sprosses oder das ihm innewohnende Entwicklungspotential ist sehr häufig davon abhängig, ob er in unmittelbarer Nähe des Apikalmeristems seiner Abstammungsachse inseriert ist. In diesem Zusammenhang spiegeln das Ausmaß, in dem sich der Seitenzweig streckt, sowie der Zeitpunkt seines Austreibens dieses Potential wider. Dabei dürfen Potential und Position des Meristems sowie der Zeitpunkt seiner Tätigkeit nicht isoliert voneinander betrachtet werden. Der hemmende Einfluß, den ein Apikalmeristem auf weiter unterhalb (proximal) gelegene Axillarmeristeme ausübt, wird im allgemeinen als Apikaldominanz bezeichnet. Dieser Ausdruck umfaßt jedoch eine Reihe unterschiedlicher und komplexer Erscheinungen. Ein Hauptsproß kann gegenüber seinen diesjährigen Achselknospen eine strenge Apikaldominanz ausüben (Abb. **249d**). In der nächsten Vegetationsperiode können diese Knospen jedoch rasch austreiben und dabei ihren Hauptsproß, der mittlerweile nur noch eine schwache Apikaldominanz ausübt, sogar übergipfeln (Abb. **249e**). Umgekehrt kann eine Achselknospe gleichzeitig mit ihrem Hauptsproß auswachsen (Abb. **249f**) und auch während der folgenden Saison mit der Entwicklung fortfahren; dies geschieht jedoch in einer dem Hauptsproß gegenüber immer untergeordneten Weise (Abb. **249g**), ein Phänomen, das man als Apikalkontrolle bezeichnet (ZIMMERMANN und BROWN 1971). Der Einfluß, den ein Hauptsproß auf seine Tochtersprosse ausübt, ist also bei der Apikalkontrolle viel exakter umrissen. Dem liegen viele und vielfältige physiologische Mechanismen zugrunde. Darüber hinaus ist es auch möglich, daß axilläre Knospen, obwohl oder gerade weil sie der Apikalkontrolle unterliegen, ihre eigene, »eingebaute« Differenzierungsrichtung (Topophysis, S. 242) verfolgen, die von ihrer Stellung und dem Zeitpunkt ihres Erscheinens innerhalb der Verzweigungsfolge abhängt. Um das Maß, in dem sich aufeinanderfolgende Achselsprosse entlang einer einjährigen Sproßachse strecken, benennen zu können, hat man drei Begriffe eingeführt, die drei völlig

Abb. 248a. *Stewartia monodelpha*
Basitone Verzweigung (vergl. Abb. **249b**).

Abb. 248b. *Fagraea obovata*
Akrotone Verzweigung (vergl. Abb. **249a**); die Seitensprosse übergipfeln den Hauptsproß.

Meristempotential: Basitonie und Akrotonie, Apikalkontrolle | 249

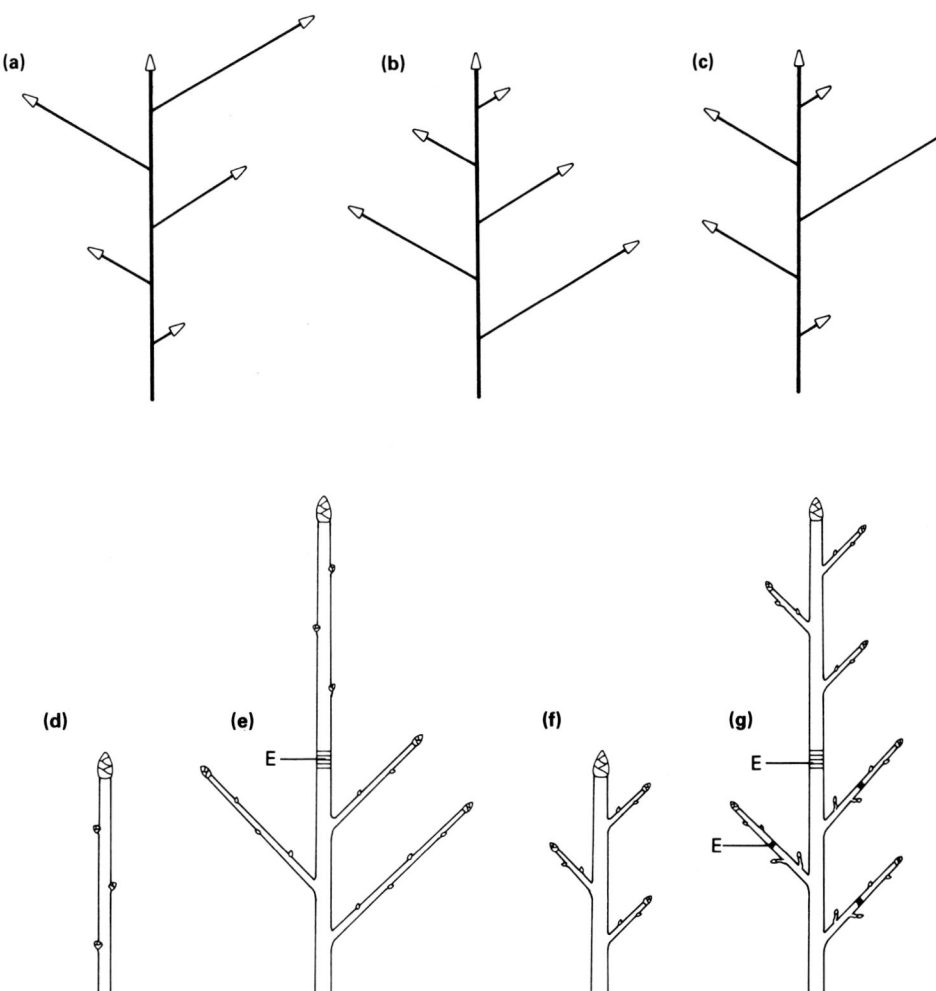

gegensätzliche Konstruktionsweisen von Seitensprossen beschreiben: Akrotonie, Basitonie und Mesotonie (Abb. **249c**). Eine Verzweigung ist akroton, wenn die distalen Zweige kräftiger ausgebildet werden (Abb. **249a**), bei basitonen Verzweigungsverhältnissen werden dagegen die proximalen (basalen) Seitenzweige gefördert (Abb. **249b**). Dasselbe Phänomen kann auch in Habitaten auftreten, die keinen jahreszeitlichen Schwankungen unterworfen sind, wenn nämlich die Pflanze selbst ein rhythmisches Wachstum aufweist; dies läßt sich dann an den nacheinander ausgebildeten Wachstumsschüben ablesen (S. 284).

Abb. 249. a) akrotone Entwicklung; **b)** basitone Entwicklung; **c)** mesotone Entwicklung; **d)** strenge Apikaldominanz in der ersten Wachstumsperiode; **e)** schwache Apikaldominanz in der zweiten Wachstumsperiode; **f, g)** Apikalkontrolle in jeder Wachstumsperiode. E: Jahresgrenze, die das Ende einer Wachstumsperiode anzeigt.

Meristempotential: monopodiales und sympodiales Wachstum

Abb. 250. *Cecropia obtusa*
Ein monopodialer Stamm. Rauhsches Modell (Abb. **291g**).

Das äußere Gefüge einer Pflanze setzt sich aus einer Anzahl von Verzweigungen zusammen (Sproß, Trieb, Zweig, Ast, Achse; dies alles sind mehr oder weniger austauschbare und oft unklar definierte Begriffe, S. 280). Es gibt dabei nur zwei Möglichkeiten, wie ein einzelner Seitenast, ungeachtet seines Alters oder seiner Größe, aufgebaut sein kann. Er kann sich entweder durch die vegetative Ausdehnung eines Apikalmeristems entwickeln, das von Zeit zu Zeit in Form einer ruhenden Terminalknospe seine Tätigkeit unterbrechen und so dem Sproß einen rhythmischen Wuchs verleihen kann (S. 260); dies führt zur Ausbildung eines einachsigen Triebes oder einer einzelnen Sproßeinheit. Die so entstandene Achse wird als Monopodium bezeichnet, ihr Aufbau ist demnach monopodial (Abb. **251f**). Im anderen Falle ist die Achse aus einer linearen Abfolge von Sproßeinheiten aufgebaut, wobei sich jede neue distale Sproßeinheit aus einer axillären Knospe entwickelt, die an der vorhergehenden Sproßeinheit angelegt wurde. Die gesamte Achse stellt demnach ein Sympodium dar, das sich durch sympodiales Wachstum entwickelt hat; jeder von einem Apikalmeristem abstammende Abschnitt einer solchen Reihe wird sympodiale Einheit genannt (oder Caulomer) (Abb. **251g**). Die sympodiale Einheit spielt in bezug auf die Architektur einer Pflanze eine wichtige Rolle, denn sie stellt sozusagen eine Baueinheit oder ein Glied (S. 286) im gesamten Aufbau dar.
An einer monopodialen Achse entstehen wiederum axilläre Sprosse, denen jeweils ein genau festgelegtes oder flexibles Entwicklungspotential innewohnt. Das Monopodium selbst kann dabei zu mehr oder weniger unbegrenztem Wachstum (indeterminiert) befähigt sein (wie beispielsweise der Stamm der Kokospalme, *Cocos nucifera*). Ist sein Wachstum dagegen begrenzt (determiniert), so stellt das Apikalmeristem schließlich seine vegetative Entwicklung ein und stirbt ab (S. 244) oder es differenziert sich zu einer nichtmeristematischen Struktur wie beispielsweise einer Infloreszenz aus, die nicht mehr dazu imstande ist, sich weiterhin auszudehnen (z. B. der Stamm der Talipotpalme, *Corypha utan*, Abb. siehe Vorwort). Hier übernimmt also keine axilläre Knospe die Fortführung der Achse. Die einzelnen Einheiten eines Sympodiums sind ebenfalls entweder determiniert oder indeterminiert. Im ersten Falle endet jede sympodiale Einheit dadurch, daß sie ihre meristematische Fähigkeit einbüßt; das Apikalmeristem kann dabei absterben, einer Parenchymatisierung unterliegen (S. 244) oder sich zu einer Ranke (Abb. **309a**), zu einem Dorn (Abb. **125e**), einer Blüte oder einem Blütenstand entwickeln. Jede auf diese Weise gebildete sympodiale Einheit ist somit der vorhergehenden morphologisch sehr ähnlich (»l'article«, S. 286). Man nennt ein Sympodium, das so aufgebaut ist, sympodial durch Ersetzung (Substitution) (Abb. **251d**). Ist dagegen jede sympodiale Einheit indeterminiert, so setzt sie ihr apikales, vegetatives Wachstum in einer untergeordneten Weise fort und steht in der Regel in einem gewissen Winkel zur Hauptwuchsrichtung der sympodialen Achse angeordnet. Dennoch kann sie weiterhin unbegrenzt wachsen, wobei sie ihre eigenen Achselsprosse aufweist, die oftmals ein reproduktives Potential innehaben. Diesen Typ bezeichnet man als sympodial durch Hinzufügung (Apposition) (Abb. **251e**).
(Fortsetzung auf Seite 252.)

Meristempotential: monopodiales und sympodiales Wachstum | 251

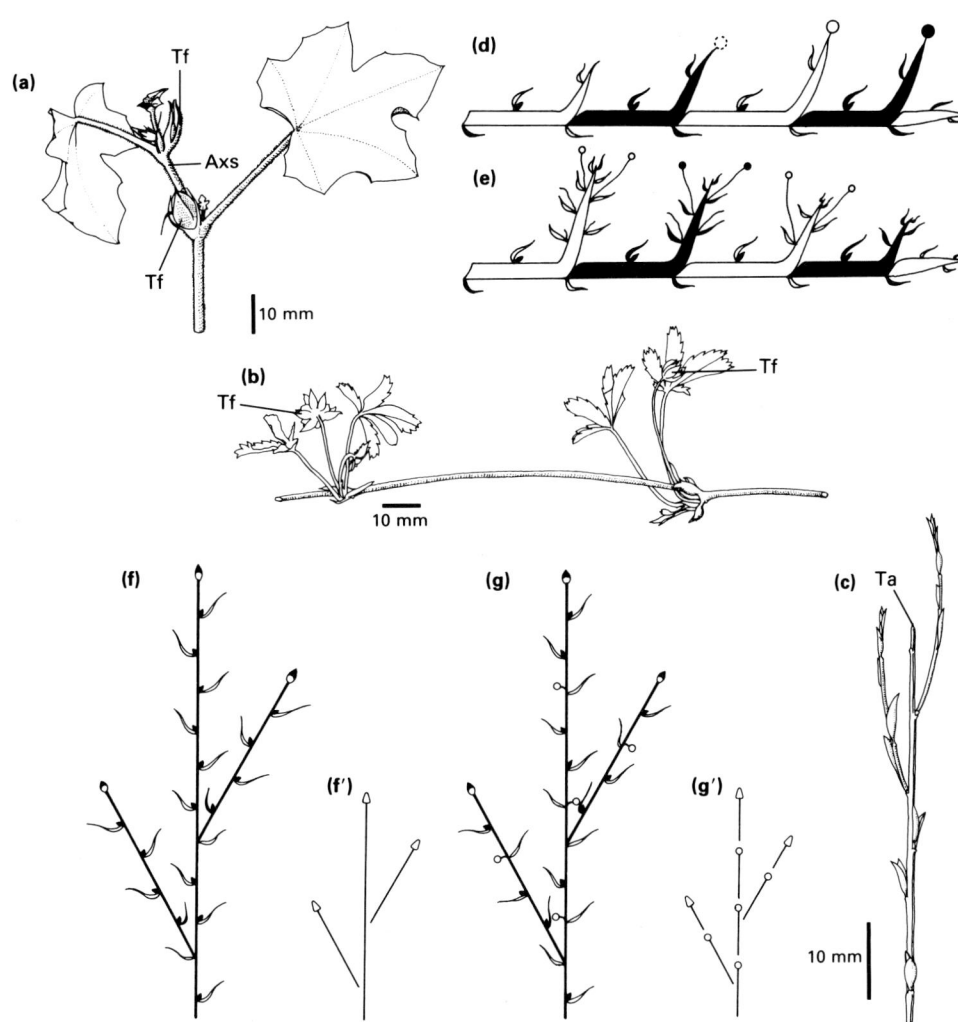

Abb. 251. a) *Fremontodendron californica*, Ende eines sympodialen Sprosses (siehe Abb. **252** und **297f**); **b)** *Potentilla reptans*, sympodialer Ausläufer (S. 134); **c)** *Cytisus scoparius*, sympodialer Wuchs aufgrund des Absterbens des Sproßscheitels (S. 244); **d)** sympodialer Wuchs durch Substitution, sich abwechselnde sympodiale Einheiten schwarz unterlegt; **e)** sympodialer Wuchs durch Apposition; **f)** monopodialer Wuchs; **f')** in »f« vorhandene Sprosse; **g)** sympodialer Wuchs, jede Sproßeinheit schließt mit einer Blüte ab (Kreis); **g')** in »g« vorhandene Sproßeinheiten. Axs: Achselsproß. Ta: terminales Absterben. Tf: terminale Blüte.

252 | Meristempotential: monopodiales und sympodiales Wachstum (Fortsetzung)

Abb. 252. *Fremontodendron californica*
Sympodiales Wachstum. Jede sympodiale Einheit wird von einer Blüte abgeschlossen; die Sproßachse wird dabei von einer axillären Knospe fortgesetzt (Abb. **251a** und **297f**).

Der sympodiale oder monopodiale Aufbau einer Achse (S. 250) kann in einigen Fällen ganz eindeutig erkennbar sein, oder man muß ihn sich durch sorgfältige Untersuchungen der relativen Lage von Knospen und Blättern zueinander herleiten (z. B. Vitaceae, S. 122; *Carex*-Arten, S. 234; *Philodendron* sp., S. 10). Oft erscheint eine sympodiale Achse auf den ersten Blick monopodial, mit seitlichen Verzweigungen, die sich daran entwickeln (Abb. **251g**). Die Abstammung einer sympodialen Achse kann darüber hinaus durch sekundäres Dickenwachstum der Achse maskiert sein, wobei die proximalen Abschnitte einer jeden sympodialen Einheit an Umfang zunehmen, die freien Enden jeder Einheit jedoch unverdickt bleiben (Abb. **304**). In einem sympodialen Verzweigungssystem kann sich mehr als nur eine Knospe entwickeln, um den »verlorengegangenen« Sproßpol der Mutterachse zu ersetzen. Entwickeln sich zwei derartige Erneuerungssprosse in unmittelbarer Nachbarschaft, dann ist eine Y-förmige Verzweigung die Folge, was den Eindruck von Dichotomie erweckt (Abb. **130**) (siehe echte und unechte Dichotomie, S. 258). Werden sympodiale Erneuerungssprosse einzeln gebildet, kann sich die Achse als Ganzes nicht verzweigen; man nennt diese Sprosse daher Regenerationssprosse (Tomlinson 1974). Werden dagegen mehr als ein Erneuerungssproß gebildet, tritt zwangsläufig eine Verzweigung auf. (In der angelsächsischen Literatur werden solche Sprosse als Proliferationssprosse bezeichnet.) Pflanzen sind entweder aus monopodialen oder aus sympodialen Sprossen aufgebaut, oder einer festgelegten Mischung aus beiden Formen. Die meisten rhi-

Meristempotential: monopodiales und sympodiales Wachstum (Fortsetzung)

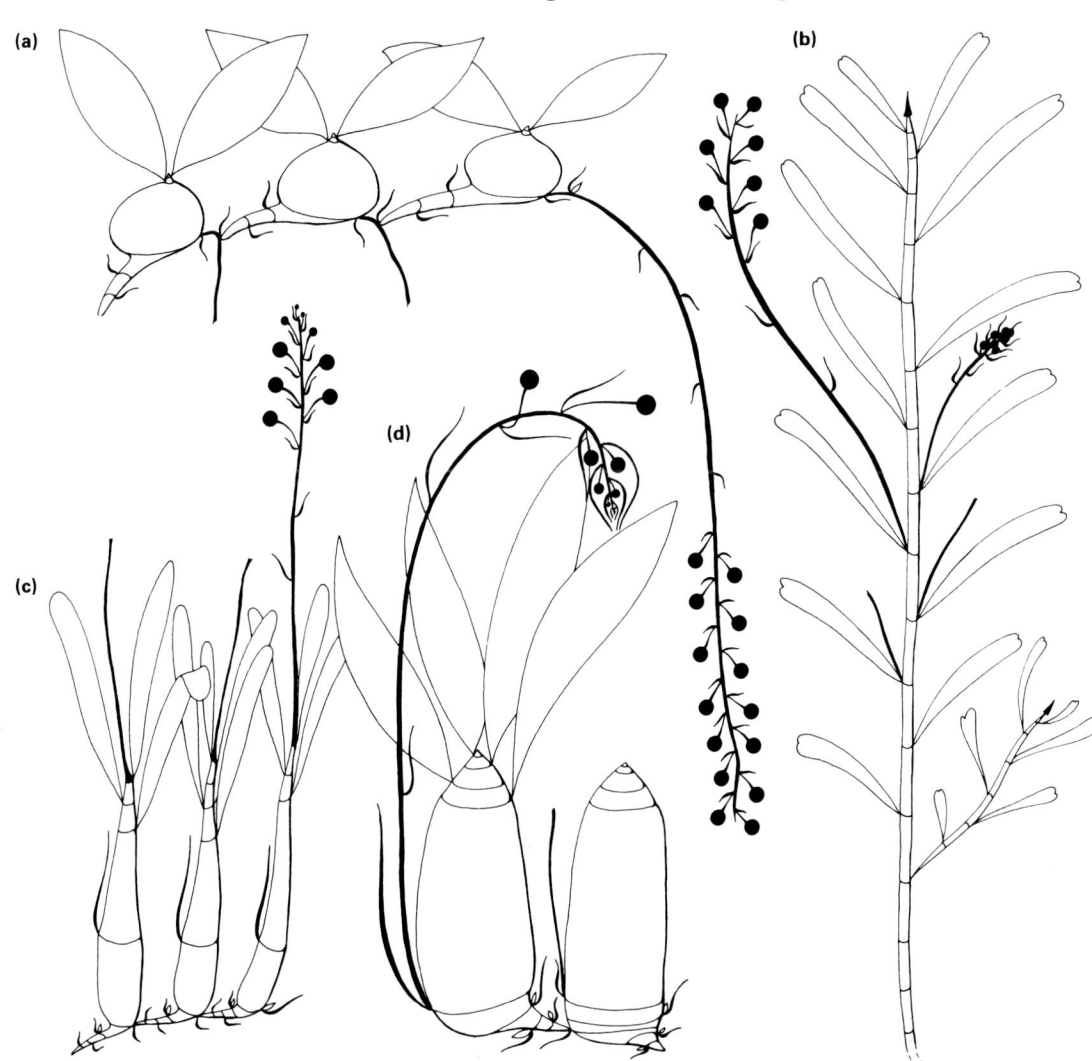

zombildenen Pflanzen sind sympodial. Den herkömmlichen Beschreibungen des Infloreszenzaufbaus (S. 140) liegt oft eine Unterscheidung zwischen monopodialem (Traube) und sympodialem (Cyme) Verzweigungssystem zugrunde. Es gibt Pflanzen, die ihr Wachstum mit einer Blüte oder einem Blütenstand abschließen und dann zugrunde gehen; solche Pflanzen nennt man hapaxanth. Solche, die mehrfach blühen, hingegen pollakanth (vergl. die bei sympodialen Orchideen verwendete Terminologie, Abb. **253a, c, d**).

Abb. 253. Vier grundverschiedene Wuchsformen bei Orchideen. **a)** sympodial, wobei die vegetative Sproßeinheit einer reproduktiven Sproßeinheit entspringt (*Gongora quinquenervis*-Typ, nach BARTHÉLÉMY 1987); **b)** monopodial mit seitlichen Blütenständen; **c)** sympodial mit terminalen Blütenständen (acranther Typ); **d)** sympodial mit seitlich angelegten Blütenständen (pleuranther Typ).

Meristempotential: Langtrieb und Kurztrieb

Die Anwendung der Begriffe Langtrieb und Kurztrieb erklärt sich weitgehend von selbst. Bei vielen perennierenden, vor allem holzigen Pflanzen treten Sprosse mit relativ langen Internodien auf, an denen die Blätter demzufolge in einem großen Abstand voneinander angeordnet sind. Diesen Langtrieben schreibt man oft gewissermaßen eine »Erkundungs«-Funktion zu, da sie das gesamte äußere Gefüge einer Pflanze in neues Territorium hinein auszudehnen vermögen. Andere Sprosse derselben Pflanze weisen im Gegensatz dazu nur einen geringen Jahreszuwachs auf, ihre Internodien sind sehr kurz und gering an der Zahl. Diesen Kurztrieben nun schreibt man eine »Auswertungs«-Funktion zu, da sie Jahr für Jahr an denselben Stellen Blätter ausbilden. Die Langlebigkeit von Lang- und Kurztrieben ist von Art zu Art verschieden und hängt darüberhinaus auch vom Standort der Pflanze sowie der Position des Sprosses innerhalb des gesamten Verzweigungssystems ab. Sowohl Lang- als auch Kurztriebe können nach einigen Vegetationsperioden abgeworfen werden (S. 268), sie können aber auch über einen mehr oder weniger unbegrenzten Zeitraum hinweg ausdauern. Die Lage einer neuen Achselknospe, die sich innerhalb eines derartigen Systems entwickelt, kann darüber entscheiden, ob sie sich zu einem Langtrieb oder einem Kurztrieb entwickelt. Die am proximalen Ende eines Langtriebs ausgegliederten Knospen können beispielsweise Kurztriebe bilden, während die distalen Knospen zu weiteren Langtrieben auswachsen (in diesem Fall also akrotone Förderung der Verzweigung, Abb. 249a). Das Entwicklungspotential einer Knospe kann allein schon aus Anzahl und Art der unentfalteten Blätter, die sie umschließt, ersichtlich sein; meist läßt sich an der Knospe jedoch nicht erkennen, ob sie sich zu einem Lang- oder einem Kurztrieb entwickeln wird. Wird ihre Abstammungsachse verletzt, so wachsen als Kurztrieb angelegte Knospen gelegentlich zu Langtrieben aus. Beide Sproßtypen, vor allem jedoch Kurztriebe, weisen an jedem Jahreszuwachs oft eine konstante und exakte Anzahl von Laubblättern auf. Bestimmten Arten, z. B. *Cercidiphyllum* (TITMAN und WETMORE 1955), können bezüglich dieser Einzelheiten recht kompliziert gebaut sein. Kurztriebe spielen oft bei der Blütenbildung oder der Ausbildung von Dornen (S. 124) eine Rolle. Genau genommen stellt sowohl ein Dorn als auch eine Blüte einen Kurztrieb dar. Auch stamm- und astbürtige Verzweigungssysteme sind als eine Art Kurztriebbildungen (S. 240) aufzufassen. Sowohl Lang- als auch Kurztriebe können entweder monopodialen oder sympodialen Aufbaus sein; bei vielen Pflanzen vermögen sie sogar unter bestimmten Bedingungen ihre Entwicklungsrichtung zu ändern und von einem Typ zum andern umzuschalten (Abb. 255c). In der Regel entwickeln sich Kurztriebe ursprünglich als Achselsprosse an bereits vorhandenen Lang- oder Kurztrieben (seitlich angelegte Kurztriebe); in einem durch Apposition (Hinzufügung, Abb. 251e, 304) gebildeten Sympodium kann jedoch der distale Abschnitt einer sympodialen Einheit in Form eines (terminalen) Kurztriebs ausgebildet sein.

Abb. 254. *Acer hersii* Seitlich angelegtes Kurztriebsystem begrenzten Wachstums, das aus einem Langtrieb unbegrenzten Wachstums hervorgeht. Diese Kombination aus »Erkundungs«- und »Auswertungs«-Trieben tritt bei vielen Pflanzen auf, die nicht miteinander verwandt sind; vergl. Diagramm der Rhizomsysteme von Bambus und Ingwer (Abb. **311**).

Meristempotential: Langtrieb und Kurztrieb | 255

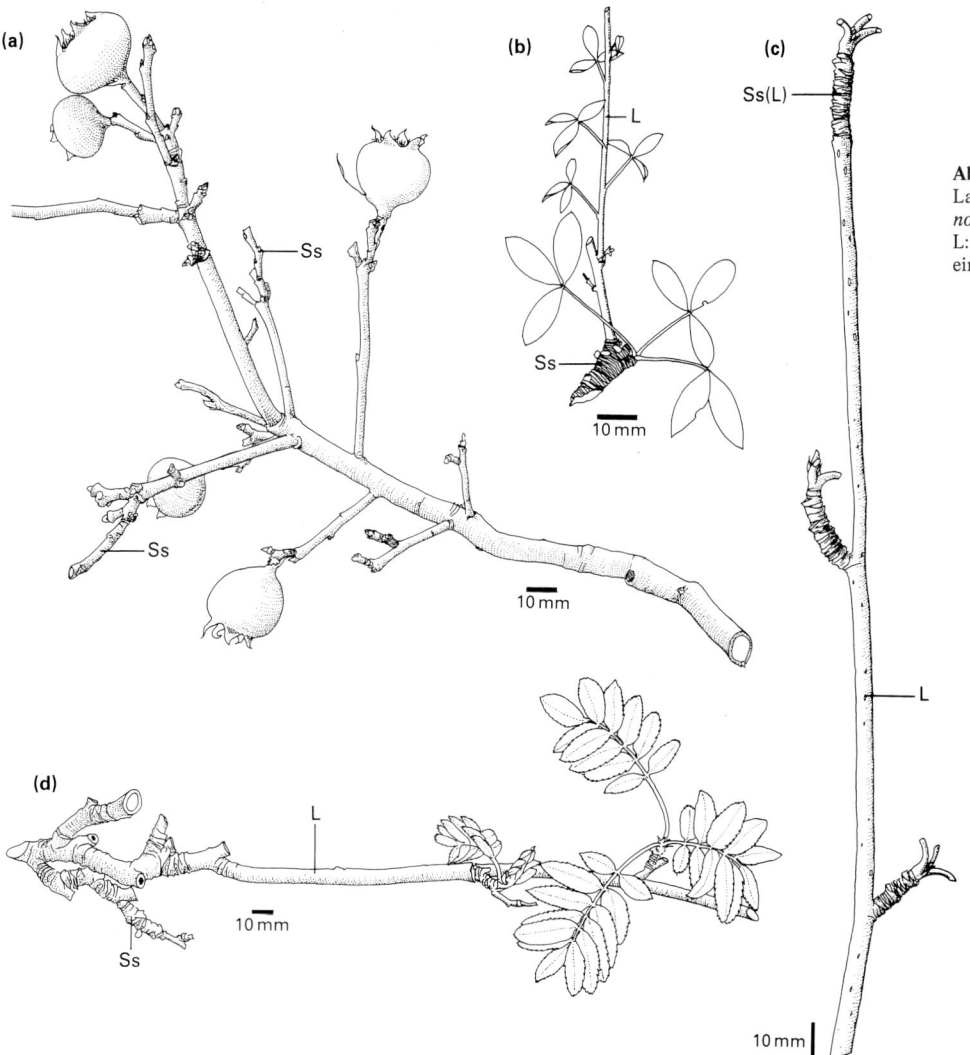

Abb. 255. Beispiele für die abwechselnde Bildung von Lang- und Kurztrieben. **a)** *Mespilus germanica,* **b)** +*Laburnocytisus adamii* (siehe Abb. **274**), **c, d)** *Sorbus* spp. L: Langtrieb. Ss: Kurztrieb. Ss(L): Langtrieb, der sich zu einem Kurztrieb umgewandelt hat.

256 | Meristempotential: Gabelung (sparrig verzweigter Wuchs)

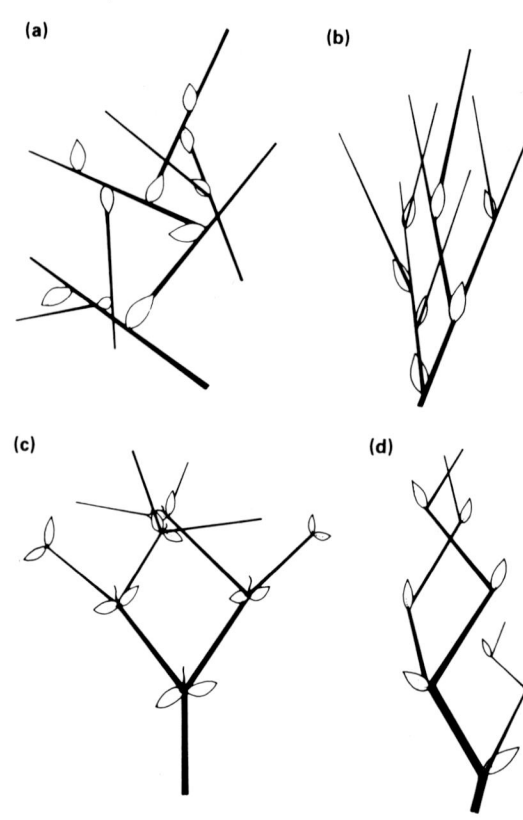

Abb. 256. Diagramm von Gabelungstypen: **a)** stumpfer Winkel, **b)** nach oben gerichtet, **c)** sympodiale Verzweigung, **d)** zickzack.

Die Ausdrücke »Gabelstrauch«, »sparrig«, »abspreizend verzweigter Wuchs« beschreiben eine ganz spezielle Wuchsform. Im ursprünglichen Sinne wurde dieser Begriff auf eine dicht verzweigte, in Neuseeland endemische Pflanze angewandt; im weiteren Sinne jedoch bezeichnet man damit Büsche ähnlicher Wuchsform, die an windgepeitschten Standorten vorkommen. Diese sind im typischen Falle dornig; die neuseeländischen Gabelsträucher unterscheiden sich davon insofern, als sie kaum Dornen ausbilden und sowohl exponierte als auch geschützte, von Wald umgebene Standorte besiedeln (Tomlinson 1978). Mit dem Begriff gabelig verzweigt oder sparrig, was »in einem weiten Winkel abgespreizt« einschließt, läßt sich die Verzweigung dieser Sträucher grob charakterisieren (vergl. Abb. **256b**). Eine dreidimensionale Verflechtung der einzelnen Zweige ist die Folge eines derartigen Wuchses. Die Zweige selbst sind dabei in der Regel dünn, drahtig und zäh. Eine häufige Beobachtung ist, daß sich ein Zweig, den man abgetrennt hat, nur sehr schwer aus dem verbleibenden Gewirr herauslösen läßt. Ein solches offensichtliches Chaos steht in krassem Gegensatz zu den regelmäßigen Verzweigungsmustern, die wir bisher kennengelernt haben (S. 228). Das gabelig sparrige Gerüst einer Pflanze kann auf verschiedenen Wegen oder Kombinationen daraus entstehen. Seitenzweige können an der Hauptachse in einem stumpfen, im äußersten Fall in einem 90°-Winkel, angeordnet sein (Abb. **256a**); im anderen Fall entsteht ein entsprechendes Gewirr durch nach oben gerichtete Verzweigungen, die in einem spitzen Winkel der Mutterachse entspringen (Abb. **256b**). Sympodiales Wachstum kann eine zickzack-förmige Achse zur Folge haben (Abb. **256c**); in einigen Fällen knickt ein monopodialer Sproß an jedem Knoten ab und bildet auf diese Weise eine zickzackförmige Achse aus (Abb. **256d**). Die Gabelsträucher Neuseelands weisen eine Reihe gemeinsamer Merkmale auf, die jedoch nicht unbedingt alle in derselben Art auftreten müssen:
(1) jähes Abknicken der Zweige;
(2) oft eher seitliche als terminale Position der Blütenorgane;
(3) dünne, drahtartige Zweige;
(4) Fehlen von Dornen (obwohl die Stummel abgestorbener Zweige überdauern können);
(5) dreidimensional ineinandergreifendes Zweiggeflecht;
(6) Blätter einfach und klein;
(7) Blätter im Inneren des Gewirrs größer als die an der Peripherie;
(8) ausdauernde Kurztriebe (S. 254);
(9) akzessorische Knospen (Beiknospen, S. 236).

Ein dorniger Gabelstrauch ist gegen große herbivore Säugetiere relativ gut geschützt. Diese sind nun in Neuseeland ursprünglich nicht vertreten; man nimmt aber an, daß der ausgestorbene Moa, ein großer flugunfähiger, pflanzenfressender Vogel, wohl durch eine sparrige Verzweigung abgeschreckt wurde, nicht jedoch durch Dornen. Eine weitere Form von gedrehtem Wuchs tritt bei manchen Pflanzen als eine Art außergewöhnliches Verhalten auf (Abb. **280**).

Meristempotential: Gabelung (sparrig verzweigter Wuchs) | 257

Abb. 257. a) *Sophora tetraptera*, zickzack-Gabelung (Abb. **256d**);
b) *Corylus avellana*, sparrige Verzweigung bei einer Drehwuchsmutante;
c) *Rubus australis*, scheinbar sparrig gabelige Wuchsform, tatsächlich jedoch auf Blattform zurückzuführen, (vergl. Abb. **77c**); **d)** *Bowiea volubilis*, eine stark verzweigte, gabelige kletternde Infloreszenz (S. 144).

Meristempotential: Dichotomie

Der Begriff Dichotomie deutet die Gabelung einer Achse in zwei mehr oder weniger gleichartige Hälften an. Tritt diese Art der Verzweigung im Verzweigungssystem einer Blütenpflanze auf, so haben sich die beiden Arme der Gabel – von wenigen Ausnahmen abgesehen – aus Achselknospen dicht hinter dem distalen Ende der Mutterachse entwickelt, deren Apikalmeristem seine Funktionsfähigkeit eingebüßt hat. Das Apikalmeristem kann dabei zugrunde gegangen sein (S. 244), oder es hat sich zu einer temporären Struktur, wie beispielsweise einer Infloreszenz entwickelt. Wiederholt sich eine derartige Abfolge mehrere Male hintereinander, so resultiert daraus ein regelmäßiges sympodiales Verzweigungsmuster (Abb. **130**). Diese Art der Gabelung wird unechte oder Schein-Dichotomie genannt. Der Ausdruck Dichotomie (echte Dichotomie) beschränkt sich eigentlich auf Entwicklungsvorgänge, bei denen sich ein Apikalmeristem in zwei Wuchsrichtungen (nicht eine) differenziert, ohne währenddessen die Zellteilung einzustellen oder auch nur zum Teil die Fähigkeit dazu zu verlieren. Aus einem terminalen Apikalmeristem werden zwei. Echte Dichotomie wurde bei *Mammillaria, Asclepias* (Dikotyledonen) sowie einer Reihe monokotyler Pflanzen, *Chamaedorea, Flagellaria, Hyphaene* (Abb. **295a**), *Nypa* und *Strelitzia* (Abb. **258**) beschrieben; bei *Zea* tritt sie als eine Art teratologische Erscheinung (S. 270) auf, dabei wird bei den Keimlingen ein doppeltes Epikotyl ausgebildet (MOULI 1970). Um das Auftreten echter Dichotomie zweifelsfrei feststellen zu können, sind gründliche anatomische Untersuchungen notwendig. Unechte Dichotomie, die als Folge sympodialen Wachstums entstanden ist (Abb. **259c**), kann echter Dichotomie (Abb. **259b**) sehr ähnlich sein, zumal dann, wenn alle Spuren des Sproßpols der Mutterachse verloren gegangen sind. Eine vergleichbare Situation kann eintreten, wenn ein Achselsproß sich sehr frühzeitig an einem Apikalmeristem entwickelt (Abb. **259d**). In allen Fällen kann man jedoch anhand der Anordnung von Blättern und Vorblättern Rückschlüsse auf den Verzweigungsmodus ziehen. Dabei ist bei einem Seitenzweigpaar das Auftreten von Spiegelsymmetrie nicht unbedingt ein Beweis für echte Dichotomie; bei echter Dichotomie können beide Möglichkeiten

Abb. 258 *Strelitzia regina*
Zwei Stadien der Entwicklung einer jungen Pflanze, an denen man die gleichzeitige Bildung von zwei Blättern aus einem ursprünglich einzelnen Apikalmeristem erkennen kann, was darauf hinweist, daß echte Dichotomie stattgefunden hat.

Meristempotential: Dichotomie | 259

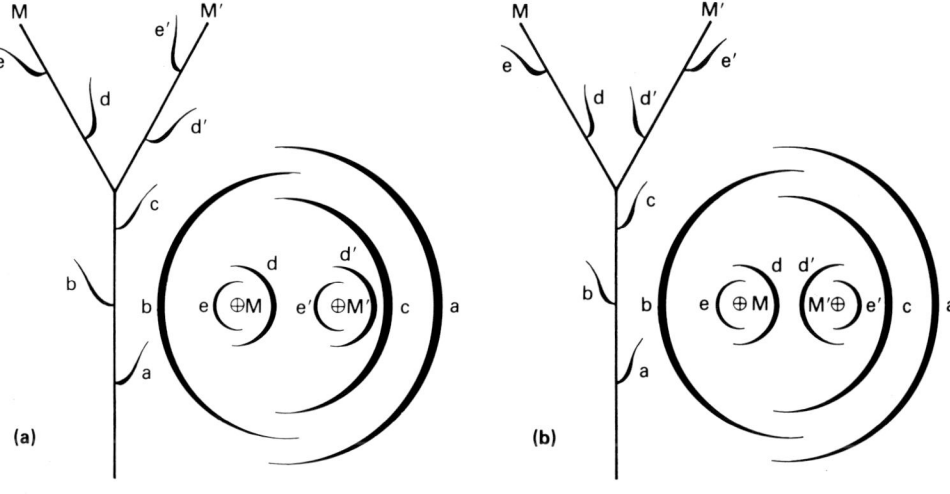

auftreten, die Seitenachsen können spiegelbildlich zueinander stehen (Abb. **259b**), müssen es aber nicht (Abb. **259a**). Stellt man daher echte Dichotomie mit Hilfe eines Grundrißdiagramms dar, so kann dies leicht mit unechter Dichotomie verwechselt werden. Die zeichnerische Darstellung derartiger Diagramme kann so zu einer wahren Herausforderung werden, wenn man versuchen will, die Unterschiede entsprechend herauszuarbeiten.

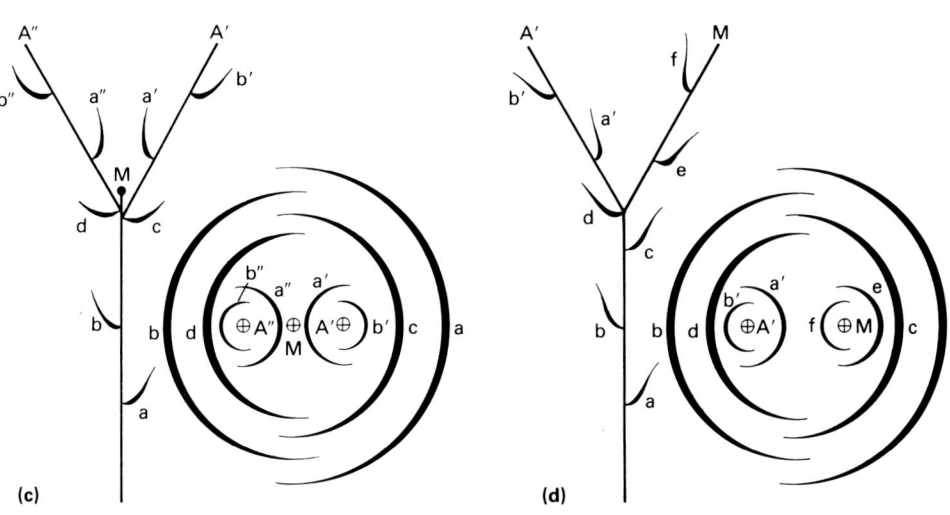

Abb. 259. Echte und unechte Dichotomie dargestellt anhand jeweils eines Strich- und eines Grundrißdiagramms. Gleichartige Blätter sind in jedem Diagrammpaar durch entsprechende Symbole gekennzeichnet. **a)** Echte Dichotomie ohne Spiegelsymmetrie; **b)** echte Dichotomie mit Spiegelsymmetrie; **c)** unechte Dichotomie als Folge sympodialen Wuchses; **d)** unechte Dichotomie als Folge verfrühter Seitenzweigentwicklung. A: Achselsproß. M: Hauptsproß.

Zeitpunkt der Meristemaktivität: rhythmisches und kontinuierliches, ununterbrochenes Wachstum

Abb. 260a. *Terminalia catappa*
Rhythmisches Wachstum entlang der orthotropen Hauptachse (S. 246) führt zu einer deutlichen Etagierung der in Scheinwirteln (S. 218) angeordneten Seitenzweige. Aubrevillesches Modell (Abb. **293d**).

Abb. 260b. *Phyllanthus grandifolius*
Ununterbrochenes, kontinuierliches Wachstum mit gleichmäßig angeordneten Seitenzweigen.

Gleichbleibende Klima- oder Umweltbedingungen ermöglichen es einer Pflanze, kontinuierlich zu wachsen und fortlaufend Blätter und Achselsprosse auszugliedern. Derartige axilläre Meristeme weisen keine Dormanz oder Ruheperiode auf, in welcher sie geschützt vorliegen (sylleptisches Wachstum, S. 262). In Klimaten mit deutlich ausgeprägten Jahreszeiten dagegen, in denen Zeiten mit günstigen von solchen mit ungünstigen Wachstumsbedingungen abgelöst werden, geht die Entwicklung der Sprosse meist rhythmisch vonstatten. Während der trockenen oder kalten Jahreszeit stellt dabei das Apikalmeristem sein Wachstum ein und kann in dieser Zeit auf vielfältige Weise geschützt sein (S. 264). Es gibt jedoch auch Pflanzen, die sogar in einem Jahreszeitenklima ununterbrochen wachsen. Die Rhizome von *Carex arenaria* (Abb. **235a**) fahren auch während der kalten Jahreszeit fort, sich auszudehnen; die dabei entstehenden Internodien sind jedoch deutlich kürzer als die zu anderen Zeiten gebildeten. Umgekehrt wachsen viele Pflanzen rhythmisch, obwohl sie in einer völlig gleichmäßigen Umwelt angesiedelt sind. In diesen Fällen kann es leicht passieren, daß die einzelnen Individuen einer Art nicht mehr synchron, also zeitlich aufeinander abgestimmt sind; dies kann sogar innerhalb derselben Pflanze auftreten. Die Seitenzweige des Teestrauchs (*Camellia sinensis*) treiben in rhythmischer Art und Weise aus; im Laufe eines Kalenderjahres wechseln sie dabei unabhängig von klimatischen oder jahreszeitlichen Schwankungen mehrmals ab zwischen der Bildung von Laubblättern und der Bildung von Niederblättern (S. 64). Treten während eines rhythmischen Wachstums keine offensichtlichen Entwicklungsvorgänge auf, so läßt sich daraus nicht zwingend schließen, daß die meristematische Aktivität dabei zum Stillstand gekommen ist. Es gibt Stadien, in denen keine äußeren Zeichen auf irgendwelche Wachstumsvorgänge hinweisen; dennoch können dies Phasen sein, in denen in den scheinbar ruhenden apikalen Meristemen intensive Zellteilung und Ausdifferenzierung

Zeitpunkt der Meristemaktivität: rhythmisches und kontinuierliches, ununterbrochenes Wachstum

von Organen stattfindet. Man nennt dies die Phase der Morphogenese. Daraufhin dehnt sich der distale Abschnitt des Sprosses oft sichtlich aus, was in den meisten Fällen auf Zellstrekkung zurückzuführen ist; diesen Bereich der Sproßachse bezeichnet man als Extensions-(Ausdehnungs)-Zone (HALLÉ und MARTIN 1968). Morphogenetische und Extensions-Phasen folgen regelmäßig aufeinander, können sich jedoch auch überschneiden (Abb. **283i**). In der Regel, aber nicht immer sind Stellen, an denen ein zeitweiliger Wachstumsstillstand stattgefunden hat, anhand der dicht gedrängten Internodien und der Narben von Schuppenblättern erkennbar. An Sprossen, die konstant wachsen, kann man gelegentlich das abwechselnde Auftreten von großen und kleinen Blättern oder anderen Merkmalen beobachten; dies ist die Folge einer Ausbildung verschiedener Organe in regelmäßiger Abfolge. Dennoch hat rhythmisches Wachstum oftmals eine Anhäufung von Achselmeristemen zur Folge, die entlang einer Sproßachse entsprechende Entwicklungspotentiale aufweisen und so zu akrotonem bzw. basitonem Wuchs führen (S. 248). Scheinwirtelbildung an einer Achse tritt also häufig in Zusammenhang mit einem rhythmischen Wachstum dieser Achse auf (Abb. **260a**). Die Verzweigungen einer Pflanze mit ununterbrochenem Wachstum sind dagegen meist in regelmäßigen Abständen an der Sproßachse angeordnet (Abb. **260b**). Diese Unterschiede im Aufbau und in der Entstehung der Verzweigungen sind ein Kriterium, das in die Beschreibung der Architekturmodelle der Baumformen einfließt (S. 288).

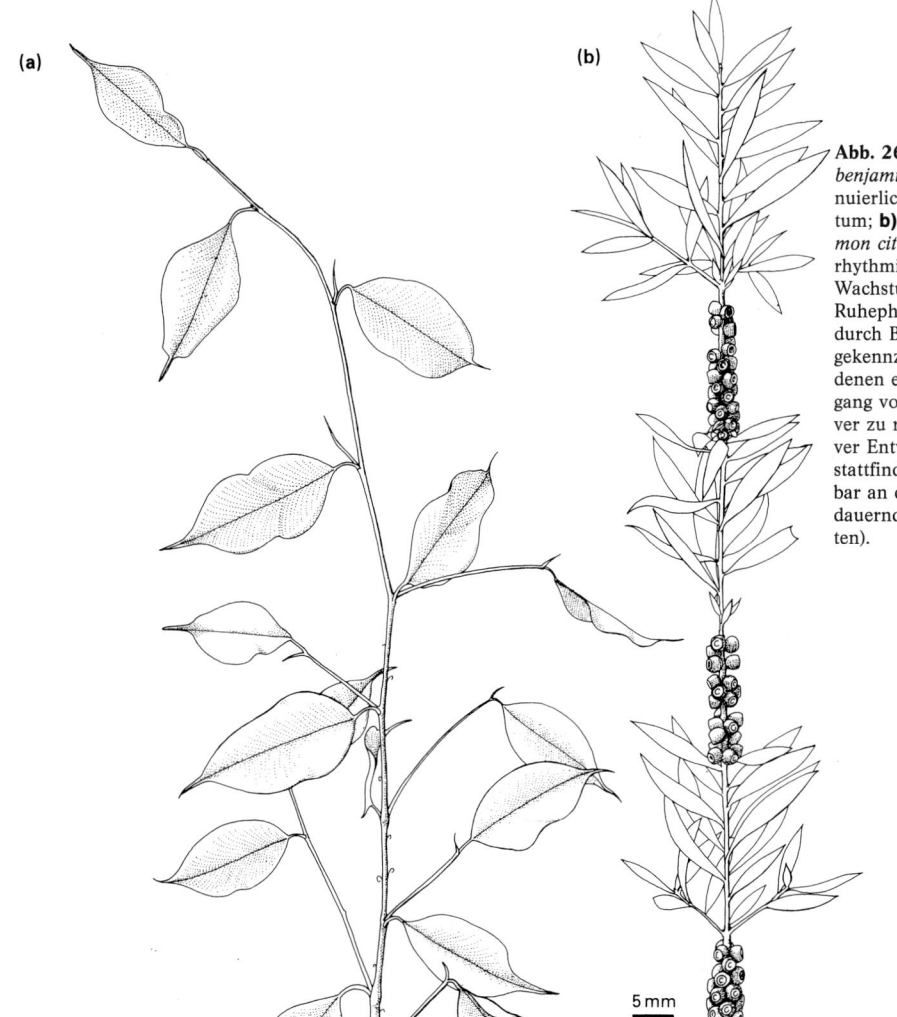

Abb. 261. a) *Ficus benjamini*, kontinuierliches Wachstum; **b)** *Callistemon citrinus*, rhythmisches Wachstum, die Ruhephasen sind durch Bereiche gekennzeichnet, in denen ein Übergang von vegetativer zu reproduktiver Entwicklung stattfindet (erkennbar an den ausdauernden Früchten).

Zeitpunkt der Meristemaktivität: Prolepsis und Syllepsis; Dormanz

Das Apikalmeristem eines Sprosses gliedert während seiner Entwicklung (S. 112) eine Abfolge von Blattanlagen aus. In der Achsel einer jeden Blattanlage befindet sich ein neu gebildetes Seitensproßprimordium, das das Apikalmeristem eines potentiellen Achselsprosses darstellt. Jede dieser axillären Sproßanlagen kann, außer sie stirbt vorher ab (S. 244), eine der beiden folgenden Entwicklungsrichtungen einschlagen: Sie kann sich zu einer zeitweilig ruhenden, geschützten Struktur, einer Knospe, ausdifferenzieren, oder aber sie beginnt sofort, sich zu entwickeln, und geht ohne weitere Verzögerung dazu über, gleichzeitig mit dem Apikalmeristem ihrer Abstammungsachse auszuwachsen. Diese Form der Seitensproßentwicklung, ohne vorherige Ruhepause, nennt man sylleptisches Wachstum; der sich daraus entwickelnde Seitensproß, der nicht in Knospenruhe verharrt, sondern gleichzeitig mit der Mutterachse austreibt, heißt sylleptischer Sproß. Das vorzeitige Auswachsen einer ruhenden Knospe bezeichnet man demgegenüber als Prolepsis; den sich daraus entwickelnden Sproß als proleptischen Sproß. Das entscheidende Kriterium für diese Unterscheidung ist der Zeitpunkt, an dem das axilläre Sproßprimordium auszuwachsen beginnt. In der Regel kann man proleptisches oder sylleptisches Wachstum dadurch morphologisch erkennen, daß bei Prolepsis am proximalen Ende eines Achselsprosses das Vorhandensein dem Schutze dienender Strukturen oder ihrer Narben auf das Auftreten einer Ruhephase hinweist; bei Syllepsis dagegen fehlen diese Strukturen, da eine Ruheperiode nicht »vorgesehen« ist. Da ein sylleptischer Sproß ohne wesentliche Verzögerung austreibt, entspringen die ersten Blätter oder das erste Blatt (S. 66) zumindest in einiger Entfernung vom Anheftungspunkt entlang der Achse. Der Achsenabschnitt zwischen Insertionspunkt des Sprosses und seinen Vorblättern wird als Hypopodium bezeichnet (Abb. 263d). Das Vorhandensein eines deutlich entwickelten Hypopodiums läßt also in der Regel auf sylleptische Sproßentwicklung schließen, obwohl ein Hypopodium auch bei Pflanzen gefunden wird, die proleptisch aus nackten Knospen hervorgegangen sind (S. 264). Umgekehrt können manche sylleptischen Sprosse ein sehr kurzes Hypopodium aufweisen, wobei die sylleptische Wuchsweise durch einen Übergang zwischen den verschiedenen Blatttypen verschleiert sein kann. Sylleptisches Wachstum tritt gewöhnlich im Zusammenhang mit tropischen Umweltbedingungen auf, und eine bestimmte Pflanze kann häufig sowohl sylleptische als auch proleptische Sprosse tragen. Oft entstehen in der Achsel eines Blattes zwei Meristeme (Beiknospen, S. 236), von denen sich eines sylleptisch entwickelt und das andere als Knospe in Dormanz verharrt. Innerhalb des Verzweigungsaufbaus einer Pflanze zeigen diese beiden Sproßtypen verschiedene, charakteristische Entwicklungspotentiale. Proleptische Sprosse sind bei Bäumen oft orthotrop ausgerichtet, während sylleptische Zweige meist plagiotrop (S. 246) wachsen.

Etymologie

Syllepsis: zusammen nehmen (-geschehen), d. h. die Entwicklung von terminalem und axillärem Sproß geht gleichzeitig vonstatten.

Prolepsis: ein vorwegnehmendes (vorauseilendes) Ereignis: die Entwicklung einer zunächst ruhenden Knospe (ursprünglich auf vorfristiges, frühreifes Wachstum einer ruhenden Knospe angewendet, die eigentlich während der ganzen ungünstigen Witterungsperiode ruhen sollte).

Abb. 262. *Persea americana*
Sylleptisches Wachstum ohne Ruhephase und ohne Knospenbildung. Ein langer Sproßabschnitt (Hypopodium) trennt das erste Blattpaar (Vorblätter, S. 66) des Seitensprosses von seiner Mutterachse.

Zeitpunkt der Meristemaktivität: Prolepsis und Syllepsis; Dormanz | 263

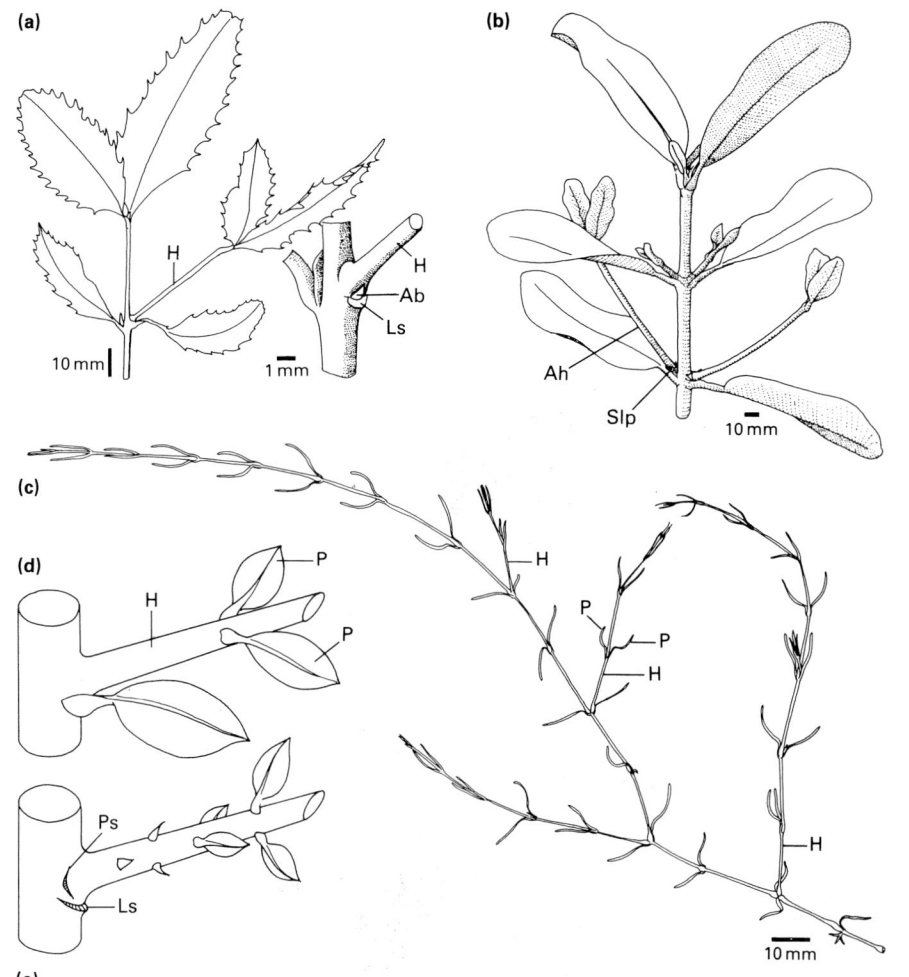

Abb. 263. a) *Doryphora sassafras*, Syllepsis; **b)** *Clusia* sp., bei diesem Exemplar Prolepsis, der Achselsproß ursprünglich ruhend und von Vorblättern geschützt; **c)** *Gypsophila* sp., Syllepsis; **d)** sylleptischer Knoten; **e)** proleptischer Knoten. Ab: akzessorische Knospe (S. 236). Ah: scheinbares Hypopodium, tatsächlich jedoch zweites Internodium eines Achselsprosses. H: Hypopodium. Ls: Blattnarbe. P: Vorblatt. Ps: Narbe eines Vorblattes. Sls: schuppenblattartiges Vorblatt, das zuvor die Achselknospe geschützt hat. **d, e)** verändert nach TOMLINSON (1983).

264 | Zeitpunkt der Meristemaktivität: Knospenschutz

Während der kürzer- oder längerfristigen Ruhestadien wird das empfindliche meristematische Gewebe eines Sproßscheitels in der Regel vor Kälte, Austrocknung und bis zu einem gewissen Grad auch vor Insektenfraß geschützt und von einem Gebilde eingehüllt, das man Knospe nennt. An der Bildung einer Knospe können eine Vielzahl verschiedener Organe beteiligt sein. Die Schutz verleihenden Komponenten können z. B. aus einem oder vielen Schuppenblättern (Abb. **265a**), dem einzelnen Vorblatt der Monokotyledonen (Abb. **66a**) oder bei Dikotyledonen einem Vorblattpaar (Abb. **66b**) bestehen. Treibt der von der Knospe geschützte Sproß schließlich aus, so sind die Schuppenblätter der Knospe (Knospenschuppen) an der zeitlichen Aufeinanderfolge ihrer verschiedenen Blattgrößen (heteroblastische Reihe, S. 28) erkennbar. Die Knospenschuppen stellen oft nur die Basis eines Blattes dar, dessen Blattstiel und -spreite nicht zur Entwicklung gekommen sind (Abb. **29d**). In Verbindung mit dem Blatt können auch die Nebenblätter zum Knospenschutz beitragen (Abb. **265e, 52, 55o**), oft besteht sogar der gesamte Knospenschutz aus einer oder mehreren Stipeln (Abb. **265c**). Ebenso können Haare, häufig Drüsenhaare, am Aufbau einer Knospe beteiligt sein. Die in diesem Zusammenhang auftretenden hochdifferenzierten Drüsenhaare werden als Kolleteren (Drüsen-, Leimzotten, S. 80) bezeichnet. Oft werden axilläre, gelegentlich auch terminale Knospen zum Schutz mehr oder weniger stark von der Basis ihres Tragblattes eingehüllt (Abb. **265f, 51c**), bevor dieses abgeworfen wird. Dies ist nahezu ausnahmslos bei den Monokotyledonen der Fall, bei denen das Blatt fast den gesamten Stammumfang umfassend inseriert. Derartige Blattbasen mit Schutzfunktion bleiben oft erhalten, nachdem der distale Teil des Blattes bereits abgeworfen wurde. Einen wirksamen Knospenschutz vermögen auch Gummi- und Wachsab-

Abb. 264a. *Potalia amara*
Das Apikalmeristem wird durch eine besonders geformte Wachsexkretion geschützt.

Abb. 264b. *Palicourea* sp.
Das Apikalmeristem liegt geschützt innerhalb einer Kuppel aus parenchymatischem Gewebe.

Zeitpunkt der Meristemaktivität: Knospenschutz

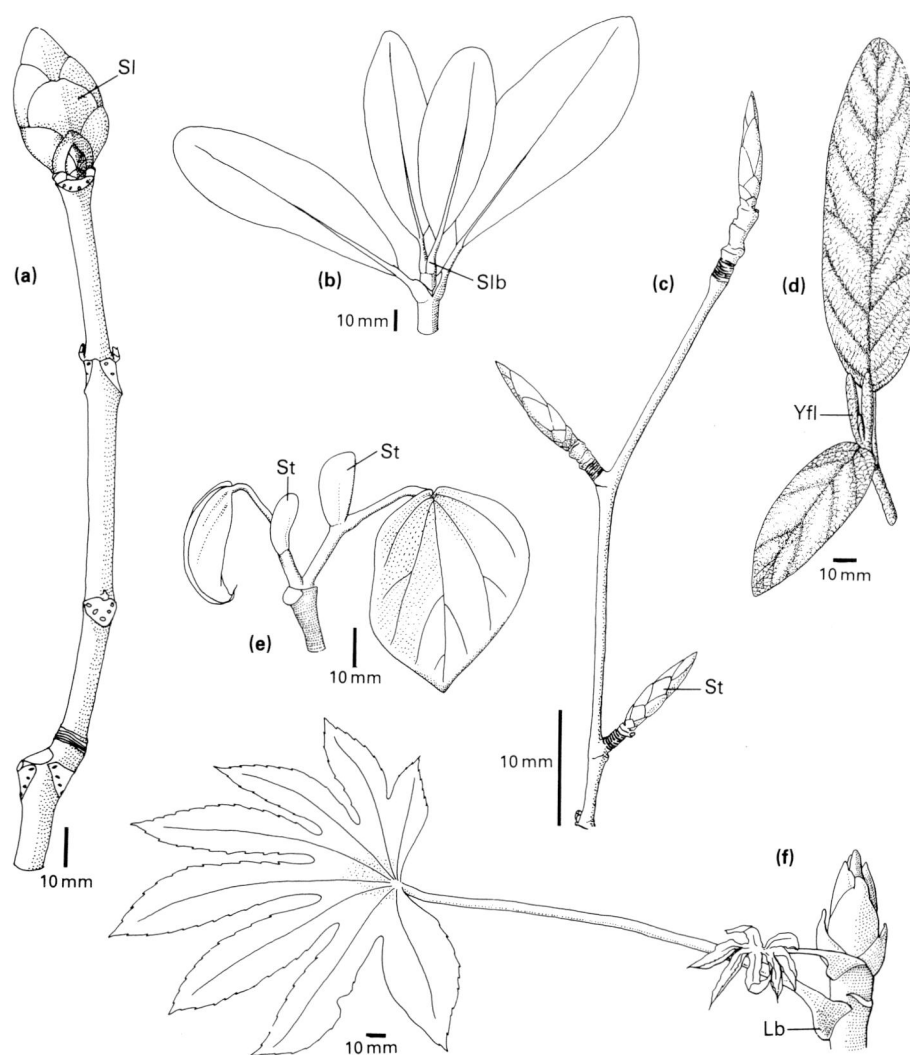

scheidungen (Abb. 264a) darzustellen, gelegentlich findet auch eine Lignifizierung des beteiligten Sproßgewebes statt, wobei über dem Sproßpol eine holzige Struktur ausgebildet wird (Abb. 264b). Als nackt bezeichnet man eine Knospe, deren Sproß zeitweilig das Wachstum eingestellt hat. Die jüngst ausgegliederten, neuen Blätter bilden dabei selbst die Knospe; diese Blätter werden dagegen nicht abgeworfen, sobald der Sproß sein Wachstum wieder aufnimmt, sondern entfalten sich zu normal großen, vollständigen Laubblättern (Abb. 265d). Auf ganz ähnliche Weise werden auch Blütenknospen durch Brakteen (S. 62), die Nebenblätter der Brakteen oder weiter proximal angeordnete Perianthsegmente selbst geschützt.

Abb. 265. a) *Aesculus hippocastanum*, terminale Knospe aus Schuppenblättern; **b)** *Clusia* sp., Sproßscheitel, der von einem Blattbasenpaar umschlossen ist; **c)** *Fagus sylvatica* (vergl. **Abb. 119g**), eine aus Stipeln zusammengesetzte Knospe; **d)** *Viburnum rhytidophyllum*, Sproßscheitel durch junge Blätter eingehüllt; **e)** *Exbucklandia populnea*, Sproßscheitel durch Nebenblätter eingehüllt; **f)** *Fatsia japonica* (vergl. **Abb. 51c**), Knospe von Blattbasis eingehüllt. Lb: Blattbasis. Sl: Schuppenblatt. Slb: verdickte Blattbasis. St: Stipel. Yfl: junges Laubblatt.

266 | Zeitpunkt der Meristemaktivität: Umorientierung (nachträglicher Wechsel in der Ausrichtung)

Abb. 266. *Alstonia macrophylla*
Ein ursprünglich zur Seite auswachsender Ast hat sich an seiner Basis umgebogen und so eine Umorientierung in vertikaler Richtung erfahren, obere Seite des Bildes. Die gleichzeitig angelegten Seitenzweige bleiben horizontal ausgerichtet (vergl. früheres Stadium, Abb. **244**). Koribasches Modell (Abb. **295h**).

Im allgemeinen entwickelt sich jedes Organ einer Pflanze in einer bestimmten Ausrichtung bezüglich der Schwerkraft und des Lichteinfalls. Andere Faktoren können dabei ebenfalls eine Rolle spielen; viele unterirdische, horizontal wachsende Rhizome befinden sich beispielsweise in einem ganz bestimmten festgelegten Abstand zur unebenen Erdoberfläche und breiten sich auf diesem Niveau aus. Einer Ausrichtungsänderung von Organen, wie z. B. einem Sproß oder dem Ast eines Baumes, kann einer der fünf folgenden Mechanismen zugrunde liegen; sie können als Reaktion entweder auf äußere oder auf innere Faktoren verstanden werden.

(1) Eine Sproßachse kann ein oder mehrere Gelenkpolster (S. 128) aufweisen und sich an diesen Punkten krümmen.

(2) Ein Ast kann umorientiert werden und durch ungleichmäßige Kambiumtätigkeit auf der gegenüberliegenden Seite der Achse seine verlorengegangene Ausgangslage wiedererlangen.

(3) Ein Ast kann aufgrund seines eigenen Gewichts und fehlender innerer Festigkeit sich allmählich umbiegen oder bogenförmig überhängen (z. B. Champagnatsches Modell, Abb. **293b**).

(4) Eine Achse kann beginnen, in eine neue Richtung zu wachsen, wenn bestimmte Umweltfaktoren ebenfalls die Richtung, aus der sie wirken, geändert haben.

(5) Das orthotrope oder plagiotrope Entwicklungspotential einer Pflanze kann sich ändern (S. 246, 300).

Im Zusammenhang mit dem Organisationsaufbau einer Pflanze treten zwei verschiedene Mechanismen auf, die Teil der endogen festgelegten, dynamischen Prozessen unterworfenen Morphologie einer Pflanze sind. Dabei ist ein Wechsel der Wuchsrichtung (Punkt 5, siehe oben) wohl ein häufig auftretendes Phänomen. In der Regel findet dabei ein allmählicher Übergang von plagiotropem zu orthotropem Wachstum (S. 246) – und umgekehrt – statt; oft geht damit eine komplette Änderung der morphologischen Merkmale einher (Metamorphose, S. 300). An der zweiten Form endogen festgelegter Ausrichtungsänderungen einer Pflanze sind lebende Zellen beteiligt, die sich hinsichtlich ihrer Form und Ausdehnung verändern; das hat eine Krümmung oder Umorientierung des Organs zur Folge (etwas Ähnliches geschieht bei kontraktilen (Zug-)Wurzeln, S. 106). Auch während der Entwicklung vieler Bäume treten Krümmungen an der lebenden Sproßachse auf (FISHER und STEVENSON 1981), was bei einigen Baumarchitekturmodellen ein diagnostisches Merkmal darstellt (S. 288). Bei einigen Arten der Gattung *Alstonia* biegt sich aus einem Wirtel horizontal angeordneter Seitenzweige ein einziger Ast an seiner Basis um und wird zu einem vertikalen Bestandteil des Stammes (Abb. **244, 266**) (Koribasches Modell, Abb. **295h**). Eine etwas langsamer fortschreitende Umorientierung kann man am Stamm einiger Bäume beobachten (Trollsches Modell), deren distal auswachsende Enden sich bogenförmig nach unten neigen, nachträglich aber wieder in die Senkrechte zurückkehren (Abb. **293g**). Umgekehrt wächst eine Keimpflanze von *Salix repens* zunächst vertikal, bevor sie sich an ihrer Basis umbiegt und niederliegenden Wuchs annimmt

Zeitpunkt der Meristemaktivität: Umorientierung (nachträglicher Wechsel in der Ausrichtung) | 267

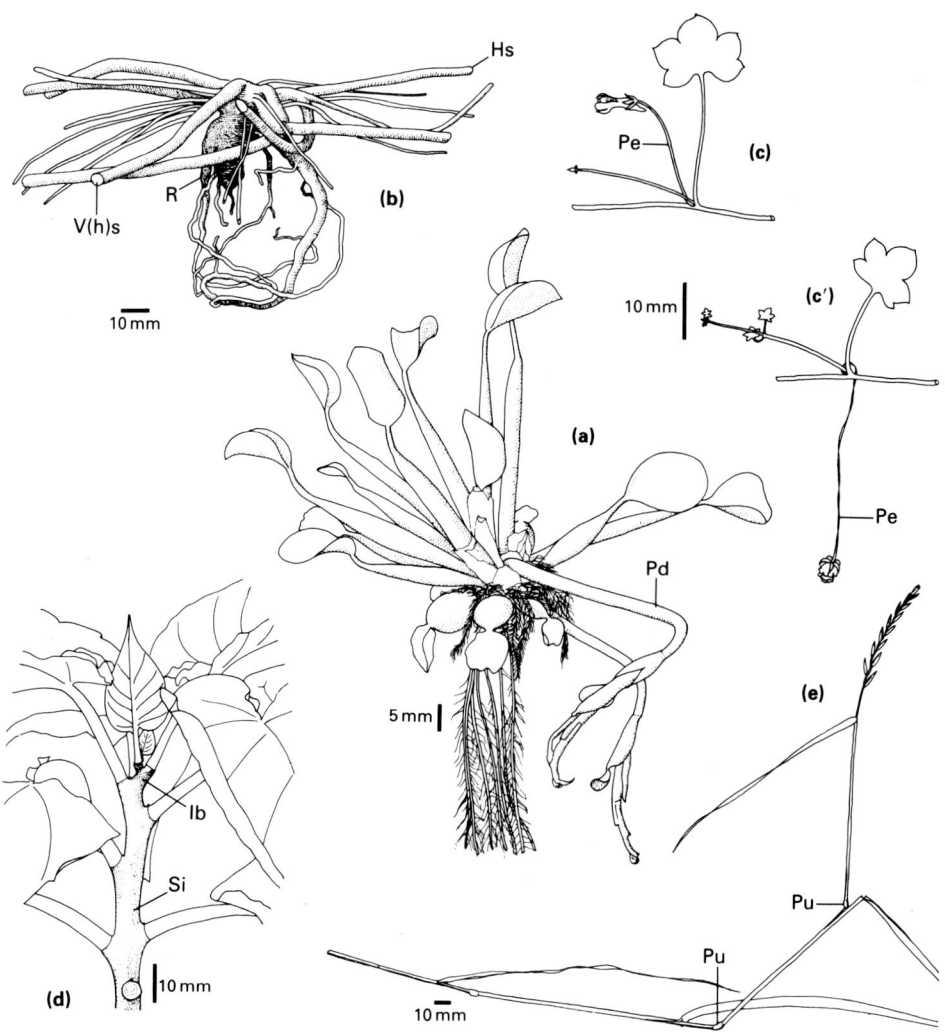

(Abb. **267b**). Bei einigen Pflanze findet in den Blütenständen oder an den Blütenstielen eine zweite Änderung in der Ausrichtung statt, was dazu führt, daß die Früchte ins Wasser, in den Boden oder in Felsspalten plaziert werden können (Abb. **267a, c**).

Abb. 267. a) *Eichhornia crassipes*, Schwimmblattrosette; **b)** *Salix repens*, junge Pflanze mit gekrümmter Keimlingsachse; **c)** *Cymbalaria muralis*, blütentragender Knoten; **c')** desgl., fruchtender Knoten; **d)** *Cyphomandra betacea*, sich aufrichtende Internodien; **e)** *Agropyron (Elymus) repens*, am Knoten durch umgebende Blattgelenke umgebogene Sproßachse. Hs: horizontaler Seitensproß. Ib: ursprünglich umgebogenes Internodium. Pd: Blütenstandsstiel, nachträglich nach unten gekrümmt. Pe: Blütenstiel. Pu: Blattgelenk. R: Wurzel. Si: sich aufrichtendes Internodium. V(h)s: ursprünglich vertikale Keimlingsachse, jetzt horizontal.

268 | Zeitpunkt der Meristemaktivität: Abszission, Zweigfall (Abwurf von Verzweigungen)

Abb. 268a. *Acacia dealbata*
Von den zweifach gefiederten Blättern werden die distalen Blättchen abgeworfen, unter gleichzeitigem Absterben der distalen Abschnitte der verbleibenden Blättchen.

Abb. 268b. *Phyllanthus grandifolius*
Zweigabwurf phyllomorpher Verzweigungen (d. h. temporäre Seitenzweige ähneln zusammengesetzten Blättern). Cooksches Modell (Abb. **291e**).

Als Zweigfall (Abszission, engl. cladoptosis) bezeichnet man den Abfall oder Abwurf von Verzweigungen. Viele Pflanzenteile werden aktiv abgeworfen, in der Regel durch die Bildung einer Art Abszissionszone aus absterbenden Zellen, wodurch dieses Organ vom Rest der Pflanze isoliert wird. Auf diese Weise können Stipeln, Blätter (oder Teile von Blättern, Abb. **268a**), Blüten, Blütenstände, Früchte und Samen abgeworfen werden. Auch Teile vegetativer Sprosse fallen oft ab - vor allem bei perennierenden Pflanzen. Diese abgelösten Strukturen stellen entweder vegetative Ausbreitungseinheiten dar (vegetative Vervielfachung, S. 170) oder aber Pflanzenteile, die bereits tot sind oder in der Folge des Abwurfprozesses absterben. Dazu gehören auch solche Pflanzenorgane oder Teile davon, die bald nach ihrem Austreiben verkümmern (S. 244). Der Begriff Zweigfall bezeichnet in engerem Sinne den Abwurf ganzer Zweige oder Äste oder Teilen davon; auch der Abfall gesamter Zweigkomplexe, die sich normalerweise über einen bestimmten Zeitraum hinweg entwickelt hätten, fällt in diese Kategorie. In einigen Fällen sind die Zweige bis zu ihrem Anheftungspunkt an einem anderen Zweig abgestorben und verrotten dann oder brechen an diesem Punkt ab. Die Stümpfe abgestorbener Äste verbleiben bei vielen *Eucalyptus*-Arten fest mit dem Baumstamm verbunden und werden von diesem durch nachfolgendes Wachstum umwachsen. Erst später löst sich der proximale Teil des Stumpfes innerhalb des Baumstamms ab; dieser Prozeß wird durch die Bildung eines Gummiharzes beschleunigt, und die Reste des Zweiges können abfallen. Bei

Zeitpunkt der Meristemaktivität: Abszission, Zweigfall (Abwurf von Verzweigungen)

anderen Pflanzen entwickelt sich eine Trenn- oder Abszissionszone an dem Anheftungspunkt eines lebenden Astes, der auf diese Weise abgetrennt wird; diese Art von Zweigfall erinnert an den Abwurf der Blätter (S. 48) bei laubabwerfenden Pflanzen (Abb. **269a-c**). Der dabei abgeworfene Ast kann viele Vegetationsperioden alt und von beträchtlicher Größe sein. Auf ähnliche Weise können auch oberirdische Sprosse, die den distalen Abschnitt eines unterirdischen, sympodialen Rhizoms darstellen, abgeworfen werden, indem sie entweder langsam absterben und nachfolgend verrotten, oder indem eine Trennzone ausgebildet wird (Abb. **269d**). Für eine Pflanze ist der Verlust gewisser Bestandteile ihres Verzweigungssystems in vieler Hinsicht ebenso wichtig und offensichtlich wohlgeordnet, wie es zunächst auch bei dem kontrollierten Wachstum dieser Pflanze der Fall war (S. 280). Bei einigen Bäumen erinnern die Zweige an große zusammengesetzte Blätter und werden als »phyllomorphe Verzweigungen« bezeichnet. (Abb. **268b**). Diese fallen auf ähnliche Weise wie Blätter als Ganzes ab (Cooksches Modell, Abb. **291e**).

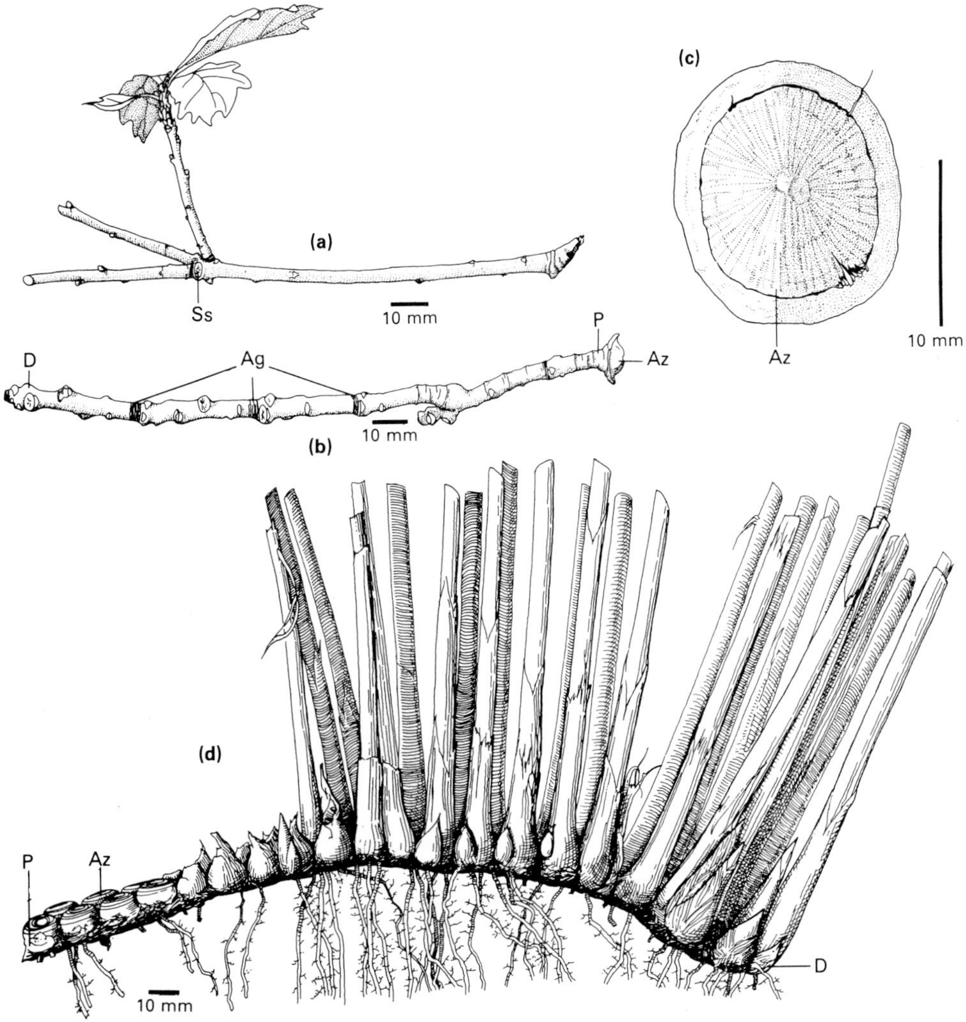

Abb. 269. a) *Quercus petraea*, Sproß mit der Narbe eines abgeworfenen Seitensprosses; **b)** desgl., abgeworfener alter Sproß; **c)** proximales Ende von »b«; **d)** *Cyperus alternifolius*, Rhizom, aufeinanderfolgende sympodiale Einheiten (S. 250) wechseln rechts und links ab. Az: Trennzone. D: distales Ende. P: proximales Ende. Ss: Sproßnarbe.

270 | Meristemzerreißung: Teratologie (Mißbildung, abnorme Entwicklung)

Wörtlich übersetzt bedeutet Teratologie die Lehre von Monstrositäten, Mißbildungen. Bildet demnach eine Pflanze eine Struktur aus, die von ihrer typischen Morphologie deutlich abweicht, so nennt man dieses Verhalten teratologisch; was in diesem Falle für eine Pflanze eine »normale« Morphologie darstellt, ist nicht immer leicht zu entscheiden. Viele Pflanzen besitzen die Fähigkeit, auf ungewöhnliche Umweltbedingungen mit der Ausbildung ungewöhnlicher Strukturen zu reagieren. Die unechte Viviparie (Brutbildung, S. 176) bei den Blütenständen der Gramineen tritt besonders häufig an nassen Standorten auf und stellt damit nicht gezwungenermaßen eine Form von Teratologie dar, sondern vielmehr das normale Verhalten einer Pflanze unter ungewöhnlichen Bedingungen. Teratologische Mißbildungen können auf verschiedene Weise ausgelöst werden: durch einen Umbruch in der endogen festgelegten genetischen Information oder dadurch, daß die Entwicklungsabfolge durch eine erhebliche Veränderung bestimmter Umweltfaktoren (Kälte, Trockenheit), einen zunehmenden Einfluß der Tierwelt oder durch chemische Faktoren beeinträchtigt wird. Schädlings- und Unkrautbekämpfungsmittel auf chemischer Basis fördern häufig eine teratologische Reaktion. Bekanntere morphologische »Fehler« sind u. a. die Bildung von Gallen (S. 278) sowie die Verbänderung (Fasziation, S. 272). Gelegentlich stellt auch die Verwachsung von Organen einen Fall von Teratologie dar (Abb. **230a**); sie kann jedoch auch als die natürliche Entwicklungsweise einer Pflanze auftreten (Abb. **231b**). Eine bemerkenswerte Form der Teratologie betrifft die Gestalt von Blättern (z. B. Peltation, Abb. **271f**), die Ausbildung laubiger Strukturen in einer Blüte anstelle von Perianthsegmenten (Abb. **270**) sowie die Entwicklung radiärer Blüten bei Pflanzen, die normalerweise zygomorphe Blüten aufweisen. Eine weitere Möglichkeit teratologischer Bildungen wirkt sich direkt auf den Organisationsaufbau und das den Knospen innewohnende Entwicklungspotential aus (Topophysis, Determination, S. 242). Innerhalb des Verzweigungsgerüstes einer Pflanze haben gewisse Knospen, die an ganz bestimmten Stellen sitzen, eine gänzlich vorhersagbare Determination; sie entwickeln sich beispielsweise zu einem Blütenstand oder entweder zu einem Lang- oder einem Kurztrieb. Tritt nun innerhalb dieses relativ starren und festgefügten Aufbaus eine Unregelmäßigkeit auf, so können sich die Knospen zur »falschen« Struktur entwickeln, an der »falschen« Stelle stehen oder zum »falschen« Zeitpunkt austreiben. Die Abb. **271g** und **271g'** zeigen dies an zwei Beispielen bei *Solanum tuberosum*. GROENENDAEL (1985) führt das ganze Spektrum der bei *Plantago lanceolata* auftretenden Teratologien in der Abfolge des Organisationsaufbaus auf. Eine Pflanze ist aus einer bestimmten Reihenfolge von Internodientypen (Grundeinheiten, Metameren, S. 282) aufgebaut,

Abb. 270. *Fuchsia* 'Mrs. Popple'
Eine Blüte, bei der sich ein Kronblatt in Form und Farbe eines Laubblattes entwickelt hat.

Meristemzerreißung: Teratologie (Mißbildung, abnorme Entwicklung) | 271

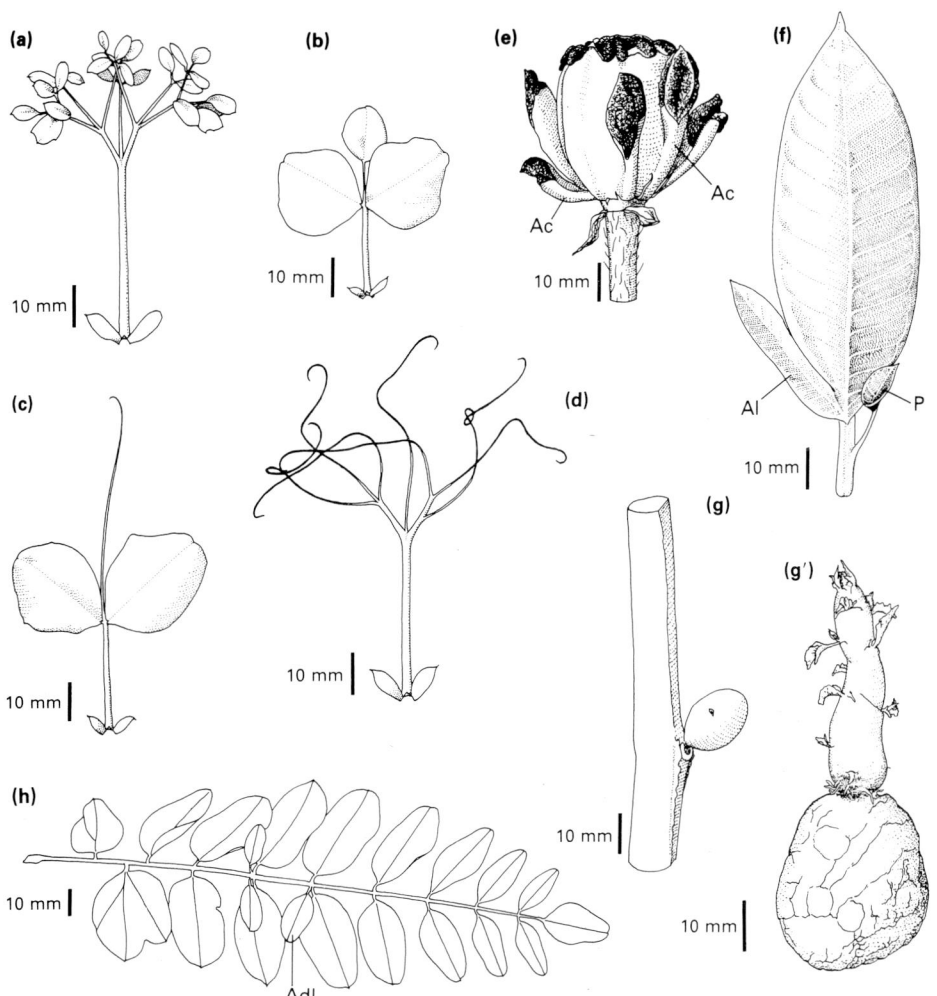

z. B. lange Internodien, kurze Internodien, Knoten mit Laubblättern, Knoten mit Brakteen, Knoten mit Blüten. Nur eine einzige dieser Reihen konstituiert bereits eine vollständige, normale Pflanze (Abb. 145e). Abweichungen von dieser Aneinanderreihung von Grundeinheiten führen zu einer verzerrten Morphologie, bei der korrekt ausgebildete Organe an der verkehrten Stelle sitzen (Abb. 145e'). Die meisten der lebenden Pflanzenzellen sind totipotent, und teratologische Erscheinungen sind entweder auf Fehler bei den Kontrollfaktoren der Zellteilungen zurückzuführen oder auf eine Aktivierung der richtigen Entwicklungsabfolge am falschen Ort oder zum falschen Zeitpunkt.

Abb. 271. a-d) *Pisum sativum*, mutierte Blattformen (vergl. Abb. **57e**) (a, P1201; b, P1200; c, P1196; d, P1198; siehe YOUNG 1983). **e)** *Papaver orientale*, abnorme Frucht (Porenkapsel, Abb. **157v**); **f)** *Plumeria rubra*, einzelnes Blatt; **g)** *Solanum tuberosum*, Sproßknolle an einem oberirdischen Sproß; **g')** desgl., Sproßknolle auf einer Sproßknolle (vergl. Abb. **139e**); **h)** *Robinia pseudacacia*, einzelnes Blatt. Ac: zusätzliche Fruchtblätter (Karpelle). Adl: zusätzliches Blättchen. Al: abnormer Lappen. P: Peltation (S. 88) eines abnormen Lappens.

272 | Meristemzerreißung: Fasziation (Verbänderung, abnormale Aneinanderheftung von Pflanzenteilen)

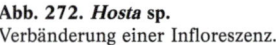

Abb. 272. *Hosta* sp.
Verbänderung einer Infloreszenz.

Als verbändert bezeichnet man Sproßachsen oder Wurzeln (v. a. bei sproßbürtigen Wurzeln kann das beobachtet werden, S. 98), die unnatürlich abgeplattet und bandförmig ausgezogen sind. Auch bei Sproßachsen, die sich entgegen der Norm zu einer hohlen Röhre entwickeln (Ringfasziation) oder eine Reihe verbreiterter, flügelförmiger, nach den Seiten hin abstrahlender Auswüchse bilden (sternförmige Fasziation), findet dieser Begriff Anwendung. Viele Pflanzen bilden im Laufe ihrer Entwicklung ganz ungewöhnliche Achsenformen aus (S. 120); diese sind jedoch nicht als Verbänderungen aufzufassen. Fasziation ist eine teratologische Erscheinung und kann von einer Anzahl verschiedener Faktoren ausgelöst werden (S. 270). Oft können nur sorgfältige Untersuchungen darüber Aufschluß geben, welche entwicklungsgeschichtlichen Vorgänge der bei einer Pflanze auftretenden Teratologie zugrunde liegen. Sind die abgeplattete Wurzel oder das Sproßsystem (vegetativ oder generativ) dadurch entstanden, daß normalerweise eigenständige Organe nicht voneinander getrennt wurden, so handelt es sich dabei schlicht um einen Fall von Verwachsung (d. h. Verwachsung von Organen gleicher Art, S. 234), und das distale Ende des Sproß- bzw. Wurzelpols setzt sich aus einer Reihe seitlich nebeneinander angeordneter Apikalmeristeme zusammen. Echte Fasziation ist das Ergebnis der Tätigkeit eines einzelnen Apikalmeristems, das, anstatt seine normale kuppelförmige Gestalt anzunehmen, sich verbreiterte und flach geworden ist. Eine außer der Reihe auftretende Dichotomie (S. 258) kann, wenn die daraus entstehenden Tochterachsen miteinander verwach-

Meristemzerreißung: Fasziation (Verbänderung, abnormale Aneinanderheftung von Pflanzenteilen) | 273

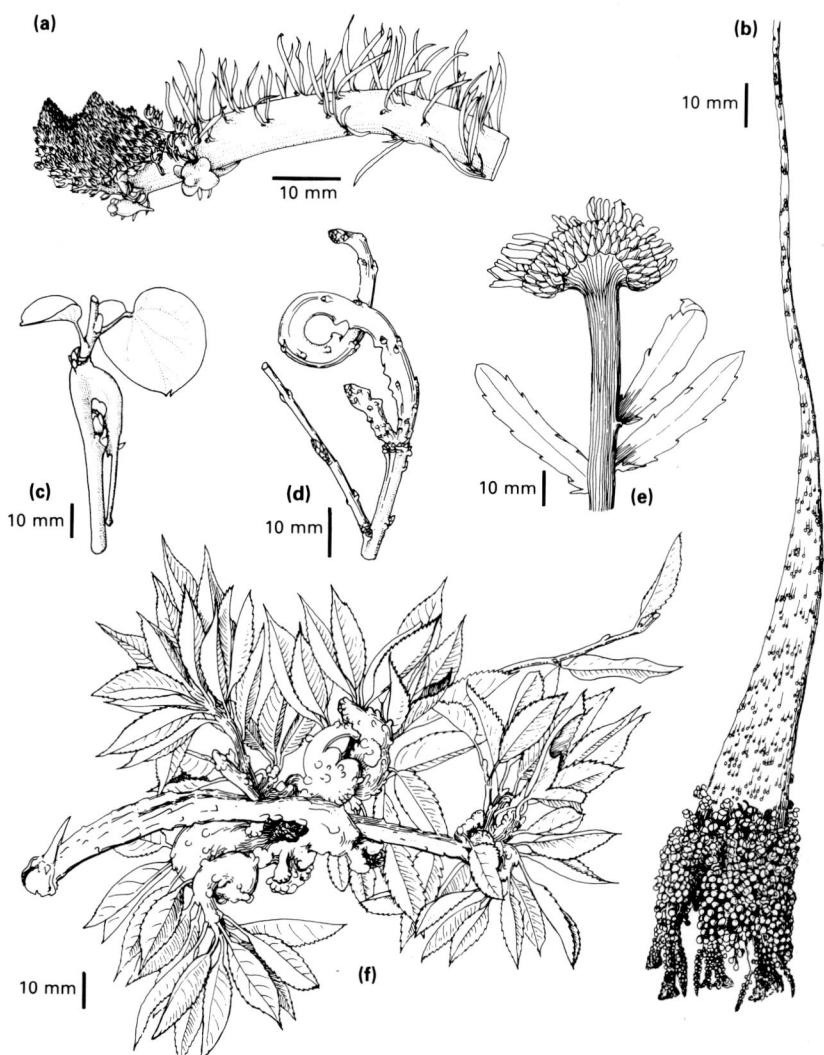

sen bleiben, zu einer scheinbar verbänderten Sproßachse führen, vor allem dann, wenn sich die Ausbildung einer Dichotomie mehrfach wiederholt. Abgeflachte Sproßachsen (Phyllokladien und Platykladien, S. 126) dagegen sind bei einige Pflanzen normale Erscheinungen. Die abgeplattete Form kommt nicht durch ein Zerreißen des Apikalmeristems zustande, sondern ist vielmehr auf meristematische Aktivität an den Flanken der Sprosse zurückzuführen.

Abb. 273. Beispiele für Verbänderung. **a, b, e)** abgeflachte Infloreszenzen. **c, d, f)** verzerrte vegetative Sprosse. **a)** *Linaria purpurea*, **b)** *Trichostigma* sp., **c)** *Cercis siliquastrum*, **d)** *Forsythia intermedia*, **e)** *Chrysanthemum maximum*, **f)** *Prunus autumnalis*.

274 | Meristemzerreißung: Schimären (Gewebe, das von zwei Individuen abstammt)

Strukturen oder Gewebe, die aus einer Mischung von Zellen zweier verschiedener Herkünfte (z. B. verschiedene Pflanzenarten) und demnach auch Genotypen aufgebaut sind, bezeichnet man als Schimären (auch: Chimäre). Dies kann entweder durch Aufeinanderpfropfung von Individuen verschiedener Arten geschehen oder innerhalb einer einzelnen, im Wachstum begriffenen Pflanze durch Mutation. Bei einer Pfropfung überlagern in der Regel einige äußere, oberflächennahe Zellschichten der einen Art die der zweiten Art (Periklinalchimäre). Die Schimäre entwickelt daraufhin eine Morphologie, die entweder ganz einer der »Geber«-Pflanzen ähnelt oder eine Mischung aus beiden beteiligten Arten darstellt. Ein klassisches Beispiel ist +*Laburnocytisus adamii*, ein Schimärenbaum, der durch eine Pfropfung von *Cytisus purpureus* auf *Laburnum anagyroides* entstanden ist. Die Pflanze besteht aus einer Unterlage aus *Laburnum*-Zellen und einer Oberflächenschicht aus *Cytisus*-Zellen. Brechen die *Laburnum*-Zellen durch, so entwickelt sich ein *Laburnum*-Ast; proliferieren dagegen die *Cytisus*-Zellen an die Oberfläche, entsteht ein *Cytisus*-Ast. Häufiger zeigen die Äste jedoch eine Mischung aus morphologischen Merkmalen beider Elternteile (Abb. 274, 255b). Schimären können auch auf natürliche Weise entstehen, sobald die in einer Zelle enthaltene Erbinformation durch irgendeine Ursache verändert wird. Die gesamte Nachkommenschaft dieser einen Zelle enthält dann dieselbe veränderte genetische Information, und ein bestimmter Bereich der Pflanze weist gegenüber dem normal sich entwickelnden Gewebe unterschiedliche Eigenschaften auf. Die dabei beteiligten Faktoren können sich sowohl auf die Farbe als auch auf Struktur, Behaarung oder Gestalt des neuen Gewebes auswirken. Tritt die Mutation in einer oberflächennahen Zelle der Pflanze, vor allem am Sproßscheitel, auf, so kann wiederum eine äußere Zellschicht des einen Typs den ganzen Komplex des darunterliegenden, unveränderten Zelltyps überlagern. Viele Pflanzen mit scheckigen Blättern stellen Schimären dar, bei denen Zellen der einen Farbe mehr oder weniger die Zellen der anderen Farbe überdecken. Bei einer

Abb. 274. +*Laburnocytisus adamii*
Eine Schimäre, bei der entweder *Laburnum*-Gewebe (große Blätter) oder *Cytisus*-Gewebe (kleine Blätter) in zufallsbedingter Weise vorherrschen.

Meristemzerreißung: Schimären (Gewebe, das von zwei Individuen abstammt) | 275

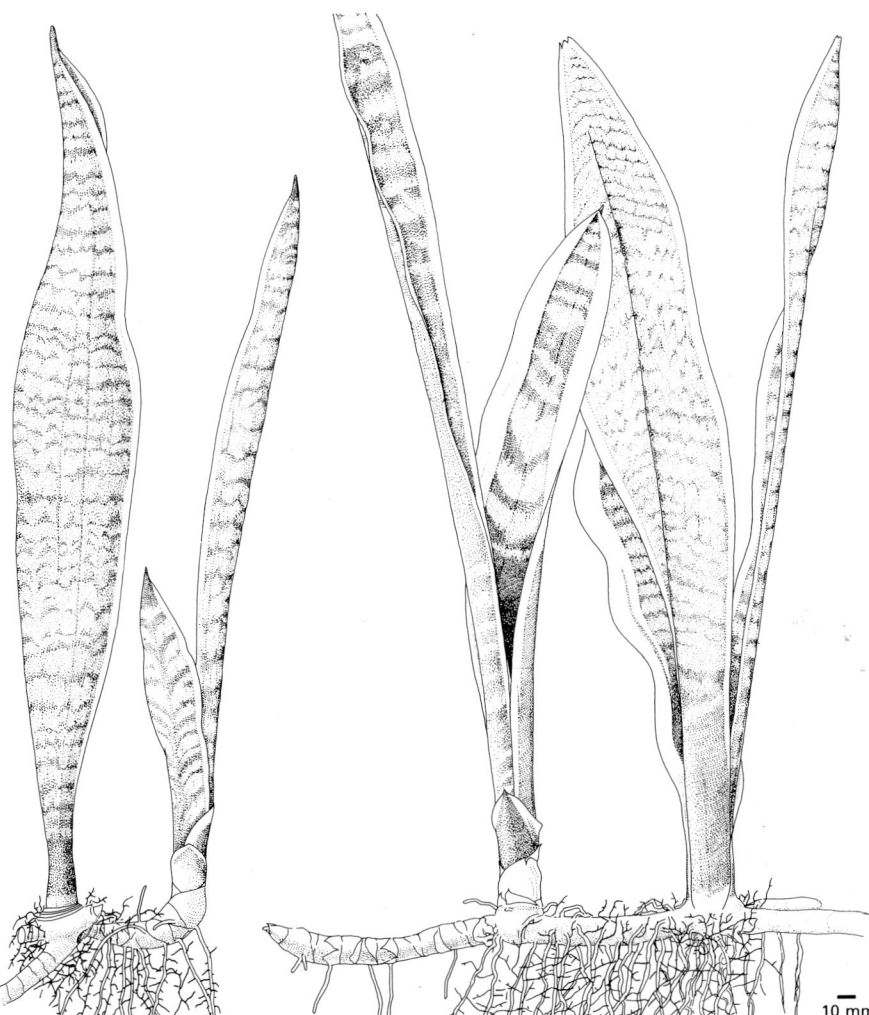

Sektorialschimäre sind zwei verschiedene Zellpopulationen Seite an Seite nebeneinanderliegend angeordnet, ohne daß dabei ein Zelltyp den anderen umgibt (Abb. 275) (TILNEY-BASSET 1986).

Abb. 275. *Sansevieria trifasciata,* cv. *laurentii.* Die Ränder der Blätter weisen keinen Farbstoff auf und stammen von anderen Zellen ab als die pigmentierten Bereiche.

Meristemzerreißung: Knöllchen und Mykorrhiza

Kleine Anschwellungen sowohl an Blättern als auch an Wurzeln können auf eine Reihe verschiedener Faktoren zurückzuführen sein. Gallen (S. 278) werden meist als Reaktion auf eine Einwirkung durch Insekten gebildet und stellen daher kein regelmäßiges morphologisches Merkmal einer Pflanze dar. Bestimmte, nach außen hin verdickt erscheinende Hohlräume werden von Ameisen, Milben und anderem Kleingetier besiedelt (Domatien, S. 204). Darüber hinaus wird bei einigen wenigen Pflanzenarten natürlicherweise eine ganz besondere Art von Strukturen, sogenannte Knöllchen, ausgebildet, die von Bakterien bewohnt werden, welche oftmals für die Pflanze eine symbiontische Rolle spielen. Die weitest verbreitete Form sind die Wurzelknöllchen, die für einige Vertreter der Leguminosen typisch sind. Diese Knöllchen enthalten stickstofffixierende Bakterien und variieren in ihrer Form von kugelförmig bis zu reich verzweigt (Abb. 277). Ihrem Aussehen nach können sie einer Mykorrhiza (siehe unten) sehr ähnlich sein. Bei den Bakterien enthaltenden Blattknöllchen kennt man zwei Typen. Sie können entweder als kaum wahrnehmbare Auswüchse an Blattstiel, Mittelrippe oder Blattspreite auftreten, wie bei einigen Vertretern der Rubiaceae (Abb. **204b**), oder sie bilden eine Reihe kleiner Anschwellungen entlang der Blattränder, wie das bei einigen Arten der Myrsinaceae der Fall ist (Abb. **204a**). Blatt- und Wurzelknöllchen sind ein regelmäßig auftretendes Merkmal der betreffenden Pflanzenart, auf welcher sie vorkommen, und stellen morphologische Strukturen dar, die in natürlicher Weise von einer Pflanze als Reaktion auf eine gewöhnliche Infektion gebildet wurden. Die im Zusammenhang mit Bakterien gebildeten Wurzelknöllchen sind relativ große und deutlich ausgeprägte Gebilde.

Ähnliche langfristige Verbindungen können auch zwischen den Wurzeln vieler Blütenpflanzen und Pilzen auftreten. Diese Vereinigung führt zu einer eigenständigen morphologischen Struktur, der Mykorrhiza. Dieser Begriff wird oft auch auf die Verbindung an sich angewendet. Es gibt dabei verschiedene Typen von Mykorrhizen; sie unterscheiden sich sowohl hinsichtlich der physiologischen Bedeutung für die einzelnen daran beteiligten Organismen als auch der daran beteiligten Pilzgruppen. Nur eine Art von Mykorrhiza, die Ectomykorrhiza, kann mit einer hohen Wahrscheinlichkeit von außen wahrgenommen werden; die Wurzeln der Blütenpflanzen verzweigen sich aufgrund bestimmter morphologischer Eigenschaften viel-

Abb. 276. *Fagus sylvatica*
Mit Ectomykorrhiza umhüllte Wurzeln (weiß); nicht vom Pilz befallene Wurzeln sind braun.

Meristemzerreißung: Knöllchen und Mykorrhiza

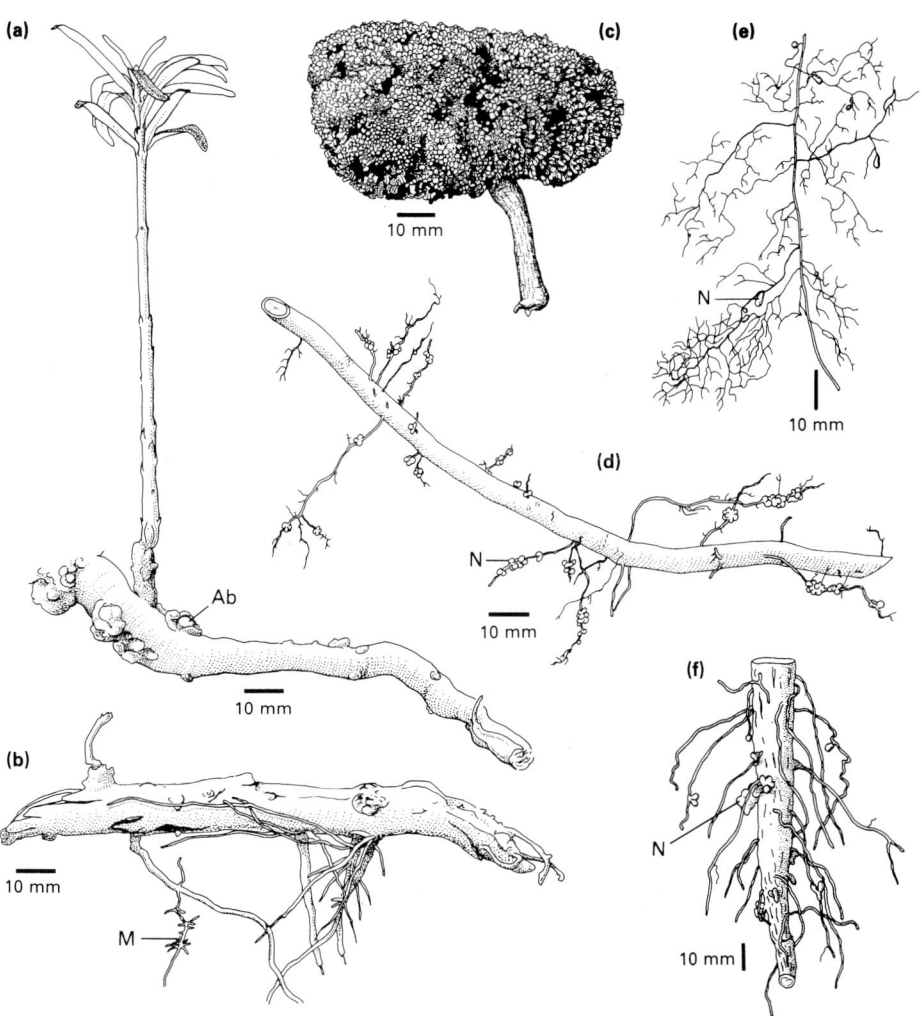

fach und werden von Pilzgeflecht (Mycelium) umhüllt (Abb. 276). Das ist jedoch auch bei einigen Pflanzen mit arbutoider Mykorrhiza der Fall (HARLEY und SMITH 1983). Andere Arten von Mykorrhiza mit wenigen oder gar keinen nach außen hin sichtbaren Merkmalen sind z. T. nach den Pflanzen benannt, bei denen sie auftreten (vesikulär-arbusculär, ericoid, monotropoid, orchidoid). Die bei einer Ectomykorrhiza sichtbaren Strukturen stammen vom Pilz und stellen somit kein als Reaktion auf die Pilzinfektion gebildetes pflanzliches Gewebe dar, im Gegensatz zu den Knöllchen oder Gallen (S. 278), die von der »Wirts«-Pflanze gebildet wurden.

Abb. 277. **a, b)** *Hippophae rhamnoides*, Wurzelabschnitt mit sproßbürtigen Knospen und Mykorrhizen, **c)** *Alnus glutinosa*, einzelnes, großes Knöllchen; **d)** *Alnus glutinosa*, Knöllchen an Nebenwurzeln; **e)** *Acacia pravissima*, einzelne, kleine Knöllchen; **f)** *Vicia faba*, Knöllchen an Nebenwurzeln. Ab: Adventivknospe (S. 178). M: Mykorrhizen. N: Knöllchen.

278 | Meristemzerreißung: Gallen

Abb. 278. *Rosa canina*
Im Pflanzengewebe wurde die Bildung einer neuen Struktur ausgelöst (die Galle), wobei die Bildung von Emergenzen (S. 76, 116) nicht unterdrückt wurde.

Das normale Spektrum an morphologischen Merkmalen, die eine Pflanze der Umwelt präsentiert, kann auf vielfältige Weise abgewandelt oder unterbrochen sein (siehe Teratologie, S. 270). Eine bestimmte Form morphologischer Abwandlung tritt als Reaktion auf die Einwirkung einer Reihe von Tieren auf, u. a. Nematoden, Milben, Insekten, und hat die Entwicklung von Gallen zur Folge. Eine Galle besteht aus pflanzlichen Zellen; in Abhängigkeit von den beteiligten Organismen kann sich eine Galle entweder scheinbar völlig desorganisiert entwickeln oder ein für die betroffene Pflanze deutlich erkennbares, wenn auch verformtes morphologisches Merkmal darstellen. Im anderen Falle kann eine Galle ein Teil des Organisationsaufbaus sein, der in der Regel allerdings erst dann gebildet wird, wenn die Pflanze selbst durch das Tier dazu stimuliert wurde (Abb. **278**). Diese sonderbaren Gebilde zeigen ein breites Spektrum von Formen; jede Gallenform ist sowohl für die befallene Pflanzenart wie auch für einen ganz bestimmten Gallenbildner charakteristisch. Die Abbildungen hier (Abb. **279**) stellen durchweg Gallen der beiden Eichenarten *Quercus petraea* und *Q. robur* dar. Jede Galle wird dabei von einem oder mehreren sich entwickelnden Tieren bewohnt. Ein besonderer Gallentyp, die Hexenbesen, tritt bei einer Reihe von Baumarten auf und ist auf eine Pilzinfektion zurückzuführen. Die Reaktion des Baumes besteht in einer Überproduktion an gestauchten Sprossen, die meist mehrere Jahre ausdauern. Ähnliche Hexenbesen können auch durch mechanische Verletzung hervorgerufen werden.

Meristemzerreißung: Gallen | 279

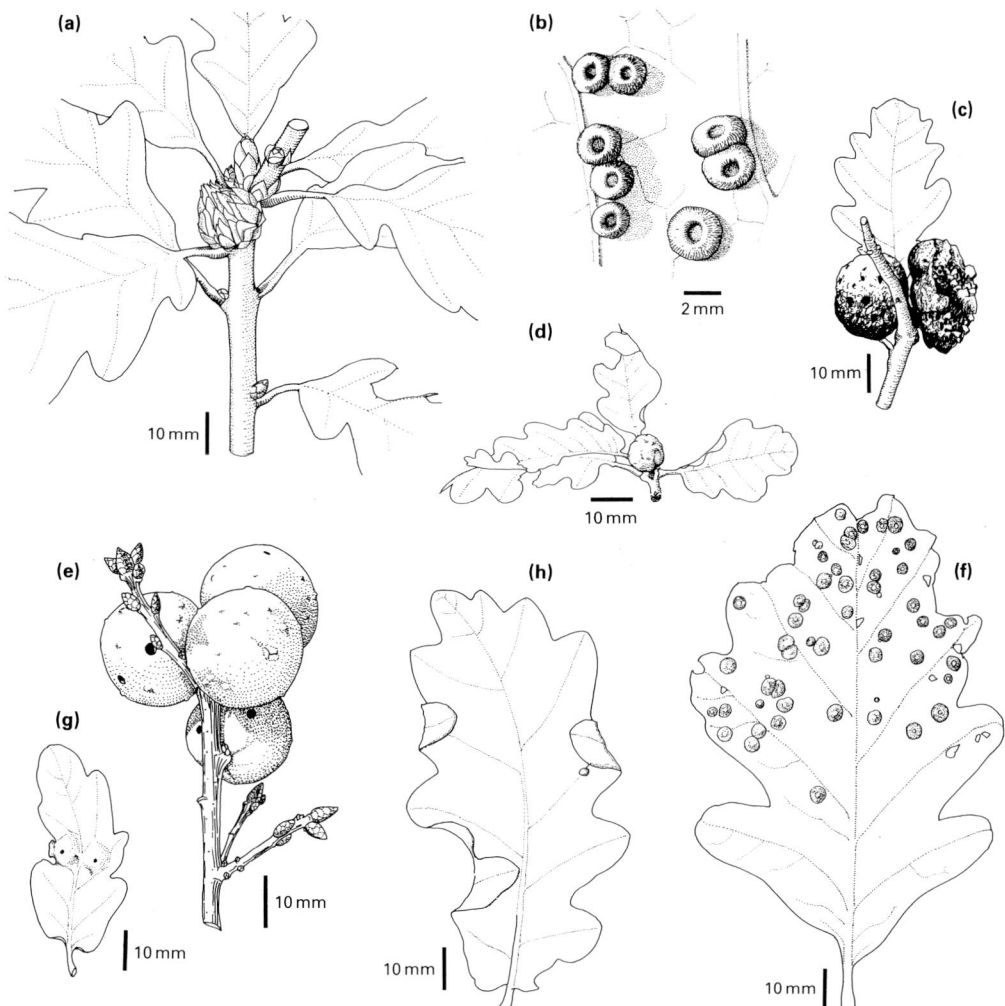

Abb. 279. Verschiedene Gallen bei *Quercus robur* und *Quercus petraea*. **a)** »Ananas-Galle«, durch *Andricus fecundator* ausgelöst; **b)** durch *Neuroterus numismalis* ausgelöst; **c)** »Eichen-Apfel«, durch *Biorhiza pallida* ausgelöst; **d)** durch *Andricus lignicola* ausgelöst; **e)** »Marmor-Galle« durch *Andricus kollari* ausgelöst; **f)** Gallapfel durch *Neuroterus quercusbaccarum* ausgelöst; **g)** durch *Andricus curator* ausgelöst; **h)** durch *Macrodiplosis dryobia* ausgelöst.

Verzweigungsaufbau der Pflanzen: Einführung

Abb. 280. *Acer* sp.
Verdrehte Verzweigung bei einer im Gartenbau entstandenen Mißbildung.

Wie auf S. 216 dargelegt wurde, ist es zweckmäßig, den Organisationsaufbau einer Blütenpflanze im Hinblick auf das Potential, die Position sowie den Zeitpunkt der Aktivität eines apikalen Sproßmeristems oder der Knospen zu betrachten. Das gemeinsame Ergebnis dieser Aktivität führt zur Entwicklung eines verzweigten Organismus. Die fortschreitende Verzweigungsfolge wird durch innere Faktoren kontrolliert und spiegelt sich in der Gestalt dieser bestimmten Pflanzenart wider; innerhalb gewisser Grenzen ist sie jedoch flexibel und kann so auf Schwankungen der Umweltbedingungen reagieren. So sehen beispielsweise alle Bäume einer bestimmten Baumart gleich aus, denn sie verzweigen sich nach bestimmten, für diese Art vorgegebenen Verzweigungs-»Regeln«. Dennoch weist jedes Individuum seine eigene, charakteristische Zweiganordnung auf, d. h. in der Stellung und Entwicklungsgeschichte der Zweige ist es einzigartig. Um nun die Verzweigungsabfolge einer Pflanze erkennen und beschreiben zu können, ist es nützlich, die Einheiten, aus denen eine Verzweigung aufgebaut ist (Konstruktionseinheit, S. 282), zu identifizieren. Damit kann leichter erkannt werden, auf welche Weise diese Konstruktionseinheiten dem sich entwickelnden Gebilde hinzugefügt bzw. von diesem getrennt werden. Dieses Kapitel ist vor allem dem Konstruktionsaufbau der Bäume oder der Baum-»Architektur«, wie sie später genannt wurde, gewidmet. Bäume sind große und vergleichsweise gut zugängliche verzweigte Pflanzen; das weite Spektrum der verschiedenen Typen von Verzweigungsmustern besonders bei tropischen Bäumen hat dazu beigetragen, weitere Kenntnis über die Architektur der Pflanzen zu erlangen. An dieser Stelle scheint es angebracht, die Veröffentlichungen, denen dieser zusammenfassende Überblick zugrunde liegt, aufzulisten: Corner 1940; Koriba 1958; Prévost (Sproßglied, S. 286) 1967; Hallé und Oldeman (Reiteration, Neuaustrieb, S. 298) 1974; Edelin (Analyse der Architektur, S. 304) 1977; Hallé et al. 1978; Edelin (Interkalation, S. 302; Metamorphose, S. 300) 1984, 1990. Ein eher trivial erscheinender Punkt bei der Beschreibung von Verzweigungsmustern stellt die unklare Terminologie dar, was ein ständiges Problem bedeutet (siehe Tomlinson 1987). »Zweig« ist ein ungenaues Wort. In der Regel ist damit eine Achse gemeint, die kleiner und dünner ist als die, an der sie sitzt; alle ebenfalls daraus hervorgegangenen kleineren Zweige oder Zweiglein können dabei eingeschlossen sein. Unter einem Ast versteht man gewöhnlich eine relativ große, dicke Struktur, die jedoch nicht so groß ist wie der Stamm. Zwischen den zur Beschreibung der Architektur einer Pflanze verfügbaren Begriffen und der botanischen Entwicklung dieser Struktur besteht kein Zusammenhang. Beispielsweise können sowohl der Stamm als auch der Ast einer Pflanze in ihrem Aufbau entweder monopodial oder sympodial sein (S. 250). Ist der Aufbau monopodial, so stellt der Ast einen Sproß dar, der durch die Tätigkeit eines einzigen Apikalmeristems gebildet wurde (eine Sproßeinheit, S. 286). Ist der Aufbau dagegen sympodial, so besteht der Ast aus einer Reihe von Sproßeinheiten, von denen jede aus einem eigenen Apikalmeristem hervorgegangen ist. Dieser Zwiespalt zwischen populä-

Verzweigungsaufbau der Pflanzen: Einführung | 281

rer Beschreibung und botanischem Detail wird im Kapitel über die Architekturanalyse (S. 304) diskutiert. In den dazwischenliegenden Abschnitten verwenden wir die etwas ungenaueren, allgemein üblichen Begriffe und definieren sie dort neu, wo es sonst zu Unklarheiten kommen könnte.

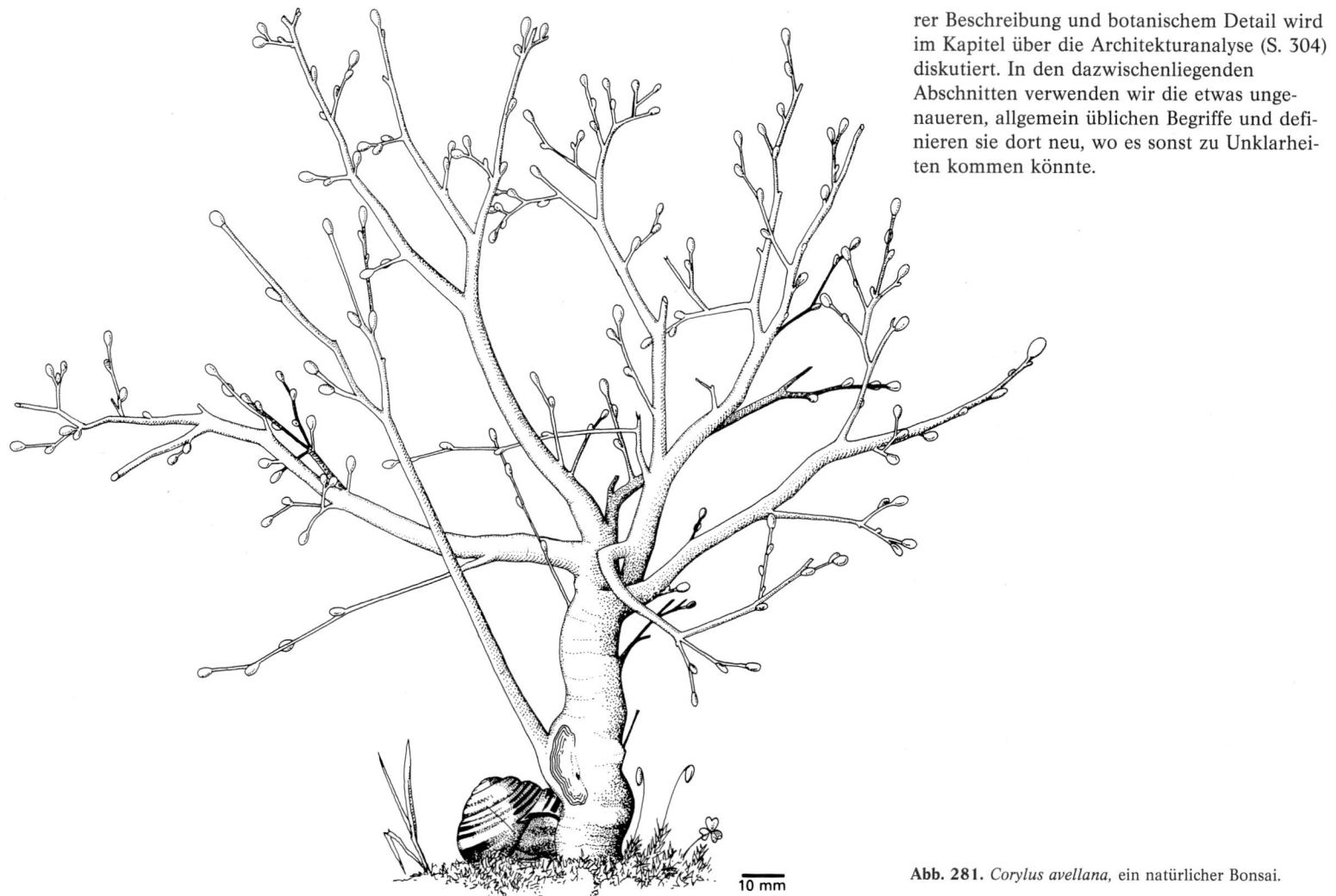

Abb. 281. *Corylus avellana*, ein natürlicher Bonsai.

282 | Verzweigungsaufbau der Pflanzen: Konstruktionseinheiten

Eine Pflanze wächst durch die fortlaufende Aneinanderreihung gleichartiger Einheiten. Eine Pflanze hat, im Gegensatz zu den meisten Tieren, keine feste Gestalt, die sich einfach vergrößert. In den Untersuchungen über den Entwicklungsaufbau von Pflanzen sind eine ganze Anzahl von »Konstruktionseinheiten« – tatsächlicher und theoretischer Natur – beschrieben worden; jede davon hat ihre Berechtigung und ihr Anwendungsgebiet, je nachdem, welche Art morphologischer Untersuchung man durchführen will. Eine Auswahl der vielen verschiedenen Konstruktionseinheiten soll hier vorgestellt werden (S. 282, 284). Die beiden am besten zur Beschreibung der Baumarchitektur geeigneten Konstruktionseinheiten, das Sproßglied (»article«) und die architektonische Einheit, werden an anderer Stelle eingehender behandelt (S. 286 bzw. 304). Eine komplexe Struktur kann leichter verstanden werden, wenn man sie in einzelne, handlichere Einzelteile zerlegt. Diese lassen sich zahlenmäßig erfassen und in numerische Begriffe übersetzen, die dann überprüft werden können.

Abb. 282. *Piper bicolor*
Metamere, Internodium und Knoten der vertikalen monopodialen Achse; die Seitenzweige sind sympodial und aus einer Reihe von »Sproßgliedern« (S. 286; Abb. **290b**) zusammengesetzt. Diese Art bildet einen geflügelten Stamm aus (S. 120).

A. *Metamer* (auch Phytomer genannt)
Ein Metamer ist eine sich wiederholende Konstruktionseinheit, die aus einem Knoten, dem daran ansitzenden Blatt, der Achselknospe – so vorhanden – und einem Teil des Internodiums besteht (Abb. **283a-c**). Ein Metamer kann also das proximale Internodium einschließen, das zu ihm distal angeordnete, oder von beiden einen Abschnitt. Die ganze Pflanze ist eine Ansammlung derartiger Einheiten, wobei aneinander angrenzende Metamere dieselben morphologischen Merkmale aufweisen können oder völlig unterschiedliche (beispielsweise folgt bei *Philodendron,* S. 10, auf ein Schuppenblattmetamer ein Laubblattmetamer) (WHITE 1984). Eine Unterbrechung in einer solchen Reihenfolge führt zu Mißbildungen in der Pflanze (S. 270; GROENENDAL 1985).

B. *Phyton*
Ein Phyton ist eine Konstruktionseinheit, die aus einem Blatt besteht, dem Knoten, an dem dieses Blatt inseriert ist, und dem vom Knoten aus proximalen Sproßabschnitt, in den die Blattspuren münden (Abb. **283d, e**). Ein derartiger Sproßabschnitt läßt sich meist anhand einer anatomischen Analyse leicht identifizieren. Doch auch für den Fall, daß sich anatomische Tatsachen zweifelsfrei feststellen lassen, ist das

Verzweigungsaufbau der Pflanzen: Konstruktionseinheiten

Konzept als solches von eher zweifelhaftem praktischem Nutzen.

C. Röhrenstammmodell

Dem Röhrenstammmodell liegt die Vorstellung zugrunde, daß eine Pflanze, wie z. B. ein Baum, aus einer Reihe photosynthetisierender Blätter besteht, die an Stamm und Ästen ansitzen und von ihnen versorgt werden (Abb. **283f**). Quantitativ kann man zwischen der Blattmenge (Frisch- oder Trockengewicht) oberhalb einer bestimmten horizontalen Ebene und der vollständigen Querschnittsfläche durch alle Sproßachsen und Äste in dieser Ebene ein Verhältnis bestimmen (Abb. **283f, g**). Theoretisch kann man sich eine Pflanze also aus einer Ansammlung von Röhreneinheiten zusammengesetzt vorstellen, von denen jede eine bestimmte Einheit des photosynthetischen Materials erhält. Dasselbe Modell kann auf die Analyse ganzer Vegetationsbestände angewendet werden (Abb. **283h**).
(Fortsetzung auf Seite 284.)

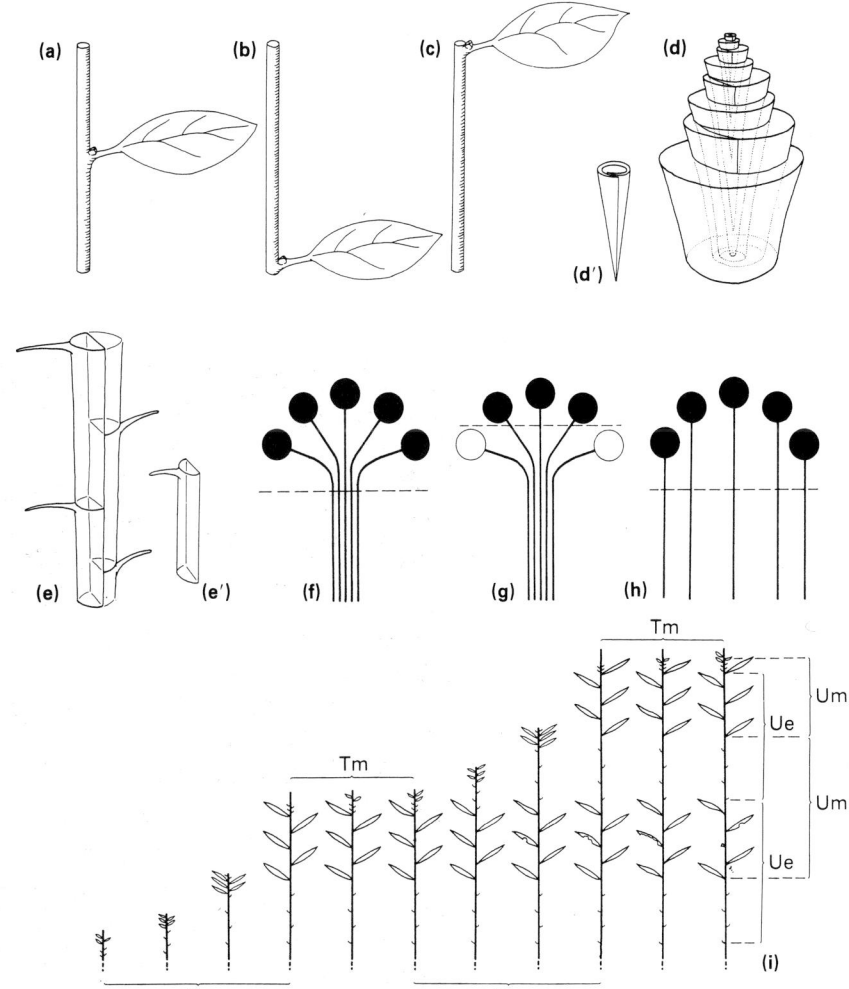

Abb. 283. a, b, c) Unterschiedliche Darstellungen eines Metamers; **d)** eine Reihe von Phytons setzen den Stamm einer monokotylen Pflanze zusammen; **d')** einzelnes Phyton aus »d«; **e)** eine Reihe von Phytons bei einer dikotylen Pflanze (distiche Blattstellung); **e')** einzelnes Phyton aus »e«; **f, g)** Röhrenstammmodell einer Pflanze; **h)** Röhrenstammmodell einer Pflanzengesellschaft; **i)** Entwicklungsabfolge bei *Hevea brasilensis* (S. 284). Te: Wachstumsperiode. Tm: Phasen der Morphogenese (die Blattprimordien werden in Form einer scheinbar ruhenden Terminalknospe angelegt). Ue: Wachstumseinheit. Um: morphogenetische Einheit.

284 | Verzweigungsaufbau der Pflanzen: Konstruktionseinheiten (Fortsetzung)

D. Verzweigungsrangordnung

Ein sich verzweigendes System, wie z. B. eine Pflanze, kann hinsichtlich der Hierarchie ihrer aufeinanderfolgenden Ordnungseinheiten beschrieben werden. Dieser Prozeß des Benennens der Rangfolge kann vom proximalen Ende der Pflanze, z. B. dem Stamm, ausgehen bis hin zu den äußersten distalen Zweiglein erfolgen (zentrifugal; Abb. **285c**); oder er kann an der Peripherie der Pflanze beginnen und hinab in Richtung Stamm verlaufen (zentripetal; Abb. **285e**). Dieses Verfahren wenden übrigens Geographen zur Beschreibung von Flußsystemen an (z. B. STRAHLER 1964). Bei der Anwendung eines dieser Systeme wird deutlich, wie unzureichend die Terminologie im allgemeinen ist. In der Regel kann jede Einheit einer bestimmten Seitenzweigordnung subjektiv leicht identifiziert werden als eindeutig erkennbarer Zweig jeder möglichen Größe (Abb. **285a**). Dennoch kann in vielen Fällen ein Zweig eine aus einer linearen Reihe von Sprossen zusammengesetzte Struktur sein, wobei sich jeder Sproß von einem bestimmten Apikalmeristem ableitet, d. h. ein Sympodium (S. 250) darstellt. Es ist demnach möglich, einen einzelnen Zweig in bezug auf seine Entwicklung zu beschreiben als eine Reihe von Konstruktionseinheiten unterschiedlicher Ranges (vergl. Abb. **285a** mit **285b** und Abb. **285e** mit **285f**). Dabei sollte erwähnt werden, ob die Einteilung der Konstruktionseinheiten in Ränge unter botanischen Gesichtspunkten erfolgt (Einteilung also in Module oder Glieder, S. 286) oder ob sie sich auf die als Ganzes erkennbaren Zweige bezieht (d. h. die Sproßachsen, S. 304).

E. Morphogenetische Einheiten und Extensionseinheiten

Diese Unterscheidung wurde von HALLÉ und MARTIN (1968) eingeführt um das rhythmische Wachstum von *Hevea brasilensis* zu beschreiben (siehe S. 260 und Abb. **283i**).

F. Modul (eine sich aus mehreren Elementen zusammensetzende Einheit innerhalb des Gesamtsystems)

Pflanzen und sitzenden Tieren wird ein modularer Aufbau zugeschrieben, d. h. sie sind aus gleichartigen, sich wiederholenden Einheiten aufgebaut, im Gegensatz zu denjenigen Tieren, deren Gestalt festgelegt ist und sich nur vergrößern kann. Das Modul-Konzept wird auf zweierlei Weise angewendet. Zum einen wird es als Übersetzung des französischen »l'article« (Glied) verstanden, was seiner eigentlichen botanischen Bedeutung entspricht (S. 286). Zum anderen wird es oft auch in einem viel ungenaueren Sinne verwendet und entspricht dann einem beliebigen Bauelement, das in dem Maße wiederholt wird, wie die Pflanze sich entwickelt. In diesem Zusammenhang kann ein Modul ein Blatt, ein Metamer, ein Phyton, ein Sproßglied, eine Rangordnungseinheit oder ein Dividuum (wie z. B. den Bestokkungstrieb eines Süßgrases; S. 170) darstellen. Es ist ein Bestandteil der

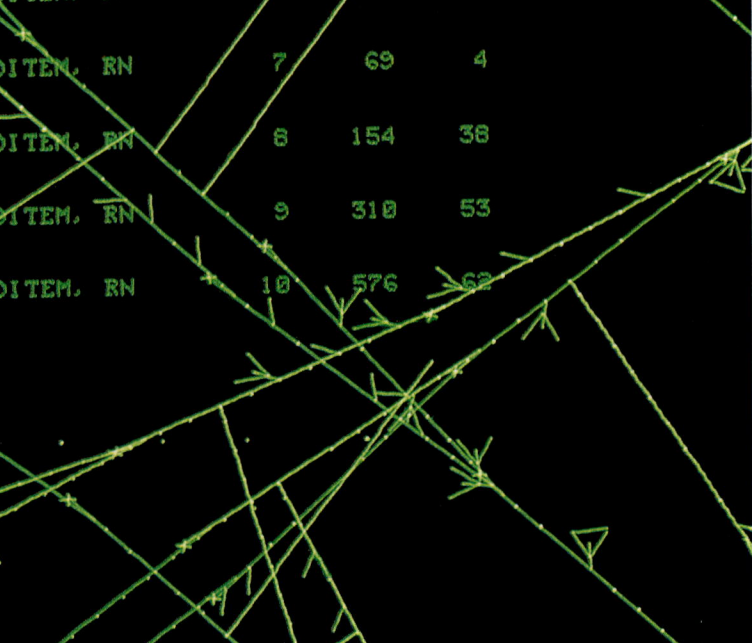

Abb. 284. Am Computer simuliertes, graphisch dargestelltes Wachstum einer modularen Pflanze (basierend auf der Wuchsform von Rhizomen der Bambus-Art *Phyllostachys* sp.; siehe Abb. **195d** und **311j**).

Verzweigungsaufbau der Pflanzen: Konstruktionseinheiten (Fortsetzung)

Pflanze, der »geboren« wird, »stirbt« und gezählt werden kann. Sowohl die Blätter als auch die Dividuen einer Graspflanze stellen im Leben der Pflanze temporäre Strukturen dar und können hinsichtlich ihrer Populationsdynamik kontrolliert werden (HARPER 1981, 1985).

G. *Sympodiale Einheit*
Die Unterscheidung zwischen einem sympodialen Ast (Sympodium) und einem monopodialen Ast (Monopodium) ist auf S. 250 ausgeführt. Das einzelne Sproßglied (»article«, S. 286) ist eine sympodiale Einheit.

H. *Architektonische Einheit,* siehe Seite 304.

I. *Phyllomorph*
Das Phyllomorph (S. 208) ist eine Konstruktionseinheit, die nur bei einer begrenzten Zahl von Pflanzenarten in der Familie der Gesneriaceae auftritt. Eine vergleichbare Konstruktionseinheit stellen die einzelnen Sproßglieder, die Vegetationskörper der Lemnaceae (S. 212) dar.

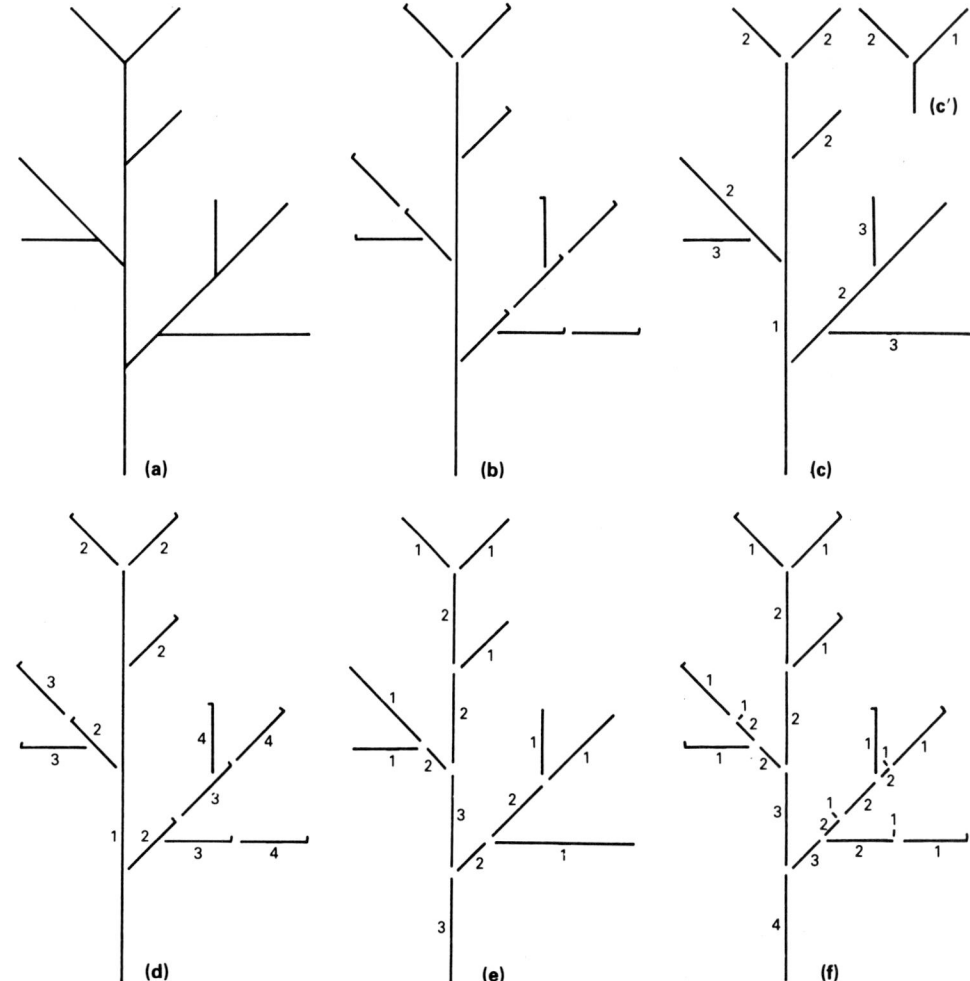

Abb. 285. Verzweigungsordnung. **a)** hypothetisches monopodiales Verzweigungssystem; **b)** dasselbe Grundsystem, jedoch unter Annahme eines sympodialen Aufbaus; **c)** zentrifugale Verzweigungsordnung, möglicher sympodialer Aufbau dabei außer Acht gelassen; **c')** ebenso mögliche distale Anordnung; **d)** zentrifugale Verzweigungsordnung, wobei der sympodiale Aufbau der Verzweigung berücksichtigt wurde; **e)** zentripetale Verzweigungsordnung (STRAHLER 1964). Trifft eine Einheit von Rang 1 auf eine weitere Rang-1-Einheit, so entsteht daraus eine Rang-2-Einheit. Trifft eine Einheit von Rang 1 auf eine andere, höheren Ranges, so wird der höhere Rang beibehalten. **f)** wie »e«, aber sympodial, wobei das abgestoßene Ende einer jeden sympodialen Einheit als ein Rang gezählt werden muß.

286 | Verzweigungssaufbau der Pflanzen: »article« (Sproßglied), sympodiale Einheit

Abb. 286. *Cyphomandra betacea*
Sowohl der Stamm als auch die Zweige sind aus sympodialen Einheiten (d. h. Modulen oder Gliedern) aufgebaut, die in einer Infloreszenz enden. Die Infloreszenz des obersten, jüngsten Stammoduls hängt von der obersten Etage horizontaler Äste herab. Prévostsches Modell (Abb. **295i**).

Die Zweige einer Pflanze sind entweder monopodial oder sympodial aufgebaut (S. 250). Ein sympodialer Zweig setzt sich aus einer Serie sympodialer Einheiten zusammen, die entweder indeterminiert (unbegrenzten Wachstums, Wuchs durch Apposition, Hinzufügung; Abb. **251e**) oder dadurch determiniert (begrenzten Wachstums) sind, daß sie ihre Entwicklung der Reihe nach einstellen; ihr Apikalmeristem wandelt sich dann zu einer Infloreszenz oder in irgendeine andere, nichtmeristematische Struktur um (Wuchs durch Substitution, Ersetzung; Abb. **251d**). Derartige sympodiale Einheiten sind die Haupt-Konstruktionseinheiten vieler Pflanzen und eines der auffälligen Merkmale der Baumarchitektur; sie stellen einen wesentlichen Bestandteil der Architekturmodelle (S. 288) dar. So können beispielsweise entweder die Zweige und/oder der Stamm eines Baumes aus einer entwicklungsgeschichtlichen Aufeinanderfolge determinierter sympodialer Einheiten aufgebaut sein, von denen jede von einem eigenen Apikalmeristem abstammt. Alle Einheiten können dabei gleichwertig sein (Abb. **295f**) oder, je nach dem ihnen innewohnenden Potential, verschiedenen ungleichartigen Typen angehören (Abb. **295i**). Bei manchen Pflanzenarten ist die Gleichartigkeit derart absolut, daß jede Einheit genau dieselbe Anzahl an Blättern trägt und alle Knospen das gleiche Potential aufweisen, zur selben Zeit austreiben sowie an gleichen Stellen angeordnet sind. Die Bedeutung dieser determinierten sympodialen Einheit für die Architektur einer Pflanze wurde zuerst von PRÉVOST (1967) auf französisch zum Ausdruck gebracht; sie verwendete dafür den Begriff

Verzweigungssaufbau der Pflanzen: »article« (Sproßglied), sympodiale Einheit

l'article. *L'article* bedeutet (Sproß-)Glied und leitet sich von dem lateinischen Wort articulus ab. In der Biologie kennzeichnet es einen gegliederten Aufbau und wurde ganz speziell im Pflanzenarchitekturmodell von PRÉVOST (1967) angewandt, um damit eine determinierte sympodiale Einheit in einem Sympodium (S. 250) zu kennzeichnen. »L'article« wurde in diesem Zusammenhang mit »Modul« übersetzt, ungeachtet der Tatsache, daß bereits das alte Wort »Caulomer« (STONE 1985) existierte, welches sich speziell auf eine sympodiale Einheit bezieht. Da »article« oder »Artikel« weder im Englischen noch im Deutschen Sproßglied bedeutet, und »Modul« in einer Reihe anderer Zusammenhänge verwendet wird (S. 284), wollen wir hier zur Erklärung des article/Sproßglied-Konzepts den Begriff *sympodiale Einheit* beibehalten. Das gesamte Buch hindurch wird noch ein anderer Begriff, die *Sproßeinheit* (oder einfach Sproß), benutzt, um damit eine Struktur zu benennen, die sich aus einem einzigen Apikalmeristem entwickelt hat; somit sind sowohl eine determinierte sympodiale Einheit, eine indeterminierte sympodiale Einheit (wie beim Appositionswachstum, Abb. **251e**) als auch ein Monopodium Sproßeinheiten (S. 250).

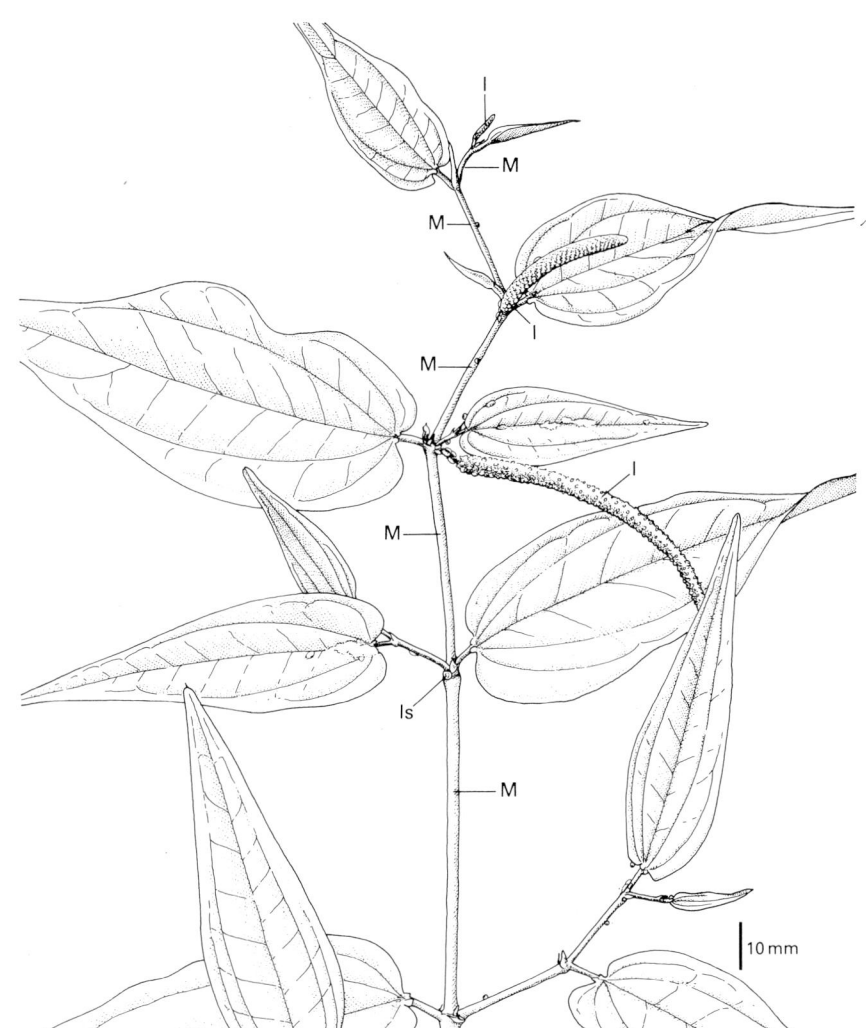

Abb. 287. *Piper nigrum*, blühender Ast. Jeder Sproßachsenabschnitt schließt mit einem Blütenstand ab und stellt somit ein Modul dar. I: Infloreszenz. Is: Infloreszenznarbe. M: Modul, d. h. eine sympodiale Einheit.

Verzweigungsaufbau der Pflanzen: Baumarchitektur, Entwicklungsmodelle

In diesem Buch liegt die Betonung auf der dynamischen Natur der Pflanzenmorphologie. Die Individuen einer Art stimmen während ihres Wachstums in vielen Grundzügen ihrer Entwicklung überein. Die Rolle des Apikalmeristems oder der »Knospe« im weiteren Sinne (S. 16) wird dabei hervorgehoben (S. 216) und Aspekte wie Position, Potential und Zeitpunkt der Aktivität des Apikalmeristems werden im Detail besprochen (S. 218–268). Betrachtet man ihren Aufbau, so stellt man fest, daß Pflanzen aus einer Ansammlung von Sprossen bestehen, wobei jeder Sproß (hier auch Sproßeinheit genannt, S. 286) aus einem Apikalmeristem hervorgeht. Diese Sprosse an sich sind entweder zu mehr oder weniger unbegrenztem Wachstum befähigt (monopodiales Wachstum, der Sproß stellt ein Monopodium dar), oder sie bestehen aus einer Aneinanderreihung von Einheiten (sympodiales Wachstum, ein Sproß besteht aus einer Reihe sympodialer Einheiten, S. 250). Bei den verschiedenen Pflanzenarten können diese möglichen Komponenten auf unterschiedliche Weise nebeneinander vorkommen; dies wurde im Detail insbesondere an tropischen Bäumen untersucht und formuliert (im Anschluß werden auch Bäume gemäßigter Breiten und andere Wuchsformen behandelt; S. 306, 308). Beobachtungen an aufeinanderfolgenden Entwicklungsereignissen, die über die gesamte Lebensspanne von Individuen verschiedener Baumarten hinweg stattfinden, zeigen, daß jede Art einen unverkennbaren Bauplan in sich trägt (Verzweigungsabfolge oder -muster), dem gemäß sich die junge Pflanze entwickelt. Die charakteristischen »Architekturmodelle« für tropische Bäume wurden von Hallé und Oldeman (1970; siehe auch Hallé et al. 1978) beschrieben. Ursprünglich führten die beiden Autoren 24 verschiedene Modelle auf, wobei jedes eine bestimmte Entwicklungsabfolge der Verzweigung darstellt. Anstatt die Modelle nach einer typischen Baumart zu benennen, die jedoch möglicherweise nicht weltweit geläufig ist, wurden sie daher nach bekannten Wissenschaftlerinnen und Wissenschaftlern benannt. Im pantropischen Regenwald wurden 21 Modelle erfaßt und 3 weitere vorhergesagt; eines davon wurde bald darauf gefunden (Stonesches Modell, Abb. **293e**). Ein anderes Modell (das McCluresche, Abb. **295c**) wurde später hinzugefügt (Hallé et al. 1978). Ein bedeutsamer Aspekt ist hierbei, daß dieses begrenzte Kontinuum an Modellen ausreicht, um die vielen hundert verschiedenen Baumarten, die nachfolgend untersucht wurden, in angemessener Weise zu erfassen. Die Verzweigungsverhältnisse bei Bäumen beschränken sich also auf diese relativ geringe Anzahl von Entwicklungsmodellen (vergl. Zwischenformen, S. 296). Die Verzweigung eines sich seinem Modell gemäß entwickelnden jungen Baumes kann im Laufe seines späteren Wachstums auf vielfältige Weise erweitert werden (Reiteration, Neuaustrieb, S. 298; Metamorphose, S. 300; Interkalation, S. 302). Die 23 existierenden Modelle der Baumarchitektur werden hier kurz vorgestellt. Da das Modellkonzept auch einen dynamischen Aspekt beinhaltet, wird bei jedem Modell die Entwicklung des Baumes in Form einer vereinfachten Bildergeschichte dargestellt (Abb. **291, 293, 295**; siehe auch Hallé et al. 1978). Die verschiedenen Modelle unterscheiden sich voneinander durch das Vorhandensein eines oder mehrerer der folgenden Merkmale:

- Stamm monopodial (S. 250, Abb. **289a**);
- Stamm sympodial (S. 250, Abb. **289b**);
- Stamm ununterbrochen wachsend (S. 260, Abb. **289c**);
- Stamm rhythmisch wachsend (S. 260, Abb. **289d**);
- Zweige orthotrop (S. 246, Abb. **289e**);
- Zweige sympodial und sympodiale Einheiten indeterminiert (d. h. sie verzweigen sich plagiotrop durch Hinzufügung, S. 250, Abb. **289f**);
- Zweige plagiotrop, verzweigt, aber nicht durch Hinzufügung (Abb. **289g, g'**);
- seitlich blühend (Abb. **289f**);
- terminal blühend (Abb. **289g**);
- dieselbe Sproßeinheit stellt im Verzweigungssystem sowohl orthotrope wie auch plagiotrope Komponenten zur Verfügung (ein »Misch«-Zweig; Abb. **289h, h'**);
- Bildung determinierter sympodialer Einheiten (Sproßglied, S. 286) eines einzigen Typs (Abb. **289i**);
- Bildung determinierter sympodialer Einheiten von zwei verschiedenen Typen (Abb. **298j**).

(Siehe auch Seiten 290, 292, 294.)

Verzweigungsaufbau der Pflanzen: Baumarchitektur, Entwicklungsmodelle | 289

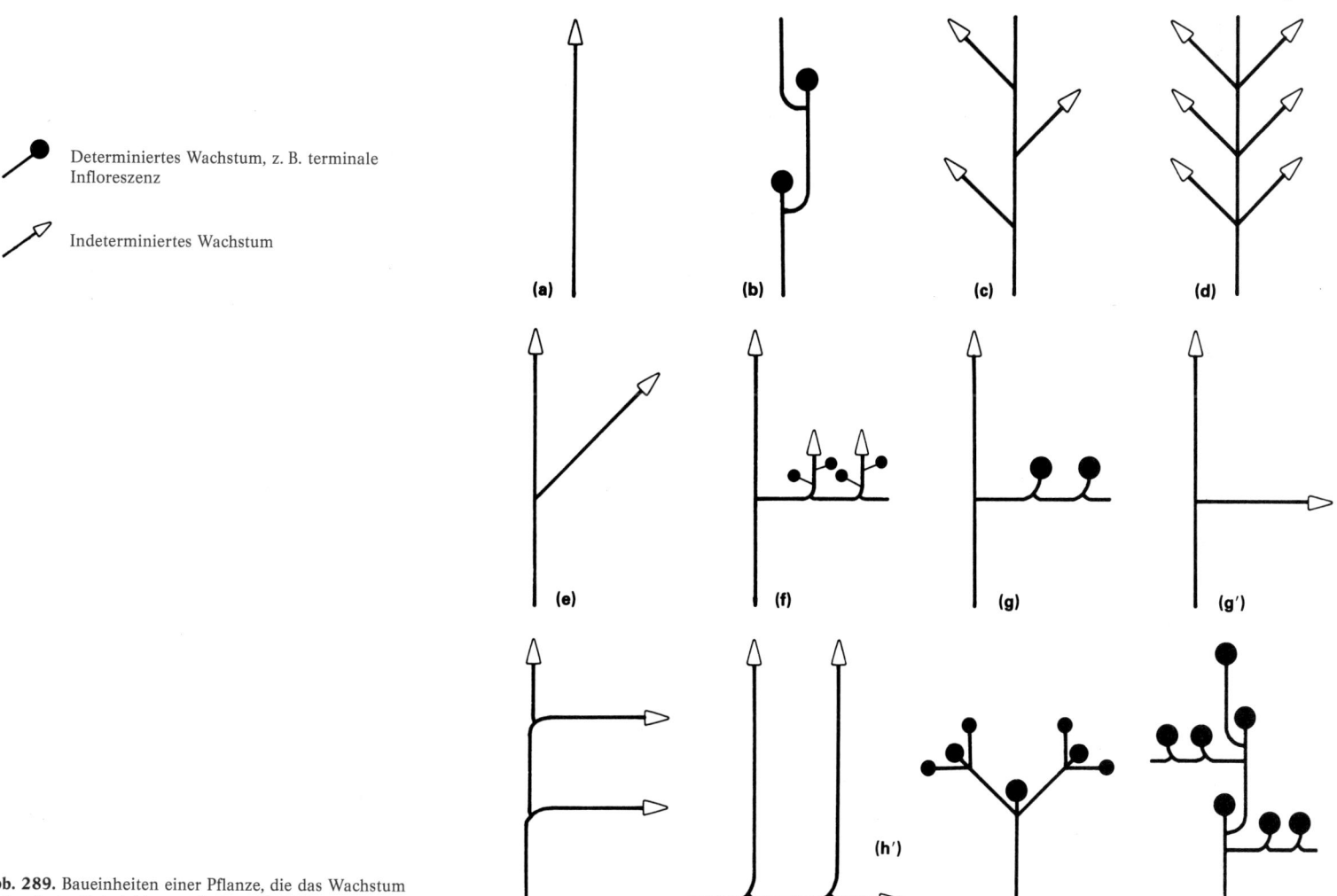

Abb. 289. Baueinheiten einer Pflanze, die das Wachstum im Laufe der Entwicklung aufzeigen (S. 288).

Verzweigungsaufbau der Pflanzen: Baumarchitektur, Entwicklungsmodelle (Fortsetzung)

Abb. 290a. *Ficus pumila*
Attimssches Modell.

Abb. 290b. *Piper* sp.
Petitsches Modell (Photo mit freundlicher Genehmigung des Institut Botanique, Montpellier, Frankreich).

Holttumsches Modell (Abb. **291c**, Vorwort)
Determinierter Stamm; terminaler Blütenstand. Keine Verzweigungen (außer den innerhalb der Infloreszenzen auftretenden, die aber für diese Analyse irrelevant sind).

*Cornersches Modell (Abb. **291d, 196**)*
Monopodialer (indeterminierter) Stamm; Blütenstände seitlich. Keine Verzweigungen (außer den innerhalb der Infloreszenzen auftretenden).

*Cooksches Modell (Abb. **291e, 268b**)*
Monopodialer (indeterminierter) Stamm mit ununterbrochenem Wachstum. Alle Zweige temporär.

*Attimssches Modell (Abb. **291f, 290a**)*
Monopodialer Stamm, ununterbrochenes Wachstum. Monopodiale Zweige orthotrop.

*Rauhsches Modell (Abb. **291g, 250**)*
Monopodialer Stamm, rhythmisches Wachstum. Monopodiale Zweige orthotrop.

*Rouxsches Modell (Abb. **291h, 246**)*
Monopodialer Stamm, ununterbrochenes Wachstum. Monopodiale Zweige plagiotrop.

*Massartsches Modell (Abb. **291i, 142**)*
Monopodialer Stamm, rhythmisches Wachstum. Zweige plagiotrop.

Petitsches Modell (Abb. **291j, 290b**)
Monopodialer Stamm, ununterbrochenes Wachstum. Zweige aus determinierten sympodialen Einheiten aufgebaut.

(Siehe auch Seiten 292, 294.)

Verzweigungsaufbau der Pflanzen: Baumarchitektur, Entwicklungsmodelle (Fortsetzung)

Abb. 291. a) *Paulownia tomentosa*, Fagerlindsches Modell, vergl. aber SCARRONE (S. 292); b) *Phellodendron chinense*, Scarronesches Modell; c)-j) Wuchsmodelle im Diagramm: c) HOLTTUM, d) CORNER, e) COOK, f) ATTIMS, g) RAUH, h) ROUX, i) MASSART, j) PETIT.

292 | **Verzweigungsaufbau der Pflanzen:** Baumarchitektur, Entwicklungsmodelle (Fortsetzung)

Fagerlindsches Modell (Abb. **293c, 291a**)
Monopodialer Stamm, rhythmisches Wachstum. Zweige aus determinierten sympodialen Einheiten zusammengesetzt.

Aubrévillesches Modell (Abb. **293d, 260a, 304**)
Monopodialer Stamm, rhythmisches Wachstum. Zweige plagiotrop durch Apposition (d. h. aus indeterminierten sympodialen Einheiten aufgebaut).

Stonesches Modell (Abb. **293e, 306**)
Monopodialer Stamm, ununterbrochenes Wachstum. Zweige orthotrop und sympodial.

Scarronesches Modell (Abb. **293f, 291b**)
Monopodialer Stamm, rhythmisches Wachstum. Zweige orthotrop und sympodial.

Trollsches Modell (für monopodiale Stämme; Abb. **293g, 292a**)
Stamm und Zweige sind plagiotrop mit Ausnahme vielleicht eines kurzen proximalen Abschnitts. Der monopodiale Stamm erfährt durch die Tätigkeit eines Kambiums eine nachträgliche Umorientierung hin zu einer vertikaler Ausrichtung.

Trollsches Modell (für sympodiale Stämme; Abb. **293h, 292b**)
Stamm und Zweige sind plagiotrop mit Ausnahme vielleicht eines kurzen proximalen Abschnitts. Der proximale Teil einer jeden sympodialen Komponente des Stamms wird nachträglich in eine vertikale Position umorientiert.

Mangenotsches Modell (Abb. **293i, 293a**)
Orthotroper sympodialer Stamm, der distale Abschnitt einer jeden sympodialen Einheit entwickelt sich seitwärts in Form eines plagiotropen Zweiges.

Champagnatsches Modell (Abb. **293j, 293b**)
Orthotroper sympodialer Stamm, der distale Abschnitt einer jeden sympodialen Einheit entwickelt sich seitwärts und biegt sich unter seinem eigenen Gewicht herab.

(Siehe auch Seiten 290, 294.)

Abb. 292a. *Prunus* sp.
Trollsches Modell (Abb. **293g**).

Abb. 292b. *Platanus hispanica*
Trollsches Modell (Abb. **293h**).

Verzweigungsaufbau der Pflanzen: Baumarchitektur, Entwicklungsmodelle (Fortsetzung)

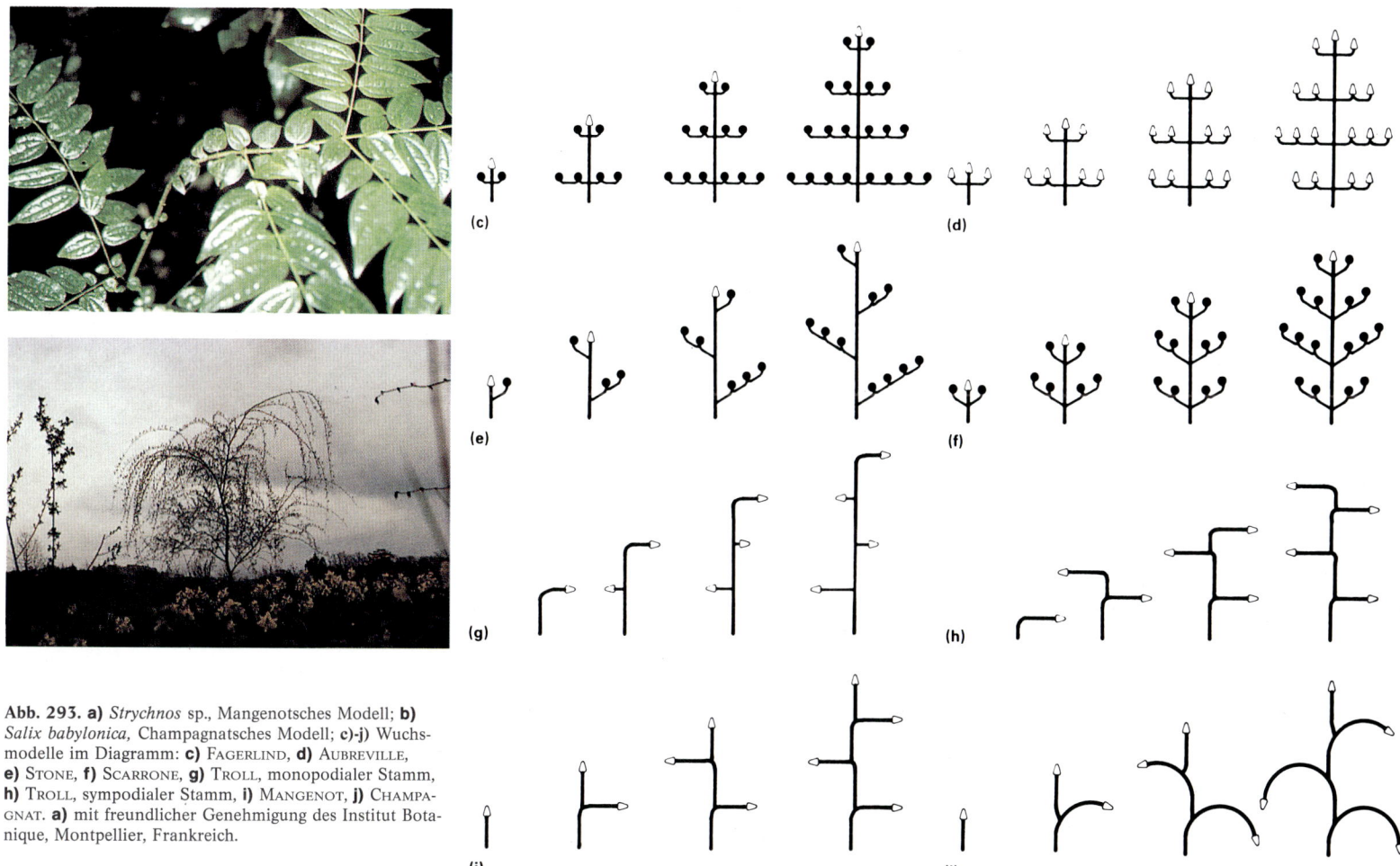

Abb. 293. a) *Strychnos* sp., Mangenotsches Modell; **b)** *Salix babylonica,* Champagnatsches Modell; **c)-j)** Wuchsmodelle im Diagramm: **c)** FAGERLIND, **d)** AUBREVILLE, **e)** STONE, **f)** SCARRONE, **g)** TROLL, monopodialer Stamm, **h)** TROLL, sympodialer Stamm, **i)** MANGENOT, **j)** CHAMPAGNAT. **a)** mit freundlicher Genehmigung des Institut Botanique, Montpellier, Frankreich.

Verzweigungsaufbau der Pflanzen: Baumarchitektur, Entwicklungsmodelle (Fortsetzung)

McCluresches Modell (Abb. **295c, 194a**)
Sympodiale Verzweigungsfolge, in welcher der proximale Teil jeder determinierten sympodialen Einheit plagiotrop ausgerichtet ist, während der distale Teil einen orthotropen Stamm bildet. Der Stamm trägt determinierte Zweige.

Tomlinsonsches Modell (Abb. **295d, 130**)
Sympodiale Verzweigungsfolge, in welcher jede orthotrope sympodiale Einheit dem proximalen Abschnitt der vorhergehenden Einheit entspringt. Sympodiale Einheiten indeterminiert oder determiniert.

Chamberlainsches Modell (Abb. **295e, 294a**)
Sympodialer Stamm, keine Verzweigungen. Jede sympodiale Einheit trägt genau eine entsprechende Einheit an ihrem distalen Ende.

Leeuwenbergsches Modell (Abb. **295f, 294b**)
Sympodiale Verzweigungsfolge. Jede sympodiale Einheit trägt mehr als eine gleichartige Einheit an ihrem distalen Ende.

Schoutesches Modell (Abb. **295g, 294a**)
Echte Dichotomie (S. 258) des Sproßscheitels in bestimmten Abständen. Seitlich blühend.

Koribasches Modell (Abb. **295h, 244, 266**)
Sympodialer Stamm. Jede sympodiale Einheit des Stammes trägt an ihrem distalen Ende mehr als einen seitlich auswachsenden Zweig. Einer dieser Zweige orientiert sich nachträglich in eine vertikale Position um und wird so zur nächsten Stammeinheit (S. 266).

Prévostsches Modell (Abb. **295i, 286**)
Sympodialer Stamm. Jede sympodiale Einheit des Stammes trägt an ihrem distalen Ende mehr als einen Zweig. Einer dieser Zweige ist in seiner Entwicklung verzögert und wächst vertikal aus, um so die nächste Baueinheit des Stammes zu bilden. Die anderen Zweige sind ursprünglich orthotrop, werden jedoch durch Apposition oder Substitution (S. 250) plagiotrop.

Nozeransches Modell (Abb. **295j, 295b**)
Sympodialer Stamm. Jede sympodiale Einheit des Stammes trägt an ihrem distalen Ende mehr als einen Zweig. Einer dieser Zweige ist in seiner Entwicklung verzögert und wächst vertikal aus, und bildet so die nächste sympodiale Einheit des Stammes. Die anderen Zweige sind plagiotrop und behalten dieses Verhalten bei, wenn sie als Stecklinge bewurzelt werden (S. 242).

Abb. 294a. *Epiphyllum* sp.
Chamberlainsches Modell.

Abb. 294b. *Euphorbia punicea*
Leeuwenbergsches Modell.

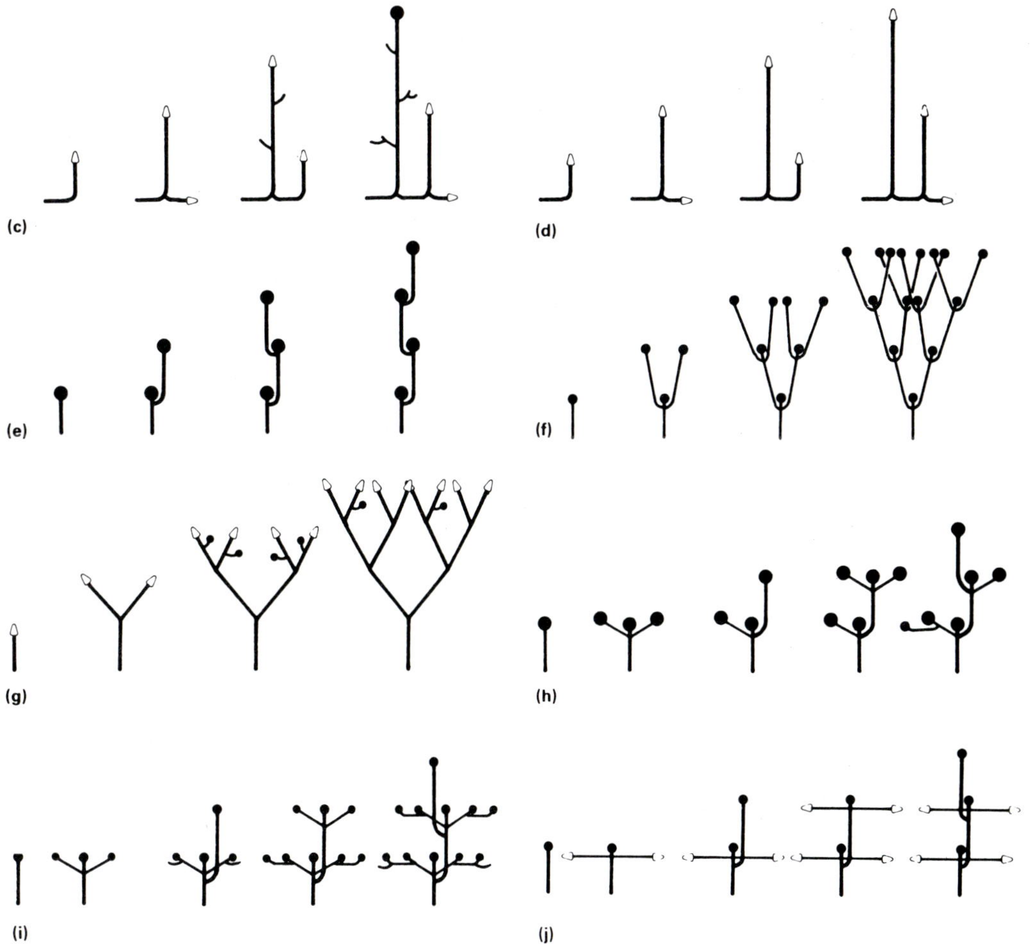

Verzweigungsaufbau der Pflanzen: Baumarchitektur, Entwicklungsmodelle (Fortsetzung)

Abb. 295. a) *Hyphaene thebaica*, Schoutesches Modell; **b)** *Geissospermum sericeum*, Nozeransches Modell; **c)-j)** Wuchsmodelle im Diagramm: **c)** McClure, **d)** Tomlinson, **e)** Chamberlain, **f)** Leeuwenberg, **g)** Schoute, **h)** Koriba, **i)** Prévost, **j)** Nozeran. **a)** mit freundlicher Genehmigung des Institut Botanique, Montpellier, Frankreich.

Verzweigungsaufbau der Pflanzen: Baumarchitektur, Abwandlungen der Modelle

Abb. 296. *Fremontodendron californica*
Ein orthotroper sympodialer Stamm (vergl. Abb. **251a**) mit orthotropen sympodialen Zweigen. Diese Kombination von Ast- und Stammarchitektur ist in keinem der von Hallé und Oldeman (S. 288) dargestellten Modelle vertreten.

Die Beschreibung der Entwicklung eines Baumes anhand einer Reihe von Modellen (S. 288–294) liefert einen guten Ansatzpunkt für Auslegung und Erklärung der Gestalt einer Pflanze. Es mag vielleicht überraschen, daß die meisten der untersuchten Bäume, sowohl tropischer wie auch gemäßigter Gebiete, wenigstens in ihren frühen Entwicklungsstadien sich gemäß dem einen oder anderen der 23 von Hallé et al. (1978) aufgelisteten Verzweigungsmuster verhalten. Die sich daran anschließende Entwicklung weist in der Regel bestimmte weitere Merkmale auf (S. 298, 300, 302). An dieser Stelle muß betont werden, daß diese genau definierten Modelle so gedacht sind, daß sie geläufige und durchgehend auftretende Aspekte entlang eines Kontinuums von Baumformen darstellen; es ist selbstverständlich möglich, bestimmte Merkmale nach anderen Gesichtspunkten zu kombinieren, woraus sich eine andere Art von Klassifikation ergibt (z. B. Guédès 1982). Hallé und Oldeman (1970) sagten genau voraus, daß es wahrscheinlich noch einige Wachstumsabfolgen geben müsse, die sie selbst noch nicht gefunden hatten. Ihr theoretisches Modell III beispielsweise ist inzwischen als Stonesches Modell bekannt (Abb. **293e**). Andere mögliche Muster, die in der bereits existierenden Reihe noch nicht auftreten, werden zweifellos noch gefunden werden. *Fremontodendron californica* kann sich mit einem sympodialen Stamm entwickeln und mit orthotropen sympodialen Zweigen (Abb. **296, 297f**), und so einen Vertreter des Prévostschen Modells (Abb. **297e**) oder eine sehr nahe Abweichung davon darstellen. Darüberhinaus kann die Umgebung eines Baumes auf seinen Grundaufbau Einfluß ausüben (Hallé 1978; Fischer und Hibbs 1982). Ein oft zitiertes Beispiel sind die Arten der Gattung *Arbutus*, die sich an sonnigen Standorten dem Leeuwenbergschen Modell (Abb. **297g**) gemäß entwickeln, im Schatten dagegen einen monopodialen Stamm ausbilden und so die Bedingungen des Scarroneschen Modells (Abb. **297h**) erfüllen. Ein solcher Umschwung in der Wuchsform von einem Modell zum anderen kann zwangsläufig während des Alterungsprozesses eines Baumes auftreten, ganz unabhängig von umweltbedingten Faktoren. Dennoch stellt dies kein »Problem« an sich dar, es zeigt lediglich, wie nützlich ein beschreibendes System, wie eben dieses Konzept der Architekturmodelle, sein kann, wenn es darum geht, komplexe Entwicklungsabfolgen zu entwirren. Sowohl der europäische Bergahorn (*Acer pseudoplatanus*, Aceraceae) als auch der in den Tropen beheimatete Baum *Isertia coccinea* (Rubiaceae) (Barthélémy 1986) sind im Laufe ihres Lebens einem Wandel der Verzweigungsentwicklung unterworfen, die im Hinblick auf unsere Modelle als Umschalten vom Rauhschen über das Scarronesche hin zum Leeuwenbergschen Modell (Abb. **297a-d**) beschrieben werden kann. Nur der Zeitpunkt dieser Entwicklungsereignisse hängt dabei von Umweltfaktoren ab, hauptsächlich der Beschattung. Ein wiederholt bei der Unterscheidung der Modelle einfließendes Kriterium sind Plagiotropie oder Orthotropie (S. 246). Um die jeweiligen Verhältnisse dabei richtig zu identifizieren, bedarf es mehr als nur der Kenntnis dessen, ob es sich um horizontales oder vertikales Wachs-

Verzweigungsaufbau der Pflanzen: Baumarchitektur, Abwandlungen der Modelle | 297

tum handelt; Verschiebungen in der Verzweigungsausrichtung können nämlich aufgrund von Gewicht (siehe Abb. **247b-e**) oder eines allmählichen Übergangs verschiedener Morphologien (S. 300) maskiert sein.

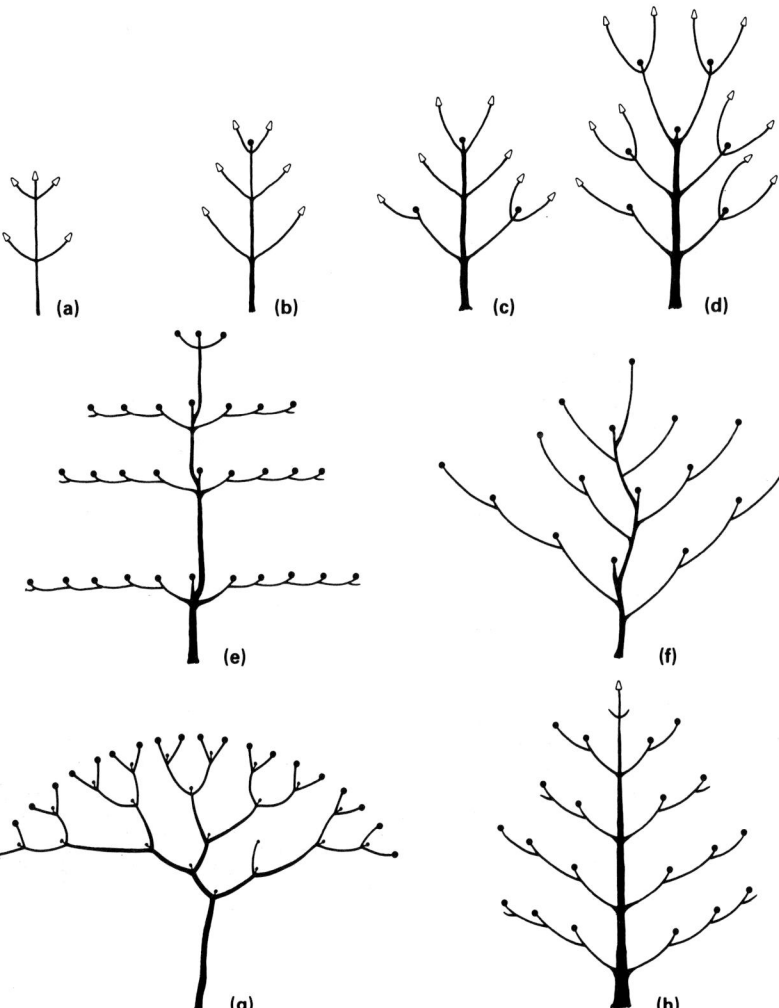

Abb. 297. a)-d) Ein Baum, der sich entwickelt vom **a)** Rauhschen Modell über das **b), c)** Scarronesche Modell, zum **d)** Leeuwenbergschen Modell (siehe Abb. 302); **e)** Prévostsches Modell; **f)** *Fremontodendron* sp., sowohl Stamm als auch Zweige sind orthotrop und sympodial; **g)** *Arbutus*, offene Vegetation, Leeuwenbergsches Modell; **h)** *Arbutus*, Schatten, Scarronesches Modell.

298 | Verzweigungsaufbau der Pflanzen: Baumarchitektur, Reiteration (Wiederholungs-, Neuaustrieb)

Während der fortlaufenden Entwicklung eines Baumes gibt es an Ästen und Stamm wahrscheinlich immer einige axilläre Knospen, die nicht austreiben, sondern in Ruhe verbleiben. Eine oder mehrere dieser Knospen können entweder durch eine Verletzung des vorhandenen äußeren Gerüsts der Pflanze oder durch günstige Umweltbedingungen zu einer nachträglichen Entwicklung veranlaßt werden. In jedem Fall wiederholt jedoch das aus der Aktivierung der schlafenden Knospe hervorgegangene Verzweigungssystem mehr oder weniger exakt die Entwicklungsabfolge, die auch die Mutterachse seit ihrem Keimlingsstadium durchgemacht hat. Durch neues Wachstum wird also ein Wiederholungstrieb gebildet (Reiteration, Neuaustrieb, vergl. S. 300) (OLDEMAN 1974), der genau dem Architekturmodell der Mutterpflanze entspricht. Adaptive Reiteration geschieht als Reaktion auf günstige Umweltbedingungen (Abb. **298a, 299a**); Wundreiteration entsteht als Folge einer Verletzung (Abb. **298b, 299c**). Eine Änderung der Umweltbedingungen, die nur einen Teil des Baumes betrifft, so z. B. eine Verletzung oder übermäßiger Lichtgenuß eines Zweiges, kann zu einem partiellen Neuaustrieb führen (Abb. **299e**); dabei werden eher die charakteristischen Merkmale des den anderen Zweigen zugrunde liegenden Architekturmodells wiederholt, als die dem Hauptstamm zugrunde liegenden. Reiteration kann also in Form eines Umdifferenzierungsprozesses auftreten. In diesem Falle ändert sich das Potential des Apikalmeristems eines Zweigsprosses, und – anstatt beispielsweise weiterhin plagiotrop zu wachsen – beginnt dieser, orthotrop zu wachsen und alle charakteristischen morphologischen Merkmale dieses Sproßtyps zu zeigen (Abb. **299f**). Der neue Sproß verhält sich somit gemäß den Wuchsregeln des Gesamtmodells. Ein derartiger Wechsel des Potentials, der zur Bildung eines Wiederholungstriebes führt, kann in einer Reihe von Zweigen auch allmählich erfolgen (Metamorphose, S. 300).

Abb. 298a. *Alstonia scholaris*
Adaptive Wiederholung. Drei orthotrope Achsen sind erkennbar, die mittlere stellt dabei eine relativ neue Achse dar, die aus einer ruhenden Knospe hervorgegangen ist. Vergleiche auch den jungen Baum in Abb. **286**, dem dasselbe Modell zugrunde liegt (Prévostsches Modell).

Die Fähigkeit zu Reiteration ist von Baumart zu Baumart verschieden. Bei einigen Arten tritt sie nicht einmal als Reaktion auf Verletzungen auf, so daß die individuelle Pflanze immer der ursprünglichen Ausgabe ihres Modells entspricht. Andere Arten treiben nahezu ausschließlich als Folge einer Verletzung erneut aus

Abb. 298b. *Ulmus procera*
Wundreiteration eines verletzten Baumes.

Verzweigungsaufbau der Pflanzen: Baumarchitektur, Reiteration (Wiederholungs-, Neuaustrieb)

(d. h. Wundreiteration). Wahrscheinlich die Mehrzahl der Pflanzenarten ist sowohl zu Wund- als auch zu adaptivem Neuaustrieb befähigt. Im allgemeinen gilt, je älter und größer ein Baum ist, desto kleiner werden die einzelnen Wiederholungstriebe. In einer ausgewachsenen Baumkrone treten daher Neuaustriebe auf, die größtenteils Kümmerformen des ursprünglichen Modells darstellen. Da Neuaustriebe in der Regel als Antwort auf Veränderungen der Umweltfaktoren auftreten, stellen sie bei der Pflanze keine vorhersehbaren architektonischen Ereignisse dar; die Verzweigungsabfolgen gemäß dem Modell dagegen sind meistens voraussagbar. Dennoch gibt es Hinweise dafür, daß bei einigen Pflanzen Reiterationsprozesse zwangsläufig auftreten und damit innerhalb der Entwicklungsgeschichte einer Pflanze vorhersagbar sind. *Tabebuia* (BORCHERT und TOMLINSON 1984) wächst beispielsweise in Übereinstimmung mit dem Leeuwenbergschen Modell (Abb. **295f**), bildet jedoch dadurch einen dominierenden Stamm, daß in bestimmten Abständen aufeinander sitzende einzelne Wiederholungstriebe entwickelt werden (Abb. **299d**).

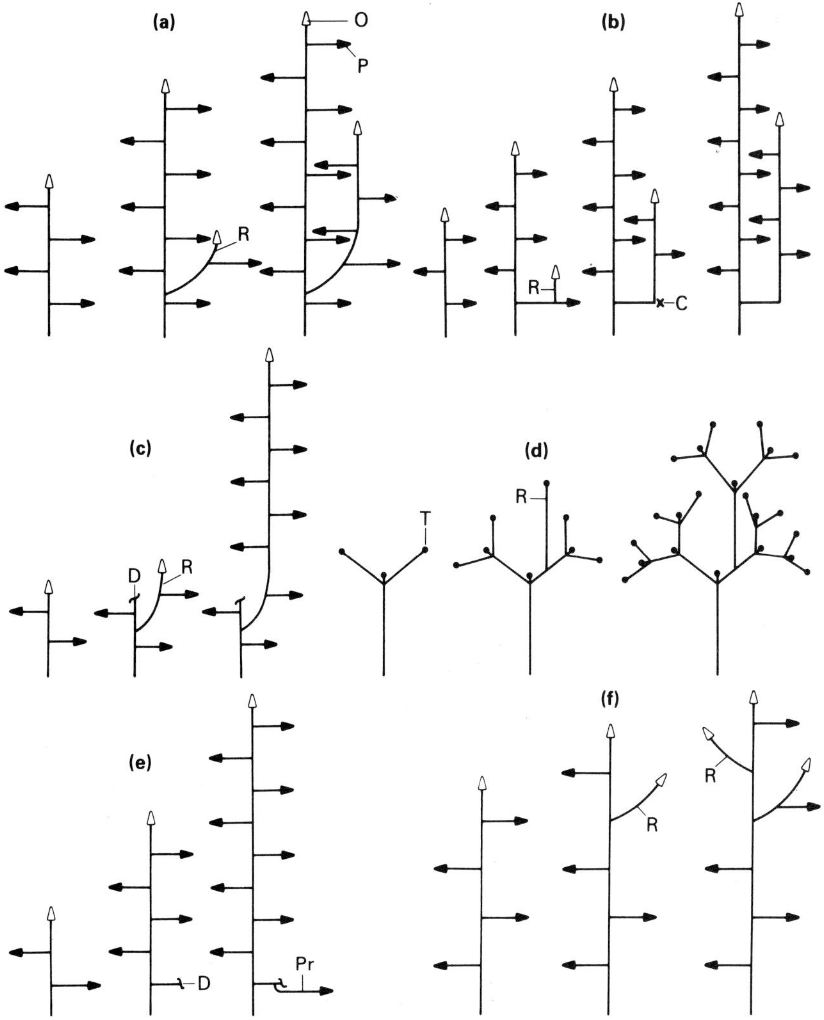

Abb. 299. Reiterationsformen (auf der Grundlage des Rouxschen Modells, Abb. **291h**). **a)** Adaptive Reiteration aus einer Stammknospe (proleptische Reiteration); **b)** adaptive Reiteration aus einer Zweigknospe (seitliche Reiteration); **c)** Wundreiteration; **d)** voraussagbare Reiteration; **e)** partielle Reiteration; **f)** Umdifferenzierung. C: Abwurf von Verzweigungen (S. 268). D: Verletzung. O: orthotroper Sproß. P: plagiotroper Sproß. Pr: partielle Reiteration. R: Reiteration (Wiederholung, Neuaustrieb). T: terminale Infloreszenz.

Verzweigungsaufbau der Pflanzen: Baumarchitektur, Metamorphose (Gestaltwandel)

Den fortschreitenden Aufbau eines Baumes versucht man mit Hilfe dreier ineinandergreifender Konzepte zu verstehen: dem Architekturmodell (S. 290–294), der Möglichkeit einer Modellwiederholung (Reiteration, S. 298) sowie dem Potentialwandel eines Astes, der einen Umschwung von plagiotropem Wuchs (S. 246) zu orthotropem Wuchs (S. 246) bewirkt. Dieser letztere Wandel heißt Metamorphose (HALLÉ und NG 1981; EDELIN 1984, 1990). Das Auftreten einer Metamorphose wurde für eine Reihe verschiedener Baumarten beschrieben; es ist zweifellos ein durchgehendes Merkmal vieler weiterer, noch zu erforschender Arten. Der Potentialumschwung des Apikalmeristems kann ganz plötzlich erfolgen, in dem Sinne, daß ein Ast noch plagiotrop ausgerichtet ist, der nächsthöhere Ast jedoch bereits orthotrop (Abb. **301a**). Erfolgt der Gestaltwandel hingegen allmählich, kann er sich auf zweierlei Art ausdrücken. Es kann eine Übergangszone vorhanden sein (Abb. **301b**), bei der jeder Ast an seinem proximalen Ende plagiotrop wächst, an seinem distalen Ende dagegen orthotrop. Je weiter und höher man dabei in der Übergangszone fortschreitet, desto größer wird der orthotrope Anteil der Achse. Im anderen Falle zeigen die nachfolgend gebildeten Zweige in ihrer Morphologie einen allmählichen Verlust an Merkmalen des plagiotropen Wuchses und eine gleichzeitige Zunahme von Eigenschaften orthotroper Äste (wie z. B. den Verlust einer gegenständigen Blattstellung zugunsten einer schraubigen; S. 224, Abb. **301c**). Das den Knospen eines Stammes innewohnende Potential ändert sich also; es steht wohl unter einer Art endogener Kontrolle. Auf welche Weise auch immer Metamorphose vor sich geht, die orthotropen Komponenten können das gesamte Potential des zugrundeliegenden Modells entfalten und somit Wiederholungstriebe darstellen (Reiteration, S. 298). Dieser Prozeß geht oft mit einer Zunahme der Verzweigungsintensität einher, so daß ganze Reiterationskomplexe dabei entstehen. Diese von Metamorphosevorgängen sich ableitenden Komplexe werden als sylleptische Reiterationskomplexe (Abb. **301d**) bezeichnet, um sie dadurch von Wiederholungstrieben zu unterscheiden, die aus ruhenden Knospen hervorgegangen sind (proleptische Reiteration, S. 298). Der Prozeß einer Metamorphose kann sich auf den gesamten Baum in unterschiedlichem Maß auswirken. Alle Achsen zweiter Ordnung (siehe Architekturanalyse, S. 304), d. h. solche, welche dem Stamm unmittelbar ansitzen, können davon betroffen sein, außer vielleicht die untersten, ältesten (z. B. Abb. **301a**); sie würden dann in einem Architekturplan dem Achsentyp A1 entsprechen (S. 304). Das Auftreten einer Metamorphose kann aber auch zerstreut erfolgen und weniger leicht zu identifizieren sein (Abb. **301e**). Sie kann sich ausschließlich auf Achsen zweiter Ordnung beschränken, so daß alle Achsen höherer Ordnung plagiotrop bleiben (Abb. **301f**). Im anderen Falle können jedoch auch der Reihe nach Achsen jeder Ordnung betroffen sein; dabei unterliegen die Achsen dritter Ordnung erst dann einem fortschrei-

Abb. 300. *Maesopsis eminii* Gestaltwandel im Rouxschen Modell (Abb. **291h**). Mit freundlicher Genehmigung des Institut Botanique, Montpellier, Frankreich.

Verzweigungsaufbau der Pflanzen: Baumarchitektur, Metamorphose (Gestaltwandel) | 301

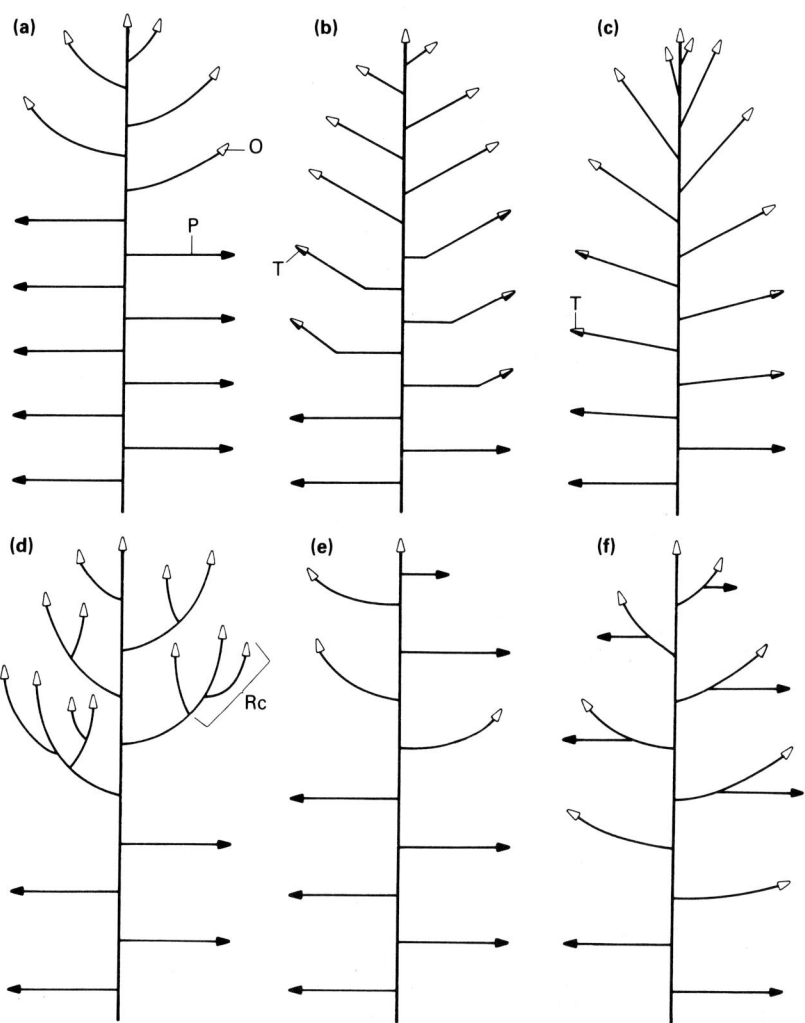

tenden Gestaltwandel in einer der oben beschriebenen Weise, wenn alle Achsen zweiter Ordnung den Wandel bereits vollzogen haben (siehe Interkalation, Einschaltung, S. 302). Wenn das normale Wachstum wieder aufgenommen wird, kann zwischen den einzelnen, die nachfolgenden Ordnungen der Achsen betreffenden Metamorphosen eine beträchtliche Pause eingeschaltet sein. Zusammenfassend läßt sich festhalten, daß es Bäume gibt, bei denen Metamorphose offenbar nicht auftritt; in anderen Fällen kann dieses Verhalten nahezu die gesamte Pflanze umfassen und mit einer Steigerung der Verzweigungen einhergehen, wobei jede dem Prozeß des Gestaltwandels unterworfen ist und sylleptische Reiterationskomplexe ausbildet. Bei anderen Bäumen tritt zwar auch Metamorphose auf, dabei werden aber keine derartig ausgedehnten Systeme gebildet.

Abb. 301. Metamorphoseformen. O: orthotroper Sproß. P: plagiotroper Ast. Rc: Reiterationskomplex. T: Übergangszweig.

Verzweigungsaufbau der Pflanzen: Baumarchitektur, Interkalation (Einschaltung, Einfügung)

Ein Einschaltungsprozeß, d. h. eine Entwicklung »eingeschobener« Organabschnitte (EDELIN 1984), findet dann statt, wenn ein Baum im Laufe seiner Entwicklung an Komplexität zunimmt und die das Sonnenlicht aufnehmende Peripherie des Baumes sich immer weiter vom Stamm entfernt. Man kann sich einen Baum aus drei Zonen aufgebaut vorstellen (Abb. **303a-c**): dem tragenden Stamm (1), der Randzone der Baumkrone (3), die in den meisten Fällen den Großteil des Sonnenlichts auffängt und meist der generative Bereich ist, und einer dazwischenliegenden Zone (2), die eine tragende Stuktur darstellt, welche bei größeren Bäumen den Zwischenraum zwischen der Peripherie und dem Stamm überbrückt. Die Zonen (1) und (3) sind immer vorhanden, Zone (2) wird erst während eines späteren Entwicklungsstadiums ein- oder zwischengeschoben[1]. In Abb. **303d-g** ist ein junger Baum dargestellt, der sich exakt dem Rouxschen Modell (Abb. **291h**) gemäß verhält, mit seinem monopodialen, orthotropen Stamm und den monopodialen, plagiotropen Zweigen. Die im späteren Verlauf seiner Entwicklung gebildeten neuen Äste stehen schräg nach oben (zeigen also einen Metamorphoseprozeß an, S. 300) und sind zwischen Zone (1) und Zone (3) eingeschoben. Die Zweige des Kronenrandes sind aber weiterhin plagiotrop. Dieser Prozeß setzt sich den Stamm hinauf weiter fort, so daß immer mehr Ordnungen von Zweigen zwischen Stamm und Peripherie der Krone eingeschaltet werden (Abb. **303h**). Diese Abfolge geschieht allerdings keineswegs unbegrenzt; kurze Zeit später erfolgt anstelle einer Interkalation, je nach Species, die Zunahme der Verzweigung

Abb. 302. *Acer pseudoplatanus* Interkalation. (Beachte die Gabelung an der Spitze des Stammes; siehe Abb. **297a-d**.)

Verzweigungsaufbau der Pflanzen: Baumarchitektur, Interkalation (Einschaltung, Einfügung) | 303

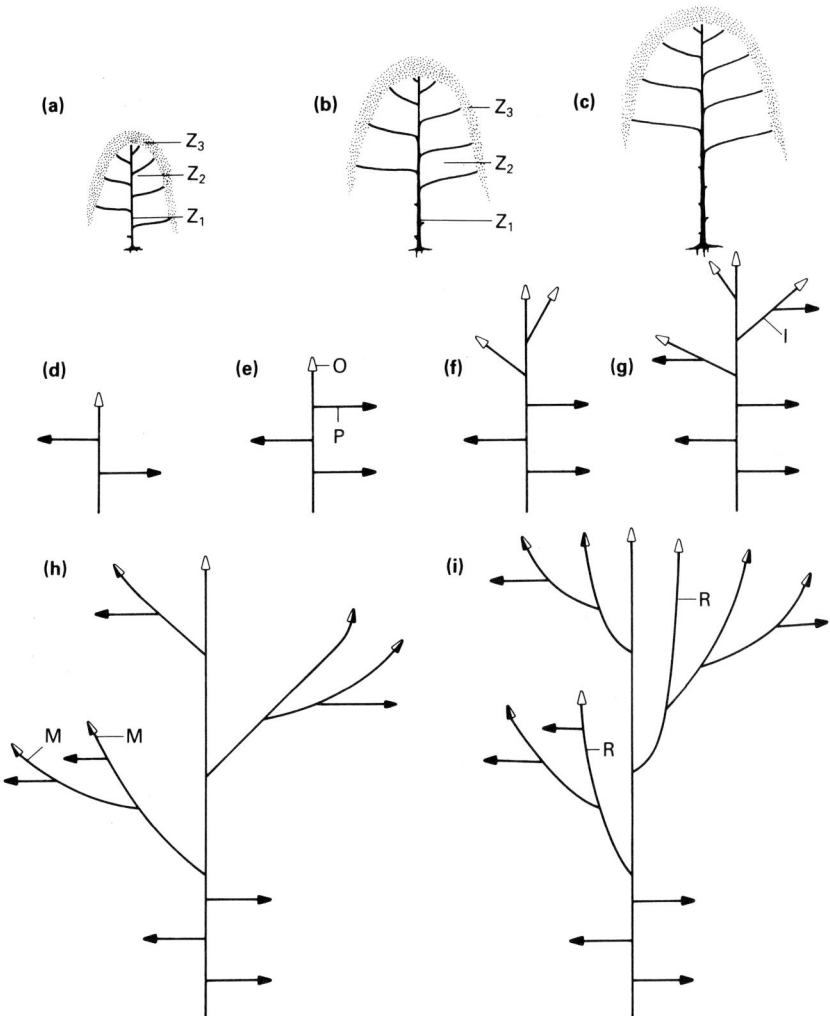

vielmehr aufgrund proleptischer Wiederholungstriebe (Abb. **303i**).

[1] In Wirklichkeit erfolgt natürlich keine Entwicklung neuer Zwischenabschitte, sondern alte Abschnitte übernehmen andere Funktionen während nahe der Peripherie neue Zweige gebildet werden.

Abb. 303. Interkalationsprozeß. I: Interkalation (Einschaltung). M: Metamorphose. O: orthotroper Sproß. P: plagiotroper Sproß. R: Reiteration (Wiederholung). Z_1: Zone 1, tragender Stamm. Z_2: Zone 2, dazwischengeschaltete Zone. Z_3: Zone 3, Peripherie der Krone.

Verzweigungsaufbau der Pflanzen: Baumarchitektur, Architekturanalyse

Abb. 304. *Sterculia* sp.
Aubrevillesches Modell (Abb. **293d**). Monopodialer Stamm. Zweige sympodial durch Apposition (S. 250). Man beachte die schlanken orthotropen, distalen Enden der sympodialen Zweigeinheiten auf der oberen Seite des kräftigen Astes.

Es ist weder unbedingt erforderlich noch von besonderem Nutzen, die Verzweigung eines einzelnen Baumes bis in alle Einzelheiten vollständig zu beschreiben. Man neigt inzwischen vielmehr dazu, die allgemein gültigen Regeln der Verzweigung bei Baumarten darzustellen, d. h. die allgemeine, aber dennoch vorhersagbare Entwicklungsabfolge, die für jedes Individuum erwartet werden kann. Dabei ist natürlich in Betracht zu ziehen, daß jede einzelne Pflanze in gewisser Weise ihre individuelle, in den Details einzigartige Verzweigung aufweist, schon aufgrund der wiederum einzigartigen Umweltbedingungen ihres Standorts. In der Entwicklung seiner Verzweigung weist ein Baum (oder eine andere Pflanzenform, S. 306, 308) eine Reihe morphologischer Besonderheiten auf, welche durch das Architekturmodell (S. 288), Reiteration (Entwicklung von Wiederholungstrieben, S. 298), Metamorphose (S. 300) und Interkalation (Einschiebung, S. 302) gegeben sind. Um nun all diese Merkmale zusammenzufügen und das wesentliche in der Abfolge der Entwicklungsereignisse, vom auskeimenden Samen bis hin zum alternden Baum, einzugrenzen, ist eine vergleichende Übersicht dieser Aspekte oder eine Architekturanalyse vonnöten (EDELIN 1977, 1984; BARTHÉLÉMY et al. 1989a) (siehe auch Altersstadien, S. 314). Ein grundlegender Punkt, den man dabei nicht unerwähnt lassen sollte, ist, daß es bei jeder Pflanzenart eine begrenzte Anzahl von Zweigkategorien gibt, die in ihrer Gesamtheit eine architektonische Einheit ausmachen. Um mögliche Unklarheiten bei den Begriffen »Zweig« oder »Ast« (S. 280) zu vermeiden, bezeichnet man diese Zweigklassen als Achsentyp 1 (der Stamm oder eine der Stamm-Hauptkomponenten eines Baumes), Achsentyp 2, Achsentyp 3 und so fort. Diese Achsentypen müssen nicht unbedingt den Zweigrängen 1, 2 und 3 (S. 284) entsprechen, da der äußerste Achsentyp – möglicherweise mit Blättern – bei einem sehr jungen Baum unmittelbar dem Stamm (Achsentyp 1) entspringt oder, bei einem älteren Baum, an einer Achse vom Typ 3 oder 4 (Abb. **303d-i**). Jede Art besitzt eine unterschiedliche Ausstattung (architektonische Einheit) an Achsentypen. Demnach besteht die architektonische Einheit, wie anhand eines hypothetischen Beispiels bereits gezeigt wurde (Abb. **305a**), aus drei verschiedenen Zweigkategorien, wobei jede in bezug auf eine dynamischen Prozessen unterworfene Morphologie definiert ist, d. h. hinsichtlich Potential, Position und Zeitpunkt des Austreibens; sie sind in einem Architekturplan zusammengefaßt (Abb. **305g**). Dies sind die am Aufbau beteiligten Komponenten, die im Zusammenwirken miteinander das äußere Gerüst einer Pflanze ausmachen. Sie werden gemäß dem Entwicklungsmodell (S. 288), dem der Baum zugeordnet werden kann, aneinandergefügt und in einigen Fällen durch Metamorphoseprozesse (S. 300) modifiziert, wodurch z. B. eine Achse vom Typ 2 die Eigenschaften einer Typ-1-Achse annehmen kann. In Abhängigkeit von der jeweiligen Art wird die Verzweigungsfolge, die sie darstellen, innerhalb des Gesamtgefüges durch Reiterationsprozesse (S. 298) wiederholt. Mit Hilfe der Architektureinheit, Diagrammen, welche die Entwicklungsabfolge der Verzweigung darstellen (Abb. **305c-f**), sowie Beobachtungen bezüglich des Auftre-

Verzweigungsaufbau der Pflanzen: Baumarchitektur, Architekturanalyse

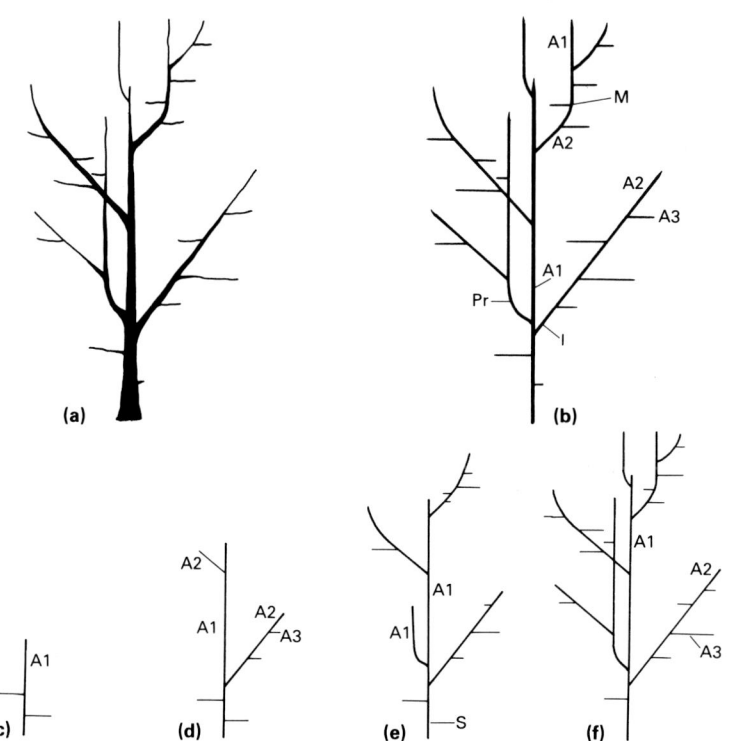

(g)

Achse 1	Achse 2	Achse 3
monopodial	monopodial	monopodial
ununterbrochenes Wachstum	ununterbrochenes Wachstum	ununterbrochenes Wachstum
orthotrop	orthotrop	plagiotrop
spiralige Blattstellung	spiralige Blattstellung	distiche Blattstellung
nicht generativ	nicht generativ	generativ
nicht laubabwerfend	nicht laubabwerfend	laubabwerfend
große Schuppenblätter	kleine Schuppenblätter	Laubblätter
unbegrenztes Wachstum	auf lange Sicht begrenztes Wachstum	begrenztes Wachstum

Abb. 305. Architekturanalyse. **a)** Hypothetischer Baum; **b)** vereinfachtes Diagramm von »a«; **c)-f)** Entwicklungsabfolge von »b«; **g)** hypothetischer Architekturplan der Abfolge **c)-f)**. A1: Achsentyp 1. A2: Achsentyp 2. A3: Achsentyp 3. I: Einschaltung (Interkalation) von A2 zwischen A3 und A1. M: Metamorphose von A2 zu einer Achse vom Typ A1. Pr: proleptische Reiteration. S: A3 von selbst abgefallen (Zweigabwurf, S. 268).

tens von Metamorphose und Reiteration läßt sich eine allgemeine Übersicht über die Form und Gestalt einer Pflanze gewinnen. Um zu dieser Übersicht zu gelangen, ist es unumgänglich, Pflanzen verschiedener Altersstadien zu studieren und an weiteren Pflanzen verschiedenen Alters und unterschiedlicher Standorte ihre Gültigkeit zu überprüfen (EDELIN 1990).

Verzweigungsaufbau der Pflanzen: Architektur der krautigen Pflanzen

Abb. 306. *Rhipsalis bambusoides*
Eine Kaktus-Art (S. 202) mit einer monopodialen Hauptachse und modularen (S. 284) Seitenzweigen, dem Baumarchitekturmodell von STONE entsprechend (Abb. **293e**).

Ein System zur Analyse der Baumform unter dem Aspekt der Entwicklung von Verzweigungsmustern wird in den Abschnitten 288–304 behandelt. Dieser Ansatz kann ebenso auf Verzweigungsuntersuchungen krautiger Pflanzen angewandt werden (JEANNODA-ROBINSON 1977). Das Tomlinsonsche Modell und das McCluresche (Abb. **295d, c**) sind in der Tat sogar besser auf krautige Pflanzen als auf baumartige Pflanzenformen anzuwenden. Viele krautige Pflanzen weisen ein Verzweigungssystem auf, das ohne weiteres mit einem der Architekturmodelle von HALLÉ und OLDEMAN (1970) verglichen werden kann. Viele horstbildende Pflanzen beispielsweise stellen Vertreter des Leeuwenbergschen Modells (Abb. **295f**) dar. Die orthotropen Komponenten können bei krautigen Pflanzen weitgehend fehlen; die Betonung liegt vielmehr auf einem plagiotropen Wuchs. Bei ausläuferbildenden Arten kann ein ausgedehntes plagiotropes, monopodiales System ausgebildet sein, das in bestimmten Abständen orthotrope Achsen trägt; im anderen Fall ist das gesamte System sympodial, wobei das proximale Ende einer sympodialen Einheit plagiotrop ausgerichtet ist und das distale Ende orthotrop (Abb. **289h'**). Diese verschiedenen Kombinationen sind teilweise dazu geeignet, darin das eine oder andere Modell eindeutig zu erkennen. Die Art der Entwicklung eines Baumstammes ist zweifellos ein entscheidender Faktor bei der Bestimmung des zugrundeliegenden Modells, und dieses Merkmal fehlt den krautigen Pflanzen. Krautige Pflanzen weisen eindeutig Reiterationen auf (Wiederholungstriebe, S. 298). Ob auch die Konzepte von Metamorphose (S. 300) und Interkalation (S. 302) anwendbar sind, wird das Ziel weiterer Betrachtungen sein. Metamorphose ist ein Vorgang, der bei einem Baum zur Ausbildung einer mehr oder weniger determinierten Krone führt. Dies kann auch auf Stauden und Halbsträucher zutreffen, wahrscheinlich aber nicht auf unbegenzt wachsende, klonierende Pflanzen, die sich unendlich ausbreiten. JEANNODA-ROBINSON (1977) teilt die krautigen Pflanzen wie folgt ein:

(1) Anordnung gemäß eines Modells (Abb. **307a, b, 306**);

(2) Anordnung gemäß eines Modells in niederliegender Form (Abb. **307d-f**);

(3) Anordnung nach einem Teil eines Verzweigungssystems eines Modells (Abb. **307c**);

(4) Aufweisen neuer Verzweigungsfolgen.

Wahrscheinlich könnte eine gründliche Analyse der Architektur krautiger Pflanzen, wie sie für Bäume bereits versucht wurde (S. 304), zu einem entsprechenden System führen, anhand dessen man die Entwicklung ihrer Verzweigung nachvollziehen könnte; in vielen Punkten stimmten diese Systeme wohl überein. Krautige Pflanzen wachsen auf oder nahe der Erdoberfläche und verfolgen in ihrer Entwicklung eher eine horizontale Richtung als eine vertikale; dieser Gesichtspunkt spiegelt sich in ihrem Verzweigungsverhalten wider (S. 310).

Verzweigungsaufbau der Pflanzen: Architektur der krautigen Pflanzen | 307

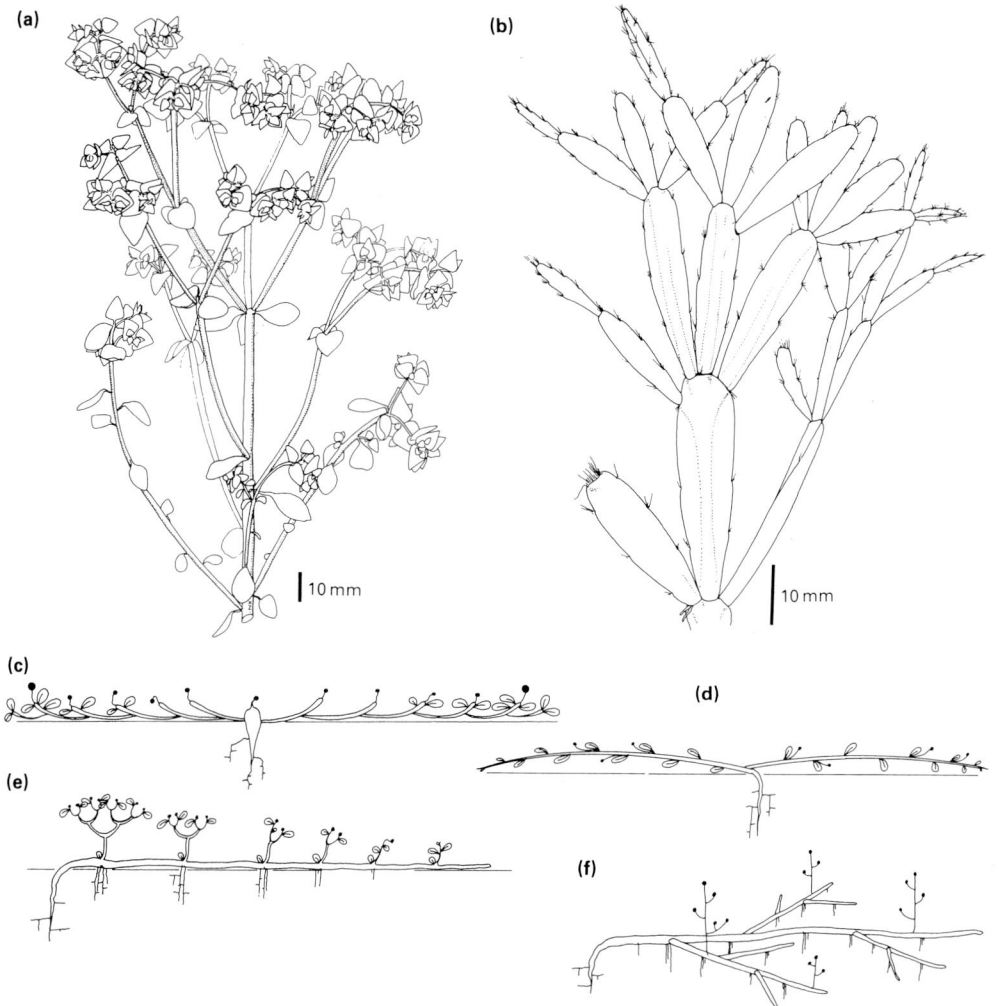

Abb. 307. a) *Euphorbia peplus* (Rauhsches Modell, Abb. **291g**); **b)** *Rhipsalidopsis rosea* (Leeuwenbergsches Modell, Abb. **295f**); **c)** Teilansicht des Prévostschen Modells (Abb. **295i**); **d)** niederliegende Form des Trollschen Modells (Abb. **293g**); **e)** niederliegende Form des Stoneschen Modells (Abb. **293e**); **f)** niederliegende Form des Attimsschen Modells (Abb. **291f**). **c)-f)** nach Jeannoda-Robinson (1977).

Verzweigungsaufbau der Pflanzen: Architektur der Lianen

Architektonische Entwicklungsmodelle, die sich auf die Verzweigungsmuster von Bäumen (S. 288) und krautigen Pflanzen (S. 306) anwenden lassen, können auch für andere Wuchsformen gefunden werden. So zeigen beispielsweise holzige Kletterpflanzen (Lianen), deren Vertreter einer Reihe verschiedener, nicht miteinander verwandter Arten angehören, dennoch ein bestimmtes Spektrum an Verzweigungsmustern. Bis zu einem gewissen Grad stimmen diese Muster mit denen überein, die bei Bäumen gefunden wurden; es treten jedoch bestimmte morphologische Eigenschaften auf, die den kletternden Habitus widerspiegeln, so z. B. die Ausbildung terminaler Ranken im Leeuwenbergschen Modell (Abb. **309a**) an einer Stelle, wo bei einem freistehenden Baum Infloreszenzen auftreten würden. Andere, sich wiederholende Verzweigungsmuster sind ausschließlich auf Lianen beschränkt und kommen bei Bäumen nicht vor. Ein durchgehendes Merkmal in der Architektur der Lianen ist darüber hinaus die Ausbildung zweier verschiedener Formen, einer Juvenilform und einer adulten Form (vergl. Erstarkung, S. 168; Alterstadien, S. 314). Die Jugendformen können dabei, im Gegensatz zu den ausgewachsenen Pflanzen, freistehend sein und langsam wachsen. Umgekehrt können die juvenilen Formen (oder ein Wiederholungstrieb, S. 298) jedoch auch ausläufer- oder rhizombildende Sprosse darstellen, deren distale Enden sich zur adulten Form umwandeln, sobald sich eine geeignete Trägerpflanze findet. CREMERS (1973, 1974; ebenso zitiert in HALLÉ et al. 1978; CABELLÉ 1986) erfaßte Lianen von der afrikanischen Elfenbeinküste, die 25 verschiedenen Arten und 15 Familien angehören und die sich 13 der von HALLÉ und OLDEMAN (1970) beschriebenen Baummodellen zuordnen lassen, nämlich dem von CORNER (Abb. **291d**), TOMLINSON (Abb. **295d**), CHAMBERLAIN (Abb. **295e**), LEEUWENBERG (Abb. **295f**), SCHOUTE (Abb. **295g**), PETIT (Abb. **291j**, **309b**), NOZERAN (Abb. **295j**), MASSART (Abb. **291i**), ROUX (Abb. **291h**, **309c**), COOK (Abb. **291e**), CHAMPAGNAT (Abb. **293j**), MANGENOT (Abb. **293i**) und TROLL (Abb. **293g, h**). Weitere 11 Arten zeigen einen Konstruktionsaufbau, der bei Bäumen nicht anzutreffen ist und 3 Grundtypen zugeordnet werden kann:

(1) Jugendform orthotrop (S. 246); adulte Form monopodial kletternd, mit seitlichen Infloreszenzen (Abb. **309d**);

(2) Jugendform orthotrop; adulte Form sympodial kletternd (Abb. **309e**);

(3) Jugendform plagiotrop (S. 246) und dann mit Hilfe sproßbürtiger Wurzeln kletternd (Abb. **309f**).

Abb. 308. *Bauhinia* sp. Proximales Ende einer Liane (vergl. Abb. **121c**).

Verzweigungsaufbau der Pflanzen: Architektur der Lianen

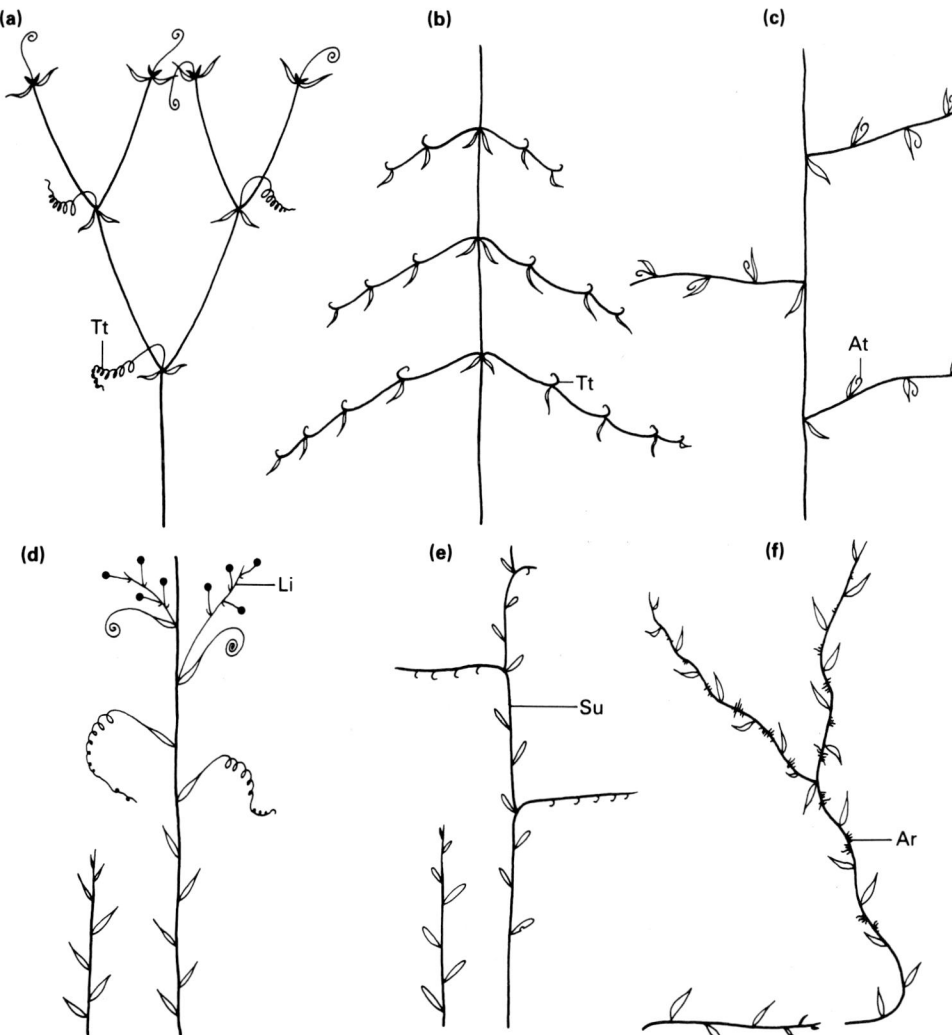

Abb. 309. a) Leeuwenbergsches Modell (Abb. **295f**);
b) Petitsches Modell (Abb. **291j**); **c)** Rouxsches Modell (Abb. **291h**); **d)** monopodial mit seitlichen Blütenständen; **e)** sympodial; **f)** mit Hilfe sproßbürtiger Wurzeln kletternd. Ar: sproßbürtige Wurzel. At: axilläre Ranke. Li: seitliche Infloreszenz. Su: sympodiale Einheit. Tt: terminale Ranke.

310 | Verzweigungsaufbau der Pflanzen: pflanzliches Verhalten

In diesem Buch liegt eine gewisse Betonung auf der dynamischen Natur einer Blütenpflanze. Eine Pflanze ist kein statisches Objekt, sondern verändert unter Hinzufügen neuer Komponenten und dem Verlust anderer ständig ihre Gestalt. In ihrer Rolle als Wissenschaft hat sich die Pflanzenmorphologie in starkem Maße der Beschreibung der einzelnen pflanzlichen Organe gewidmet, während sie dem hochentwickelten Ganzen oft weniger Beachtung beigemessen hat. Um der Morphologie einer Pflanze jedoch vollständig gerecht zu werden, müssen auch die dynamischen Aspekte – von zwei Standpunkten aus betrachtet – miteinbezogen werden. Zum einen

Abb. 310. *Parthenocissus tricuspidata*
Das Wachstum dieser Pflanze auf der Oberfläche eines flachen Felsens (oder einer Mauer) zeigt eine Übereinstimmung in der Verzweigung. Von einem beliebigen Punkt dieser Verzweigungssequenz ausgehend, wird man feststellen, daß zwei beliebige, derselben Seite der Sproßachse entspringende Ranken ausnahmslos eine Knospe oder einen Seitenzweig aufweisen, der zwischen ihnen auf derselben Seite austreibt (siehe S. 122 und Abb. **229b**).

kann man die Form einer Pflanze leichter interpretieren, wenn man die Abfolge der Entwicklungsereignisse kennt, anstatt sich auf eine reine Beschreibung der einzelnen und isoliert voneinander untersuchten Organe zu konzentrieren. Zum anderen kann eine Pflanze als dynamisch dahingehend angesehen werden, daß sie wächst und sich so in ihre sie umgebende Umwelt hinein ausdehnt. In diesem Zusammenhang wurde von Zeit zu Zeit der Vergleich angestrebt, die Form einer Pflanze oder, genauer gesagt, die Veränderungen der Form aufgrund ihres Wachstums entsprächen dem Verhalten der Tiere. ARBER (1950) meint daher: »Innerhalb des Pflanzenreichs kann man Gestalt als etwas verstehen, das dem aus der Zoologie bekannten Verhalten entspricht; ... für die meisten, wenn auch nicht alle Pflanzen sind die einzig möglichen Formen des Agierens entweder Wachstum oder das Abwerfen von Pflanzenteilen, welche beide eine Veränderung von Größe und Gestalt des Organismus mit sich bringen.« Im allgemeinen – in Kolonien lebende, festsitzende Tiere ausdrücklich ausgeschlossen – verändert ein Tier seine Gestalt nicht, es bewegt sich jedoch seinem jeweiligen Verhaltensmuster gemäß auf der Suche nach Nahrung. In entsprechender Weise bewegt sich eine Pflanze durch Wachstum und entfernt sich von dem Platz, an dem sie ausgekeimt ist. Dies geschieht in der Regel durch Verzweigung; die Zweige versorgen dabei die assimilierende Blattfläche und breiten sie in den Raum hinein aus. Eine Kontrolle dieser Verzweigungen (S. 288–294), die wiederum die assimilierende Fläche ausbilden, kann mit dem Suchverhalten eines Tieres verglichen werden.

Deutliche Beispiele für Bewegungen aufgrund von Wachstum geben rhizombildende Pflanzen (S. 130) ab; eine Ausdehnung an ihrem distalen Ende wird durch Absterben und Zerfall am proximalen Ende ausgeglichen; dadurch entsteht ein mobiler Organismus. Die Langtriebe eines Baumes (Abb. 254) wurden so beschrieben, daß sie die Umwelt sozusagen erkunden, während die Kurztriebe, welche sie entlang ihrer Achse tragen, diese eben erforschte Umwelt auswerten. Faßt man nun die in Form von Verzweigungsmustern ausgedrückte Gestalt einer Pflanze als Gegenstück zum Suchverhalten eines Tieres auf (BELL 1984; SUTHERLAND und STILLMAN 1988), so ist es verlockend, nach der Effizienz dieser Verzweigungsmuster (S. 312) zu suchen. Zweifellos ist dabei das relativ bescheidene Spektrum an Verzweigungsmustern, das bei Pflanzen offensichtlich vorherrscht (S. 288), von großer Bedeutung, wie auch die Tatsache, daß ähnliche Muster bei nicht miteinander verwandten Pflanzen auftreten (Abb. 311). Eine Abhandlung von Wachstumsbewegungen findet sich bei HART (1989), ein Beitrag zu pflanzlichem Verhalten bei SILVERTOWN und GORDON (1989). Über ein Erfühlen weit entfernter Nachbarpflanzen berichten NOVOPLANSKY et al. (1990).

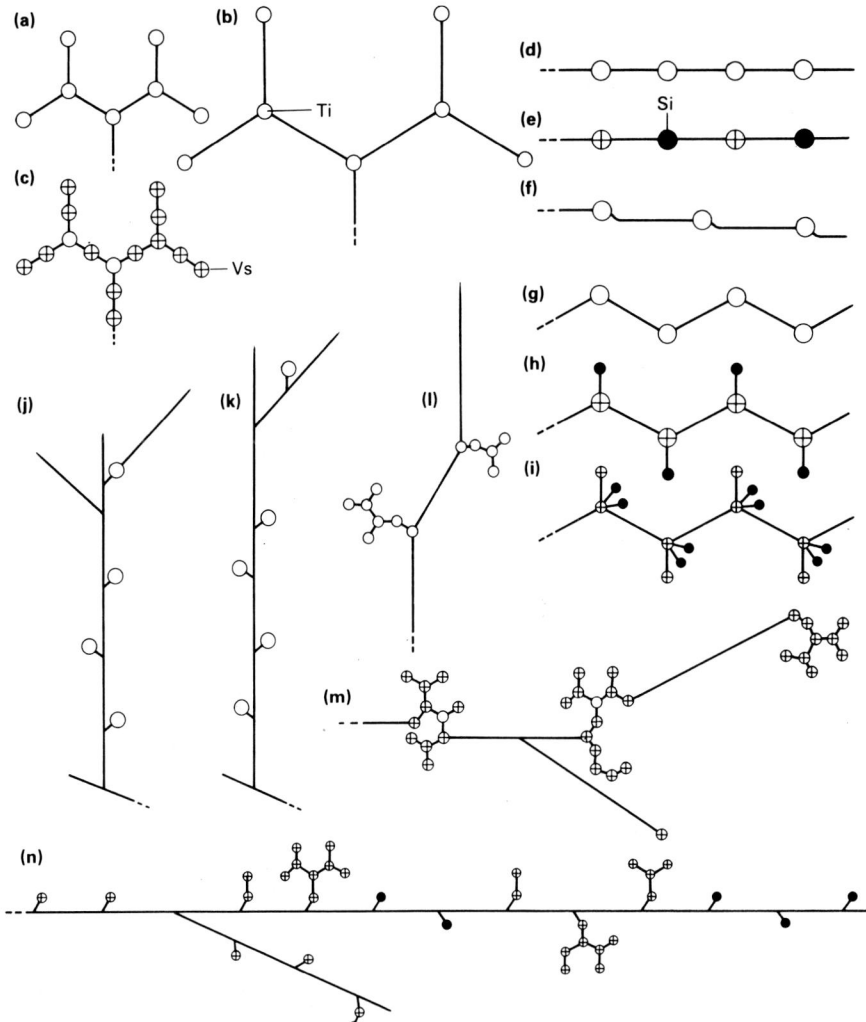

Abb. 311. Aufsicht in Diagrammform auf die Verzweigungssysteme der Rhizome von Bambus-Arten (a, b, j, k, l, m) und Zingiberaceen (a, b, c, d, e, f, g, h, i, l, m). Si: einzelne Blüte oder Infloreszenz. Ti: terminale Infloreszenz. Vs: vegetativer Sproß. Teilweise nach BELL und TOMLINSON (1980).

Verzweigungsaufbau der Pflanzen: Effizienz (Leistungsfähigkeit)

Abb. 312a. *Philodendron* sp.
Die Schatten auf dem Baumstamm zeigen die effektive Leistung der Blattgelenke (S. 46) bei der Ausrichtung der Blätter.

Abb. 312b. *Qualea* sp.
Büschelung der Krone. Einzelne Zweigbüschel stellen ihr Wachstum ein, bevor sie sich mit ihren Nachbarn verheddern.

Man ist immer leicht versucht, jeder morphologischen Struktur einer Pflanze eine Funktion zuzuschreiben (GIVNISH 1983). Leistung und Funktion einer Ranke bei einer Kletterpflanze lassen sich dabei kaum bestreiten. Dennoch gibt es auch viele Strukturen, deren Funktion bei weitem nicht so klar ist. Die Blätter der Familie der Leguminosen weisen beispielsweise Nebenblätter auf (S. 52). Diese können Dornen darstellen (Abb. **57a, f**), woraufhin ihnen ganz logischerweise eine Schutzfunktion zugeschrieben wird. In anderen Arten dagegen sind die Nebenblätter kurzlebig (Abb. **80b**) und stellen somit lediglich eine unumgängliche Konsequenz im Entwicklungsmuster eines Leguminosenblattes dar. Diese allgemeinen Beobachtungen lassen sich auch auf das Verzweigungsmuster einer Pflanze anwenden. Bei vielen Pflanzen ist das Verzweigungsmuster sichtlich präzise, oft von einer bemerkenswerten geometrischen Exaktheit und vorhersagbar (Abb. **229**). Bei anderen Pflanzen dagegen können keine durchgehenden Muster entdeckt werden (MADDOX et al. 1989), nicht einmal mit Hilfe statistischer Analysen (SCHELLNER et al. 1982; CAIN 1990). In Fällen, in denen genau definierte Muster auftreten, ist die Annahme kaum zu umgehen, diese Muster stellten ein besonders effizientes System dar, in dem Sinne, daß zwischen der ökonomischen Produktion mechanischen Stützgewebes und einer entsprechend funktionsfähigen Anordnung der Blätter, Wurzeln oder Blüten (S. 310) ein Gleichgewicht herrscht. Die Funktion einiger in der Natur auftretender Verzweigungssysteme ist offensichtlich. Die bewimperten Futterrillen an der Oberfläche einer Seelilie (Crinoidea), in denen die Nahrungspartikel zum Zentralmund befördert werden, entsprechen exakt einem optimalen Modell eines Wegesystems in einer Plantage, das entworfen wurde, um eine effektive Beförderung der Bananenstauden von den umgebenden Feldern zur zentralen Fabrik zu gewährleisten (COWEN 1981). Die Präzision eines Verzweigungssystems bei Pflanzen kann sich einerseits in einer strengen Regelmäßigkeit in der Anzahl der Organe ausdrücken, z. B. der Anzahl der Blattpaare an einer sympodialen Einheit begrenzten Wachstums (S. 286), oder andererseits in der Konstanz der Ausrichtung: Bei den Rhizomen vieler Pflanzen (Abb. **269d**) sind die sympodialen Einheiten in einer Zickzack-Folge angeordnet, wobei eine linksläufige Einheit unvermeidlich eine zur rechten Seite weisende Einheit trägt und umgekehrt.
Auch die Länge der Zweige sowie ihr Insertionswinkel können bemerkenswert exakt sein, wie man am einfachsten bei den Blütenständen sehen kann (Abb. **142**). Es sollte an dieser Stelle nochmals wiederholt werden, daß es ohne kontrolliertes Experimentieren nicht möglich ist zu konstatieren, eine bestimmte Anordnung der Blätter beispielsweise, durch ein Verzweigungsmuster so und nicht anders plaziert, funktioniere effektiver im Auffangen von Licht als im Kühlen von bestimmten Oberflächen oder sei besonders geeignet, dem Wind Widerstand zu bieten, Schnee abzuwerfen, Konkurrenten zu beschatten, oder sie träte in Verbindung mit der Zurschaustellung der Blüten auf. Dennoch sind Untersuchungen zur Effizienz von Verzweigungsmustern der Mühe wert, so lange man sich dabei der Begrenztheit der Aus-

sagen bewußt bleibt. Lautet die Hypothese, ein bestimmtes von der Pflanze verwirklichtes Muster sei »effizient«, dann sollte diese Effizienz mit ähnlichen, aber uneffizienten Exemplaren verglichen werden, die aber vermutlich nicht vorhanden sind. Einen Ausweg aus diesem Dilemma stellt die Verwendung graphischer Computersimulation dar (FISHER und HONDA 1979a, b; PRUSINKIEWICZ et al. 1988). Dabei kann das tatsächlich vorhandene Muster erzeugt werden (Abb. **216**) (REFFYE et al. 1988, 1989), und auf Effizienz in jeder als angemessen erachteten Kategorie hin getestet werden. Mit einem Kontinuum alternativer Modelle kann in ähnlicher Weise verfahren werden; die Hypothese dabei ist, daß sie ihre geringere Effizienz unter Beweis stellen werden. In BELL (1986) ist eine Reihe solcher Untersuchungen aufgeführt; aus der Untersuchung von BORCHERT und TOMLINSON (1984) ist hier ein Beispiel für die Anordnung der Blattwirtel des Baumes *Tabebuia rosea* abgebildet (siehe auch Reiteration, Abb. **299d**).

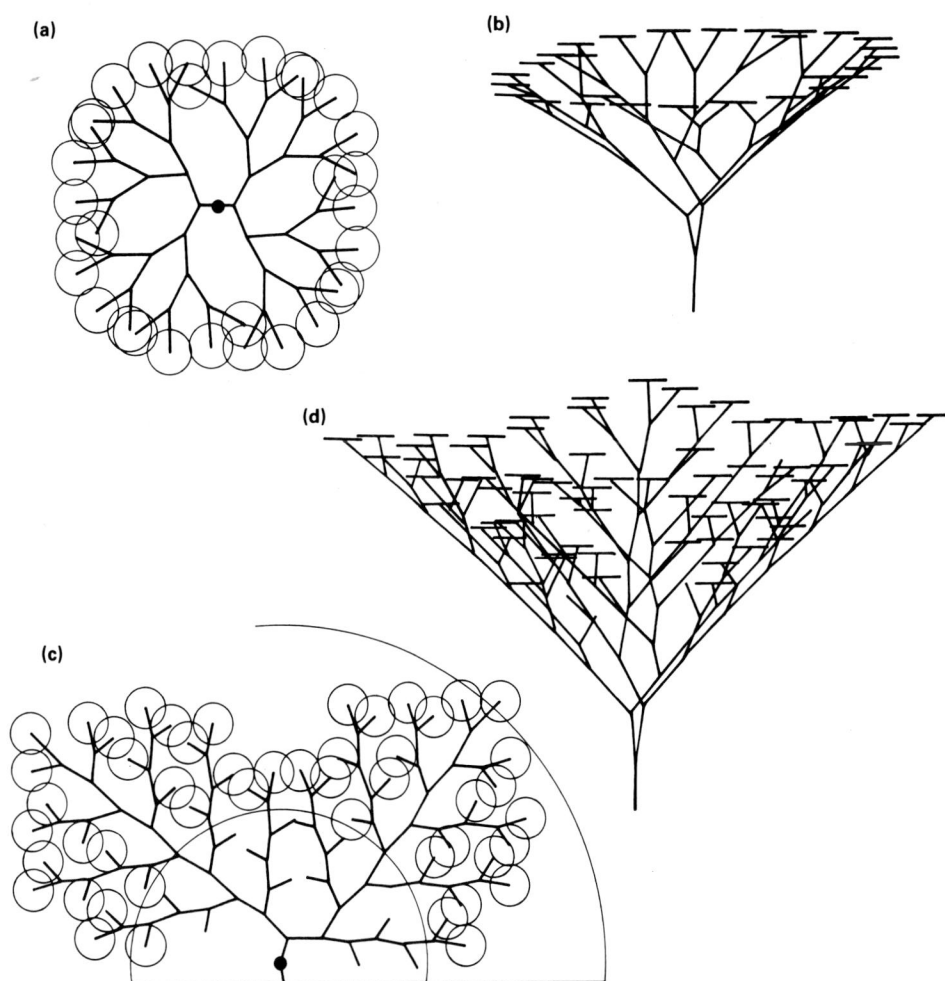

Abb. 313. Computersimulation der symmetrischen und asymmetrischen Verzweigung von *Tabebuia* (Leeuwenbergsches Modell, Abb. **295f**). **a)** Grundrißdiagramm der Blattanordnung, symmetrische Verzweigung (Kreise stellen Blattwirtel dar); **b)** Seitenansicht von »a«; **c)** Grundrißdiagramm der Blattanordnung, asymmetrische Verzweigung; **d)** Seitenansicht von »c«. In der jungen Pflanze **a)** sind die Blätter auf die Peripherie der Krone beschränkt. Der Beginn asymmetrischer Verzweigung bei älteren Pflanzen **c)** führt zu einer flacheren Anordnung der Blätter. Nachfolgend findet eine vorhersagbare Reiteration statt (Abb. **299d**), wodurch eine zusätzliche Etage von Ästen gebildet wird. Die Pflanze zeigt demnach eine Folge von Verzweigungsstrategien (S. 314). Nach BORCHERT und TOMLINSON (1984). Siehe auch BORCHERT und HONDA (1984).

Verzweigungsaufbau der Pflanzen: Wuchsweise und Alterszustand

Ein Verständnis der verschiedenen Organe einer Blütenpflanze (S. 1–212) erlaubt es uns, die komplexe Form einer Pflanze in Abhängigkeit von Standortbedingungen und Zeitfaktor zu betrachten. Die zweite Hälfte dieses Buches hat ein zentrales Thema, nämlich die Pflanze als dynamischen Organismus anzuerkennen, der fortwährend seine Gestalt vergrößert und verändert (Wuchsweise oder Wuchsform). Dabei wählten wir als Schlüsselkomponente dieser morphologischen Abfolge das Austreiben, die feinabgestimmte Aktivität (Position, Potential und Zeitpunkt) der »Knospen« (S. 16). Das Konzept der Pflanzenform kann darüber hinaus jedoch auch auf andere, ergänzende Weise angegangen werden. Man kann eine Pflanze daraufhin untersuchen, wo zwischen »Wurzel« und »Sproß« der morphologische Schwerpunkt ihres Aufbaus liegt (GROFF und KAPLAN 1988). Ebenso kann eine Pflanze unter dem Gesichtspunkt ihrer »Lebensform« betrachtet werden (RAUNKIAER 1934). Die Haupteinteilung der Lebensformen nach RAUNKIAER erfolgt aufgrund der Gestalt der Pflanze und in besonderem Maße danach, inwieweit sie durch jahreszeitliche Einflüsse (vor allem Kälte und Trockenheit) abgewandelt wird. Einen detailliert ausgearbeiteten Schlüssel stellen ELLENBERG und MUELLER-DOMBOIS (1967) zur Verfügung, in den nicht-jahreszeitlich gebundene Pflanzen aufgenommen und die Kategorien schließlich weiter unterteilt werden. Geophyten (Abb. **315d**) werden danach in Wurzelknospen bildende, rhizombildende, aquatische und Zwiebel-Geophyten eingeteilt. Thallo-Chamaephyten (d. h. Nicht-Gefäßpflanzen, die auf oder nahe der Erdoberfläche leben) werden ursprünglich in hügelbildende Laubmoose, polsterbildende Laubmoose und polsterbildende Flechten eingeteilt. Die Eigenschaften eines »Baumes« (Phanerophyten, Abb. **315a**) sind durch Höhe, Kronenform, Blattgröße und -gestalt, oberirdische Bewurzelungsverhältnisse sowie die Beschaffenheit ihrer Rinde gekennzeichnet. Auf diese Weise kann jede Pflanze oder Pflanzengesellschaft anhand einer Kombination morphologischer Merkmale zugeordnet werden.

Eine Analyse der Lebensformtypen nach RAUNKIAER berücksichtigt allerdings nicht den morphologischen Wandel, dem eine Pflanze im Laufe der Zeit unterworfen ist; dieser Aspekt ist dagegen ein zentrales Thema der Baumform-Analyse (S. 288–302) und stellt ein Schlüsselmerkmal bei der Erkennung der Lebensweise (GATSUK et al. 1980) dar, welche sich innerhalb der einzelnen Pflanze an den architektonischen Veränderungen zeigt: Pflanzen, die sich weithin

Abb. 314. Unterschiedliche Wuchsformen, die denselben Standort teilen, Mexiko.

Verzweigungsaufbau der Pflanzen: Wuchsweise und Alterszustand | 315

ausbreiten und fragmentiert werden, Pflanzen, die erst gegen Ende ihrer letzten Lebensabschnitte auseinanderbrechen, und Pflanzen, die bis zu ihrem Absterben vollständig erhalten bleiben. Darüber hinaus läßt sich an der Architektur jeder Pflanze ihr jeweiliger Zustand (Stadium) in dem Kontinuum zwischen Keimung und Tod ablesen. Diese Stadien sind Same, Keimling, jugendliche, unreife, reifende und generative Pflanze, subsenile und senile Pflanze. Jeder dieser Zustände kann anhand morphologischer Details (und des reproduktiven Potentials) erkannt werden. Bei einigen Pflanzen sind diese morphologischen Veränderungen von einem Stadium zum nächsten gut erkennbar und treten recht plötzlich auf. Am deutlichsten treten sie in den frühen Entwicklungsstadien vom Sämling zur juvenilen Pflanze hervor, wenn die Pflanze erstarkt und sich festsetzt (S. 168); dabei werden Merkmale gezeigt, die in späteren Lebensabschnitten nicht mehr auftreten, wie z. B. monopodiales anstelle von sympodialem Wachstum (S. 250).

Fortsetzung auf Seite 316.

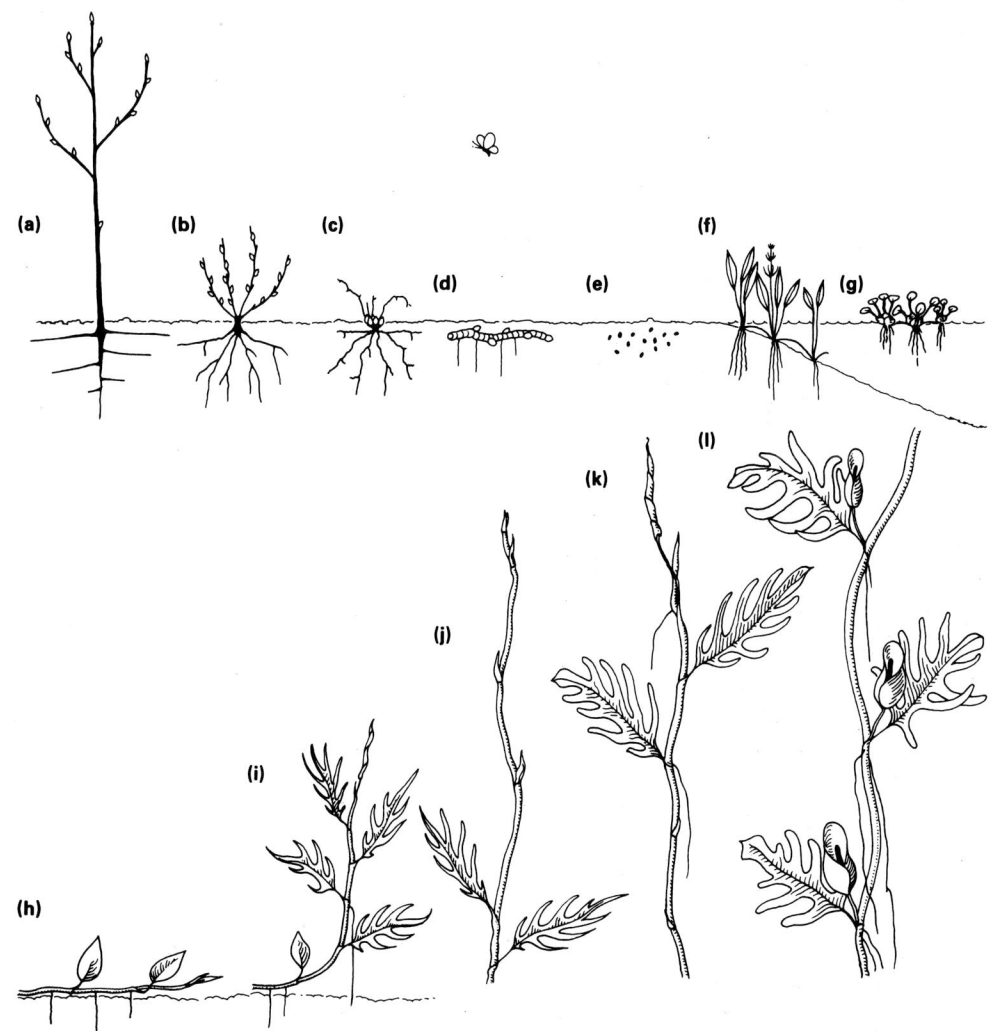

Abb. 315. a)-g) Die einfachsten Unterteilungen der Lebensformen nach RAUNKIAER: **a)** Phanerophyt, **b)** Chamaeophyt, **c)** Hemikryptophyt, **d)** Geophyt, **e)** Therophyt, **f)** Helophyt, **g)** Hydrophyt. **h)-l)** Mögliche Alterszustände von *Philodendron pedatum* (vergl. Abb. 11, 66a): **h)** Keimling (horizontal mit einfachen Blättern), **i)** juvenil (gelappte Blätter, kurze Internodien), **j)** unreif (kletternd mit abgestorbenen Laubblättern), **k)** reifend (kletternd mit ausgereiften Blättern), **l)** adult (blühend).

316 | Verzweigungsaufbau der Pflanzen: Wuchsweise und Alterszustand

Der Alterszustand einer Pflanze spiegelt ihren Entwicklungszustand wider und ist völlig unabhängig von ihrem chronologischen Alter: Ein Baumkeimling kann an einem offenen Standort bereits in einem Alter von einem Jahr rasch das juvenile Stadium erreichen, wogegen ein anderes Exemplar derselben Art, das in geschlossenem Habitat wächst, viele Jahre alt werden und immer noch im Keimlingsstadium ausharren kann, bis sich die Lichtverhältnisse verbessern. Unterschiede im Verhalten einer Pflanze (S. 310), wie sie durch ihre dynamische Morphologie verkörpert werden, treten im Leben einer Pflanze in verschiedenen Stadien und unter unterschiedlichen Umweltbedingungen auf. Die unreife *Philodendron*-Pflanze, die in Abb. 11 dargestellt ist, verändert ihre Morphologie, sobald sie zu klettern beginnt (Abb. **66a**); dabei stellt sie vorübergehend die Bildung von Laubblättern ein, besitzt jedoch gestreckte Hypopodien (S. 12, Abb. **315h-l**). Einige Beispiele für Bäume finden sich bei BARTHÉLÉMY et al. (1989). Das Konzept der Alterszustände ist auch unter den Bezeichnungen biologisches Alter, ontogenetisches Alter und physiologisches Alter bekannt.

Literaturverzeichnis

ARBER, A. (1950): The natural philosophy of plant form. Cambridge University Press, Cambridge.

ARBER, A. (1954): The mind and the eye. A study of the biologist's standpoint. Cambridge University Press, Cambridge.

BARLOW, P. W. (1986): Adventitious roots of whole plants: their forms, functions, and evolution. In: New root formation in plants and cuttings (ed. M. B. JACKSON), pp. 67–110. Nijhoff W. Junk, Den Haag.

BARTHÉLÉMY, D. (1986): Establishment of modular growth in a tropical tree: *Isertia coccinea* Vahl. (Rubiaceae). Philosophical Transactions of the Royal Society, London, B 313, 89–94.

BARTHÉLÉMY, D. (1987): Une mode de développement remarquable chez une orchidée tropicale: *Gongora quinquenervis* Ruizet Pavon. Comptes Rendus de l'Académie des Sciences, 304, Series III, No. 10, 279–84.

BARTHÉLÉMY, D., EDELIN, C., and HALLÉ, F. (1989a): Architectural concepts for tropical trees. In: Tropical forests. Botanical dynamics, speciation and diversity (ed. L. B. HOLM-NIELSEN, I. C. NIELSEN, and M. BALSLEV), pp. 89–100. Academic Press, London.

BARTHÉLÉMY, D., EDELIN, C., and HALLÉ, F. (1989b): Some architectural aspects of tree ageing. In: Forest Tree Physiology (ed. E.DREYER et al.), Annales Scientifiques Forestieres 46, supplement, 194s–198s. Elsevier/INRA.

BELL, A. D. (1974): Rhizome organization in relation to vegetative spread in *Medeola virginiana*. Journal of the Arnold Arboretum 55, 458–68.

BELL, A. D. (1984): Dynamic morphology: a contribution to plant population ecology. In: Perspectives on plant population ecology, (ed. R. DIRZO and J. SARUKHÁN), pp. 48–65. Sinauer, Sunderland, Mass.

BELL, A. D. (1986): The simulation of branching patterns in modular organisms. Philosophical Transactions of the Royal Society, London, B 313, 143–59.

BELL, A. D. and TOMLINSON, P. B. (1980): Adaptive architecture in rhizomatous plants. Botanical Journal of the Linnean Society 80, 125–60.

BELL, P. R. (1985): Introduction in »The mind and the eye. A Study of the biologist's standpoint« by AGNES ARBER (1954), reissued 1985 with an Introduction. Cambridge Classic Series, University of Cambridge.

BIERHORST, D. W. (1971): Morphology of vascular plants. Macmillan, NY.

BORCHERT, R. and HONDA, H. (1984): Control of development in the bifurcating branch system of *Tabebuia rosea*: a computer simulation. Botanical Gazette 145, 184–95.

BORCHERT, R. and TOMLINSON, P. B. (1984): Architecture and crown geometry in *Tabebuia rosea* (Bignoniaceae). American Journal of Botany 71, 958–69.

CABALLÉ, G. (1986): Sur la biologie des lianes ligneuses en forêt Gabonaise. Thèse Docteur d'Etat. Université des Sciences et Techniques du Languedoc, Montpellier, France.

CAIN, M. L. (1990): Models of clonal growth in *Solidago altissima*. Journal of Ecology 78, 27–46.

CANNON, W. A. (1949): A tentative classification of root systems. Ecology 30, 542–8.

CHARLTON, W. A. (1968): Studies in the Alismataceae. I. Developmental morphology of *Echinodorus tenellus*. Canadian Journal of Botany 46, 1345–60.

COOK, R. E. (1988): Growth of *Medeola virginiana* clones. I. Field observations. American Journal of Botany 75, 725–31.

COONEY-SOVETTS, C. and SATTLER, R. (1986): Phylloclade development in the Asparagaceae: an example of homoeosis. Botanical Journal of the Linnean Society 94, 327–71.

CORNER, E. J. H. (1940): Wayside trees of Malaya in two volumes. The Government Printing Office, Singapore.

CORNER, E. J. H. (1946): Suggestions for botanical progress. New Phytologist 45, 185–92.

CORNER, E. J. H. (1964): The life of plants. University of Chicago Press, Chicago.

COWEN, R. (1981): Crinoid arms and banana plantations: an economic harvesting analogy. Paleobiology 7, 332–43.

CREMERS, G. (1973): Architecture de quelques lianes d'Afrique Tropicale. 1. Candollea 28, 249–80.

CREMERS, G. (1974): Architecture de quelques lianes d'Afrique Tropicale. 2. Candollea 29, 57–110.

CULLEN, J. (1978): A preliminary survey of ptyxis (vernation) in the Angiosperms. Notes from the Royal Botanic Garden, Edinburgh, 37, 161–214.

CUSSET, G. and CUSSET, C. (1988): Etude sur les Podostemales, 10. Structures florales et végétatives des Tristichaceae. Bulletin du Muséum National d'Histoire Naturelle, Section B, Adansonia No. 2, 4th Serie, 10, 179–218.

CUTTER, E. G. (1971): Plant anatomy: experiment and interpretation, Part 2, Organs. Edward Arnold, London.

DARWIN, C. (1875): Insectivorous plants. John Murray, London.

DARWIN, C. (1884): The different forms of flowers on plants of the same species. John Murray, London.

DAUBS, E. H. (1965): A monograph of Lemnaceae, Illinois Biological Monographs, 34, University of Illinois Press, Urbana.

DAVEY, A. J. (1946): On the seedling of *Oxalis hirta* L. Annals of Botany 39, 237–56.

DAVIS, P. H. and CULLEN, J. (1979): The identification of flowering plant families. Cambridge University Press, Cambridge.

Literaturverzeichnis

DENGLER, N. G., DENGLER, R. E. and KAPLAN, D. R. (1982): The mechanism of plication inception in Palm leaves: histogenetic observations on the pinnate leaf of *Chrysalidocarpus lutescens*. Canadian Journal of Botany 60, 2976–98.

DICKINSON, T. A. (1978): Epiphylly in angiosperms. The Botanical Review, 44, 181–232.

DRESSLER, R. L. (1981): The orchids. Harvard University Press, Cambridge, Mass.

EAMES, A. J. (1961): Morphology of angiosperms. McGraw-Hill, NY.

EDELIN, C. (1977): Images de l'architecture des conifères. Thèse, Docteur de Specialité de Sciences Biologiques. Université des Sciences et Techniques du Languedoc, Montpellier, France.

EDELIN, C. (1984): L'architecture monopodiale: l'example de quelques arbres d'Asie tropicale. Thèse, Docteur d'Etat. Université des Sciences et Techniques du Laguedoc, Montpellier, France.

EDELIN, C. (1990): The Monopodial Architecture: The Case of Some Tree Species from Tropical Asia. FRIM Research Pamphlet No. 105, ISSN: 0126–8198, Forest Research Institute Malaysia Publication.

EICHLER, A. W. (1861): Zur Entwicklungsgeschichte des Blattes mit besonderer Berücksichtigung der Nebenblattbildungen. Diss. Marburg.

EITEN, L. T. (1976): Inflorescence units in the Cyperaceae. Annals of the Missouri Botanical Gardens, 63, 81–112.

ELLENBERG, H. and MUELLER-DOMBOIS, D. (1967): A key to Raunkiaer plant life forms with revised subdivisions. Ber. Geobot. Inst. Eidg. Tech. Hochsch. Stift. Rübel, 37, 56–73.

ESAU, K. (1964): Plant anatomy. Wiley, New York, London. Deutsche Übersetzung (1969): Pflanzenanatomie. G. Fischer, Stuttgart.

FAEGRI, K. and PIJL I. VAN DER (1979): The principles of pollination ecology, (3rd edn). Pergamon Press, Oxford.

FISHER, J. B. and HIBBS, D. E. (1982): Plasticity of tree architecture: specific and ecological variations found in Aubreville's model. American Journal of Botany, 69, 690–702.

FISHER, J. B. and HONDA, H. (1979a): Branch geometry and effective leaf area: a study of *Terminalia*-branching pattern. 1. Theoretical trees. American Journal of Botany, 66, 633–44.

FISHER, J. B. and HONDA, H. (1979b): Branch geometry and effective leaf area: a study of *Terminalia*-branching pattern. 2. Survey of real trees. American Journal of Botany, 66, 645–55.

FISHER, J. B. and STEVENSON, J. W. (1981): Occurrence of reaction wood in branches of dicotyledons and its role in tree architecture. Botanical Gazette, 142, 82–95.

FITTER, A. H. (1982): Morphometric analysis of root systems: application of the technique and influence of soil fertility on root development in two herbaceaous species. Plant, Cell and Environment, 5, 313–22.

FRANKE, W. (1985): Nutzpflanzenkunde: nutzbare Gewächse der gemäßigten Breiten, Subtropen und Tropen. 3., unveränderte Auflage. Thieme Verlag, Stuttgart.

FOSTER, A. S. and GIFFORD, E. M. (1959): Comparative morphology of vascular plants. W. H. Freeman, San Francisco.

GATSUK, L. E., SMIRNOVA, O. V., VORONTZOVA, L. I., ZAUGOLNOVA, L. B., and ZHUKOVA, L. A. (1980): Age states of plants of various growth forms: a review. Journal of Ecology, 68, 675–96.

GERARD, J. (1633): The herball or generall historie of plants. London.

GERRATH, J. M. and POSLUSZNY, U. (1988): Morphological and anatomical development in the Vitaceae. 1. Vegetative development in *Vitis riparia*. Canadian Journal of Botany, 66, 209–24.

GERRATH, J. M. and POSLUSZNY, U. (1989): Morphological and anatomical development in the Vitaceae. III. Vegetative development in *Parthenocissus inserta*.

GIFFORD, E. M. and FOSTER, A. S. (1989): Morphology and Evolution of Vascular Plants. W. H. Freeman, Oxford.

GIVNISH, T. J. (1983): Introduction (pp. 1–9) to: On the economy of plant form and function. In: Proceedings of the Sixth Maria Moors Cabot Symposium (ed. T. J. GIVNISH). Cambridge University Press, Cambridge.

GOEBEL, K. (1900): Organography of plants, Part I, General organography (authorized English edition by I. B. BALFOUR). Clarendon Press, Oxford.

GOEBEL, K. (1905): Organography of plants, Part II, Special organography (authorized English edition by I. B. BALFOUR). Clarendon Press, Oxford.

GROENENDAEL, J. M. VAN (1985): Teratology and metameric plant construction. New Phytologist, 99, 171–8.

GROFF, P. A. and KAPLAN, D. R. (1988): The relation of root systems to shoot systems in vascular plants. Botanical Review, 54, 387–422.

GUÉDÈS, M. (1966): Sur la valeur du complexe axillaire des Cucurbitacées, II. Organisation et ontogénie des complexes axillaires d'une pousse adulte chez la Bryone (*Bryonia dioica* Jacq). Bulletin de la Société Botanique de France, 113, 233–43.

GUÉDÈS, M. (1982): A simpler morphological system of tree and shrub architecture. Phytomorphology, 32, 1–14.

HALLÉ, F. (1978): Architectural variation at the specific level in tropical trees. In: Tropical trees as living systems, Proceedings of the 4th Cabot Symposium (ed. P. B. TOMLINSON and M. H. ZIMMERMANN), pp. 209–21. Cambride University Press, Cambridge.

HALLÉ, F. and DEMOTTE, A. (1973): Croissance et floraison de la Gesnériacée Africaine *Epithema tenue*. C. B. Clarke. Adansonia, 13, 273–87.

HALLÉ, F. and MARTIN, R. (1968): Etude de la croissance rythmique chez l'Hévéa (*Hevea brasiliensis* Müll. Arg. Euphorbiacées – Crotonoidées). Adansonia N. S., 8, 475–503.

HALLÉ, F. and NG, F. S. P. (1981): Crown construction in mature Dipterocarp trees. The Malaysian Forester, 44, 222–33.

HALLÉ, F. and OLDEMAN, R. A. A. (1970): Essai sur l'architecture et la dynamique de croissance des arbres tropicaux. Collection de monographies de Botanique et de Biologie Végétale, 6. Masson et Cie, Paris.

HALLÉ, F. OLDEMAN, R. A. A. and TOMLINSON, P. B. (1978): Tropical trees and forests: an architectural analysis. Springer, Berlin.

HANHAM, F. (1846): Natural illustrations of the British grasses. Binns and Goodwin, Bath.

HARLEY, J. L. and SMITH, S. E. (1983): Mycorrhizal symbiosis. Academic Press, London.

HARPER, J. L. (1980): Plant demography and ecological theory. Oikos, 35, 244–53.

HARPER, J. L. (1981): The concept of population in modular organisms. In: Theoretical ecology: principles and applications (ed. R. M. MAY), pp. 53–77. Blackwell, Oxford.

HARPER, J. L. (1985): Modules, branches and the capture of resources. In: Population biology of clonal organisms (ed. J. B. C. JACKSON, L. W. BUSS, and R. E. COOK). Yale University Press, New Haven.

HART, J. W. (1989): Plant tropisms. Unwin and Hyman.

HEYWOOD, V. H. (Hrsg.) (1982): Blütenpflanzen der Welt. Birkhäuser Verlag, Basel.

HICKEY, L. J. (1973): Classification of the architecture of dicotyledonous leaves. American Journal of Botany, 60, 17–33.

HOLTTUM, R. E. (1954): Plant life in Malaya. Longmans, Green and Co.

JEANNODA-ROBINSON, V. (1977): Contribution a l'étude de l'architecture des herbes. Thèse, Docteur de Specialité de Sciences Biologiques. Université des Sciences et Techniques du Languedoc, Montpellier, France.

JENIK, J. (1978): Roots and root systems in tropical trees: morphologic and ecologic aspects. In: Tropical trees and living systems, Proceedings of the 4th Cabot Symposium (ed. P. B. TOMLINSON and M. H. ZIMMERMANN), pp. 323–49. Cambridge University Press, Cambridge.

JONG, K. and BURTT, B. L. (1975): The evolution of morphological novelty exemplified in the growth patterns of some Gesneriaceae. New Phytologist, 75, 297–311.

JUNIPER, B. E., ROBINS, R. J. and JOEL, D. M. (1989): The carnivorous plants. Academic Press, London.

KAPLAN, D. R. (1973a): The teaching of higher plant morphology in the United States. Plant Science Bulletin, 19, 6, 9.

KAPLAN, D. R. (1973b): The Monocotyledons: their evolution and comparative biology. VII. The problem of leaf morphology and evolution in the monocotyledons. Quarterly Review of Biology, 48, 437–57.

KAPLAN, D. R. (1975): Comparative developmental evaluation of the morphology of unifacial leaves in the monocotyledons. Botanische Jahrbücher Syst., 95, 1–105.

KAPLAN, D. R., DENGLER, N. G. and DENGLER, R. E. (1982a): The mechanism of plication inception in Palm leaves: problem and developmental morphology. Canadian Journal of Botany, 60, 2939–75.

KAPLAN, D. R., DENGLER, N. G. and DENGLER, R. E. (1982b): The mechanism of plication inception in Palm leaves: histogenic observations on the palmate leaf of *Rhapis excelsa*. Canadian Journal of Botany, 60, 2999–3016.

KAUSSMANN, B. und SCHIEWER, U. (1989): Funktionelle Morphologie der Pflanzen. 1. Auflage. G. Fischer Verlag, Jena.

KIRBY, E. J. M. (1986): Cereal development guide (2nd edn). Arable Unit, National Agricultural Centre, Stoneleigh, Warwickshire, U. K.

KNUTZ, P. (1906): Handbook of flower pollination. Clarendon Press, Oxford.

KORIBA, K. (1958): On the periodicity of tree-growth in the tropics, with reference to the mode of branching, the leaf-fall, and the formation of the resting bud. Gardens Bulletin, Singapore, 17, 11–81.

KRASILNIKOV, P. K. (1968): On the classification of the root system of trees. In: Methods of productivity studies in root systems and rhizosphere organisms (ed. M. S. GHILAROV), pp. 106–114. Nauka, Leningrad.

KRUMBIEGEL, A. (1992): Botanisches Wörterbuch Englisch–Deutsch. Eine Hilfe zur Arbeit mit englischsprachigen Floren. Veröff. Bund Ökol. Bayerns 4, Röttenbach.

KRUMBIEGEL, A. (1993): Botanisches Wörterbuch Deutsch–Englisch. Veröff. Ökol. Bayerns 5, Röttenbach.

KUIJT, J. (1969): The biology of parasitic flowering plants. University of California Press, Berkeley.

KULL, U. (1993): Grundriß der allgemeinen Botanik. G. Fischer Verlag, Stuttgart.

LASSNIG, P. (1989): Die morphologische Deutung der Cucurbitaceenranke am Beispiel von *Thladiantha dubia*. In: WEBER, A., VITEK, E., KIEHN, M. (Hrsg.): 9. Symposium Morphologie, Anatomie und Systematik, Zusammenfassung der Vorträge, S. 34.

LLOYD, F. E. (1933): The structure and behaviour of *Utricularia purpurea*. Canadian Journal of Research, 8, 234–52.

MABBERLEY, D. J. (1987): The plant book: portable dictionary of the higher plants. Cambridge University Press.

MADDOX, G. D., COOK, R. E., WIMBERGER, P. H. and GARDESCU, S. (1989): Clone structure in four *Solidago altissima* (Asteracae) populations: rhizome connections within genotypes. American Journal of Botany, 76, 318–26.

MAIER, U. and SATTLER, R. (1977): The structure of the epiphyllous appendages of *Begonia hispida* var. *cucullifera*. Canadian Journal of Botany, 55, 264–80.

MALLORY, T. E., CHANG, S.-H., CUTTER, E. G. and GIFFORD, E. M., Jr. (1970): Sequence and pattern of lateral root formation in five selected species. American Journal of Botany 57, 800–9.

MANN, L. K. (1960): Bulb organisation in *Allium*: some species of the section Mollium. American Journal of Botany, 47, 765–71.

MASSART, J. (1921): Eléments de biologie générale et de botanique. Maurice Lamertin, Bruxelles.

MAUNEY, J. R. and BALL, E. (1959): The axillary buds of *Gossypium*. Bulletin of the Torrey Botanical Club, 86, 236–44.

McCLURE, F. A. (1966): The bamboos: a fresh perspective. Harvard University Press, Cambridge, Mass.

MILLINGTON, W. F. (1966): The tendril of *Parthenocissus inserta*: determination and development. American Journal of Botany, 53, 74–81.

MING, A., WESTPHAL, E. and SATTLER, R. (1988): Proliférations épiphylles provoquées par l'acarien *Eriophyes cladophthirus* chez le *Solanum lycopersicum* et le *Nicandra physaloides* (Solanaceae). Canadian Journal of Botany, 66, 1974–85.

MIQUEL, S. (1987): Morphologie fonctionnelle de plantules d'espèces forestières du Gabon. Bulletin du Muséum National d'Histoire Naturelle, Section B, Adansonia. Botanique 9, Section B, No. 1, 101–21.

MOULI, C. (1970): Mutagen-induced dichotomous branching in maize. Journal of Heredity, 66, 150.

MUELLER, R. J. (1988): Shoot tip abortion and sympodial branch reorientation in *Brownea ariza* (Leguminosae). American Journal of Botany, 75, 391–400.

NG, F. S. P. (1986): Tropical sapwood trees. In: L'arbre. Compte rendu du colloque international l'arbre, pp. 61–7. Naturalia Monspeliensia, numéro hors série.

NOBLE, J. C., BELL, A. D. and HARPER, J. L. (1979): The population biology of plants with clonal growth. I. The morphology and structural demography of *Carex arenaria*. Journal of Ecology, 67, 983–1008.

NOVOPLANSKY, A., COHEN, D., and SACHS, T. (1990): How *Portulaca* seedlings avoid their neighbours. Oecologia, 82, 490–93.

OLDEMAN, R. A. A. (1974): L'architecture de la forêt guyanaise. Memoires O. R. S. T. O. M., 73. O. R. S. T. O. M., Paris.

PATE, J. S. and DIXON, K. W. (1982): Tuberous, cormous and bulbous plants. Biology of an adaptive strategy in Western Australia. University of Western Australia Press.

PIJL, L. VAN DER (1969): Principles of dispersal in higher plants. Springer, Berlin.

PRÉVOST, M. F. (1967): Architecture de quelques Apocyancées ligneuses. Mémoires de la Société Botanique de France. Colloque sur la physiologie de l'arbre, pp. 23–36.

PROCTOR, M. C. F. and YEO, P. (1973): The pollination of flowers. Collins, London.

PRUSINKIEWICZ, P., LINDENMAYER, A. and HANAN, J. (1988): Developmental models of herbaceous plants for computer imagery purposes. Computer Graphics, 22, 141–50.

RADFORD, A. E., DICKINSON, W. C., MASSEY, J. R. and BELL, C. R. (1974): Vascular plant systematics. Harper and Row, New York.

RAUNKIAER, C. (1934): The life forms of plants and statistical plant geography, being the collected papers of C. RAUNKIAER (transl. H. G. CARTER, A. G. TANSLEY, and Miss FANSBOLL). Clarendon Press, Oxford.

RAY, T. S. (1987a): Leaf types in the Araceae. American Journal of Botany, 74, 1359–72.

RAY, T. S. (1987b): Diversity of shoot organization on the Araceae. American Journal of Botany, 74, 1373–87.

RAY, T. S. (1988): Survey of shoot organization in the Araceae. American Journal of Botany, 75, 56–84.

REES, A. R. (1972): The growth of bulbs. Applied aspects of the physiology of ornamental bulbous crop plants. Academic Press, London.

REFFYE, P. DE, EDELIN, C., FRANÇON, J., JAEGER, M. and PUECH, C. (1988): Plant models faithful to botanical structure and development. Computer Graphics, 22, 151–8.

REFFYE, P. DE, EDELIN, C. and JAEGER, M. (1989): La modélisation de la croissance des plantes. La Recherche, 20, 158–68.

ROTHMALER, W. (1994): Exkursionsflora von Deutschland. Bd. 2 Gefäßpflanzen. Fischer Verlag, Jena.

RUTISHAUSER, R. (1984): Leaf whorls, stipules and colleters in Rubieae (Rubiaceae) in comparison with other angiosperms. Beitr. Biol. Pflanz., 59, 375–424.

SACHS, J. (1874): Traité de botanique conforme à l'état présent de la science. Trad sur la 3º ed par. Van Tieghem, Savy, Paris.

Literaturverzeichnis

SATTLER, R. (1974): A new concept of the shoot of higher plants. Journal of Theoretical Biology, 47, 367–82.

SATTLER, R. (1982): Proceedings, Developmental Section, International Botanical Congress, Sydney, Australia 1981. Acta Biotheoretica, 31A. Martinus Nijhoff/Dr. W. Junk Publishers, Den Haag.

SATTLER, R. (1984): Homology – a continuing challenge. Systematic Botany, 9, 382–94.

SATTLER, R. (1986): Biophilosophy: analytic and holistic perspectives. Springer, Berlin.

SATTLER, R. (1988): Homeosis in plants. American Journal of Botany, 75, 1606–17.

SATTLER, R., LUCKERT, D. and RTISHAUSER, R. (1988): Symmetry in plants: phyllode and stipule development in *Acacia longipedunculata*. Canadian Journal of Botany, 66, 1270–84.

SCHELLNER, R. A., NEWALL, S. J. and SOLBRIG, O. T. (1982): Studies on the population biology of the genus *Viola*. IV. Spatial pattern of ramets and seedlings in three stoloniferous species. Journal of Ecology, 70, 273–90.

SCHMID, R. (1988): Reproductive versus extra-reproductive nectaries: historical perspective and terminological recommendations. Botanical Review, 54, 179–232.

SCHNELL, R. (1967): Etudes sur l'anatomie et la morphologie des Podostémacées. Candollea, 22, 157–225.

SCHOUTE, J. C. (1935): On corolla aestivation and phyllotaxis of floral phyllomes. Verhandeling der Koninklijke akademie van wetenschappente Amsterdam Afdeeling Natuurkunde (Tweede Sectie) Deel XXXIV, No. 4, 1–77.

SCULTHORPE, C. D. (1967): The biology of vascular aquatic plants. Edward Arnold, London.

SHAH, J. J. and DAVE, Y. S. (1970): Morpho-histogenic studies on tendrils of Vitaceae. American Journal of Botany, 57, 363–73.

SHAH, J. J. and DAVE, Y. S. (1970): Morpho-histogenic studies on tendrils of *Passiflora*. Annals of Botany, 35, 627–35.

SHINOZAKI, K., YODA, K., HOZUMI, K. and KIRA, T. (1964): A quantitative analysis of plant form – the pipe model theory. I. Basic analysis. Japanese Journal of Ecology, 1, 97–105.

SILVERTOWN, J. and GORDON, D. (1989): A framework for plant behaviour. Annual Review of Ecology and Systematics, 20, 349–66.

SPORNE, K. R. (1970): The morphology of Pteridophytes. Hutchinson University Library, London.

SPORNE, K. R. (1971): The morphology of Gymnosperms. Hutchinson University Library, London.

SPORNE, K. R. (1974): The morphology of Angiosperms. Hutchinson University Library, London.

STEINGRAEBER, D. A. and FISHER, J. B. (1986): Indeterminate growth of leaves in *Guarea* (Meliaceae): a twig analogue. American Journal of Botany, 73, 852–63.

STEVENS, P. SD. (1974): Patterns in nature. Atlantic Monthly Press Book. Little, Brown and Co., Boston.

STONE, B. C. (1975): Authorized translation of ›An essay on the architecture and dynamics of growth of tropical trees‹ (F. HALLÉ and R. A. A. OLDEMAN). Penerbit University, Kuala Lumpur, Malaya.

STRAHLER, A. N. (1964): Quantitative analysis of watershed geomorphology. Transactions of the American Geophysical Union, 38, 913–20.

STRASBURGER, E. (Begr.) (1991): Lehrbuch der Botanik für Hochschulen. 33. Auflage, neubearb. von Peter Sitte. G. Fischer Verlag, Stuttgart.

SUTHERLAND, W. J. and STILLMAN, R. A. (1988): The foraging tactics of plants. Oikos, 52, 239–44.

TAYLOR, R. L. (1967): The foliar embryos of *Malaxis paludosa*. Canadian Journal of Botany, 45, 1553–6.

THURET, M. G. (1878): Etudes phycologiques. Analyses d'algues marines (ed. G. MASSON). Librairie de l'academie de médecine, Paris.

TILNEY-BASSETT, R. A. E. (1986): Plant chimeras. Edward Arnold, London.

TITMAN, P. W. and WETMORE, R. H. (1955): The growth of long and short shoots in *Cercidiphyllum*. American Journal of Botany, 42, 364–72.

TOMLINSON, P. B. (1961): Morphological and anatomical characteristics of the Marantaceae. Journal of the Linnean Society (Botany), 58, 55–78.

TOMLINSON, P.B. (1974): Vegetative morphology and meristem dependence – the foundation of productivity in seagrasses. Aquaculture, 4, 107–30.

TOMLINSON, P. B. (1978): Some qualitative and quantitative aspects of New Zealand divaricating shrubs. New Zealand Journal of Botany, 16, 299–309.

TOMLINSON, P. B. (1983): Tree architecture. American Scientist, 71, 141–9.

TOMLINSON, P. B. (1984): Homology: an empirical view. Systematic Botany, 9, 374–81.

TOMLINSON, P. B. (1987): Branching is a process not a concept. Taxon, 36, 54–57.

TOMLINSON, P. B. (1990): The structural biology of palms. Oxford University Press.

TOMLINSON, P. B. and BAILEY, G. W. (1972): Vegetative branching in *Thalassia testudinum* (Hydrocharitaceae) – a correction. Botanical Gazette, 133, 43–50.

TOMLINSON, P. B. and ESLER, A. E. (1973): Establishment growth in woody monocotyledons native to New Zealand. New Zealand Journal of Botany, 11, 627–44.

TROLL, W. (1935–43): Vergleichende Morphologie der höheren Pflanzen. Bd. 1–4. Verlag Gebrüder Borntraeger, Berlin.

TROLL, W. (1964): Die Infloreszenzen. Typologie und Stellung im Aufbau des Vegetationskörpers. Bd. I, II/1. G. Fischer, Jena.

TROLL, W. und WEBERLING, F. (1989): Infloreszenzuntersuchungen an monotelen Familien. G. Fischer, Stuttgart.

TUCKER, S. C. and HOEFERT, L. L. (1968): Ontogeny of the tendril in *Vitis vinifera*. American Journal of Botany, 55, 1110–9.

TULASNE, L. R. (1852): Podostemacearum monographia. Archives du Museum d'histoire naturelle, tome VI, Paris.

UHLARZ, H. (1974): Entwicklungsgeschichtliche Untersuchungen zur Morphologie der basalen Blattfigurationen sukkulenter Euphorbien aus den Subsektionen *Diacanthium* boiss. und *Goniostema* baill. Akad. Wiss. Lit. Mainz, Trop. und Substrop. Pflanzenwelt 9.

VARESCHI, V. (1980): Vegetationsökologie der Tropen. Ulmer Verlag, Stuttgart.

VELENOVSKY, J. (1907): Vergleichende Morphologie der Pflanzen, Teil II. Verlagsbuchhandlung von Fr. Rivnac. Druck von Eduard Leschinger, Prag.

VINCENT, J. R. and TOMLINSON, P. B. (1983): Architecture and phyllotaxis of *Anisophyllea disticha* (Rhizophoraceae). Gardens Bulletin Singapore, 36, 3–18.

WARD, H. M. (1909): Trees. Volume V. Form and habit. Cambridge University Press, Cambride.

WEBERLING, F. (1965): Typology of inflorescences. Journal of the Linnean Society (Botany), 59, 215–21.

WEBERLING, F. (1956): Weitere Untersuchungen zur Morphologie des Unterblattes bei den Dikotylen. I. Balsaminaceae, II. Plumbaginaceae. Beitr. Biol. Pflanzen 33, 17–32.

WEBERLING, F. (1981): Morphologie der Blüten und der Blütenstände. (Ulmer) Stuttgart. Engl. Übersetzg. (1989): Morphology of flowers and inflorescences. Cambridge Univ. Press.

WEBERLING, F. und SCHWANTES, H. O. (1992): Pflanzensystematik: Einführung in die systematische Botanik. 6., neubearbeitete Auflage. Ulmer Verlag, Stuttgart.

WHITE, J. (1984): Plant metamerism. In: Perspectives on plant population ecology (ed. R. DIRZO and J. SARUKHÁN), pp. 15–47. Sinauer Associates, Massachusetts.

WILLIS, J. C. (1960): A dictionary of the flowering plants and ferns, (6th edn.). Cambridge University Press, Cambridge.

WILLIS, J. C. (1973): A dictionary of the flowering plants and ferns, (8th edn.). Cambridge University Press, Cambridge.

YOUNG, J. P. W. (1983): Pea leaf morphogenesis: a simple model. Annals of Botany, 52, 311–6.

ZIMMERMANN, M. H. and BROWN, C. L. (1971): Trees: structure and function. Springer, New York.

Register

Erklärung der Abkürzungen:
D = Dikotyledonen,
M = Monokotyledonen

abaxial 4
Ableger 134, 135, 171
Abszission 118, 268
Abszissionszone 268
Acacia dealbata, Leguminosae (D) 268
- *glaucoptera,* Leguminosae (D) 43
- *heterophylla,* Leguminosae (D) 47
- *hindsii,* Leguminosae (D) 27, 57, 79
- *lebbek,* Leguminosae (D) 80
- *paradoxa,* Leguminosae (D) 42
- *pravissima,* Leguminosae (D) 30, 43, 277
- *rubida,* Leguminosae (D) 44
- *seyal,* Leguminosae (D) 117
- sp., Leguminosae (D) 77
- *sphaerocephala,* Leguminosae (D) 6, 205
Acampe sp., Orchidaceae (D) 99, 199
Acanthonema spp., Gesneriaceae (D) 208
Acer griseum, Aceraceae (D) 115
- *hersii,* Aceraceae (D) 254
- *pseudoplatanus,* Aceraceae (D) 296, 302
- sp., Aceraceae (D) 280
Achäne 156
Achimenes sp., Gesneriaceae (D) 131
Achselknospe, Grundprinzipien der Morphologie 4
acranth 253
adaxial 44, 54, 86
adnat, Nebenblätter 54
Adnation 74, 131, 147, 226, 230, 234
adossiert, Vorblatt 66
Adromischus trigynus, Crassulaceae (D) 83

Adventivknospe 98, 99, 166, 230, 232, 233, 277
Adventivwurzel 95, 96, 98, 99
Aegilops ovata, Gramineae (M) 184, 187
- *speltoides,* Gramineae (M) 189
Aegle marmelos, Rutaceae (D) 125
Aesculus hippocastanum, Hippocastanaceae (D) 265
Agavaceae (M) 168
Agave americana, Agavaceae (M) 64
Agropyron (Elymus) repens, Gramineae (M) 131, 185, 267
Agrostis stolonifera, Gramineae (M) 133
- *tenuis,* Gramineae (M) 185
Ährchen 179, 184, 186, 187, 190, 191
Ährchenachse 186, 196
Ährchenrispe 191
Ähre 140
Aiphanes acanthophylla, Palmae (M) 116
Akrotonie 248
aktinomorph, Blüte 148
akzessorisch, Knospe 236
Albizzia julibrissin, Leguminosae (D) 28
Alisma plantago-aquatica, Alismataceae (M) 27, 29, 142
Alismatiflorae (M) 80
Allium cepa, Alliaceae (M) 21, 85, 163
- *cepa* var. *viviparum,* Alliaceae (M) 173
- *sativum,* Alliaceae (M) 84
allorhiz, Bewurzelung 96
Alluaudia adscendens, Didiereaceae (D) 202
Alnus glutinosa, Betulaceae (D) 277
Alpinia speciosa, Zingiberaceae (M) 130
Alstonia macrophylla, Apocynaceae (D) 245, 266, 298
alternierend, Blattstellung 218
alternierend, Blütendiagramm 150

Register

amplexicaul, Blattform 25
Amylotheca brittenii, Loranthaceae (D) 109
Anacampseros sp., Portulacaceae (D) 57
Ananas comosus, Bromeliaceae (M) 156, 223
anatrop, Samenanlage 158
Androeceum 146
Androgynophor 146
Androklinum 200
Androsace sempervivoides, Primulaceae (D) 135
Angiospermae, Bedecktsamer 14
Anisocladie 33
Anisokotylie 32, 163, 208
Anisophylla disticha, Anisophylleaceae (D) 227
Anisophyllie 32, 33
– Knoten- 32
– lateral 32
Anredera gracilis, Basellaceae (D) 139
Anthere 146, 147
Antigonon leptopus, Polygonaceae (D) 123
Antirrhinum majus, Scrophulariaceae (D) 187
antitrop, Blattsymmetrie 26
apert, Knospendeckung 38, 148
Apiaceae (D) 140
Apikaldominanz 248
Apikalkontrolle 248
Apikalmeristem 16, 18, 90, 112, 113, 216
apokarp, Gynoeceum 146
Apposition 250
Aquilegia vulgaris, Ranunculaceae (D) 155
Arachis hypogaea, Leguminosae (D) 145
Aralia spinosa, Araliaceae (D) 77, 119
arbutoid, Mykorrhiza 277
Arbutus spp., Ericaceae (D) 297
Architektonische Einheit 285, 304
Architektur, Baumwurzeln 100
– krautige Pflanzen 306

– Lianen 308
Arctium minus, Compositae (D) 161
Ardisia crispa, Myrsinaceae (D) 204
Areole 126, 202, 239
Ariflorae (M) 80
Arillus 159, 161
Aristolochia cymbifera, Aristolochiaceae (D) 67
– *tricaudata,* Aristolochiaceae (D) 152
– *trilobata,* Aristolochiaceae (D) 152
Arrhenatherum elatius, Gramineae (M) 185, 186
– *elatius* var. *bulbosum,* Gramineae (M) 181
Artabotrys sp., Annonaceae (D) 123
Arundinaria sp., Gramineae (M) 193
Arundo donax, Gramineae (M) 181, 182
ascidiat, Blatt 88
Asclepiadaceae (D) 203
Asclepias spp., Asclepiadaceae (D) 258
Asparagus densiflorus, Liliaceae (M) 65, 127
– *plumosus,* Liliaceae (M) 239
Ästivation 38, 148
Atemwurzel 104, 105
atrop, Samenanlage 158
Ausbreitungsmechanismen von Samen, Früchten 160
Ausläufer 132, 171
Außenkelch 146
Avena sativa, Gramineae (M) 190
– sp., Gramineae (M) 187, 190
Avicennia nitida, Avicenniaceae (D) 104
axillär, Meristem 113
Axillarknospe, Grundprinzipien der Morphologie 4
Azilia eryngioides, Umbelliferae (D) 27

Baccharis crispa, Compositae (D) 121
Bakterien, stickstoffixierend 276

Balanites aegyptiaca, Balanitaceae (D) 125
Balgfrucht 156
Ballota nigra, Labiatae (D) 139
Bambusa arundinacea, Gramineae (M) 192, 193, 194
Bambusgewächse 192, 194
Bänderung 112
Banksia speciosa, Proteaceae (D) 23
Barleria prionitis, Acanthaceae (D) 62, 63
Basitonie 248
Bastfaser 114
Bauhinia sp., Leguminosae (D) 56, 121, 308
Baumarchitektur, Abwandlung der Modelle 296
– Architekturanalyse 304
– Entwicklungsmodelle 288
– Interkalation 302
– Metamorphose 300
– Reiteration 298
Baumwurzel, Architektur 100
BECCARIsche Körperchen 78
Beere 154, 157
Beiknospe 236, 237
Beloperone guttata, Acanthaceae (D) 33
BELTsche Körperchen 78
Berberis julianae, Berberidaceae (D) 71
Berchemiella berchemiaefolia, Rhamnaceae (D) 227
Bergenia sp., Saxifragaceae (D) 53
Bertholletia excelsa, Lecythidaceae (D) 159
Beschreibung einer Pflanze 10, 11, 12
Bestäubungsmechanismen 152
– Invertebraten 152
– Vertebraten 152
– Wasser 152
– Wind 152
Bestockungstrieb 182

Beta vulgaris, Chenopodiaceae (D) 167
Betula pubescens ssp. *odorata,* Betulaceae (D) 245
bifazial, Blatt 20
bifazial, Blattentwicklung 18
bifoliat, Blattform 23
Bignonia ornata, Bignoniaceae (D) 69, 96
– sp., Bignoniaceae (D) 68, 69
Biologisches Alter 315
Blatt, abaxiale Seite 4
– adaxiale Seite 4
– ascidiat 88
– bifazial 20
– digitat 92
– distales Ende 4
– gefiedert 22, 76
– proximales Ende 4
– schildförmig 89
– unifazial 86
– zylindrisch 82, 86, 88
Blattabwurf 268
Blattachsel, Grundprinzipien der Morphologie 4
Blattaderung 34
Blattanlage 18
Blattanschnitt 77
Blattbasis 54
Blattdimorphismus 30, 31, 242, 243
Blattdorn 6, 62, 70, 71
Blattemergenz 76, 77
Blattentwicklung 18, 88
Blattfalle 72
Blattfaltung 36, 37, 89
Blattform 22, 23, 24, 25, 87, 89, 92, 93, 193
Blattgelenk 49
Blattgrund 50
Blatthaken 68

Blatthäutchen 180
Blattkissen 128
Blattknöllchen 204
Blattmorphologie 20
Blattöhrchen 180
Blattpigmentierung 22
Blattpolster 128
Blattpolymorphismus 28
Blattrhachis 81
Blattranke 68, 69, 96
Blattscheide 14, 50, 51, 180
Blattspindel 45
Blattspitze 81
Blattspreite 18, 20
Blattstellung 22, 218, 220, 222, 224, 225, 226, 227, 246, 300
Blattstiel 40
– Dornen 40
– Haken 144
– Modifikationen 40, 42, 144
– verholzt 40
Blattsukkulenz 82, 83
Blattsymmetrie 26
Blattyp, Palmen 92
Blattverteilung 313
Blattzone 21, 25
Blumenbachia insignis, Loasaceae (D) 155
Blüte 81, 200
– Mißbildung 270
Blütenboden 146
Blütendiagramm 150, 151
Blütenform 152, 153, 201
Blütenformel 150
Blütenhülle 146
Blütenkelch 146
Blütenkrone 146

Blütenstand, determiniert 193
– Getreide 188
– indeterminiert 193
– Modifikation 145
– unterirdisch 192
– Verzweigungsmuster 140
Blütenstiel, Modifikation 144
Blütenstielwachstum 145
Bonsai, natürlicher 281
Borago officinalis, Boraginaceae (D) 231
Borke 114
Bostryx 141
Botryoid 140
Botrys 140
Bougainvillea glabra, Nyctaginaceae (D) 236
– sp., Nyctaginaceae (D) 145
Bowiea volubilis, Liliaceae (L) 85, 145, 257
Braktee 62
Brakteendorn 62
Brakteole 62, 150
Brassica oleracea, Cruciferae (D) 17
Brassicaceae (D) 142
Brennhaar 81
Brettwurzel 102
Briza maxima, Gramineae (M) 185
Bromeliaceae (M) 95
Bruchfrucht 156
Brutknöllchen 110, 172
Brutknolle, unterirdisch 174, 175
Brutknospe 172
Brutkörper 170
Brutzwiebel 170, 172, 173
Bryonia spp., Cucurbitaceae (D) 122
Bryophyllum daigremontiana, Crassulaceae (D) 75, 233
– *tubiflorum,* Crassulaceae (D) 75, 227

324 Register

Bulbille 172
Bulbophyllum sp., Orchidaceae (M) 199
Bulbostylis vestita, Cyperaceae (M) 196
Butea buteiformis, Leguminosae (D) 59

Cactaceae (D) 202
Calamus spp., Palmae (M) 145
Calathea makoyana, Marantaceae (M) 22
Calliandra haematocephala, Leguminosae (D) 27
Callistemon citrinus, Myrtaceae (D) 261
– sp., Myrtaceae (D) 153
Calyx 146
Camellia sinensis, Theaceae (D) 260
Campanula persicifolia, Campanulaceae (D) 153
Campylocentrum pachyrhizum, Orchidaceae (M) 198
Capitulum 140
Carex arenaria, Cyperaceae (M) 235
Carissa bispinosa, Apocynaceae (D) 125
Carmichaelia australis, Leguminosae (D) 155
Caruncula 159, 161
Caryota sp., Palmae (M) 93
Cassia floribunda, Leguminosae (D) 59, 81, 89
Castanea sativa, Fagaceae (D) 115
Castelnavia princeps, Podostemaceae (D) 211
Casuarina equisetifolia, Casuarinaceae (D) 65
Catharanthus roseus, Apocynaceae (D) 15
Caulomer 250, 286
Cecropia obtusa, Urticaceae (D) 78, 250
Centaurea sp., Compositae (D) 77
Centranthus ruber, Valerianaceae (D) 167
Cephaelis poepiggiana, Rubiaceae (D) 62
Cephalium 140
Cephalotaceae (D) 72
Cephalotus follicularis, Cephalotaceae (D) 31, 73

Ceratostylis sp., Orchidaceae (M) 87
Cercidiphyllum japonicum, Cercidiphyllaceae (D) 254
Cercis siliquastrum, Leguminosae (D) 273
Ceropegia stapeliiformis, Asclepiadaceae (D) 203
– *woodii*, Asclepiadaceae (D) 83
Chamaedorea spp., Palmae (M) 258
Chenopodiaceae (D) 159
Cheiridopsis pillansii, Aizoaceae (D) 83
Chimäre 274, 275
Chlorophytum comosum, Liliaceae (M) 110, 112, 175
chorikarp, Gynoeceum 146
Chorisia sp., Bombacaceae (D) 116
Chrysanthemum maximum, Compositae (D) 273
Cicinnus 141
Cissus quadrangularis, Vitaceae (D) 121
– sp., Vitaceae (D) 121
– *tuberosa*, Vitaceae (D) 138, 139
Citrus limon, Rutaceae (D) 161
– *paradisi*, Rutaceae (D) 49, 71
– spp., Rutaceae (D) 154
Clematis montana, Ranunculaceae (D) 69, 155
Clidemia hirta, Melastomataceae (D) 35
Clusia sp., Guttiferae (D) 263, 265
Cobaea scandens, Cobaeaceae (D) 61, 153
Cocos nucifera, Palmae (M) 250
Coelogyne fimbriata, Orchidaceae (M) 199
– sp., Orchidaceae (M) 145, 201
coenokarp, Gynoeceum 146, 147
Coffea arabica, Rubiaceae (D) 205
Coix lachryma, Gramineae (M) 186
Coleus caerulescens, Labiatae (D) 83
Colletia infausta, Rhamnaceae (D) 125
Colocasia esculenta, Araceae (M) 137
Compositae (D) 153

Computergrafik 216
Computersimulation 284
Conophytum mundum, Aizoaceae (D) 83
contort, Knospendeckung 149
Cordyline spp., Agavaceae (M) 168
Corolla 146
Cortaderia argentea, Gramineae (M) 181
Corylus avellana, Corylaceae (D) 257, 281
Corymbus 140
Corypha utan, Palmae (M) 250
costapalmat, Blatt 92
Costus spectabilis, Costaceae (M) 168
– *spiralis*, Costaceae (M) 65, 131, 173, 226
Crataegus monogyna, Rosaceae (D) 239
Crocosmia × *crocosmiflora*, Iridaceae (M) 107, 137
Cryosophila spp., Palmae (M) 116
Cryptanthus 'Cascade', Bromeliaceae (M) 133
Cucumis sativus, Cucurbitaceae (D) 163
Cucurbita pepo, Cucurbitaceae (D) 164
Cucurbitaceae (D) 122
Cupula 156
Cuscuta chinensis, Cuscutaceae (D) 108
– sp., Cuscutaceae (D) 109
Cussonia spicata, Araliaceae (D) 27
Cutleria multifida 210
Cyanastrum hostifolium, Tecophilaeaceae (M) 136
Cyathium 145
Cyclamen cvs., Primulaceae (D) 16
– *hederifolium*, Primulaceae (D) 167
– *persicum*, Primulaceae (D) 163
Cylindropuntia leptocaulis, Cactaceae (D) 170
Cymbalaria muralis, Scrophulariaceae (D) 145, 153, 267
Cymen 145

Register | 325

cymös, Verzweigung 140
Cynosurus cristatus, Graminae (M) 187
Cyperaceae (M) 196
Cyperus alternifolius, Cyperaceae (M) 65, 131, 173, 197, 269
Cyphomandra betacea, Solanaceae (D) 267, 286
Cytisus purpureus, Leguminosae (D) 274
– *scoparius,* Leguminosae (D) 245, 251

Dactylis glomerata, Gramineae (M) 177, 185
– *glomerata* var. *hispanica,* Gramineae (M) 180
Dactylorhiza fuchsii, Orchidaceae (M) 107, 201
Dahlia sp., Compositae (D) 111
Datura cornigera, Solanaceae (D) 230, 234
– *sanguinea,* Solanaceae (D) 153, 235
Deckelkapsel 156
Deckspelze 186
Dekussation, schiefe 218
dekussiert 82
Dendrobium finisterrae, Orchidaceae (M) 81
Derris elliptica, Leguminosae (D) 47
Deschampsia alpina, Gramineae (M) 176
Desmoncus sp., Palmae (M) 71
Determination, Meristem 242
Dianella caerulea, Liliaceae (M) 51
Diaspore 160
dichasial, Verzweigung 141
Dichasium 141
Dichotomie 228, 252, 258, 272
Didiereaceae (D) 203
Digitalis purpurea, Scrophulariaceae (D) 153
digitat, Blatt 92
Dikotyledonen 18, 20, 162, 164
Dionaea muscipula, Droseraceae (D) 73
Dioncophyllaceae (D) 72
Dioscorea prehensilis, Dioscoreaceae (M) 107

– sp., Dioscoreaceae (M) 111
– *zanzibarensis,* Dioscoreaceae (M) 34
Diplobotryum 140
Disa 'Diores', Orchidaceae (M) 201
Dischidia rafflesiana, Asclepiadaceae (D) 89
Discocactus horstii, Cactaceae (D) 203
dispergiert, Blattstellung 218
distich, Blattstellung 218, 242
Dolde 140
Domatium 204
– Ameisen 204
– Milben 204
Doppelähre 140, 185, 188, 191
Doppeldolde 140
Doppelschraubel 141
Doppeltraube 140
Doppelwickel 141
Doritis pulcherrima, Orchidaceae (M) 201
Dormanz 262
Dorn 124
Dorn, Nebenblattmodifikation 56
dorsiventral, Blatt 86
dorsiventral, Blattentwicklung 18
Doryphora sassafras, Atherospermataceae (D) 263
Dracaena spp., Agavaceae (D) 16
– *surculosa,* Agavaceae (D) 31
Drepanium 141
Drosera binata, Droseraceae (D) 81
– *capensis,* Droseraceae (D) 73
Droseraceae (D) 72
Drosophyllum lusitanicum, Droseraceae (D) 36
Drüsen 80
Drüsenhaare 80
Drüsenzotten 81

Ebenstrauß 140
Echinodorus spp., Alismataceae (M) 132
Ectomykorrhiza 276
Effizienz, Verzweigungsaufbau 312
Eichhornia crassipes, Pontederiaceae (M) 55, 267
Eiermimikry 78
Einschnürungsstreifen 38
Einzelfrucht 154
Elaiosom 78, 161
Eleusine coracana, Gramineae (M) 191
Emergenz 59, 76, 116, 117, 154
endogen 94, 178, 240
Endokarp 154
Endosperm 154, 164
endozoochor, Samenverbreitung 160
Entada spp., Leguminosae (D) 156
Entwicklung, Architektonisches Modell 288
– Blatt 18
– Blattzonen 20
– Wurzel 94
Entwicklungsabfolge 283
epiascidiat, Blatt 72, 88
Epicalyx 146
epicormisch, Verzweigung 139, 240
Epidendrum ibaguense, Orchidaceae (M) 29, 159
– sp., Orchidaceae (M) 155, 199
epigäisch, Keimung 164
Epigenese 90
epigyn, Gynoeceum 147
Epikotyl 163, 164, 258
Epilobium montanum, Onagraceae (D) 161
Epiphyllie 74, 75, 230, 233, 234
Epiphyllum sp., Cactaceae (D) 294
Epiphyten 82, 102

Epithema tenue, Gesneriaceae (D) 209
Epizoochorie 160
equitant, Knospendeckung 38
Eranthemum pulchellum, Acanthaceae (D) 33
ericoid, Mykorrhiza 277
Eriophorum sp., Cyperaceae (M) 197
Erklärungsbeispiel, Dorn 5
Erneuerungstrieb 182
Erstarkungswachstum, Keimpflanze 168
Erythrina crista-galli, Leguminosae (D) 59
Erythronium dens-canis, Liliaceae (M) 174
Escallonia sp., Escalloniaceae (D) 67
Eucalyptus globulus, Myrtaceae (D) 225, 237
– sp., Myrtaceae (D) 138
Eugeissonia minor, Palmae (M) 102
Eugenia sp., Myrtaceae (D) 224
Euphorbia ammati, Euphorbiaceae (D) 202
– *caput-medusae,* Euphorbiaceae (D) 203
– *obesa,* Euphorbiaceae (D) 203
– *peplus,* Euphorbiaceae (D) 8, 308
– *punicea,* Euphorbiaceae (D) 294
– spp., Euphorbiaceae (D) 151
Euphorbiaceae (D) 203
Euterpe oleracea, Palmae (M) 102
Exbucklandia populnea, Hamamelidaceae (D) 265
exogen 112
Exokarp 154
Extatosoma tiaratum, Phasmatidae 117
extrafloral, Nektarien 56, 80
extravaginal, Seitensproßbildung 182

Fächel 141
Fagara sp., Rutaceae (D) 117
Fagraea obovata, Potaliaceae (D) 248
Fagus sylvatica, Fagaceae (D) 119, 276

Fallgrube, Blatt 72
Fasziation 272, 273
Fatsia japonica, Araliaceae (D) 51, 65, 265
Fenestration 120
Festuca ovina var. *vivipara,* Gramineae (M) 177
FIBONACCI-Reihe 220
Ficus auriculata, Moraceae (D) 241
– *benjamina,* Moraceae (D) 261
– *pumila,* Moraceae (D) 99, 243, 290
– *religiosa,* Moraceae (D) 35, 114
Fiederblatt 23
Fiederblattspindel 58
Fiedernervatur 34
Filament 146, 147
Flachsproß 126
Flagellaria spp., Flagellariaceae (M) 258
Flagellum 93, 145
Flügelfrucht 156
Foeniculum vulgare, Umbelliferae (D) 21, 25
Folgeblatt 64
Forsythia intermedia, Oleaceae (D) 273
– sp., Oleaceae (D) 239
Fouquieria diguetii, Fouquieriaceae (D) 41
Fragaria × *ananassa,* Rosaceae (D) 135
Fragmentation 170
Fraxinus excelsior, Oleaceae (D) 155, 204
Fremontodendron californica, Sterculiaceae (D) 251,252, 296
Frucht 154, 155, 156, 161, 223
Fruchtblatt 146
Fruchtfach 146
Fruchtfleisch 161
Fruchtknoten 146
Fuchsia 'Mrs. Popple', Onagraceae (D) 230, 270
– sp., Onagraceae (D) 237
Funikulus 146, 158, 161

Furchenmeristem 208
Futterkörper 78, 79
Futterzellen 78

Gabelung 256, 257
Galium aparine, Rubiaceae (D) 55
Galle 278, 279
gefiedert, Blatt 22, 44, 92
gegenläufig, Blattsymmetrie 26
gegenständig, Blattstellung 218
Gegenstipel 54
Geissospermum sericeum, Apocynaceae (D) 295
Gelenkknoten 128
Gelenkpolster 46, 128
Genista horrida, Leguminosae (D) 125
– *sagittalis,* Leguminosae (D) 121
geöhrt, Blattform 25
Geostachys spp., Zingiberaceae (M) 102
Geradzeilen 220
Geranium sp., Geraniaceae (D) 160
Gerrardanthus macrorhizus, Curcurbitaceae (D) 123
Gesneriaceae (D), Bau 208
Gladiolus sp., Iridaceae (M) 137
Gleditsia triacanthos, Leguminosae (D) 124, 242
gleichläufig, Blattsymmetrie 26
Gliederhülse 156
Globba propinqua, Zingiberaceae (M) 173
Glochidien 202
Gongora quinquenervis, Orchidaceae (M) 253
Gonystylus sp., Thymelaeaceae (D) 105
Gossypium sp., Malvaceae (D) 238
Gouania sp., Rhamnaceae (D) 122
Gramineae (M) 159, 180, 184
Granne 187
Graptopetalum sp., Crassulaceae (D) 82

Grevillea bougala, Proteaceae (D) 23
Griffel 146
Griselinia littoralis, Griseliniaceae (D) 231
Guarea glabra, Meliaceae (D) 90
Gymnocalycium baldianum, Cactaceae (D) 203
Gymnospermae, Nacktsamer 14
Gymnostemium 200
Gynoeceum 146
Gynophor 146
Gypsophila sp., Caryophyllaceae (D) 263

Haare 80, 264
Haftscheibe 108, 122
Haken 31, 66, 68, 122, 144
halbequitant, Knospendeckung 38
Halbschmarotzer 108
Halbsträucher 306
halbunterständig, Fruchtknoten 147
Halm 184, 192
Halophyten 82
handförmig, Blattform 25
hapaxanth 143, 253
Haptere 108, 210
Hastula 93
Hauptwurzelsystem 96
Haustorium 108, 109
Haworthia turgida ssp. *subtuberculata*, Liliaceae (M) 83
Hedera helix, Araliaceae (D) 31, 242
Hedychium gardnerianum, Zingiberaceae (M) 50
– sp., Zingiberaceae (M) 119, 131
Helianthus sp., Compositae (D) 139, 223
– *tuberosus*, Compositae (D) 139
Heliconia peruviana, Heliconiaceae (M) 63
Hemiparasit 108
Heracleum sphondylium, Umbelliferae (D) 155

Herminium monorchis, Orchidaceae (M) 175
Heteroblastie 28, 29
Heteroblastische Blattfolge 28, 264
Heterophyllie 28
Heterotopie 74
Hevea brasiliensis, Euphorbiaceae (D) 283, 284
Hexenbesen 278
Hilum 158
Hippeastrum spp., Amaryllidaceae (M) 84
Hippocratea paniculata, Celastraceae (D) 123
Hippophae rhamnoides, Elaeagnaceae (D) 277
Hochblätter 62, 63, 88
Hohlräume, Ameisen 41, 106, 205
– Bakterien 204
– Milben 204
Holcus lanatus, Gramineae (M) 185
Holoparasit 108
Holzknolle 139
Holzschnitt 113
Homoeosis 127
homorhiz, Bewurzelung 98
homotrop, Blattsymmetrie 26
Hordeum sp., Gramineae (M) 188, 189
– *vulgare* var. *distichum*, Gramineae (M) 188, 189
– *vulgare* var. *hexastichum*, Gramineae (M) 189
– *vulgare* var. *tetrastichum*, Gramineae (M) 189
Hornstedtia spp., Zingiberaceae (M) 102
Hosta sieboldiana, Liliaceae (M) 153
– sp., Liliaceae (M) 272
Hoya multiflora, Asclepiadaceae (D) 231
Hüllkelch 146
Hüllspelze 186
Hülse 156
Humulus lupulus, Cannabinaceae (D) 156
Hydathode 80, 204

Hydrocotyle vulgaris, Hydrocotylaceae (D) 89
Hyphaene spp., Palmae (M) 295
– *thebaica*, Palmae (M) 258
hypogäisch, Keimung 164
hypogyn, Gynoeceum 147
Hypokotyl 108, 162, 166, 167, 187
Hypokotylknolle 106, 166
Hypopodium 66, 174, 262

Illigera sp., Hernandiaceae (D) 122
imbrikat, Knospendeckung 38, 148
Impatiens balsamina, Balsaminaceae (D) 57
– *glandulifera*, Balsaminaceae (D) 161
– *sodenii*, Balsaminaceae (D) 81
Incarvillea delavayi, Bignoniaceae (D) 107
Indeterminiertes Wachstum 90
induplikat, Blattanheftung 92
Infloreszenz 140, 145, 185, 188, 189, 190, 191, 192
– Aufbau 184
– Getreide 188
– Grundprinzipien der Morphologie 4
– kletternd 144
– Modifikationen 144, 145
– unterirdisch 192
Inga sp., Leguminosae (D) 81
Innovationssproß 182
Insektivore Pflanzen 72
Integument 158
Intercostalfelder 34
Interkalares Meristem, Blattentwicklung 18
Interkalation 302
Internodium 112, 181
Internodium, Grundprinzipien der Morphologie 4
intracaulin, Wurzel 95

intrapetiolar, Nebenblätter 54
intravaginal, Seitensproßbildung 182
Intravaginalschuppen 81
Involukrum 146
Iris pseudacorus, Iridaceae (M) 87
Ischnosiphon sp., Marantaceae (M) 220
Isertia coccinea, Rubiaceae (D) 296
Isopogon dawsonii, Proteaceae (D) 27
Ixia conica, Iridaceae (M) 175

Jasminum polyanthum, Oleaceae (D) 99
Jubaea spectabilis, Palmae (M) 92
Justicia suberecta, Acanthaceae (D) 89

Kalyptra 94, 110
Kambium 14
Kambiumaktivität 90, 94, 168
Kambiumzylinder 16
Kannenblatt 72
Kapsel 156
Kapsel, scheidewandbrüchig 156
Kapsel, scheidewandspaltig 156
Karpell 146, 150
Karyopse 156
Kätzchen 140
Kauliflorie 240, 241
Kaulom 206
Kedrostris africana, Cucurbitaceae (D) 111
Keimblattscheide 180
Keimknospe 108, 161
Keimling, Entwicklung 209
Keimung 164
Keimwurzel 95, 100, 161, 164
Kelchblatt 146
Kennedia rubicunda, Leguminosae (D) 29
Klappfalle, Blatt 72, 73

Kletterhaken, Infloreszenzmodifikation 144
Kletterorgan, Infloreszenzmodifikation 144
Kletterpflanze 308
Klon 170
Kniewurzel 104
Knöllchen 276, 277
Knolle 110
Knolle, unterirdisch mit verlängerter Achse 172
Knospe, Grundprinzipien der Morphologie 4
Knospendeckung 38, 86, 148
Knospenlage, Blatt 36
Knospenschutz 264, 265
Knospenverschiebung 230, 231
Knoten 193
Knoten, Grundprinzipien der Morphologie 4
Knotenwurzel 98, 132
Kolben 140, 190
Koleoptile 164, 180
Koleorhiza 181
kollateral, Beiknospen 236
Kolleteren 81
kongenital, Verwachsung 234
Konkauleszenz 230
Konstruktionseinheit 282
Kontrollierter Zelltod, Blattentwicklung 18
konvolutiv, Knospendeckung 38, 149
Köpfchen 140
Korkkambium 16, 114
Korkleiste 120
Korkporen 114
Korkwarze 114
korrugativ, Knospendeckung 148
Kotyledonen 164
kreuzgegenständig, Blattstellung 218

Kronblatt 146
Krone, Büschelung 312
Kurztrieb 126, 254, 255

Labellum 200
Labiatae (D) 120, 142
+ *Laburnocytisus adamii,* Leguminosae (D) 255, 274
Laburnum anagyroides, Leguminosae (D) 274
Laetia procera, Flacourtiaceae (D) 246
Lagerstroemia indica, Lythraceae (D) 227
Lamiaceae (D) 142
Lamina 20, 180
Lamium album, Labiatae (D) 150, 151
Langtrieb 254
Laportea sp., Urticaceae (D) 77, 81
Lardizabala inermis, Lardizabalaceae (D) 23
Lateralmeristem, Kambium 16
Lathyrus aphaca, Leguminosae (D) 69
– *nissolia,* Leguminosae (D) 53
Lebende Steine 82
Lebensformen nach RAUNKIAER 314
Leea guineense, Leeaceae (D) 47
Leguminosae (D) 58
Leimzotten 81
Leitbündel 6
Leitbündelanatomie 14
Lemna minor, Lemnaceae (M) 212
Lemna trisulca, Lemnaceae (M) 213
Lemna valdiviana, Lemnaceae (M) 213
Lemnaceae (M) 172
Lemnaceae (M), Bau 212
Lentibulariaceae (D) 72, 207
Lenticellen 114
leptokaul, Rhizom 131
leptomorph, Rhizom 194

Leucaena sp., Leguminosae (D) 236
Leycesteria formosa, Caprifoliaceae (D) 67
Liane 308
Lieschblatt 190
Ligula 93, 180, 181, 196
Lilium cv. *minos,* Liliaceae (M) 172
Linaria purpurea, Scrophulariaceae (D) 273
– sp., Scrophulariaceae (D) 112
Liquidambar styraciflua, Altingiaceae (D) 115
Liriodendron tulipifera, Magnoliaceae (D) 52, 67, 119
Lithops spp., Aizoaceae (D) 82
Littonia modesta, Liliaceae (M) 69
Livistona sp., Palmae (M) 93
Loculament 146
Lodiculae 186
Logarithmische Spirale 222
Lolium perenne, Gramineae (M) 181, 185
Lonicera × *brownii,* Caprifoliaceae (D) 235
Lophophora williamsii, Cactaceae (D) 203
Loranthaceae (D) 108
Lotus corniculatus, Leguminosae (D) 61
Luftrhizom 170
Luftsproß 51
Luftwurzel 95, 103, 107
Lycopersicon esculentum, Solanaceae (D) 231
Lysiana exocarpi, Loranthaceae (D) 109

Macaranga spp., Euphorbiaceae (D) 78
Maesopsis eminii, Rhamnaceae (D) 300
Magnolia grandiflora, Magnoliaceae (D) 119
Mahonia japonica, Berberidaceae (D) 49
Malus pumila, Rosaceae (D) 156
Malvaviscus arborea, Malvaceae (D) 148
Mamille 202
Mammillaria microhelia, Cactaceae (D) 203

– spp., Cactaceae (D) 258
Manettia inflata, Rubiaceae (D) 55
Manihot utilissima, Euphorbiaceae (D) 26
Marantaceae (M) 26
Marathrum utile, Podostemaceae (D) 211
Maurandia sp., Scrophulariaceae (D) 41
Mauritia spp., Palmae (M) 116
Medeola virginiana, Trilliaceae (M) 232
median, Nebenblätter 54
Melianthus major, Melianthaceae (D) 55
Melocactus matazanus, Cactaceae (D) 239
Meristem, apikal 18
Meristemaktivität, Umorientierung 266, 267
Merkmale von Dikotyledonen 15
Merkmale von Monokotyledonen 15
Mesokarp 154
Mesotonie 249
Mespilus germanica, Rosaceae (D) 135, 255
Metamer 282
Metamorphose 206, 300
Methoden der Darstellung 8
– am Beispiel *Philodendron* 10
Miconia alata, Melastomataceae (D) 120
Microcitrus australasica, Rutaceae (D) 71
Mikropyle 158
Mimosa berlondiera, Leguminosae (D) 161
– *pudica,* Leguminosae (D) 46
Mirabilis jalapa, Nyctaginaceae (D) 107, 113, 129
Miscanthus sp., Gramineae (M) 187
Mißbildung 270, 271
Mitragyna ciliata, Naucleaceae (D) 105
Mittelrippe, Blatt 18, 22
Modul 284, 286
Monochaetum calcaratum, Melastomataceae (D) 33

monochasial, Verzweigung 141
Monokotyledonen 18, 20, 162, 164
Monokotyledonen, Dikotyledonen: Unterscheidung 14
Monophyllaea spp., Gesneriaceae (D) 208
monopodial, Rhizom 198
monopodial, Wachstum 250
Monopodium 250
monostich, Blattstellung 218
monotropoid, Mykorrhiza 277
Monstera deliciosa, Araceae (M) 21
Montanoa schottii, Compositae (D) 144
Montia perfoliata, Portulacaceae (D) 25
Morphogenetische Einheiten 284
Morphologie, Blatt 20
– Blüte 146
– dynamisch 216
– Früchte 154
– Kakteen und Kakteenähnliche 202
– Orchideen 200
– Samen 158
– Sauergräser 196
– Süßgräser 180
Morus spp., Moraceae (D) 156
Moultonia spp., Gesneriaceae (D) 208
Mourera weddelliana, Podostemaceae (D) 207
Muehlenbeckia platyclados, Polygonaceae (D) 126
MÜLLERsche Körperchen 78
multilokulär, Gynoeceum 146
Musa sp., Musaceae (M) 20, 50
Mutisia acuminata, Compositae (D) 60, 69
– *retusa,* Compositae (D) 68, 144
Mycelium 277
Mykorrhiza 276, 277
Myristica fragrans, Myristicaceae (D) 159

Myrmecodia echinata, Rubiaceae (D) 106, 205
Myrmekochorie 160
Myrsinaceae (D) 276

Nährzellen 41
Narbe, Blüte 146
Narbe 118
Narbenringe 119
Nardus stricta, Gramineae (M) 161
Nebenblatt 52, 53, 54, 55, 57, 58, 59
Nebenblatt, Modifikationen 56
Nebenblättchen, Ausgliederung der Mittelrippe 58
Nebenblattdorn 6, 205
Nektarien 56, 80
Nelumbo nucifera, Nelumbonaceae (D) 36, 161, 226
Nepenthaceae (D) 72
Nepenthes cv., Nepenthaceae (D) 72
– *khusiana,* Nepenthaceae (D) 73
– × *coccinea,* Nepenthaceae (D) 89
Nerium oleander, Apocynaceae (D) 228, 229
Nestwurzel 103
Neuaustrieb 298
Nicotiana tabacum, Solanaceae (D) 153
Niederblatt 64
Nodium, Grundprinzipien der Morphologie 4
Norantea guyanensis, Marcgraviaceae (D) 88
Nuß 156
Nußfrucht 156
Nußfrucht mit Cupula 156
Nymphaeaceae (D) 226
Nypa fruticans, Palmae (M) 258

Oberblatt 20, 21, 25
Oberonia sp., Orchidaceae (M) 87
oberständig, Fruchtknoten 147
obvolut, Knospendeckung 38
Ochrea 54, 55
Ochroma spp., Bombacaceae (D) 78
Ocimum basilicum, Labiatae (D) 162
Öffnungsmechanismus 154
Olea europaea, Oleaceae (D) 225
Ölkörper 78
Onopordum acanthium, Compositae (D) 24
Ophiocaulon cissampeloides, Passifloraceae (D) 145, 238
Opuntia sp., Cactaceae (D) 155, 203, 222
Orchidaceae (M) 198
orchidoid, Mykorrhiza 277
Organverwachsung 16, 234, 235
Orixa japonica, Rutaceae (D) 227
Orthostichen 220
orthotrop, Sproßknolle 170
Orthotropie 246
Oryza sativa, Gramineae (M) 185, 140
Osbeckia sp., Melastomataceae (D) 81
Oscularia deltoides, Aizoaceae (D) 83
Othonna carnosa, Compositae (D) 83
Othonnopsis cheirifolia, Compositae (D) 25
Ovar 146
Oxalis corniculata, Oxalidaceae (D) 132
– *floribunda,* Oxalidaceae (D) 136
– *hirta,* Oxalidaceae (D) 169
– *ortgeisii,* Oxalidaceae (D) 47
– sp., Oxalidaceae (D) 53

pachykaul, Rhizom 131
pachymorph, Rhizom 194
Pachypodium lamerei, Apocynaceae (D) 124
Palicourea sp., Rubiaceae (D) 264
Paliurus spina-christi, Rhamnaceae (D) 56

palmat, Blatt 92
Palmen, Morphologie des Blattes 92
Pandanus nobilis, Pandanaceae (M) 95, 103
– sp., Pandanaceae (M) 100
Panicula 140
Panicum bulbosum, Gramineae (M) 181
– *miliaceum,* Gramineae (M) 191
Papaver hybridum, Papaveraceae (D) 155, 159
– *orientale,* Papaveraceae (D) 271
Paphiopedilum venustum, Orchidaceae (M) 200
Parakladium 142
Parallelnervatur 34
Parasitische Form 108
Parastichen 223
Parkinsonia aculeata, Leguminosae (D) 71
Parmentiera cerifera, Bignoniaceae (D) 240
Parthenocissus tricuspidata, Vitaceae (D) 229, 310
Passiflora caerulea, Passifloraceae (D) 237
– *coriacea,* Passifloraceae (D) 23
– *glandulosa,* Passifloraceae (D) 80
– spp., Passifloraceae (D) 79
Passifloraceae (D) 122
Pastinaca sativa, Umbelliferae (D) 167
Paullinia thalictrifolia, Sapindaceae (D) 158
Paulownia tomentosa, Scrophulariaceae (D) 290
Pelargonium cvs., Geraniaceae (D) 53
– sp., Geraniaceae (D) 88
peltat, Blatt 88
Pennisetum typhoides, Gramineae (M) 191
Peperomia peruviana, Piperaceae (D) 165
Pereskia aculeata, Cactaceae (D) 203
perfoliat, Blattform 25
Perianth 146
perigyn 147
Perikarp 154, 160

Register | 331

Periklinalschimäre 274
Perizykel 178
Perl-Körper 78
Persea americana, Lauraceae (D) 262
Petale 146
Petasites hybridus, Compositae (D) 131
Petiolulus 23
Petiolus 40
Peumus boldus, Monimiaceae (D) 115
Pfahlwurzelsystem 100
Pflanzliches Verhalten 308
Phalaris canariensis, Gramineae (M) 187
Phaseolus coccineus, Leguminosae (D) 58
– *vulgaris,* Leguminosae (D) 59, 159
Phellodendron chinense, Rutaceae (D) 290
– *lavallii,* Rutaceae (D) 33
Phellogen 16, 114
Philodendron digitatum, Araceae (M) 48
– *pedatum,* Araceae (M) 10, 11, 12, 66
– sp., Araceae (M) 98
Phloem 114
Phlox sp., Polemoniaceae (D) 155
Phoenix dactylifera, Palmae (M) 92, 93, 163
Pholidota sp., Orchidaceae (M) 199
Phoradendron perrottetii, Loranthaceae (D) 109
Phormium tenax, Agavaceae (M) 155
Phragmites communis, Gramineae (M) 181
Phyllanthus angustifolius, Euphorbiaceae (D) 126, 247
– *grandifolius,* Euphorbiaceae (D) 260, 269
Phyllodium 42, 43
Phyllodium, Interpretation 44
Phyllokladium 126, 127, 203
Phyllomorph 206, 208, 285
Phyllostachys sp., Gramineae (M) 284
– spp., Gramineae (M) 246

Phyllotaxis 218, 222, 224, 226
Physalis peruviana, Solanaceae (D) 231
Phytomer 282
Phyton 283
Pilzgeflecht 277
Pinguicula lanii, Lentibulariaceae (D) 73
Pinus spp., Pinaceae, Gymnospermae (D) 216
Piper bicolor, Piperaceae (D) 282
– *cenocladium,* Piperaceae (D) 40
– *dilatatum,* Piperaceae (D) 128
– *nigrum,* Piperaceae (D) 229, 287
– sp., Piperaceae (D) 290
– spp., Piperaceae (D) 78
Piresia sp., Gramineae (M) 192
Pisum sativum, Leguminosae (D) 57, 94, 271
plagiotrop, Sproßachse 130
plagiotrop, Sproßknolle 170
Plagiotropie 246
planat, Knospendeckung 38
Plantago lanceolata, Plantaginaceae (D) 35, 145, 270
– *major,* Plantaginaceae (D) 35
Plastochron 112
Platanus hispanica, Platanaceae (D) 292
– *orientalis,* Platanaceae (D) 217
Plattenmeristem, Blattentwicklung 18
Platykladium 126
Plazenta 146
pleuranth 253
Pleurothallis sp., Orchidaceae (M) 75
Plumeria rubra, Apocynaceae (D) 18, 271
Plumula 108, 162
Pneumatoden 104
Pneumatophoren 104
Pneumatorhizen 104
Poa annua, Gramineae (M) 181, 187

– × *jemtlandica,* Gramineae (M) 177
Podostemaceae (D), Bau 210
pollakanth 143, 253
Pollenkörner 152
Pollenschlauch 158
Pollinium 200
Polycardia sp., Celastraceae (D) 75
Polygala virgata, Polygalaceae (D) 153
Polygonum affine, Polygonaceae (D) 133
– sp., Polygonaceae (D) 55
Polystachya pubescens, Orchidaceae (M) 137
Polytelie 142
Populus spp., Salicaceae (D) 216
Porenkapsel 156
postgenital, Verwachsung 234
Potalia amara, Potaliaceae (D) 264
Potamogeton sp., Potamogetonaceae (M) 53
Potentilla reptans, Rosaceae (D) 251
Primärwurzelsystem 96
Primordium 16, 18, 20
Proboscidea louisianica, Martyniaceae (E) 158, 161
Prolepsis 262
proleptisch, Reiteration 298
Prophyll 66
Prunus autumnalis, Rosaceae (D) 273
– *avium,* Rosaceae (D) 29
– *domestica,* Rosaceae (D) 156
– *maakii,* Rosaceae (D) 115
– *persica,* Rosaceae (D) 154
– sp., Rosaceae (D) 292
– *spinosa,* Rosaceae (D) 125
Psammisia ulbrieciana, Ericaceae (D) 40
Pseudanthium 145, 153
Pseudobulbe 137
Pseudonebenblatt 60, 61

332 Register

Pseudosproßknolle 137, 198
Pseudostipeln 60
Psychotria bacteriophila, Rubiaceae (D) 204
Pterocarya fraxinifolia, Juglandaceae (D) 119
Pulpa 161
Pulvinodien 128
Pulvinus 46, 47, 128
Pyrostegia venusta, Bignoniaceae (D) 69
Pyxidium 156

Qualea sp., Vochysiaceae (D) 312
Quercus petraea, Fagaceae (D) 155, 269, 279
– *robur,* Fagaceae (D) 279
quincuncial, Knospendeckung 149
quirlständig, Blattstellung 219
Quisqualis indicus, Combretaceae (D) 40

radiärsymmetrisch, Blüte 148
Radikula 95, 161, 164
Rafflesia spp., Rafflesiaceae (D) 108
Ramiflorie 240
Randmeristem, Blattentwicklung 18
Ranke 122
Ranke, verholzende 68
Ranke, Nebenblattmodifikation 56
Ranunculus ficaria, Ranunculaceae (D) 110
– *repens,* Ranunculaceae (D) 21, 135
Raphe 158
Raphia sp., Palmae (M) 65
Ravenala madagascariensis, Strelitziaceae (M) 218
Receptaculum 146
reduplikat, Blattheftung 92
Reiteration 298, 299, 300
Reiterationskomplex 300
Rekauleszenz 230

Reorientierung 266
Replum 156
Restrepia ciliata, Orchidaceae (M) 199
Resupination 200
Reynoutria sachalinensis, Polygonaceae (D) 54
Rhachilla 22, 186, 196
Rhachis, Blatt 22, 81, 92
Rhapis excelsa, Palmae (M) 51
Rhipidium 141
Rhipsalidopsis rosea, Cactaceae (D) 127, 307
Rhipsalis bambusoides, Cactaceae (D) 306
Rhizom 130, 131, 170, 181, 182, 194, 246
– Bambusgewächse 194
– Wachstum, 269
Rhizomknospe 197
Rhizomsystem 130
Rhizophora mangle, Rhizophoraceae (D) 38, 104, 166
Rhizotaxis 96
Rhoicissus rhomboidea, Vitaceae (D) 128
Rhyncholacis hydrocichorium, Podostemaceae (D) 211
Rhynchosia clarki, Leguminosae (D) 23
Ribes uva-crispa, Grossulariaceae (D) 41
Ricinus zanzibarensis, Euphorbiaceae (D) 159
Rindenentwicklung 114
Rindentyp 115
Rispe 140, 190
Robinia pseudacacia, Leguminosae (D) 57, 119, 245, 271
Röhrenstammodell 283
Rosa canina, Rosaceae (D) 278
– *rugosa,* Rosaceae (D) 153
– *sericea* var. *pteracantha,* Rosaceae (D) 117
– sp., Rosaceae (D) 55
Rossioglossum grande, Orchidaceae (M) 21, 201

Rostellum 200
Rothmannia longiflora, Rubiaceae (D) 228
Rübe 111
Rubiaceae (D) 52, 204
Rubus australis, Rosaceae (D) 77, 257
– *fruticosus* agg., Rosaceae (D) 117
– *idaeus,* Rosaceae (D) 178, 179
Ruscus hypoglossum, Ruscaceae (M) 127

Sabal palmetto, Palmae (M) 93
Salix babylonica, Salicaceae (D) 293
– *repens,* Salicaceae (D) 267
– sp., Salicaceae (D) 266
Salzdrüse 80
Samenanlage 146
Samenmantel 159
Samennabel 158
Samennaht 158
Samenschale 154
Samenverbreitung 160
Sämling 162, 163, 164
Sämling, Verankerung 168, 169
Sammelbalgfrucht 156
Sammelbeere 156
Sammelfrucht 154
Sammelnußfrucht 156
Sammelsteinfrucht 15
Sansevieria sp., Agavaceae (M) 20
– *trifasciata* cv. Laurentii, Agavaceae (M) 275
Sarkotesta 158
Sarracenia flava, Sarraceniaceae (D) 43
Sarraceniaceae (D) 72
Sasa palmata, Gramineae (M) 193
Sauergräser 196
Säulenwurzel 102
Sauromatum guttulatum, Araceae (M) 25

Scaphochlamys spp., Zingiberaceae (M) 102
Schefflera actinophylla, Araliaceae (D) 49
Scheinknolle 137, 198
Scheinstamm 50
scheinwirtelig, Blattstellung 219
Schildchen 180
schildförmig, Blatt 89
Schimäre 274, 275
Schlauch, Blatt 72
Schließfrucht 154
Schosser 99
Schötchen 156
Schote 156
Schrägzeilen 223
Schraubel 141
schraubig, Blattstellung 224, 225, 227, 300
Schuppenblatt 64, 65, 127, 193
Schuppenblatt, Grundprinzipien der Morphologie 4
Schwellkörper 186
sciadioid 140
Sclerotesta 158
Scutellum 180
Secale cereale, Gramineae (M) 189
Sedum reflexum, Crassulaceae (D) 225
Seitenwurzel 94
Sektorialschimäre 274
Sekundäres Dickenwachstum 16
Selbstbestäubung 152
Semele androgyna, Ruscaceae (M) 127
Sempervivum arachnoideum, Crassulaceae (D) 134
Senecio mikanioides, Compositae (D) 99
– *rowleyanus*, Compositae (D) 83
– sp., Compositae (D) 87
– *webbii*, Compositae (D) 25

Senker 108
Sepale 146
serial, Beiknospen 236
Setaria spp., Gramineae (M) 186
Setcreasea purpurea, Commelinaceae (M) 15
Shorea spp., Dipterocarpaceae (D) 236
Sichel 141
Silene dioica, Caryophyllaceae (D) 63
Simmondsia chinensis, Simmondsiaceae (D) 66
Sinarundinaria sp., Gramineae (M) 193, 239
Sinningia speciosa, Gesneriaceae (D) 139
Smilax lancaefolia, Smilacaceae (M) 57
– sp., Smilacaceae (M) 35
Smyrnium olusatrum, Umbelliferae (D) 51
Solanaceae (D) 226
Solanum torvium, Solanaceae (D) 76
– *tuberosum*, Solanaceae (D) 139, 271
Sonneratia sp., Sonneratiaceae (D) 105
Sophora macrocarpa, Leguminosae (D) 23
– *tetraptera*, Leguminosae (D) 257
Sorbus sp., Rosaceae (D) 255
Sorghum bicolor, Gramineae (M) 190, 191
Spadix 140
Spaltfrucht 156
Spatha 140
Spathicarpa sagittifolia, Araceae (M) 74
Spelze 184, 186, 196
Spica 140
spiralig, Blattstellung 218, 220, 242
spirodekussiert, Blattstellung 218
Spirodela oligorhiza, Lemnaceae (M) 213
spirodistich, Blattstellung 218
spirostich, Blattstellung 218
spirotristich, Blattstellung 218
Spitzenmeristem 113
Spitzenmeristem, Blattentwicklung 18

Springfrucht 154
Sproß, gestaucht 193, 239
Sproß, Mißbildung 280
Sproß, oberirdisch 65
Sproßabschnitt 73
Sproßachse 196
Sproßachse, Entwicklung 112
– Grundprinzipien der Morphologie 4
sproßbürtig, Wurzel 96
Sproßdorn 6, 124, 125, 242
Sproßform 120, 121
Sproßgelenk 128, 129
Sproßglied (l'article) 286
Sproßhaken 122, 123
Sproßknolle 136, 137, 138, 139
– verdickt 181
Sproßranke 122, 123, 153
Sproßspitze 69, 71
– Mißbildung 245, 271
Sproßsystem, Grundprinzipien der Morphologie 4
Squamulae 80
Stachel 56, 76, 116
Stachys sylvatica, Labiatae (D) 239
Stamen 147
Staminodien 146
stammbürtig, Verzweigung 240
Stammform 121
Stapelia sp., Asclepiadaceae (D) 203
Staubblatt 147
Steinfrucht 156
Stelzwurzel 100, 102
Stempel 147
Stempelträger 146
Stengel, geflügelt 120
stengelumfassend, Blattform 25

Stenotaphrum secundatum, Gramineae (M) 181
Stephania sp., Menispermaceae (D) 237
Sterculia platyfoliacia, Sterculiaceae (D) 154
– sp., Sterculiaceae (D) 304
Stewartia monodelpha, Theaceae (D) 248
Stipa pennata, Gramineae (M) 187
Stipel 6, 52
Stipellen 58
Stipulardorn, Nebenblattmodifikation 6, 56, 204
Stipulardrüse, Nebenblattmodifikation 56
Stipularnarbe 78
Stolon 132, 133, 171
Strelitzia regina, Strelitziaceae (M) 258
Streptocarpus fanniniae, Gesneriaceae (D) 209
– *rexii,* Gesneriaceae (D) 208, 209
Strophiole 159, 161
Strychnos sp., Strychnaceae (D) 293
Stützwurzel 100, 102, 103, 295
Sukkulenz 82
Syconium 156
Syllepsis 262
Symmetrie der Pflanzen 228
Symphonia gabonensis, Guttiferae (D) 105
Symphyse 100
sympodial, Rhizom 198
sympodial, Wachstum 113, 250, 252
Sympodiale Einheit 285
Sympodium 250

Tabebuia sp., Bignoniaceae (D) 299, 313
Talauma hodgsonii, Magnoliaceae (D) 115
Tapinanthus oleifolius, Loranthaceae (D) 109
Tapura guianensis, Dichapetalaceae (D) 75
Taraxacum officinale, Compositae (D) 155
Tentakel, Blatt 72
Tepale 146

Teratologie 88, 270
Terminalblüte 140
Terminalia catappa, Combretaceae (D) 260
Terminalknospe 113, 119
– Grundprinzipien der Morphologie 4
– verkümmert 245
Testa 154, 158
Thalassia testudinum, Hydrocharitaceae (M) 230
Thallus 210
Theobroma cacao, Sterculiaceae (D) 98
Thyrsoid 141
Thyrsus 140
Tilia cordata, Tiliaceae (D) 235, 245
Tillandsia streptophylla, Bromeliaceae (M) 69
– *usneoides,* Bromeliaceae (M) 86
Tochterbrutzwiebel 172
Tochterzwiebel 84
Tococa guyanensis, Melastomataceae (D) 205
Tolmiea menziesii, Saxifragaceae (D) 75
Topophysis 212, 216, 242, 248
Torus 146
Trachystigma spp., Gesneriaceae (D) 208
Tradescantia sp., Commelinaceae M) 63
Tragblatt 148
Tragopogon pratensis, Compositae (D) 3
Traube 140
Träufelspitze 22
Trenngelenk 48, 49, 128
Trichodiadema densum, Aizoaceae (D) 83
Trichome 80
Trichostigma sp., Phytolaccaceae (D) 273
trifoliat, Blattform 23
Trifolium repens, Leguminosae (D) 133
trilokulär, Gynoeceum 146, 147
tristich, Blattstellung 218

Tristichaceae (D), Bau 210
Triticum aestivum, Gramineae (M) 155, 163, 188
– *durum,* Gramineae (M) 189
– sp., Gramineae (M) 189
Turgormechanismus 46
Turion 172, 210, 212

Überwinterungsknospe 172
Ulex europaeus, Leguminosae (D) 71
Ulmus glabra, Ulmaceae (D) 245
– *procera,* Ulmaceae (D) 298
Umbella 140
Umbelliferae (D) 140, 159
Umbilicus rupestris, Crassulaceae (D) 89
Umorientierung, Meristemaktivität 266
unifazial, Blatt 20, 82, 86
unifoliat, Blattform 23
unilokulär, Gynoeceum 147
Unterblatt 20, 21, 25
unterständig, Fruchtknoten 147
Urginea sp., Liliaceae (M) 84
Urtica pilea, Urticaceae (D) 32
Utricularia minor, Lentibulariaceae (D) 73
– *reniformis,* Lentibulariaceae (D) 91
– spp., Lentibulariaceae (D) 172
Utriculus 196

valvat, Knospendeckung 148
Vegetationskörper 210, 212
Vegetative Vermehrung 170
Vegetatives Wachstum, Süßgräser 181
Velamen radicum 107
Venation, dichotom 34
Verankerung, Keimpflanze 168
Verbänderung 272

Verbascum thapsus, Scrophulariaceae (D) 239
Verkümmerung von Organen 244
Vernation 36
– apert 38
Verzweigung 257, 286
– akroton 248
– basiton 248
Verzweigungsaufbau 280, 312
– Alterszustand 314
– Wuchsweise 314
Verzweigungsmuster nach Schnitt 217, 310
Verzweigungsrangordnung 284
Verzweigungssystem, gestaucht 238
vesikulär-arbusculär, Mykorrhiza 277
Vestia lycoides, Solanaceae (D) 155
Viburnum rhytidopyllum, Caprifoliaceae (D) 265
Vicia faba, Leguminosae (D) 163, 277
Viscum spp., Viscaceae (D) 108
Vitaceae (D) 122
Vitellaria paradoxum, Sapotaceae (D) 41
Vitis cantoniensis, Vitaceae (D) 123
– *vinifera,* Vitaceae (D) 154, 156
Viviparie, echte 166, 176
Viviparie, unechte 110, 166, 175, 176, 177
Vollschmarotzer 108
Vorblatt 66, 67
Vorspelze 186

Wachstum, determiniert 250
– indeterminiert 90, 91
– kontinuierlich 260, 261, 262
– monopodial 250
– plagiotroph 247
– proleptisch 262, 263
– rhythmisch 260, 261, 284

– sylleptisch 262, 263
– sympodial 250, 252, 287
– vegetativ 180
Wachstumseinheiten 284
Wachstumsmodell 290, 292, 293, 294, 295, 296, 297, 304, 306, 307, 308
– Attims 290
– Aubreville 292
– Chamberlain 294
– Cook 290
– Corner 290
– Fagerlind 292
– Holttum 290
– Koriba 266, 294
– Kräuter 306
– Leeuwenberg 294
– Lianen 308
– Mangenot 292
– Massart 290
– McClure 294
– Nozeran 294
– Petit 290
– Prévost 294
– Rauh 290
– Roux 290
– Scarrone 292
– Schoute 294
– Stone 292
– Tomlinson 294
– Troll 292
Weinmannia trichosperma, Cunoniaceae (D) 23
Wickel 141
Wiederholungsaustrieb 298
wirtelig, Blattstellung 219
Wistera sinensis, Leguminosae (D) 59

Wolffia microscopia, Lemnaceae (M) 213
– *paulifera,* Lemnaceae (M) 213
Wolffiella floridana, Lemnaceae (M) 213
Wuchsform 180
– kaktusähnlich 202
Wuchssymmetrie 228
Wundreiteration 299
Wurzel, Entwicklung 94
– kontraktil 136
– photosynthetisch aktiv 198, 199
– verdickt 107
Wurzeldorn 6, 102, 116
Wurzelhals 162
Wurzelhaube 94
Wurzelknolle 107, 110, 111, 112, 174
Wurzelknospe 178, 179
Wurzelmodifikation 106
Wurzelprimordium 94, 96
Wurzelsystem, Grundprinzipien der Morphologie 4

Xerophyt 82

Zamioculcas zamiifolia, Araceae (M) 41
Zapfen 156
Zea mays, Gramineae (M) 190
Zingiberaceae (M) 102
Zombia antillarum, Palmae (M) 70
Zugwurzel 106, 107
Zweigabwurf 268, 269
Zweigfall 268
zweipaarig gefiedert, Blattstellung 218
Zwiebel 84, 85, 170
zygomorph, Blüte 148
zylindrisch, Blatt 82, 86, 88

UTB FÜR WISSENSCHAFT

Fachbereich Botanik/Ökologie

Kaule:
Arten- und Biotopschutz
UTB GROSSE REIHE
(Ulmer). 2. Aufl. 1991.
DM 98.–, öS 765.–, sFr. 88.–

Dierschke:
Pflanzensoziologie
UTB-GROSSE REIHE
(Ulmer). 1994.
DM 98.–, öS 765.–, sFr. 88,–

Heß:
Biotechnologie der Pflanzen
UTB-GROSSE REIHE
(Ulmer). 1992.
DM 78.–, öS 609.–, sFr. 74.–

Kinzel: Stoffwechsel der Zelle
UTB-GROSSE REIHE
(Ulmer). 2. Aufl. 1989.
DM 36.–, öS 281.–, sFr. 36.–

Kreeb: Vegetationskunde
UTB-GROSSE REIHE
(Ulmer). 1983.
DM 64.–, öS 499.–, sFr. 61.–

Larcher:
Ökophysiologie der Pflanzen
UTB-GROSSE REIHE
(Ulmer). 1994.
DM 78.–, öS 609.–, sFr. 74.–

Otto:
Waldökologie
UTB-GROSSE REIHE
(Ulmer). 1994.
DM 78.–, öS 609.–, sFr. 74.–

Pott:
Die Pflanzengesellschaften
Deutschlands
UTB-GROSSE REIHE
(Ulmer). 1992.
DM 58.–, öS 453.–, sFr. 55.–

Steubing/Fangmeier:
Pflanzenökologisches Praktikum
UTB-GROSSE REIHE
(Ulmer). 1992.
DM 58.–, öS 453.–, sFr. 55.–

Usher/Erz (Hrsg.):
Erfassen und Bewerten im
Naturschutz
UTB-GROSSE REIHE
(Quelle & Meyer). 1994.
DM 89.–, öS 694.–, sFr. 80.–

Walter/Breckle: Ökologie der Erde
Band 1/3/4
UTB-GROSSE REIHE
(Gustav Fischer).
Band 1: 2. Aufl. 1991.
DM 48.–, öS 375.–, sFr. 46.–
Band 3: 2. Aufl. 1994
DM 78.–, öS 609.–, sFr. 74.–
Band 4: 1991.
DM 58.–, öS 453.–, sFr. 55.–

15 Heß:
Pflanzenphysiologie
(Ulmer). 9. Aufl. 1991.
DM 39.80, öS 311.–, sFr. 39.80

269 Wilmanns:
Ökologische Pflanzensoziologie
(Quelle & Meyer). 5. Aufl. 1993.
DM 44.–, öS 343.–, sFr. 42.–

595 Mühlenberg:
Freilandökologie
(Quelle & Meyer). 3. Aufl. 1993.
DM 44.–, öS 343.–, sFr. 42.–

1015 Kaudewitz:
Genetik
(Ulmer). 2. Aufl. 1992.
DM 48.–, öS 375.–, sFr. 46.–

1197 Libbert (Hrsg.):
Allgemeine Biologie
(Gustav Fischer). 7. Aufl. 1991.
DM 39.80, öS 311.–, sFr. 39.80

1318 Müller (Hrsg.):
Ökologie
(Gustav Fischer). 2. Aufl. 1991.
DM 34.80, öS 272.–, sFr. 34.80

1410/1460 Kleber/Schlee:
Biochemie I/II
(Gustav Fischer).
2. Aufl. 1991 / 2. Aufl. 1992.
Je DM 44.80, öS 350.–, sFr. 43.–

1431 Jacob/Jäger/Ohmann:
Botanik
(Gustav Fischer). 4. Aufl. 1994.
DM 39.80, öS 311.–, sFr. 39.80

1476 Schubert/Wagner:
Botanisches Wörterbuch
(Ulmer). 11. Aufl. 1993.
DM 39.80, öS 311.–, sFr. 39.80

1479 Klötzli:
Ökosysteme
(Gustav Fischer). 3. Aufl. 1993.
DM 44.80, öS 350.–, sFr. 43.–

1730 Voland:
Grundriß der Soziobiologie
(Gustav Fischer). 1993.
DM 34.–, öS 265.–, sFr. 34.–

1643 Brand:
Taschenlexikon der Biochemie und
Molekularbiologie
(Quelle & Meyer). 1992.
DM 29.80, öS 233.–, sFr. 29.80

UTB 1741 Throm:
Grundlagen der Botanik
(Quelle & Meyer). 1993.
DM 29.80, öS 233.–, sFr. 29,80

UTB 1787 Böhlmann:
Botanisches Grundpraktikum
zur Phylogenie und Anatomie
(Quelle & Meyer). 1994.
DM 29.80, öS 233.–, sFr. 29.80

Das UTB-Gesamtverzeichnis erhalten Sie bei Ihrem Buchhändler oder direkt von UTB, Postfach 80 11 24, 70511 Stuttgart.